# 세계전쟁사

# 세계전쟁사

존 키건

유병진 옮김

A HISTORY OF WARFARE
by John Keegan


**역자 유병진**(兪炳辰)
명지대학교 무역학과 졸업. 같은 대학교 경영학과 대학원 석사. 미국 롱아일랜드 대학교 경영대학원. 한양대학교 경영학과 대학원 박사. 일본 아오야마가쿠인 대학 국제정치경제학부 교환교수. 명지대학교 국제통상대학원장 역임. 현재 명지대학교 총장.

세계전쟁사

저자 / 존 키건
역자 / 유병진
발행처 / 까치글방
발행인 / 박후영
주소 / 서울시 용산구 서빙고로 67, 파크타워 103동 1003호
전화 / 02 · 735 · 8998, 736 · 7768
팩시밀리 / 02 · 723 · 4591
홈페이지 / www.kachibooks.co.kr
전자우편 / kachibooks@gmail.com
등록번호 / 1-528
등록일 / 1977. 8. 5
초판 1쇄 발행일 / 1996. 6. 20
제2판 1쇄 발행일 / 2018. 8. 10
3쇄 발행일 / 2022. 8. 10
값 / 뒤표지에 쓰여 있음
ISBN 978-89-7291-672-7 93390

이 도서의 국립중앙도서관 출판예정도서목록(CIP)은 서지정보유통지원시스템 홈페이지(http://seoji.nl.go.kr)와 국가자료공동목록시스템(http://www.nl.go.kr/kolisnet)에서 이용하실 수 있습니다.(CIP제어번호 : CIP2018023146)

차례

# 머리말

처음 이 책을 쓰기 시작했던 1989년 이후로 세계는 엄청난 변화를 경험했다. 그러므로 무엇보다도 새로운 변화에 대한 인식이 필요할 것이다. 냉전이 종식되었고 걸프 만에서 짧지만 극적인 지상전과 공중전이 벌어졌다. 세계 도처에서 참혹한 내전이 발발했으며 유고슬라비아에서는 치열한 싸움이 아직까지도 계속되고 있다. 이 책에서 전개되고 있는 몇몇 주제들이 (적어도 내가 보기에는) 걸프 전과 유고슬라비아 내전을 통해서 현실로 나타난 셈이다.

걸프 전에서 연합군은 이라크의 사담 후세인에게 철저한 패배를 안겨주었다. 그러나 사담 후세인은 자신에게 닥친 비극적인 현실을 결코 인정하지 않았다. 물질적으로는 어떠한 손실을 입었다고 하더라도 정신적으로는 결코 패배하지 않았다는 낯익은 이슬람식의 논리를 내세움으로써, 연합군의 완전한 승리로부터 정치적인 의미를 빼앗아 가버린 것이다. 결국 사담은 승전국들의 묵인하에서 계속 권력을 장악할 수 있었다. 이러한 사실은 전혀 다른 문화를 가지고 있는 적과 대면할 때에는 "서구의 전쟁방식"이 전혀 무용지물이라는 사실을 적나라하게 보여주고 있다. 그러므로 걸프 전은 서로 다른 2개의 군사문화 사이에서 벌어진 충돌이라는 관점에서 바라볼 수 있다. 그들은 서로 다른 깊은 역사적 뿌리를 가지고 있어서 "전쟁의 속성"이라는 추상적인 개념을 통해서는 절대로 서로를 이해할 수 없다. 왜냐하면 그와 같은 개념은 사실상 존재하지 않기 때문이다.

마치 문명에 대한 반란이라도 일으키려는 듯이, 우리가 상상할 수 없을 정도로 참혹한 유고슬라비아 내전은 기존의 군사개념에 의한 어떠한 설명도 불가능하게 만들었다. 그들이 보여주었던 지역 간의 증오심은 원시부족이나 민족들 사이에서 벌어진 전쟁을 연구주제로 삼고 있는 전문 인류학자들만이 익숙하게 받아들일 수 있는 것이었다. 그러나 많은 인류학자들은 "원시적 전쟁"과 같은 현상을 부인하고 있다. 대부분의 지적인 구독자들은 신문에 실린 "인종말살"이라든가 조직적인 강간, 철저한 복수, 대규모의 살상, 비점령 영토의 공동화(空洞化) 등이 이 책에 묘사된 국가 형성 이전 시대 사람들의 행동양식과 대단히 유사한 것을 깨닫고 커다란 충격을 받게 될 것이다.

닐 화이트헤드 교수에게 깊은 감사를 드린다. 닐 교수는 전쟁인류학에 대한 문헌을 통해서 올바른 관점을 유지할 수 있도록 많은 도움을 주었다. 이 책에서 잘못된 해석이나 이해가 있다면, 그것은 전적으로 나의 책임이다. 또한 직업군인들과 군사역사가들에게도 감사를 드린다. 전 시대와 전 세계에 걸쳐서 일어났던 헤아릴 수 없을 정도로 많은 전쟁들을 이해하기 쉬운 구도로 정리할 수 있었던 것은 모두 그들의 덕분이다. 그밖에도 내가 만났던 모든 사람들을 일일이 소개할 수는 없을 것이다. 그러나 베일리얼(Balliol : 옥스퍼드 대학교의 가장 오래된 칼리지의 하나/역주)의 교수였으며 처음으로 나에게 전쟁의 역사에 대해서 가르쳐주셨던 A. B. 로저 선생님을 잊을 수 없을 것이다. 그리고 샌드허스트 왕립육군사관학교의 군사학과(軍史學科) 과장 피터 영준장과 샌드허스트의 동료였던 크리스토퍼 더피 박사에게도 인사를 전하고 싶다. 합스부르크와 오스만의 전쟁사에 대한 크리스토퍼 박사의 해박한 지식 덕분에 나는 전쟁은 문화적 행위(cultural activity)라고 생각하게 되었다.

미국인 편집장 엘리자베스 시프턴과 영국인 편집장 앤터니 휘텀 그리고 사진자료를 모아주었던 앤 마리 에를리히에게 진심으로 감사를 표한다. 지도를 그리고 분류한 앨런 길리랜드, 알아보기 힘든 필체로 작성된 나의 원고를 타자로 정리한 프랜시스 뱅크스 그리고 오랜 친구이자 언제나 나의 학문적인 동반자였던 앤터니 셰일에게도 깊은 감사의 마음을 전하고 싶다. 특히 샌드허스트 육군사관학교의 중앙도서관에서 일하는 앤드루 오질에게 많은 신세를 졌다. 세계에서 가장 큰 군사도서관의 하나인 그곳에서 자료를 얻을 수 있었다는 것은 나에게 커다란 행운이었다. 그외에도 국방성 도서관과 런던 도서관에 감사를 드린다.

「더 데일리 텔리그래프(*The Daily Telegraph*)」지에서 일하는 콘래드 블랙, 맥스 헤이스팅스, 톰 프라이드, 나이젤 웨이드 등에게 개인적인 감사를 드리지 않을 수 없다. 그들은 1990년 11월, 내가 걸프 만과 유고슬라비아를 방문할 수 있도록 주선했다. 그 당시에 유고슬라비아는 크로아티아와 보스니아 사이에서 치열한 전쟁이 벌어지고 있었다. 피터 아먼드, 로버트 폭스, 빌 디디스, 제레미 디디스, 크리스토퍼 허드슨, 사이먼 스콧-플러머, 존 콜드스트림, 미리엄 그로스, 나이젤 혼, 닉 갈런드, 마크로, 찰스 무어, 트리버 그로우브, 휴 몽고메리-매싱버드, 앤드루 허친슨 그리고 루이자 불에게도 감사한다.

나의 형제 프랜시스에게 감사의 마음을 전한다. 나의 어머니는 툼딜리의 브리지먼 가문의 후손이었다. 프랜시스는 그 가문에 대해서 커다란 관심이 있었는데, 루이 14세의 전쟁이 벌어졌을 때 프랑스를 위해서 싸우려고 아일랜드로부터 건너온 몇몇 기사들과 브리지먼 가문과의 관계를 밝혀놓았다. 그중의 한 사람이 바로 윈터 브리지먼이다. 그는 여러 모로 국제적인 직업군인의 전형이라고 할 수 있는 사람이다. 나는 이 책을 그에게 헌정하기로 결정했다. 마지막으로 킬밍턴에 있는 친구들, 특히 아너 메들램, 마이클과 네스터 그레이, 돈과 마저리 데이비스에게 감사를 드리고 싶다. 또한 나의 아이들과 손자들, 루시와 브룩스 뉴마크, 토머스, 로즈, 매튜와 메리 그리고 나의 사랑하는 아내 수전에게 사랑과 감사의 마음을 전한다.

1993년 9월 6일

킬밍턴 매너에서

# 서론

사실 나는 군인이 될 운명이 아니었다. 나는 어린 시절에 앓았던 질병으로 1948년에 다리를 절게 된 이후, 45년이 지난 지금까지도 여전히 다리가 불편하다. 1952년에 나는 군대복무를 하기 위한 신체검사를 받았다. 내 다리를 검진한 의사는 고개를 흔들면서 서류에 무엇인가를 기록하더니 가도 좋다고 말했다. 몇 주일 후에 도착한 통지서에는 내가 어떤 군사적인 업무에도 부적합하다는 판정을 받았다고 적혀 있었다.

그럼에도 불구하고 운명은 나를 군인의 길로 이끌었다. 나의 아버지는 제1차 세계대전에 참전한 군인이었다. 나는 영국에서 제2차 세계대전을 겪으며 성장했다. 그곳에는 유럽 진격을 위한 디데이를 기다리는 영국과 미국의 병력이 주둔하고 있었다. 우연한 기회에 나는 1917년과 1918년의 서부전선에서의 경험이 아버지의 인생에서 가장 중요한 사건이었다는 사실을 알게 되었다. 또한 1943-1944년의 독일 침공에 대한 준비작업에 깊은 감명을 받았다. 이 사실은 나의 마음속 깊이 간직되어 있던 군사문제에 대한 관심을 불러일으켰다. 그리하여 1953년에 옥스퍼드로 진학했을 때, 나는 군사역사학을 전공으로 선택했다.

그러나 전공은 학위를 얻기 위한 수단에 불과했을 뿐 그 이상도 이하도 아니었다. 그러므로 군사역사학에 대한 나의 관심도 졸업과 더불어 끝나게 되었을지도 모른다. 그러나 졸업학기 동안 나의 관심은 점점 더 깊어지게 되었다. 왜냐하면 옥스퍼드에서 만난 대부분의 친구들이 나와는 달리 군대복무를 끝마쳤기 때문이었다. 그들을 볼 때마다 나는 인생에서 중요한 무엇인가를 놓친 것 같은 느낌이 들었다. 게다가 그들은 모두 장교출신이었고 전투경험도 있었다. 1950년대 초반의 영국은 소규모의 식민지 전쟁을 차례차례 겪으면서 대영제국의 위상에서 몰락하고 있는 중이었다. 나의 친구들 중에는 말레이 반도의 정글이나 케냐의 밀림에서 군사활동을 벌인 사람도 있었다. 그리고 몇 명은 한국으로 파견되어 대규모 전쟁에 참가하기도 했다.

그 이후로 그들 앞에는 전문가로서의 삶이 기다리고 있었다. 그들은 학문적인 성공과 학교에서의 좋은 성적을 미래에 대한 패스포트처럼 추구했다. 그들은 2년 동안 군복을 입었지만, 나는 그런 것을 전혀 경험할 수가 없었다. 그렇기 때문에 나는 전혀 다른 세계의 신비로운 그림자가 그들을 감싸고 있는 것 같은 느낌을 받았다. 그 세계는 이국적인 장소와 강한 책임감, 흥분과 위험을 내포하고 있었다. 또한 그들을 지휘했던 교관들과의 그들의 교류도 그 세계가 지니고 있는 마력의 일부였다. 교관들은 학문적인 태도와 열성으로 인해서 대단한 칭송을 받았다. 나의 동료들은 교관들의 또다른 장점들(저돌성, 열정, 활기 그리고 일상생활에서 발휘되는 인내력) 때문에 그들을 존경했다. 그들의 이름은 종종 거론되었고 성품과 태도가 회상되기도 했다. 또한 그들의 공적—무엇보다도 자신감에 넘쳐서 일으키는 권위와의 사소한 충돌—을 되씹었다. 나는 우연한 기회에 쾌활한 성격의 몇몇 군인들을 알게 되었다. 그리고 이러한 사람들에 대해서 보다 확실하게 알고 싶었다. 군사역사학을 공부하면서, 군인들의 세계에 대한 나의 생각을 보다 구체화시키고 싶다는 욕망이 마음속에서 천천히 자리 잡기 시작했다.

대학생활이 끝나자, 나의 친구들은 변호사나 외교관, 공무원이나 교수가 되기 위해서 각자의 길을 떠났다. 그러나 그들이 남긴 군대생활의 추억이 나를 사로잡고 있었다. 나는 군사역사가가 되기로 결심했다. 그 당시에는 이러한 과목에 대한 강좌가 거의 없었기 때문에 대단히 어려운 결정이었다. 하지만 내가 기대했던 것보다도 더 빠르게, 샌드허스트 육군사관학교에 자리가 났다. 1960년부터 나는 교수진에 참가할 수 있었다. 겨우 25세의 나이였다. 나는 군대에 대해서 아는 것이 거의 없었다. 총소리조차 들어본 적이 없었으며, 정규 장교는 한 번도 만나본 적이 없었다. 군인과 군대에 대한 나의 생각은 전적으로 상상에 의한 것이었다.

샌드허스트에서 보낸 첫 학기 동안에, 나는 한 번도 상상하지 못했던 세계를 경험하게 되었다. 1960년 무렵에 사관학교의 교관들은 모두 제2차 세계대전에 참전한 사람들이었다. 젊은 장교들조차도 대부분이 한국이나 말레이 반도, 케냐, 팔레스타인, 키프로스 혹은 그밖에 여러 식민지 전투에서 전쟁을 경험한 역전의 군인들이었다. 그들의 군복은 온통 무공을 기념하는 메달과 훈장들로 뒤덮여 있었다. 우리 학과의 학과장이었던 퇴역장교는 저녁식사 때마다 십자훈장과 무공훈장을 가슴에 달고 나왔는데, 그런 모습은 조금도 특이한 것이 아니었다. 알-알라메인, 카시노, 아른험 그리고 코히마 등지에서 거둔 승리로 훈장을 받았던 소령들과 대령들이 많았던 것이다. 제2차 세계대전의 역사가 그들이 자랑스럽게 달고 다니는 그 작은 실크 기장 속에 기록되어 있었다. 역사의 가장 결정적인 순간들이 그 메달과 십자훈장 속에서 살아 있었던 것이다. 그러나 그것을 달고 있는 사람들은 거의 그 의미를 의식하지 못하고 있는 것처럼 보였다.

나를 매혹시켰던 것은 만화경 같은 훈장들뿐만이 아니었다. 훈장과 관련되는 온갖 것들과 만화경 같은 군복들도 나를 놀라게 했다. 나의 대학 동료들은 대부분 군대시절의 유물들(연대 블레이저나 영국군 외투 등)을 입고 다녔다. 기병대의 사관이었던 친구들은 우아한 정장에 모로코산 가죽 구두를 신기도 했다. 그리고 구두에는 그들이 속했던 연대를 표시하는 박차(拍車)를 달기 위해서 구멍을 뚫어놓았다. 군복이라고 해서 모두 똑같은 것은 아니었으며, 연대마다 각기 다른 군복을 입는다는 사실에 나는 흥분되기도 했다. 샌드허스트에서 처음 맞이했던 저녁식사 시간은 군복이 얼마나 다양할 수 있는지를 가르쳐주었던 것이다. 그곳에는 푸른색과 자주색의 군복을 입은 창기병(槍騎兵)과 경기병(輕騎兵), 황금색 장식을 주렁주렁 달고 있는 근위대 기병, 거의 검은색에 가까운 짙은 녹색 군복을 입은 소총병, 몸에 착 달라붙는 바지를 입은 포병, 빳빳한 셔츠를 입은 근위보병, 스코틀랜드 특유의 체크 무늬 군복을 입은 하일랜드 병사, 스코틀랜드의 전통 의상 트루즈를 걸치고 있는 로울랜드 병사, 노란색, 흰색, 회색, 자주색, 담황색 등의 깃을 재킷에 맞추어 패용한 각 지방의 보병들이 있었다.

나는 군대라면 모두 다 같은 군대라고 생각했다. 그러나 그날 이후로 나는 그렇지 않다는 사실을 깨달았다. 그리고 군복이 보여주는 외적인 차이가 더욱 중요한 내적인 차이까지도 드러낸다는 사실을 알게 되었다. 그들이 속한 연대(regiment)가 바로 그들의 개별적인 특성을 결정했다. 그리고 그 개별적인 특성이 전투 조직력을 보여주고 있었던 것이다. 나의 연대 친구들은(동료들과 기꺼이 우정을 나누는 자세도 그들이 지닌 장점 가운데 하나라고 할 수 있다) 모두가 전투로 맺어진 형제였다. 그러나 그들을 맺어주는 끈은 오직 한 가지였다. 연대에 대한 충성심이 그들이 살아가는 삶의 시금석이었던 것이다. 개인적인 대립이나 의견차이는 다음날 아침이면 충분히 잊을 수 있었다. 그러나 연대에 대한 비방은 결코 용서받을 수 없었다. 실제로 연대의 가치를 심각하게 훼손하는 말은 절대로 입 밖에 내지도 않았다.

부족주의(tribalism)—나는 바로 그것과 마주치게 되었던 것이다(p. 43 참조). 1960년대에 샌드허스트에서 내가 만났던 군인들은 외부적인 측면에서 볼 때, 다른 전문적인 직업인들과 조금도 다를 바가 없었다. 그들은 같은 학교를 졸업했으며, 많은 경우에 같은 대학교를 다녔다. 그들은 가족에게 대단히 헌신적이었으며, 보통 사람들과 마찬가지로 자식에 대한 기대를 품고 있었다. 또한 금전적인 문제로 고민하기도 했다. 그러나 군대에서 돈은 궁극적인 가치가 될 수 없었다. 심지어 행동의 동기조차도 되지 않았다. 물론 장교들도 승진하기 위해서 노력하고 있었다. 그러나 승진이 자신의 가치를 평가하는 척도는 아니었다. 장군이라고 해서 모두가 존경을 받는 것은 아니었다. 어떤 경우에도 계급장에 의해서 존경을 받을 수는 없었다. 존경은 한 인격체로서의 그가 누리는 평판에 의해서 결정되며 그러한 평판은 부대 내의 "부족사회" 형제들 사이에서 오랫동안 형성되었다. 형제는 단지 동료 사관들뿐만 아니라 하사관들과 일개 병사들까지도 포함했다. "병사들과 사이가 좋지 않다"는 평판은 사관에게 치명적인 약점이었다. 아무리 똑똑하고 열성적이며 일을 잘 처리하는 사관이라고 하더라도, 동료들 사이에서 신임을 얻지 못하면 다른 모든 장점들도 아무런 소용이 없는 것이다. 그는 형제가 아니기 때문이다.

영국의 군대는 극단적으로 부족적인(tribal) 경향을 지니고 있다. 어떤 연대는 거의 17세기까지 그 역사가 거슬러 올라가기도 한다. 17세기는 로마제국에 대한 이민족의 침입 시기 동안 서유럽으로 이동한 선조들의 후예인 봉건전사들이 토대가 되어 근대적인 군대가 겨우 형태를 갖추기 시작할 무렵이었다. 그러나 나는 내 청춘기에 처음 샌드허스트에 입교한 이래 몇 년 동안 다른 많은 군대에서도 똑같은 부족사회 전사의 가치관을 발견할 수 있었다. 알제리 전투에서 무슬림 병사들을 이끌던 프랑스 장교들도 부족적인 경향이 있었다. 그 무슬림 병사들의 전통은 이슬람의 선구적인 전사였던 가지(ghazi : 전사 혹은 영웅으로 번역될 수 있으며 이름 앞에 붙여 쓰는 명예 호칭/역주)의 전통과 밀접한 관계가 있었다. 러시아의 초원지대에서 전투를 벌이던 독일장교들은 혹독한 시련 속에서도 중세 조상들의 전투를 다시 수행하고 있다는 자부심을 간직했다. 나는 독일의 전후 군대를 재건하려고 재입대한 그들을 회상할 때에도 역시 그것을 느꼈다. 나는 인도장교들로부터 그와 같은 정신을 강하게 느낄 수 있었다. 그들은 스스로를 선사시대에 인도를 지배했다는 침략자들의 후예인 도그라스 또는 라지푸트족이라고 강력하게 주장했다. 베트남이나 레바논 혹은 걸프 만에서 전쟁을 수행한 미국장교들에게서도 역시 마찬가지 정서를 나는 느꼈다. 그들은 공화국의 뿌리인 의무와 용기를 전형적으로 보여주었던 것이다.

군인은 여느 사람들과는 다르다. 바로 이것이 내가 군인들과의 생활을 통해서 얻은 교훈이었다. 이러한 교훈 때문에 나는 전쟁을 다른 일상적인 인간의 활동과 동일한 것으로 바라보는 모든 전쟁에 관한 주장들과 이론들에 대해서 강한 의혹을 품게 되었다. 많은 이론가들이 주장하는 것처럼, 분명히 전쟁은 경제, 외교, 정치와 밀접한 관련을 맺고 있다. 그러나 그런 것들과 완전히 동일하거나 혹은 유사한 것으로 생각할 정도로 깊은 관련이 있는 것은 아니다. 전쟁은 외교나 정치와는 완전히 다른 행위인 것이다. 그것은 정치가나 혹은 외교관과는 전혀 다른 가치관과 기술을 지닌 사람들에 의해서 수행되는 행위이기 때문이다. 그들은 동떨어진 세계, 아주 먼 다른 세계에 속한 사람들이다. 그 세계는 일상적인 세계와 나란히 공존하고 있기는 하지만, 일상적인 세계에 속하는 것은 아니다. 두 세계 모두 시간의 흐름에 따라서 점차 변화했다. 그리고 군인들의 세계는 점차 일반 민간인의 세계에 순응하게 되었지만 여전히 어느 정도 거리를 유지하고 있다. 그 거리는 절대로 좁혀질 수 없는 것이다. 왜냐하면 군인들의 문화는 결코 문명 그 자체의 문화일 수가 없기 때문이다. 모든 문명은 그 시작에서 군인들에게 많은 빚을 지고 있다. 문화는 스스로를 보호하기 위해서 전사들을 길렀던 것이다. 문화들의 차이가 결국은 외부적으로도 커다란 차이를 만들게 되었을 것이다. 외부적으로 드러나는 세 가지 특징적인 군사전통이 바로 이 책의 주제라고 할 수 있다. 그러나 궁극적으로 보면 오직 하나의 군사문화가 있을 뿐이다. 그 문화가 인류의 시작에서부터 현재에 이르기까지 시대와 장소에 따라서 어떻게 진화하고 변화했는가 하는 것이 바로 전쟁의 역사인 것이다.

## 제 1 장

# 인류의 역사 속에서의 전쟁

### 전쟁이란 무엇인가?

전쟁은 다른 수단에 의한 정치의 연장(continuation of policy)이 아니다. 만약 카를 폰 클라우제비츠(1780-1831)의 명제가 사실이었다면, 아마도 이 세상은 보다 더 단순하고 이해하기 쉬운 곳이 되었을 것이다. 나폴레옹 전투에 참가했던 독일군 퇴역장교였던 클라우제비츠는 퇴역한 후의 여생 동안에 한 권의 책을 저술하게 되었다. 클라우제비츠가 저술한 『전쟁론(*Vom Kriege*)』은 전쟁에 관한 저서들 중에서 가장 유명한 책이다. 이 책에서 그는 전쟁은 "다른 여러 수단들을 혼합하는(mit Einmischung anderer Mittel, with the intermixing of other means)" "정치적 교섭(des politischen Verkchrs, of political intercourse)"의 연장이라고 정의했다.[1] 흔히 인용되는 영어 문구보다도 원래의 독일어 표현이 애초의 미묘하고 복잡한 의미를 더욱 잘 나타내고 있다. 그러나 클라우제비츠의 생각은 불완전한 것이었다. 그것은 국가와 국익 그리고 이 두 가지를 어떻게 달성할 것인가에 대한 합리적인 계산을 전제로 한 것이었다. 그러나 전쟁은 국가나 외교 그리고 전략이 생기기 수천 년 전부터 이미 존재했던 것이다. 전쟁은 인류의 기원만큼이나 오래되었으며 인간 심성의 가장 비밀스러운 자리에서부터 비롯된다. 그곳은 자아가 이성적인 목적의식을 잊어버리고, 자존심이 모든 것을 지배하며, 감정이 우선하고, 본능이 절대자 노릇을 하는 자리이다. "인간은 정치적인 동물이다"

라고 아리스토텔레스는 말했다. 그러므로 아리스토텔레스의 후예인 클라우제비츠는 단순히 정치적인 동물이 곧 전쟁을 만든 동물이라고 말했을 뿐이다. 그리고 감히 인간은 생각하는 동물인 동시에 그 사고력이 무엇인가를 사냥하려는 충동과 살해하는 능력을 향해서 발달했다는 사실과 직면할 용기가 없었다.

그러나 목사의 손자로 태어나서 18세기 계몽주의 정신 속에서 성장한 프로이센의 한 장교 못지않게, 현대인들도 이러한 생각을 받아들이기란 결코 쉬운 일이 아니다. 프로이트와 융 그리고 아들러가 외견상 우리에게 미친 영향에도 불구하고, 우리의 윤리적인 가치는 아직도 저 위대한 유일신교의 수준에 머물러 있다. 그리하여 어쩔 수 없는 몇몇 상황을 제외하고는 다른 모든 경우에 살인을 죄악시하는 것이다. 인류학자들과 고고학자들은 문명을 이룩하지 못했던 우리 선조들의 이빨과 발톱이 피로 붉게 물들어 있었을 것이라는 사실을 암시한다. 심리학자들은 우리의 야만성이 피부 밑에서 그다지 멀지 않은 곳에 숨어 있다는 사실을 인식시키기 위해서 노력한다. 그럼에도 불구하고 우리는 인간의 본성을 문명화된 대다수 현대인들의 일상적인 행동양식 속에 나타난 모습대로 받아들이고 싶어한다. 비록 불완전하기는 하지만 분명히 협동적이고 때로는 우호적인 행동을 하는 인간의 본성을 믿는 것이다. 우리에게 문화는 인간의 행동방식을 결정하는 가장 큰 요인처럼 여겨진다. "본성과 후천성(교육)(nature and nurture)" 사이에 벌어지는 치열한 학문적 논쟁에서, 문외한들로부터 더 많은 지지를 받는 것은 바로 후천성을 주장하는 쪽이다. 물론 우리는 문화적인 동물이다. 우리가 이룩한 문화의 풍요로움은 폭력에 대한 부정할 수 없는 잠재성을 받아들이기는 하지만, 그럼에도 폭력의 표현은 문화적 일탈이라고 믿도록 만들었다. 그러나 역사적인 교훈은 우리가 살고 있는 국가와 그 제도, 심지어 법률까지도 갈등, 때로는 가장 잔인한 갈등에 의해서 이룩된 것이라는 사실을 상기시킨다. 우리가 날마다 보고 듣는 뉴스도 매우 인접한 지역에서 벌어지는 유혈사건을 종종 보도한다. 그런 사건은 항상 도저히 문화적으로 정상이라고 말할 수 없는 상황 속에서 벌어진다. 그러나 우리는 폭력적인 역사와 보도자료가 주는 교훈을 이 사회와 구별된 "별개"의 범주 속에 집어넣는 일에 성공했다. 세계의 낙관적인 미래에 대한 기대를 백지화하지 않기 위해서 그런 방법을 선택했던 것이다. 우리는 스스로에게 이렇게 말한다. 우리의 제도와 법률은 인간의 폭력적인 잠재력을 강력하게 통제하여 일상생활 속에서의 폭력은 범죄로서 징벌하고, 그 반면 국가조직에 의한 폭력은 "문명화된 전쟁"이라는 특별한 형태를 취할 것이라고 말이다.

문명화된 전쟁의 범주는 2개의 대조적인 인간유형에 의해서 정의된다. 평화주의자들과 "합법적인 병사들"이다. 합법적인 병사들은 존경을 강요할 수단을 가지고 있기 때문에 항상 존경을 받아왔다. 한편 평화주의자들은 기독교 세계에서 2,000년 동안이나 높이 평가되었다. 이들의 상호 보완성은 기독교의 창시자와 그에게 하인의 병을 고쳐달라고 요청한 로마의 직업군인 사이에 오고 간 대화 속에서 발견할 수 있다. "저 또한 명령을 받는 몸입니다"라고 로마의 백부장(Centurion : 옛 로마 제국의 백인대, 즉 100여 명의 군사로 이루어진 부대를 이끌던 지휘관/역주)은 설명한다.[2] 예수는 미덕의 힘에 대한 백부장의 믿음에 감탄한다. 백부장은 그것을 법의 구속력에 대처할 만한 것으로 간주했던 것이다. 아마도 예수는 합법적인 병사들의 윤리적인 위치를 인정하고 있었던 것 같다. 그들은 상관의 명령에 따라서 목숨을 내놓아야만 했고, 그러므로 자신의 신념에 따라서 폭력을 휘두르기보다는 차라리 목숨을 포기하는 평화주의자들과 서로 비교될 수 있었다. 이것은 대단히 복잡한 사고이지만 서양문화가 융합하기에 그다지 어려운 것이 아니었다. 이러한 사고를 바탕으로 직업군인들과 평화주의자들은 상호 공존할 수 있는(때로는 얼굴과 얼굴을 맞댄 채) 자리를 발견할 수 있었다. 제2차 세계대전 중, 영국 군대에서 가장 거칠고 난폭한 부대로 손꼽혔던 제3코만도 부대의 부상자 후송병들은 모두 평화주의자들이었다. 하지만 지휘관은 그들의 용기와 기꺼운 희생정신에 대해서 열렬한 경외심을 가졌다. 사실 합법적인 병사들과 본질적으로 비합법적인 병사들 모두에 대해서 경외심을 가질 수 없었다면, 서양문명은 지금과 같은 모습이 될 수 없었을 것이다. 서양문화는 언제나 타협점을 발견했던 것이다. 그리고 공적인 폭력문제에서의 타협이란 폭력 자체는 비난하면서도 그것의 사용을 합법화하기 위한 것이었다. 평화주의는 인류의 이상으로 추앙받는 반면에, 합법적인 무기의 사용은 (군사적인 정의라는 엄격한 규율과 인도주의적인 법체계 내에서) 실제적인 필요로 허용되고 있었다.

"정치의 연장으로서의 전쟁"은 클라우제비츠가 그러한 타협을 표현하기 위해서 선택한 하나의 개념일 뿐이다. 그가 주장했던 국가는 바로 그런 타협을 위해서 건설되었다. 이것은 또한 지배적 윤리(절대주권, 규칙에 따른 외교, 법적 구속력을 가진 조약들)에 대한 존경심과도 부합되며, 다른 한편으로는 국가의 이익을 최우선으로 하는 원칙까지도 고려하고 있다. 만약 평화주의(프로이센의 철학자 칸트가 유일하게 종교적 영역에서 정치적 영역으로 전환시켰던)라는 이상을 인정하지 않는다면, 합법적인 병사들과 반란자들, 해적들, 산적들 사이에 분명하고 철저한 구별이 있어야 할 것이다. 또한 이런 타협에는 법적 상관에 대한 경이로울 정도의 복종과 엄정한 군기(軍紀)가 전제되어야 한다. 그리고 전쟁은 대단히 전형적인(포위, 회전[會戰], 전초전[前哨戰], 기습, 순찰, 정찰, 전초[前哨] 등 나름대로의 인정된 관행이 있는) 형태로만 일어나며, 시작과 끝이 있는 것으로 간주되는 것이다. 평화주의와 합법적인 폭력 사이의 타협이 미처 고려하지 못했던 사실은 시작도 끝도 없는 전쟁, 국가전쟁이 아닌 이주에 의한 지역적인 내전이 존재한다는 점이다. 이러한 전쟁에서는 합법적인 병사와 비합법적인 병사 사이의 뚜렷한 구별이 있을 수 없다. 모든 남자들이 다 전사이기 때문이다. 인류 역사상 가장 오랜 세월에 걸쳐서 보편적으로 일어났던 전쟁은 바로 이런 유형의 전쟁이었다. 게다가 그것은 비정규군을 모집하는 일반적인 관행으로 그 모습을 달리할 뿐, 아직도 문명화된 국가의 생활주변을 침식하고 있다. 다만 문명화된 국가의 장교들은 비정규군을 전쟁터에 세우는 비합법적이고 반문명화된 수단과 전투라는 야만적인 방식을 외면하고 있을 뿐이다. 그러나 사실상 비정규군이 제공하는 도움이 없다면, 클라우제비츠와 그의 동료들을 양성했던 정예 정규군은 결코 전쟁을 계속 수행할 수 없을 것이다. 모든 정규군은, 심지어 프랑스 혁명 당시의 군대조차도 정찰이나 순찰 혹은 전초전을 위하여 비정규군을 모집했다. 18세기 동안 이러한 비정규군(카자흐인, "사냥꾼", 하일랜드인, "변방인", 경기병[輕騎兵])의 급속한 팽창은 현대의 군사발전에서 가장 주목할 만한 사건 중에 하나라고 할 수 있다. 약탈과 강간, 살인, 납치, 방화 등의 조직적인 만행을 자행하는 병사들의 관습에 대하여 문명사회의 고용주들은 눈을 감아버리는 길을 택했다. 그들 자신이 수행하고 있는 전쟁보다 이것이 더욱 오래되고 보편화된 전쟁의 유형이라는 사실을 인정하고 싶지 않았던 것이다. "전쟁은 정치의 연장……"이라고 클라우제비츠가 정의한 이 개념은 생각이 깊은 장교들에게 그의 선언의 고색창연하고 어둡고 근본적인 측면에 대한 관조에서 탈출할 수 있는 편리한 철학적인 도피처를 제공하는 셈이었다.

그러나 클라우제비츠 자신은 한쪽 눈으로나마, 사실은 전쟁이 그가 주장하는 그런 것과는 전혀 거리가 먼 것을 분명히 보았다. 그러므로 카를 폰 클라우제비츠는 자신의 유명한 정의 앞에 "만약 문명인들의 전쟁이 야만인들의 전쟁보다 잔인하지 않고 파괴적인 것이 아니라면(If the wars of civilised peoples are less cruel and destructive than those of savages)"이라고 조건을 붙였다. 그러나 클라우제비츠는 이러한 생각을 끝까지 파고들지 않았다. 왜냐하면 모든 철학적 능력을 다 동원하여, 그는 전쟁이 실제로 어떤 모습인가에 대해서보다는 차라리 어떤 모습이어야 하는가에 대한 보편적 이론을 세우려고 노력했기 때문이다. 그리고 대단한 성공을 거두었다. 전쟁수행 과정에서 정치가들이나 최고위 지휘관들은 아직까지도 클라우제비츠의 이론에 귀를 기울이고 있다. 그러나 전쟁에 대한 사실적인 묘사를 하기 위해서라면, 클라우제비츠 자신이 전쟁의 증인이며 군사역사가였음에도 불구하고, 역사가들이나 증인들은 클라우제비츠의 이론에서부터 멀리 달아나야만 할 것이다. 그는 자신의 이론 속에 도저히 집어넣을 수 없는 많은 사실들도 두 눈으로 직접 목격하고 기록했을 것이다. "이론화되지 않은 사실은 침묵한다." 경제학자 프리드리히 하이에크는 이렇게 말했다. 냉정한 경제현실에서 그 말은 사실일 것이다. 그러나 전쟁의 현실은 결코 냉정하지 않다. 그것은 지옥의 열기로 펄펄 끓어오르고 있다. 그 옛날 애틀랜타를 불태우고 미국의 남부를 초토화시킨 윌리엄 테쿰세 셔먼 장군은 전쟁에 대한 추억에 잠겨서 클라우제비츠의 정의만큼이나 유명한 말을 남겼다 : "이제 전쟁이라면 넌덜머리가 난다. 전쟁의 영광은 한낱 달무리에……불과하다. ……전쟁은 지옥이다."[3)]

클라우제비츠는 활활 타오르는 지옥의 불길과도 같은 전쟁을 보았다. 그리고 실제로 모스크바가 불타는 것을 목격했다. 모스크바 화재는 나폴레옹 전쟁 중에 일어난 가장 커다란 물질적인 재난이었다. 그 사건의 유럽적인 의미는 1755년에 일어난 리스본의 지진과 유사한 심리적 영향을 미쳤다. 신앙의 시대에 리스본의 파괴는 전능한 신의 힘에 대한 무시무시한 증거로 여겨졌다. 그리하여 포르투갈과 에스파냐 전역에서 종교부활의 시대가 도래했던 것이다. 혁명의 시대에, 모스크바의 파괴는 인간의 능력에 대한 시험으로 받아들여졌다. 그리고 실제로도 그러했다. 이 화재는 고의적인 것으로 인정되고 있지만(모스크바 총독인 로스토프친은 그 증거가 없다고 주장했지만, 나폴레옹은 방화범으로 추정되는 자를 처형했다) 클라우제비츠만은 이상하게도 그 화재가 나폴레옹에게 승리의 전리품을 안겨주지 않으려는 의도적인 전략이었는지 아닌지를 확신하지 못했다. 오히려 "나는 프랑스 군대가 그 화재의 범인이 아니라고 확신하고 있지만, 그렇다고 해서 러시아 지휘관들이 그런 짓을 저질렀다고도 말할 수 없다"라고 썼다. 클라우제비츠는 이 화재가 우연히 발생한 사건이었다고 믿었던 것이다.

> [러시아] 후위군들이 쏟아져 나온 거리에서 내가 목격한 그 엄청난 소동뿐만 아니라, 연기가 가장 먼저 카자흐인들이 활동 중이던 외곽지역에서부터 솟아올랐다는 사실로 미루어볼 때, 모스크바 화재는 혼란스러운 상황에서 발생한 우연한 사건이었거나, 그렇지 않으면 적들이 이용할 수 없도록 모든 집들을 깨끗하게 불질러버리는 카자흐인들의 관습에서 비롯된 것이라고 확신한다. ……러시아의 운명에 그토록 거대한 영향을 미쳤던 이 사건이 불륜에 의한 사생아처럼 아버지가 누구인지도 모르는 채 뜻하지 않게 태어났다는 사실은 가장 이상한 역사적 해프닝이 아닐 수 없다.[4]

그러나 클라우제비츠는 분명히 원인을 알 수 없는 모스크바 화재나 혹은 1812년에 러시아에서 나폴레옹 전투가 벌어졌을 때 자행되었던 수많은 다른 만행들이 결코 우연한 사건이 아니라는 사실을 잘 알고 있었다. 카자흐인들이 관련되었다는 사실부터가 방화와 약탈, 강간, 살인, 그밖에 수많은 만행들이 저질러지리라는 것을 보장하고 있었다. 카자흐인들에게 전쟁은 정치가 아니라, 문화이며 삶의 한 방식이었던 것이다.

카자흐인들은 차르의 병사이면서 동시에 차르의 전제정치에 대한 반란자들이었다. 그들의 기원에 대한 이야기는 지금까지도 신화의 베일 속에 있다. 시간이 흘러감에 따라서 카자흐인들이 그들의 기원을 신화로 만든 것은 분명한 사실이다.[5] 하지만 신화의 본질은 매우 단순할 뿐만 아니라 진실한 것이기도 하다. 카자흐인(카자흐[kazakh]는 자유인을 의미하는 투르크어에서 유래되었다)은 폴란드와 리투아니아 그리고 러시아의 지배로부터 벗어나기 위해서 달아난 기독교도 도망자들이었다. 그들은 풍요롭고 광대한 중앙 아시아 초원지대에서 기회를 시험했던 것이다. 그곳은 차르의 법도 미칠 수가 없었다.

클라우제비츠가 카자흐인들에 대해서 알기 시작했을 즈음에는, 이미 카자흐인들의 탄생신화는 단지 구전으로만 전해질 뿐, 현실에서는 점차 사라지고 있었다. 최초에 카자흐인들은 철저한 평등사회를 건설했다. 군주도 없고 여자도 없고 사유재산도 없는, 그야말로 자유의 살아 있는 화신으로서 여기저기를 떠도는 군사집단이었다. 그들의 힘은 너무나 막강해서 설화나 전설의 영원한 소재가 되기도 했다. 1570년에 이반 뇌제(雷帝)는 화약과 납과 돈(이 세 가지는 초원에서 도저히 만들 수 없는 것들이었다)을 주는 대신에 카자흐인들의 도움을 받아서 무슬림의 감옥으로부터 러시아 죄수들을 탈출시켰다. 하지만 그의 통치가 끝나기도 전에, 이반 뇌제는 카자흐인들에게 차르 체제를 강요하기 시작했고 그의 후계자들도 계속해서 압력을 가했다.[6] 결국 나폴레옹과 러시아와의 전쟁 기간에, 정규 카자흐 연대가 조직되었다. 물론 이것은 산림민족, 산악민족, 기마민족 부대들을 서로 다른 국가들의 전투대형 속에 편입시켰던 근대 유럽식 개념과는 극히 일부분이라고 하더라도 상충되는 것이었다. 1837년에 니콜라이 1세가 그의 아들을 "전(全) 카자흐인의 아타만(Ataman : 카자흐인이나 군대에서 선출된 족장/역주)"으로 공포함으로써, 카자흐인을 복속시키기 위한 오랜 과정을 마무리 지었다. 돈 강, 우랄 산맥, 흑해의 카자흐 연대는 황제 근위대에서 대표적인 부대가 되었다. 그러나 그들을 레스키네스나 무살만스 그리고 킵카스 산악민족 등을 비롯한 다른 유순한 변경민족 부대와 구별 짓는 것은 이국적인 장식의 제복밖에는 없었다.

그러나 오랫동안의 복속정책에도 불구하고, 카자흐인들은 러시아의 농노들에게 부과되는 "영혼세(soul tax)"를 바치는 모욕을 받은 적은 없었다. 특히 카자흐인들은 강제징집 대상에서 제외되었다. 러시아의 농노들은 징집명령을 마치 사형선고처럼 받아들였다. 사실 차르 체제가 붕괴되기 직전까지 러시아 정부는 다양한 카자흐 집단들을 마치 자유상비군 집단처럼 다루는 원칙을 유지했다. 그들은 개인이 아니라 각 집단에게 떨어지는 동원명령에 응해야만 하는 책임이 있었다. 심지어 제1차 세계대전이 일어났을 때에도, 러시아 군대의 장군은 카자흐인들이 단순한 병력이 아니라 완전한 체제를 갖춘 연대를 제공할 것이라고 기대했다. 봉건기사나 외교적 동맹국 혹은 용병의 성격을 각기 부분적으로 갖춘 카자흐 전사들은 정예부대들을 전쟁 초반부터 국가에 여러 가지 형태로 제공할 수 있었다.

클라우제비츠가 알고 있었던 카자흐인들은, 나중에 톨스토이가 그의 초기 소설에서 낭만적으로 미화시켰던 떠돌이 유목민보다는 오히려 초기 카자흐 사회의 자유로운 약탈자의 모습에 더욱 가까웠다. 모스크바 전체를 대(大)화재로 몰아넣었던 1812년의 시외곽 방화는 카자흐인들의 이러한 성격을 잘 드러내는 것이었다. 카자흐인들은 여전히 잔인한 민족이었다. 모스크바 방화는 비록 수십만 명이나 되는 시민들이 집을 잃고 거리에서 혹독한 아(亞)북극의 겨울을 맞이해야 하는 잔인한 결과를 낳았지만, 그들이 저질렀던 가장 잔혹한 행위는 아니었다. 대대적인 후퇴가 시작되자, 카자흐인들은 서유럽 희생자들을 공포로 몰아넣은 극도의 잔인성을 보여주었다. 이들의 모습은 유럽인들에게 잔악무도한 초원지대 기마민족의 방문을 떠올리게 했다. 이들 유목민이 휩쓸고 지나간 자리는 어디에나 군기가 죽음의 그림자를 짙게 던졌다. 이 기억은 유럽인들의 가장 깊고 어두운 집단무의식 속에 묻혀 있다. 무릎까지 빠지는 눈 속에서 생존의 희망을 찾아서 흩어졌던 대군(大軍)은 카자흐 기병대대의 소총부리의 추격을 받았다. 카자흐인들은 사정권 밖에서 머물며 기다렸다가, 고통받는 병사들이 완전히 탈진했을 때를 노려서 별안간 덤벼들었다. 항복한 군인들은 말에서 끌어내려져 살해당했다. 나폴레옹이 다리를 불태우기 전에 미처 베레지나 강을 건너지 못한 프랑스 군인들을 카자흐인들이 붙잡았을 때, 살육은 절정에 달했다. 클라우제비츠는 아내에게 그가 목격한 무시무시한 광경을 전한다. "무시무시한 광경들……만약 나의 감정이 이미 무디어져 있지 않았더라면, 나는 아마 미쳐버리고 말았을 것이오. 아무리 많은 세월이 흐른다고 해도, 그 광경을 다시 떠올리게 된다면 소름끼치는 공포감을 느끼지 않을 수 없을 것 같소."[7]

그러나 클라우제비츠는 장교의 아들이며 전쟁 속에서 성장한 직업군인이었다. 또한 20년간을 전쟁터에서 보내고 예나와 워털루는 물론 나폴레옹 전투 중에서 가장 피비린내 나는 보로디노 전투에서도 살아남은 역전의 용사였다. 온 사방에 흘러넘치는 피바다도 보았고, 죽은 자와 부상당한 자들이 추수철의 볏단처럼 빽빽이 쓰러져 있는 전장을 지나기도 했다. 바로 그의 옆에서 사람들이 죽어갔고 자신이 탄 말이 쓰러지거나 간신히 죽음을 모면한 경험도 많았다. 그러므로 그의 감정은 이미 단단하게 굳어져버렸을 것이다. 그런데 그러한 클라우제비츠마저 왜 프랑스 군을 뒤쫓는 카자흐인들의 잔인한 모습에서 그토록 유별나게 공포감을 느꼈을까? 그 대답은 바로 이렇다. 우리는 이미 알고 있고 합리화시킨 사실에 대해서는 덤덤하게 반응할 수 있다. 심지어 우리 자신이나 혹은 우리와 비슷한 사람들이 저지른 잔인한 행위는 정당화할 수도 있다. 하지만 낯선 사람의 손에 의해서 전혀 다른 방식으로 저질러진 잔악한 행위에 대해서는, 비록 그 잔인함의 정도가 똑같다고 해도, 심한 혐오감을 느끼고 분노를 일으키게 되는 것이다. 클라우제비츠와 카자흐인은 서로에게 이방인이었다. 클라우제비츠는 창끝으로 패잔병을 찔러서 끌어내리거나, 포로들을 농민들에게 팔아넘기거나, 혹은 팔 수 없는 자들은 입고 있는 누더기까지 발가벗겨버리는 카자흐인들의 풍습에 분노를 금치 못했다. 그리고 아마도 한 프랑스 장교가 관찰한 것처럼, "우리가 대담하게 정면으로 맞설 때면, 비록 [우리보다] 2배나 더 많을지라도 그들은 감히 저항조차 하지 못했다"는 사실은 그에게 경멸감을 일으켰을 것이다.[8] 한마디로 카자흐인들은 약자에게는 잔인하고, 용감한 자 앞에서는 겁쟁이였다. 그것은 프로이센 장교들과 신사들이 학교에서 배우는 것과는 정반대되는 행동방식이었다. 이러한 행동방식은 그후로도 계속되었다. 1854년의 크림 전쟁 중에 일어난 발라클라바 전투에서, 카자흐 2개 연대가 경무장 여단의 진격을 막기 위해서 파견되었다. 이 전투를 지켜본 러시아 장교는 이렇게 보고했다. "[영국의] 정예 기마부대가 거세게 몰아붙이자, 겁에 질려서 [카자흐인들은] 저항하기는커녕, 왼쪽으로 방향을 바꾸어서 도망갈 통로를 만들기 위해서 자신의 부대를 향해서 총을 발사하기 시작했다." 그러나 그 경무장 여단이 러시아 포병대에 의해서 죽음의 계곡에서 쫓겨나갔을 때, 또다른 러시아 장교의 보고에 따르면, "제일 먼저 달려온 것은 바로 카자흐인들이었다. 그들은 천성 그대로 즉시 주인을 잃은 영국 말들을 생포하여 팔아먹는 일을 시작했다."[9] 이러한 광경으로 인해서 클라우제비츠는 당연히 더욱 커다란 경멸감을 품게 되었다. 그리고 카자흐인들은 "전사"라는 명예로운 이름을 가질 만한 자격이 없다고 굳게 확신하게 되었다. 비록 카자흐인들은 용병의 역할을 하고는 있었지만, 계약을 충실하게 지키는 진정한 용병으로는 불릴 수 없었다. 클라우제비츠는 아마도 이들을 그저 전쟁터의 청소부쯤으로 생각했을 것이다. 전쟁의 부산물을 먹고살던 카자흐인들은 학살로 쇠퇴하기 시작한다. 클라우제비츠 시대에 전쟁의 실제적인 행위는 학살이었기 때문이다. 병사들은 조용히 줄을 서서 살육당하기만을 기다렸다. 종종 몇 시간 동안이나 계속해서 학살이 벌어지기도 했다. 보로디노 전투에서 오스테르만-톨스토이 군단의 보병들은 2시간 동안이나 비처럼 쏟아지는 포탄 속에서 서 있었다고 한다. "그동안 움직임이 있었다면 오직 땅에 죽 쓰러져 있는 병사들의 꿈틀거림뿐이었다." 대학살에서 살아남았다고 하더라도 도살이 끝났음을 의미하는 것은 아니었다. 나폴레옹 부대의 고위 외과의사인 라레는 보로디노 전투가 끝난 그날 밤에 무려 200여 명의 팔다리를 절단했다. 그래도 그의 환자는 운이 좋았던 편이었다. 외젠 라봄은 "전장을 가로세로 건너지른 그 골짜기"의 모습을 이렇게 묘사했다. "부상당한 병사들은 대부분 본능적으로 안전한 피난처를 찾아서 사방을 기어 다녔다. ……그들은 땅에 쓰러진 다른 사람의 몸 위로 계속 쓰러져갔으며 자신이 흘린 피 속에서 무기력하게 헤엄쳤다. 어떤 이들은 지나가는 사람을 애타게 부르며 자신들을 이 아비규환에서 구해달라고 호소했다."[10]

이러한 처참한 살육 광경은 전쟁이 낳은 필연적 결과였다. 그러나 클라우제비츠가 발견했듯이, 카자흐인들 못지않게 야만적이었던 여러 민족들은 자신들이 그러한 학살의 위험에 처해 있을 때에는 등을 돌리고 도망을 쳤지만, 직접 목격하지 않고 그 광경을 묘사하는 것만을 들었을 때에는 코웃음을 쳤다. 1841년에 신분이 높은 사무라이였던 일본의 군사 개혁가 다카시마가 처음 유럽식 군사훈련을 선보였을 때, 그 광경은 비웃음만 불러일으켰다. 병기 담당관은 "군인들이 동시에 똑같은 동작으로 무기를 들었다 내렸다 하는 모습은 마치 어린아이들의 장난처럼 보인다"고 말했다.[11] 그것은 일대일로 전투를 벌이는 무사다운 반응이었다. 그들에게 전투란 자기표현의 행위였다. 싸움을 통해서 무사는 자신의 용기뿐만 아니라, 자신의 인격까지도 드러냈던 것이다. 영국, 프랑스, 독일 등의 그리스 찬미주의자(philhellene)는 터키의 지배에 맞서 싸우던 그리스의 클레프트(klepht)—사실 반쯤은 산적이고 반쯤은 폭도에 불과했지만—를 지지했다. 대부분 나폴레옹 전쟁의 장교 출신이었던 이들은 1821년의 그리스 독립전쟁이 발발했을 때 밀집대형으로 훈련을 하려고 애썼지만, 그들의 노력 또한 비웃음과 조롱만 불러일으켰을 뿐이었다. 그러나 그것은 경멸에서가 아니라, 불신에서 비롯된 것이었다. 클레프트의 전투방식은 매우 오래된 것으로 알렉산드로스 대왕이 아시아를 침공할 때 조우하게 된 방식인데 이들은 적군과 조우할 만한 지점에 작은 성벽을 쌓고서 온갖 조롱과 모욕을 퍼부어서 적군을 자극했다. 그리고 적군이 가까이 다가오면 재빨리 도망쳤다. 그들의 목표는 전쟁에서 이기는 것이 아니라, 살아남아서 다음 날에도 다시 싸우는 것이었다. 터키인들 또한 원시적인 방식으로 싸웠다. 그들은 사상자가 생기는 것은 조금도 아랑곳하지 않고 떼를 지어서 미친 듯이 앞으로 돌진했다. 그리스 찬미주의자들은 그리스인들이 대오(隊伍)를 지어서 터키인들을 공격하지 않는다면 결코 전투에서 이길 수 없다고 주장했다. 그러나 그리스인들은 만약 그들이 유럽식으로 대오를 지은 채 터키인들의 소총 앞에 맨가슴을 내어놓는다면, 순식간에 전멸당하고 결국 전쟁에도 패배할 것이라고 반대했다.

가장 유명한 그리스 찬미주의자인 바이런은 "그리스인을 위해서 부끄러움을/그리스를 위해서 눈물을"이라고 노래하며 다른 자유수호자들과 더불어 그리스의 편에 서서 또 하나의 새로운 테르모필레 전쟁(기원전 480년 페르시아와 스파르타 사이의 전쟁. 페르시아의 대패로 끝났다/역주)을 희망했다. 그러나 바이런 역시 합리적인 전술에 대한 그리스인들의 무지는 결코 극복될 수 없음을 발견하고 다른 모든 유럽의 이상주의자들과 마찬가지로 환멸과 절망을 느껴야만 했다. 그리스 찬미주의자들의 마음속에는 더럽고 무지한 근대의 그리스인들이 고대 그리스인들과 똑같은 민족이라는 믿음이 자리하고 있었다. 셸리는 "세계의 위대한 시대가 새로 시작되었다/황금시대가 다시 돌아왔다"로 시작되는 『헬라스(*Hellas*)』의 서문에서 이러한 믿음을 간결하게 표현했다. "근대 그리스인들은 우리와 같은 인류에 속한다는 것을 거의 상상할 수도 없을 만큼 영광스러운 존재들의 후예이다. 그리고 선조들의 대단한 분별력과 민첩한 이해력과 열정과 용기를 대부분 물려받았다." 그러나 그리스인들과 함께 전투를 치렀던 그리스 찬미주의자들은 고대 그리스인과 근대 그리스인이 같다는 믿음을 재빨리 내던져버렸을 뿐만 아니라, 살아서 유럽으로 되돌아온 자들은, 그리스 찬미주의의 역사가 윌리엄 세인트 클레어가 쓴 대로 그들은 "거의 예외 없이 그리스인들을 구역질을 내며 증오했고, 기만당했던 자신들의 어리석음을 스스로 저주했다."[12] 근대 그리스인들의 용기를 찬미한 셸리의 순진한 시들은 특히 혐오의 대상이 되었다. 그리스 찬미주의자들은 고대 그리스의 중무장 보병들이 페르시아인들과 맞붙었던 전쟁에서 그랬던 것처럼, 근대 그리스인들이 밀집대형으로 "도보로 죽음과 맞서는 전장"에서 불굴의 용기를 보여주기를 원했던 것이다. 그것은 이런저런 경로를 돌아서 서유럽의 전쟁에서도 그들만의 특징적인 전쟁 방식이 되었다. 그리스 찬미주의자들은 최소한 근대 그리스인들이 밀집대형 전술을 기꺼이 다시 배우려는 태도만이라도 보여주기를 원했다. 그것만이 터키로부터 그들의 자유를 얻을 수 있는 유일한 방법이기 때문이었다. 하지만 그들이 결코 그럴 의지조차 없다는 사실을 발견하자, 그리스 찬미주의자들은 고대 그리스인들과 근대 그리스인들 사이의 혈통상의 단절만이 이러한 영웅적 문명의 몰락을 설명해줄 수 있을 뿐이라는 결론을 내리지 않을 수 없었다. 사실 그리스인들의 "전쟁 목적"은 오직 산악 국경지대에서 터키의 권위를 조롱하는 자신들의 클레프트적 방식을 계속 유지할 수 있을 만큼의 자유를 획득하는 것에 불과했다. 그들은 도둑질로 생활을 영위하고 있었으며, 상황에 따라서 편을 바꾸었고, 기회가 주어질 때마다 종교상의 원수를 살해했다. 또한 화려한 옷을 입고 뽐내기를 좋아하고, 잔인한 무기를 휘두르며, 혹은 더러운 뇌물로 자신의 호주머니를 채웠을 뿐만 아니라, 절대로 최후의 한 사람이 남을 때까지 죽으려고 하지 않았다. 아니, 가능하면 단 한 사람도 죽으려고 하지 않았던 것이다.

그리스 찬미주의자들은 그리스인들에게 자신들의 군사문화를 전해주려고 했으나 결국 실패하고 말았다. 클라우제비츠는 카자흐인에게는 그의 군사문화를 전하려는 노력조차 하지 않았으나, 그랬다고 해도 그 역시 실패하고 말았을 것이다. 클라우제비츠나 그리스 찬미주의자들이 미처 깨닫지 못했던 것은 18세기 프랑스의 위대한 삭스 원수가 투르크인들과 다른 적군들의 군사적 약점을 날카롭게 비판하면서 "질서, 군기 그리고 전투예절"이라는 말로 규정한 그들의 서양식 전투방식 또한 "다음날의 전투를 위해서 살아남는다"는 카자흐인들이나 클레프트들의 전술과 마찬가지로 그들 자신의 문화의 한 표현에 다름 아니라는 사실이다.[13]

간단히 말해서, 전쟁이란 무엇인가라는 자신의 질문에 대한 클라우제비츠 스스로의 대답은, 문화적인 측면에서 볼 때, 오류를 범하지 않을 수 없었다. 그것은 조금도 놀라운 일이 아니다. 우리의 현재 모습이 어떻게 문화에 의해서 형성되었는지를 인식할 수 있을 만큼, 자신이 속한 문화로부터 멀리 거리를 두는 것은 누구나 어려운 일이다. 현대 서양인들은 개인주의라는 신념을 실천하는 데에 대해서 다른 어떤 지역의 사람들만큼이나 심각한 어려움을 겪고 있다. 클라우제비츠는 그가 살았던 그 시대가 낳은 사람이었다. 독일 낭만주의자들의 친구였고 계몽주의의 자식이며 지식인이자 실제적인 개혁가였던 그는 행동하는 실천가였고, 사회비판가였으며, 사회변혁의 필요성에 대한 열렬한 신봉자였다. 그는 현재를 날카롭게 관찰했고, 미래에 대해서 헌신적이었다. 그러나 자신이 얼마나 자신의 과거, 즉 중앙집권화된 유럽 국가의 직업관료 계급이라는 과거 속에 깊이 뿌리박고 있는지 깨닫지 못했다. 만약 그의 정신이 단 한 가지라도 어떤 다른 지적인 차원을 경험할 수 있었다면, 그는 전쟁이 정치 이외의 훨씬 더 많은 것을 담고 있음을 인식할 수 있었을 것이다. 또한 전쟁은 언제나 문화의 표현이며, 종종 문화의 형태를 결정짓는 핵심요소일 뿐만 아니라, 어떤 사회에서는 문화 그 자체라는 사실을 깨달았을 것이다.

## 클라우제비츠는 누구인가?

클라우제비츠는 한 연대의 사관이었다. 여기에는 약간의 설명이 필요하다. 연대(regiment)는 일단의 군사력의 단위이며 대체로 약 1,000명 이상의 강인한 병사들의 단체이다. 18세기 유럽에서, 연대는 이미 군사적 풍경에서 자기 자리를 확고하게 하고 있었다. 그리고 이것은 오늘날까지도 남아 있다. 사실 현존하는 어떤 연대는, 특히 영국이나 스웨덴의 군대에서 찾아볼 수 있는데, 거의 300년에 달하는 역사를 가지고 있다. 하지만 그것이 막 탄생할 무렵인 17세기에는, 연대란 단지 새로운 것이었을 뿐만 아니라, 유럽 생활의 혁신적인 요소였다. 그 영향력은 자율적인 관료제도나 공정한 재정관리만큼이나 중대한 것이었고 서로 깊이 연관되어 있었다.

연대—의미론상 이 단어는 정부(government)라는 개념과 관련이 있다—는 국가가 확실하게 군대를 통제하기 위해서 고안한 것이었다. 그러나 연대가 출현하게 된 보다 복합적인 이유는 200여 년 전부터 유럽의 통치자들과 병역의 의무를 져야 했던 신민들 사이의 관계에서 발전되어온 위기감에서 비롯된 것이다. 전통적으로 왕들은 유사시에 군대의 소집을 농촌의 토지보유자들에게 의지해왔다. 양도받은 토지의 넓이와 기간에 따라서 요구된 숫자만큼의 무장병력을 바치겠다는 약속의 대가로 그들은 그 지방의 생존권과 각종 권력을 부여받았다. 이러한 체계는 생존문제에 의해서 결정된 최후의 방책이었다. 경작과 분배가 수송상의 어려움으로 인해서 극히 제한되었던 원시경제 사회에서, 병사들은 다시 역경에 빠지지 않으려면 경작권을 가지고 땅에 뿌리를 내려야만 했다.

그러나 이러한 봉건제도—공간적, 시간적 다양성 때문에 몇 가지 범주로 분류하는 것은 불가능하다—는 결코 완벽하거나 효과적이지 못했다. 15세기 무렵이 되자, 이 제도는 무용지물이 되어버렸다. 외부로부터의 위협과 내부적인 동요로 인하여 유럽의 많은 국가들은 끊임없는 전쟁의 위협에 시달렸지만, 봉건적 군사제도로는 결코 그것을 감당할 수 없었다. 말썽이 잦은 지역의 영주들에게 더 많은 자치권을 주거나, 병역을 치르는 기사에게 돈을 지불하는 방법으로 군대를 더욱 효과적으로 만들려는 시도는 오히려 문제만 더욱 가중시켰다. 영주들은 요구를 받아도 소집을 거부했으며, 오히려 더욱 튼튼한 성을 쌓고 사병을 양성하며 자신의 권리를 지키기 위해서 전쟁을 일으켰다. 때로는 왕권에 도전하는 경우도 있었다. 왕이 부를 축적할 수 있었던 시대에는, 한동안 용병으로 봉건제도를 지탱했다. 그러나 15세기 중반이 되자, 유럽의 왕들과 영주들은 한결같이 자신들의 영토가 돈을 받고 군사적 임무를 맡았던 용병들에 의해서 약탈되고 있다는 사실을 깨달았다. 그때는 이미 영주의 돈은 고갈상태에 있었다. 돈을 받지 못한 용병들은 도적이 되었으며 때로는 처음으로 유럽에서 군사화와 축성(築城)의 시대를 열었던 침입자들—마자르인이나 사라센인 혹은 바이킹 등—못지않은 공포의 대상이 되었다.

이 문제는 악순환이 계속되었다. 질서를 유지하기 위한 방법으로 더 많은 군사를 양성하면, 오히려 약탈자(에코르쇠르[écorcheurs]라는 프랑스어가 뜻하듯이 이들은 초토화[焦土化]하는 자들이었다)의 숫자만 늘릴 위험이 있었다. 그렇다고 해서 질서유지에 소극적인 자세를 보이면, 경작자들이 약탈과 강간을 당했다. 이 문제로 가장 심각하게 고통을 받던 프랑스는 한 국왕이 마침내 본격적인 문제해결에 나섰다. 약탈자들이 "비록 추방당한 병사들이기는 했지만 언젠가는 왕이나 대영주로부터 인정을 받으리라는 희망을 품고 있다"는 사실에 착안하여, 샤를 7세는 "1445–1446년에, 흔히 말하듯이 영구적인 군대를 창설한 것이 아니라, 쓸 만한 병사들 중에서" 가장 훌륭한 자들을 "선별해나갔다."[14] 똑같은 과정을 거친 용병부대들은 공식적으로 왕의 군대로서 인정을 받았으며, 그들의 역할은 그들 이외의 약탈자들을 근절하는 것이었다.

샤를 7세가 창안한 칙령부대(compagnies d'ordonnance)는 보병으로 구성되었다. 중세 기사들에 비하여 상대적으로 열등한 사회적 신분 때문에 군사상 불이익을 당했던 보병들은 전장에서의 기사에 대한 그들의 신체적 능력에 대한 의심을 불식시킴으로써 차츰 지위가 높아졌다. 어떤 보병들, 특히 스위스의 평민군은 벌써 날붙이 무기 하나만으로도 말에 탄 기사를 끌어내릴 수 있는 능력을 보여주었다. 16세기 초 성능 좋은 개인화기가 보편적으로 사용되기 시작하자, 군사역사가 마이클 하워드 경이 지적한 것처럼, 이익을 얻기 위해서는 도덕적 문제들보다는 기술이 우선되었다.[15] 그후로부터 보병은 계속해서 기사들을 격퇴했고, 기사들은 오랜 사회적 신분에 대한 인정을 고집하면서도 사실상 전쟁터에서 소외되고 있는 자신들을 발견하지 않을 수 없었다. 그들의 사회적 신분은 포탄이 기사 영주들의 요새를 공격하기 시작함으로써 훨씬 더 약화되었다. 결국 샤를 7세의 후계자인 샤를 8세가 최초로 효과적으로 사용한 이동식 포대가 단단한 성채를 방벽으로 삼아서 영주들이 누렸던 특권에 종지부를 찍었다. 이러한 과정은 1490년대부터 시작되었다. 그리고 1600년대 초가 되자, 영주의 후손들은 왕의 호의에 의한 보병부대의 대령직을 기꺼이 받아들였다.

이러한 대령직은 중대의 집합인 연대와 연결되었다. 중대만으로는 전쟁을 수행하거나 혹은—왕실 경호부대가 아닌 이상—상임 지휘관을 두기에 너무나 숫자가 적다는 사실이 경험상으로 증명되었기 때문이다. 대부분 유럽 군대의 대령들은 자산가였다. 18세기까지 왕의 새로운 연대와 어깨를 나란히 하며 계속 존재했던 용병부대의 대장도 사정은 마찬가지였다. 그들은 왕의 국고에서 상당한 돈을 받고 병사들의 봉급과 군복을 지급하는 데에 돈을 썼다. 그외에도 수입을 충당하기 위해서 보통 하위관직이나 대위직, 중위직 등을 팔았다. 이러한 관직 "매매"는 1871년까지도 영국 군대 내에 여전히 남아 있었다.

새로운 연대는 종교전쟁과 후기 봉건사회를 지나면서 급속하게 용병들과는 구별되는 특징을 띠기 시작했다. 용병들은 재정이 바닥나면, 보통(이탈리아 도시국가의 경우처럼, 용병들이 정부의 통제를 받는 경우가 아니라면) 산산이 흩어져버렸다. 그러나 연대는 변함없이 왕실에 충성스러운—궁극적으로는 민족적인—제도가 되었다. 종종 한 지방도시에 고정된 사령부를 두기 위해서, 주변지역에서 신병을 받아들이고 서로 연합한 귀족가문들에서 장교를 선출하기도 했다. 클라우제비츠가 11세의 나이에 입대했던 프로이센 34 보병연대가 바로 그렇게 구성된 연대였다. 이 연대는 1720년에 창설되어 베를린에서 40마일 떨어진 브란덴부르크에 주둔했는데, 연대장은 왕자였으며, 다른 사관들도 프로이센의 군소 귀족가문 출신이었다. 반면 아내와 아이들과 다른 식솔들까지 거느린 병사들—사회에서 가장 가난한 자들 중에서 복무기간도 모호한 채 징집된—은 거의 그 도시 인구의 반 이상을 차지했다.

100년이 지나자, 유럽 전역에 이러한 군대주둔 도시들이 생겼고, 어떤 곳은 몇 개 연대의 본거지가 되기도 했다. 가장 최악의 경우에 어떤 연대들에서는 안나 카레니나의 연인이었던 브론스키처럼 사병들보다 자신의 말을 더 사랑하는, 할 일 없는 멋쟁이들이 사관 자리를 모두 차지했다.[16] 톨스토이는 이를 두고 댄디 클럽이라고 묘사하기도 했다. 하지만 이상적인 연대들은 "민족 학교"가 되어 읽기, 쓰기, 셈하기(three R's)를 교육함으로써 절제, 육체적 강인함, 실력을 고취했다. 클라우제비츠의 연대는 바로 그러한 연대의 선구였다. 연대의 지휘관들은 젊은 사관들을 교육시키기 위해서 연대에 학교를 세우고 병사들에게 읽기와 쓰기를 가르치며 병사의 아내에게는 실잣기와 뜨개질을 가르쳤다.

그러한 "진보적인" 연대들은 그 연대장들에게 깊은 자부심을 심어주었다. 그들 연대가 계몽주의자들에게는 대단히 매력적인 이상인 사회적 완벽함의 전형처럼 여겨졌기 때문이다. 비록 병사들은 노예나 다름없었고 달아날 수 없도록 주둔지 도시 속에 감금되어 있는 형편이었지만, 무리를 지어서 행진하는 그들의 모습은 멋진 장관을 이루었고 도시 근교의 야만적인 촌락민들과는 구별되는 인종들처럼 보였다. 그리고 궁극적으로 장기간의 군복무는 군대를 그들의 운명처럼 받아들이도록 만들었다. 심지어 전쟁을 수행하기에는 너무나 노쇠한 프로이센의 노병들이 연대를 떠난 이후에도 연대 뒤를 따라다니는 비참한 광경에 대해서 묘사한 글이 있을 정도로, 그들은 군대 이외의 다른 삶을 알지 못했다. 그러한 병사들을 훈련시키는 대령들이, 비록 교련책과 채찍에 의한 것일지라도, 연대가 사회적 미덕을 위한 도구라고 확신하는 것은 당연했다. 그러나 만약 그렇게 생각했다면, 그것은 완전한 착각이었다. 연대가 너무나 지나치게 성공했다는 역설적인 이유 때문이었다. 비록 그 사실이 곧 잊히기는 했지만, 애초에 연대는 사회적 공익에 위협이 될 만한 요소들을 사회로부터 격리하기 위해서 만들어진 것이었다. 그러므로 그것들을 사회로부터 완전히 격리함으로써 그 역할은 끝났으며, 그들만의 규칙과 제의와 규율에 의해서 차별화된 것이다.

프로이센 군대의 사회적 실패로 젊은 클라우제비츠가 번민하지는 않았을 것이다. 프로이센 전체가 군사적인 혼란에 빠진 것도 아니었기 때문이다.

군대에 입대한 지 1년 만에, 클라우제비츠는 프랑스 병사들과 치열한 전투를 벌이게 되었다. 프랑스 병사들은 그가 지휘하는 전(前) 농노들과는 전혀 다른 동기에서 적극적으로 전투에 임했다. 프랑스 혁명군들은 공화국의 시민으로서 모든 프랑스인은 평등하며 군복무를 할 의무가 있다는 선전에 고무되어 있었던 것이다. 그리고 유럽의 살아남은 국왕의 군대와 혁명군과의 전투는 온 유럽의 귀족적 질서를 전복하려는 투쟁으로 특징지어졌다. 그리하여 혁명의 탄생지를 방어할 뿐만 아니라, 아직도 억압당한 사람이 있는 곳마다 혁명의 자유정신을 심으려고 했던 것이다. 어떤 이유에서든지 간에—사실 이 문제는 대단히 복잡하다—전투 때마다 혁명군은 거의 천하무적임이 증명되었다. 심지어 훌륭한 공화주의자였던 보나파르트 장군 스스로 나폴레옹 황제가 된 이후에도, 그들의 군사적인 활력은 사라질 줄 몰랐다.

1806년, 나폴레옹은 프로이센으로 관심을 돌렸다. 그리고 단 몇 주일 안에 프로이센 군대를 무너뜨려버렸다. 클라우제비츠는 프랑스에서 포로가 되었고, 고향으로 돌아갈 수 있다는 허락을 받았을 때에는 이미 프랑스의 관용에 의해서 겨우 명맥만 유지하는 허울뿐인 군대의 사관이 되었음을 깨달았다. 몇 년 동안 그는 그의 상관인 샤른호르스트 장군 및 그나이제나우 장군과 공모하여, 나폴레옹의 코밑에서 프로이센 군대를 되살리려는 음모를 진행했다. 하지만 1812년, 클라우제비츠는 점진주의에 반기를 들고 "이중 애국자"의 길을 걷게 된다. "이중 애국심"으로 인하여, 그는 나폴레옹 군대에 들어가서 러시아 전선에 참전하라는 왕의 명령에 불복하고 프로이센의 자유를 위해서 차르의 군대에 가담했다. 차르의 사관으로서, 보로디노에서 싸웠던 그는 러시아 군복을 입은 채 프로이센으로 돌아와서 1813년에 벌어진 해방전쟁에 참가했다. "이중 애국심"은 바로 제2차 세계대전 직전에, 천황의 진정한 이익을 위해서 천황 정부의 미온적인 정책에 불복했던 일본의 초국가주의자 사관들의 신념이 되기도 했다.

클라우제비츠가 그토록 전도된 길로 들어서게 된 것은 오직 필사적인 애국심 때문이었다. 그런 노선을 선택함으로써, 클라우제비츠는 전 세계에 영향을 미친 지적(知的)으로 전도된 길로 들어설 힘을 얻게 되었다. 1806년의 재난(나폴레옹에 대한 대패배)은 프로이센에 대한 그의 믿음을 근본적으로 뒤흔들어놓았다. 하지만 그의 성장의 기반이 된 연대 문화의 가치에 대한 믿음까지 약화시키지는 못했다. 사실 클라우제비츠는 전쟁을 하나의 소명으로밖에는 달리 생각하지 않았다. 그 속에서 병사, 특히 사관은 인간의 본성을 부인해야 한다. 인간의 본성은 이기심과 비겁함과 도주를 당연한 것으로 주장한다. 본성은 카자흐인들을 만들었다. 그러므로 자신의 선택에 의해서 싸움을 하거나 하지 않을 수도 있고, 자신의 목적을 위해서라면 전쟁터에서 협상을 벌일 수도 있는 것이다. 이것이 바로 최악의 의미에서 "실제 전쟁(real war)"이었다. 그러나 연대문화의 이상—절대복종과 불굴의 용기, 희생정신, 명예—을 완벽하게 준수한다면, 클라우제비츠가 직업군인의 목적이라고 확신했던 "진정한 전쟁(true war)"에 가장 가깝게 근접하는 것이었다.

마이클 하워드가 지적한 대로, "실제 전쟁"과 "진정한 전쟁" 사이의 구별은 클라우제비츠의 독창적인 개념은 아니었다.[17] 그것은 19세기 초반의 프로이센 군대에서 "막연하게" 떠돌던 생각이었다. 적어도 프로이센의 대학과 문화계를 지배했던 관념철학과 부합했기 때문이었다. 클라우제비츠는 결코 정규적인 철학교육을 받지 않았다. "오히려 그는 그 시대를 대표할 만큼 지극히 전형적인 인물이었을 뿐이었다. 그는 일반대중을 위해서 개설된 논리학과 윤리학 강좌에 참석했고, 비교적 비전문적인 책과 논문들을 읽었으며, 그 당시의 문화적 환경으로부터 간접적으로 전해들은 것 이상의 부스러기들을 주워 모았던 것이다."[18] 그러한 문화적 환경은 실제 전쟁과 진정한 전쟁과의 변증법적 관계에 근거한 군사이론을 펴나가는 데에 유리했다. 더 나아가서, 클라우제비츠에게 그의 이론을 동시대인들에게 전달하기에 가장 적합한 표현의 방식과 논리와 언어를 제공했다.

1813년, 러시아 군복을 입고 프로이센으로 돌아온 클라우제비츠는 딜레마에 빠졌다. 군인으로서 그의 전력은 오염되어 있었지만, 그는 여전히 열정적인 프로이센 민족주의자였다. 그리고 조국의 군대를 위해서 미래의 승리를 확실히 보장해줄 만한 전술을 고안하고 싶었다. 그러나 그의 조국은 혁명기간 동안 프랑스 군을 천하무적으로 만들었던 것과 같은 내적인 변화를 감내하려는 의향이 조금도 없었다. 클라우제비츠 자신도 반드시 그렇게 되기를 바란 것은 아니었다. 프랑스인들을 경멸했기 때문이다. 그는 프랑스인들의 민족적 자질이 그의 민족보다 열등하다—진실하고 고귀한 프로이센인들에 비해서 게으르고 교활하다—고 생각했다. 또한 혁명의 이상을 그의 왕국에 그대로 적용하기에는, 클라우제비츠는 군주적이고 연대적인 문화에 너무나 깊이 뿌리박고 있었다. 그럼에도 불구하고 그의 이성은 프랑스 군대에게 승리를 안겨다준 것이 바로 혁명적 열정이라는 사실을 자꾸만 일깨워주었다. 혁명기간 동안에 프랑스에서는 정치가 모든 것을 지배했다. 반면 프로이센에서 정치란, 나폴레옹의 패배 이후에도, 그 이전처럼 왕의 변덕 이외에는 아무런 의미도 없었다. 따라서 그의 딜레마는 다음과 같은 것이었다. 어떻게 하면 정치적 혁명 없이, 나폴레옹과 프랑스 공화국의 군대가 보여준 것과 같은 전투 모습을 보여줄 수 있을까? 어떻게 하면 인민공화국이 되지 않고도 인민공화국적인 전투를 수행할 수 있을까? 만약 클라우제비츠가 전쟁이 정치적인 행위의 한 형태이며 "진정한 전쟁"에 근접하면 할수록 더욱더 국가의 정치적인 목적에 부합하게 된다고 프로이센 군대를 설득할 수 있는 말을 찾아낼 수 있었다면, 또한 "진정한 전쟁"과 "실제 전쟁"의 불완전한 형태 사이에 존재하는 간격을 정치적 필요성에 의한 전략적 차이로 단순히 인식시킬 수만 있었다면, 프로이센 병사들은 뜨거운 정치적 열정에 사로잡힌 사람처럼 맹렬하게 싸우는 동시에, 정치적 순수함의 상태 속에 안전하게 남아 있을 수 있었을 것이다.

클라우제비츠가 그의 군사적 딜레마를 해결하는 방식은, 어떤 의미에서, 바로 몇 년 후에 마르크스가 그의 정치적인 딜레마를 해결하기 위해서 발견했던 방식과 대단히 유사하다. 비록 마르크스는 정규 철학교육을 받았고 클라우제비츠는 그러지 못했지만, 두 사람 모두 독일 관념론이라는 똑같은 문화적 환경 속에서 성장했다. 또한 클라우제비츠가 마르크스주의 지식인들 사이에서 언제나 높은 인기를 누렸다는 것은 대단히 중요한 의미를 지닌다. 그중에서도 레닌은 가장 먼저 그를 인정했다. 그 이유는 쉽게 발견할 수 있다. 환원주의(reductivism)는 마르크스주의 방법론의 핵심이다. 클라우제비츠는 환원론에 의해서, 전쟁은 상황이 나쁘면 나쁠수록 그만큼 더 좋다고 주장했다. 가장 최악의 전쟁일수록 "실제" 전쟁보다는 "진정한" 전쟁에 더욱 근접하기 때문이었다. 마르크스 또한 나쁘면 나쁠수록 더 좋다는 주장을 폈는데, 정치에서 최악의 상황이란 계급투쟁의 정점, 즉 혁명을 의미하기 때문이었다. 그리고 혁명은 "실제" 정치의 공허한 세계를 전복하고 프롤레타리아가 승리하는 "진정한" 사회로 이끄는 것이었다.

그러나 마르크스가 이러한 주장을 펴게 된 동기는 클라우제비츠의 경우와는 다르다. 마르크스는 좀더 담대한 정신을 지닌 반면에, 클라우제비츠는 여전히 제도권 내의 역할에 집착하며, 런던 대사나 혹은 총참모장으로 지명받으리라는 헛된 희망을 품고 있었다. 그리고 진급이나 훈장을 기꺼이 받아들였다. 그러나 마르크스는 제도권 밖에서 반란을 일으켰다.[19] 프로이센 정부에 의한 추방과 가난 그리고 탄압은 그의 방앗간에 곡물을 제공할 뿐이었다. 반면 클라우제비츠는 오직 안에 존재함으로써만이 체제를 변화시킬 수 있다고 믿었던 것이다. 그러나 지적으로 두 사람을 분리시키기보다 결속시킨 것은 두 사람 모두 유사한 철학적 문제를 극복해야만 했기 때문이다. 그것은 선택된 청중들을 설득하여 그들이 대단히 반감을 품고 있는 견해를 받아들이도록 해야 한다는 것이었다. 마르크스는 진보적인 핵심세력조차 혁명으로 심각한 환멸을 겪은 사회에서 혁명을 전파한 사도였다. 그는 프랑스 혁명과 1830년의 혁명의 실패를 기억하고 있었을 뿐만 아니라, 1848년의 혁명이 실패하는 것도 직접 보았으며 온 사방에서 군주국가나 부르주아 국가로부터 압박을 받고 있었다. 반면 클라우제비츠는 전쟁에 대한 혁명적인 철학을 전파하는 사도였다. 그는 정치를 파문처럼 두렵게 여기는 계급에게 전쟁은 정치적 행동이라고 설파했던 것이다. 두 사람 모두 결국에는 청중 개개인의 지적인 저항을 극복하여 개종시킬 수 있는 수단을 찾았다. 마르크스는 진보를 위하여 프롤레타리아의 승리에 대한 희망뿐만 아니라, 확신과 필연성을 보장하는 과학적 역사법칙을 꿈꾸었다. 클라우제비츠는 연대 장교의 가치규범—심지어 대포 앞에 당당히 서서 죽을 수도 있을 정도로, 의무에 대한 절대적인 헌신—을 정치적 신조로까지 고양시킬 수 있었고 그것으로써 더 이상의 깊은 정치적 숙고는 하지 않아도 되는 이론을 꿈꾸었다.

비록 그 주제는 서로 다르지만, 『전쟁론(*Vom Kriege*)』과 『자본론(*Das Kapital*)』은 궁극적으로 같은 종류의 책이라고 볼 수 있다. 클라우제비츠는 틀림없이 『전쟁론』이 계몽주의 정신의 최고봉인 애덤 스미스의 『국부론(*Wealth of Nations*)』과 같은 위치에 오르기를 희망했을 것이다. 또한 그는 스미스와 마찬가지로 그의 눈앞에서 벌어지고 있는 현상에 대해서 철저하게 관찰하고 묘사하고 범주화했다고 확신했을 것이다. 마르크스 또한 많은 현상들을 기술했고, 그중 많은 부분이 정확했다. 애덤 스미스의 『국부론』으로부터 분업을 인용하면서, 마르크스는 그러한 분업으로 생기는 감정을 "소외(alienation)"라고 규정했다. 기계화되기 이전의 핀 제조과정—한 사람이 철사를 가늘게 뽑아내고, 또 한 사람이 길이에 맞게 자르면, 세 번째 사람이 모양을 만들고, 네 번째 사람이 대가리를 벼리는 과정—에서 스미스는 오직 시장경제를 지배하는 "보이지 않는 손"의 놀라운 작용만을 발견했을 뿐이지만, 마르크스는 그러한 노동으로 인해서 인간의 사고와 감정 속에서 싹튼 절망감이 종국에는 그가 "계급전쟁(class war)"이라고 부르던 상황을 일으킬 것이라는 분석을 내릴 만한 영감이 있었던 것이다. 마르크스는 노동자가 생산수단을 소유하지 못한 경제체제에서 대량생산의 과정은 필연적으로 혁명을 불러올 것이라고 결론지었다. 그리고 그의 관찰은 정확했다. 오늘날의 자본가들은 산업노동자들이 그들의 운명을 참고 견디며 심지어 의미를 느끼도록 하는 방법을 찾기 위해서 끊임없이 노력하고 있다. 클라우제비츠 또한 현실에 대한 기술에서부터 시작했다. 그는 군복이나 군가, 훈련 등을 당연한 것으로 받아들였다. 그리고 논쟁의 시작부터, 군인의 운명—고난과 부상 그리고 죽음—으로부터의 군인의 소외(비록 이런 용어를 사용하지는 않았지만)는 필연적으로 혁명의 군사적 등가물인 패배와 붕괴를 가져올 수밖에 없다고 주장했다. 그러므로 군인들은 "진정한 전쟁"의 끔찍스러운 경험이 모든 군인들에게 익숙한 "실제 전쟁"이라는 손쉬운 의무보다 더욱더 국가에 봉사하는 길이라는 사실을 확신할 수 있어야만 한다는 것이다.

상식은 어떤 사회이든 오랫동안 계속되는 계급전쟁을 감당할 수 없으며, 혁명은 계급전쟁으로 인한 고통이 사소하게 보일 정도로 심각한 병폐들을 야기한다는 사실을 알려준다. 마찬가지로 상식은 또한 "진정한 전쟁"은 육체가 감당할 수 없을 정도로 훨씬 끔찍할 것이라고 경고하고 있다. 물론 사상가였던 클라우제비츠는 "실제 전쟁"과 "진정한 전쟁" 사이의 틈새가 완전히 메워질 수 있다고는 기대하지 않았다. 사실 그의 주장이 지식인들, 특히 마르크스주의자들에게 호소력을 가질 수 있었던 것은 모든 전쟁행위로 하여금 "진정한 전쟁"보다는 오히려 "실제 전쟁"의 형식을 취하게끔 만드는 무형의 요인들—우연한 기회, 오해, 무자격, 무능력, 생각의 정치적 변화, 의지의 부족, 컨센서스의 붕괴—을 세심하게 강조했기 때문이었다. 사실 "진정한 전쟁"이란 도저히 감당할 수 없는 것이다.

클라우제비츠가 "진정한 전쟁"의 엄격함으로부터 도피할 수 있는 여지를 허용했음에도 불구하고, 『전쟁론』이 그가 기대했던 것 이상으로 큰 성공을 거두었다는 사실은 참으로 역설적이다. 클라우제비츠는 1831년, 유럽 전역을 휩쓴 콜레라의 희생자가 되었다. 자신의 조국에서 진급하거나 별다른 존경을 받지 못한 실패자의 죽음이었다. 『전쟁론』은 그의 헌신적인 미망인의 편집에 의해서 겨우 세상의 빛을 보게 되었다. 마르크스 또한 실패자로서 죽음을 맞이했다. 1871년 파리 코뮌의 패배가 있은 지 12년 만의 일이었다. 이 패배는 혁명이 유럽 부르주아에 의한 유럽 프롤레타리아 압제의 필연적 결과라는 그의 확고한 예언에 종지부를 찍는 것처럼 보였다. 그러나 겨우 34년이 지난 후에, 마르크스가 혁명의 발생지로서의 적합성을 부인했을 만큼 너무나 낙후되었던 한 나라에서 혁명은 뿌리를 내렸고 그 첫 단계인 프롤레타리아 독재가 꽃을 피우기조차 했다. 혁명은 부르주아 국가들 간에 한 세계대전이 최고조에 달했을 때 일어났다. 만약 전쟁이 없었더라면, 러시아 혁명을 위한 상황은 결코 만들어지지 않았을 것이다. 산업자본주의의 참혹한 속성이 아니라 전쟁의 참혹한 속성이 러시아에서 혁명에 박차를 가했던 것이다. 또한 참혹한 전쟁의 속성은, 군대가 "실제 전쟁"과 "진정한 전쟁"을 동일한 것으로 만들기 위해서 노력해야 한다는 클라우제비츠의 문학적 주장의 뒤늦은 결과였다.

『전쟁론』은 어느 정도 시간이 흐른 뒤에 비로소 그 영향력을 발휘하기 시작했다. 이 책이 널리 알려지게 된 것은 1832-1835년 출간 이후 40년이나 지나서였고, 그것도 간접적인 방법을 통해서였다. 1871년 프로이센의 육군 참모총장 헬무트 폰 몰트케는 단 몇 주일 사이에 오스트리아와 프랑스 제국의 군대를 무찌르는 놀라운 지휘 능력을 발휘했다. 당연히 온 세상 사람들은 그의 승리의 비밀을 알고 싶어했다. 이때 몰트케는 성경과 호메로스의 서사시와 더불어서, 그에게 가장 커다란 영향을 미친 책이 『전쟁론』이라고 밝혔다. 클라우제비츠가 사후의 명성을 얻는 순간이었다.[20] 클라우제비츠가 사관학교 교관이었을 때 몰트케가 그 학교의 학생이었다는 사실은 아무도 주목하지 않았고 사실 무관한 일이었다. 세상은 오직 책에만 관심을 쏟았고 그것을 읽고 번역하며 종종 잘못 이해하기도 했다. 하지만 어쨌든 이 책이 성공적인 전쟁의 정수를 담고 있다고 믿었다.

『전쟁론』의 승리의 행진은 그것이 저술된 이후로 전쟁터에서의 실제 경험에 의해서 확실한 비준을 받음으로써 더욱더 가속화되었다. 여러 변화들 중에서 가장 중요한 것은 클라우제비츠를 키워낸 연대주의(regimentalism)의 확산이었다. 클라우제비츠는 전쟁이 정치적 행동이라는 그의 중심사상을 특징적으로 변형시킨 글 중의 하나에서 이렇게 적었다. "전쟁의 직무는 언제나 개인적이고 특별한 일이 될 것이다. 결과적으로 병사들이 이러한 활동을 수행하고 있는 한, 자신들을 일종의 길드 조직의 일원으로 생각할 것이며, 전투정신은 그 조직의 규칙과 법과 관습 속에서 긍지의 자리를 가질 것이다." 물론 "일종의 길드 조직"이란 연대를 말하는 것이다. 클라우제비츠는 계속해서 그 정신과 가치를 다음과 같이 규정했다.

> 가장 살인적인 포화 속에서도 결속력을 잃지 않는 군대, 마음의 공포에 의해서도 흔들리지 않고 온 힘을 다해서 잘 정비된 적군에 저항하는 군대, 승리에 대해서 자부심을 가지면서도 질서에 복종하는 힘을 잃지 않으며 비록 패배했을 때라도 장교에 대한 존경심과 신뢰심을 잃지 않는 군대, 피나는 훈련을 통해서 병사들의 신체적 힘을 운동선수의 근육처럼 단련하는 군대……군인의 명예에 대한 강력하고 단일한 이상을 지니고 군인으로서의 모든 의무와 자질을 잊지 않는 군대, 이러한 군대만이 진정한 군사정신을 발휘할 수 있는 것이다.[21]

여기서 "군대"는 "연대" 혹은 연대의 구성부대로 읽혀질 수 있다. 19세기의 프로이센은 긍정적인 의미에서 연대의 홍수 속에 휩쓸릴 지경이었다. 1831년만 하더라도 겨우 40여 개에 불과했던 연대가 1871년경이 되자 소총대대나 기병대를 제외하고도 100여 개를 훨씬 웃돌았다. 신체조건이 적합한 프로이센인들은 모두 현재 연대의 일원이거나 혹은 젊은 시절에 참여한 적이 있었다. 그리고 누구나 "군인의 명예에 대한 강력하고 단일한 이상"을 이해했다.

"군인의 명예에 대한 강력하고 단일한 이상"은 오스트리아와 프랑스와의 싸움에서 프로이센 군대를 승리로 이끌었다. 그리고 즉시 다른 국가에서도 사관들을 보내어, 급히 프로이센을 모델로 한 연대를 양성하기에 이르렀다. 이들은 나라 안의 젊은이들 중에서도 가장 뛰어난 자들을 신병으로 뽑았으며, 자신들의 군복무를 소년에서 성인으로 성장하기 위한 "통과의례"로 생각했던 퇴역 노병들의 전폭적인 지지를 받았다. 이 "통과의례"는 유럽 생활에서 중요한 문화적 형태가 되었으며 거의 모든 유럽 청년들에게 공통적인 경험이 되었다. 연대문화의 보편화와 선거민들에 의한 사회적 규범으로서의 신속한 수용 그리고 피할 수 없는 사회의 군사화로 인하여, 전쟁은 정치적 행위의 연장이라는 클라우제비츠의 명제는 더욱 확실한 비준을 받게 되었다. 국민들이 징집찬성 투표를 하거나 혹은 징집법에 묵종한다면, 전쟁과 정치가 실제로 동일한 연장선 위에 놓여 있다는 사실을 어떻게 부인할 수 있단 말인가?

그러나 전쟁의 신은 자신을 조롱하도록 놔두지 않았다. 1914년, 유럽의 징집병 연대가 예비군의 무리를 뒤에 거느리고서 전장을 향해서 행진했을 때, 그들이 휩쓸린 전쟁은 시민들이 기대해왔던 그 어떤 것보다도 훨씬 더 끔찍했다. 제1차 세계대전을 통해서 "진정한 전쟁"과 "실제 전쟁"은 급속하게 구별할 수 없는 것이 되었다. 군사적 현상의 냉정한 관찰자로서의 클라우제비츠가 언제나 전쟁의 잠재적인 속성과 실제 목적을 조정하는 역할을 한다고 주장했던 완충적인 힘은 눈에 보이지 않을 정도로 작아져버렸다. 독일인, 프랑스인, 영국인, 러시아인들은 분명히 전쟁 그 자체를 위해서 전쟁을 치르고 있는 자신들을 발견하게 되었다. 전쟁의 정치적인 목적들—딱 잘라 정의하기 어려운—은 완전히 잊혔고, 정치적인 자제력은 혼란에 휩싸였다. 이성에 호소하는 정치가들은 축출당하고 자유민주주의 국가에서조차 정치는 빠른 속도로 단지 더 큰 규모의 전투, 좀더 긴 사상자 명단, 더욱 엄청난 전쟁예산, 사방에 가득한 비참한 광경들을 정당화하기 위한 방법에 불과하게 되었다.

정치는 제1차 세계대전의 수행에서 언급할 만한 가치가 있는 어떤 역할도 하지 못했다. 오히려 제1차 세계대전은 비정상적이고 괴물과 같은 문화적 일탈현상이었으며, 클라우제비츠 세기—이 세기는 클라우제비츠가 러시아에서 돌아오던 1813년에서부터 시작하여 오랜 유럽 평화의 마지막 해인 1913년에 끝이 났다—의 사람들이 무심코 내린 결정의 산물로서, 유럽 전체를 군사사회로 바꾸어놓았다. 마르크스가 같은 시기에 자유주의를 타락시킨 혁명적 충동의 건설자가 아니었던 것처럼, 클라우제비츠도 이러한 문화적 산물의 설계자는 아니었다. 하지만 두 사람 모두에게 상당한 책임이 있었다. 애초에 과학적 연구를 의도했던 두 사람의 위대한 저서들은 사실상 이데올로기적인 성급한 작품이었으며, 실제로 존재하지는 않지만 어쩌면 가능할 수도 있는 세계에 대한 비전을 심어놓은 것이다.

클라우제비츠는 전쟁의 목적이란 정치적인 목적을 수행하기 위한 것이라고 말했다. 그리고 전쟁의 속성은 오직 전쟁 자체를 수행하는 것이라고 주장하는 데에 성공했다. 결론적으로 그의 논리에 따르자면, 정치적인 목적을 위해서 전쟁의 속성을 완화하려고 노력하는 자들보다 전쟁 자체를 목적으로 하는 자들이 더욱 승리하기가 쉽다는 것이다. 유럽 역사에서 가장 평화로웠던 한 세기의 평화는 바로 이러한 전도적인 생각에 볼모로 잡혀 있었다. 그것은 번영과 진보의 표면 아래에서 활화산의 용암처럼 거품을 내며 끓고 있었던 것이다. 그 세기가 이룬 번영은 지금까지 한 번도 보지 못했던 엄청난 규모로 진정한 평화의 산물—학교, 대학, 병원, 도로, 다리, 신도시, 새로운 일자리 등 광대하고 풍요한 대륙 경제의 하부구조—에 대한 대가를 지불해야 했다. 이 세기에는 또한 세금을 이용하여 대중건강을 증진하고 더 높은 출산율을 달성했으며 정교한 새 군사기술을 도입했다. 세계 어느 곳에서도 찾아볼 수 없는 강력한 군사사회의 탄생을 통해서 진정한 전쟁을 치르기 위한 수단을 마련해온 것이다. 1818년, 클라우제비츠가 『전쟁론』을 집필하기 시작했을 때에만 해도, 유럽은 비무장의 대륙이었다. 나폴레옹의 군대는 나폴레옹이 세인트 헬레나로 유배를 당한 이후로 사라져버렸고, 그에 맞서 싸우던 군대들도 대폭 줄어들었다. 대규모의 징집은 어느 곳에서나 사실상 폐지되었고 군수산업은 붕괴했다. 그리고 장군들은 연금 생활자로 만족해야 했고 퇴역군인들은 거리에서 구걸했다. 그러나 그로부터 96년이 지나서 제1차 세계대전이 임박했을 무렵에는, 거의 모든 군복무 가능 연령의 유럽의 남자들은 총동원 시에 어디에서 임무를 수행해야 하는지가 명시된 병력카드를 가지고 있었다. 연대의 창고는 예비군들에게 지급할 여분의 군복과 무기로 넘쳐났다. 심지어 농부의 밭갈이 말조차도 전쟁이 일어났을 경우, 징발 대상의 명단에 올라가 있었다.

1914년 7월 초에는 사실상 군복을 입은 유럽인들이 400만 명에 달했다. 그러나 8월 말이 되자, 군인들의 숫자는 2,000만 명으로 늘어났고 수십만 명이 이미 목숨을 잃은 상태였다. 침몰 직전의 군사사회는 평화로운 풍경 위로 무장을 하고 솟아올랐다. 그리고 병사들은 그후 4년 동안, 더 이상 감당하지 못할 때까지 전쟁을 계속했다. 비록 이러한 파국적 결과가 클라우제비츠의 연구의 문을 통해서 나온 것은 아니라고 할지라도, 마르크스가 러시아 혁명의 이데올로기적 아버지였던 것처럼 클라우제비츠는 제1차 세계대전의 이데올로기적 아버지였다고 해도 과언이 아니다. "진정한 전쟁"에 대한 이데올로기는 제1차 세계대전 중의 군대들의 이데올로기였다. 그리고 이 이데올로기에 헌신함으로써 이들 군대들이 직면하게 된 소름끼치는 운명은 클라우제비츠의 지속적인 유산이라고 할 수 있다. 그러나 클라우제비츠는 관념론자일 뿐만 아니라 역사가이기도 했다. 그의 손 안에는 국왕군의 연대사관으로서의 경험과, 혁명 프랑스의 시민군들로부터 경험했던 혹독한 시련 말고도 다른 많은 유용한 것들이 있었다. 온갖 사건들로 소용돌이치던 그의 젊은 시절인 1820년대 말을 회상하면서, 클라우제비츠는 이렇게 썼다.

국가적 대사건에 대한 국민들의 새로운 몫 : 국민들의 참여는 한편으로는 프랑스 혁명이 모든 국가의 내부적 상황에 영향을 미친 데에서 부분적으로 그리고 다른 한편으로는 프랑스가 모든 국가를 위험에 빠뜨린 데에서 부분적으로 비롯되었다. 이러한 일이 앞으로도 늘 일어날 것인가? 이제부터 유럽에서의 모든 전쟁은 전적으로 국가적 자원에 의해서만 수행될 것인가? 아니면 또다시 정부와 국민 사이에 점진적인 분열이 일어나는 것을 보게 될 것인가? 이러한 질문은 대답하기가 어렵다. ……[22]

클라우제비츠는 비록 훌륭한 역사학자이기는 했지만, 세계에 대한 그의 인식을 제한하는 두 가지 제도—국가와 연대—가 그의 생각을 너무나 완고하게 지배하고 있었기 때문에, 국가나 연대라는 개념이 전혀 생소한 사회에서는 얼마나 다른 형태의 전쟁이 일어날 수 있는가에 대해서는 고찰해볼 여지조차 없었다. 그러나 몰트케는 그와 같은 실수를 저지르지 않았다. 그는 순전히 실용주의적인 목적에서 클라우제비츠의 이데올로기와 결별했다. 지구상의 다른 한쪽 끝—예를 들면, 그가 술탄의 군인으로 복무했던 오스만 제국이나 이집트—에서의 전쟁은 그의 이데올로기적 스승에게는 참으로 낯선 형태였지만, 그 전쟁을 수행하는 사회의 속성에서 보면 충분히 적합할 뿐 아니라, 서로 떼어놓을 수 없음을 알았기 때문이다.

그 첫 번째 형태로, 신권정치적인 사회의 주민은 궁극적으로 물질적인 필요에 의해서 전쟁을 수행했다. 이러한 형태는 이스터 섬의 신비스러운 역사 속에 분명히 나타나 있다. 두 번째 형태로, 줄루 왕국과 같이 군사정권이 극단적인 형태를 취하는 곳에서의 전쟁은 원시 전원사회의 상대적인 자비심을 변형시키는 순환적인 사회적 혼돈이었다. 세 번째 형태로, 맘루크 이집트의 경우, 동일한 믿음을 지닌 신자들 사이의 전쟁을 금지하는 종교적 제약 때문에, 군인노예라는 이상한 제도가 형성되기도 했다. 네 번째 형태로, 일본 사무라이 사회에서는 현존하는 사회구조를 보전하기 위해서 전쟁 수행에 유용한 기술적인 수단의 개발 자체가 불법화되었다. 물론 이런 역사의 대부분이 클라우제비츠에게는 접근할 수 없는 것들이었다. 설혹 이론상으로, 클라우제비츠가 18세기 유럽에서 폭넓은 관심을 불러일으킨 태평양 지역 여행기를 통해서 일본의 사무라이나 폴리네시아의 이스터 섬 주민의 제도에 대한 기록을 읽어보는 것이 가능했다고 할지라도, 줄루족에 대해서는 아무것도 알 수 없었을 것이다. 왜냐하면 그들은 클라우제비츠가 죽었을 무렵에야, 남부 아프리카의 지배 부족으로 막 발돋움하기 시작했기 때문이다. 그럼에도 불구하고 맘루크에 대해서는 상당한 지식이 있었을지도 모른다. 왜냐하면 그들은 오스만 튀르크의 가장 유명한 신민들 중의 하나였기 때문이다. 클라우제비츠가 살아 있을 때에만 하더라도, 오스만 튀르크는 유럽의 국제정치에서 여전히 중요한 군사적 요소였다. 그러므로 그는 오스만의 군인노예인 예니체리(Yeniçeri)에 대해서 분명히 알고 있었을 것이다. 그것의 존재는 오스만 제국의 공공생활에서 정치보다는 종교가 더 절대적인 우위를 가지고 있음을 증명해주었다. 오스만의 군사제도를 무시한 그의 처사는 그의 이론의 진실성을 근원적으로 손상시켰다. 군인노예 제도뿐만 아니라, 서구인들이 생각하는 정치적인 합리성을 전적으로 부정하는 전투형태를 보여주었던 폴리네시아와 줄루족 그리고 사무라이의 훨씬 더 생소한 군사문화를 살펴보면, 전쟁이 정치의 연장이라는 생각이 얼마나 불완전하고 편협하고 궁극적으로는 잘못된 것인지를 발견할 것이다.

## 문화로서의 전쟁

### 이스터 섬

이스터 섬은 지구에서 가장 외진 벽지 중의 하나로, 가장 가까운 육지인 남아메리카로부터 2,000마일, 뉴질랜드로부터 3,000마일 이상 떨어져 있는 남태평양의 작은 섬이다. 또한 세계에서 거주민의 숫자가 가장 적은 지역 중의 하나로, 약 70제곱마일의 면적에 삼각형 모양의 사화산 섬이다. 이토록 고립된 곳임에도 불구하고, 이 섬은 중앙 태평양의 고도로 발달된 신석기문명인 폴리네시아 문화권에 확고하게 속해 있다. 18세기에 이 문명은 폴리네시아 삼각형의 세 정점인 이스터 섬과 뉴질랜드 그리고 하와이 사이에 놓여 있는 수천 개의 섬들을 포함하고 있었다. 이 섬들은 공간적으로 수천 마일씩 서로 떨어져 있을 뿐만 아니라, 최초의 정착 시기도 수백 년씩 차이가 있었다.

폴리네시아 문명은 놀라울 정도로 모험적이었다. 처음에 유럽의 탐험가들과 인류학자들은 문자도 가지지 못한 한 민족이 그토록 광범위한 지역—2,000만 제곱마일의 대양 위에 흩어져 있는 38개의 중요한 군도와 섬들—을 식민지화할 수 있었다는 사실을 믿지 않았다. 폴리네시아의 카누 선원들이 쿡이나 라 페루즈의 항해와 맞먹을 정도의 위대한 탐험사업을 했다는 사실을 설명하기 위해서 온갖 정교한 거짓말을 꾸며냈다. 그럼에도 남아 있는 폴리네시아의 문화는 확연한 동질성을 지니고 있었다. 산재한 많은 섬들의 언어가 대단히 비슷할 뿐만 아니라, 하와이와 뉴질랜드 그리고 이스터 섬에서 번성한 사회제도 또한 깜짝 놀랄 만큼의 유사성과 지속성을 보여주었던 것이다.

폴리네시아 사회는 구조상 신권정치 사회였다. 신 혹은 초자연적인 조상의 후예라고 믿는 추장(chief)은 가장 높은 제사장직을 맡았다. 대제사장으로서 추장은 신과 인간 사이를 중재하고 그의 부족민에게 땅과 바다의 열매를 나누어주었다. 중재자로서의 능력—마나(mana)—때문에, 추장은 모든 땅과 어장과 그 생산물 그리고 탐나고 좋은 모든 것들에 대한 신성한 권리—타푸(tapu) 혹은 터부(taboo)—를 부여받았다. 정상적인 사회에서 마나와 터부는 매우 안정되고 평화로운 사회를 보장했다. 그리고 가장 행복한 폴리네시아 섬들에서는 신권정치가 본래의 추장의 혈통을 잇는 씨족들 사이에서뿐만 아니라, 추장들과 구성원들 사이의 관계 또한 안전하게 조절해주었다.[23)]

그러나 폴리네시아에 황금시대는 결코 도래하지 않았다. 만약 자원이 항상 모든 인구를 부양할 수 있을 만큼 넉넉한 상태를 정상이라고 본다면, 풍요로운 태평양에서조차도 언제나 정상적인 환경만 계속되는 것은 아니었다. 섬 주민들이 출산통제나 유아살해 혹은 "항해"라고 부르는 이민장려 등의 방법을 통해서 주민의 숫자를 조정하고 있었음에도 불구하고, 인구는 자꾸만 증가했다. 그러자 풍요로운 토지와 어장이 완전히 황폐해지고, 인접해 있거나 알려져 있는 어떤 섬으로도 이주할 수 없는 때가 찾아왔다. 그때부터 심각한 문제가 발생하기 시작했다. 전사(warrior)를 뜻하는 토아(toa)라는 말은 본래 단단한 나무를 의미하는 단어였다. 그러한 재목으로 만든 곤봉이나 여러 가지 다른 무기들을 가지고, 재산과 여자, 지위 따위의 문제들로 인한 분쟁을 해결했기 때문이다. 만약 추장이 뛰어난 전사라면, 마나는 더욱 확고해진다. 하지만 추장이 아닌 전사들이 자신이 원하는 것을 차지하기 위해서 터부를 깨뜨릴 때, 폴리네시아의 사회구조는 치명적인 악영향을 받는다. 하위 씨족이 지배 씨족이 될 수 있었고, 극단적인 경우에는 한 씨족이 그들의 영역으로부터 완전히 쫓겨날 수도 있다.

가장 최악의 상황이 이스터 섬에서 벌어졌다. 그것은 특히 치명적인 결과를 가져왔다. 대략 기원후 3세기경에 폴리네시아인들이 가장 가까운 자신들의 거주지에서도 망망한 대양 너머로 1,100마일이나 떨어져 있는 이 섬을 어떻게 발견할 수 있었는가 하는 것은 여전히 수수께끼로 남아있다. 그러나 그들이 섬 생활의 중요 산물인, 고구마와 바나나 그리고 사탕수수를 가지고 왔다는 사실은 분명하다. 그들은 3개의 봉우리 아래에서 땅을 개간하고 물고기와 바다새를 사냥하며 삶의 터전을 닦았다. 또한 1000년경에는 폴리네시아 세계에서 발견할 수 있는 신권정치의 원리를 가장 정교한 형태로 만들어서 숭배하기 시작했다. 이스터 섬의 인구가 7,000명을 넘어본 적은 한 번도 없었지만, 그후 700년 동안 300여 개가 넘는 거대한 석상들을 조각하고 세우는 일을 계속했다. 그것은 보통 등신대(等身大)의 5배가 넘었고 넓은 신전의 단 위에 세워졌다. 석상 건설의 마지막 시기였던 16세기 동안, 이스터 섬의 주민들은 문자를 고안했고 입으로만 전해지던 전설과 족보를 보전하기 위해서 사제들이 이를 사용했다. 이 시기는 신의 권능을 인식하고, 살아 있는 추장들을 통해서 중재되며, 평화와 질서를 누리던 이 문명의 절정기였다.

그때 무엇인가 잘못되기 시작했다. 어느 사이엔가 인구의 증가로 인하여 섬의 환경이 황폐화된 것이다. 숲의 남벌은 강우량을 감소시켰고 곡식들도 점점 생산이 줄어들었다. 그와 더불어 카누를 만들 수 있는 목재가 귀해지고 바다의 수확물도 줄어들었다. 결국 섬에서의 생활이 점점 야만적으로 변하기 시작했다. 이때부터 흑요석을 쪼개어서 만든 마타아(Mata'a)라고 부르는 새로운 가공물이 나타났는데, 그 날카로운 날은 치명적인 위력이 있었다.[24] 그와 더불어 "손이 피에 젖은 남자들(tangata rima toto)"이라고 부르던 전사들이 지배세력이 되었다. 시조 추장의 혈통으로서 피라미드형 사회를 형성하던 다수의 씨족사회들은 이합집산하여 두 그룹으로 나뉘어졌고 그 둘 사이에 전쟁이 그칠 날이 없었다. 시조의 후계자인 최고 추장은 상징적인 존재로 전락했고 그의 마나는 더 이상 아무런 의미도 가지지 못했다. 전쟁을 통한 사회붕괴의 과정에서 석상들은 조직적으로 파괴되었다. 상대편 씨족의 마나에 대해서 모욕을 가하거나 혹은 마나의 권위를 잃어버린 추장에게 맞서 평민들이 반란을 일으킨 징표를 남기기 위해서였다. 결국에는 폴리네시아의 신권정치와는 전혀 다른, 이상한 신흥 종교가 출현했다. "손이 피에 젖은 남자들"은 제비갈매기의 첫 번째 알을 발견하기 위해서 경쟁했고 경쟁에서 승리한 자가 추장직을 차지하게 되었다. 그러나 그것은 단 1년 동안 만이었다.

1722년 네덜란드의 여행자인 로게벤이 처음으로 이스터 섬에 도착했을 때, 무정부 상태는 이미 한참 진행된 후였다. 19세기 말엽이 되자, 유럽인들의 노예사냥과 그들이 가져온 새로운 질병으로 더욱 인구감소가 가속화되어 섬의 주민은 마침내 111명으로까지 줄어들었다. 이들은 겨우 구전된 전설을 통해서 자신들의 위대한 과거에 대해서 알고 있을 뿐이었다. 그들의 증언과 놀라운 고고학적 증거를 통해서, 인류학자들은 그들이 쇠퇴기(Decadent Phase)라고 부르는 이스터 섬 사회의 슬픈 모습을 재현할 수 있었다. 그것은 그 지방 고유의 전쟁방식을 보여줄 뿐만 아니라, 식인 풍습의 징표까지 보여준다. 또한 일부 섬 주민들이 전쟁의 여파로부터 벗어나기 위해서 얼마나 필사적으로 노력했는가를 보여준다. 이 섬의 용암지대에 있는 많은 자연 동굴과 터널은 파괴된 석상 받침에서 가져온 마름질된 바위로 입구가 막혀 있었다. 자신이나 가족의 은신처를 만들려고 했던 것이다. 그리고 섬의 한쪽 끝에는, 섬의 본토로부터 작은 반도 하나를 분리시키기 위해서 도랑을 파놓은 흔적이 있었다. 그것은 일종의 전략적 방어물이었음이 분명하다.

은신처와 전략적 방어물은 군사 분석가가 인정하는 세 가지 형태의 요새화 중 두 가지이다. 세 번째 형태인 지역적 거점만은 아직 이스터 섬에서 나타나지 않는다. 그러나 그렇다고 해서 이스터 섬 사람들이 거점을 이용하는 방식의 전투를 수행하지 못했음을 의미하는 것은 아니다. 그것은 단지 전쟁이 치러지던 이 무대가 얼마나 작았는지를 알려주는 한 가지 증거일 뿐이다. 이 자그마한 섬을 배경으로, 섬 주민들은 피비린내 나는 경험을 통해서 클라우제비츠식 전쟁의 모든 논리를 스스로 터득한 것처럼 보인다. 그들은 분명히 클라우제비츠가 그토록 강조했던 지도력의 중요성을 배웠을 것이다. 또한 포이크 반도에 남아 있는 도랑 곧 참호의 존재는 섬 주민들이 전략적 방어야말로 가장 강력한 전투라는 클라우제비츠의 교훈에 동의했음을 보여주는 것이다. 17세기 동안 인구가 급격히 감소하자 그들은 심지어 일부 주민들에게 특별히 혹독한 훈련을 시키기도 했다. 그리고 새로 발명하게 된 흑요석 창끝을 대량생산하게 되자 그들은 클라우제비츠가 전투행위의 정점으로 꼽았던 결전을 시도하게 했다.

그러나 이 얼마나 자기 패배적인 목표였던가! 클라우제비츠는 전쟁이 정치의 연장이라고 믿었는지도 모른다. 그러나 정치란 문명을 보전하기 위해서 행해지는 것이다. 폴리네시아인들은, 더 넓은 세계에서, 어떤 사람이라도 행복하게 살 수 있을 만큼 풍요로운 문화를 이루었다. 1761년, 타히티에 도착한 부갱빌은 에덴 동산을 발견했다고 탄성을 질렀다. 자연상태에서 행복하게 살아가는 아름다운 사람들에 대한 그의 묘사는 "순박한 사람(noble savage : 19세기 낭만주의 사상의 핵심 이념/역주)"에 대한 찬미의 원천이 될 만큼 깊은 영향을 미쳤다. 그리고 그러한 찬미는 질서는 있었으되 인위적이었던 18세기 사회에 대한 유럽 지식인들의 불만을 더욱 가중시켰다. 그러한 불만으로부터 왕정국가를 전복하려는 정치적 이단자들과 낭만적인 이데올로기가 성장했으며 순박한 사람들의 추종자들이 생기기 시작했다.

이기주의적인 개인—지도자, 특히 나폴레옹—의 극적인 행위인 결전을 찬양했던 클라우제비츠는 앙시앵 레짐(ancien régime)의 어떤 적에게도 지지 않을 만큼 낭만적이었다. 하지만 왕과 연대에 대한 충성심 때문에, 그는 자신이 미처 깨닫지 못할 정도로 철저하게 마나와 터부에 얽매여 있었다. 프랑스 혁명이 일어나기 이전에 군주정하의 유럽에서 연대는 병사들의 폭력을 억제하고 또한 그것을 왕들의 목적을 위하여 이용하려고 했던 하나의 수단이었다. 클라우제비츠가 군인으로 복무했던 프로이센은 특히 이 세상의 선에 대해서 적대감을 가지고 있었기 때문에, 프로이센의 가장 위대한 왕이었던 프리드리히 대왕은 다른 왕들이 적당하다고 생각하는 선을 훨씬 넘어서는 잔인한 전투를 행하도록 사관들을 격려했다. 즉 그의 마나의 확대재생산은 다른 왕들이 부적당하다고 생각하는 터부의 파괴를 요구했던 것이다.

그러나 프리드리히 자신은 결코 경계를 넘어서지 않았다. 그는 단지 전쟁을 일반적인 잔인성의 한계보다도 더욱 우위에 있는 규범으로 강요했을 뿐이다. 그러나 왕의 마나와 군사적인 터부가 명백하게 영원히 소멸되어버린 세계에서 성장한 클라우제비츠는 새로운 질서를 합법화할 언어가 필요했다. 그러나 그것이 결코 질서가 아니라는 사실과 그의 전쟁철학이 유럽 문화를 파괴할 처방이라는 사실을 클라우제비츠는 깨닫지 못했다. 그러한 그를 어떻게 비난할 수 있겠는가? 시간적으로나 공간적으로나 풍요로운 폴리네시아 세계로부터 떨어져 있던 이스터 섬 주민들은, 만약 생각을 논리화할 수 있는 능력이 있었더라면, 환경의 변화는 필연적으로 문화혁명을 수반한다는 사실을 분명히 느꼈을 것이다. 어쩌면, 매년 제비갈매기의 첫 번째 알을 발견하는 자에게 계승되는 권력의 이동에 따라서 끊임없이 동요하는 충성심을 묘사하기 위해서, "정치"와 유사한 의미의 단어를 생각했는지도 모른다. 그러나 지금 우리는 뭐라고 말할 수 없다. 처음 인류학자들이 도착했을 때 남아 있던 토착병적인 전쟁의 생존자들조차도 점차 줄어들고 있던 쇠퇴기의 모습으로써는 그들의 문화가 경험했을 진화에 대한 정확한 분석을 할 수 없기 때문이다. 그럼에도 불구하고 이 사실만은 분명히 단언할 수 있다. 클라우제비츠의 전쟁방식은 결코 폴리네시아의 문화적 목적에 이바지하지 않았다는 것이다. 어떤 서구 언어들의 의미에서도 자유적이고 민주적이고 역동적이고 창조적이지 못했지만 그럼에도 불구하고 이 문화는 태평양섬 생활의 환경에 가장 완벽하게 어울리는 방식으로 지역적 수단을 일정한 목적에 적응시켰다. 마나와 터부는 추장, 전사, 씨족원의 역할 사이의 균형을 잡아주며 세 계급 모두에게 유리하게 작용하고 있었다. 만약 그들의 상호관계를 폴리네시아 생활의 "정치"라고 부른다면, 전쟁은 그 연장이 결코 아니다. 이스터 섬 곧 폴리네시아의 한 모서리에서 "진정한" 형태의 전쟁이 일어났을 때, 그것은 정치와 문화와 궁극적으로는 삶 그 자체를 파괴하는 것임이 증명되었다.

## 줄루족

이스터 섬 사람들은 외부세계와는 단절된 가운데, 전면전을 통해서 스스로 고안한 치명적인 실험을 했다. 그와 반대로, 줄루족은 19세기 초반에 그들 사회가 겪은 군사혁명을 통해서 서양문명과 현란한 대면을 했다. 이러한 이야기는 되풀이됨으로써 점점 더 진짜 같은 이야기가 되었다. 그러나 클라우제비츠가 남아프리카에서 일어난 이 극적인 드라마를 알기에는 그 시작이 약간 늦었다. 그렇지만 그는 다음에 소개될 맘루크의 이야기에 대해서는 알고 있었을 것이다. 그 드라마의 절정은 근대사에서 가장 인기 있는 역사 이야기 중의 하나이며 남아프리카 백인(아프리카나) 신화의 중요한 요소를 이루었다. 프리토리아에 있는 남아프리카 백인의 거대한 대리석묘에는 보르트레커(Voortreker : "개척자"라는 뜻. 1835-1840년대 초에 남아프리카 내륙으로 대이주한 보어인/역주)가 맞싸웠던 줄루족 전사들이 보어인의 영웅만큼이나 이상화된 모습으로 그려져 있다. 이것은 별로 놀라운 일이 아니다. 남아프리카 백인들의 신화는 무섭고 고귀한 상대를 필요로 했기 때문이다. 19세기에 들어서면서부터 1879년의 전쟁으로 대파국이 도래하기 전까지, 국가 형성기간에, 줄루족은 참으로 무서운 전사들이었다.

본래 줄루족은 평화로운 전원생활을 즐겼다. 그들의 선조인 응구니족은 14세기에 먼 북쪽으로부터 동남 아프리카의 해안지방으로 이주해온 유목민들이었다. 그로부터 3세기 후에 조난된 유럽인들은 이들에 대해서 이렇게 묘사했다. "그들은 서로 교제할 때……대단히 예의가 바르고 공손했으나 수다스러웠다. 남녀노소를 불문하고 그들은 만날 때마다 반갑게 인사를 나누었다."[25] 이들은 이방인들에게 친절했다. 낯선 여행자들도 철이나 혹은 구리 따위를 지니지 않도록 주의만 한다면 마음을 놓고 그들 사이를 돌아다닐 수 있었다. 그런 물건들은 너무나 귀해서 그들에게 "살인동기"를 제공할 수 있기 때문이다. 그들은 매우 준법정신이 강했는데, 특히 대인관계에서 그러했다. 노예제도는 알려지지도 않았으며 복수 따위는 거의 존재하지 않았다. 모든 분쟁은 추장에게 맡겨졌고 그의 말은 "한마디 군말도 없이" 받아들여졌다. 추장들 자신은 법에 복종했으며 자문관들에 의해서 순화되었을 것이다. 혹은 더 높은 추장에 의해서 결정이 번복되는 수도 있었다.

비록 초기의 유럽 방문자들은 박애정신(ubuntu)이 그들의 가장 중요한 가치라고 전하고 있지만, 응구니인들도 싸움을 벌였고 전쟁을 일으켰다. 전쟁을 시작하는 이유는 보통 초지를 둘러싼 분쟁 때문이었다. 초지야말로 가축 수가 사람 수보다도 월등히 많은 사회에서는 가장 필수적인 자원이었다. 초지를 잃은 사람은 척박한 땅에서 삶을 마쳐야만 했다. 그러나 인구밀도가 낮은 지역의 원시부족들이 대부분 그러하듯이, 싸움의 결과는 살육이 아니라 추방이었다.

노인들과 어린아이들이 지켜보는 가운데 행해지는 싸움은 일종의 의식과 같았다. 처음에는 욕설을 주고받다가 어느 편이든 부상을 당하면 끝이 났다. 바로 이 정도가 자연적이고 관습적인 폭력 수준의 한계였다. 금속이 극히 드물었기 때문에, 무기는 대부분 불에 그을린 단단한 나무로 만들었으며, 손에 들고 사용하기보다는 상대방을 향해서 던졌다. 만약 전사가 우연히 상대방을 죽이게 되면, 즉시 싸움터를 떠나 정화의식을 행해야만 했다. 그렇지 않으면 희생자의 영혼이 그와 그의 가족에게 치명적인 질병을 가져다주기 때문이다.[26]

19세기가 시작되면서 단 몇십 년 사이에, 이 전형적인 "원시적" 전쟁방식이 순식간에 변화되었다. 응구니족의 작은 부족에 불과했던 줄루족의 추장 샤카가 규율이 야만적인 연대들을 거느리고 군사령관이 되어 나타난 것이다. 이들은 치열한 살육전을 벌였고 샤카의 줄루 왕국은 남아프리카의 강대국이 되었다. 줄루족에게 밀려난 부족들은 사회적 와해의 혼란 속에서 피난처를 찾아 수백 마일을 떠돌아다니기 시작했다.

샤카의 등장을 목격한 유럽인들은 폴리네시아인들의 신비로운 항해술에 당황한 항법사들처럼, 자연발생적인 원인을 부인하는 설명을 찾으려고 노력했다. 유럽인들의 설명에 따르면, 샤카는 유럽인을 만나서 유럽인들의 군사조직과 전술을 배웠다는 것이다. 물론 그것은 새빨간 거짓말이었다.[27] 사실은 북부 응구니족이 한가로운 전원생활을 하며 향유하던 풍요로운 자연환경이 18세기 말엽부터 악화되기 시작했다. 그들이 부의 척도로 삼았던 가축들의 숫자가 "비(非)산성" 초지의 수용 한도 이상으로 늘어났던 것이다.

서쪽으로는 드라켄즈버그 산맥이 극적인 장벽을 형성했는데, 그 너머에는 초원경제에 적대적인 "산성" 초지가 펼쳐져 있었다. 북쪽으로는 림포푸 강 유역의 체체 파리 지대가 가로막고 있었다. 게다가 16세기에 미국에서부터 아프리카로 건너온 옥수수는 남부 응구니족의 인구를 증가시켰다. 그러나 남쪽은 희망봉의 보어인들이 총과 생활권(Lebensraum)을 지키겠다는 굳은 결의하에서 철저하게 봉쇄했다. 동쪽으로는 바다가 있었다.[28)]

샤카가 명성을 얻기 이전부터, 응구니족의 자유롭고 한가로운 생활방식에는 약간의 변화가 일어나고 있었다. 이전의 한 추장은 징집 시에 병사가 다른 사람들과 함께 주거지를 떠나서 추장의 크랄(kraal : 흔히 울타리를 친 마을/역주)에 모이는 제도를 폐지했다. 그 대신 같은 해에 태어난 남자들로만 구성된 "동갑 연대"를 만들었다. 이 제도는 군복무 기간 동안, 젊은 병사들을 장래의 신붓감으로부터 격리시킴으로써 인구증가율을 감소시키는 효과를 가져왔다. 또한 추장의 권한과 공물(貢物)—가축, 생산물, 사냥물—이 증대되었는데, 복무하는 동안에는 병사의 모든 노동이 추장의 통제하에 있었기 때문이다.

샤카는 이러한 변화들을 극단적인 정도로까지 제도화했다. "동갑연대"는 일반 사회와 분리되어 군영 안에서 생활하는 영구적인 집단이 되었다. 전사들은 전투가 있는 한두 계절 동안만이 아니라, 40세가 될 때까지는 결혼하지 못했다. 그때가 되면 샤카가 조직한 여전사 연대로부터 40세가 된 여자를 배정받았다.

전쟁에 대한 오랜 금기사항들 또한 폐기되었다. 샤카는 새로운 무기인 찌르는 창을 고안하고, 그의 전사들에게 그 창으로써 근접전을 벌여서 상대방을 죽이도록 훈련시켰다(아마도 보어인들이 희망봉 바깥으로 진출함에 따라서 지금까지보다 쇠가 더욱 풍부해졌기 때문일 것이다. 이것은 격렬해진 응구니족 전쟁에서 역사가들이 연구하지 않은 측면이다. 찌르는 창은 이전에 사용되던 던지는 창보다 제조과정에서 더 많은 쇠가 필요했던 것이 틀림없다. 날붙이 무기를 가지고 맞붙는 싸움은 밀집대형 전술을 필요로 했다. 샤카는 이것 또한 고안했다. 그는 이미 그의 병사들에게 신발을 벗고 맨발로 장거리를 달릴 수 있도록 훈련을 시켰다. 또한 전쟁터에서는 가장 강력한 부대를 중심에 놓고 양 날개에 병사들을 배치시켰다. 그리고 후방에 지원군을 두었다. 결전의 순간이 오면, 중앙부대는 밀집대형으로 적을 꼼짝 못하게 했다. 그동안 양 날개 부대는 각각 측면에서 달려 나와서 그를 에워싸서 옹위했다. 정화의식은 전투가 완전히 끝날 때까지 미루어졌다.[29] 일단 살육이 시작되면, 전사들은 죽음을 확인하려고 희생자들의 내장을 꺼냈다. 내장을 꺼내는 것은 죽은 자의 영혼을 육체로부터 풀어준다는 전통적인 의미가 있었다. 또한 그렇게 하지 않으면, 살인자가 미쳐버린다고 믿었다.

샤카는 조금도 망설이지 않고 아이들과 부녀자들을 살해했다. 그의 응구니 선조들에게는 금기시되었던 행위였다. 그러나 대개의 경우, 샤카는 전투를 벌인 전사들과 함께 이웃 부족의 지배가문의 남자들을 죽이는 것으로 만족했다. 생존자들은 날로 커져가는 샤카의 왕국에 복속되었다. 그의 목적은 그의 지배를 받아들이는 응구니족으로 이루어진 국가를 세워서 영토를 확장하는 것이었다.

그러나 확장되는 줄루 왕국의 국경 밖에서는 이 제도가 엄청난 재앙을 불러왔다. 샤카의 방법은 줄루 왕국의 인구과잉 문제를 해결할 수 있었다. 그러나 동시에 대대로 살아온 고향과 삶의 터전으로부터 한 부족이 이웃 부족들을 차례차례 내쫓음으로써 끊임없는 대이동이 시작되었다. "줄루 왕국의 성장은 케이프 콜로니 국경으로부터 탕가니카 호수에 이르기까지 영향력을 미쳤다. 아프리카 대륙의 거의 5분의 1에 걸쳐서 모든 공동체들이 심각한 영향을 받았고, 많은 공동체들이 완전히 와해되었다."[30]

줄루 제국주의의 심각한 영향은 디파카네(Difaqane) 즉 "강제 이주"라는 이름으로 알려져 있다. "1824년 무렵에 투켈라 [강]과 음짐크훌루 [강] 사이 그리고 드리켄즈버그 산맥과 바다 사이에 있는 대부분의 국가들이 유린되었다. 수천만 명의 사람들이 목숨을 잃었고 일부는 남쪽으로 더 멀리 도망을 쳤다. 그리고 나머지 사람들은 줄루 왕국에 흡수되어버렸다. 나탈에서 조직화된 공동체 생활은 완전히 사라졌다."[31] 이곳은 작은 지역이 아니라, 거의 1만5,000제곱마일에 달하는 곳이다. 하지만 줄루족을 피해서 피난민들이 달아난 거리에 비하면, 이 정도는 아무것도 아니다. 한 무리는 본래 거주지로부터 2,000마일이나 떨어진 탕가니카 호숫가에서 비로소 피난생활을 끝냈다. 어떤 사람들은 방랑하는 도중에 가축을 모두 잃고 풀과 나무뿌리로만 연명해야 했다. 심지어 인육을 먹는 지경에 이른 사람들도 있었다. 많은 사람들은 메뚜기떼처럼 대지를 초토화하는 "유목민들"에게 그들의 운명이 맡겨져 있다는 사실을 깨달았다. 그들이 지나간 길은 죽은 자들과 죽어가는 자들의 시신에 의해서 만들어졌다.

1828년, 샤카의 몰락 후에도 젊은 줄루족은 한동안 샤카의 군사 제도와 에토스에 충실했다. 승리의 열매로 얻어진 사회적, 경제적 변화들에 대응하지 못하고 영광의 순간에 그 제도가 고착되는 것은 승리한 군사제도의 전형적인 과오이다. 왜 그렇게 되는가에 대한 이유가 바로 이 책의 주제이기도 하다. 줄루족의 경우에는 분명히, 프로이센인에 대해서 "항상 긴장된(toujours en vedette)"이라고 말하듯이, 그들과 비슷한 군사 대국들에 의해서 너무나 위협을 받은 나머지(19세기 남아프리카에서 경제발전이 보다 진척될 때에도 그런 현상이 있었다), 언제나 배타적인 군사적 형태에 그들의 모든 에너지를 집중시켜야만 했던 결과였다. 다른 많은 곳에서와 마찬가지로, 그들의 등장을 결정한 것 또한 바로 그 형태였다. 마침내 줄루족은 총을 손에 넣었지만 새로운 무기에 적응하지 못했다. 그리고 찌르는 창을 최고의 무기로 집단공격을 고집했다.

샤카는 완벽한 클라우제비츠주의자였다. 그는 특정 생활방식을 유지하고 보호하기 위해서 군사제도를 창안했다. 그리고 그것은 놀라운 효율성을 발휘했다. 전사의 가치를 가장 우위에 두고 그러한 가치를 유목경제 보전에 연결시킴으로써, 또한 가장 강력한 구성원들의 힘과 상상력을 그들의 기력이 다할 때까지 불모의 군사적 속박 속에 가두어둠으로써, 줄루 문화는 주변 세계에 적응하고 진보할 기회를 스스로 거부한 것이다. 한마디로 줄루 국가의 흥망은 클라우제비츠의 분석이 지닌 중대한 결함에 대한 무서운 경고이다.

## 맘루크

구속(bondage)은, 강한 형태이든 약한 형태이든, 군복무의 공통적인 조건이다. 줄루족의 경우에, 구속은 거의 극에 달했다. 그러나 샤카의 전사들은 노예는 아니었다. 그들을 구속하는 것은 법이라기보다는 차라리 두려움으로 인해서 더욱 강화된 관습이었기 때문이다. 그럼에도 불구하고, 그들은 기능적인 의미에서 샤카의 의지에 복종하는 노예에 불과했다. 사실 과거의 군인은 법적인 노예나 다름없었다. 그러나 오늘날 우리들이 보기에 이들의 신분은 다분히 모순적이다. 근대세계에서 노예는 개인적 자유의 완전한 박탈을 의미한다. 한편 무기의 소지나 사용권은 개인적 자유를 의미한다. 우리는 어떻게 한 인간이 무기를 소지하면서 동시에 자유를 박탈당할 수 있는지 이해할 수 없다. 그러나 중세 무슬림 세계에서는 노예와 병사의 신분 사이에 아무런 갈등도 존재하지 않았다. 노예병사—맘루크[Mamluk]—는 여러 무슬림 국가들의 특징이었다. 속성상 맘루크들은 종종 그러한 국가의 지배자가 되기도 했으며, 그들의 지도자는 여러 세대에 걸쳐 권력을 누리기도 했다. 그러나 자신들의 힘을 이용하여 법적으로 자유로워지려고 하기는커녕, 맘루크 "제도"를 영구화하기 위해서 충성을 다하고 그 성격을 변화시키려는 어떤 세력에도 저항적이었다. 물론 이들이 저항했던 데에는 이해할 만한 이유가 있었다. 맘루크들은 마술(馬術)과 궁술 같은 정교한 기술에 대한 독점권을 소유하고 있었다. 그러므로 소총술이나 보병전술같이 보다 평범한 기술 때문에 마술이나 궁술을 버린다면 그들의 위치가 붕괴되어버릴 수도 있었던 것이다. 그럼에도 불구하고 결국 그들에게 종말을 가져다준 것은,

줄루족의 경우와 마찬가지로, 바로 이러한 군사문화의 편협성이었다. 그들의 정치권력은 군사적 독점권에서부터 비롯되었지만, 맘루크들은 새로운 전쟁방식에 적응하기보다는 차라리 자신들의 낡은 군사 스타일을 고집하고 싶어했다. 줄루족의 경우처럼 이들의 경우에도 클라우제비츠식의 분석은 물구나무가 세워졌다. 권력자들은 정치를 전쟁의 연장으로 여긴다. 그러나 현실적으로 그것은 헛소리에 불과하다. 문화적으로 맘루크들은 다른 대안이 없었던 것이다.

그리스나 로마에서처럼 이슬람 세계에서도 노예제도는 여러 가지 형태를 취했다. 어떤 노예들은 상당히 좋은 대접을 받았는데, 존경받는 기술자나 교사, 혹은 이익의 일부를 차지하는 상인, 서기 따위가 될 수 있었다. 그러나 이슬람에서는 그리스나 로마의 경우보다 더 다양한 노예제도가 존재했다. 칼리프(caliph)—무함마드의 "후계자"는 종교적인 권위뿐만 아니라 세속적인 권력까지 휘둘렀다—의 지배하에서 노예는 고위 공직자가 될 수도 있었다. 노예를 병사로 만든 것은 이러한 관행의 확대였다. 그리고 노예병사들이 군사 엘리트 계급을 형성할 수 있었던 것도 오직 이슬람 세계에서만 가능한 일이었다.

노예병사들이 이런 일을 하게 된 것은 이슬람 세계에서 전쟁윤리와 전쟁행위 사이에 갈등이 곧 나타났기 때문이다. 무함마드는 그리스도와는 달리 폭력적인 사람이었다. 그는 직접 무기를 들고 전쟁터에서 싸웠으며 신의 뜻을 거스르는 자들과의 성전인 지하드(jihad)를 설파했다. 그의 후계자들은 전 세계를 다르 알-이슬람(Dar al-Islam, 복종의 집)—코란에 집대성되어 있는 무함마드의 가르침에 대한 복종의 집—과 다르 알-하르브(Dar al-Harb, 전쟁의 집)—앞으로 정복할—둘로 나누어서 생각했다.[32] 7세기의 아랍의 초기 정복은 다르 알-이슬람의 영역을 어지러울 정도로 단숨에 확장시켰다. 그리하여 700년경이 되자, 현재의 아랍, 즉 시리아, 이라크, 이집트 그리고 북아프리카의 전 지역이 이슬람의 수중에 들어갔다. 그 이후부터 지하드의 과정은 더 어렵고 많은 문제를 낳았다. 초기의 아랍 정복자들은 수가 매우 적었다. 너무 적은 나머지, 처음과 같이 철저한 통치를 유지할 수 없을 정도였다. 또한 승리를 거두고 나자, 이들도 여느 사람과 다름없이 인간적인 약점을 지니고 있다는 것이 드러났다. 평화를 누리게 되자 승리의 열매에 탐닉할 뿐만 아니라, 통치권 계승을 둘러싸고 한시라도 싸울 태세가 되어 있었던 것이다.

통치권은 칼리프, 즉 무함마드의 "후계자"의 것이었다. 초기의 칼리프들은 전쟁을 하지 않고 편안히 살고 싶어하는 퇴역군인들의 요구를 만족시킬 만한 방법을 디완(diwan)이라는 제도를 통해서 발견했다. 디완이란 아랍 병사들을 위해서 정복의 과실을 재원으로 하여 만든 연금제도이다. 그러나 초기 칼리프들은 칼리프 선출방식에 대해서 다른 견해를 지닌 자들 사이의 갈등을 무마하는 데에는 별로 성공을 거두지 못했다. 그들은 곧 이 문제를 두고 격렬한 논쟁을 벌이기 시작했다. 그것은 권위의 본질에 대한 근원적인 불일치였다. 칼리프의 권위를 무함마드의 유산으로 생각할 것이냐, 아니면 공동체인 움마(umma)의 동의로부터 나오는 것으로 생각할 것이냐 하는 이러한 논쟁은 오늘날까지 계속되어 무슬림을 시아(Shiah)와 수니(Sunni)로 갈라놓았다. 논쟁이 해결될 수 없었던 이유는 무슬림 신앙 중에 논의의 여지가 없는 세 번째 계율 때문이었다. 그 계율은 무슬림 사이의 싸움을 금지하고 있다. 무슬림에게 전쟁이란 오직 지하드, 즉 계시된 진리에 복종하지 않는 자들과 벌이는 성전뿐이었다. 진리에 복종하는 무슬림 사이의 전쟁은 신성모독으로 여겨졌던 것이다.

그러나 일부 무슬림들은 칼리프 계승 문제를 둘러싼 분쟁을 해결하기 위해서 전쟁을 벌여야만 한다고 주장했다. 한편 나중에 갈라져 나온 무슬림들은 철저한 영토 투쟁을 감행하기에 이르렀다. 이 두 가지의 사태진전에 직면한 많은 경건한 무슬림들은 세속적인 삶에서 완전히 물러나버렸다. 영웅적인 전통을 자랑하는 아랍인들은 군인이 되고 싶어하지 않았다. 왜냐하면 디완이 영웅적인 전통을 그럴만한 가치가 없는 것으로 만들었기 때문이다. 한편 대부분의 개종자들 또한 신앙을 저버리고 군인이 되고 싶어하지 않았다. 그러나 계속되는 지하드의 요구뿐만 아니라, 칼리프 계승을 둘러싼 주장들은 전쟁을 불가피한 것으로 만들었다. 결국 칼리프들은 편법을 쓰지 않을 수가 없게 되었다. 정복의 최초단계부터 이슬람은 벌써 비(非)아랍인 병사들을 고용해왔다. 그들은 아랍 주인들에게 속한 개종자들로 이루어졌다(나중에는 어쩔 수 없이 개종자들이 무슬림의 대부분을 차지하게 되었다).

이슬람 또한 똑같은 원칙에 의해서 노예들을 사용해왔다. 노예들은 너무나 철저하게 아랍 주인들에게 속해 있었기 때문에, 이제는 노예들을 곧장 병적에 편입시키는 것이 자연스러운 대안처럼 되어버렸다. 언제부터 시작되었는가는 논쟁의 여지가 있지만, 19세기 중반에 들어서 이슬람이 신병모집에서 참으로 독특한 정책을 제도화했다는 것은 분명한 사실이다. 비무슬림의 청년 노예들은 신앙 속에서 성장하며 군인으로서 훈련을 받았다.[33)]

이들 맘루크들은 거의 예외 없이 중앙 아시아의 대초원과 인접한 이슬람 변경지대, 즉 카스피 해와 아프가니스탄의 산맥들 사이에서(이후에는 흑해의 북쪽 해안에서) 선발되었다. 이곳은 9세기에 칼리프인 알-무타심이 조직적인 징병을 시작했을 때, 투르크인들이 모여 살던 지역이었다. 그는 이렇게 말했다고 전해진다. “이 세상의 어떤 민족도 이들보다 더 용감하고 강인하고 번성하지는 못했다.” 투르크인들은 현대 터키인들이 그러하듯이, 거친 사나이들이었다. 그리고 이미 서쪽으로 진격해본 적이 있었다. 그들이 일으킨 정복의 물결은 아랍인들보다 더욱 넓은 것이었다. 게다가 칼리프가 이들을 선택할 만한 또다른 요인들이 있었다. 비록 아직은 무슬림이 아닐지라도, 이들은 이슬람에 대해서 잘 알고 있었던 것이다. 왜냐하면 초원의 국경은 고정된 장벽이 아니라, 투르크인들과 다른 민족들이 무역을 하고 서로 침입하던 횡격막이었기 때문이다. 투르크인들의 경우에는 종종 자신들에게 보다 유리한 쪽으로 국경을 넘기도 했다. 더욱이 이들이 알고 있는 이슬람인들은 여전히 영웅적인 성격을 지니고 있었다. 가지(ghazi)라고 부르는 선구적 전사들은 다니엘 파입스가 "영성(inwardness)"이라고 불렀던 것에 대한 경향은 조금도 없이, 대수롭지 않은 양심으로 성전을 수행했다. 그들은 중심부의 무슬림들이 행사하는 이슬람의 세속적인 권력으로부터 완전히 소외되어 있었다.[34] 그러나 투르크인들의 가장 큰 강점은 그들의 성품보다는 실제적인 기술이었다. 말의 달인이자 마상 전투술의 달인이었다. 승마용 말의 기원은 초원지대이다. 투르크인들은 말이 자신의 일부분이라도 되는 것처럼—투르크 여인이 말 위에서 임신하여 분만했다는 전설이 있을 정도로—능숙하게 말을 탔다. 또한 어느 누구도 당할 수 없을 만큼 용맹하게 기사의 무기인 창과 조립식 활(composite bow)과 사브르(sabre : 이 칼은 초원지대 용사들을 천하무적으로 만든 잊혀진 선물 중의 하나이다. 영국 장성들의 맘루크 칼은 이것을 본떠서 만들었다)를 휘둘렀다. 투르크인들도 나름대로 약점이 있었다. 그들은 만족을 모르는 약탈자였던 것이다. 그것은 약간의 우유와 고기 이외에는 아무것도 생산하지 못하는 초원지대의 극도로 궁핍한 생활에 대한 반동이었다. 그러므로 약탈의 기회는 투르크인들에게 징집을 받아들이도록 하는 강한 유혹이었다. 사실 일단 "맘루크 제도"가 실시되자, 군사노예의 상당한 공급은 투르크의 지배계층과 가문의 수장에 의해서 이루어지게 되었다. 무역을 통해서 이슬람의 권력에 아부하고 이익을 얻으려는 그들의 자발적인 태도는 안전하고 존경받는 직업을 얻으려고 그들이 팔았던 것들을 준비함으로써 맞아떨어졌던 것이다.

위대한 무슬림 국가의 대부분이 군인노예 제도를 도입했다. 단연 가장 중요한 나라는 바로 1258년 몽골인들에 의해서 바그다드의 아바스 왕조(750–1258)가 전복된 이후에 그 자리를 대신한 이집트의 아바스 칼리프 왕국이었다. 그의 맘루크들은 13세기 중반부터 16세기 초에 이르기까지, 그들 자신의 술탄 밑에서 나라를 지배했다. 맘루크들은 급변하는 왕권투쟁에서 정당한 편을 선택했던 것이다. 그것은 1260년 아인 잘루트(Ain Jalut : 골리앗의 샘) 결전에서 승리했기 때문에 얻은 결과였다. 이 전쟁으로 그들은 무슬림 세계뿐만이 아니라, 다른 많은 문명세계의 구원자가 되었다. 맘루크의 상대는 같은 몽골인들로 최근에 죽은 칭기즈 칸의 친척들이었다. 그들은 2년 전 1258년에 바그다드 칼리프를 퇴위시켰고 살해했다. 다른 어떤 군사력으로도, 심지어 성지에 십자군 왕국을 세웠던 직업적인 기독교 병사들조차도 이들을 당해내지 못했다. 맘루크의 승리가 특히 돋보였던 것은 몽골 군대의 대다수 기마병들이 바로 몽골인들의 이웃인 투르크인이었다는 사실 때문이었다. 그들은 칭키즈칸이 중앙 아시아를 벗어남으로써 약탈의 기회를 미친 듯이 이용했다. 그러나 결국 아인 잘루트에서, 아랍 역사가인 아부 샤마가 기록했듯이, 같은 종족의 손에 패배당하고 멸망했던 것이다.[35] 아니, 같은 혈족에 의해서 패배당했다고 말하는 편이 더 진실에 가까울 것이다. 오랜 양육과 훈련은 맘루크 병사들을 매우 특수한 종족으로 만들었기 때문이다.

아인 잘루트에 참전했던 대부분의 맘루크들은 흑해의 북쪽 해안 출신인 킵차크 투르크인들이었다(그들 중에 가장 위대한 전사인 바이바르스가 바로 킵차크 사람이었다). 그들은 어린 시절이나 청소년 시절에 노예로 팔려와서 카이로로 옮겨져서 훈련을 받았다. 신참 수도사처럼 수도원 같은 병영에 격리수용된 이들은 가장 먼저 코란과 이슬람 법전과 아랍 글자를 배웠다. 청년이 되면, 승마기술, 말 조련법, 말 위에서의 무기 다루기 등의 푸루시이야(furusiyya)에 정통하게 된다. 이것이야말로 전쟁터에서 맘루크의 용맹성을 보장하는 기술이었다.[36] 기수와 말의 혼연일체를 강조하고 말 위에서 무기를 다루는 정확성과 기술을 가르치고 말을 탄 동료들과의 전술적 융화감을 기른다는 면에서, 푸루시이야는 기독교 유럽의 무장한 사람들의 승마훈련과 대단히 유사하다. 그런 면에서 십자군 기사에게나 투르크 군의 파리스(faris)에게 무기와 명예의 규범으로서의 기사도가 공통적이었던 만큼, 기사도는 중세 군사역사학의 매력적인 문제이다.

그러나 기마전투에 대한 이러한 집착이 결국 그들의 운명을 결정지었다. 하나의 집단으로서, 그들은 보다 넓은 세계에서 일어나는 군사적 발전과는 동떨어져 있었다. 그렇지 않았더라면, 그들은 기사의 전성기가 얼마 남지 않았다는 사실을 미리 경고받았을지도 모른다. 서유럽의 무장기사들과는 달리, 이들은 원시적인 화약무기를 대면한 적도 없었고, 자신들의 권리를 주장하는 건방진 평민 보병들을 대변한 적도 없었다. 15세기 말까지, 그들의 위치는 군사적으로나 정치적으로나 너무나 확고했다. 심지어, 비록 맘루크는 말을 타지 않으면 결코 어디에도 가지 않았지만, 푸루시이야의 연습까지 날로 희미해져갈 정도였다.

맘루크 제도의 한 가지 훌륭한 특징은 이 지위가 결코 세습되지 않았다는 것이다. 맘루크는 결혼을 하고 신분이 자유로운 아이를 낳을 수 있으며, 심지어 자신도 점차 합법적으로 자유의 몸이 되었지만(비록 그 제도를 완전히 이탈하거나 술탄 이외의 다른 주인을 섬길 수는 없었지만), 맘루크의 아들은 절대로 맘루크가 될 수 없었다. 그것은 새로운 혈통뿐만 아니라, 새로운 사상의 도입을 보장하기 위해서였다. 그러나 실제로는 전혀 그렇지 않았다. 14세기와 15세기에 걸쳐서, 새로운 맘루크들이 계속해서 초원 변경지대로부터 이집트에 도착했지만, 일단 수습기간이 지나고 푸루시이야 훈련을 받고 나면, 그들의 전임자와 전혀 구별할 수 없게 되었다. 거기에는 그럴만한 이유가 있었다. 맘루크에게는 큰 특권이 주어졌다. 군인노예 제도는 논리상 당연히 스스로 그 권력과 특권을 소유하고 있었다. 그러므로 맘루크의 구성원들은 당연히 과거에 위대한 성공을 보장했던 방식에 변함없이 충실한 것만이 그 특권을 가장 잘 유지하는 길이라고 생각했을 것이다.

16세기 초에 들어서, 맘루크는 발달된 형태의 화약혁명을 거의 동시에 두 가지 다른 경로를 통해서 직면하게 되었다. 홍해에 대한 맘루크의 지배권이 포르투갈인들에 의해서 도전을 받게 되었다. 그들은 육중한 대포를 실은 배를 타고 아프리카를 돌아서 항해해왔다. 이집트 국경의 안전 또한 오스만 튀르크에 의해서 위협을 받았다. 그들의 기마병들은 잘 훈련된 소총병들에 의해서 탄탄한 지원을 받았다. 황급히 맘루크의 술탄은 무려 한 세기에 걸친 군사적 태만을 만회하려고 노력했다. 엄청난 숫자의 대포들이 주조되고 소총부대와 포병부대가 만들어졌다. 푸루시이야의 연습이 다시 부활하고 맘루크들은 창술과 검술과 궁술을 철저하게 다시 배우기 시작했다. 하지만 불행하게도 맘루크의 재무장과 화약무기의 신봉은 전혀 별개로 진행되었다. 맘루크들은 아무도 총의 사용법을 배우거나 배우려고 하지 않았다. 결국 소총부대와 보병은 맘루크 계급 밖에서 충원되었다. 바로 아프리카 흑인과 서아랍 곧 마그레브 출신이었다.[37)]

그로 인한 결과는 불 보듯 뻔했다. 홍해로 파견된 소총부대와 포병부대는 포르투갈인들을 맞아서 상당한 성과를 거두었다. 포르투갈인들은 내해에서 싸워야 했는데, 대양을 항해하도록 만들어진 그들의 배로서는 불리한 조건이었다. 게다가 연락망을 구축하는 데에도 심각한 제한이 따랐다. 한편 오스만의 총포부대를 맞아서, 맘루크는 1515년 8월에 마르지 다비크 전투와 1516년 1월에 레이다니야 전투에서 완전히 패배하고 말았다. "제도"는 무너지고 이집트는 오스만 제국의 한 속주(屬州)가 되었다.

마르지 다비크 전투와 레이다니야 전투에서의 패배는 비슷한 양상을 보였다. 첫 번째 전투에서 셀림 1세 술탄이 지휘했던 오스만 군대는 측면에 포병을 배치하고 중앙에 소총부대를 배치했다. 그리고 맘루크가 공격해오기만을 기다렸다. 맘루크는 전통적인 투르크 군의 초승달 모양의 전개 방식으로 공격했으나, 오스만의 화력에 도망치지 않을 수 없었다. 두 번째 전투에서, 약간의 포병을 갖춘 맘루크는 오스만이 공격해오기를 기다렸다. 그러나 자신들의 측면이 포위당했다는 사실을 깨닫자, 또다시 기마부대 공격의 유혹에 빠지고 말았다. 이 공격으로 오스만의 한쪽 날개는 부러지고 말았다. 그러나 결국 화력이 그날을 승리로 장식했다. 7,000명이 넘는 맘루크들이 목숨을 잃었고 살아남은 자들은 카이로로 도망쳤으나 곧 항복을 강요당하지 않을 수 없었다.

두 전투의 전술보다는, 그 이후에 한 맘루크가 자신들을 패배로 이끈 무기를 두고 탄식한 글이 더 흥미롭다. 맘루크 역사가였던 이븐 자불은 그들 계급의 몰락을 슬퍼하며, 자신이 만든 가상인물인 맘루크의 수장 쿠르트베이의 입을 통해서 용맹스러운 기사들의 시대에 대해서 말하고 있다.

내 말을 듣고 귀를 기울여라. 그리하여 그대와 다른 이들은 우리 가운데 운명과 붉은 죽음의 기사들이 있음을 알게 되리라. 우리 가운데 단 한 사람만으로도 그대의 모든 군대를 패배시킬 수 있다. 만약 내 말을 믿지 못하겠거든, 한번 시험해보라. 그러나 다만 그대의 군사들에게 제발 총만은 쏘지 말라고 명령해다오. 그대는 여기에 모든 인종으로 이루어진 20만 명의 병사들을 거느리고 있다. 그대의 자리에 서서, 그대의 병사들에게 전투대형을 갖추게 하라. 우리 편에서는 단 세 사람만이 그대와 맞서기 위해서 나서리라. ……그대는 두 눈으로 이 세 기사가 이루는 위업을 목격할 것이다. ……그대는 황급히 온 세상에서 군사를 끌어모았다. 기독교인들과 그리스인들과 그밖에 여러 민족들을. 그리고 그들이 전쟁터에서 무슬림의 기사들을 대적할 수 없게 되자, 유럽의 기독교도들이 고안한 정교한 무기를 가지고 왔다. 이 무기는 설혹 여인이라고 해도 그것을 쏘기만 하면 그토록 많은 숫자의 남자들을 죽일 수 있는 총이었다. ……그대에게 저주가 있으라! 어떻게 그대가 감히 무슬림들에게 총을 쏠 수가 있단 말인가![38]

쿠르트베이의 탄식은 용기도 배짱도 없었던 프랑스 기사 바야르의 기계식 무기에 대한 경멸감이 담겨져 있다. 바야르는 습관적으로 궁노수 죄수들을 살해했다. 그리고 그는 1870년, 마르-라-투르에서는 폰 브레도프의 기사들이 죽음을 무릅쓰고 프랑스 군의 총구를 향해서 진격하리라는 것을 예상했던 사람이다. 쿠르트베이의 탄식은 기마전쟁의 황혼기에 전 세계를 진동시킨 기마전사의 필사적인 부르짖음이다. 그러나 그 부르짖음 속에는 계급적 자존심, 변화에 대한 저항, 종교적인 정통성 혹은 하층계급에 대한 경멸 이상의 것이 들어 있었다. 그것은 용맹스러운 자질에 의해서 날붙이 무기로 화약무기를 이길 수 있다는 당대의 분명한 경험이 담겨져 있었던 것이다. 맘루크들은 용맹한 자질이야말로 그들이 세상의 다른 인간들 위에 군림할 수 있는 이유라고 굳게 믿었다. 1497년에 어린 술탄이었던 사다트 무하마드는 카이로에 흑인노예 머스킷 총 연대를 만들었다. 그리고 그들에게 여러 가지 특권을 주면서 당파분쟁이 일어날 때마다 이용했다. 그는 어쩌면 화약혁명을 예견했는지도 모른다. 아니면 그저 총이 그를 강하게 만든다고 생각했을 수도 있다. 사정이 어찌되었든, 맘루크들은 몹시 분노했다. 마침내 사다트가 자신이 가장 총애하는 흑인인 파라잘라흐를 시르카시아(흑해 연안)—그 당시 대부분의 맘루크는 시르카시아인이었다—의 노예처녀와 혼인시켰을 때, 그들의 분노는 폭발하고 말았다.

> 왕족 맘루크들은 [역사가 알-안사리의 기록에 따르면] 술탄에게 불만을 표시했다. 그리고 완전무장을 했다. 맘루크와 흑인노예들 사이에 전쟁이 벌어졌다. 흑인노예들은 500명이 넘었지만 모두 도망쳤다가, 성채의 망루들에 다시 모여 왕족 맘루크들을 향해서 총을 쏘았다. 왕족 맘루크들은 그들을 향해서 진격했다. 그리하여 파라잘라흐를 죽이고 50여 명의 흑인노예를 죽였다. 나머지 노예들은 도망쳤다. 왕족 맘루크는 오직 2명만이 죽었을 뿐이다.[39]

그러나 맘루크들은 똑같은 정신력을 가진 사람들이 서로 다른 조건에서 싸울 때에는, 더 좋은 무기를 가진 편이 당연히 이긴다는 사실을 깨달아야만 했다. 그것이 바로 마르지 다비크와 레이다니야 전투가 주는 교훈이었다. 그것은 400년 후에, 태평양에서 미국과 맞서 싸우던 일본의 전쟁 교훈이기도 하다. 미국의 막강한 산업력에 대응하기 위한 최후의 수단으로, 일본의 자살특공 파일럿들은 가미카제(神風) 비행기의 조종석에서 사무라이 칼을 차고 적군의 항공모함을 향해서 날아갔던 것이다. 또한 그것은 20세기에 독일이 일으킨 제1차 세계대전과 제2차 세계대전의 교훈이었다. 독일의 군사특권계급이 소모전에서 적의 우월성을 과소평가하는 한, 궁극적으로 병사들의 용맹성은 아무런 소용이 없었다.

맘루크는 이러한 교훈을 마음속 깊이 새기려고 하지 않았다. 1515-1516년의 오스만의 승리가 맘루크 제도의 종말을 의미했던 것은 아니다. 이 제도는 오스만에게도 너무나 유용했기 때문에 폐지할 수 없었던 것이다. 사실 20세기에 들어서 민족주의라는 본질적으로 배타적인 개념에 물들기 전까지는, 무슬림들은 노예제도에 근거하지 않은 직업적인 군사조직을 전혀 갖추지 못했다. 여하튼 종속적인 맘루크 왕조들은 오스만 이집트 밑으로 기어들어감으로써 권력을 다시 잡을 수 있었을 뿐만 아니라, 이라크나 튀니지 그리고 알제리와 같이 다른 먼 속주에서도 역시 권력을 이와 같은 방법으로 유지했다. 그러나 비록 그들이 예전의 지위를 되찾기는 했지만, 다시 전사로서 쇄신될 수 없음이 증명되었다. 1798년, 나폴레옹이 이집트를 침공하자, 맘루크들은 또다시 푸루시이야의 기술로써 대포와 소총에 맞서기 위해서 말을 타고 몰려나왔다. 그러나 피라미드 전투에서 참패를 당한 것은 당연했다. 그들의 천진난만한 야만성에 크게 감동을 받은 나폴레옹은 그들 중의 한 사람인 루스툼을 데려다가, 제위에서 물러날 때까지 자신의 개인 수행원으로 삼았다. 여기에서 살아남은 맘루크들은 여전히 말 위에서, 다가오는 근대를 물리칠 준비를 하고 있다가, 결국 잔인한 이집트의 태수 무하마드 알리에게 대학살을 당하고 말았다. 그는 1811년, 카이로에서 벌어진 전투에서, 일말의 거리낌도 없이 "기독교인"의 전쟁방법을 사용했던 것이다.[40]

피라미드 전투(Battle of the Pyramids)는 확실히 그리고 맘루크의 카이로 대학살(Cairo massacre)은 아마도 클라우제비츠가 알고 있었던 사건일 것이다. 두 사건 모두 문화는 군사적 수단을 결정하는 정치만큼이나 강력하다는 것을 그리고 때로는 정치적, 군사적 논리보다도 우선한다는 사실을 보여주고 있다. 그러나 클라우제비츠는 이 사건들을 알았다고 해도 그러한 결론을 이끌어내지는 않았을 것이다. 이상한 우연에 의해서 그의 제자였던 헬무트 폰 몰트케는 옛 맘루크의 땅에서 정치적 결정보다도 문화가 군사적 결정요소로서 얼마나 훨씬 더 영속적인가를 보여주는 일련의 사건들을 통하여, 옛 맘루크의 영토에서 오스만 세력의 대리자로서 무하마드 알리의 역할이 절정에 달하는 것을 목격하게 되었다.

1835년에 몰트케는 투르크의 군사조직과 훈련의 근대화를 지원하는 임무를 받고 프로이센 군대에 의해서 파견되었다. 그는 투르크에서의 경험에 몹시 낙심했다. 그리고 이렇게 썼다. "투르크에서는 아무리 사소한 선물이라도, 일단 기독교인의 손에서 나온 것이면, 의심을 받는다. ……투르크인들은 주저하지 않고 유럽인들이 과학이나 기술, 부, 용기와 힘에서 그들 민족보다 더 우세하다는 것에 동의할 것이다. 그리하여 유럽인이 무슬림과 자신을 동등한 위치에 놓을 수 있을 것이라고 주저하지 않고 생각한 것이다." 군사적 업무에서 이러한 태도는 외통수의 경멸감으로 바뀌었다. "대령들은 우리에게 우선권을 주었다. 사관들은 그런 대로 참을 만했다. 그러나 평민들은 우리에게 무기를 제공하려고 하지 않았으며, 여자들과 아이들은 수시로 우리 뒤를 따라다니며 욕설을 퍼부었다. 병사들은 명령에 복종하기는 했지만, 인사하는 법이 없었다."

몰트케는 1839년, 반란을 일으킨 이집트의 통치자 무하마드 알리를 소환하기 위해서 오스만의 술탄이 시리아로 파견한 투르크 원정부대와 동행하게 되었다. 그것은 참으로 이상한 만남이었다. 겉으로 보기에는 오스만의 군대도 근대화, 즉 "기독교화"되어 있었다. 그러나 이집트의 군대에 비할 바가 아니었다. 무하마드 알리 자신부터 알바니아 출신의 무슬림으로 유럽인이었던 것이다. 그는 그리스 독립전쟁에서 제일 처음 "기독교도들" 방법의 우월성을 깨달았다. 맘루크와의 전투에서 함께 싸운 그의 동맹군 중의 일부는 프랑스의 세브 대령처럼 환멸을 느낀 그리스 찬미주의자들이었다. 무하마드 알리의 군대는 시리아의 네지브 전투에서 오스만의 군대를 해치워버렸다. 이 전투에서 몰트케는 방관자로 있을 수밖에 없었다. 이집트인들 앞에서 우왕좌왕 달아나는 투르크인들—주로 쿠르드족에서 징집된—의 모습을 보게 되었으며, 이집트인들은 필연적인 개혁을 거부하는 오스만 술탄의 백성들에 대한 깊은 환멸을 느끼고 있던 그를 프로이센으로 돌려보냈다.

그럼에도 불구하고 결국 오스만 튀르크는 근대적인 군대를 창설하는 데에 성공했다. 그러나 그 군대의 구성원을 투르크족만으로 엄격하게 제한함으로써, 값비싼 대가를 치러야 했다. 그의 백성들과 술탄 사이의 관계를 자의적으로 제한한 것은 비투르크 계통의 백성들 이외의 무슬림에 대한 오스만 정부의 권위를 크게 약화시켰던 것이다. 그러한 권력기반의 취약성은 분명히 1914년, "기독교도화"된 술탄-칼리프가 독일과 연맹하여 전쟁에 가담했을 때, 오스만 제국이 겪어야만 했던 긴장감을 조성하는 주요 원인이 되었다. 그 전쟁의 결과로 오스만 제국은 사라지고 터키만 남게 되었다. 그리고 곧이어, 술탄도 칼리프도 사라졌다. 남은 것이라고는 오스만 제국이 모든 것을 희생해가면서 창설했던 군대뿐이었다.

클라우제비츠와 몰트케의 후계자들이 그들의 투르크 교생들을 짜증스럽게 느꼈다는 사실에는 궁극적인 아이러니가 숨어 있다. 왜냐하면 1918년 오스만 제국의 멸망과 더불어 같은 시기에 똑같은 이유로 인하여, 그들의 제국 독일도 몰락했기 때문이다. 그 이유는 잘못된 정치적 목적을 위해서 고의적으로 전쟁을 선택한 것이었다. "청년 터키 당(Young Turks)"—술탄 군대의 "기독교도화"에 깊이 관여한—은 독일 편에 서서 전쟁터로 나갔다. 왜냐하면 그렇게 함으로써 투르크가 강해질 것이라고 믿었기 때문이다. 독일인들은 전쟁이 독일을 강력하게 만드는 직접적인 방법이라고 믿었기 때문에, 전쟁터로 나갔다. 클라우제비츠 또한 틀림없이 똑같은 생각을 했을 것이다. 그러나 문화적으로 왜곡된 전망은 전통적인 독일문화나 칼리프의 시종들의 문화나 똑같이 종말을 불러왔다.

## 사무라이

맘루크가 총포의 영향으로 변화를 겪고 있던 바로 그 시기에, 지구의 반대편 끝에서는 또다른 군사사회가 생존을 위해서 자신을 위협하는 상황을 단호히 거부하고 있었다. 16세기에 일본 무사계급은 총포무기의 도전에 직면했다. 그러자 이들은 일본에서 총포무기를 없앨 방법을 고안했고, 덕분에 그후로도 250년 동안이나 사회적 지배력을 유지할 수 있었다. 16세기에 일본사회와 잠시 접촉했던 서구세계가 상업화되고 온 대양을 항해하며 산업화와 정치적 혁명기를 거치는 동안, 일본의 사무라이(侍)는 외부세계에 대해서 굳게 문을 닫은 채, 외국 종교와 기술이 들어올 수 있는 통로를 완전히 봉쇄해버렸다. 그리하여 오랜 세월 동안 의지해서 살아왔고 그들을 지배해 왔던 그들의 전통을 수호했다. 이러한 충격이 이례적인 것은 아니었지만—19세기의 중국에서도 똑같이 강한 충격이 느껴졌다—그 성과만큼은 참으로 독특한 것이었다. 그러나 그 성과가 아무리 독특하다고 할지라도 일본의 경우 또한 정치적 논리가 전쟁방식을 결정하는 것이 아니며 오히려 압도적인 지배문화가 있을 경우에는 바로 그 문화적 형태가 승리의 수단이 될 수 있는 기술적인 무기를 선택하려고 하는 강력한 유혹마저도 제어할 수 있다는 사실을 보여준다. 특히 승리의 결과가 전통적이고 지배적인 가치관을 전복시킬 때에는 더욱 그러하다.

간단히 말하자면, 사무라이란 일본의 중세 기사계급이다. 그들의 기원은 섬나라 일본의 지리적 고립과 섬 내부의 산맥에 의해서 형성된 지리적 분열에서 비롯되었다. 다이묘(大名)의 지도자들(오스만 아나톨리아의 "계곡 영주[valley lords]"와 유사한)은 천황에게 충성을 바쳤다. 천황의 만세일계(萬歲一界)의 혈통은 깊은 존경을 받았으나, 그의 실제적인 권력은 거의 명목일 뿐이었다. 7세기부터 대영주였던 후지와라 가마타리(614-669)가 중국 당나라의 제도를 본떠서 중앙집권제 국가[律令制國家]를 확립했는데, 이 제도는 처음에는 그의 가문에 의해서, 그후로는 그의 많은 경쟁자들에 의해서 효과적으로 운용되었다. 경쟁자들은 궁극적으로 후지와라의 권력을 차지하기 위해서 서로 경쟁했다. 왜냐하면 징세권이 그에게 있었기 때문이다. 조선에서 전래되어 국가의 지원을 받고 있던 불교는 특혜를 받게 되어서, 승려들은 세금을 면제받았다. 그리고 차츰 불교와 연관된 속세의 동료들도 똑같은 권리를 부여받았다. 그와 동시에 농민이 지방영주에게 직접 세금을 바치는 법은 날로 강화되었다. 세금을 통해서 얻게 되었던 부(富)로 영주가문은 황실을 압도하기에 이르렀다. 1192년에 어린 천황에게 세이이 타이 쇼군이라는 직함을 내리도록 강요했던 제1대 쇼군(將軍) 미나모토 요리토모(1147-1199)는 이미 새로운 정부형태인 "막부(幕府[바쿠후])"를 건설했다. 이 막부가 바로 막부의 시조가 되는 가마쿠라 막부(鎌倉幕府, 1192-1333)이다. 막부란 말 그대로 "야전사령부"이다. 그후로부터 막부는 19세기에 메이지 유신(明治維新)에 의해서 폐지되어 황실이 진정한 권력을 되찾을 때까지, 중앙세력이자 권력의 핵심이었다.

통치권을 두고 끊임없이 경쟁하던 군사영주들과 그들의 사무라이 추종자들은 용감하고 재능 있는 전사들이었다. 그에 대한 증거는 몽골과의 결전을 통해서 확연히 나타난다. 1260년에 아랍 세계의 끝까지 밀고 들어간 몽골의 1274년 규슈 상륙은 태풍 때문에 실패했다. 1281년의 두 번째 침공도 태풍이 내습하여 다수의 군선이 침몰함으로써 실패했는데 이후로 몽골 군은 다시 일본을 향하지 않았다.

"형식"은 사무라이의 의복이나 갑옷, 무기, 무예와 전쟁터에서의 행동양식 등 모든 생활방식의 핵심을 이루었다. 그런 면에서는 동시대의 프랑스와 영국에 존재했던 기사들과 크게 다르지 않았다. 그러나 문화적인 사고방식에서는 대단히 커다란 차이가 있다. 일본인들은 문학적인 민족이었고, 특히 사무라이 사이에서는 문학적 문화가 고도로 발달되어 있었다. 일본의 최고 귀족들은, 무기력한 천황의 황거(皇居) 옆에 자리를 잡고서, 군사적 명성을 추구하는 것이 아니라 문학적 영광을 얻기 위해서 애를 썼다. 그들의 모범은 사무라이에게도 영향을 미쳐서, 모두 무사로서뿐만 아니라 시인으로서도 명망을 얻고 싶어했다. 사무라이들이 믿은 선종(禪宗)은 이들의 명상적이고 시적인 우주관을 더욱 심화시켰다. 그러므로 중세 일본의 가장 위대한 전사들은 명상가였으며 위대한 영혼과 교양을 지닌 자들이었다.

중세 일본은 막부의 수장인 쇼군 자리에 대한 끝없는 경쟁 때문에 정치적으로 혼란스러웠지만, 그것은 제한된 범위 내에서의 혼란이었다. 그러나 16세기가 시작되면서부터 봉건제도가 무너지고 사회적 질서가 위협받기 시작했다. 기존의 지도자들은 새로운 인물에 의해서 전복당했는데 그중에는 반도에 불과한 자도 있었다. 결국 쇼군의 권력 또한 천황의 권력처럼 명색만 남게 되었다. 그러나 3명의 걸출한 무사인 오다 노부나가(1534-1582), 도요토미 히데요시(1536-1598) 그리고 도쿠가와 이에야스(1542-1616)가 빼어난 활약을 하던 1560-1616년에는 질서와 혼란이 되풀이되다가 이에야스가 천하를 통일했다. 이들은 불교승려들과 적대적인 영주들 그리고 지도자 없이 떠돌던 낭인(浪人)의 힘을 조직적으로 억눌렀다. 1615년, 오사카 성의 영주[豐臣秀賴]는 이에야스에게 패배하자 자결했다. 그곳은 이에야스에게 맞서던 마지막 성채였다. 그 이후로 이에야스는 주민이 살지 않는 모든 비주거(非住居) 성채를 파괴하라는 명령을 내렸다. 유럽에서는 여러 왕들에 의해서 수십 년에 걸쳐서 이루어진 일이, 단 며칠 안에 이루어질 정도로 그의 권위는 절대적인 것이었다.

우세한 지도력만이 중앙세력의 부활에 대한 유일한 설명은 아니다. 3명의 패권자들은 또한 새로운 무기의 대표자이기도 했다. 1542년, 포르투갈 여행자들이 대포와 소화기를 일본에 가져왔다. 노부나가는 소화기의 위력에 깊은 감명을 받고 서둘러 그의 군대를 소화기로 무장시켰다. 그리고 강제적으로 일본 전투방식의 제의적인 요소를 제거해버렸다. 그때까지 일본의 전투는 전통적으로 양편의 지휘자가 서로를 향해서 큰소리로 도전을 하고 서로 확인한 뒤에 서로의 무기와 갑옷을 보여줌으로써 시작되었다. 이것은 세계의 거의 모든 고대사회에서 널리 볼 수 있는 우두머리들 사이의 전쟁방식이다. 이러한 의식은 총이 도입된 이후에도 남아 있었다. 그러나 오다 노부나가는 그런 의식을 원하지 않았다. 그는 소화기부대에게 1,000명까지 횡대를 지어서 일제사격을 하도록 가르쳤다. 그리하여 1575년에 나가시노 결전에서 총탄 세례를 퍼부어서 적을 궤멸했다.[41] 이것은 1548년 우에다하라 전투 이후로 혁명적인 변화였다. 그 전투에서는 소화기를 가지고 있던 편이 미처 그것을 사용할 기회조차 얻지 못했다. 왜냐하면 의식이 끝나자마자, 칼을 들고 있던 편에서 공격을 감행했기 때문이다.

강자들이 패권을 차지함으로써, 총포의 패권은 확실시되는 것 같았다. 그러나 결과는 정반대로 나타났다. 17세기가 끝날 무렵이 되자, 일본에서 총포의 사용은 거의 자취를 감추었고 무기조차도 대단히 찾아보기 힘들게 되었다. 오직 극소수의 일본인들만이 어떻게 총을 만들며 대포를 주조하는지 그 방법을 알고 있을 뿐이었다. 게다가 남아 있는 대부분의 대포들은 1620년 이전의 것이었다. 이러한 상황은 19세기 중반에 이르기까지 계속되었다. 1854년에 페리 제독의 "흑선(黑船)"이 도쿄 만에 도착하자, 일본인들은 어쩔 수 없이 총포를 다시 사용하게 되었다. 그러나 그 사이 250년 동안, 일본인들은 전혀 화약무기를 사용하지 않았다. 그것은 마지막 승리자인 도쿠가와 이에야스로부터 비롯되었다. 그의 평화정책은 쇼군의 자리에 오름으로써 절정을 이루었다. 그렇다면 어떻게 그리고 어째서 그는 총을 불법화한 것일까?

그 "방법"에 대해서는 설명이 간단하다. 첫 번째로 이에야스의 전임자였던 히데요시가 제도화했던 평민군의 무장이 해제되었다. 이에야스는 사무라이가 아닌 사람들은 누구나 모든 무기—칼과 총 따위—를 정부에 바치라는 명령을 내렸다. 이렇게 거두어들인 무기들은 거대한 불상을 만드는 데에 사용될 것이라고 선언했다. 물론 이 계획의 목적은 정부의 지배를 받는 군사계급의 무기독점권을 부활시킴으로써 일본의 영구적인 평화를 도모하려는 데에 있었다. 유럽의 여러 정부들도 화약무기 시대에 유사한 방법을 시도한 적이 있었지만, 그 목적을 달성하는 데에는 수십 년이 걸렸다. 그러나 법이 엄격하고 무서운 일본에서는 즉시 시행되었다.[42]

1607년부터 이에야스는 소화기와 대포 제작을 지역적으로 집중화하는 제도를 만들고, 정부를 유일한 무기 구입처로 지정했다. 그 결과 모든 총포 제작자는 반드시 나가하마에 작업장을 두도록 명령을 내렸으며, 4명의 총포 장인을 사무라이 계급으로 상승시킴으로써 무사계급에 대한 그들의 충성을 보장받으려고 했다. 또한 총포 감독관의 승인이 없는 한, 무기에 대한 어떤 주문도 받아들일 수 없도록 했다. 그 대신 이에야스는 정부에 의한 주문일 경우에는 기꺼이 승인했다. 그러나 1706년경이 되면서 점차적으로 총포의 구입이 줄어들어서, 나가하마 제작소에서는 짝수 해에 35개의 대화승총을 만들고 홀수 해에 250개의 소화승총을 만드는 것이 고작이었다. 약 50만 명의 무사계급에게 나누어진—그들은 주로 기념행진 등에 이용되었다—이 무기의 숫자는 지극히 미미한 것이었다. 무기통제는 철저하게 이루어졌고 일본은 화약무기 시대로부터 후퇴했다.

그 이유는 무엇인가? 그것은 좀더 복잡한 문제이다. 총은 의심할 바 없이 외국에 의한 침략의 상징물이었다. 또한 모순적이지만 동시에 필연적으로, 포르투갈의 예수회 선교사들에 의한 기독교의 전파와 관련되어 있었다. 일본인들은 선교사들을 침략—필리핀을 에스파냐의 속국으로 만든 것과 같은 규모의 침략—의 전 단계로 판단했다. 그리고 이에야스의 후계자인 히데타다(1579－1632)는 전임자가 시작한 탄압과 박해를 더욱더 강화했다. 기독교는 물론이고 기독교와 관련된 일체의 것에 대한 쇼군의 의심은 시마바라 반란(1637－1638)에 의해서 확고하게 굳어져버렸다. 그것은 1637년 일본의 농민 기독교들이 시마바라 반도를 중심으로 하여 일으킨 반란으로, 그들은 총을 가지고 전투를 행했다. 이 반란이 끝나자, 도쿠가와 쇼군의 권위는 그 후 200년이 지나도록 다시는 도전받지 않았다. 그리고 이전부터 시행해왔던 외국인들과 외국문물에 대한 쇄국정책이 완벽하게 이루어졌다.

일본의 국수주의 경향은 유일한 외국정벌 정책이었던, 1592년의 조선 침략에 의해서 영향을 받은 것일 수도 있다. 이것은 분명히 중국 침공이라는 과욕을 달성하기 위한 전 단계였으나, 1598년에 실패로 끝나고 말았다. 그러나 외국문물에 대한 거부보다도 더욱 중요한 것으로서 그 저변에 깔려 있었던 것은 총이 사회적 불안을 조성할 수 있다는 인식이었다. 평민이나 도적의 손에 들어간 총 한 자루가 영주를 쓰러뜨릴 수도 있었다. 그것은 화약무기 시대의 모든 유럽의 기사들도 알고 있던 사실이었다. 세르반테스는 돈키호테의 입을 통해서, "천박하고 비겁한 손으로 용감한 기사의 목숨을 빼앗아갈 수 있는 발명품"에 대해서 비난을 퍼부었다.[43)]

일본에서 무기를 통제한 세 번째 이유는 실제적으로 그것이 가능했기 때문이었다. 유럽의 전사들이 그들의 선택된 삶에 미친 총포의 영향에 대해서 불평했을지는 모르지만, 장애물이 없는 남동쪽의 국경지대로부터 오스만 튀르크가 거대한 대포를 앞세우고 맹렬하게 공격해오는 상황에서 기독교 세계가 살아남으려면, 자신들도 총포로 맞서는 수밖에는 달리 선택의 여지가 없었다. 게다가 기술의 발달로 이동식 대포와 개인 휴대용 총이 만들어지기 시작한 바로 그 시기에, 기독교 세계가 종교개혁에 의해서 양분되어버리자, 같은 기독교인들끼리는 총을 사용할 수 없게 된 금기조차도 사라져버리고 말았다. 그러한 여러 가지 요소들이 일본에는 없었다. 일본민족의 군사적 명성과 거리상의 제약 때문에, 일본은 유럽 항해자들로부터 보호되었다. 게다가 중국은 해군을 보유하고 있지 않았으며, 일본을 침공할 생각조차 가지고 있지 않았다. 그밖에 잠재적인 침입세력이 있는 것도 아니었다. 국내적으로도 일본인들은 비록 계급과 당파에 의해서 분열되어 있기는 했지만, 단일한 문화적 통합을 이루고 있었다. 그러므로 총은 국가적 안보를 위해서 필수적인 무기가 아니었으며, 사상적으로 서로 다른 파당을 무찌르기 위한 승리의 수단도 되지 못했다.

화약무기는 또한 일본 무사의 정신과도 조화될 수 없는 것이었다. 그 당시 무사정신은 강력한 보호를 받고 있었다. 도쿠가와 막부는 단지 정치적인 제도만이 아니었다. 그것은 문화적 도구이기도 했다. 문화역사가인 G. B. 샌섬은 이렇게 썼다.

> 조세를 징수하고 질서를 유지하는 기능뿐만 아니라, [그 정신은] 백성들의 도덕을 규제하고 세세한 부분까지 그들의 행동을 지시하는 기능을 수행하고 있었다. 국가가 모든 개인의 사생활을 간섭하고, 그렇게 함으로써 전체 신민의 행동뿐만 아니라 생각까지도 통제하려고 했던 것이다. 과연 그 어떤 이전의 역사가 이보다 더 야심적인 시도를 기록한 적이 있는지 의심스럽다.[44]

특히 무사계급의 정신과 행동을 규범화하는 일에 많은 관심이 집중되었다. 또한 일본의 교양계급의 학식과 양립할 수 있는 유일한 군대교범은 사무라이의 무예교범뿐이었다. 도쿠가와와 그의 후계자들은 현실정치(Realpolitik)의 필요 때문에 총포를 사용했을 수도 있다. 그러나 일단 권력의 목표를 달성하고 나면, 모든 총포는 혐오스러운 물건이 되고 마는 것이다.

칼을 숭배하는 데에는 여러 가지 이유가 있었다. "두 가지 최고의 이상, 즉 내적 충실과 육체적 고난에 대한 무심(無心)의 경지"를 강조하는 선종(禪宗)은 무예숭배 사상을 낳았다. 그리고 그것은 무사문화에 의해서 더욱 강화되었는데, "삶과 예술에 나타난 형식적인 것과 의식적인 것과 우아한 것에 대해서 세심한 관심을 기울이는" 문화였다. 일본의 무예는 유럽의 펜싱과 마찬가지로 여러 가지 행동과 태도의 규칙에 의해서 지배되며, 기술이라기보다는 차라리 예술에 가깝다. 또한 존재의 모든 면에서 "형식"을 중시하는 일본인들의 사고가 전형적으로 드러난다.[45] 여기에는 자연과 자연적인 힘과의 결합의 중요성에 대한 일본인들의 믿음도 한 부분을 이루었던 것 같다. 총포의 화학적인 힘은 비자연적인 반면에 육체적인 힘은 "자연적인" 것이다. 그리고 일본인들의 전통에 대한 깊은 존경심과도 부합되었음이 틀림없다. 왜냐하면 무예의 전통뿐만 아니라, 가장 뛰어난 명검도 그 이름과 더불어 오랜 가보로서, 마치 가문의 성(姓)—그 자체가 검의 소유자에게만 제한된 명예인—처럼 아버지로부터 아들에게 전수되었기 때문이다.

그러한 명검들은 오늘날 수집가들의 애장품이 되었다. 그러나 그것은 아름다운 골동품 이상의 것이다. 최고의 사무라이 검은 지금까지 만들어진 어떤 무기보다도 가장 날카로운 날붙이 무기였다. 비화약무기의 전쟁에 대하여 한 역사가는 이렇게 썼다.

> 어떤 일본 영화에는 15세기의 뛰어난 장인 가네모토 2세가 만든 칼을 가지고 기관총의 포신을 반으로 가르는 장면이 나온다. 이 장면이 너무나 황당하게 여겨진다면, 이 점을 기억해야 할 것이다. 가네모토와 같은 장인들은 날마다 칼을 벼리고 갈아서, 마침내 칼날이 정교하게 불린 강철을 400만 번이나 겹친 것처럼 될 때까지 작업을 한다는 사실이다.[46)]

물론 낫이나 도리깨 같은 것이 남아 있는 한, 모든 백성들을 완전히 무장해제한다는 것은 불가능한 일이다. 그러나 일상생활의 도구들은 이토록 전문적인 무기와 맞서서 전투를 벌이기에는 너무나 빈약한 것이다. 무사들의 무기(칼) 독점권을 보장함으로써, 도쿠가와는 일본사회의 정점에 있는 사무라이의 위치를 확고하게 했다.

도쿠가와의 논리는 클라우제비츠의 논리와 같지 않았다. 비록 그 자신은 전쟁의 속성에 대한 그의 분석이 몰가치한 것이라고 분명히 믿었다고 할지라도, 그는 그 당시의 유럽식 믿음, 즉 인류는 자연스럽게 "정치" 혹은 "정치적 행위"에 끌린다는 믿음에 영향을 받았던 것이다. 또한 정치란 본질적으로 역동적이며, "진보적"이라는 믿음에 끌린 것이다. 이것은 타고난 보수주의자이며 프랑스 혁명의 강력한 반대자였던 웰링턴 공작이 온갖 불만과 함께 마지못해 승인했던 견해였다. 클라우제비츠는 정말로 정치를 자율적인 행위, 즉 이성적 형식과 감정적 충동이 교차하는 지점으로 인식했던 것 같다. 그 속에서 이성과 감정은 결정적 요소가 되지만, 문화—사회를 안정시키는 신앙과 가치관, 교제, 신화, 금기, 규범, 풍속, 전통, 관습과 사고방식, 화술, 예술적 표현 등을 가득 실은 거대한 범선—는 아무런 결정적 역할도 하지 못한다. 그러나 도쿠가와 막부의 반응은 클라우제비츠의 견해가 얼마나 잘못되었는지를 보여준다. 다른 많은 것들 중에서 전쟁은 문화 자체를 수단으로 한 문화의 영속화일 수 있다는 진실을 보여주고 있다.

## 전쟁이 없는 문화

문화보다 정치가 우선한다는 클라우제비츠의 믿음은 개인적인 생각이 아니었다. 그것은 아리스토텔레스로부터 이어져 내려온 서구 철학자들의 주장이기도 했다. 클라우제비츠가 살았던 시기에는 파리 거리의 편견과 열정과는 반대로 자유로운 행동 속에서 펼쳐지는 순수한 정치적 이상들—그 자체가 볼테르나 루소같이 살아 있는 철학자들의 산물이었다—의 대장관으로 인해서 이러한 믿음은 더욱 강력한 지지를 받았던 것이다. 클라우제비츠가 알고 있었던 전쟁은, 또한 그가 참전했던 전쟁은 프랑스 혁명의 산물이었다. 그가 언제나 전쟁을 촉진하고 통제하는 요인이라고 보았던 "정치적 동기" 또한 적어도 처음에는 항상 존재했다. 유럽의 왕조국가들은 당연하게 프랑스 혁명이 군주체제에 위협이 될 것이라고 두려워했으며, 전쟁은 분명히 "정치의 연장"처럼 보였다.

역사가로서의 클라우제비츠가 인간사에서 문화적 요소의 중요성을 인식할 수 있도록 이끌어줄 사람을 아무도 가지지 않았다는 사실 또한 지적되어야만 한다. 비교역사학(comparative history : 문화역사학[cultural history]은 그 자식과도 같다)은 클라우제비츠가 모범으로 삼을 만큼 지도적인 역사학자들 중에서 어느 누구도 채택하지 않은 방법론이었다. 벌린 경은 비교역사학의 아버지인 잠바티스타 비코에게 찬사를 보내는 글에서, "언제나 인간을 괴롭혀온 근본적인 질문들—모든 지식의 영역에서 무엇이 진리이며 무엇이 거짓인가를 확증하는 방법—을 해결하기 위해서 보편타당한 방법이 발견되었다"는 믿음으로서의 계몽주의의 정신을 완벽하게 간추려서 표현하고 있다.[47]

> 계몽주의의 가장 위대한 선전원인 볼테르는 사회적, 경제적 활동과 그 활동의 영향에 대한 역사적 탐구의 폭을 넓혀가야만 한다고 주장하면서도, 역사연구의 가치가 있는 유일한 대상은 인류의 업적의 계곡이 아니라, 정상이라고 굳게 믿었다. ……볼테르는 이렇게 주장했다. "만약 그대가 아무다리야 강이나 시르다리야 강(p. 364 참조)의 강가에서 어떤 야만인이 생기고 사라졌는가 하는 것 이외에 더 이상 할 말이 없다면, 그대가 대중에게 무슨 소용이 있는가?"[48]

클라우제비츠가 누구라고 감히 볼테르와 같은 위대한 철학자가 인도하는 데로 따라가지 않았겠는가? 그가 죽은 지 몇십 년 뒤 19세기 독일 역사가들은 역사와 정치에서 비교방법론의 선구자가 되었다. 그러나 그의 생전에는 계몽주의가 지배했다. "그러므로 우리는 어떤 상황에서든지, 전쟁은 독립적인 것으로 간주될 수 없으며 정치적 수단으로 여겨져야 한다는 사실을 알 수 있다. 오직 이 견해를 받아들임으로써만이, 우리는 모든 군사역사의 반대입장에 서는 것을 피할 수 있다"라고 클라우제비츠는 썼다.[49] 무엇이 계몽주의 사상을 이보다 더 완벽하게, 볼테르의 견해를 이보다 더 순수하게 표현할 수 있는가?

그러나 아무다리야 강 유역에서 발생하는 사건의 중요성을 경멸하며 부인했던 볼테르는 클라우제비츠의 이론에 치명타를 가한다. 근대 군사역사학자들은 아무다리야 강가의 전쟁이야말로, 웨스트민스터 사원과 의회민주주의, 혹은 바스티유 감옥과 프랑스 혁명과 같은 관계에 있다는 사실을 인정하고 있다. 아무다리야 강—이란 및 중동과 중앙 아시아의 경계가 되는 강—유역이나 혹은 그 근처에서 인간은 말을 길들이고 재갈을 물리는 법은 물론 결국에는 안장을 얹고 달리는 법까지 배웠다. 정복자들이 말을 타고 전진하여 중국과 인도와 유럽에서 "전차제국"을 세우게 된 것도 바로 이곳 아무다리야 강에서부터 시작된 것이었다. 전쟁에서 빼놓을 수 없는 두 가지 혁명 중의 하나인 기마혁명이 일어난 곳도 아무다리야 강 유역에서였다. 또한 바로 이곳 아무다리야 강을 건너서, 중앙 아시아의 정복자들과 약탈자들—훈족, 아바르족, 마자르족, 투르크족, 몽골족—의 물결이 계속해서 서방세계로 밀려들어왔던 것이다. 기마추장 중에서 가장 무의미하게 파괴적이었던 티무르가 공포의 통치를 시작했던 곳도 아무다리야 강의 바로 북쪽인 사마르칸트였다. 초기의 칼리프들은 노예병사들을 아무다리야 강 유역에서 충원했으며, 오스만의 술탄 또한 그렇게 했다. 1683년에 오스만이 기독교 세계의 심장부를 위협하며 빈을 포위했던 사건은 클라우제비츠의 동시대 사람들의 기억 속에 가장 혼란스러운 전쟁 에피소드로 남아 있었다. 결국 아무다리야 강과 그 강이 상징하는 모든 것을 포함하지 않는 전쟁이론은 약점을 지닐 수밖에 없었다. 그럼에도 불구하고 클라우제비츠는 그런 이론을 세웠고 몹시 불행한 영향을 미치게 되었다.

제1차 세계대전이 끝나고 몇 년 동안, 급진적인 군사학자들은 클라우제비츠가 비록 직접적으로는 아닐지라도, 간접적으로나마 최근의 엄청난 살육에 책임이 있는 것으로 생각했다. 예를 들면 영국의 역사학자인 B. H. 리델하트(1895-1970)는 클라우제비츠가 가능한 가장 많은 인원으로 가능한 가장 대규모의 공격을 하는 것이 승리의 열쇠라고 주장했다고 비난했다. 그러나 제2차 세계대전이 끝나고 몇 년이 지나자, 그는 과거와 현재 그리고—여기에 그가 다시 불을 붙인 열광의 징조가 있었다—미래에까지도 가장 위대한 군사학자로서 새롭게 추앙을 받아서, 거의 신격화되기에 이르렀다. 냉전시대의 군사전략가들은 핵겨울이 위협하는 어두운 날씨 속에서 클라우제비츠가 보편적인 진리의 빛으로 갈 길을 밝혀주고 있다고 찬양했다. 클라우제비츠를 비방하는 사람은 지체 없이 처단되었다. 예를 들면 리델 하트의 악명 높은 비판은 일종의 "캐리커처"로 무시되었다.[50)]

강단의 전략가들은 가설과 관찰을 융합시키고 있었다. 그들의 관찰이란 전쟁이 마지막 빙하시대가 지나간 이후로 언제 어디서나 발생한 보편적 현상이라는 것이었다. 또한 가설은 전쟁의 목적과 이 목적을 가장 잘 달성할 수 있는 방법에 대한 보편타당한 이론이 있다는 것이었다. 결국 왜 그들이 클라우제비츠에게 매혹되었는가 하는 이유는 쉽게 알 수 있다. 핵전쟁의 위협하에서, 한 국가는 전략적 독트린과 대외정책을 가능한 한 가깝게 일치시키지 않을 수 없었으며, 그리고 일치하지 않으면 수정적인 조건들을 추방하지 않을 수 없었다. 핵 보유국은 자신의 공식발표가 언제나 진심인 것처럼 보여야만 했다. 전쟁의 억제는 적에게 자신의 목적의 확고성을 얼마만큼 확신시키느냐에 달려 있기 때문이다. 그리고 심중적 유보는 그런 확신에 치명적인 적이었다.

그러나 핵을 통한 전쟁억지는 과거나 현재나 인간의 감정에 대단히 혐오스러운 방법임에 틀림없다. 왜냐하면 자국의 존재를 방어하기 위해서 필요하다면, 자국민과 적국의 국민들에게 미칠 심각한 결과에 대해서는 전혀 고려하지 않은 채 행동하겠다는 뜻이 내포되어 있기 때문이다. 적어도 지난 2,000년 동안 개인의 고유한 가치를 믿는 유대교-기독교를 정치적으로 제도화해온 서방세계에서 전쟁억지이론(deterrence theory)이 깊은 혐오감을 불러일으킨 것은 조금도 놀랄만한 일이 아니다. 국가방어에 헌신적인 애국자들뿐만 아니라, 때로는 심지어 국가를 위해서 자신의 피를 흘렸던 직업군인들조차도 반감을 표시했다.

민주주의 국가의 정치적 윤리와 일반적 도덕을 핵전쟁억지이론과 통합할 수 있는 철학을 고안하는 것은 가장 영리한 이론가들의 천재적인 발상조차 소용이 없을지도 모르는 일이었다. 그러나 그들은 그 일을 할 필요가 없었다. 클라우제비츠에서 그들은 이미 역사가 통용시킨 군사적 극단주의의 철학과 어휘가 가까이에 마련되어 있는 것을 발견했던 것이다. 핵무기와 더불어, "진정한 전쟁(true war)"과 "실제 전쟁(real war)"을 동일한 것으로 믿게 되었다. 그리고 그러한 동일시가 불러일으키는 공포에 대한 생각만으로도 전쟁이 발발하지 않는다는 보장이 된다고 믿었다.

그러나 이러한 논리에는 두 가지 약점이 있다. 첫째, 이 논리는 철저히 기계적이다. 그리고 그것은 어떤 상황에서도 전쟁억지의 과정이 한 치의 오차 없이 이루어질 수 있는가에 의존한다. 그러나 정치에서 관찰할 수 있는 한 가지 진리가 있다면, 그것은 바로 기계적인 방법이 정부의 행동을 통제하는 경우는 극히 드물다는 사실이다. 두 번째로 이 논리는 핵무기를 보유하고 있는 국가의 국민들에게 정신분열적인 세계관을 요구하고 있다. 그들은 인간생명의 존엄성과 개인의 권리에 대한 존경심, 소수 견해에 대한 존중, 자유선거의 인정, 대의기구에 대한 행정부의 책임, 법과 민주주의 그리고 유대 교력 기독교 윤리의 지배가 의미하는 다른 모든 것들에 대한 믿음—핵무기는 바로 이러한 가치들을 보호하기 위해서 개발되었다—을 그대로 간직하는 한편, 동시에 군인의 규범을 묵인해야만 하는 것이다. 그 규범은 육체적인 용기, 영웅적 지휘자에 대한 무조건적인 복종 그리고 "정당하다"라는 궁극적인 가치관으로 이루어져 있다. 더욱이 이러한 분열증은 영구적인 것이 되었다. 왜냐하면 핵 이론가들의 구호대로, "일단 발명된 핵무기는 결코 취소할 수 없다."

존 F. 케네디 정부의 국방장관이었던 로버트 맥나마라는 1962년, 미국 휴머니즘 가치관의 심장부라고 할 수 있는 미시간 대학에서 행한 한 연설에서 클라우제비츠식의 전쟁억지 논리를 한마디로 이렇게 표현했다. "바로 동맹강대국들[나토, 그러나 사실상 미국]의 힘과 속성 덕분에, 대규모 기습에 직면한다고 할지라도, 만약 적의 사회를 섬멸해야 할 수밖에 없다면, 우리는 그렇게 할 수 있는 충분한 파괴력을 비축할 수 있게 되었다."[51] "실제 전쟁"을 촉발한 적에게는 "진정한 전쟁"이 가해질 것이라는 이러한 위협은 클라우제비츠가 마땅히 찬사를 보낼 철학적 순수성을 내포하고 있다. 그러나 그의 찬사는 과거로부터 들려오는 울음소리였을 것이다. 앞에서 말한 대로 클라우제비츠는 그의 시대에서조차도 고립된 군사문화의 대변자였다. 근대국가의 선조들은 그들의 국경선 밖으로 군사문화를 완전히 몰아내기 위해서 뼈아픈 노력을 했다. 물론 그들도 국가적 목적을 이루기 위한 군사문화의 가치를 인정하고 있었다. 그러나 오직 인위적으로 구별된 군사집단 내부에서만 자리를 잡는 한에서 군사문화의 생존을 허락했던 것이다. 연대의 에토스는 그들이 주둔하고 있는 일반사회의 그것과는 전혀 달랐다.

초기 유럽 사회에는 군사적 가치관과 행동양식이 가득했다. 그후, 17세기부터 무기소유 인구를 줄여가고 지방귀족의 성채를 파괴하며 그들의 아들들을 정규 사관으로 인정하는 한편, 비군사계급으로부터 선발된 포술가(砲述家)의 특수병과를 창설하고 무기의 생산을 국가군수공장에서 독점하는 등의 지속적인 정책을 통해서, 클라우제비츠가 충성을 바쳤던 정부들은 효과적으로 유럽 사회에서 군사문화를 제거했다. 오데르 강과 다라바 강 서쪽의 모든 지역, 다시 말해서 베를린과 빈으로부터 대서양까지의 사회가 그렇게 된 것이다.

프랑스 혁명에 의해서 방출된 군사력 때문에 유럽 국가들은 점진적으로 그들의 국민을 다시 재무장하지 않을 수 없게 되자, 위에서부터 그 일을 수행했다. 그리고 그것은 다양한 차원에서 열성적으로 받아들여졌다. 결국 당연하게도 징병제는 고통과 죽음을 가져왔다. 제1차 세계대전 중에는 2,000만 명의 사상자가 발생했고 제2차 세계대전 중에는 5,000만 명의 사상자가 발생했다. 1945년 이후에 영국과 미국은 이 제도를 폐지했지만, 1960년대에 미국은 인기 없는 한 전쟁을 치르기 위해서 이 제도를 다시 도입했다. 그러나 징집병들과 그들의 가족이 군사적 가치관을 받아들이기를 끝내 거부한 것은 베트남 전쟁에서 패배한 원인이 되었다. 그것은 두 가지 상호 모순된 일반적 규범—생명, 자유 그리고 행복의 추구와 같은 "양도할 수 없는 권리"와 군사 전략상 필요한 경우에는 자신을 완전히 희생하는 정신—을 한 사회에서 일상적으로 수행하는 것이 얼마나 자기 파괴적인가를 보여주는 증거이다.

사실 근대사회에서 위로부터 중대한 사회적 변혁을 일으키고자 했던 모든 시도들은 상당한 어려움을 겪은 것으로 판명되었다. 그리고 그중 많은 경우, 특히 사적 소유권이나 토지와 그 경작자와의 관계를 변화시키려고 했던 경우는 완전히 실패로 돌아갔다. 반면 밑에서부터 일어난 사회적 변화—종교개혁운동의 장점이 바로 이것이었다—는 훨씬 더 성공하는 사례가 많았다. 그러므로 밑에서부터 사회를 재무장하려고 했던 20세기의 시도 과정을 따라가보는 것은 교훈적일 것이다. 그중에 두 경우는 특히 주목해볼 가치가 있다. 그것은 중국의 마오쩌둥의 추종자들 및 베트남의 그의 추종자들 그리고 유고슬라비아의 티토의 추종자들의 경우이다. 두 사람 모두 필연적인 혁명을 앞당기는 수단으로서 "인민의 부대를 창설하라"는 마르크스의 가르침에 근거를 두었으며, 놀랄 만큼 유사한 과정을 밟았다. 또한 두 사람 모두 그들이 뜻했던 정치적 결과를 이루었으나, 엄청난 문화적 재난 이외에는 아무것도 얻지 못했다.

1912년, 마지막 황제가 축출된 이후부터 중국은 무정부 상태로 빠져들었다. 그리고 이름뿐인 공화국 정부가 각 지방의 군벌들과 세력을 다투고 있었다. 이 분쟁에 뛰어든 세 번째 세력이 바로 신생 공산당이었다. 그 지도자였던 마오쩌둥은 일찍부터 중앙위원회와 그것의 러시아인 고문들과 상반되는 목적들을 가지고 있었다. 그의 적들이 도시를 차지하려고 애쓰는 동안, 마오쩌둥은 그의 병사들이 지나가는 농촌에서 민중들이 겪는 실제적인 어려움을 면밀히 연구함으로써, 도시를 차지하는 가장 좋은 수단은 바로 도시를 둘러싼 농촌에 혁명 게릴라들을 침투시키는 것이라는 결론을 내렸다. 그러한 게릴라 병력을 통해서 성공적인 군대가 만들어질 수 있다고 믿은 것이다. 1929년에 쓴 논문에서 그는 자신의 방법을 이렇게 설명한다.

> 과거 3년 동안의 투쟁에서 우리가 얻은 전술은 고대나 현대, 중국이나 외국의 어떤 전술과도 참으로 다르다. 우리의 전술을 통해서, 대중은 더욱 광범위한 투쟁을 일으킬 수 있다. 또한 아무리 강력한 적이라고 해도 우리의 상대가 될 수 없다. 우리의 전술이란 바로 게릴라 전이다. 그것은 주로 다음과 같은 대목들로 이루어져 있다. 대중을 봉기시키기 위해서 우리의 군사력을 세분하고, 적을 상대하기 위해서 다시 집중시킨다. ……가능한 한 가장 짧은 시간 내에 가장 많은 대중을 봉기시킨다.[52]

자신의 전술이 독창적이라는 마오쩌둥의 주장은 옳지 않다. 주변 외곽지역을 점령함으로써 도시를 고립시키는 전술은 거의 2,000년 동안이나 중국을 괴롭혀왔던 기마민족들의 방법에서 직접 따온 것이었다. 그러나 마오쩌둥의 전술에 독창적인 면들도 있다. 첫 번째로, "군인이나 산적, 강도, 거지 그리고 매춘부 같은 계급"이 혁명의 밑바탕이 될 수 있다는 그의 믿음이었다. 이런 자들은 "매우 용감하게 싸울 수 있는 인민이며 잘 이끌기만 하면 혁명세력"이 된다는 것이다. 두 번째로, 훨씬 더 강력한 적을 대하더라도, 피로와 좌절로 인하여 적이 승리의 기회를 놓칠 때까지 결전을 피하는 인내심만 있다면 승리할 수 있다는 인식이다.[53] "지구전(持久戰)" 이론은 마오쩌둥이 군사이론에 미친 커다란 공헌으로 기억될 것이다. 마오쩌둥이 장제스에게 승리한 이후에, 이 전술은 베트남인들에 의해서 처음에는 프랑스와의 전투에서 그다음에는 미국과의 전투에서 사용되었다.

1942-1944년에, 유고슬라비아 공산당 서기장인 티토 또한 몬테네그로와 보스니아-헤르체고비나의 산중에서 이 전술을 사용했다. 유고슬라비아의 추축국(axis : 제2차 세계대전 중의 독일, 이탈리아, 일본/역주) 점령군은 망명 중인 왕실에 충성을 바치는 게릴라 군, 미하일로비치의 체트니크

(Chetnik : 세르비아 민족주의 왕당파 그룹. 20세기 초반에는 오스만과 싸웠고 제1차 세계대전과 제2차 세계대전 중에는 게릴라 전을 벌였다/역주)를 상대로 싸움을 벌였다. 체트니크의 정책은 추축군이 유고슬라비아 외부의 전쟁으로 충분히 허약해질 때까지 숨어 있다가 광범위한 민족적 봉기를 성공시키는 것이다. 그러나 티토는 전혀 그렇지 않았다. 소련에 대한 압력을 덜고자 하는 희망뿐만 아니라 공산당 당기구를 유고슬라비아 전역에 이식시키려는 그의 정책을 포함한 여러 가지 이유 때문에, 그의 빨치산들은 가능한 한 광범위하고 활발하게 군사활동을 벌였다. "빨치산이……점령하는 지역 어디에서나 그들은……법과 질서를 유지하고 지방행정을 수행할 수 있는 농민위원회를 조직했다. 빨치산이 그 지역에 대한 지배력을 잃어버렸을 때조차도, 이러한 정치적 보조기구들은 여전히 살아 있었다."[54] 그 당시 티토와 함께 있었던 영국군 연락장교, 윌리엄 디킨 경은 1943년에 티토의 여단 사령부에 대한 독일군의 성공적인 소탕전 이후 곧 그것의 활동과정에 대해서 이렇게 기록을 남기고 있다. "우리가 파멸로부터 힘들게 도망치던 바로 그 순간에도, [밀로반] 질라스[뛰어난 공산주의 지식인이며 동시에 독일군을 살해한 전사였던]는 약간의 동지들을 거느리고 황폐한 전쟁터를 향해서 남쪽으로 떠났다. 잃어버린 해방지구에서도 최소한의 당 활동을 계속하며, 다가올 미래를 위해서 세포들을 재조직해야만 하는 것이 빨치산 전쟁의 불문율이었다."[55]

디킨과 같이 학자 출신 군인들에게 깊은 감동을 주었던 빨치산 투쟁의 "영웅적인" 면은 이 기록에도 잘 나타나 있다. 그러나 현실적으로 유고슬라비아 전역에 걸친 장기간의 정치적 군사활동의 수행은 민중에게 말할 수 없는 고통을 안겨주었다. 그들의 역사는 이미 오래 전부터 치열하고 격렬한 민족들 간의 투쟁의 역사였다. 그리고 전쟁은 그것을 다시 일깨웠다. 북쪽에서는 가톨릭 크로아티아의 지도자들이 이탈리아의 지원을 이용하여, 그리스 정교도 세르비아인들에 대한 추방과 강제개종 그리고 박멸운동을 벌이기 시작했다. 보스니아-헤르체고비나에서는 무슬림들이 내전에 참가했으며, 남쪽에서는 코소보폴레(Kossobopolje)의 세르비아인들이 알바니아 이웃들로부터 공격을 받았다. 체트니크는 빨치산들과 함께 세르비아에서 지배세력에 도전했다. 그들은 빨치산과 공동전략을 펴는 데에 동의하지 않았지만, 보복을 자초하지 않도록 독일점령군을 상대로 전면전을 벌이지는 않았다. 그러나 티토는 보복행위에 대해서 전혀 개의치 않았다. 오히려 추축군의 잔악행위가 신병모집에 자극제가 된다고 생각했다. 그는 일부러 소위 7번의 "공세"에서 독일군들로 하여금 그의 뒤를 쫓도록 유인했다. 주민들은 빨치산을 따라서 "숲으로" 들어가거나(전통적으로 투르크인들과 맞서 싸우는 저항군들의 행방을 묘사할 때 쓰는 표현이다) 혹은 마을에 남아서 보복을 기다리는 수밖에 없었다. 티토의 부관인 카르델리는 그러한 딜레마로부터 벗어나는 것이 바람직하다고 강조했다. "어떤 지도자들은 보복을 두려워한다. 그러한 두려움은 크로아티아 마을에서 군사동원을 방해한다. 그러나 나는 보복행위가 크로아티아 마을이 세르비아 마을 편으로 투항하는 유용한 결과를 보여줄 것이라고 생각한다. 전쟁에서 우리는 마을 전체가 파괴되는 것을 두려워해서는 안 된다. 공포는 오히려 무장행동을 하게 할 것이다."[56)]

카르델리의 분석은 정확한 것이었다. 범유고슬라비아, 친공산주의, 반추축군 운동을 이미 달아오른 지역적, 인종적, 종교적 협력주의자와 반협력주의자 사이의 갈등의 그물 위에 올려놓는 동시에 모든 휴전상태를 파괴하는 티토의 정책은 소규모의 많은 전투들을 단일한 대규모 전투로 바꾸어놓는 엄청난 결과를 가져왔다. 또한 이 전쟁에서 티토는 반추축군 진영의 주요 지도자로 부상했다. 그의 명령에 의해서, 대부분의 유고슬라비아 남자들과 많은 여자들은 어느 한편을 선택하도록 강요받았다. 국민들은 밑에서부터 재무장되었다. 전쟁이 끝났을 때 추축군 편을 선택한 사람들 중에서 적어도 10만 명이 직접적인 결과로서 빨치산에게 살해되었다. 또한 친이탈리아계 크로아티아인들에게 35만 명의 세르비아인들이 살해되었다. 그러나 1941년, 유고슬라비아 왕실 군대가 단 8일 만에 붕괴해버린 이후로, 총계 160만 명 중에서 1941년과 1944년 사이에 죽은 120만 명의 또다른 유고슬라비아인들 사망자들은 대부분 빨치산 전략에 의한 능동적 혹은 수동적 희생자들로 기록되어야만 할 것이다. 이것이 바로 티토가 자신의 정치적 목표를 이루기 위해서 지불한 끔찍한 대가였다.

이러한 전쟁의 외형적 모습은—유고슬라비아인, 러시아인, 중국인, 혹은 베트남인 할 것 없이—사회주의 리얼리즘 예술을 위한 매력적인 자료를 제공했다. 베오그라드의 유고슬라비아 군사박물관의 중앙 홀을 차지하고 있는 등신대의 브론즈는 조국을 위해서 죽고 싶은 열정에 온몸을 떨고 있는 어린 전사의 모습을 표현하고 있다. 이것은 대중적 저항의 이상적 모습을 눈부시게 극대화해놓았다. 세르게이 게라시모프의 "빨치산의 어머니(Partizan Mother)"라는 그림은 또다른 분위기에서 같은 효과를 전달한다. 그 그림에서 새로운 전사를 잉태한 어머니는 그녀의 집에 불을 지르는 독일군 병사를 무기력하게 바라보고 있다. 타티아나 나자렌코의 "빨치산이 도착했다(The Partizans Have Arrived)"라는 그림은 너무나 뒤늦게 독일군의 학살현장에 도착한 구원군의 아이러니한 피에타를 보여주고 있다. 그리고 이스메트 무제시노비치의 "자시에의 해방(Liberation of Jacje)"은 티토 전쟁의 에피소드를 통해서, 그리스 독립전쟁 동안에 제리코가 그린 오스만의 압제에 대한 거대한 고발을 상기시키기도 했다. 그리고 마오쩌둥과 호찌민이 동쪽에서 벌인 전쟁을 그린, 대단히 모방적이지만, 같은 풍의 많은 그림들이 있다. 허름하지만 깨끗한 전투복을 입은 인민군들이 장제스(1887－1975)의 희생자들을 위로하며, 농부들과 어깨를 나란히 한 채 위험했던 벌판에서 추수를 하는 장면이나, 혹은 붉은 새벽 속을 최후의 승리를 향해서 집단으로 행진하는 모습이 대부분이다.[57)]

그러나 빨치산 예술은 완전히 모순된 현실로부터 명백한 리얼리즘의 순간만을 뽑아낸 전형적인 예술로서 문자 그대로 상투적인 것이었다. 사실 평화롭고 법에 순종하는 시민들에게 억지로 무기를 들려서, 그들의 의지나 이익과는 상관없이 피를 흘리도록 강요하는 인민전쟁의 경험은 말할 수 없이 경악스러운 것이었다. 서방 국민들 대부분, 특히 미국인들과 영국인들은 제2차 세계대전 중에 이러한 경험을 피할 수 있었다. 그 실상을 직접 목격한 소수의 사람들은 자신들이 보고 들은 것에 대해서 무시무시한 기록을 남겨놓았다. 옥스퍼드 출신의 젊은 역사학자 윌리엄 디킨은 1943년, 티토와 합세하기 위해서 유고슬라비아에 낙하했다. 그리고 포로로 잡힌 체트니크와의 만남에 대해서 이렇게 기록했다.

> 그날 밤 작전 중에, 빨치산부대는 제니차 지역 체트니크의 지휘관인 골루브 미트로비치와 참모 2명을 사로잡았다. 나는 이 포로들을 숲속의 공터에서 대면하게 되었다. 개인적으로 이들을 심문하라는 제안을 받은 것이다. 그런 상황이 일어난 것은 이번이 처음이자 마지막이었다. 나는 거절했다. 영국인으로서 내란에 개입할 수는 없었다. 증거는 명백했다. 곧 처형당할 체트니크 포로들을 심문하는 일에 끼어드는 것은 나의 책임을 넘어서는 일이었다. 나는 발걸음을 돌려서 나무들 사이로 걸어 들어갔다. 짧은 총성이 이 상황을 마무리 지었다. 몇 분 후에 우리는 세 구의 시체 옆을 지나서 앞으로 전진했다. 이 사건은 빨치산 지도부에 의해서 나쁘게 받아들여졌다. 나는 오랫동안 이런 대결을 예감해왔다. 나는 또한 그러한 태도를 취해야만 한다는 사실을 알고 있었다. 우리의 빨치산 동맹군들이 어떤 의심과 몰이해를 보이더라도 나는 결코 그런 태도에서 벗어나지 않았다. 그들은 우리가 또다른 하나의 전쟁을 치르고 있다고 느꼈다.[58)]

정말로 그는 그래야만 했다. 영국 군대가 인정하는 어떤 법규범에도, 법에 의해서 사형선고를 받지 않은 비무장 포로들을 총살하는 경우는 없다.

밀로반 질라스는 빨치산 경험의 실체에 대한 장대한 회고록인 『전시(*Wartime*)』에서 게릴라 전투의 규범이 그를 얼마나 깊이 타락시켰는지를 솔직하게 폭로하고 있다. 다음 기록은 그가 자신의 손에 붙잡힌 비무장 포로들을 자신의 직무 때문에 어떻게 다루었는지를 보여준다.

> 나는 총을 어깨에서 내렸다. 그러나 함부로 총을 쏠 수는 없었다. 독일군들이 약 40야드 위쪽에 있었기 때문이다. 그들의 고함소리가 들릴 정도였다. 나는 독일군의 머리를 내려쳤다. 개머리판이 부서지면서 독일군은 뒤로 쓰러졌다. 나는 칼을 꺼내서 단숨에 그의 목을 베어버렸다. 그리고 그 칼을 라야 네델리코비치에게 넘겨주었다. 그는 내가 전쟁 전부터 알고 지냈던 정치 공작원이었는데, 1941년에 그의 마을은 독일군에게 대학살을 당했다. 네델리코비치는 두 번째 독일군을 칼로 찔렀다. 그는 온몸을 떨었으나 곧 조용해졌다. 이 일로 인해서 내가 독일군을 일대일로 싸워서 죽였다는 소문이 돌기도 했다. 그러나 실상은 대부분의 포로들과 마찬가지로 그 독일군들은 마치 사지가 마비된 사람처럼 저항하거나 도망치려는 노력조차 하지 못했다.[59]

질라스가 유고슬라비아의 산중에서 배운 잔악성은 "인민전쟁(people's war)"이 있었던 곳이면 어디나 수천만의 사람들에게 전파되었다. 그리고 그 대가는 거의 생각하기조차 힘든 것이었다. 중국, 인도차이나, 알제리에서는 참전자들은 물론이고 더 많은 숫자의 불운한 국외자들이 포함된 수천만의 사람들이 죽었다. 1934-1935년 동안 중국의 남쪽에서부터 북쪽에 걸친 마오쩌둥의 대장정에서 8만 명의 참가자들 중 오직 8,000명만이 살아남았다. 살아남은 자들은 질라스처럼 피도 눈물도 없는 사회주의 혁명의 집행관이 되어서, 자신들이 살해한 "계급의 적"의 숫자로써 사상의 철저함을 가늠했다.[60] 1948년, 공산당이 중국의 권력을 장악한 그해에 약 100만 명의 "지주들"이 살해당했다. 그 대부분은 대장정의 생존자들인 당 "간부들"에게 선동된 마을사람들의 소행이었다. 이러한 대학살은 애초부터 인민전쟁의 교리에 고유한 것이었다.

아마도 아래로부터의 재무장화의 가장 커다란 비극은 1954년과 1962년 알제리에서 일어났을 것이다. 그곳에서 제1차 인도차이나 전쟁의 퇴역군인들—프랑스 장교들과 다른 한편으로는 프랑스의 알제리 연대의 퇴역병사들—은 그들이 간신히 지배하게 된 민중의 당파가 무엇이든지 간에, 인민전쟁의 교리에 타격을 입혔다. 민족해방군(ALN : Armée de Libération Nationale)은 의식적으로 마오쩌둥을 모방하여, 가능한 곳이면 어디든지 반란을 일으키도록 고의로 주민들을 선동했다. 선발된 프랑스 사관들(그들 중의 상당수는 베트남의 포로수용소에서 강제로 마르크스를 공부한 적이 있었다)은 "그들의" 주민들을 대(對)게릴라 전투원으로 훈련시켰고, 충성하는 자들은 결코 프랑스로부터 버림을 받지 않을 것이라고 목숨을 걸고 맹세하는 것으로 대응했다. 그러나 알제리 포기의 순간이 다가오자, 15만 명 내지 최소한 3만 명의 프랑스 충성파들이 승리한 민족해방군에 의해서 살해되었다. 8년간의 전쟁 동안 14만1,000명이 전쟁터에서 목숨을 잃었고 1만2,000명의 당원들이 내부 숙청에 의해서 사라졌다. 그밖에도 1만6,000명의 무슬림 알제리인들과 또다른 5만 명이 "실종자"로 간주되었다. 오늘날 알제리 정부 자체에서는 인민전쟁의 무슬림 희생자를 100만 명으로 잡고 있다. 전쟁 전의 무슬림 인구는 900만 명이었다.[61]

알제리와 중국, 베트남 그리고 한때 유고슬라비아에서 재무장화가 탄생시킨 전사세대는 오늘날 노인이 되었다. 그들과 수백만의 강요된 참전자들이 그토록 끔찍한 피와 고통의 대가를 치르며 완수했던 혁명은 뿌리에서부터 시들어가고 있다. 호찌민의 오랜 투쟁의 산물인 남베트남은 자본주의 습관을 버리기를 거부하고 있으며, 대장정에 참가했던 중국의 원로들은 마르크시즘의 교리를 변용하여 경제적 자유를 허용함으로써 겨우 당의 권위를 유지해나가고 있다. 알제리에서는 잉여인구들이 이슬람 근본주의 속에서 혹은 지중해 건너편의 부유한 국가에 대한 이주 정책 속에서 경제적 난국의 해결책을 찾고 있다. 티토가 추축군들에 대한 공동투쟁에서 흘린 피로 결속시키려고 했던 옛 유고슬라비아의 국민들은 이제 민족전쟁으로 자신들의 손을 피로 물들이고 있다. 그것은 인류학자들이 부족사회에서 일어나는 수많은 "원시적" 전쟁의 저변 논리라고 여기는 "영역적 치환(territorial displacement)"과 같이 전혀 무의미한 투쟁인 것이다. 와해된 소련의 변방지대—근대 혁명가들이 영감을 얻었던 지역—에서도 유사한 양상이 나타나고 있다. 새로 독립한 "소수민족들"은 러시아의 지배로부터 획득한 그들의 자유를 이용하여 오랜 민종적 증오심을 부활시킴으로써 전쟁을 재개하고 있다. 때때로 민족들 사이에서보다는 차라리 민족 내부에서 일어나고 있는 이와 같은 전쟁은 밖에서 보기에는 어떤 정치적 이유도 없는 것처럼 보인다.

위로부터의 재무장화를 시도했던 부유한 국가들은 평화를 그들의 슬로건으로 내세우고 있다. 그리고 밑으로부터의 재무장화로 고통을 받은 가난한 국가들은 그 귀중한 선물을 경멸하거나 비방한다. 이러한 세기말의 세계를 곰곰이 생각해볼 때, 마침내 전쟁은 그 유용성이나 깊은 매력을 상실했다고 결론지을 수 있을까? 우리 시대의 전쟁은 단지 국가들 사이의 분쟁을 해결하는 수단이 되었을 뿐만 아니라, 동시에 좌절한 자들과 착취당한 자들, 헐벗고 굶주린 대중이 그들의 분노와 질투심과 억압된 폭력성을 표현하고 자유롭게 숨을 쉬는 수단이기도 했다. 결국 전쟁이 기록된 5,000년의 역사가 지나간 이후, 여러 가지 문화적, 물질적 변화가 무기를 들려는 인간의 성향을 억제하는 작용을 할 수도 있다고 믿을 만한 근거들이 있다.

물질적인 변화는 우리를 정면으로 응시하고 있다. 바로 수소폭탄과 대륙간 탄도 미사일의 출현이 그것이다. 그러나 1945년 8월 9일 이후로 핵무기는 단 한 사람의 사상자도 내지 않았다. 그날 이후로 5,000만 명의 사람들이 전쟁터에서 목숨을 잃었지만, 대부분이 값싸고 대량 생산된 무기와 소구경의 총기에 의한 것이었다. 그것은 같은 시기에 전 세계를 휩쓸었던 트랜지스터 라디오와 건전지만큼이나 값싼 것이었다. 선진국에서는 마약거래와 정치적 테러리즘이 홍수를 이루는 제한된 지역을 제외하면 값싼 무기가 일상생활을 침범하는 일이 거의 없기 때문에, 부유한 국가의 국민은 이러한 오염이 일으키는 공포에 대해서 매우 느리게 인식한다. 그러나 아주 조금씩이기는 하지만, 그 무서움에 대한 인식이 자리를 잡아가고 있다.

1962년에 끝난 알제리 전쟁만 해도 텔레비전의 보도범위는 미미했다. 베트남 전쟁의 경우에는 그 보도범위가 대단했지만, 전파매체의 영향은 전쟁 자체에 대한 혐오감을 활성화시키기보다는 차라리 징집연령의 남자들과 가족들의 반발을 폭넓게 강화시키는 작용을 했다. 그러나 자신들만큼이나 굶주린 병사들을 피해서 도망치는 에티오피아의 기아 난민들의 모습이나, 캄보디아의 크메르 루주(Khmer Rouge)의 잔악행위, 이라크의 초원지대에서의 이란 소년병사들의 대학살 장면, 레바논 도시 전체의 파괴, 그외에도 열두어 가지의 비열하고 잔인하며 의미 없는 전투 장면의 텔레비전 방영은 전혀 다른 결과를 가져왔다. 오늘날 이 세계의 어떤 곳에서도 전쟁이 정당한 행위라는 견해를 이성적으로 지지하기란 불가능하다. 걸프 전에 대한 서양인들의 열광도, 전쟁이 불러온 참혹한 학살의 증거를 직접 눈으로 보게 되자, 단 며칠 만에 사라지고 말았다.

러셀 위글리는 최근의 한 중요한 연구에서, 자신이 성급했다고 했던 공격개시를 "전쟁의 고질적인 무결단성"과 동일시했다. 자신의 연구주제를 17세기 초반부터 19세기 초반에 걸친 시대로 잡으면서, 러셀은 전쟁이 "또다른 수단에 의한 정치의 효과적인 확장……"으로서가 아니라 "정치의 파산"으로서의 자신의 모습을 보여준다고 주장했다. 이 시기는 기술적 균형상태 속에서 국가들이 믿을 만한 군사적 수단을 확고하게 장악하고 있었던 때였다. 러셀은 확실한 결과를 달성하지 못한 데에서 비롯된 좌절감이 이후 계속된 세기 동안 "더 깊고 천박한 잔인성에 대한 계산적이고도 자발적인 호소"를 불러일으켰으며, "복수심에서 또 더욱 지독한 잔인성으로 적의 기세를 꺾을 수 있으리라는 헛된 희망에서 도시의 약탈과 시골의 노략질"이 자행되었음을 암시하고 있다.[62] 그의 주장과 이 장에서 계속된 이야기는 똑같은 선상에 놓여 있다. 그것은 다음과 같이 요약될 수 있을 것이다.

프랑스 혁명과 더불어 시작된 이 세기는 군사적 논리와 문화적 풍조가 서로 분리되고 모순된 과정을 밟아갔다. 발전하는 산업세계에서 부의 성장과 새로운 가치의 등장은 인류가 지금까지 짊어져왔던 역사적 고난들이 모두 사라질 것이라는 희망을 품게 했다. 그러나 이러한 낙관주의는 국가들 사이의 분쟁해결에 사용되는 수단을 바꾸어놓기에는 부족한 것으로 판명되었다. 산업주의에 의해서 탄생된 수많은 부유한 국가들은 자신들의 이익을 위해서 국민을 군사화하기 시작했다. 그리하여 20세기에 전쟁이 발발했을 때, 위글리가 관찰한 것처럼 "무결단성에 대한 반발심"은 훨씬 더 커다란 힘으로 전쟁의 존재를 재확인했다. 부유한 국가들은 막다른 길을 돌파하려는 노력으로 더욱 강도 높은 위로부터의 국민의 재무장화에 착수했다. 반면 전쟁의 물결이 가난한 세계를 휩쓸자, 유럽 제국주의로부터의 자유의 획득과 서방과 동등한 경제적 부의 획득에 헌신하는 각종 운동의 지도자들은 농민들에게 전사가 될 것을 강요했고 재무장화는 밑에서부터 이루어지기 시작했다. 그러나 양자 모두 결국에는 좌절하고 말았다. 제2차 세계대전 중에 산업국가들이 치러야만 했던 집단무장화의 끔찍스러운 대가는 핵무기의 개발이라는 결과를 낳았다. 이것은 인간의 힘을 전쟁터에 직접 투입하지 않은 채, 전쟁을 끝낼 수 있었다. 그러나 단 한 번의 사용으로 모든 것에 종말을 가져올 수 있다는 사실이 판명되었다. 가난한 세계에서의 집단무장화는 자유를 가져온 것이 아니라, 수많은 고통과 죽음을 대가로 해서 권력을 차지한 독재정권의 보루가 되었을 뿐이다.

이것이 바로 오늘날의 세계가 처한 상황이다. 혼란과 불확실성에도 불구하고, 전쟁 없는 세계의 윤곽이 점차 떠오를 수 있을 것처럼 보인다. 전쟁은 이미 시대에 뒤떨어진 것이 되었다고 주장한다면 너무 뻔뻔스러운 사람처럼 여겨질 것이다. 발칸 반도나 옛 소비에트 자카프카지예의 여러 민족들 사이에서 매우 끔찍스러운 전쟁방식을 보여주며 다시금 부활하고 있는 민족주의는 그런 주장이 거짓임을 보여준다. 그러나 이 전쟁들은 핵무기 이전 세계에서 유사한 갈등에 의해서 발생되었던 위험성을 결여하고 있다. 이것은 상대 강대국들의 지원 위협과 그에 따른 모든 분열의 위험을 불러일으키는 것이 아니라, 오히려 평화를 이루기 위한 인도주의적 개입을 촉구하게 했다. 평화의 전망은 어쩌면 환상일지도 모른다. 발칸과 자카프카지예의 갈등은 아주 오랜 뿌리를 가지고 있으며, "원시적" 전쟁을 연구하는 인류학자들에게나 낯익은 "영역적 치환"을 목적으로 삼고 있는 것처럼 보인다. 그러한 갈등은 성격상 외부로부터의 어떠한 중재 노력도 거부한다. 왜냐하면 그것은 설득이나 조정과 같은 이성적 방법으로는 결코 억누를 수 없는 열정과 증오심을 바탕으로 하기 때문이다. 그것은 클라우제비츠가 거의 인정하지 않았던 비정치적인 전쟁이다.

그러나 평화를 위한 노력이 행해지고 있다는 사실 자체가 전쟁에 대한 문명국들의 태도에 심각한 변화가 있음을 알려주는 조짐이 되고 있다. 평화를 위한 노력은 정치적인 이익에 대한 계산에서가 아니라, 전쟁이 낳은 참혹한 광경에 대한 반감에서 비롯된 것이다. 이 반감은 인도주의적인 것이다. 비록 인도주의가 전쟁발발의 오랜 반대 요소이기는 했지만, 오늘날 미국의 경우처럼 강대국의 해외정책의 첫 번째 원칙으로 선언된 적은 한 번도 없었다. 또한 최근 국제연합(UN)의 경우처럼, 강력한 힘을 행사하기 위해서 영향력 있는 초국가적 단체를 구성한 적도 없었다. 더욱이 비이해관계 국가들로 이루어진 광범위한 단체로부터의 실제적인 지원과, 분쟁지역에 평화유지군 나아가서 잠재적으로는 평화조성군을 급파함으로써 그 원칙을 실천하고자 하는 의지를 보인 적도 없었다. 부시 대통령은 너무 성급하게 새로운 세계질서(New World Order)의 도래를 선언했는지도 모른다. 그럼에도 불구하고 무질서에 따른 잔학성을 억제하기 위한 새로운 세계의 해결책들이 분명히 눈에 띄고 있다. 그러한 해결책은, 만약 지속되기만 한다면, 가공할 우리 세기의 여러 사건들의 가장 희망적인 결과가 될 것이다.

경솔한 사람들에게는 문화적 변혁의 개념이 함정이 될 것이다. 유익한 변화—생활수준의 상승, 교육, 과학적 의학, 사회복지의 확대 등—가 인간의 행동을 좀더 나은 방향으로 바꾸어놓을 것이라는 기대가 너무나 종종 좌절되었기 때문에, 이 세계에 효과적인 반전주의의 도래를 예견하는 것이 어쩌면 비현실적으로 보일지도 모른다. 그러나 심오한 문화적 변혁이 일어나고 있고, 그 변혁은 미국의 정치학자인 존 뮐러가 관찰한 것처럼 분명히 기록될 수 있다.

> 인류의 새벽에 노예제도가 탄생되었다. 그리고 한때는 많은 사람들이 노예제도를 생존의 필수적인 조건으로 생각했다. 그러나 1788년과 1888년 사이에, 이 제도는 본질적으로 폐지되었다. ……이러한 상태는, 현재까지로는, 영구적인 것처럼 보인다. 이와 비슷하게 인간 제물이나 유아살해 그리고 결투와 같이 유서 깊은 제도들 또한 사라져버렸거나, 혹은 제거된 것처럼 보인다. 그리고 최소한 선진국에서만이라도 전쟁이 유사한 궤도를 밟아가고 있다는 주장이 나올 수 있을 것이다.[63]

뮐러는 틀림없이 인간이 생물학적으로 폭력적인 성향을 타고났다는 전제를 믿지 않았을 것이다. 이것은 행동과학에서도 가장 격렬한 논쟁을 불러일으켰던 주제이며, 대부분의 군사역사가들은 이 문제에 대해서 신중하게 거리를 유지하고 있다. 그러나 선택권을 가질 수 있는 곳에서는 어디에서나 인류가 전쟁이라는 제도로부터 벗어나려고 노력하고 있다는 증거에 의해서 깊은 감명을 받으려고 불신적인 견해를 취하는 것은 필요하지 않다.

나로 말하자면, 이런 증거에 깊은 감명을 받았다. 평생 동안 전쟁과 관련된 주제를 공부하고, 군인들과 어울리고, 전쟁터를 방문하고, 그 결과를 관찰해온 내가 보기에, 전쟁은 더 이상 인간의 불만을 해소하기 위한, 이성적인 것이 아님은 물론이고 바람직하고 생산적인 수단이 아니다. 이런 생각은 단순한 이상주의가 아니다. 인류는 시대를 넘어서 보편적인 대사업의 비용과 이익을 서로 연결시킬 수 있는 능력을 가지고 있다. 우리가 인간행동에 대한 기록을 살펴볼 수 있는 오랜 기간 동안, 인류는 분명히 전쟁의 이익이 그 비용을 능가한다고, 혹은 추정상의 수지균형을 결산해볼 때 그렇게 보인다고 판단해왔을 것이다. 이제 계산의 결과는 정반대 방향으로 나타나고 있다. 분명히 비용이 이익을 능가하고 있는 것이다. 이러한 비용의 일부는 물질적인 것이다. 급속하게 늘어나는 무기조달 비용은 가장 부유한 국가의 예산조차 어렵게 만들고 있다. 한편 가난한 국가에서는 군사적으로 강력해지기 위해서 경제적 해방의 기회조차 스스로 거부하고 있다. 실제로 전쟁에 참여하는 인간생명의 비용조차 더욱 높아져가고 있다. 강대국들 사이에서는 그들이 전쟁을 감당할 수 없다는 사실을 인정하고 있다. 강대국과 전쟁을 한 가난한 나라들은 혼란에 빠지고 비참한 지경에 이르렀다. 한편 내전으로 끌려들어가거나 다른 후진국과 싸움을 벌이는 가난한 나라들은 자신의 복지기반을 파괴하고, 심지어 전쟁의 상처를 치유할 수 있는 사회적 구조마저 파괴하고 있다. 대부분의 인류 역사를 통해서 질병이 그러했던 것처럼, 참으로 전쟁은 하늘이 내린 재앙이었다. 비록 질병에는 친구가 없고 전쟁에는 친구가 있는 것도 사실이지만, 질병의 재앙은 거의 퇴치되었다. 그리고 오늘날 전쟁은 오직 위폐만이 지불될 수 있는 우정을 요구하고 있다. 전쟁이 들어설 틈조차 없어진 오늘날의 정치적, 경제적 세계는 인간관계에 대한 전혀 새로운 문화를 요구하고 있음이 인식되어야 할 것이다. 우리가 알고 있는 대부분의 문화는 군인정신으로 물들었기 때문에, 그러한 문화적 변화는, 어떠한 선례도 없이, 과거와의 완전한 단절을 요구하고 있다. 그러나 오늘날 세계가 직면한 미래 전쟁의 위협 또한 유례가 없는 것이다. 분명히 호전적이었던 과거를 거쳐서, 잠재적인 평화의 미래로 향해 가는 인류문화의 과정을 도식화하는 것이 바로 이 책의 주제이다.

보론 1

# 전쟁발발의 한계

전쟁이라는 수단에 대한 호소가 이성적 한계 속에서 이루어지는 미래를 기대한다고 해서, 반드시 과거에는 전쟁발발에 대한 아무런 한계도 없었다는 잘못된 견해를 전제해야만 하는 것은 아니다. 일찍부터 높은 수준의 정치적, 윤리적 제도들은 전쟁의 이용과 방법에 법적인 혹은 윤리적인 한계를 부여하려고 시도했다. 그러나 전쟁발발에 대한 가장 중요한 한계는 언제나 통치권자의 능력이나 의지 너머에 존재했다. 그것은 소비에트 군 장성들이 "영구적으로 작용하는 요소들(permanently operating factors)"이라고 불렀던 것의 영역에 속한다. 날씨, 기후, 계절, 지형, 식물군 등의 요소들은 언제나 전쟁발발에 영향을 미치며 종종 제한하기도 하고 때로는 완전히 금지하기도 한다. 군수품 보급, 군량, 숙소, 장비 등의 어려움을 포함하여, 대체로 "일시적인(contingent)" 것으로 분류할 수 있는 또다른 요인들은 인류 역사상 여러 시대에 걸쳐서 전쟁발발의 범위와 강도와 기간을 엄격하게 제약해왔다. 점차 부가 증가하고 기술이 발전함으로써 일부 제약들은 완화되거나 거의 극복되었다. 예를 들면, 오늘날 병사의 식료품은 간편한 형태로 거의 무기한 보관될 수 있다. 그러나 모든 문제가 완전히 해결되었다고는 결코 말할 수 없다. 어떻게 먹고, 자고, 군대를 이동시킬 것인가 하는 것은 오늘날까지도 지휘관이 해결해야만 하는 가장 우선적이고 가장 중요한 문제로 남아 있다.

아마도 공격이나 방어활동의 강도와 영역을 제한하게 되는 "영구적"이고

"일시적인" 요소 모두의 영향력이 가장 잘 나타나는 것은 바로 해상전투일 것이다. 인간은 땅 위에서는 주먹으로 싸울 수 있다. 그러나 해상에서도 그렇게 하기 위해서는, 물에 뜨는 발판이 필요하다. 추측하건대, 어떤 목적하에 만들어진 발판은, 부패하는 속성 때문에, 인류 역사상 비교적 늦게 나타났다. 발견된 것 중에서 최초의 것은 겨우 기원전 6315년경의 것이며, 가장 단순한 뗏목이나 토굴을 만드는 데에 필요한 정도의 노력(아마도 집단적인 노력)이 들어간 것으로 보아서, 배 짓기는 인류 초기 생산의 증거가 되는 뼈나 돌로 만든 도구보다 시기가 매우 늦은 것으로 추정할 수 있다.[1]

특수한 군선이나 혹은 단순히 싸움을 하기에 적합한 배조차도 그 기원은 비교적 최근이다. 군선 건조에는 언제나 많은 비용이 들었고 그것을 조종하는 데에도 전문적인 선원이 필요했다. 그러므로 배를 건조하고 운영하기 위해서는 상당한 여유 자금(아마도 통치자의 세입의 잉여)이 있어야만 했다. 비록 해상전투의 가장 초기 형태가 정치적인 동기에서라기보다는 해적질이 목적이었다고 하더라도, 해적조차도 사업에 착수하기 위해서는 자본이 필요하다는 사실을 기억해야만 한다. 최초의 군선들은 해적질을 목적으로 했을 수도 있고 그렇지 않았을 수도 있다(최초에 통치자들은 강이나 해안을 이용한 군사와 물자 수송력에 의해서 파생되는 많은 이점들 때문에 군선들을 거느리려고 했을 것이다). 그러나 어쨌든 군선이 개인 선박보다 훨씬 더 비용이 많이 드는 것은 사실이었다. 시작부터 해상전투는 육상전투보다 값비싼 대가를 요구했다.

자금력의 유무만이 해상전투를 제한하는 유일한 요소는 아니었다. 날씨와 동력의 부족은 또다른 요소가 되었다. 바람은 마음대로 이용할 수 있는 동력이었다. 우리가 해상전투에 대해서 가지고 있는 가장 오래된 자료—기원전 1186년, 나일 강 입구에서 해양민족들과 파라오 람세스 3세의 병사들 간의 전투—를 보면, 이집트인들은 돛단배를 이용했음을 알 수 있다.[2] 그러나 돛단배는 대포가 발명되기 이전까지는 그다지 전투에 적합한 발판이 되지 못했다. 왜냐하면 돛의 움직임 때문에, 화약무기 이전의 무기들이 성능을 발휘할 수 있을 만큼 좁은 범위 내에서의 교전이 불가능했던 것이다. 반면 노 젓는 배는 선원들이 칼이나 창을 들고 일대일로 싸움을 벌일 수 있을 만큼 가까운 거리에서 조종할 수가 있었다. 그밖에 또다른 이점도 있었는데, 군선의 이물에 충각(衝角)을 높이 세우고 최고속력으로 돌진함으로써, 뱃전에 부딪히기만 하면 적의 배를 침몰시킬 수가 있었다. 나무로 만든 돛단배는 충돌의 충격을 감당할 만큼 충분히 튼튼하지가 못했던 것이다. 또한 바람이 너무 약하면 필요한 만큼의 속력을 낼 수가 없었다. 그러나 바람이 너무 강할 때에도, 배의 안전을 생각하는 선장이라면 감히 위험을 무릅쓰고 교전을 시도하지 못했다.

그러나 노 젓는 배는 군선으로서 심각한 결함을 가지고 있었다. 그러나 지중해와 같은 내해(內海)에서는 값비싼 노동력을 제공할 수 있는 강대국들에 의해서 기원전 2000년대부터 계속해서 바다를 지배하며 대포가 출현하기 전까지 중요한 해상전투 수단으로 활약할 수 있었다. 그러나 기후가 나쁜 바다에서는 사용할 수가 없었고 기본적으로 따뜻할 때에만 쓸 수 있었다. 더욱 심각한 결함은 보급기지인 항구로부터 며칠 이상 걸리는 먼 곳까지 나갈 수 없다는 것이었다. 잔잔한 바다에서 빠르게 움직일 수 있도록 길지만 좁고 납작하게 만든 선체 때문에, 최대 속력으로 노를 젓는 데에 필요한 많은 선원들에게 공급할 식량과 음료를 보관할 공간이 없었던 것이다. 물론 나중에는 바이킹과 같은 무정부주의자들에 의해서 대양에서의 습격수단으로서 내해 바깥에서도 사용되었다. 일단 바닥이 깊은 평저선(平底船)의 건조기술과 별자리 항해술을 익히게 되자, 노 젓는 배는 근거지에서 수백 마일 떨어진 강 유역과 해안지방에까지 공포와 약탈과 죽음을 퍼뜨렸다. 그러나 바이킹은 국가의 힘이 미약했던 지역, 특히 바다에서 번성했으며, 어떤 경우이든 노는 오직 보조 목적으로만 사용하고, 방어력이 없는 해안으로 그들의 롱십(longship)을 운항할 때에는 바람에 의존했다.

결론적으로 존 길마틴이 지중해 해상전투에 대한 뛰어난 분석에서 주장한 바와 같이, 갤리 함대는 결코 독자적인 전략수단이 아니라, 육상병력의 확장이거나 더 정확하게는 동반자였던 것이다.[3] 갤리 함대의 해안 쪽 날개는 보통 동행하는 육상병력의 해안을 향한 측면에 따라서 정해지며, 문자 그대로 수륙양용(水陸兩用)으로 움직였다. 함대는 해안기지에 있는 적군이 해군력의 지원을 받지 못하도록 움직였으며, 육상부대는 갤리 선이 재보급을 받을 수 있는 위치로 이동했다. 이러한 공생은 기원전 480년의 살라미스 전투로부터 기원후 1571년 레판토 곧 나프팍토스 전투에 이르기까지 지중해에서 벌어진 대규모의 해상전이 왜 하나같이 육지가 보이는 범위 내에서만 이루어졌는가를 설명해준다. 그렇다면 왜 대포를 장착한 범선이 바다의 주인으로 행세하기 시작한 후—즉 16세기 이후—에도, 대부분의 해상전투가 여전히 육지가 보이는 곳이나 아니면 매우 가까운 곳에서 벌어졌던 것일까? 가장 위대한 범선 장군이었던 넬슨이 거둔 두 번의 승리는 해안—나일 강과 코펜하겐—에 닻을 내리고 있던 선박을 상대로 한 것이었다. 반면 세 번째 승리인 트라팔가르 전투는 에스파냐 해안으로부터 겨우 25마일 떨어진 곳에서 벌어진 교전의 결과였다. 범선이 해안에서 싸우려고 하는 경향은 지구력과는 아무런 관계가 없었다. 갤리 선과는 달리 범선은 여러 달 동안이나 바다에서 지낼 수 있을 만큼 충분한 식량과 물을 실을 수 있었다. 그러므로 이미 1502년에 포르투갈의 선박은 희망봉을 돌아서, 인도의 서해안을 지배하던 토착민의 함대와 싸워서 승리를 거둘 수 있었다. 또한 1650년대에 크롬웰의 제독이었던 블레이크는 영국군 기지가 없는 지중해에서도 전투를 벌일 수가 있었다. 그다음 세기 중반이 되자, 영국군과 프랑스 군은 본국으로부터 6개월이나 항해를 해야만 하는 인도의 동해안에서 강력한 해상전투를 벌이고 있었다. 그러나 기지로부터 멀리 떨어져 있을 수 있었음에도 불구하고, 이 모든 범선들은 계속해서 연근해에서 전투를 벌였던 것이다.

이런 상황을 설명하는 데에는 몇 가지 이유가 서로 얽혀 있다. 하나는 범선전투가 거친 날씨 속에서는 이루어질 수 없다는 것이다(단 하나의 예외가 1759년 11월, 대서양의 질풍 속에서 벌어진 키브롱 만 전투이다). 연근해는 대양에 비하여 훨씬 잔잔할 때가 많다. 또 하나의 이유는 해상전투의 목적—항구로부터 대양으로의 자유로운 출입항, 연근해를 운행하는 선박의 보호, 침공으로부터의 방어 등—은 연근해에 근거지를 마련한다는 것이다. 세 번째 이유는 시각적 신호를 통해서만 상호 연락을 취하는 범선의 경우, 넓은 바다에서는 서로를 찾기가 대단히 힘들다는 점이다. 프리깃(1750-1850년경의 상중[上中] 두 갑판에 대포를 장비한 빠른 목조범선/역주) 함대의 경우에도 서로의 시계 연결은 최대한 20마일을 넘지 못했다. 1798년, 넬슨이 나일 강에서 경험한 것처럼, 수많은 범선들은 쉽게 방향을 잃고 서로를 놓쳐버리곤 했다. 두 번의—극히 드물지만 실제로 있었던—대양에서의 교전에서, 프랑스 범선들이 두 번 모두 호위함에 의해서 오히려 방해를 받았다는 사실은 많은 의미를 담고 있다. 그것은 1747년 우에상(프랑스 서부 브르타뉴 서쪽 끝 피니스테레 도에 있는 바위 섬/역주) 섬에서 200마일 떨어진 곳에서 벌어진 피니스테레의 두 번째 전투(오스트리아 왕위계승 전쟁/역주)와 1794년 역시 우에상에서 출발해서 대서양으로 400마일이나 나간 해상에서 벌어진 영광의 6월 1일 전투였는데, 모두 프랑스와 영국의 싸움이었다. 탄탄한 130척의 프랑스 호위함이 바다 위를 온통 뒤덮는 바람에, 전투함들만이 단독으로 항해했을 경우보다, 훨씬 더 눈에 잘 띄는 목표물이 되었던 것이다.

배를 움직이는 동력수단으로 증기가 돛을 대신하게 됨으로써, 군선과 육지 사이를 이어주던 고리가 훨씬 더 느슨해졌을 것이라고 생각할지도 모른다. 증기선은 바람이 전혀 없는 평탄한 바다에서도 움직일 수 있고, 또한 범선이라면 돛을 줄이고 포문을 닫아야만 하는 폭풍우 속에서도 안정된 발사대를 유지할 수 있기 때문이다. 그러나 역설적으로 증기선은 사실상 갤리선만큼이나 병참기지에 대한 의존도가 높았고, 범선에 비해서 활동범위가 훨씬 더 줄어들었다. 그것은 비교적 최근에 석유 연료로 교체되기 전까지는, 증기선은 엄청난 양의 석탄을 소비해야 했기 때문이다. 1906년의 전함 드레드노트(p. 508 참조)는 20노트 속력으로 5일간 항해하게 되면, 연료창고가 텅 비고 말았다. 결국 증기선은 석탄보급 기지에 의지할 수밖에 없었다.[4] 물론 범선 시대부터 전 세계적인 기지망을 확보했던 대영제국과 같은 해양 강대국은 함대를 이끌며 온 대양을 누빌 수 있었다. 수백여 개가 넘는 항구에서 연료를 보충할 수 있었기 때문이다. 그러나 그렇다고 해도, 연근해의 범위를 넘지 못했다. 영국과 같은 기지망이 없는 국가들은 해군을 창설할 엄두조차 내지 못하거나, 혹은 동맹국의 선심에 의지하는 수밖에 없었다. 1904-1905년, 러시아가 발트 함대를 극동으로 파견했을 때, 그 당시 러시아는 영국과 비우호적인 관계였기 때문에, 러시아 함대는 배의 갑판에까지 석탄을 높이 쌓은 채 겨우 항해를 했고 프랑스 식민지의 항구에 정박하기 전까지는 대포조차 사용할 수 없었다.

석탄연료를 사용하는 함대는 이론적으로는 대양에서의 교전(증기선으로 이틀이면 육지로부터 500마일을 항해할 수 있었다)이 가능했지만, 실제로는 계속해서 연근해에서만 전투를 벌였다는 사실은 대단히 역설적이다. 부분적으로는 똑같은 전략적 요인들이 영향을 미쳤지만, 증기선 또한 이전의 범선처럼 무전기가 출현하기 전까지는 장님이나 다름없었다. 사실, 그들의 시계가 진정으로 확장되기 위해서는 무선장비를 갖춘 함재기의 출현을 기다려야만 했다. 결과적으로 제1차 세계대전 중의 모든 해상전투는 육지로부터 100마일 이내의 해상에서 벌어졌다. 그후 레이더와 항공모함, 장거리 순항 잠수함 그리고 해상 보급기술의 진보 등이 이루어졌음에도 불구하고, 제2차 세계대전에서도 똑같은 상황이 반복되었다. 이에 대한 궁극적인 해답은 바다의 광대함에서 찾을 수가 있다. 함대들은 대양에서 장거리를 극복하리라고 거의 기대할 수가 없었던 것이다. 미드웨이에서 일본 항공모함을 침몰시킨—세계 역사상 몇 안 되는 진정한 대양전투 중의 하나—미국 항공기는 기민한 어림짐작에 의해서 움직였다. 종국에는 1941년 5월, 브레스트에서 1,000마일이나 떨어진 해역에서 침몰했지만, 비스마르크 호는 영국의 순항 함대 전체를 두 번이나 뒤흔들어놓았다. 한편 대서양 한가운데에서는 동맹국의 호위함과 수면에 떠오른 독일의 잠수함 사이에서 전투가 벌어졌다. 선체가 크고 느린 호위함은 몹시 수상한 목표물이었던 것이다. 1941년 11월에 거대한 기상전선이 일본의 진주만 공격을 가려주었던 것처럼, 해상 폭풍의 움직임으로 인한 감시체제의 혼란이나 원-근거리 목표물을 포착하는 장비 조정의 어려움 등을 고려해볼 때, 오랫동안 바다가 자신의 비밀을 간직했던 것은 당연한 일이었다.

과거의 사실에 대해서는 비교적 확실하고 단순하게 말할 수 있다. 지구 표면의 70퍼센트는 물로 뒤덮여 있으며, 그중 대부분은 바다이다. 그리고 대부분의 대규모 해전은 그 지역의 극히 작은 부분에서 벌어졌다. 만약 우리가 크리시의 유명한 저서 『세계의 결전 15(*Fifteen Decisive Battles of the World*)』를 모방하여, 15개의 결정적인(여기서 "결[決 : decisive]"의 의미는 "국지적인 중요성 이상의 더 크고 지속적인 의미를 지닌" 것으로 간주한다) 해상전투 목록을 뽑는다면, 다음과 같을 것이다.

살라미스(기원전 480년) :

그리스를 침공한 페르시아 군의 패배

나프팍토스(1571년) :

지중해 서부지역을 향한 무슬림의 진격 저지

아르마다(1588년) :

프로테스탄트 국가인 영국과 네덜란드에 대한 에스파냐의 공격 좌절

키브롱 만(1759년) :

북아프리카와 인도에서의 지배권 확보를 둘러싼 프랑스와의 싸움에서 앵글로-색슨족의 승리

버지니아 곶(1781년) :

미국 식민지인들의 승리 보장

캠퍼다운(1797년) :

영국과 네덜란드 함대의 영원한 경쟁 종식

나일 강(1798년) :

지중해의 양안(兩岸)을 모두 지배하고 인도를 둘러싼 투쟁을 재개하려던 나폴레옹의 야심 좌절

코펜하겐(1801년) :

북유럽 해상 지배권의 영국으로의 이양

트라팔가르(1805년) :

나폴레옹 해군의 궁극적 붕괴

나바리논(1827년) :

유럽에서의 오스만 제국의 붕괴 시작

쓰시마(1905년) :

북태평양과 중국에서의 지배세력으로서 일본의 등장

유틀란트(1916년) :

대양 해군으로서의 군사행동을 펼치려던 독일의 야심 붕괴

미드웨이(1942년) :

서태평양에서의 일본 지배권의 붕괴

마치 호위함 전투(1943년) :

대서양 전투에서의 독일의 유-보트의 강제퇴각

레이테 만(1944년) :

일본제국 해군에 대한 미국의 확고한 우위확보

15개 전투의 중요성에 대하여 짤막한 각주를 붙여보았다. 이 목록에서 주목할 만한 사실—비록 전문가들 사이에는 논란이 일겠지만—은 해상전투

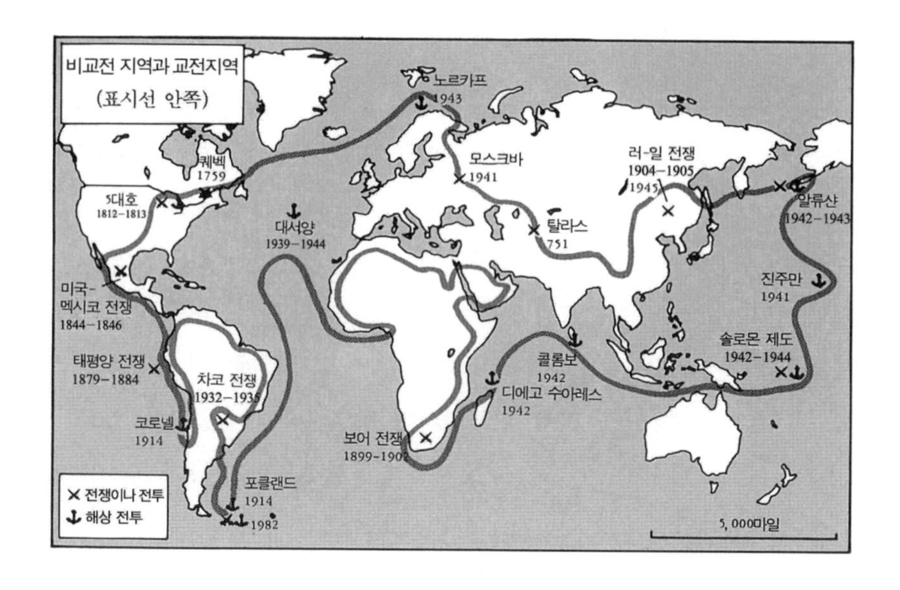


가 얼마나 자주 그리고 얼마나 가깝게 지도상의 같은 지점에서 일어났는가 하는 점이다. 예를 들면, 캠퍼다운과 코펜하겐과 유틀란트는 서로 300마일 이내에서 벌어진 전투이다. 살라미스와 나프팍토스 그리고 나바리논도, 비록 시간상으로는 첫 전투와 마지막 전투가 2,300년이라는 간격이 있었지만, 모두 다 펠로폰네소스 근처에서 거의 100마일도 떨어져 있지 않은 거리를 두고 벌어졌다. 아르마다 전투와 키브롱 만 그리고 트라팔가르는 모두 북위 30-50도 사이의 서경 5도상에서 100마일 이내에서 일어난 것이었다. 이 지역은 지구의 극히 작은 일부분에 불과하며, 그나마도 대부분 건조지대이다. 버지니아 곶은 1781년 이후에 벌어진 수많은 해상전투의 무대가 되었다. 1905년 이전까지 쓰시마도 마찬가지였다. 특히 1274-1281년의 몽골의 일본 정벌 기간 동안 주목할 만한 해상전투가 벌어졌다. 한편 나일 강 전투가 벌어졌던 해안은 파라오 시대부터 해양작전을 수행하기에 매력적인 장소였다. 그러므로 앞에서 인용된 15개의 "결정적인" 해상전투 중에서 오직 미드웨이와 마치 호위함 전투, 두 경우만이 이전까지 평화로웠던 먼 대양에서 이루어졌음을 알 수 있다.

대부분의 건조지대도 군사적인 역사가 전무하다. 툰드라, 사막, 열대우림 그리고 험준한 산맥은 여행자들뿐만 아니라 군인들에게도 적대적인 지역이다. 사실 병사들의 필수품을 구하는 일이 더욱 큰 장애가 된다. 군사목록에는 "사막"이나 "산악"혹은 "정글"에서의 전투에 대한 항목이 포함되어 있겠지만, 사실상 물이나 길이 없는 지역에서 전투를 벌인다는 것은 자연을 거스르는 일이다. 그러므로 그런 전투는 대부분 값비싼 특수장비를 갖춘 특수부대들 사이에서 벌어지는 전초전에 불과하다. 제2차 세계대전 중의 롬멜과 몽고메리의 사막부대도 북부 아프리카의 해안지방에 집중되어 있었다. 1941년 11월부터 1942년 1월까지 말레이 반도의 울창한 밀림 속에서 이루어진 일본의 군사행동도 식민지의 완벽한 도로를 따라서 이루어진 것이었다. 1962년, 인도의 산악 국경지대의 일부를 차지한 중국은 1만6,000피트 이상의 고지대를 공격할 때, 1년 동안 티베트 고원에서 기후적응 훈련을 받은 특수부대를 투입했다. 반면 평지에서 막 올라온 대다수의 인도 병사들은 고산병으로 활동할 수가 없었다.

6,000만 제곱마일에 달하는 전 세계 건조지대의 70퍼센트가 지나치게 고지대이거나, 너무 춥거나, 물이 없어서 군사활동을 할 수 없다. 남극과 북극도 그렇게 힘든 조건이 미치는 영향을 잘 보여주고 있다. 비록 여러 국가들이 영토권을 주장해왔고 빙산 아래에는 귀중한 광물자원들이 묻혀 있는 것으로 알려져 있지만, 극단적인 기후조건과 접근상의 어려움 때문에, 남극대륙은 수천 년 동안 전쟁으로부터 제외되어왔다. 1959년, 남극조약이 서명된 이후로, 영토권 주장은 일체 중지되었다. 그리고 남극은 비무장지대로 선언되었다. 이와는 반대로 북극은 비무장지대가 아니다. 실제로 북극 빙산 아래에는 규칙적으로 핵 잠수함이 순항하고 있다. 그러나 극지의 기나긴 밤—겨울에는 석 달 동안이나 계속된다—과 혹독한 겨울 추위 그리고 유용한 자원의 부재 등을 고려해볼 때, 이 지역에서 전쟁이 일어날 확률은 거의 없다. 북극에서 발생한 대부분의 군사적 상황은 1940-1943년 독일군이나 연합군이

북위 8도 근처인 스피츠베르겐과 그린란드의 동해안에서 기상관측소를 탈취하거나 방어하기 위해서 벌인 사소한 전투였다. 양편 모두 사상자가 발생했지만, 혹독한 기후조건 아래에서 그들은 생존하기 위해서 서로를 돕지 않으면 안 되었다.[5] 그 이상의 강도 높은 군사행동은 기후조건이 병력의 유지와 활동에 적합한 몇몇 지역에 편중되어왔다. 전쟁은 지리적으로 서로 근접한 지역에서 반복되는 경향을 보일 뿐만 아니라—"유럽의 투계장(cockpit of Europe)"이라고 부르는 북부 벨기에나, 북부 이탈리아의 만토바, 베로나, 페스키에라 그리고 레냐노로 이루어진 사각지대가 바로 그와 같은 지역이다—종종 상당히 오랜 기간 동안 정확히 같은 장소에서 되풀이되기도 했다.

가장 분명한 예로 유럽 터키의 에디르네를 들 수 있다. 이곳은 기원후 323년의 첫 전투에서부터 1913년 7월의 마지막 전투에 이르기까지, 모두 15번의 전투와 포위가 이루어진 것으로 기록되어 있다.[6]*

---

* 에디르네 전투는 로마 황제 콘스탄티누스 1세와 제위를 요구한 리키닝스 사이에서 벌어진 것이었다. 그들은 각각 동쪽과 서쪽에서 진군해왔다. 제2차 전투는 역사상 커다란 재난 중의 하나로, 378년 발렌스 황제와 최후의 대로마 병사들이 고트족의 침공을 받았다. 고트족은 다뉴브 강을 건너서 제국으로 쳐들어왔다(초원지대 밖으로 나온 기마민족인 훈족을 피해서 달아난 것이었다). 718년에 벌어진 제3차 전투는 그 지역에 막 도착한 불가리아인들이 후방에서부터 이스탄불을 차지하려고 시도했던 무슬림 군대를 패배시킨 것이었다. 이 사건은 기독교 유럽 세계에 대단히 중요한 결과를 낳았다. 제4차(813), 제5차(914), 제6차(1003) 전투는 모두 이스탄불을 공격하는 불가리아인들과의 싸움이었다. 1094년의 제7차 전투는 비잔틴 황제와 제위 요구자 사이의 싸움이었다. 1250년의 제8차 전투에서는 불가리아인들이 스스로 비잔틴 황제가 된 십자군 기사 볼드윈과 베네치아 공화국의 총독 단돌로(베네치아의 단돌로 가문의 저택은 오늘날 이 도시에서 가장 비싼 호텔이 되었다)를 패배시켰다. 1224년의 제9차 전투는 복귀한 비잔틴 황제 가문이 불가리아인들에게 승리를 거둠으로써 끝이 났다. 1225년의 제10차 전투는 비잔틴 내부에서 벌어진 싸움이었다. 1355년의 제11차 전투는 비잔틴인들이 세르비아인들에게 승리를 거둠으로써 끝났다. 1365년의 제12차 전투는 소아시아로부터 유럽으로 진출하던 오스만 제국에게 성공적인 무대를 마련해주었다. 그후로부터 강력한 오스만 세력의 통치 아래 1829년의 제13차 전투 전까지 더 이상의 전쟁은 벌어지지 않았다. 그 전투에서는 러시아 군대가 오스만으로부터 이 도시를 빼앗았다. 그후 마지막으로 두 번의 전투가 더 벌어졌는데, 1913년 첫 번째 전투에서 패배한 오스만 튀르크는 두 번째 전투에서

에디르네는 지금이나 예전이나 결코 대도시가 아니었다. 이곳의 인구는 지금도 10만 명을 밑돈다. 그런데도 지구상에서 가장 빈번하게 전투가 벌어진 장소라는 흥미로운 특성을 지니게 된 것은 이 도시의 부나 면적 때문이 아니라, 특별한 지리적 위치 때문이었다. 이 도시는 3개의 강이 만나는 지점에 세워졌다. 그 유역은 서쪽으로 마케도니아, 북서쪽으로 불가리아 그리고 남쪽으로 흑해로 향하는 통로를 제공한다. 그리고 바다로 흘러가는 물줄기는 유럽의 남동쪽 끝에 있는 광대한 평야를 관통한다. 그런데 그 평야의 다른 편에는 대도시 이스탄불이 있다. 이곳은 보스포루스 해협에서 가장 쉽게 요새화할 수 있는 위치이기 때문에, 이스탄불 대제가 수도로 삼았으며 유럽과 아시아의 분기점이기도 하다. 결국 에디르네와 이스탄불은 전략적으로 흑해와 지중해 그리고 남유럽과 소아시아 사이의 모든 통행을 감시하는 쌍둥이 도시인 셈이다. 이스탄불은 5세기 초반에 테오도시우스 성벽을 건설한 이후로 바다로부터의 공격을 완벽하게 봉쇄했기 때문에, 소아시아로부터 남유럽으로 들어오는 모든 침략자들은 그 후배지인 평야에 상륙하지 않을 수 없었다. 한편 흑해의 북쪽에서 출발한 침략자들은 내륙 쪽으로 카르파티아 산맥이 가로막고 있어서 서쪽 해안으로 몰려들 수밖에 없었다. 또한 로마 제국의 멸망과 1204년의 십자군에 의한 약탈에 이르기까지 서양세계에서 가장 부유한 지역이었던 이스탄불의 매력에 이끌렸던 유럽의 침략자들은 똑같은 평야를 가로질러 접근하는 길 이외에 달리 선택이 없었다. 한마디로 에디르네는 지리학자들이 육교(land bridge)라고 불렀던 유럽의 길목의 끝이었던 것이다. 이곳을 통해서, 아시아는 2개의 주요 통로를 따라서 유럽으로 들어갈 수 있었다. 그러므로 동쪽에서 서쪽으로 혹은 서쪽에서 동쪽으로 군사력의 중요한 이동이 있을 때마다, 이곳은 싸움터가 되어야 하는 운명이었다. 이런 상황에서 이 도시가 어느 규모 이상으로 성장하지 못한 것

---

세르비아와 불가리아로부터 에디르네를 되찾았다.

은 당연한 일이었다.

에디르네의 경우처럼, 영구적인 혹은 일시적인 요소가 전쟁의 과정에 깊은 영향을 미쳤던 또다른 지역의 예는 극히 드물다. 그렇지만 보다 미약한 형태로나마, 그 영향력은 군사행동이 활발하게 이루어졌던 대부분 지역의 역사 전반에 자취를 남겼다. 큰 강과 고지대, 울창한 산림은 "자연적인 국경선"을 형성했고 시간이 지남에 따라서, 정치적인 경계선도 그와 일치하는 경향을 보였다. 자연적인 국경선과 정치적인 경계선 사이의 공백은 적군의 행진을 유도하는 통로가 되었다. 그러나 일단 그러한 통로를 지나간 적군은 진로에 아무런 뚜렷한 장애물이 없음에도 불구하고 자신의 뜻대로 움직일 수 없음을 깨닫게 될 것이다. 요새건축 기사는 아닐지라도, 도로나 교량 건축가의 경우에는, 기후나 계절적 요인이 더욱 중시되고, 보다 정교한 지리학이 큰 역할을 하는 것이다. 그러므로 1940년에 독일이 프랑스에 대한 전격작전(Blitzkrieg) 곧 아르덴 숲과 뫼즈 강(프랑스에서부터 벨기에, 네덜란드를 지나서 북해로 흘러가는 강/역주)의 장벽을 무너뜨렸던 탱크가 개활지를 가로질러 자유자재로 진격했던 작전은 결국에는 43번 국도를 매우 가깝게 따라가면서 이루어진 것으로 판명되었다. 이 도로의 상당 부분은 기원전 1세기, 카이사르의 갈리아족 정복 직후에 만들어진 로마 시대의 길이다.[7) ] 로마인들도, 자신들의 발명품에 의지했던 사람들도 지형과 싸우려고는 하지 않았다. 그러므로 독일 탱크 부대의 지휘관이 제아무리 자신이 자유로운 궤도를 만들어가고 있다는 환상을 품었더라도, 사실은 1만 년 전 빙하의 후퇴 때 마지막으로 형성된 지구표면에 만들어진 북부 프랑스의 모양대로, 오랜 지형의 명령에 따랐을 뿐이다.

자연의 법칙에 대한 유사한 복종 패턴이 독일군의 러시아 침공에 대한 연구에서 나타난다. 이 전투는 프랑스에서의 전격작전이 있은 다음 해에 일어났다. 서부 러시아는 침공자들, 특히 기계화된 장비를 갖춘 침공자들에게 무제한의 자유로운 활동을 허락하는 것처럼 보였다. 1941년의 국경과 상트

페테르부르크, 모스크바 그리고 키예프, 이 세 도시 사이의 거리는 600마일이나 떨어져 있지만, 표고(標高)가 500피트 이상인 곳은 하나도 없다. 나무조차 없는 광대한 평야를 가로지르는 강들은 독일군의 진격을 가로막기보다는 그들과 함께 나란히 흘러갔다. 그러므로 침공자들의 출발을 방해하는 어떤 강력한 것도 없었다. 참으로 강력한 것은 아무런 방해가 되지 않는 법이다. 그러나 중앙에는 러시아의 거대한 강 드네프르 강과 네만 강이 흑해와 발트 해로 각각 흘러들어가고 있다. 그 본류들은 많은 지류와 합쳐져서 프리퍄티 늪지를 형성하게 된다. 이곳은 약 4만 제곱마일이나 되는 늪지대로, 도저히 군사활동을 할 수 없는 곳이었다. 그러므로 지도에 표시된 이 지역은 독일군 참모진들에게 독일군 부대가 활동할 만한 가치가 전혀 없는 "베르마흐틀로흐(Wehrmachtloch)" 즉 군사력의 공백지대라고 알려져 있었다. 결과적으로 이곳은 독일군의 후방을 공격하기 위한 소비에트 빨치산들의 중요 기지가 되었다. 그들의 활동은 너무나 효과적이어서, 독일군대가 러시아 전선을 멀리 동쪽으로 옮겨갈 때까지, 끊임없이 독일군을 괴롭히는 근원이 되었다.

베르마흐틀로흐는, 비록 러시아 전쟁무대의 영구적인 모습이었지만, 독일군의 작전에는 큰 변수가 되지 못했다. 반복되는 또다른 주요요인은 봄의 해빙과 가을의 장마로 인해서 모든 전선에서 걸쳐서 나타나는 계절적인 늪지대의 출현이었다. 러시아인들이 라스푸티차(rasputitsa)라고 부르는 이 현상은, 1년에 두 번씩 스텝의 표면이 녹는 현상으로, 보통 한 달씩 군대의 움직임을 정지시키기도 했다. 보로네시 전선의 소비에트 지휘관인 골리코프는 1943년 3월, 드네프르 강을 목표로 하는 자신들의 반격이 언제 이루어질 것인가를 묻는 부하에게 이렇게 대답했다. "드네프르 강까지는 200–230마일 정도가 남았고 봄 라스푸티차까지는 30–35일 정도 남았지. 그러니 자네 혼자 결론을 내보게."[8] 드네프르 강 전선이 독일군 수중에 남아 있는 채, 해빙이 소비에트 군의 진격보다 빨리 이루어지기 시작하리라는 것은 피할 수 없는 결론이었다. 그리고 그 결론은 사실로 판명되었다. 그러나 라스푸티차는 독일군에게 불리하게 작용할 때가 더 많았다. 라스푸티차는 1941년 봄에는 더욱 오랫동안 계속되었다. 그리하여 대단히 중요한 몇 주일 동안, 독일군의 진격개시는 자꾸만 늦어졌다. 그리고 또다시 가을이 되자, 모스크바로의 진격이 지연될 수밖에 없었다. 마지막으로 서리가 내리는 겨울이 찾아왔다. 서리는 스텝 지대의 지표에 얼어붙은 눈 더미를 만들었고, 독일군 탱크들은 모스크바로부터 멀리 떨어진 곳에서 계획된 날짜까지 수도를 포위하기 위하여 문자 그대로 엉금엉금 기어갔다. 차르 니콜라이 1세는 1월과 2월을 "[러시아가] 신임할 수 있는 두 장군"이라고 불렀지만,[9] 1941년 3월과 10월의 라스푸티차는 그보다 훨씬 더 뛰어난 장군으로 판명되었다. 그리고 사실상 그해의 엄청난 재앙으로부터 러시아를 구했던 것이다.

지금까지의 논의를 어떻게 요약할 수 있을까? 분명한 것은 "영구적으로 작용하는" 요소와 일시적인 요소들—기후, 식물, 지형학 그리고 인간이 자연에 가할 수 있는 변화—이 합쳐져서, 메르카토르식 투영도법의 세계지도 위에 전쟁지역과 비전쟁지역 사이를 뚜렷하게 구분해놓았다는 사실이다. 그리고 후자가 전자보다 훨씬 더 광범위한 면적을 차지한다. 조직적이고 강도 높은 전투는 오랜 세월에 걸쳐서, 지구표면에 불규칙적이지만 지속적인 지대를 형성하며 발생되었다. 그것은 북위 10도에서 55도 사이와 그리니치 서경 90도에서 동경 135도 사이로, 북아메리카의 미시시피 강 유역에서부터 필리핀과 서태평양 너머까지 걸쳐 있다. 『"런던 타임스 판" 세계지도(*The Times Atlas of the World*)』는 식물군을 (농가를 위해서 개간되기 이전의) 혼합림, 활엽수림, 지중해식 관목림 그리고 건조 열대림을 비롯한 16개의 범주로 분류했다.[10] 만약 북반구에 위치한 이들 4개의 식물군과 육지 그리고 그들 사이를 이어주는 해로를 포함하는 선을 그려본다면, 한두 경우를 제외하고는 거의 모든 역사적 전투가 그 선의 내부에서 이루어졌음을 한눈에 알 수 있다. 만약 전투 지역 위에 전투가 일어난 달까지 표시해보면, 기후의 변화와 강우량 그리고 추수시기에 따라서 지역마다 다양한 계절적인 집중현상을 찾아볼 수 있다. 예를 들면, 에디르네의 경우, 처음 세 번의 전투는 7월, 8월, 7월에 일어났다. 그리고 마지막 세 번은 8월, 3월 그리고 7월에 일어났다. 발칸 반도 남부에서조차도 3월은 전쟁을 벌이기에는 비교적 이른 시기로, 눈이 녹아 강물이 많이 불어난다. 그러나 그밖에 달 곧 7월과 8월은 지중해 지방의 추수가 막 끝난 직후로, 예상했던 것과 정확히 일치하고 있다.

과연 실제로 조직적인 전쟁발발 지역이 계절적인 변수와 더불어, 지리학자들이 "최초의 선택된 땅"이라고 불렀던 지역, 즉 개간하기가 쉽고 농사를 지으면 풍성한 수확을 거두게 되는 지역과 일치하는가? 다시 말해서, 범주상으로 전쟁은 단지 농민들 사이의 싸움에 불과한 것인가? 본격적인 전쟁수행은 많은 자금을 필요로 하는 한편, 집약농업은 상당히 최근까지도 사람들의 모든 활동 중에서 언제나 가장 크고 일관된 보상을 가져다주는 산업이라는 점에서, 그러한 견해는 어느 정도 타당성이 있다. 그러나 다른 한편으로, 농민들은 토지 경계선과 수리권에 관련된 분쟁에서 물러설 줄 모르며, 나라의 부름을 받으면 강인한 전사가 되는 것은 사실이지만, 또한 좀처럼 그들의 가축과 농토를 포기하려고 하지 않는 완강한 사람들인 것도 사실이다. 그러므로 마르크스는 농부들을 "구제불능(irredeemable)"이라고 여겼다. 그것은 마르크스가 자본주의 질서를 전복하기 위한 혁명군대에 농민들이 참여할 전망이 전혀 없다고 생각했던 이유이기도 하다.[11] 마오쩌둥의 생각은 달랐다. 빅터 데이비스 핸슨은, 고전적인 그리스 전쟁에 대한 놀랄 만큼의 독창적인 연구를 통해서, 서양인들이 지금까지 행하고 있는 "결전(decisive battle)"의 개념을 처음 생각한 사람이 다름 아닌 그리스 도시국가의 소농들이었다는 사실을 설득력 있게 주장한다. 그렇지만 마르크스의 생각도 일리가 있었다. 실제로 농민들은 자신의 토지와 마을 그리고 자신의 불만에만 깊이 뿌리를 박고 있다. 그러므로 아무리 타당한 이유가 있다고 하더라도, 최초의 선택된 땅과 그 너머의 경작할 수 없는 지역사이의 뚜렷한 경계선을 넘어서 진격하라는 명령을 거부하는 것은 당연한 일이다.

우리는 똑같은 언어와 종교를 가진 농경민족들은 서로 크게 싸우는 법이 거의 없다는 사실에 주목해야만 한다. 반면, 온대지대 전역에 걸쳐서 경작지와 비경작지 사이에 놓인 경계선은 흔히 긴 축성 기간과 대규모의 비용이 소요된 성벽으로 둘러싸여 있다. 스코틀랜드의 하일랜드 라인보다 약간 짧은 로마의 안토니누스 방벽(Antonine Wall), 로마 시대에 게르마니아의 경작지와 숲 사이의 경계선을 표시했던 리메스(limes : 로마 제국의 변경 성벽/역주), 비옥한 마그레브(알제리, 튀니지, 모로코를 포함한 아프리카 북서부 지방을 지칭하는 아랍 지명/역주)를 사하라의 침입자들로부터 방어하기 위한 포사툼 아프리카이(fossatum Africae), 요르단과 티그리스-유프라테스 본류를 따라서 사막과 경작지를 갈라놓는 군사 도로와 성채로 이루어진 로마의 "시리아" 국경선, 초원의 침입자들을 막기 위해서 카스피 해로부터 알타이 산맥까지 2,000마일이나 계속되는 러시아의 체르타 국경선, 투르크가 지배하는 산악지대와 사바 평야 및 드라바 평야를 구분하기 위한 크로아티아의 합스부르크 제국의 군사 국경지대, 특히 양자강과 황하 유역의 관개농지로부터 초원의 유목민들을 격리하기 위해서 건설한 중국의 만리장성은 너무나 오랜 기간 동안 엄청난 규모로 지어졌기 때문에, 고고학자들도 아직까지 그 복잡한 구성에 대한 완전한 지도를 제작하지 못하고 있다.[12)]

이렇게 요새화된 국경선들은 경작지를 가진 나라들과, 토양이 너무 척박하고 기후가 너무 춥거나 건조해서 농사를 지을 수 없는 가난한 나라들 사이에 존재하는 근원적인 긴장을 암시한다. 그러나 이런 사실을 인정한다고 해서, 주요 전쟁의 저변에 깔린 동기가 단지 약탈뿐이라는 잘못된 개념에 빠져서는 안 된다. 군인으로서의 인간은 그보다는 훨씬 더 복잡한 존재이다. 동족인 농경민들 사이에도 서로 싸움을 벌이며 때로는 극단적인 잔인성을 보이기도 한다. 반면에 비옥한 지대 너머의 황야로부터 침입한 가난한 나라의 민족들도 오직 이념을 위해서 싸울 수 있다. 예를 들면 아랍의 무하마드

추종자들은 마음대로 약탈을 자행했다. 그러나 그들의 엄청난 약탈행위는 천박한 물질적인 동기에서라기보다는, 복종의 집(p. 61 참조)의 경계를 확장하려는 열성에서 비롯된 것이었다. 가장 위대한 정복자인, 마케도니아의 알렉산드로스는 동방정벌을 나서기 전에, 이미 그리스 도시국가의 통치자로서 안락한 지위를 누리고 있었다. 그러므로 페르시아 제국을 유린했던 것은 단지 즐거움을 찾기 위해서였던 것처럼 보인다. 기존 국가들을 침범하는 경우, 알렉산드로스보다 훨씬 더 광범위한 지역을 누볐던 몽골족은 승리의 열매들을 한데 모을 만한 능력을 보여주지 못했다. 알렉산드로스의 마케도니아 장군들인 디아도코이 의 후계자들은 그가 죽은 후에도 300년 동안이나 박트리아 왕국을 지배했다. 그러나 칭기즈 칸이나 그의 직계 후손들이 세운 정권은 1세기 이상 지속된 것이 거의 없었다. 몽골—즉 칭기즈 칸—의 후예임을 주장하는 타타르족의 티무르는 그가 짓밟고 지나간 비옥한 토지를 조금도 가치 있게 여기지 않았던 것 같다. 마치 화전민처럼 더 이상 약탈할 것이 없어지면 곧 다른 곳으로 이동해버렸다.

그러나 가난한 민족들이 종종 그들의 약탈물을 남용했다고 해서, 전쟁의 물결이 한 방향—극히 드물게 반대가 되는 경우도 있지만, 대개는 척박한 지역에서 풍요로운 지역으로—으로 흘러가는 경향이 있다는 일반적인 의미가 흐려지는 것은 아니다. 그것은 단순히 척박한 지역이 전쟁을 벌일 만큼 가치 있는 것을 제공하지 못하기 때문이 아니라, 척박한 지역에서의 전쟁이 그만큼 어렵고 때로는 불가능하기 때문이다. 윌리엄 맥닐이 "식량결핍지대(food-deficit areas)"라고 불렀던 지역—사막, 초원, 밀림, 산악—의 가난한 민족들은 그들끼리 싸움을 벌이곤 한다. 그리고 부유한 국가들은 조직적인 전쟁에 대한 기록이 남아 있는 그 옛날부터, 그들의 뛰어난 군사기술을 가치 있게 여기고 사들였다. 그리하여 후자르(hussar : 영국의 경기병/역주), 울란(ulan : 제1차 세계대전 전의 독일과 오스트리아의 창기병/역주), 예거(jäger : 독일과 오스트리아의 저격병/역주)와 같은 이국적인 이름들을 일부

유럽 연대들은 오늘날까지도 자랑스럽게 지니고 있다. 또한 훨씬 더 이국적인 잔재인 야만적인 옷차림—곰가죽 모자, 프로그 재킷(frogged jacket : 앞가슴 단추들에 루프를 건 군복 재킷/역주), 킬트(kilt : 스코틀랜드 남자의 짧은 스커트/역주)와 사자가죽 앞치마—또한 예복으로 여전히 남아 있다. 그럼에도 불구하고 가난한 민족 간의 전쟁은 그들의 빈곤 자체에 의해서 범위와 강도가 제한되었다. 그들이 보다 더 깊숙한 침입과 궁극적으로는 정복까지 가능하게 하는 여분의 식량을 축적할 수 있었던 것은 오직 부유한 지역을 침공했을 때뿐이었다. 그러므로 농경민족들이 경계지역의 요새화에 많은 돈과 노력을 기울였던 것은 심각한 문제가 일어나기 전에 미리 약탈자들을 제어하기 위해서였다.

결국 전쟁에 대한 "영구적"이고 "일시적인" 요소들의 작용의 저변에 깔린 원인들은 너무나 복잡한 것처럼 보인다. 전사로서의 인간은 무한한 자유의지를 발휘하는 행위자가 아니다. 비록 전쟁을 수행하는 동안, 인간은 관습과 물질적인 신중함이 인간행동에 부여해왔던 한계들을 보통은 무너뜨릴 수 있었지만, 전쟁에는 언제나 한계가 있었다. 그것은 인간이 그렇게 하려고 선택했기 때문이 아니라, 자연이 그렇게 되어야 한다고 결정했기 때문이다. 리어 왕은 그의 원수들에게 욕설을 퍼부으면서, "아직은 나 자신도 어떤 것인지 잘 모르겠지만, 반드시 온 세상이 두려움에 떨게 될 그런 일을 하겠노라"고 협박했다. 그러나 어려운 상황에 처한 다른 권력자들은 세상의 공포를 불러일으키는 것은 너무나 어렵다는 사실을 발견해왔다. 자금은 부족하고, 날씨는 나빠지고, 계절은 바뀌고, 친구들과 동맹국들은 등을 돌리고, 인간의 본성은 투쟁이 요구하는 힘든 고난을 거부하는 것이다.

인류의 절반—여성—은 전쟁에 대해서 대단히 모호한 입장에 서 있다. 여성은 전쟁의 원인이 되기도 하고 혹은 핑계가 될 수도 있다(신붓감 훔치기는 원시사회에서 중요한 갈등의 원인이었다). 또한 극단적인 형태의 폭력을 교사할 수도 있다. 맥베스의 부인은 인식의 보편적인 감성을 깨뜨리는 유형이다. 여성은 또한 놀랄 만큼 강인한 전사의 어머니가 될 수도 있다. 어떤 여인들은 비겁하게 고향으로 돌아온 이들을 맞이하는 치욕보다는 차라리 죽음의 고통을 더 달가워하기도 한다.[13] 심지어 여성들은 메시아적인 전쟁의 지도자가 될 수도 있다. 그들은 남성과 여성의 복잡한 화학적 상호작용을 통하여, 남성 지도자들이 이끌어낼 수 없을 정도의 높은 충성심과 희생정신을 남성 추종자들로부터 불러일으킨다.[14] 그럼에도 불구하고 전쟁은 여성들이, 극히 중요한 몇몇 경우를 제외하면, 언제 어디서나 비켜서 있던 인간활동이었다. 그 대신 여자들은 위험으로부터 자신들을 보호하기 위해서 남자들을 찾았다. 그리고 남자들이 방어에 실패하면 혹독하게 비난했다. 여자들은 군 연예대원이 되거나, 부상자를 치료하거나, 혹은 집안 남자들이 군대에 갔을 때에는 들일을 하거나 가축을 돌보아왔다. 심지어 남자들에게 무기를 보내기 위해서 공장에서 일을 하거나 방어용 참호를 파기도 했다. 그러나 여자들은 전쟁을 벌이지 않는다. 여자들은 서로 전쟁을 벌이는 법이 거의 없으며, 어떤 군사적인 의미로도 남자와 전쟁을 벌인 적은 결코 없다. 만약 전쟁이 인류만큼이나 보편적이고 오랜 역사를 가지고 있다면, 우리는 이제 전쟁이 전적으로 남성만의 행위라는 가장 중요한 한계를 검토해보아야 할 것이다.

# 제2장
# 석기

## 인간은 무엇 때문에 싸우는가?

인간(남자)은 무엇 때문에 싸우는가? 인간은 석기시대부터 전쟁을 했을까? 혹은 초기의 인간들은 비공격적이었을까? 남자들은(그러나 역시 여자들도) 이런 질문을 두고 펜과 종이로 격렬한 싸움을 벌이고 있다. 그러나 싸움을 벌이는 이들은 군사역사가들이 아니라, 사회과학자들과 행동과학자들이다. 군사역사가들은 자신들이 역사적으로 기술하고 있는 인간행위의 원천에 대해서 좀처럼 관심을 기울이지 않는다. 만약 군사역사가들이 무엇 때문에 인간이 서로를 죽이게 되었는지에 대해서 좀더 많은 시간을 할애한다면, 아마도 지금보다는 훨씬 더 훌륭한 역사가들이 될 수 있을 것이다. 그러나 사회과학자들과 행동과학자들은 달리 선택의 여지가 없다. 인간과 사회가 그들의 주제이기 때문이다. 대개 거의 모든 인간들은 공동의 선을 위해서 협동한다. 협동은 하나의 규범으로 간주되어야 한다. 그 이유에 대해서는, 비록 상식적으로도 협동이 공동의 이해관계에 명백히 이바지하기 때문에 그다지 심도 깊은 설명이 필요한 것은 아니지만, 약간의 설명이 필요하다. 그러므로 사회과학자들과 행동과학자들은 협동성의 원리에서부터 출발해야만 한다. 그렇지 않으면, 그들은 누구나 예상할 수 있는 것을 설명하는, 아무런 소용없는 일을 하게 된다. 그러나 그들에게 설명을 제시하도록 부추기는 것은 개인과 집단에서의 인간행동의 예측 불가능성이며, 특히 폭력적인 행동의 예측 불가능성이다. 폭력적인 개인은 여러 집단들 속에서 협동이라는 규범의 주요한 위협이 되고, 폭력적인 집단은 더 넓은 사회 속에서 불안을 조성하는 주요 원인이 되기 때문이다.

개인적, 집단적 행동에 대한 연구들은 상이한 여러 방향들을 취한다. 그러나 그들의 논쟁은 결국 하나의 공통된 물음으로 귀착된다. 즉, 인간은 본성적으로 폭력적인가, 아니면 잠재적인 폭력성—폭력의 잠재성에 대해서는 논란의 여지가 없다. 인간이 발길질을 하거나 물어뜯을 수도 있다는 사실로도 분명하다—이 물질적 요인들의 작용으로 인해서 표출되는 것인가? 후자의 견해를 지지하는 사람들은 크게 "물질주의자(materialist)"로 분류되는데, 자신들의 생각이 전자의 입장인 본성론자를 성공적으로 논박한다고 믿고 있다. 한편 본성론자(naturalist)도 하나같이 물질주의자의 견해에 맞서지만, 내부적으로는 명백히 구별되는 2개의 분파로 나누어져 있다. 본성론자들 중의 일부는 인간이 천성적으로 폭력적이라고 주장한다. 대부분의 사람들이 이러한 비유에 동의하지 않겠지만, 그들 소수의 견해는 기독교 신학자들이 내세우는 인간 타락설이나 원죄설과 같다. 그러나 그밖에 나머지 다수의 본성론자들은 인간을 그렇게 특징짓는 것에 반대한다. 그리고 인간의 폭력적인 행동을 결함이 있는 몇몇 개인들의 비정상적인 행위, 또는 특정한 종류의 분노나 자극에 대한 반응으로 간주한다. 이와 같은 주장에는, 만일 인간의 폭력성을 자극하는 요인들이 밝혀져서 약화되거나 완전히 소멸되면, 인간관계의 영역에서 폭력을 추방할 수 있을 것이라는 추론이 암시되어 있다. 본성론의 두 학파들 사이의 논쟁은 지대한 반향을 불러일으켰다. 1986년 5월 세비야 대학교에서 있었던 모임에 참석한 대다수 사람들은 유네스코(UNESCO)의 "인종 선언(Statement on Race)"에 입각해서 인간의 폭력적 본성을 절대적인 것으로 보는 견해를 비판하는 성명을 채택했다. 세비야 성명은 다섯 가지 조항으로 되어 있는데, "이것은 과학적으로 타당하지 않다"라는 말로 시작되는 각각의 문장들은 확신에 가득 차 있다. 그 조항들은 한결

같이 인간의 본성을 폭력적이라고 특성 짓는 모든 견해들에 대해서 비판하고 있다. 그 조항들은 "우리 인간은 우리의 동물조상(유인원/역주)들로부터 전쟁을 일으키는 경향을 물려받았다"거나 또는 "전쟁이나 여타의 폭력적인 행동은 유전학적으로 인간의 본성에 내재되어 있다", "진화과정 속에서 인간은 다른 종류의 행동보다 공격적인 행동을 더욱 많이 획득했다", "인간의 두뇌는 폭력적이다" 그리고 "전쟁은 '본능' 혹은 어떤 하나의 동기에 의해서 야기된다"는 식의 확언들을 차례로 부정한다.[1)]

세비야 성명은 많은 지지를 받았다. 예를 들면 미국인류학협회(American Anthropological Association)도 그 성명을 채택했다. 그러나 이런 성명은 고대로부터 전쟁이 있었으며, 뉴기니의 오지인들과 같이 "구석기시대"의 생활방식을 그대로 유지하고 있는 민족들이 분명히 호전적이라는 사실을 알고 있는 평범한 사람은 물론 자신의 폭력적 충동 또한 의식하고는 있지만 확실한 판단을 내릴 만한 유전학적 또는 신경학적 전문 지식을 갖추지 못한 평범한 사람에게는 그다지 커다란 도움이 되지 않는다. 그러나 본성론의 두 학파 사이의 논쟁은 본성론자들과 물질주의자들 사이의 논쟁만큼이나 중요하면서도 근본적인 것이다. 인류 역사에서 군비의 효과적인 폐기와 인도주의가 세계의 모든 면에서 주요한 중심원리가 되는 희망의 시대가 오게 되면 평범한 사람들도 자연스럽게 세비야 성명의 초안자들이 옳았다는 사실을 재확신하게 될 것이다. 지난 200년 동안 성공적으로 추진되어온 물질적인 환경의 개선과정을 살펴볼 때, 질병과 빈곤, 무지, 육체노동의 어려움 등을 극복하려는 노력을 지속적으로 추진하면 군비 또한 철폐할 수 있을 것이라는 기대와 더불어 인간의 폭력성이 본성적인 것이 아니라 구조적인 것이라는 물질주의자들의 견해 또한 지지를 얻을 수 있다. 그렇게 된다면, 석기시대로부터 계속되어온 전쟁의 역사는 세계탐험의 역사나 뉴턴 이전 과학의 역사만큼이나 일상생활과는 무관한, 골동품적인 관심거리가 되고 말 것이다. 반면에 세비야 성명의 초안자들의 입장이 그른 것이라면, 다시 말해서,

인간의 폭력성이 본성이라는 주장에 대한 그들의 비판이 단순한 낙관론의 표현에 불과하며 물질주의자들의 설명 또한 옳지 못하다면, 전쟁 없는 21세기에 대한 우리들의 기대는 완전히 빗나가게 된다. 그러므로 본성론자들이 말하는 낙관주의와 회의주의, 이 양자의 견해를 파악하는 것이 중요하다.

## 전쟁과 인간본성

폭력성과 인간본성에 대한 과학적인 연구는 과학자들이 (아마도 편견에 의해서) "공격성의 소재지"로 지목한 대뇌 변연계(邊緣系, limbic system)를 탐구하는 데에 집중되어 있다. 대뇌의 하단부에 위치한 번연계는 시상하부(視床下部), 격막, 편도선이라는 세포조직들을 가지고 있다. 각각의 세포조직은 손상을 입거나 전기적인 자극을 받으면, 주체의 행동에 변화를 야기한다. 예를 들면, 수컷 쥐의 경우에 시상하부의 손상은 공격적인 행동을 감소시키고 성행위를 하지 않도록 만드는 한편, 전기적인 자극은 공격성을 증가시킨다. 그러나 "자극을 받은 동물들은 [자기보다 위계가 낮은] 우세한 동물들만을 공격한다. 이러한 사실은 공격의 방향은 뇌의 또다른 부분에 의해서 결정됨을 보여준다."[2] 위계가 낮은 우세한 동물들에 대한 언급은 중요하다. 왜냐하면 군집동물의 집단이 위계질서(pecking order : 문자 그대로 "쪼는 차례"라는 뜻으로 가금류들의 위계질서로부터 기인한 말이다/역주)를 가진다는 것은 이미 오래 전부터 가금류가 위계질서에 따라서 열 짓기를 주장하거나 인정한다는 것이 관찰되어왔기 때문이다. 원숭이들의 경우에 편도선의 손상은 "새롭거나 익숙하지 않은 대상"에 대한 공포를 줄이고 따라서 공격적인 행동을 감소시킨다. 그러나 동시에 같은 원숭이들에 대한 공포심을 증가시킴으로써, 손상을 입은 원숭이는 집단 내에서 자신의 지위를 잃어버리게 된다.

신경학자들은 공격 혹은 방어로서 나타나는 공포, 혐오, 또는 위협에 대한 반응이 변연계에 뿌리를 두고 있다는 조심스러운 결론을 내린다. 그러나 동시에 변연계가 인간의 감각적인 정보를 최초로 그리고 가장 정교하게 처리하는 부분인 전두엽(frontal lobe)과 같이 뇌의 더욱 "고차원적인" 부분들과 복잡한 관계를 맺고 있음을 강조한다. A. J. 허버트는 전두엽이 "공격적인 행동의 통제와 이용"을 책임지는 것 같다고 했다. 인간의 경우에, 전두엽의 손상이 "전혀 후회가 뒤따르지 않는……통제할 수 없을 정도의 폭발적인 공격성의 분출"을 야기할 수 있다는 것은 이미 알려진 사실이기 때문이다.[3] 신경학자들이 입증한 것은, 간략하게 말해서, 공격성이 뇌의 고차원적인 부분의 통제를 받는 저차원적인 부분의 기능이라는 것이다. 그러나 서로 다른 뇌의 부분들이 어떻게 의사소통을 할까? 그 부분들은 화학적인 전달자와 호르몬을 통해서 서로 소통한다. 과학자들은 세로토닌(serotonin)이라고 부르는 화학물질의 감소가 공격성을 증가시킨다는 사실을 발견했다. 그리고 그 물질을 전달시키는 펩타이드가 있을 것이라고 믿고 있다. 그러나 아직까지 그런 펩타이드는 발견되지 않았으며, 세로토닌의 양도 거의 일정하게 유지되고 있다. 그와는 대조적으로, 호르몬 즉 내분비선의 분비물은 쉽게 확인할 수 있었다. 그 일종으로 남성의 고환에서 생성되어 공격적인 행동과 밀접한 관련이 있는 것으로 밝혀진 테스토스테론(testosterone : 남성 호르몬의 일종/역주)은 농도의 변화가 매우 광범위하다. 테스토스테론을 사람에게 투입하면, 남녀를 불문하고 공격성이 증가한다. 한편, 새끼를 키우고 있는 암컷 쥐들에게 그것을 투입하면, 수컷 쥐들에 대한 공격성은 오히려 감소하는 반면, 모성적 방어성은 전혀 다른 또 하나의 호르몬의 영향을 받는다. 일반적으로 남성에게 테스토스테론의 양이 많으면, 공격성을 비롯한 남성적인 특성이 뚜렷해진다. 그러나 호르몬의 양의 적음이 용기나 호전성의 부재를 의미하는 것은 아니다. 그 증거로 비잔틴 시대에 이름을 날린 거세 장군 나르세스의 성공과 거세 경호원들의 명성을 들 수 있다. 결국 과학자들은 호르몬의 영향이 상황에 의해서 완화되는 경향이 있음을 강조한다. 말하자면, 사람이나 동물 모두에게 위험에 대한 계산이 본능이라고 불릴 만한 것의 작용을 상쇄한다는 것이다.

결론적으로 신경학은 공격성이 어떻게 발생하는가, 또한 그것이 두뇌 속에서 어떻게 통제되는가를 상세히 밝혀내는 데에 성공하지는 못했다. 반면 유전학은 상황과 "공격성의 선택"이 어떤 상호관계를 맺고 있는지를 보여주는 데에 부분적으로나마 성공을 거두었다. 다윈이 1858년에 최초로 적자생존의 법칙을 제시한 이후로, 여러 분야의 학자들은 그것을 확실한 과학적 기반 위에 올려놓으려고 노력해왔다. 원래 다윈의 작업은 생물 종에 대한 외부적 관찰에 기초했다. 관찰을 통해서 다윈은 자기의 환경에 가장 잘 적응한 개별자들이 생존 가능성이 더욱 큰 것을 발견했다. 그런 생존자들의 자손들은 부모들의 형질을 물려받음으로써, 잘 적응하지 못한 부모들의 자손들보다 수적으로 우세해진다. 그리고 그렇게 유전된 형질들이 궁극적으로는 종 전체를 지배하게 된다는 견해에 도달한 것이다. 그의 이론이 혁명적인 것은 그 모든 과정이 기계적이라는 주장 때문이다. 다윈은 그와 동시대에 살았던 라마르크가 주장한 것과는 달리, 생후에 획득한 형질이 아니라 오직 유전받은 형질만을 후손에게 물려줄 수 있다고 말했다. 그러나 어떻게 그런 형질들이—"돌연변이(mutation)" 과정을 통해서—환경에 더 잘 적응하기 위한 변화의 과정을 겪게 되는지에 대해서는 설명할 수 없었다. 사실 아직까지도 무수히 많은 종이 분화되어 나온 원시 유기체에서 어떻게 돌연변이가 발생했는지를 설명하지 못하고 있다.

그럼에도 불구하고 돌연변이는 흔히 관찰되는 현상이다. 공격성에 대해서 돌연변이를 일으키는 것은 그중의 한 형태이며, 공격성이 생존 가능성을 크게 하는 유전임은 분명하다. 삶이 투쟁이라면, 적대적인 환경에 가장 잘 저항하는 것들이 가장 오래 살아남고 저항력이 강한 후손을 가장 많이 생산할 것이기 때문이다. 최근에 엄청난 인기를 끈 리처드 도킨스의 『이기적인 유전자(*The Selfish Gene*)』는 이러한 과정이 유전에서뿐만 아니라 유전자 자체로부터도 기인한다고 설명한다.[4] 더구나 유전학자들은 유전학적 실험을 통해서 실험동물들 중 몇 가지 종은 다른 종의 동물들보다 확실히 공격적이고, 그 공격성이 후대에까지 유전됨을 발견했다. 또한 유전공학자들은 비정상적으로 발달한 공격성과 상관관계가 있으며 남성의 XYY 염색체로 가장 잘 알려진, 드문 형태의 유전자 구조를 밝혀냈다. 1,000명 중에 1명의 남성이 비정상적으로 2개의 Y 염색체를 물려받는다. 그리고 XYY 염색체를 가진 집단은 정상적인 집단보다 폭력 범죄자가 나오는 비율이 조금 더 높다.[5]

그러나 유전적 예외들과 주로 동물의 실험에서 도출된 증거는 인간을 포함한 어떤 생물에 대해서도 주어진 환경 속에서의 공격적 성향에 관한 질문에 대답을 주지는 못한다. 돌연변이를 통한 성공적 적응은, 그 돌연변이가 어떻게 일어나든지 간에, 환경 또는 상황에 대한 반응이다. 그러므로 설사 유전공학이라는 새로운 과학을 통해서, 유전에서 "선택적 돌연변이"를 일으켜서 공격적인 대응력이 전무한 생물을 만들 수 있다고 해도, 그들의 생존을 위해서는 어떠한 위협도 존재하지 않는 그런 조건을 유지시켜주어야만 할 것이다. 그러나 그러한 조건은 자연 세계에서는 결코 존재하지 않으며, 인위적으로 만들 수도 없다. 만약 전적으로 비공격적인 인간의 혈통이 있어서 완벽하게 호의적인 환경 속에서 살아간다고 해도, 그들은 여전히 질병을 일으키는 낮은 단계의 유기체들, 즉 그들 몸에 붙어사는 벌레들과 미세한 동물들 그리고 음식물 섭취를 위해서 그들과 경쟁하는 보다 큰 초식동물들을 죽이지 않으면 안 될 것이다. 공격적인 대응력이 전무한 생물들을 통해서, 먹이사슬이라는 환경통제의 필수적 체계가 유지되기는 불가능하다.

분명한 것은 "인간은 본성적으로 공격적이다"라는 명제의 반대자나 옹호자 모두 너무 극단적이라는 점이다. 반대자들은 평범한 상식을 간과하고 있다. 동물들이 다른 종의 동물들을 죽이며, 심지어 자기들끼리 싸우기도 한다는 사실은 쉽게 관찰되는 일이다. 몇몇 종의 수컷들은 죽을 때까지 싸우기도 한다. 만약 공격성이 인간의 유전형질의 일부분일 것이라는 가능성을 완전히 배제하려면, 인간과 다른 동물과의 유전적인 연속성을 철저히 부정해야만 할 것이다. 이것은 엄격한 창조론자들에 의해서만 지지될 수 있는 입장이다. 비록 다른 이유에서이지만, 옹호자들 또한 너무 극단적이다. 그들은 공격성의 범위를 너무 넓게 잡는 경향이 있다. 그리하여 그들 대부분은 두 가지 공격형태, 즉 "특정한 대상이나 지위 또는 원하는 행위의 수단을 획득하거나 유지하는 것과 관련된 수단적인 또는 한정적인 공격"과 "주로 타인을 화나게 하거나 상처를 입히기 위한 적대적인 또는 악의적인 공격"을 명확히 구분하면서도, "타인의 행위로 야기된 방어적인 또는 대응적인 공격"까지 폭력에 포함시킨다.[6] 물론 공격과 자기 방어 사이에는 분명한 논리적 구분이 있다. 비록 분류자들이 그들이 하나로 분류한 세 종류의 행위들이 모두 두뇌의 같은 부분에서 비롯됨을 보여줄 수 있다고 해도, 그 구분이 파기되는 것은 아니다. 또한 그런 무차별적인 논리를 통해서, 인간이 본성적으로 공격적이라는 견해를 주장하는 옹호자들이 변연계 위쪽에 있는 뇌의 다른 부분의 완화작용에는 별로 큰 의미를 부여하지 않는다는 사실을 알 수 있다. 지금까지 관찰된 것처럼, "공격적인 행동을 보여주는 모든 동물들은 그 표현의 수준을 조절하는 유전인자들을 가지고 있다." 그리하여 공격적인 충동들은, 위험의 정도를 따져보고 맞서 싸울 것인가 도망칠 것인가를 비교해봄으로써, 상쇄되는 것이다. 이것은 "투쟁(fight)/도주(flight)"라는 행동패턴으로 잘 알려져 있다. 공격성의 표현 조절능력은 특히 인간에게 두드러진다.[7] 결국 지금까지 과학자들이 해온 것은 우리에게 줄곧 친숙했던 감정들과 반응들을 확인하여 범주화한 것이 전부인 것처럼 보인다. 이제 우리는 뇌의 하단부에 공포와 분노의 신경중추가 있으며, 이 신경중추가 뇌의 상단부에서 이루어지는 위협의 인지에 의해서 자극을 받게 되면 이 두 신경지역들은 화학물질과 호르몬을 통해서 서로 교통하고, 특정한 유전학적 성질들이 폭력적 반응의 강도를 결정한다는 사실을 알게 된 것이다. 과학은 한 개인이 언제 폭력성을 나타낼 것인지를 예견할 수는 없다. 또한 과학은 왜 사람들이 패거리를 만들어서 다른 패거리와 싸우는지를 설명해주지는 못한다. 전쟁의 뿌리가 되는 그러한 현상을 설명하기 위해서, 우리는 다른 곳, 즉 심리학이나 동물행동학 그리고 인류학으로 눈을 돌려야 할 것이다.

## 전쟁과 인류학자

공격성 이론에 심리학적 토대를 다진 사람은 프로이트였다. 그는 최초로 공격성을 에고에 의한 성적 충동의 좌절로 보았다. 그의 두 아들이 참전하여 그에게 비극적 상처를 안겨준 제1차 세계대전 이후부터, 프로이트는 인간에 대해서 부정적 시각을 가지게 되었다.[8] 『왜 싸우는가?(*Why War?*)』라는 제목으로 출간된 아인슈타인과의 유명한 서신에서 그는 "인간은 내부에 증오와 파괴의 열망을 가지고 있다"고 거침없이 말하면서, 그런 열망을 상쇄할 유일한 희망으로 "앞으로 일어날 전쟁의 형태에 대해서 사실에 입각한 공포심"을 키워야 한다고 주장했다. 프로이트 학파가 "죽음의 충동(death drive)"이라고 부른 이러한 주장은 주로 개인적 사건과 관계된 것이었다. 『토템과 금기(*Totem and Taboo*)』(1913)에서, 프로이트는 인류학적 문헌에 주로 의지해서 집단 공격성 이론을 제시했다. 그는 가부장적 가족제도가 최초의 사회적 단위였으며, 그것은 가족 내부에서의 성적인 갈등 때문에 분화되었다고 주장했다. 가부장인 아버지가 가족 내부의 여성들에 대해서 성적인 권리를 독점하자, 성적으로 빈곤해진 아들들이 아버지를 살해하고 그 인육을 먹었다. 그러나 죄책감을 느낀 아들들은 근친상간의 관례를 금지하고 금기시했으며, 족외혼의 관습을 채택했다. 그와 동시에 이내 강탈이나 강간 그리고 그에 따른 가족들 간의, 나아가서는 부족들 간의 투쟁 가능성을 연 것이다. 그런 예들은 원시사회를 연구하다보면 무수히 많이 발견된다.

『토템과 금기』는 프로이트의 상상력이 만든 저작이었다. 최근에 이르러서는 심리학적인 이론을 동물의 행동에 대한 연구와 접목시킨 동물행동학이라는 새로운 학문이 집단 공격성에 대해서 보다 설득력 있는 설명을 해주고 있다. 그 근본이 되는 "영역(territory)" 개념은 노벨 상을 수상한 콘라트 로렌츠의 저작에서 나온 것으로, 그는 야생동물과 통제된 환경 속에서 사는 동물들에 대한 관찰로부터 공격성은 본성적인 "동인(動因, drive)"이라고 규정하며, 유기체로부터 힘을 공급받고 적절한 "해발인(解發因, releaser)"에 의해서 자극될 때 "방출(discharge)"되는 것이라고 주장했다. 그러나 그에 의하면 대부분의 동물들은 자기와 같은 종에 속하는 동물들에 대해서는 공격성의 방출을 완화시키는 능력을 가지고 있으며, 그것은 보통 복종이나 후퇴 등의 형태로 나타난다. 사람도 원래는 똑같은 방식으로 행동했다. 그러나 사냥 무기를 만드는 법을 배움으로써 한 영역의 인구과잉을 초래하게 되었다. 결국 개인들은 발붙일 좁은 땅을 지키기 위해서 타인을 죽여야만 했고, 살해자와 피살자 사이를 감정적으로 "거리를 두도록 하는" 무기의 사용은 공격성을 완화하는 반응을 약화시켰다. 로렌츠는 그런 과정을 통해서 인간이 생존을 위한 동물 사냥꾼에서 공격적인 살인자로 변모되었다고 믿었다.[9)]

로버트 아드레이는 로렌츠의 "영역" 개념을 정교하게 발전시켜서 개별적인 공격성이 집단적인 공격성으로 변모되는 과정을 설명했다. 즉 더 효과적이라는 이유 때문에, 인간집단들은 육식동물들과 마찬가지로 공동의 영역을 설정하고 함께 사냥하는 법을 배웠고, 그 결과 협동적 사냥이 사회구조의 근간이 되었으며, 공동의 영역을 침범하는 타 부족들과 싸워야 한다는 동인을 부채질했다는 것이다.[10)] 아드레이의 사냥 이론에서 출발한 로빈 폭스와 라이오넬 타이거는 더 나아가서 왜 남성이 사회적 지도권을 가지게 되었는지에 대해서 설명한다. 사냥 집단은 그 구성상 남성들일 수밖에 없었는데, 남성이 더 강인해서가 아니라 여자가 끼면 사냥에 대한 집중력이 떨어졌기 때문이다. 사냥 집단은 효율성 때문에 일괄 지휘에 복종해야 했고, 수천 년 동안 인간은 사냥에 의지해서 삶을 유지해왔기 때문에, 오늘날까지도 계속

해서 공격적인 남성 지도체계가 모든 사회조직 형태의 토대를 규정했다.[11)]

인간 및 동물 행동학의 결과에 의지한 로렌츠, 아드레이, 타이거, 폭스 등의 이론은 사회과학에서 가장 전통적 분야인 인류학자들에게는 환영받지 못했다. 인류학은 지금도 원래 거주지에서 살아가는 "원시적인" 민족들을 연구하는 민족지학(民族誌學, ethnography)의 연장선상에 있는 학문이다. 민족지학에서 인류학은 문명사회의 근원과 본질을 밝히려고 한다. 라티포와 드뫼니에 같은 초기의 민족지학자들은 18세기에 이미 전쟁이 그들이 연구하는 사회의 내재적인 한 특성임을 인식했다. 일례로 아메리카 인디언에 대한 연구에서 그들은 "원시적인" 전쟁에 대해서 오늘날에 매우 귀중한 기록을 남겼다.[12)] 기술적(記述的) 민족지학은 그 이후로 인류학이 되었다. 왜냐하면 19세기에 들어와서, 다윈의 옹호자들과 반대자들에게 연구영역이 침범당했기 때문이다. 그리하여 오늘날까지도 사회과학자들이 논란하고 있는 "본성이냐, 후천성(교육)이냐"의 끈질긴 논쟁이 시작되었다. 본성(nature)/후천성(교육, nurture) 논쟁에서—이 논쟁은 1874년 다윈의 사촌인 프랜시스 돌턴에 의해서 시작되었다—전쟁은 초기에 이미 독립적인 연구주제로서는 논외로 밀려났다. 인간의 고차원적인 힘이 저차원적인 본성을 지배하며 이성을 통해서 인간은 갈수록 더 조화로운 사회형태들을 만들어갈 것이라는 주장을 증명하기 위해서 전형적으로 19세기적인 방식을 고수한 후천성 학파들은 정치제도의 기원에 인류학적인 관심의 초점을 맞출 수 있었다. 그들에 따르면 정치적 제도들은 가족, 씨족 그리고 부족 내에서 찾아야만 되는 것일 뿐 외적인 관계들(전쟁발발과 같은)에서 찾을 수는 없었다. 본성주의자의 일부, 즉 변화의 방법으로서의 투쟁이라는 개념 정립을 위한 노력 때문에 사회적 다윈주의자(Social Darwinian)로 알려진 사람들은 그 견해에 동의하지 않았지만, 한편으로 밀려나고 말았다.[13)] 후천성 학파는 논의의 흐름을 자기들이 핵심적인 문제라고 밝힌 것, 다시 말해서 원시사회에서의 친족관계의 문제로 이끌어가려고 애를 썼다. 그들은 친족관계로부터 그보다 훨씬 고차원적이고 더욱 복잡한 비혈족적 관계가 어떻게 도출되는지를 밝힐 수 있다고 믿었던 것이다.

친족관계는 부모와 자식 간의 관계, 자손들 상호 간의 관계 그리고 좀더 먼 친척들과의 관계이다. 그러한 관계가 국가형성에 선행했다는 것은 논의되지 않았다. 마찬가지로 가족과 국가가 서로 다른 조직이라는 사실 또한 논외로 했다. 문제는 어떻게 국가가 가족으로부터 발전되었는가 그리고 과연 가족관계가 국가가 선택한 관계들을 결정했는가를 보여주는 것이었다. 본질적으로 자유주의적 후천성 철학은 국가 내에서의 관계들이 합리적인 선택에 의해서 성립될 수 있고, 법률적인 형태로 고정될 수 있다는 증거를 요구했다. 그러므로 인류학은 그 친족관계의 패턴들이 현대 자유국가의 정치학적인 관계들의 단초를 가지고 있는 원시사회의 실례를 보여주어야 한다는 압력을 받았다. 유연성이 있는 많은 증거들, 특히 신화와 의식이 친족관계의 유대를 강화하고 폭력에의 호소를 제거하는 데에 사용되던 그런 종류의 사회들이 있었다는 많은 증거들이 있었으며, 후천성론자는 그것들을 최대한 이용했다. 마침내 19세기 말에 이르면 인류학자들은 친족관계가 인간관계의 뿌리였는가 하는 문제가 아니라, 그들이 인간조직의 모델로 여긴 창조적 문화들이 여러 다른 곳에서 동시에 발전했는지 아니면 한 기원 지역에서 다른 곳으로 확산되었는지—이것을 "확산주의(diffusionism)"라고 부른다—에 대한 논쟁에 온 힘을 기울이게 되었다.

기원에 대한 탐구는 필연적으로 자멸적인 것이었다. 왜냐하면 연구가 가능한 대상이 가장 원시적인 사회라고 하더라도 최초의 상태 그대로 존재하는 것은 아니기 때문이다. 모든 사회는 어떤 방식으로든 진화해왔으며, 아무리 미미하다고 하더라도 다른 사회들과의 접촉을 통해서 변화되어왔음에 틀림없다. 근본적으로 아무런 소득이 없는 논쟁에 대한 인류학자들의 헛된 노력은 20세기 초에 들어와서야, 근원에 대한 탐구 자체가 비생산적이라고 선언한 독일계 미국인 프란츠 보애스에 의해서 간단히 막이 내려진다. 그는 만약 인류학자들이 폭넓게 연구한다면, 문화들이 스스로 영속적임을 발견하게 될 것이라고 말했다. 영속성은 합리적으로 따져질 수 없는 것이므로 근대에 선택된 정치형태의 역사적인 자취를 찾는 데에는 여러 문화들을 찬찬히 살펴보는 것이 생산적인 일이었다. 인간은 광범위한 문화형태들 중에서 자신에게 가장 잘 어울리는 것을 선택할 수 있는 자유를 가지고 있었다.[14)]

문화결정론(Cultural Determinism)이라고 알려지게 된 이 학설은 보애스의 협력자였던 루스 베네딕트의 저술로 1934년에 간행되어 가장 영향력 있는 인류학 저술이 된 『문화의 패턴(*Patterns of Culture*)』을 통해서 순식간에 엄청난 대중적 인기를 끌어모았다. 이것은 제임스 프레이저 경의 저작 『황금 가지(*The Golden Bough*)』(13권, 1890–1915)를 통해서 신화의 보편성에 모아진 지대한 관심까지 포괄할 정도였다.[15)] 베네딕트는 문화의 주요한 두 가지 형태 즉, 권위적인 아폴론 형(Apollonian form)과 관용적인 디오니소스 형(Dionysian form)이 존재한다고 주장했다. 그러나 디오니소스 형에 대한 생각은 이미 1925년에 보애스의 젊은 제자인 마거릿 미드가 남태평양을 방문한 이후로 많은 관심을 불러일으켰다. 『사모아의 성년(*Coming of Age in Samoa*)』에서 미드는 그 자체로 완벽한 조화를 이루고 있는 사회를 찾아냈다고 보고했다. 이곳에서는 친족관계의 유대관계가 겉으로 파악할 수 없을 만큼 약화되었고, 부모의 권위는 확대된 가족에 대한 애정 속에서 용해되었으며, 아이들은 최고가 되기 위해서 경쟁하지도 않았고 폭력이 무엇인지도 몰랐다.

여성운동가, 진보적 교육학자, 윤리적 상대주의자들에게 『사모아의 성년』은 오늘날까지도 의식적이든 무의식적이든 하나의 복음서로 받아들여지고 있다. 문화 결정론은 또한 보애스와 같은 입장의 앵글로-색슨 계열의 인류학자들에게도 커다란 영향력을 미쳤다. 그러나 그 이유는 달랐다. 특히 영국의 민족지학적 선구자들은 방대한 대영제국의 영토로 인하여 가능해진 현지조사의 기회 때문에, 문화 결정론의 취지는 수용했지만 학문적 정밀함이 부족한 데에 대해서는 유보적이었다. 무엇보다도 그들은 문화 결정론자들이 인간의 본성과 물질적 필요 또한 자신이 속했던 문화형태를 결정할 수 있는 선택의 자유만큼 중요하다는 사실을 인정하지 않았다는 데에 불만을 품었다. 그래서 그들은 마거릿 미드보다 10년 앞서서 남태평양에서 첫 현지조사를 했던 또다른 독어권 인류학자 말리노프스키의 영향을 받음으로써 구조기능주의(Structural Functionalism)로 알려진 새로운 대안을 제시하기에 이르렀다.[16] 이렇게 어색한 이름이 붙은 이유는 두 가지 사상이 융합되었기 때문이다. 첫째는 진화론과 다윈주의였다. 즉 모든 사회형태는 그 환경에 "적응(adaptation)"—이 용어는 순전히 다윈주의의 개념에 의한 것이다—하기 위한 기능(function)이라는 것이다. 적확하지는 않지만 하나의 예를 들면, "화전" 농부들이 나무를 베고 태운 자리에 농사를 짓는 무능하기 짝이 없는 생활방식을 가지게 된 것은 그들의 땅이 비옥하지 못했고 그러나 다른 사람의 발길은 드문 밀림지역에 있었기 때문이었다. 그들에게는, 나무를 베어서 공터를 만들고 얌을 재배하여 그것으로 돼지의 살을 찌우며 한두 계절을 보낸 후에 다시 이동하는 생활이 가장 적합했던 것이다. 그러나 그와 같은 사회를 환경에 "적응된" 상태로 유지시키는 힘은 그 사회의 문화적 구조(Structure) 속에 있었다. 그 문화적 구조는, 처음에는 단순해 보일 수도 있지만, 그 구조 속에서 충분한 시간을 가지고 생활할 태세가 되어 있었던 민족지학자의 눈에는 놀랄 만큼 정교하게 보일 수 있다.

구조기능주의자들은 문화 결정론자들이 필요하다고 생각했던 정도를 넘어서, 훨씬 더 상세한 사회분석을 시도했다. 그러나 구조가 기능에 이바지하는 방식을 설명하기 위해서 그들이 모아놓은 생경한 자료들은 이제는 낯익은 것이 된 두 가지 범주, 즉 신화와 친족이라는 범주로 분류되었다. 그리고 2개의 상관관계를 두고, 구조기능주의자들은 제2차 세계대전이 끝날 때까지 갈수록 복잡하고 사적인 언어로 논쟁을 벌였다. 그 논쟁은 한 뛰어난 프랑스인, 클로드 레비-스트로스가 끼어들면서 전후에 더욱 격렬해졌는데,

그는 구조를 기능보다 훨씬 더 중요한 것으로 부각시키는 데에 성공했다. 프로이트가 즐겨 쓴 금기(taboo)의 개념에서 출발한 그는 정신분석학이 제시하지 못했던 인류학적 토대를 세우는 일에 착수했다. 그의 주장에 따르면, 원시사회에서 신화를 바탕으로 한 근친상간의 금기가 있었던 것은 확실하지만, 가족과 부족과 기타 사회 사이에서 여자가 가장 가치 있는 상품이 되는 교환 메커니즘을 마련함으로써 그 금기를 조정하게 되었다고 한다. 교환제도를 통해서 증오심과 원한을 상쇄시켰고, 근친상간을 막는 데에 여자교환은 궁극적인 완화제가 되었다는 것이다.[17]

인류학의 경우 그 자체의 전개를 통해서 어떻게 사회가 안정되었고 자기유지가 가능했는가를 설명하는 것이 사회를 바라보는 지배적인 접근방식이 되는 시점에 이르렀다. 인류학자들은 여성 문제가 원시사회에서 갈등의 주요한 원인이었음을 잘 알고 있었다. 그러나 그들은 그 갈등의 결과물인 전쟁에 대해서는 연구하려고 하지 않았다. 이는 잘못된 것이었다. 레비-스트로스는 인류 역사상 최악의 전쟁의 후유증 속에서 저술을 했고, 많은 당시의 선구적 인류학자들(그중에서도 특히 눈에 띄는 인물은 영국의 위대한 인류학자인 에드워드 에번스-프리처드이다)은 전쟁에 직접 참여했다. 실제로 에번스—프리처드는 1941년, 에티오피아를 침략한 이탈리아의 파시스트들에게 대항하는 사나운 부족을 이끌었고, 결국 그들이 파시스트들에게 자행한 잔인한 복수로 인해서 평생을 고통 속에서 시달려야 했다.[18] 어쨌든 제1차 세계대전과 제2차 세계대전의 본질, 특히 제1차 세계대전 당시, 참호전 공세에서 나타난 병적일 정도의 제의적인 성격은 인류학적 연구를 간절히 요구했다. 그러나 인류학자들은 그러한 요구를 외면했던 것이다.

그에 대한 부분적인 책임은 전쟁의 중요성을 인정하려고 들지 않는 동료집단에게 분개한 최초의 인류학자가 지적인 모욕감을 불러일으킬 의도로 책을 썼다는 데에 있을지도 모른다. 1949년에 발행된 『원시 전쟁(*Primitive Warfare*)』을 쓴 미국의 인류학자 해리 터니-하이가 바로 그 주인공이다.

그는 동시대의 다른 인류학자들처럼, 아메리카 원주민 사회에서 현지조사를 벌였다. 그 원주민들의 일부는 민족지학자들 사이에서 가장 호전적인 민족들로 알려져 있다. 그러나 1942년 터니-하이는 대학을 떠나서 입대했고, 운 좋게 막 해체되기 직전의 기병대에 배치되었다. 군마와 기병대의 무기는 넓은 지식과 상상력을 지닌 교양 있는 사람에게 인간이 동물세계와 맺은 최초의 관계를 생각하게 만들었을 것은 당연한 일이었다. 터니-하이와 동시대인으로, 독일의 마지막 기병연대들 중의 하나에서 복무했던 슈탈베르크는 이렇게 썼다. "한 무리 말떼의 매력을 이해하려면, 기병대대와 함께 직접 말을 타보아야 한다. 말은 본래 군생동물이기 때문이다."[19] 터니-하이는 칼을 다루어본 뒤에 전문 민족지학자들이 초기의 전쟁에 대해서 썼던 대부분의 내용들이 부적절하다는 사실을 발견했다.

> 사회과학자들이 그렇게 오랫동안 전쟁과 전쟁의 도구를 혼동해왔음은 [그는 첫 페이지에서 이렇게 썼다] 그들의 글이 군사역사의 좀더 단순한 측면에 대한 완전한 무지를……드러내지 않았다는 사실만큼이나 놀라운 일이다. ……이류 직업군대에서조차 그 어떤 하사관도 대부분의 인류사회 분석가들만큼 혼란에 빠져 있지는 않을 것이다.[20]

터니-하이의 지적은 옳은 것이었다. 화약을 사용하는 시대의 전상자의 살갗에 박힌 파편들 중에서 외과의사들이 가장 많이 발견하는 것은 바로 옆에서 함께 싸운 전우들의 뼛조각과 이빨들이라고 내가 무심코 말했을 때, 세계에서 가장 많은 소장품을 가지고 있는 한 탁월한 무기 수집가의 얼굴에 스치던 혐오의 표정을 나는 자주 떠올리곤 한다. 그는 비록 무기에 대해서 해박한 지식을 가지고 있었지만, 무기가 무기를 사용하는 군인들의 신체에 미치는 영향에 대해서는 전혀 생각해보지 않았던 것이다. 이에 대해서 터니-하이는 "이런 민간인들의 태도 때문에, 무수히 많은 박물관에서 전 세계의 무기들이 카탈로그와 수납번호가 표시된 채 전시되면서도, 보는 이들의 무기에 대한 이해에는 전혀 도움이 되지 못하고 있다"고 비판했다.[21] 결국 그는 동료 인류학자들에게 그들의 연구대상이 되는 부족들의 삶에서의 폭력적이고 어두운 측면, 뼈를 으깨고 살을 도려내기 위해서 제의에 들고 갔던 무기들 그리고 친족제도를 영속적으로 안정시키기 위한 방편이라고 그들이 주장했던 교환제도가 붕괴되면서 야기된 위험천만한 결과들을 이해시키려고 결심했다.

터니-하이는 일부 원시부족이 "본래부터 호전적"이었음을 부정하지는 않았다. 그는 또한 어떤 원시부족들은 만약 자신들만의 고유한 삶이 보장된다면, 마거릿 미드가 사모아인들에게서 발견했다고 주장하는 평화적이고 생산적인 삶의 방식을 주저 없이 선택할 것이라는 사실도 인정할 태세가 되어 있었다.[22] 그러나 그의 일관된 주장은 이례적인 예외를 제외하고는 전쟁이 모든 시기에 걸쳐서 보편적 인간활동이 되었다는 것이다. 그리고 그는 무자비할 정도로 동료 인류학자들에게 그 달갑지 않은 사실을 체험하게 했다.

> 민족지학자는 자신의 모든 능력을 동원하여 주저 없이 물질적인 것과 비물질적인 것 모두를 포함한 모든 문화에 대해서 기술하고, 분류하고, 정리해왔다. 그는 마찬가지로 아무런 망설임 없이 전쟁 일반에 대해서도 토론해왔다. 왜냐하면 전쟁은 인류의 가장 중요한 비물질적인 문화 복합체들 중의 하나이기 때문이다. 문제는 그 유일한 핵심인 "어떻게 싸우는가?"에 대한 질문이 배제되어 있다는 것이다. 그 분야의 현장 연구자는 크림에만 너무 신경을 쓰다가 케이크는 보지 못하고 있다.[23]

후에 인류학자가 된 이 기병대원은 참전한 집단들이 어떻게 싸웠는가에 대한 민족지학적 기록을 방대하게 남겼다. 폴리네시아에서 아마존 강 유역으로, 줄루란드에서 평원 인디언들이 사는 북미로, 북극의 툰드라에서 서부

아프리카 삼림으로 광범위한 지역을 오가며, 터니-하이는 포로 고문, 식인 풍습, 머리가죽 벗기기, 사람 사냥 그리고 제식의 일부로 행해진 내장 꺼내기 등의 잔인한 관습들을 발견하는 족족 상상하기조차 끔찍할 정도로 상세하게 기술했다. 그는 수십 개의 서로 상이한 사회들 속에서 발생한 전투의 정확한 본질을 분석했다. 그 과정에서 오스트레일리아 북동부 남태평양상에 있는 뉴헤브리디스 제도의 원주민들이 전쟁 당사자 집단의 회합에서 제의적인 결투를 벌일 전사들을 어떻게 선발했는가, 북미의 파파고족의 추장들이 어떻게 몇 사람을 "살인자들"로 임명하면서 동시에 다른 몇 사람에게는 싸움에 임한 살인자들을 보호하는 임무를 주었는가, 어떻게 아시니보인족이 그들의 숙적을 무찌르는 꿈을 꾼 사람들의 전쟁 지휘력을 받아들였는가 그리고 어떻게 이로쿼이족이 전쟁 기피자들로 하여금 전쟁에 참여하고 임무를 수행하도록 하기 위해서 헌병 제도를 운영했는가에 대해서 설명했다. 그는 창과 화살, 몽둥이와 칼이 인간의 육체에 미치는 정확한 영향을 소름 끼칠 정도로 상세히 열거하고 기술했다. 심지어 마음 약한 동료 인류학자가 겁을 먹고 돌화살촉이 무엇을 하는 데에 쓰였는지에 대해서 생각해 보기를 망설이지 않도록, 무기의 발전에서 돌화살촉의 뒤를 이어서 등장한 도구가 바로 대검이었으며 그것은 역사상 다른 어떤 도구보다도 훨씬 더 많은 인간의 목숨을 앗아갔다고 지적할 정도였다.[24)]

그러나 터니-하이가 의도하는 인류학은 원시부족의 잔인함을 증명하는 것 이상의 더 큰 것이었다. 원시부족의 잔인함을 증명하기 위해서 제시한 증거로부터, 그는 다루기 힘들고 어려운 핵심문제를 상정했다. 터니-하이는 민족지학자들의 주된 연구대상이 되었던 대부분의 사회들은 "군사적 지평선 아래에(below military horizon)" 존재했고, 그 사회의 미래의 태양이 군사적 지평선 위로 떠오른 다음에야 비로소 근대성을 띠게 되었다고 말했다. 이 한마디로 그는 문화결정론, 구조기능주의 그리고 레비-스트로스(레비-스트로스 자신의 기본 저작인 『친족관계의 구조적 요소(*Structures elementaires de la parente*)』도 1949년에 출간되었다)의 제자들의 이론화 작업 모두에 도전장을 던졌다. 터니-하이가 기세등등하게 주장한 것은 자유주의국가의 기원을 우리 앞에 놓인 문화적 체계들 중의 하나를 선택하는 방법으로 밝히려고 하거나, 환경에 대한 구조적 적응 속에서 밝히려고 하거나, 교환제도의 신화적 운용 속에서 밝히려고 하는 것 모두가 쓸모없는 짓이라는 것이다. 결국 군사적 지평선 아래에 발이 묶인 어떠한 사회도 왕정이 도래하기 전까지는 원시적인 상태로 남아 있을 수밖에 없었기 때문이다. 국가가 등장한 것은 한 사회가 원시적 전쟁의 관습에서부터 그가 명명한 진정한 전쟁(true war : 그는 때로 문명화된 전쟁[civilized war]이라고 부르기도 한다)으로 옮겨왔을 때였고, 그 사실로부터 추론해보면, 한 사회의 정체(政體)—신정(神政)으로 할 것인가, 군주정으로 할 것인가, 귀족정으로 할 것인가, 민주정으로 할 것인가—에 대한 선택이 가능했던 것은 그 이전에 이미 국가가 존재했기 때문이다. 그는 한 사회가 원시사회에서 근대사회로 이행했는지를 알아보려면, "장교제도를 가진 군대가 등장했는지"를 살펴보면 된다고 결론지었다.[25]

터니-하이가 자신의 저서 첫머리에서 동료 인류학자들의 지적 수준이 이류 하사관보다 못하다고 조롱한 당연한 결과로, 인류학자들은 그의 책을 거들떠보지도 않았다. 1971년 개정판의 머리말을 쓴 정치과학자 데이비드 래퍼포트는 그러한 인류학자들의 태도를 독창적인 저작을 인정하지 않는 "통제된 무능력"이라고 설명했다.[26] 그러나 사실 그런 인류학자들의 태도는 훨씬 간단하게 설명될 수 있었다. 그들은 자신들이 모욕을 받고 있음을 깨달았고, 그 결과 자신들을 모욕한 사람으로부터 한꺼번에 등을 돌려버린 것이다. 이성적인 반응이 될 수 있는 것은 그의 저작에 대한 오늘날의 평가일 것이다. 한 사회의 군사적 지위를 알아보기 위한 가장 좋은 지표는 그 사회가 승리할 수 있는 전쟁방식(영토확장 및 적의 무장해제)을 수행하는가 않는가에 있다고 주장한 점에서, 터니-하이는 완고한 클라우제비츠주의자라고 할 수 있다. 그러나 핵 시대에(터니-하이는 소련이 핵폭탄을 처음으로 실험하기 이전에 저술활동을 했다) 클라우제비츠식의 승리는 가장 냉정한 전략연구가들이 보기에도 너무나 의심스러운 목표처럼 생각되었다. 또한 많은 전략연구가들이 40년 전 터니-하이가 제시했던 "문명화된 전쟁"의 개념을 가슴 깊이 이해하고 있는지도 의문이다. 그럼에도 불구하고 터니-하이는 그 자신의 시대에 현장조사 작업을 했다. 그는 어떻게 인류학이 그토록 관심을 가지는 국가형성 이전의 사회들이 현장조사 여행비용까지 지불하는 국가들로 변화했는지를 생각하라고 요구했다. 그리고 그는 답변을 거부하는 것을 참지 못했다.

때마침 하나의 답변이 나왔다. 외부적인 여러 사건의 압력은 인류학자들로 하여금 원시인들을 선물 증여자나 신화를 만드는 사람들뿐만이 아니라, 전사로 바라보도록 강요했다. 그러한 압력은 미국에서 가장 크게 작용했는데, 단순히 미국이 주요한 핵 강대국이고 베트남 전쟁의 주요 당사국이기 때문만은 아니었다. 1945년 이후부터 미국이 인류학의 본고장이 되었기 때문이었다. 갈수록 과학적인 양상을 띠는 현장조사는 엄청난 비용이 들었고, 대부분의 연구자들이 자금을 위해서는 돈 많은 미국 대학으로 눈을 돌려야 했다. 게다가 인간행위의 가장 깊고 오래된 비밀을 밝히는 것이 과제인 인류학자들에게 핵무기 경쟁과 베트남 전쟁 반대를 가장 소리 높이 외쳤던 미국의 대학생들은 영원히 해결될 수 없는 질문들을 던지기 시작했다. 무엇 때문에 인간은 싸우는가? 인간은 본성적으로 공격적인가? 과연 전쟁이 없는 사회는 있었는가? 아직 존재하는 그런 사회가 있는가? 현대사회는 영속적인 평화를 정착시킬 수 있는가? 만약 그렇지 않다면 왜 그런가?

1950년대에는 전쟁에 관련된 인류학 분야의 논문은 겨우 5개만이 전문 정기간행물에 실렸다.[27] 그러나 1960년대 이후로 계속해서 논문의 부피가 커지고 발표되는 간격도 좁아졌다. 1964년에 저명한 인류학자 마거릿 미드는 "전쟁은 발명품일 뿐이다(Warfare is only an invention)"라는 논문에서 문화 결정론의 슬로건을 내놓았다.[28] 인류학의 새로운 세대들은 전쟁은 그렇게 단순히 이해될 수 없는 것이라고 생각했다. 더불어 새로운 이론들이 영향력을 행사했다. 그중 하나는 수학적 게임 이론(Mathematical Games Theory)이었는데, 어떤 주어진 이해관계가 충돌할 때, 선택 가능한 경우들에 각각 수치 값을 할당할 때, 가장 높은 합산점수를 내는 "전략"이 가장 성공적인 전략이라고 주장하는 이론이었다. 게임 이론은 무의식적 수준에서 작용하기 때문에, 사람들이 자신들이 게임을 하고 있는지 어떤지에 대해서는 인식할 필요가 없다는 것 또한 그들의 주장이었다. 올바른 선택을 더 많이 한 사람들이 살아남는 것은 당연한 결과였다.[29] 사실 이 이론은 단지 다윈주의적 자연선택설을 양적인 기반 위에 올려놓으려는 시도에 불과했다. 그럼에도 불구하고 그 이론적 독창성 때문에 많은 사람들의 관심을 끌어모았다. 수학적 게임 이론 외에도 어떤 이들은 생태학(ecology)이라는 새로운 분야에 관심을 기울였는데, 생태학이란 인구와 그 환경과의 관계를 연구하는 학문 분야이다. 젊은 인류학자들은 주어진 한 지역에서 그 지역의 소비재가 수용할 수 있는 수준으로 인구를 제한하는 "수용능력(carrying capacity)"과 같은 일련의 생태학적 개념들이 지니는 학문적 가치를 재빠르게 간파했다. 소비는 인구증가를 의미하고, 인구증가는 경쟁을 야기하며, 경쟁은 갈등을 촉발한다 등이다. 그렇다면 경쟁 자체가 전쟁의 원인이었는가? 아니면 인구를 감소시키거나 패자를 갈등지역에서 몰아내는 전쟁의 "기능"을 통해서 전쟁은 본질적으로 그리고 저절로 원인이 되었는가?

"기원"과 "기능" 사이의 진부한 논쟁은 오랫동안 계속되어왔던 것 같다. 그것의 속도와 방향에 변화를 일으킨 요소는 두 가지이다. 첫째, 미국인류학협회는 1969년의 모임에서 전쟁에 관한 심포지엄을 열고, "원시적" 전쟁과 "진정한"또는 "문명화된" 전쟁, 또는 오늘날의 사람들에게 알려져 있는 "근대적" 전쟁 사이의 터니-하이의 구별을 (18년이라는 세월이 흐른 뒤에) 마침내 받아들였다.[30] 둘째, 1960년대 이후로 터니-하이의 통찰의 정당성을 암묵적으로 수용하고 원시 전사들을 직접 눈으로 관찰하려고 현장답사를 떠났던 일군의 인류학자들이 돌아와서 자신들의 발견에 관해서 집필하기 시작했다. 물론 그들 모두가 자신들이 본 것을 기술하는 방법에서 일치하지는 않았다. 그럼에도 불구하고 그들의 공통된 연구대상이 원시적 무기를 사용한 전사들이었음은 의심할 여지가 없었는데, 초기의 전쟁은 원시적 무기들—창, 몽둥이, 활—로 이루어졌던 것은 확실하다. 그러한 무기들이 순전히 나무로만 만들어진 도구들이었는지, 혹은 뼈나 돌이 그 끝에 달린 것들이었는지, 아니면 전쟁으로 여겨질 만한 인간 사이의 싸움은 야금술이 발달된 이후에나 벌어진 것인지에 대해서는 논란의 여지가 있었다. 그러나 기술이 인간사회 형태의 본질을 규정한다는 생각에 가장 철저히 반대하는 사람일지라도, 창과 몽둥이 그리고 심지어 활과 화살이 전투에서 인간이 서로에게 줄 수 있는 피해들, 특히 그 유효 피해범위를 제한함으로써 전쟁에 한계를 긋는다는 것은 부정할 수 없을 것이다. 그러므로 여전히 창, 몽둥이, 화살을 사용하는 현대의 미개인들의 전쟁은 적어도 역사 초창기의 전투의 본질에 대한 통찰을 제공했다. 전투는 전쟁의 핵심이며, 인간을 대량으로 살상하고 부상을 입히는 행위이면서 동시에 전쟁을 단순한 적대감과 구별시켜주는 행위로서, 인간은 선한가 악한가라는 도덕적 난문의 원천이기도 하다. 인간이 전쟁을 선택하는가, 아니면 전쟁이 인간을 위해서 선택되는가? "어떻게 두 집단은 싸우게 되는가?"라는 터니-하이의 핵심 질문에 대답하는 작업에 착수했던 젊은 인류학자들은 또한 원시적 무기로 수행된 전투의 본질에 대한 확고한 관찰결과들을 산출했고, 적어도 그런 점에서 어떻게 전쟁이 시작되었는가에 대한 약간의 통찰도 제시했다. 이 시점에서 그들 인류학자들이 보고한 것을 살펴보도록 하자. 그들의 사례연구들은 가장 원시적 전쟁수행의 형태들로부터 시작되어 발전과정을 따라서 정리되었다.

# 원시부족들과 그들의 전쟁

## 야노마뫼족

1만여 명으로 이루어진 야노마뫼족은 오리노코 강 상류의, 브라질과 베네수엘라 국경에 걸쳐서 약 4,000제곱마일의 울창한 열대우림 지역에서 살고 있다. 1964년, 나폴레옹 샤농은 그곳에서 16개월 동안 머물면서, 그때까지 현대세계의 어떤 도구도 거의 받아들이지 못했던 그들과 대면한 최초의 외부인들 중의 하나가 되었다. 야노마뫼족은 화전농업을 하는데 밀림에 일시적인 농경지를 만들어서 플랜틴(열대산 요리용 바나나)을 재배한 뒤, 땅의 비옥도가 감소하면 새 개간지를 만든다. 대략 40-250명의 매우 가까운 사람들끼리 사는 그들의 마을들은 서로 하루 정도 걸어서 도착할 수 있는 거리에 세워진다. 적이 근처에 있을 때에는 더 멀리 떨어지기도 한다. 그리고 종종 발생하는 적과의 교전이 마을의 이동을 야기하기도 한다. 그러한 이동의 가장 전형적인 형태는 규모가 작은 마을이 상대적으로 규모가 큰 적대적인 마을과 거리를 두기 위해서 강하고 우호적인 마을 근처로 이동하는 것이다.

야노마뫼족은 "사나운 사람들"로 불려왔고, 실제로 그들의 행동은 극히 사납다. 개개인이 자신의 공격성을 보여주는 동시에, 마을 전체가 또한 다른 마을들에게 자신들을 공격하게 되면 얼마나 위험할 것인지를 납득시키기 위한 수단인 "와이테리(waiteri)" 곧 사나움의 규약조차 가지고 있을 정도이다. 어린이들은 처음부터 사나운 놀이에 참여하는 과정을 통해서 길러지고, 특히 여성에 대해서 폭력적으로 성장하게 된다. 비록 여성이 중요한 교환의 대상이자 싸움에서 승리의 대가로 주어지는 주된 보상이기는 하지만, 소유주인 남성들은 그들을 함부로 다룬다. 남성들은 화가 나면 여성들을 때리고, 불로 지지거나, 화살을 쏘기조차 하는데, 많은 경우 그들이 화를 내는 것은 단지 "와이테리"를 보여주기 위한 것이다. 여인들은 같은 마을에 고통을 주는 남편보다 더욱 사나운 명성을 날리는 자기 형제들이 살고 있을 경우에만 보호를 기대할 수 있다.

와이테리에도 불구하고도, 야노마뫼 마을들은 연중행사로서 마을 간의 축제기간이 오기를 고대한다. 마을들은 우기에는 농경지를 경작하지만, 건기가 오면 이웃 마을 사람들을 불러서 축제를 벌이거나 이웃 마을로 가서 놀 채비를 한다. 마을 간의 교역은 신뢰의 바탕을 구축하는데, 그러한 신뢰를 바탕으로 하여 축제에 대한 동의를 한다. 비록 야노마뫼 마을의 물질문화가 극히 조잡한 것이라고 할지라도—그들은 고작해야 그물 침대, 진흙 항아리, 화살과 바구니 정도를 만들 뿐이다—모든 마을이 똑같은 것을 만들지는 않으며, 한 마을에서 부족한 것들은 다른 마을의 힘을 빌려서 보충한다. 그렇게 보면, 성공적인 잔치의 경우는 가장 중요한 교역의 형태, 즉 여성의 교환과 연결되기도 하는 것 같다.

비록 그러한 교환을 통해서 야노마뫼족 개개인과 집단의 흉포함이 어느 정도 완화되기는 하지만, 여성의 교환이 폭력의 분출을 근절시키지는 못한다. 남성들은 끊임없이 남의 아내에게 눈독을 들이며, 그로 인해서 마을 내부에 폭력을 조장하게 된다. 아마도 한 마을에서 살던 사람들이 마을을 떠나서 딴 살림을 차려서 독립적이고 적대적인 다른 마을을 이루는 것도 바로 그 때문일 것이다. 또한 마을 사이의 여성교환에서, 규모가 큰 마을은 상대적으로 규모가 작은 마을에게 불평등한 교환비율을 강요할 수도 있다. 배우자로부터 지나치게 부당한 대접을 받은 여자는 그녀의 고향 마을의 친척이 다시 데려올 수도 있다.

이와 같은 상황에서 "사나운 사람들"은 폭력적으로 변하며, 야노마뫼족의 폭력성은 보통 전형적인 형태를 취하게 된다. 원시인들 사이의 전투가 대체로 제의적이라는 생각은 널리 받아들여지고 있다. 그러나 그런 생각이 일리가 있는 것임을 인정하면서도, 세심한 주의가 필요하다. 그렇지만 야노마뫼족의 폭력적 관습은 실제로 신중하게 등급이 매겨진 단계들을 밟아 올라가는 경향이 있음은 확실하다. 그것은 가슴팍을 때리는 결투에서부터 시작하여, 몽둥이 싸움, 창 싸움 그리고 마을 간의 기습공격의 단계를 거친다.

가슴팍을 때리는 결투는 보통 마을 간의 잔치 마당에서 벌어지는데, "언제나 두 마을에서 각기 대표자들이 나와, 한 마을이 다른 편을 겁쟁이라고 몰아붙이거나 또는 물건, 식품이나 여자를 지나치게 요구할 경우에 그 대답으로 행해진다."[31] 결투의 과정은 언제나 똑같다. 잔치에 온 사람들이 싸움의 분위기를 돋우기 위해서 환각성분의 약을 먹은 다음, 한 사람이 앞으로 나와서 자신의 가슴을 내민다. 그러면 상대편 마을의 사람들 중에서 그의 도전을 받아들인 대표 한 사람이 그를 붙잡고서 가슴을 한 차례 세차게 때린다. 주먹을 맞은 사람은 보통 꿈쩍도 하지 않는데, 왜냐하면 자신의 강인함을 보여주고 싶기 때문이다. 그렇게 네 대 정도 맞은 다음에는, 자신의 차례를 요구한다. 결국 두 사람은 어느 한쪽이 무릎을 꿇거나, 양측 모두 너무 맞아서 맞기를 계속할 수 없을 때까지 돌아가며 주먹을 교환한다. 그런데 두 쪽이 다 계속하기 힘든 경우에는, 허구리를 때리는 단계로 넘어가기도 하는데, 그때는 숨을 쉬지 못하는 쪽이 지게 되며, 보통 쉽사리 결말이 난다. 만약 사전에 준비된 것일 때에는 결투가 끝나면 결투에 참가한 사람들은 서로에게 축하를 보내며 영원한 우정을 약속한다.

한편 몽둥이 싸움은 보통 아무런 사전 준비 없이 이루어지는데, 가슴팍 때리기보다 험악하기는 하지만, 역시 제의적이다. "이런 싸움은 보통 간통을 했거나, 그런 혐의가 있을 때 행해진다."[32] 고소인은 10피트 길이의 막대기를 들고, 마을 한가운데로 나가서—그 마을 사람인 경우도 있다—피고인을 향해서 큰소리로 모욕을 준다. 자신의 도전이 받아들여지면, 그는 자신이 땅에 꽂아놓은 막대기에 기대어서 머리에 일격이 가해지기만을 기다린다. 한 방을 맞고 나면, 드디어 그의 차례가 된다. 곧 이어서 피를 보게 되면 싸움은 걷잡을 수 없이 되고, 두 사람은 이쪽저쪽을 오가며 몽둥이를 휘두른다. 이 경우에는 부상이나 죽음의 위험까지 따르는데, 왜냐하면 고소인의 몽둥이는 끝이 매우 날카로워서—그것은 그가 그 문제를 얼마나 심각하게 받아들이고 있는가를 보여주는 표시이다—찔리면 몸을 관통할 수도 있기 때문이다. 일이 이 지경에 이르면 마을의 촌장이 활을 들고 나와서, 당장 싸움을 중단하지 않으면 화살을 맞을 것이라는 위협을 해야 한다. 그러나 가끔은 치명적인 부상을 입는 사람들이 나오기도 하는데, 그럴 경우 가해자는 다른 마을로 떠나야 한다. 만약 싸움이 서로 다른 마을 사람들 사이에서 벌어진 것이라면, 가해자 집단은 자기 마을로 물러가야 한다. 그러나 두 경우 모두 마지막 결과는 기습공격에 의한 전쟁이다.

샤뇽은 기습공격이 야노마뫼족의 "전쟁"의 기조를 이루고 있다고 생각했다. 그러나 그는 가슴팍 때리기와 기습공격 사이의 중간단계, 즉 창 싸움도 기술하고 있는데 이것은 그가 머물던 기간 동안 단 한 번 일어났다. 한 여자로 인해서 벌어진—큰 마을 촌장이기도 한 여자의 오빠가 그녀를 학대한 배우자로부터 그녀를 되찾아왔다—몽둥이 싸움에서 패한 작은 마을은 다른 몇 개의 마을들과 동맹하여 공동반격을 했다. 그들은 "창의 위력으로" 큰 마을 사람들을 쫓아내는 데에 성공했고, 도망가는 그들을 추격하기도 했다. 그러나 큰 마을사람들이 전열을 정비해서 재공격해오자, 그들은 등을 돌리고 달아났다. 달아나는 와중에서, 마을로부터 꽤 멀리 떨어진 곳에서 두 번째 창 싸움이 벌어졌다. "이성을 거의 완전히 상실한 후에야" 양측은 싸움을 그만두었다. 두어 명이 부상했고, 결국 1명이 사망하게 되었다.

그뒤 양측은 서로를 기습공격했다. 샤뇽은 창 싸움보다는 기습공격이 전쟁과 더 유사한 행위라고 생각했는데, 왜냐하면 야노마뫼족들은 살인할 의도만을 가지고 기습공격을 하며, 어떻게 죽일 것인지에 대해서는 별로 신경을 쓰지 않을 뿐 아니라, 어떤 경우에는 공격하는 대상에 대해서도 거의 주의를 기울이지 않기 때문이다. 대부분의 경우에 그들은 공격대상이 되는 마을의 외곽에 잠복하고 있다가, 방어력이 전무한 희생양—"목욕을 하고 있거나, 마실 물을 뜨러왔거나, 휴식하고 있는 사람"—이 나타나면 죽이고 달아난다. 그들은 후방 경계를 철저히 하며 조직적으로 도망한다. 기습공격은 또다른 보복성 기습공격을 야기하기 때문이다. 기습공격의 패턴을 통해서 우리는 샤뇽이 가장 적대적인 행위로 간주한 "궤계(詭計)의 잔치"를 이해할 수도 있다. 그것은 전쟁을 하고 있는 한 마을이 제3의 마을을 설득하여 그들의 마을 잔치에 적대세력을 초대하게 하고, 잔치가 열리는 와중에 느닷없이 공격을 하는 것이다. 이 경우에 그들은 죽일 수 있는 사람은 모두 죽인 뒤에 나머지 여자들을 나누어가졌다.

샤뇽은 야노마뫼적인 싸움의 형태를 주변 환경에 대한 문화적 반응으로 해석한다. 그의 주장에 의하면, 그들의 싸움은 영토를 확보하기 위한 것이 절대로 아니다. 왜냐하면 싸움에 이긴 마을이 패한 이웃 마을 사람들의 거주지를 차지하는 일이 절대로 없기 때문이다. 오히려 그가 "통할권(sovereignty)"이라고 부르는 것에 주안점을 두고 보아야 한다. 여기서 통할권은 한 마을이 자기 마을의 여자가 약탈당하는 것을 막을 수 있다거나, 유리한 조건에서 다른 마을의 여성들을 빼앗아올 권리를 내세울 수 있다거나 하는 것으로 가늠된다. 그러한 까닭에, 사나움을 보이는 것은 여자들을 유혹하거나 훔쳐가는 자들 또는 기습공격자들을 애초부터 저지하기 위한 의도에서 비롯된다.

야노마뫼족들은 그러나 이웃에 사는 다른 부족에 대해서는 같은 부족의 이웃 마을과 다르게 행동한다. 최근에 그들은 새로운 영역으로 진출하는 데에 성공했고, 한 부족을 거의 전멸시키기도 했다. 그와 같이 다른 부족에 대한 무자비한 난폭성은 "자신들이 세상에서 가장 훌륭하고 가장 정화된 최고의 인간형태"이며, 다른 부족들은 그들의 순수한 혈통이 타락한 것에 불과하다는 야노마뫼족들의 믿음에서 비롯된다.[33] 그들의 일반적인 "적"은 결혼으로 관계를 맺지 않은 사람들이다. 왜냐하면 야노마뫼족은, 비록 극도로 "사나워지면" 여성노획을 일삼기는 하지만, 근친상간을 막기 위해서 고안된 친족제도의 규칙들을 준수하기 때문이다. 그러나 그들의 친족제도는 종종 발생하는 친족집단들 사이의 싸움을 방지할 수 있을 만큼 강한 영향력을 가지고 있지는 않다. 원시부족의 공통적인 현상이기는 하지만, 그들이 그렇게 행동하게 된 것은 끊임없이 반복되는 여성 노획 속에서 "사나운" 남성의 수를 극대화하기 위하여 행해진 여아 살해의 관습 때문이라고 샤뇽은 주장한다.

첫 번째의 야노마뫼족 방문 이후로, 샤뇽은 그들이 수행하는 전쟁 기능에 대한 자신의 견해를 수정했고, 이제는 그들의 전쟁을 신다위니즘적 용어를 써서 "재생산의 성공을 위해서 선택된" 것으로 보는 경향이 있다. 더 많이 죽일수록 더 많은 여성을 얻게 되고 따라서 더 많은 자손을 생산한다는 것이다.[34] 그런데 객관적으로 볼 때, 야노마뫼족에 대한 그의 설명 속에는 모든 이론가들의 입장을 뒷받침할 수 있는 여지가 있는 것 같다. 생태학자들이 생각한 것처럼, 확실히 전쟁은 이용 가능한 지역에 대해서 적당한 수준으로 인구를 조절한다—샤뇽이 연구한 세 친족집단 내에서 최근 남성 사망자들의 25퍼센트는 전쟁으로 인한 것이었다. 한편 친족제도가 상대적으로 약하다는 사실은 전쟁이 상호관계의 실패 때문이라고 주장하는 구조기능주의자의 귀를 쫑긋하게 할 것이다. 따라서 구조기능주의자들은 전쟁의 관습과 전쟁을 지속하기 위한 신화의 이용, 이 두 가지를 야노마뫼족의 문화가 그들의 환경에 총체적으로 적응했다는 증거로 보려고 할 것이다. 동물행동학자들은 그들의 "사나움"이 인간은 밖으로 방출되려는 폭력적 충동을 가지고 있다는 자신들의 입장을 뒷받침해준다고 여길 것이다.

군사역사가들은 다른 무엇보다도 야노마뫼족의 전투에서 그 외형적 모습에 관심을 가질 것이다. 사람들이 공포를 느끼며, 그러한 공포는 무기의 치명적인 효과에 의해서 고조된다는 관찰 가능한 사실을 출발점으로 삼아서, 그들은 야노마뫼족의 경우에 신중하게 제의화된 무장 접전의 본질을 강조할 것이며, 아마도 샤뇽이 제시한 단계를 뒤집어놓으려고 할 것이다. 샤뇽이 야노마뫼족의 전쟁에서 가장 높은 단계로 본 "기습공격"이나 "궤계의 잔치"는 넓게 보면, 공공법률에 의해서 운영되는 사회의 경우, 살인에 더 가깝다. 한편 가슴팍 때리기, 몽둥이 싸움 그리고 창 싸움은 제의적 갈등에 근접한 것이다. 그런데 그러한 제의적 갈등은 첫 번째로 비전문적인 싸움꾼을 부상의 위험에 노출시키는 것이 얼마나 위험한 일인가를 간파하고, 두 번째로 만약 무기 선택에 제한이 없으면—그래서 도전자 외에는 끝이 날카로운 몽둥이를 사용할 수 없도록 하지 않는다면—혹은 창과 같은 치명적인 무기들이 근거리에서 사용되면 싸움이 얼마나 재빨리 전반적인 폭력의 단계로 올라갈 수 있는가를 이해함으로써 통제된다.

간단히 말해서, 야노마뫼족은 직관적으로 클라우제비츠적인 입장에 도달하여 그것을 뛰어넘은 것처럼 보인다. 야노마뫼족의 친족집단들은 그들이 원한다면, "통할권"의 서열을 단 한 번으로 영원히 확정하기 위하여 결전의 불을 당길 수도 있었다. 그러나 그렇게 했다면, 그들의 "실제 전쟁" 다시 말해서 제의적인 전투들이 "진정한" 전쟁이 되었을 것이고, 온 부족은 절멸의 위험을 감수해야 했을 것이다. 그러나 그들은 상호견제를 선호했고, 자신들에게 고유한 싸움의 관례를 정착시켰다. 그러한 싸움은 많은 부분에서 상징적인 성격을 가졌고, 비록 다시 싸우는 일이 있다고 해도, 소수만을 살해하고 다수는 살려주는 그런 식이었다.

### 마링족

민족지학자들의 원시사회들에 대한 모든 발견들 가운데, 군사역사가들이 가장 큰 관심을 보이는 것은 바로 제의적 전투이다. 그것은 제의적 전투의 자취가 "문명화된" 전쟁으로 알려진 전쟁형태 속에서 너무나도 뚜렷하게 현존하고 있기 때문이다. 그러나 제의적 전쟁에 대한 묘사가 지나치게 일반화되어서, 마치 제의적 성격이 전쟁을 아무런 피해도 주지 않는 놀이로 바꾸는 힘을 가지고 있는 듯한 암시를 풍기는 경우가 너무나 많다. 다음에는 한 서지학자가 원시적 전쟁에 대한 묘사를 한 것이다. 그는 광범위한 사료들을 머릿속에 담고 있었지만, 여기서는 주로 뉴기니의 산악부족들의 전쟁에 의거했다.

회전은……대략 200-2,000명의 전사들이 참가하며, 두 집단의 경계지역 중 아무도 살지 않는 미리 정해진 지역에서 벌어진다. 회전에 참여하는 무리는 서너 군데의 동맹 마을에서 온 전사들로, 보통은 결혼으로 관계가 맺어진 사람들로 구성된다. 비록 많은 전사들이 참여하기는 하지만, 군사적인 노력은 거의 눈에 띄지 않는다. 대신, 개별적인 결투만 수십 회 벌어졌다. 각각의 전사는 상대에게 욕설을 퍼붓고, 창을 던지거나 불을 붙인 화살을 쏘았다. 화살을 날렵하게 피하면 큰 찬사를 받았고, 젊은 전사들은 의기양양해 했다. 여자들도 가끔은 이런 전쟁을 보러 나왔고, 옆에서 노래를 부르거나 자기네 남자들을 격려하기도 했다. 여자들은 또한 상대편이 쏜 화살들을 모아다가 남편들이 다시 쏠 수 있게 했다. 정기적으로 벌어지는 회전은 일반적으로 인구밀집 지역에 사는 진보된 부족들 사이에서 볼 수 있었다. 예를 들면, 이런 형태의 전쟁은 아마존 지역에서는 볼 수가 없다. 그러나 인구밀도가 아마존보다 10배나 더 높은 뉴기니의 고원지역에서는 흔히 있는 일이다. ……이런 회전에 참여한 무리는 숫자가 많았음에도 불구하고 죽는 사람은 거의 없었다. 양측 사이의 거리가 너무 멀었고 원시적인 무기들의 효력은 상대적으로 미약했다. 게다가 젊은 전사들은 화살을 피하는 능력까지 겸비함으로써, 직접적인 피해를 입는 경우가 드물었던 것이다. 누군가가 심하게 부상당하거나 죽는 경우, 전투는 보통 중단되었다.[35)]

위의 기술에서 몇 가지 사항은 이론의 여지가 없다. 표준화된 무기를 소유한 밀집대형 전술이 등장하기 전까지 모든 싸움은 개인결투였다는 진술이 그 한 예이다. 또한 제의적인 전쟁에서는 실제로 사상자 수가 적은 경향이 있으며, 심지어 "문명화된" 전쟁에서도, 양측이 집결할 수 있는 장소가 없을 때에만 나타나는 현상이기는 하지만, 양측이 서로 인정하는 접전장소를 택하는 예를 볼 수가 있다. 그럼에도 불구하고, 위와 같은 묘사는, 야노마뫼족의 전쟁에서 나타나는 극히 비열한 요소들이 보여주듯이, 지나치게 이상화된 설명이다. 우리는 여기에서 제의적인 전쟁수행에 대해서 사람들이 지니고 있는 일반적인 인상과 그보다는 훨씬 더 복잡한 현실을 비교하기 위한 좋은 출발점을 얻게 된다.

마링족은 앤드루 바이다가 1962-1963년과 1966년에 걸쳐서 연구한 부족으로, 당시 인구가 7,000명에 달했으며 중앙 뉴기니의 약 190제곱마일에 달하는 비스마르크 산맥의 울창한 산등성이에서 살았다. 그들은 밀림지역의 "비옥한 지역(garden)"에 주로 감자류의 덩이줄기 식물을 길렀고, 다음 경작지를 찾아서 정기적으로 이동했다. 그들은 돼지도 길렀고, 사냥과 채집도 조금씩 하며 살았는데 이런 방식은 전형적인 "화전" 형태이다. 인구밀도는 상당히 높은 편이어서, 1제곱마일당 100명이 넘었다. 이것은 야노마뫼족보다 훨씬 높은 수치이다. 사회단위는 같은 부계의 명목상의 후손들이 이루는 씨족집단으로, 족외혼이었다. 씨족집단의 규모는 200-850명까지 다양했고, 강줄기가 갈라지는 지류들의 주변을 따라서 정해진 경작지를 점유했다. 씨족집단의 경계지역에는 사람이 거의 살지 않았고, 어떤 씨족집단은 자신들 영역 내의 아직 개간되지 않은 삼림지역으로부터 혜택을 받기도 했다. 산악지역 아래의 지형은 사람이 살기에 적합하지 못했고, 인구밀도는 해안지역에 이르러서나 다시 높아졌다. 그들은 마링족과는 전혀 다른 언어를 사용하는 부족들이었다. 마링족은 1940년대 이전까지 금속을 전혀 이용할 줄 몰랐고, 그때까지 그들에게 가장 훌륭한 도구와 무기는 오직 석기뿐이었다.[36]

그러나 물질문화에서, 마링족은 야노마뫼족보다 훨씬 나았다. 그것은 그들이 사용한 무기들을 보면 쉽게 드러난다. 나무 활, 나무 화살, 나무창 외에도 그들은 미제 돌도끼와 큼지막한 나무 방패까지 소유했던 것이다. 이런 무기들을 사용하여 마링족은 그들이 신중하게 통제된 단계들로 인식했던 전쟁들을 단계적으로 수행했다. 첫 번째 단계는 그들의 표현을 빌리자면 "싸움 아닌" 싸움이고, 두 번째는 "진정한" 싸움이며, 반드시 다음 단계까지

가는 것은 아니지만, 세 번째 단계와 네 번째 단계는 "기습공격"과 "몰살전쟁(routing)"이었다.

"싸움 아닌" 싸움은 앤드루 바이다가 묘사했던 대로, 흔히 원시적 전쟁의 전형처럼 여겨지고 있는, 비실상적인 제의적 전투와 가장 유사했다.

> 이런 전쟁의 경우, 전사들은 매일 아침 집을 나와 교전 중인 두 집단 사이의 경계지대에 있는 미리 정해진 싸움터로 이동했다. 그들 두 무리는 활로 서로를 쏠 수 있을 정도의 거리를 두고 서로 자리를 잡았다. 사람 키만 한 높이에 약 2.5피트 너비의 두툼한 나무 방패가 몸을 보호했다. 때때로 그들은 방패를 땅에 세워놓고 그 뒤에 몸을 숨긴 뒤, 재빠르게 튀어나와서 활을 쏘고 다시 숨기도 했다. 적을 조롱하고 적의 집중적인 화살공격을 유도함으로써 자신의 용맹성을 자랑할 목적으로, 방패 뒤에서 잠시 나와 서 있기도 했다. 그렇게 하루가 가면, 그들은 다시 집으로 돌아갔다. 이러한 활 싸움이 때때로 며칠 혹은 몇 주일 동안이나 계속되었다고 해도, 사람이 죽거나 심하게 다치는 경우는 드물었다.[37)]

"진정한" 싸움은 전술과 무기에서 "싸움 아닌" 싸움과는 사뭇 달랐다. 그들은 도끼와 창을 싸움터에 가지고 나갔고, 싸우는 거리도 가까웠다. 뒷열에서 궁수들이 화살을 쏘아대는 동안, 앞열의 전사들은 방패를 앞세운 결투를 벌였는데, 때로 휴식을 위해서 궁수들과 자리를 바꾸기도 했다. 양편의 전사들은 너무 지쳐서 더 이상 싸울 수 없으면, 아예 싸움을 그만두고 쉴 수도 있었다. 앞열의 전사는 때로는 적의 활이나 창에 맞기도 했는데, 그런 경우에는 상대방의 전사가 때맞추어 도끼나 찌르는 창으로 아예 죽여버리는 수도 있었다. 그러나 사상자는 여전히 드물었고, 그러한 전투는 며칠간이나 지루하게 계속되었다.

싸움이 있는 기간이면, 건장한 남자들은……매일 아침 자신들의 마을 근처에 모여서 그날의 싸움을 위해서 전쟁터로 함께 이동했다. 반면 여자들은 뒤에 남아서, 일상적인 경작이나 집안일을 했다. 그렇다고 남자들이 전쟁기간 동안 매일 같이 싸운 것은 아니었다. 비가 오는 경우에는 양측 모두 집에 머물렀고, 쌍방의 동의가 있을 경우, 모든 전사들이 하루를 쉬면서 방패를 다시 도색하거나, 사상자와 관련된 의식에 참여하거나, 그냥 쉬기만 하는 경우도 종종 있었다. 어떤 경우에는, 적대적 행위가 3주일 정도까지 유보되어 전사들이 새 땅을 개간하는 일도 있었다.[38]

비록 현대인들에게는 트로이의 성벽 아래에서 벌어진 전투에 대한 모든 전설만큼이나 이해할 수 없게 느껴지겠지만, 이러한 제의적인 전투들은 마지막으로 한 차례 화살 쏘기를 교환하는 것으로 끝을 맺었다. 그러나 이러한 전쟁들은 더 큰 출혈을 야기하는 "몰살전쟁"으로 연결될 수도 있었는데, 다른 씨족의 사람들을 죽이고 마을 전체를 파괴하기 위해서 한 씨족의 전사들이 나설 때 그런 일이 벌어진다. 같은 살인행위이기는 하지만, 좀더 제한된 종류의 원정인 "기습공격"은 전쟁의 각 단계 중에서 "진정한" 전쟁에 대한 대안으로 생각된다. 한편, 몰살전쟁은 "진정한" 전쟁의 결과로서, 남자들뿐 아니라 여자들과 어린이들의 목숨까지도 대량으로 빼앗았으며, 희생자들로 하여금 자신들의 보금자리를 떠나서 황급히 피신하도록 만들었다.

마링족의 전쟁은 상당한 설명을 요구하는데, 바이다가 그 설명을 시도하고 있다. "싸움 아닌" 싸움은 평화 시에 서로를 멸시하며 감정을 해치던 사소한 일들이 쌓여서 결국 보복을 시도하는 지경에 이르렀을 때 일어난다고 그는 말한다. 다시 말해서 그 원인은 단순한 모욕처럼 대수롭지 않은 것이거나, 살인처럼 심각한 것이거나, 혹은 그 중간쯤인 강간, 유괴, 마법 걸기에 대한 의혹 정도일 수도 있었다. "싸움 아닌" 싸움을 하는 목적은 두 가지였다. 적의 군사력을 시험해보기 위한 것일 뿐 아니라, 협상을 하기 위해서이기도 했다. 그런 싸움에서 주로 소리를 지르는 자들은 평화를 호소하는 중재자들이었다. 이러한 중재자들은 흔히 다른 동맹 마을의 사람들인데, 전쟁 소문이 나돌게 되면 씨족 사람들은 언제나 그들을 찾아갔다. 중재자들은 불편부당한 견해를 제시할 뿐 아니라, 상대가 "진정한" 전쟁을 하자고 주장할 때면 이쪽 편이 가동할 수 있는 동맹군의 군사력을 보여주는 증거가 되기도 했다.

"진정한" 싸움은 그 자체의 결과를 가져올 수 있는데, 그 결과란 양측 모두 이러지도 저러지도 못하는 난국을 인정하는 것이다. "기습공격"도 같은 결과를 낳을 수 있다. 그러나 "몰살전쟁"의 경우, 희생자들은 보통 거주지역을 떠나야만 했고, 그들의 집과 경작지가 파괴당했다. 그러므로 그것은 어느 쪽이 더 강한가 그리고 땅이 부족한 사회에서 중요한 평가기준이 되는, 어느 쪽이 이웃 씨족의 영역을 잠식할 것인가에 대한 궁극적인 시험이 되었다. 마링족의 싸움은 따라서 그 동기에서 "생태학적인" 것으로 보일 것이다. 왜냐하면 전쟁을 통해서 약자로부터 강자에게로 땅의 재분배가 이루어졌기 때문이다. 그러나 바이다의 지적에 따르면, 마링족 전쟁의 중요한 특성들은 이러한 평가와 모순된다. 그 특성들 중 하나로, 승리한 마링족은 패한 씨족의 영역 전부는 물론이고 그 일부라도 차지하는 경우가 드물었는데, 그것은 그 땅에 남아 있는 사악한 주술적인 힘을 두려워했기 때문이다. 또다른 특성을 들자면, 한 씨족집단은 언제나 조상들의 혼백에게 싸움을 굽어살펴달라는 뜻에서 감사의 제물을 바칠 준비가 되어 있을 때에만 전쟁을 일으켰다.

그러한 감사의 제물은 씨족집단의 구성원 수와 동일한 수의 성숙한 돼지들을 도살하여 잡아먹는 형태로 이루어졌다. 그러나 그만큼의 여분의 돼지를 길러서 살찌우려면 최소한 10년 정도가 걸리기 때문에, 싸움은 10년에 한 번 정도 벌어졌다. 그런데 묘하게도 이웃한 두 씨족집단은 10년을 주기로 하여 전쟁의 계기가 되는 모욕과 상해를 서로 주고받았다. 조상들의 혼백에게 감사드릴 제물도 없이 전쟁을 수행하는 것은 패배를 자초하는 행위로 여겨졌다. 한편, 잡아먹을 계산도 없이 여분의 돼지를 소유한다면 돼지를 살찌울 필요도 없었을 것이다. 바이다는 마링족의 인구밀도가 최근에 있었던 장기적인 전쟁기간 동안 실제로 감소곡선을 그렸다고 덧붙임으로써, 마링족의 싸움의 원인이 땅의 부족 때문이었다는 설명에 이의를 제기했다. 사실 마링족이 싸운 것은 인류학에서 제시하는 그런 이유에서가 아니라, 단지 습관에 의해서 더 나아가서 재미를 위해서 싸운 것은 아닌가 하고 생각할 수도 있다.

물론, 전쟁이 재미를 위한 것이라는 설명은 너무나 평범한 것이다. 그러나 예를 들면, 기사제도를 연구하는 역사가들은 전쟁에서의 "놀이"의 요소를 진지하게 받아들이고 있다. 한편, 역사를 거슬러 올라가서 싸움의 "기원"에 대해서 탐구해보면, 우리는 언제나 사냥꾼으로서의 인간의 최초의 삶에 도달하게 된다. 스포츠를 위한 사냥에 사용되는 무기들과, 놀이나 게임을 위한 장난감들은 생존을 위한 사냥에 사용되었던 도구들에 그 기원을 두고 있다. 비록 완전한 것은 아니었다고 해도, 농경이 일용할 양식을 확보하기 위한 수단으로서 냉혹한 짐승 사냥의 자리를 대체하기 시작한 이후로, 초기 문화에서는 사냥, 스포츠, 게임, 심지어 전쟁까지도 서로 심리학적으로 병존할 수밖에 없는 운명에 처했다. 그것은 오늘날 우리 시대에 사냥과 스포츠와 게임이 병존하는 것과 마찬가지이다. 그런 관점에서, 마링족이 손으로 사용해야 하는 무기를 가지고 게임과 놀이의 요소가 강한 전쟁체계를 고안했다는 것은 그리 놀랄 만한 일이 아니다. 양쪽집단의 사람들이 휘두르는 나무창과 돌도끼의 성능이 단순한 상처를 입히는 것에서 진짜 살상용으로 바뀌게 된 원인은 그러한 무기들 고유의 치명성이 아니라 전사들의 의도 때문이었다. 마링족의 전쟁에서 우리에게 인상 깊은 사실은 그 "원시성"이 아니라, 그 정교함이다. 개인적인 차원에서 볼 때, 이들의 전쟁은 미학적인 성취가 이루어지지 않은 사회에서 자기표현과 자기 과시, 경쟁 등의 인간적 욕구를 충족시키는 데에 크게 이바지했음에 틀림없다. 그리고 일부 이론을 받아들인다면, 심지어 공격성의 "충동–방출(drive-discharge)"을 만족시키는 데에도 일조했을 것이다. 한편 집단적인 차원에서 본다면, 이 전쟁은 서로 대립한 집단에게 이웃 간의 평화로운 질서의 파괴가 얼마나 심각한 것인가를 그리고 우월한 힘을 인정하지 않을 때 야기되는—처음에는 상징적이고 외교적인 형태로 나타나지만, 나중에는 단계적 전쟁 확대가 아니라 외교를 해야 할 분위기로 나타나는—불미스러운 결과들이 얼마나 심각한 것인가를 각인시켜주는 좋은 수단을 제공했다.

군사역사가들이 무엇보다도 마링족이 사용한 무기의 성격에 관심을 집중하는 것은 분명하다. 돌도끼와 뼈 화살촉은 터니-하이의 날카로운 지적에 의하면 "분류되어 있고 [그러나] 이해되지 않는" 무기들로서, 피가 낭자한 인간의 과거를 암시하고 있다. 교묘하게 다듬은 많은 돌도끼들을 보면, 현대인들은 곧바로 금이 간 두개골들과 으스러진 척추들을 생각하게 된다. 그리고 이러한 것들이야말로 바로 선사시대에 살았던 우리의 조상들이 자신에게 미칠 어떠한 위험도 감수해가면서까지 적들에게 입혔던 부상이었을 것이다. 이와는 대조적으로, 우리가 마링족에 대해서 알고 있는 바에 따르면, 석기시대의 무기를 사용하는 종족들이 반드시 자신들의 목숨을 대수롭지 않게 여긴 것은 아니라는 것이다. 또한 근거리에서만 치명적인 효과를 발휘하는 무기들을 사용했다고 해서, 그 무기의 사용자들이 반드시 근거리에서 싸웠던 것은 아니다. 흔히 그러한 결론을 내리게 되는 것은 인간행위에서의 "기술결정론(Technological Determinism)"을 받아들이기 때문인데, 이는 마링족의 조심스럽고, 어물쩍거리며, 꾸물거리는 전술의 성격을 보면 옳지 않다. 마링족이 적을 완전히 제압하는 전투를 선호하지 않았고, 전투라는 것을 전장에서 확실한 승리를 거두어야만 하는 것으로 생각하지 않았다면, 비슷한 수준의 물질문화를 가진 다른 민족들도 마찬가지였으리라고 가정할 수 있다. 그러한 생각을 기저에 깔고, 이제부터 우리는 목제, 석제, 골제 무기들이 어떤 방식으로 선사시대에 사용되었을 것인지를 계속해서 생각해보자.

## 마오리족

뉴기니 산악지대에 사는 사람들처럼 사회구조가 단순한 사람들의 전쟁을 고찰하는 것에서부터, 남태평양에 걸쳐 있는 폴리네시아 군도의 분포지역 중 가장 큰 거주지의 중심인 뉴질랜드의 계급적이고 신권통치적 추장사회에서 사는 사람들의 전쟁을 고찰하는 단계로 넘어가는 것은 커다란 진척이다. 이것은 전혀 다른 시간과 문화로의 이행이라는 점에서 진일보일 뿐 아니라, 원시성에서 근대성으로 넘어가는 단계들에 대한 인류학자들 사이의 거대한 상충된 견해의 심연을 넘어가는 것이라는 점에서도 그렇다.

고전적인 인류학은 선사시대의 인간사회가 무리(band), 부족(tribe), 추장사회(酋長社會, chiefdom)를 거쳐서 초기 국가(state)에 이르는 단계들을 거쳐서 발전했다고 보고 있다. 이러한 유형학에서, "무리"는 그 구성원들이 서로가 혈연으로 묶여 있다고 알려져 있거나 적어도 그렇게 믿는 소규모 집단으로 정의될 수 있는데, 그 전형은 남아프리카의 부시먼족과 같이 소심하고 은둔적인 사냥이나 채집을 통해서 살아가는 사람들의 가부장적 사회조직이다. "부족"은 보통 공통된 조상의 후손이라는 믿음을 공유하며, 주로 언어와 문화로 통합되어 있고, 지배권을 반드시 인정하지는 않는다. 그러나 보통은 신화에 의해서 강화되는 부계적 또는 모계적 권위를 인정하기도 한다. 부족들은 인류학적인 이론에 의하면, 평등주의적인 경향이 있다.[39] 그러나 "추장사회" 집단들은 수직적 계급구조를 가지고 있고, 일반적으로 신정체제이기 때문에, 각각의 구성원들은 성스러운 가계를 세운 최초의 조상과의 혈연적인 거리에 따라서 계서적인 지위를 부여받는다. "국가"는 오늘날의 사회구조를 이루는 것으로서, 추장사회로부터 발전된 형태라고 여겨진다. 인류학자들은 막스 베버의 유명한 분류체계를 사용하여 추장사회 집단과 국가를 구별하는데, 추장사회는 그 정당성의 근거를 "전통적인(traditional : 때로는 카리스마적인[charismatic])" 규약에 두고 있고, 국가들은 "법적인(legal)" 규약에 두고 있다고 한다.[40]

평범한 보통 사람들에게는 다행스러운 일로, 인류학자들은 최근에 이르러서 좀더 단순한 분류체계를 선호하게 되었다. 그들은 국가 이전의 단계에서는 단지 "평등적인(egalitarian)" 사회들과 "계서적인(hierarchial)" 사회들만을 인정하는 것이다.[41] 이러한 관점의 전환—보편적으로 받아들여지고 있지는 않지만—이 이루어진 이유는 다음과 같다. 사람들의 접근이 쉽지 않은 지역—산악지역, 밀림지역, 건조지역, 사막지역 등—에서 민족지학자들에 의해서 발견된 많은 원시사회들이 힘센 이웃들의 억압을 피해서 이주한 사람들의 집단으로 밝혀졌기 때문이다. 그들의 사회구조는 도피, 분산, 경제적 어려움에 의해서 그리고 이주에 따른 역경에서 비롯된 신화와 권위구조의 가치절하에 의해서 약화되었다. 이러한 해석은 문화적 선택이나 환경에의 적응에 의해서 형성된 국가 이전의 사회가 있다고 굳게 믿고 있는 사람들의 신경을 건드리고 있지만, 그러한 인류학의 유파는 점점 세력을 잃어가고 있다.[42] 그렇지만 이러한 해석이 새롭게 부여한 전쟁의 의미, 특히 전쟁의 동기를 희소한 자원을 차지하기 위한 경쟁으로 엄격하게 정의한 것에 대해서는, 다른 사람들 역시 못마땅하게 여기고 있다.[43]

마링족의 사회가 전혀 국가와는 거리가 먼 반면(야노마뫼족의 사회를 소박한 초기 원시국가 형태라고 생각하는 이들도 있다), 뉴질랜드 마오리족의 사회는 국가형태에 근접해 있다. 주요한 공공 건설작업과 넓은 지역에 걸쳐서 대규모 전쟁을 수행할 수 있는 능력을 가지고 있었다는 사실이 그 증거이다. 마오리족의 식량사정은 확실히 양호했다. 그렇지만 그들도 뉴질랜드에 정착한 뒤 600년이나 800년 동안에, 날지 못하는 거대한 모아(moa : 타조와 비슷한 뉴질랜드의 멸종한 조류/역주)를 포함하여 대략 18종의 조류를 멸종시켜야 했다.[44] 섬들 사이의 이주의 주요한 원인은 아마도 인구밀도의 점진적인 상승 때문이었던 것 같다. 생산력의 강화, 영아 살해, "항해" 그리고 전쟁이 인구압력을 저지할 수 없는 한계에 다다르면, 집단 전체의 이주로 이어졌던 것이다. 대략 기원후 800년경 뉴질랜드에 정착한 폴리네시아인들은 바이킹류의 "항해자들", 즉 레이프 에릭손처럼 소유지가 없어서 땅을 찾아서 남쪽으로 이동한 모험심 강한 젊은이들이거나, 자신들이 원래 거주하던 섬에서 승리를 만끽하는 우두머리로부터 도망친 이들인지도 모른다. 아니면 운이 좋은 표류자들이었을 것이다.[45] 어쨌든 그들은 그 땅에 발을 디뎠고, 폴리네시아적 생활방식과 제도들, 즉 신화에 의하면 신들로부터 이어져 내려왔다는 신권정체와 사회계급 및 전문적 군사제도도 함께 가져왔다. 그들은 나무 무기류—창과 몽둥이—를 포함한 섬 생활의 도구들도 가져왔는데, 그런 것에 조개껍질과 산호, 뼈와 돌 등의 날카로운 것들을 달아서 치명성을 높였다. 바로 이러한 무기들을 통해서, 남북 군도의 광대한 지역에 걸쳐서 살았던 마오리족은 철기나 심지어 화약시대 국가의 지배자들조차도 아무런 교훈을 얻을 수 없는 그런 형태의 전쟁을 수행했다.

폴리네시아인 추장의 힘의 원천은 두 가지였다. 인간과 신을 중재하는 제사장의 의무인 마나(mana)와 신들이 베풀어준 육지와 바다의 열매 중 일부를 종교적인 목적의 일에 헌납하는 권리인 터부(taboo)로부터 나왔다. 헌납은 제의적 잔치나, 희생 제사, 혹은 사원 건설 등의 여러 가지 형태로 이루어졌지만, 징세나 때로는 부역동원이 효과적으로 수반되었다. 그러므로 추장은 좀더 단순하고 평등적인 사회에서 우두머리가 행사했던 명목상의 권한보다 더욱 확대된 권한을 요구하거나 강요할 수조차 있었다. 평등적인 사회에서는 중재나, 조언이나, 지도력을 요구하는 경우에만 우두머리를 찾았던 것이다. 인구증가의 부담으로 인한 섬에서의 생산력 강화의 필요로 인하여 폴리네시아인 추장은 농업, 어업, 건설, 심지어 관개에 필요한 공동작업을 요구할 수 있는 힘을 얻게 되었다. 인구증가의 압력이 전쟁으로 이어진 경우, 추장은 강제적인 군사적 지휘권도 가지게 되었는데, 특히 그가 전사(toa)로서의 명망을 얻었을 때에는 더욱 그러했다.[46]

뉴질랜드 마오리족의 추장사회는 인구의 압력을 해소하기 위해서 미개간지를 개간하기보다는 차라리 생산성이 높은 땅을 소유한 이웃과 전쟁을 일으켰다는 주장이 설득력 있게 제기되어왔다. 그러므로 1840년대에 유럽 정착민들이 이주하기 전까지, 이 지역의 많은 산림들이 미개간지인 채로 고스란히 남아 있었던 것이다. 추장들이 그러한 전쟁을 일으킬 수 있었던 것은 사람들에게 참전을 요구할 수가 있었고, 군사행동에 필요한 물품들을 제공할 수 있었기 때문이다. 또한 카누 선단과 같은 장거리 이동수단을 동원할 수 있었을 뿐 아니라, 정치기술만 있으면 적에 대한 공동체의 적대감을 불러일으킬 수도 있었기 때문이다.

마오리족의 전쟁 패턴은 우리에게 친숙한 것이다. 전쟁은 언제나 복수심에서 발발하는데, 그런 복수심은 기습공격조가 적대진영의 한 사람을 붙잡아서 살해하는 것으로 가라앉을 수도 있었고 그렇지 않을 수도 있었다. 마오리족의 전쟁 당사자들은 잔인한 방식의 싸움을 할 수 있었다. 마을 사람들이 모두 모인 자리에서 "도발행위들이 격렬하게 열거된" 뒤에, 호전적인 노래들을 부르고, 무기들을 과시하며, 전사부대가 출발했다. 그들이 벌판에서 적과 대치하여 적의 대오를 깨뜨리는 데에 성공하면, 몰살이라는 참으로 끔찍스러운 결과가 뒤따랐다.

> 이들 발 빠른 전사들의 중요한 목표는……멈추지 않고 끝까지 추적하는 것이었다. 그들은 일격에 한 사람씩 내리쳐서 움직이지 못하게 만들었다. 그러면 뒤따르는 사람들이 그를 덮쳐서 죽였다. 적이 완전히 패주(敗走)했을 때 강하고 빠른 발을 가진 전사가 도망가는 여남은 명의 적을 가벼운 창으로 찔러서 뒤에 오는 이들에게 뒤처리를 하도록 넘겨주는 일이 종종 벌어졌다.[47]

만약 그들의 전쟁이 두 가지 방식으로 제한되어 있지 않았더라면, 마오리족은 위와 같은 방식으로 서로를 절멸시키고 말았을 것이다. 물질적으로 마오리족의 싸움은 공격과 진지방어에 의존했다. 그들 진지의 강력함과 그 숫자를 살펴보면—적어도 4,000여 개의 진지가 발견되었다—추장의 힘, 즉 10만에서 30만에 달하는 인구들로 이어진 40여 개의 부족들 속에서 공동 노역을 동원할 수 있었던 추장의 권력과 그들의 문화가 얼마만큼 정치적으로 발전되었는지를 알 수 있다. 그러나 군사적으로, 진지의 존재로 말미암아 그들 서로끼리 벌이던 최악의 전쟁을 피할 수 있었다. 전형적으로 산 정상에 만들어진 진지들은 규모가 큰 식량 창고와 튼튼한 울타리, 깊은 고랑과 높은 제방을 갖추었는데, 식량 창고 덕택에 그들은 농지를 약탈당해도 살아남을 수 있었다. 마오리족에게는 분명히 공성(攻城)무기가 없었기 때문에, 진지방어만 잘 하면, 공격 측의 군수물자가 바닥이 날 때까지 공격자들을 궁지에 몰아넣어놓을 수 있었을 것이다.[48]

문화적으로도, 마오리족의 전쟁은 제한되어 있었다. 그것은 그들 전쟁이 지닌 단순한 목표 때문이다. 인류학자들은 마오리족이 약자의 땅을 강자에게 재분배하기 위해서 전쟁을 벌였다는 견해에 쉽게 만족해버렸다. 그러나 사실상 마오리족이 벌인 전쟁의 주목적은 제압한 적을 잡아먹기 위해서였다(머리는 전리품으로 쓰고 먹지 않는다). 실제 사실과 인류학자들의 결론 사이의 이러한 차이는 격렬한 학술적 논쟁의 기반을 제공하고 있다. 한편 군사역사가들 눈에는 마오리족의 군사문화가 복수를 위한 것임이 분명한 것처럼 보일 것이다. 남자 아이들은 애초부터 약탈행위나 살인은 물론이고 사소한 모욕만 받아도 참지 못하도록 교육을 받았다. 마오리족은 한번 앙심을 품으면, 때로는 몇 세대가 지난 후에도 결코 잊지 않았으며, 마침내 적을 죽여서 그 살을 먹은 후에 머리를 진지의 울타리 위에 놓고서야 만족했는데 머리는 모욕의 상징이었다. 이런 보복전쟁은 반드시 일대일 원칙으로 행해진 것은 아니었다. 대여섯 명이나 혹은 단 한 명의 적을 잡아먹고 머리를 걸어두는 것만으로도, 더 많은 숫자의 자기 측 희생자에 대한 케케묵은 원한을 푸는 데에 충분했던 것이다.[49]

이외에도 어떻게 문화적 윤리가, 그것도 가장 잔인한 종류의 문화적 윤리가 오히려 전사들 사이의 해악을 줄이는 역설적인 효과를 낼 수 있는가를 보여주는 또다른 예가 있다. 진지와 같이 물체적 제약이 강화됨에 따라서, 궁극적으로 요새는 마오리족에게 추장이 창과 몽둥이의 기술을 초월하여 섬 전체의 정복을 추구할 가능성이 생기지 않도록 확실히 하는 보장이 되었다. 머스킷 총이 도입되면서부터, 몇몇 마오리 추장사회는 놀라운 속도로 국가 형태로 발전했다. 그러나 그것은 또다른 이야기이다. 한편, 콜럼버스 이전의 아메리카에 존재했던, 마오리족보다 훨씬 더 정교한 한 사회에서는, 문화적 윤리가 클라우제비츠적인 결전의 가능성을 더욱 큰 힘으로 제한하고 있었다.

### 아즈텍족

북부와 중부 아메리카에서 미대륙 발견 이전에 살았던 일부 민족들은 다른 어느 곳에서도 그 유례를 발견하기 어려울 정도로, 극도의 잔인성을 그들의 전쟁에서 보여주고 있다. 터니-하이는 남태평양의 멜라네시아인들이 "순전한 잔인함"만을 고려한다면, 단연 최고라고 생각했다(그러나 그것을 증명할 증거는 충분하지 않다). 또한 그는 일부 남아메리카 토인들이 인육을 먹는 데에는 가장 악명 높은 민족들이라고 단정했다(터니-하이는 인육을 먹는 풍습이 생긴 것은 단백질 섭취의 부족 때문이었다는 견해를 남보다 앞서 지지한 사람이었다. 그러나 한때 많은 사람들의 동의를 얻었던 이러한 견해는 지금은 대체로 외면당하고 있다).[50] 그러나 잡아먹었는지 어떤지는 몰라도, 멜라네시아인들이나 남아메리카 인들이나 자신들이 사로잡은 포로들에게 제의적 고문까지는 하지 않았다. 그런 일은 특히 일부 북미 평원 인디언들과 아즈텍족들에 의해서 행해졌다. 터니-하이는 이렇게 쓰고 있다.

> 스키디 포니족은 기습공격 때마다, 가장 아름다운 여자를 포획하려고 했다. 사로잡힌 소녀는 매우 명망이 높은 한 포니족 집안으로 입양이 되었

고, 그녀가 상상하지도 못했던 대접을 받았다. 그 천막의 친딸들보다 더 애지중지되었으며, 그녀는 집안의 금지옥엽이 되었다. 그러나 어느 늦은 밤, 사람들은 소녀를 난폭하게 붙잡은 뒤 옷을 벗겼다. 그리고 머리에서부터 샅을 거쳐서 발에 이르는 몸의 반쪽을 숯으로 칠했다. 이렇게 해서 그녀는 밤과 낮의 접합점을 상징하게 되었다. 그런 후에 사람들은 그녀를 2개의 나무기둥 사이에 묶었다. ……이제는 그녀의 양아버지의 차례로, 그는 신성한 샛별이 떠오르는 바로 그 순간에, 그녀의 심장을 관통하는 화살을 쏘아야 했다. 뒤이어 사제들이 활을 쏘았고, 활쏘기가 모두 끝나면 그녀의 몸은 완전히 결딴이 났다. 포니족은 이러한 샛별 섬기기 의식이 자신들의 안녕을 위해서, 모든 일을 그리고 특히 농사일을 성공시키기 위해서 본질적인 것이라고 여겼던 것이다.[51)]

휴런족(미국의 휴런 호수 서쪽에 살던 부족/역주)을 방문한 한 예수회 선교사는 그들이 세네카족 포로를 의식의 일부로 살해하는 더욱더 끔찍한 장면을 1637년에 기술했다. 그 포로 역시 추장의 집안으로 입양이 되었지만, 상처가 있었기 때문에 쫓겨났다. 그에게는 화형 결정이 내려졌고, 그를 잡은 사람들은 밤새도록 격정적인 잔치를 벌인 다음, 그를 회의장으로 데려갔다. 그가 자기 부족 전사들의 노래를 부르는 동안 휴런족의 추장이 그의 몸을 어떻게 나눌 것인지를 발표하고 나면, 포로는 "반복해서 불가를 맴돌기 시작했고, 그를 에워싼 모든 사람들은 그가 자기 앞을 지날 때마다 [횃불로] 그를 지지려고 했다. 그는 혼이 빠진 사람처럼 비명을 질러댔다. 그 오두막 전체가 비명소리와 함성소리로 진동했다. 어떤 이들은 그에게 화상을 입혔고, 어떤 이들은 그의 손을 잡아 뼈를 분질렀고, 또 어떤 이들은 그의 귀에 막대기를 쑤셔 넣었다." 그러나 그가 정신을 잃으면 사람들은 그가 "서서히 깨어날 때"까지 기다렸다가 그에게 먹을 것을 주었으며, 마치 형제에게 말을 걸듯이 이야기를 건넸다. 그럴 때마다 포로는 자신의 살을 지진 이들에게 대답했고, 계속해서 "최선을 다해서 전사의 노래를 쏟아냈다." 새벽이 되면, 사람들은 아직 말짱히 의식이 남아 있는 그를 밖으로 데려가서 기둥에 묶은 뒤, 벌겋게 달군 도끼날로 지져 죽였다. 그런 뒤에는 몸을 잘라서 애초에 추장이 약속했던 대로 나누어가졌다.[52]

알제리 전쟁 당시, 정보를 얻을 요량으로 이슬람 교 포로를 고문했던 젊은 프랑스 공수부대원들이 그 포로들을 가볍게 닦달하면서 회유했다는 이야기가 있기는 하지만, 그런 행위는 휴런족의 의식과는 무관한 것이다. 프랑스 공수부대원들은 실용적인 목적을 위해서 고통을 가했지만, 휴런족과 그 희생양들은 그들의 신화구조를 이해하지 못하는 이방인에게는 전혀 설명이 불가능한 끔찍한 행위의 공모자들이었다. 세네카족의 밤의 공포는 문화역사가인 잉가 클렌디넨에 의해서 부활되었는데, 그것은 중앙 멕시코 아즈텍인들의 에토스를 뛰어나게 재구성한 것이었다. 사람을 제물로 바치는 것은 아즈텍인들에게 종교적으로 필수사항이었고, 전쟁은 제물로 쓸 희생양을 획득하는 주된 수단이었다. 그리고 그 영웅적인 세네카인과 같은 전쟁 포로들은 천천히 죽음을 맞이하는 고통을 수반하는 제례에 자신을 바치는 공모자들이었다. 아즈텍인들은 강력한 전사들이었으므로, 13-14세기에 중앙 멕시코 계곡을 재패했고, 문자 발명 이전과 금속시대 이전의 문화를 통틀어서 가장 뛰어난 물질문명을 건설했다. 16세기에 멕시코와 페루를 정복한 에스파냐 사람들이 그들의 위엄에 눌려서 보고한 바에 따르면, 그들의 찬란한 문명은 고국인 에스파냐보다 훨씬 더 뛰어났다. 그러나 군사역사가들이 느끼는 아스테카 문명의 매력은 그들 스스로가 전쟁수행 능력에 대해서 예외적인 제한을 두고 있었다는 점이다. 그들은 종교적 신념들과 그러한 신념이 전장의 전사들에게 부여한 갖가지 구속을 통해서 제한을 두었다.

아즈텍인들이 중앙 멕시코 계곡으로 이주한 것은 원래 생계를 위해서였다. 그들은 그 계곡에서 3대 세력 중의 하나로 공인을 받던 테파넥족의 유용한 전사가 됨으로써 그리고 그때까지 아무도 살지 않던 텍스코코 호수의

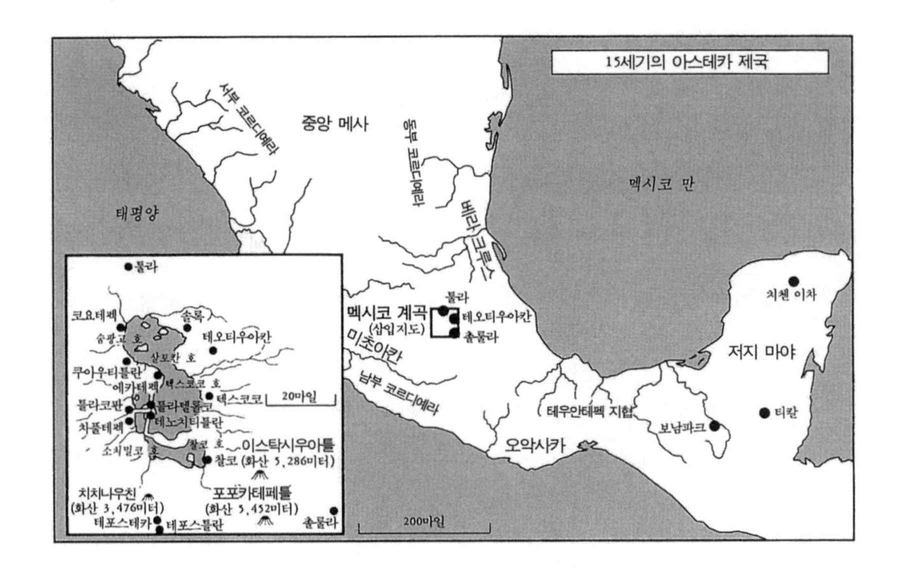


한 섬에 정착함으로써, 당연히 강력한 세력으로 떠올랐던 것이다. 아즈텍인들의 우위를 인정한 사람들은 아스테카 제국에 흡수되었고, 거부한 사람들은 그들과 싸우지 않으면 안 되었다. 아스테카 군대는 고도로 관료적인 문화에 적합할 정도로 극히 잘 조직되어 있었고, 인적 자원도 풍부했다. 전형적으로 군대는 8,000명으로 이루어진 여러 개의 관구부대로 나누어져 있었는데, 관구부대 중 일부는 훌륭하게 발달된 아스테카 제국의 도로망을 따라서 8일 치의 식량을 가지고 하루 12마일의 속도로 대오를 지어서 나란히 계속 행군할 능력이 있었다.[53]

우리는 클라우제비츠적 의미의 아즈텍 "전술"에 대해서 말할 수 있다. 해싱에 따르면 그들의 전쟁은 다음과 같이 시작된다.

> 아즈텍인들의 전쟁은 본래는 양측에서 동일한 수의 뛰어난 군인들이 나와서 백병전을 벌이며 군사적 힘을 과시함으로써 시작되었다. 여기서 상대편의 기를 꺾어서 항복을 받아내지 못했을 경우, 더욱 흉포해지고, 전투원의 수, 활과 화살 같은……무기의 사용이 증가되었다. ……수적으

로 우세한 아즈텍인들이 이길 수밖에 없는 이런 소모전이 계속되면서, 그들의 힘은 소진되었다. 이런 전투를 통해서 아즈텍인들은 위협적인 적들을 제거했고, 영토확장을 계속할 수 있었다. ……그들은 적대세력들을 완전히 고립시켜서 제압하게 될 때까지 포위망을 서서히 강화했다.[54)]

클렌딘넨은 아즈텍인들의 전쟁을 훨씬 더 복잡한 것으로 설명하고 있다. 아즈텍의 사회는 수직계급적인 구조가 강했다. 인류학자들의 말을 빌리자면, 단순히 연장자 순이 아닌, 지위에 따라서 "계급이 분류된" 사회였던 것이다. 계급구조의 가장 밑바닥은 노예들, 즉 경제제도의 밑바닥으로 떨어진 불운한 사람들이 차지했다. 그 한 단계 위에는 평민, 즉 보통 농부, 장인, 도시와 지방의 상인들이 있었고, 그 위로 귀족, 사제계급 그리고 제일 마지막으로 군주가 있었다. 그러나 모든 남성에게는 계급과 상관없이 전사가 될 수 있고 자신이 속한 도시구역의 양성소를 나오면 고위 전사의 지위를 얻을 수 있는 기회도 있었다. 양성소란 부분적으로는 모임 장소도 되고, 수도원도 되고, 길드도 되는 칼풀리(calpulli)를 말한다. 신참자들 중 일부는 사제가 되었지만, 대다수는 상황에 따라서 전사로서 복무해야 할 의무를 지니면서 일상적 삶을 살았다. 그리고 다른 소수—군사적인 업적으로 계급적 지위를 얻은 귀족집안의 자녀들—는 집안의 전통을 계승해야만 했다. 군주는 전쟁 지휘관의 계급을 획득한 사람들 가운데에서 뽑았다.

그렇다고 해서 군주가 단순한 군인이었던 것만은 아니다. 또한 그는 사제도 아니었다. 비록 사제들이 항상 그의 주변을 맴돌며 불쾌하게 하루하루의 일과에 참견하기는 했지만, 군주 자신은 사제가 아니었다. 왕위 계승식에서 끔찍스러운 제문을 통해서 그는 "우리의 주인, 우리의 사형 집행인, 우리의 적"으로 인정되는데, 이것은 신민들에 대해서 그가 행사할 수 있는 권력을 정확히 보여주는 말이다. 매입된 유아들이나 노예들은 군주가 참석하는 제의적이고 유혈적인 희생 제사의 제물이 되어야만 했다.[55)] 결국 군주란 신들을 움직일 수 있는 능력을 가진 이 지상의 존재로 보는 것이 가장 좋을 것이다. 즉 아즈텍인들의 삶을 유지해주는 자연의 리듬들—특히 매일의 일출—을 너그러이 연주해주십사 신들에게 피의 제물을 바쳐야만 하는 존재인 것이다. 그러나 아즈텍인들의 사회 자체에서는 그러한, 제사에 사용될 제물의 수요를 충족시킬 만큼 충분한 희생양들을 조달할 수 없었다. 따라서 부족한 수요는 전쟁을 통해서 채워져야만 했던 것이다.

아즈텍인들의 중심적인 전쟁형태는 회전(會戰)이었고, 그것은 근거리 전이었다. 그러나 그들의 회전은 고도의 제의적 성격과 양측 모두가 인정하는 규칙으로 인해서 우리에게는 낯선 형태였다. 아즈텍인들의 금 세공술은 놀랄 만큼 뛰어난 것이었다. 그러나 그들은 그때까지 철이나 구리를 발견하지 못했다. 그래서 그들이 사용한 무기는 주로 활과 화살, 창과 아틀라틀(atlatl), 즉 창을 더 멀리 날아가도록 하는 지레 장치였다. 그들이 선호한 무기는 목검으로, 그것은 자르는 쪽에 날카로운 흑요석이나 석편(石片)이 박혀 있었고, 살상용이 아니라 상해용이었다. 전사들은 화살로부터 몸을 보호하기 위해서 면으로 누빈 "갑옷"을 입었고—후에 에스파냐 정복자들도 아즈텍인들과 싸울 때, 자신들의 강철 가슴받이가 너무 덥고 멕시코에서는 무용지물임을 깨닫자, 그것을 채택했다—작고 둥근 방패를 지니고 다녔다. 전사들의 목표는 주로 적과 근접전을 벌임으로써 적의 방패 아래 다리 부분을 공격하여 움직이지 못하게 만드는 것이었다.[56]

아스테카의 군대는 그들의 사회와 동일한 계급구조를 가지고 있었다. 전선에서 영토 쟁탈전을 해야 하는 전사들의 대다수는 양성소를 갓 졸업하고 포로노획 방법을 배우기 위해서 그룹 별로 조직된 신참들이었다. 그들의 상급자들은 그들이 반드시 노련한 전사들에게 교육을 받도록 했으며, 그들 각자는 이전의 전투에서 노획한 포로의 수에 따라서 등급이 매겨졌다. 7명을 사로잡은 수석 전사는 일대일 대결을 벌였는데, 가장 훌륭한 전사복장을 함으로써, 누구나 알아볼 수 있었다. 그 대결에서 한 사람은 반드시 죽어야만 했다. 만약 도망을 가면, 그는 동료들의 손에 죽임을 당했다. 이런 전사들은 아스테카 전쟁의 "광포한 전사들"이라고 불려왔다. 그들은 전장에서 용기의 모범을 보여주었고, 아스테카의 질서가 서 있는 도시생활에서는 다른 어느 누구에게도 인정되지 않는 방종한 생활방식이 허용되었다.

그러나 "위대한 전사들이란 바로 독립적인 사냥꾼들이었다." 그들은 "전장의 먼지와 혼란 속을 헤치며, 자기와 동등하거나 이상적으로는 바로 한 계급 높은 적을 찾아 헤맸다"(고전연구가들과 중세학자들은 호메로스의 서사시와 중세의 기사들이 수행했던 전투에 비추어서 이러한 행위규범을 인식할 것이다).

> 맞대결은 그들이 선호한 형태였다. ……[전사들이] 목적하는 바는 주로 다리를 가격하여—오금의 건을 자르거나, 무릎을 분질러서—적을 쓰러뜨림으로써 움직이지 못하게 된 적을 제압하는 것이었다. 전사가 적의 머리타래를 잡는 것만으로도……적을 효과적으로 굴복시키기에 충분했다. 그런데도 포로를 묶어서 후방으로 이송하려고 오라를 들고 다니는 사람이 있었다.

아즈텍인들은 전쟁에서 개별적인 포로노획이 핵심목적이었기 때문에, 포로를 잡지 못한 동료를 진급시킬 요량으로 자신이 잡은 포로를 넘겨주면 두 사람 모두 사형에 처해졌다.[57]

화살의 교환으로 시작된 전투는 개별적인 일대일 결투가 그 속에서 벌어질 수도 있는 혼란스러운 집단싸움 상태로 이어진 다음, 테노치티틀란이라는 큰 도시로 포로들을 이송하는 것으로 끝맺는다. 승자들은 자신들의 갈 길을 갔다. 전쟁에서 선봉 역할을 한 투사들은 다음 전투를 위해서 휴식을 취했고, 중간계급의 전사들은 추측컨대 명예퇴역해서 관료조직의 한 자리를 차지하려고 했을 것이다. 최근 전투를 포함해서 두세 번의 전쟁에 참가하고도 포로를 잡지 못한 전사들은 전사학교에서 쫓겨나서 쉴 새 없이 일거리를 찾아야 하는 짐꾼의 지위, 즉 아스테카 사회의 최하층 계급으로 밀려났다. 포로의 시련은 오직 이제 시작에 불과했다.

아스테카의 전투에서는 수천 명의 포로가 노획되기도 했는데, 그것은 승리가 정복으로 이어졌을 경우였다. 아즈텍인은 예속민인 와스테크족의 반란을 진압한 뒤, 대략 2만 명 정도를 도시로 이송하여 새로 지은 피라미드 사원의 제물로 바쳤다. 그리고 사원의 꼭대기에서 그들의 심장을 떼어냈다. 포로 중 일부는 매입하거나 조공으로 받은 노예들과 함께, 1년에 네 차례 있는 대축제에서 희생시킬 목적으로 보호되었다. 그러나 해마다 첫 번째 축제인 틀라칵시페우알리츨리(Tlacaxipeualiztli), 즉 사람 가죽 벗기기 축제에서는 한 무리의 선택된 희생자들이 죽임을 당했는데, 그들의 포획방법과 처형형식은 아즈텍인들의 전쟁수행 형태와 그들의 전쟁에 대한 생각을 집약적으로 보여주었다. 이런 특정한 군사적 교류는 극히 양식화되어 있었다. 나우아틀어를 공통어로 사용하는 아즈텍인과 이웃 종족들 사이에서 벌어지는 "꽃" 전투("flower" battle : 전사의 몸을 화려하게 색칠한 데에서 비롯됨/역주)는 희생제물로 적합한 최고위 전사계급의 포로를 잡기 위한 전투였다. 이 전쟁은 미리 준비된 것이었고 희생자들의 운명은 정해져 있었다.[58)]

각각의 전사 양성소가 잡은 400명의 포로들 가운데 단 한명이 "가죽 벗기기"를 위해서 선택되었다. 처형장소로 데려가기 이전까지의 준비기간 동안에는 그는 귀빈 대접을 받았다. 그를 잡은 전사와 그의 헌신적인 젊은 측근들은 그를 "끊임없이 찾아와서 치장해주고, 경의를 표했다." 비록 그를 기다리고 있는 끔찍한 운명을 떠올리며, 동시에 "조소하기"도 했지만 말이다. 마침내 축제의 날이 오면, 그는 승려들에게 둘러싸여 죽음의 반석으로 끌려갔는데, 대중이 모두 볼 수 있게끔 높은 단상 위에 올려졌고, 밧줄로 묶여져서, 고통에 가득 찬 그의 죽음을 위해서 거기서 그는 단장되었다.[59)] 반석 위에 올라선 희생자는 그를 공격할 4명의 전사보다 높이만 따지면 유리했다. 또한 전사들에게 던질 4개의 몽둥이도 받았다. 그러나 그의 주무기였던 전사의 칼에는 석편이 아닌 새의 깃털이 달려 있었다.

적보다 높은 위치에 있고, 살인을 금기시했던 전쟁터의 지배적인 분위기로부터도 자유로워진 그 희생자는 전에 없이 마음대로 그의 무거운 몽둥이를 휘둘러서 상대방의 머리를 공격할 수 있었다. [아즈텍인] 투사들에게도 유혹적일 만큼 손쉬운 목표물이 제공된 것이었다. 그들은 전쟁터에서처럼 희생자의 무릎이나 발목에 정확한 일격을 가해서 그를 움직이지 못하게 만든 다음, 무력화할 수도 있었다. 그러나 그런 일격을 가한다면, 구경거리를 보여줄 기회를 포기하고 그에 따르는 영광을 저버리는 일이었으므로, 애써 그런 유혹을 억눌러야만 했다. 모든 사람들이 보고 있는 이 부담스러운 상황에서 그들의 관심은 오히려 어려운 무기 사용 기술을 과시하는 것이었다. 그래서 그들은 일부러 시간을 끌어가며, 날이 얇은 칼로 조심스럽게 희생자의 몸을 정교하게 잘랐다. 살아 있는 희생자의 피부는 피로 얼룩졌다[이 모든 과정은 "가죽 벗기기"라고 불렸다]. 결국 희생자는……힘이 빠지고 피를 많이 흘려서 비틀거리다가 쓰러지고 말았다.

희생자가 쓰러지면, 투사들은 의식의 일부로 그의 가슴을 열고 아직까지 뛰고 있는 그의 심장을 꺼냄으로써 마무리를 지었다.[60)]

그를 사로잡은 사람은 이러한 잔혹한 의식에 참여하지는 않았다. 그는 다만 처형대 아래에서 지켜보기만 했다. 그러나 희생자의 머리가 사원 전사를 위해서 잘려지자마자, 그는 죽은 이의 피를 마셨고 그 몸뚱아리를 자기 집으로 가지고 갔다. 그리고 제물로서 사지를 절단하여 분배했고, 그 가죽을 완전히 벗겨냈다. 그리고 그는 보고 있었다. 그의 가족들이

의식의 작은 일부로, 죽은 전사의 살조각이 둥둥 떠 있는 옥수수 스튜로 식사를 하는 것을. 그러면서, 그들은 비슷한 운명에 처했으리라고 여겨

지는 자기 종족의 젊은 전사들을 위해서 눈물을 흘리며 슬퍼했다. 그 울적한 "잔치"를 위해서 그 희생자를 사로잡은 사람은 영광스러운 포획자 복장을 벗고, 죽은 포로가 썼던 초크와 깃털로 그 포로처럼 희게 분장을 했다.

그러나 그—처형 준비기간 동안에 희생자를 "사랑하는 아들"이라고 불렀고, 희생자로부터는 "사랑하는 아버지"라고 불렸으며, "가죽 벗기기"가 진행되는 동안 그와 함께할 "삼촌"을 선임해주기도 한—는 곧이어 다시 포획자 복장으로 갈아입었다. 또한 죽은 희생자의 가죽을 걸쳤으며, 가죽과 가죽에 붙어 있던 살점이 썩어 흐물거릴 때까지, 그것을 걸쳐볼 수 있는 "특권을 누려보려고 애걸하는 사람들에게" 빌려주기도 했다. 이것은 바로 "가죽이 벗겨진 우리의 주인", 즉 그의 죽음에 앞서 4일 동안 죽음의 반석에서 행해지는 의식에서 연습을 했고, 자신의 심장을 네 차례에 걸쳐서 상징적으로 꺼내 보였으며, 죽음의 반석으로 가서 자신보다 먼저 희생자 명단 위에 올라간 자들이 죽음의 투쟁을 치르는 모습을 지켜보기 전까지 자신의 "사랑하는 아버지"와 마지막 밤을 지새우기도 한 희생자에게 바치는 그들의 마지막 선물이었던 것이다.

클렌디넨은 말로 다 할 수 없는 역경 속에서도 희생자를 지탱해주었던 것은 "'만약 그가 잘 죽으면, 그의 이름이 길이 남고, 고향 마을의 전사들의 집집마다 그에 대한 찬사의 노래가 불릴 것이다"라는 믿음이었다고 암시한다. 적어도 전사의 행위에 관한 한, 유럽의 서사시와 영웅담에서도 이와 비슷한 경우를 많이 볼 수 있다. 디엔 비엔 푸가 항복한 후 베트남의 카메라 앞을 행진하라는 말을 들었을 때 "차라리 죽겠다"고 말한 비거드 대령이나, 혹은 제1차 세계대전 당시 빅토리아 십자훈장을 받은 오스트레일리아의 한 참전용사를 떠올리면 될 것이다. 이 용사는 싱가포르가 함락되자, 수류탄을 손에 쥐고 "내게 항복은 없다"라는 말을 외치며 일본군 진영을 향해서 단신으로 뛰어들었고, 그후로 그를 본 사람은 아무도 없었다. 그러나 이러한 것만으로는 전장에서의 전사들과 집단의 관계를 설명하기에는 부족하다. 특히 전쟁에는 인적 손실과 비례적인 관계가 있는 물질적 지표가 있다고 생각하는 현대인들은 전혀 이해할 수 없을 것이다. 그러나 잉가 클렌딘넨은 궁극적으로 아스테카의 전쟁수행에서 물질적인 것은 아무것도 없었다고 주장한다. 그들은 자신들이 중앙 멕시코 계곡 문명의 전설적인 창시자들인 톨텍족의 자손들이고, 톨테카 제국의 영광을 되살리는 것이 자기들의 소명이라고 믿었다. 마침내 그들은 그 꿈을 이루었지만, 그것은 신이 인도해준 덕택이었고 신의 도움이 없으면 당장에라도 무너질 것이라고 생각했다. 그런데 신은 그들에게 세상의 모든 것, 즉 값진 것에서부터 심지어는 아주 하찮은 것까지도 바치기를 원했고 무엇보다도 살아 있는 인간을 제물로 바칠 것을 요구했다. 그래서 그들은 "인접 지역의 마을들로부터 톨텍족의 정통성에 대한 그들의 주장을……[이웃 마을이] 받아들이는 [증거로서] 최대의 조공을……받으려고 하면서도", 훨씬 더 중요하게 여긴 것은 내적인 수용의 자세를 외적으로 보여주는 것이었다. 그리고 그것은 신들이 요구한 피의 제의에 협조함으로써 가능했다. 아즈텍인들이 이웃 종족에게 요구한 것은 "그들과 그들의 운명의 평가"를 인정하는 것이었다.[61]

그러한 운명—무자비하고 피에 굶주린 신의 비위를 끊임없이 맞추어야만 하는—은 근대인의 세계관과는 전혀 다른 것이기 때문에, 아즈텍인들의 전쟁을 근대인이 생각하는 합리적인 전술 및 전략체계와는 전혀 무관한 이상한 것이라고 결론짓고 쉽게 잊어버리고 싶은 충동이 이는 것도 사실이다. 그러나 그것은 우리가 안보를 위한 요구를 신이면서 동시에 세상일에 직접적으로 관여하는 존재에 대한 믿음으로부터 분리해왔기 때문이다. 아즈텍인들은 그와는 정반대로 생각했다. 신의 요구를 거듭 만족시킴으로써만이 신의 무자비함을 유보시킬 수 있다고 보았던 것이다. 그 결과로, 그들의 전쟁은 전쟁을 통해서 성취해야 할 목적 즉, 포로노획—그들 중 일부는 제의적인 죽음을 기꺼이 받아들여야 한다—에 대한 신념에 의해서 제한되었다.

더 나아가서 좀더 주목할 만한 결과는 아즈텍인들의 일차적인 무기가 살상용이 아닌 상해용으로, 애초부터 어떤 한계하에서 고안되었다는 것이다.

아즈텍인들의 전쟁은 이러한 설명에 반하는 중요한 특성이 하나있다. 지금까지의 설명은 단지 아즈텍인들의 힘이 최강에 이른 단계에서 수행되었던 전쟁에 대해서만 말해줄 뿐이다. 다시 말해서 그들이 그런 힘을 얻으려고 노력할 당시의 전쟁의 모습은 보여주지 않는 것이다. 추측컨대, 당시의 그들은 자신들에게 반대하는 사람들을 다른 모든 정복자들이 그랬던 것처럼, 교살했을 것이다. "꽃 전투"는 상당히 정교화되고 확신에 찬 사회에서나 볼 수 있는 제도이다. 잠재적인 침략자의 도전을 받지 않음으로써 전쟁수행을 제의화할 여력이 있는 사회에서나 가능한 것이다. 아즈텍인들의 사회는 또 엄청나게 부유한 사회였다. 그들은 자신들의 포로들을 생산적인 작업에 충당하거나 노예로 타 지역에 팔지 않고, 소모적인 희생제물로 쓸 만큼 넉넉한 부를 소유했던 것이다. 유적의 규모와 기능의 측면에서 아스테카 문명보다 뛰어난, 중앙 아메리카의 마야 문명은 그와는 반대였던 것 같다. 귀족인 포로들만을 의식에서 희생시키고, 나머지는 일을 시키거나 시장에 내다 팔았던 것이다. 마야인들의 관습은 다른 호전적인 종족들에 더 가까운 형태이다. 그들에게 노예획득은 보통 전쟁수행의 중요한 보상이었고, 때로는 전쟁의 주된 동기였기 때문이다.[62]

전쟁에서 싸운 아즈텍인들은 정규 군인들이 아닌 전사들이었다. 말하자면, 그들은 조직에서의 위치 때문에 싸운 것이지, 의무나 급여 때문에 싸우지는 않았다. 그들은 또한 석제 무기를 가지고 싸웠다. 이러한 두 가지 조건이 우리가 지금 고찰하고 있는 종류의 전쟁을 규정한다. 아즈텍인들의 전쟁은 분명히 금속시대 이전의 전쟁을 가장 정밀하게 그리고 가장 기이한 형태로 보여주고 있다. 그래도 역시 아즈텍인들의 전쟁은 금속의 발견과 그 이후의 군대양성에 기초한 전쟁형태보다는 마오리족, 심지어는 마링족과 야노마뫼족의 전쟁형태에 속한다. 이 네 종족이 수행한 전쟁은 근거리전이었는데, 그들이 사용한 무기들은 몸을 관통하기가 거의 불가능한 것이었고, 그래서 머리나 몸통의 관통상을 막는 데에 필요한 견고한 보호장치 없이 행해졌다. 그들은 전투에 고도의 제의적이고 의식적인 성격을 부여했다. 그러한 전투의 동기와 목적은 현대인들이 전쟁에서 인식하는 원인과 결과와는 전혀 무관했던 것이다. 일반적으로 복수와 모욕에 대한 보상이 전쟁의 동기였고, 신화적 필요나 신적 요구를 충족시키는 것이 그 목적이었다. 그와 같은 원인과 결과는 터니-하이가 "군사적 지평선"이라고 부른 것의 아래쪽에서만 존속할 수 있다. 그러나—감히 묻건대—전쟁은 언제, 어떻게 그리고 왜 시작되었는가?

## 전쟁의 시작

우리는 "역사"의 시작을 인간이 문자를 사용하던 시점으로, 아니 좀더 정확히 말하면, 우리가 문자라고 인식할 수 있는 흔적을 남겨놓은 시점으로 보고 있다. 지금의 이라크인 수메르 지방 사람들이 남긴 그러한 흔적들은 기원전 3100년경으로까지 거슬러 올라간다. 비록 거기에 사용된 상징의 선행 형태들은 5,000년 이상된 것으로, 기원전 8000년경, 즉 인간이 사냥과 채집 생활을 끝내고 정착하여 농경생활을 시작하던 시기의 것일 수 있지만 말이다.

현생인류인 호모 사피엔스 사피엔스(*Homo sapiens sapiens*)는 분명히 수메르 지방 사람들보다 훨씬 이전 사람들이다. 그리고 현생인류의 조상들—신체의 크기, 동작 그리고 그 능력 면에서 유사한—은 또 더 이전의 사람들이어서 그들과 우리와의 시간적 거리를 계산하는 일은 별다른 의미가 없다. 역사학자 J. M. 로버츠는 선사시대—문자 이전의 그 무한한 시간—에 대해서 우리가 알기 쉽게 도표화를 시도했는데, 그것에 따르면, 예수의 탄생을 20분 전에 일어난 일로 보면, 수메르 지방 사람의 출현은 40분 전의 일이며,

서유럽 지방에 "생리학적으로 현생인류와 유사한 인간"이 등장한 것은 바로 대여섯 시간 전의 일이고, "인간과 비슷한 특성을 지닌 생물"의 출현은 현재로부터 2-3주일 전의 일로 볼 수 있다고 한다.[63)]

전쟁의 역사는 문자의 사용과 함께 시작된다. 그러나 선사시대의 전쟁도 무시할 수는 없다. 선사시대 연구가들은 인류학자들처럼 인간이—그리고 "현생인류 이전의 인간"이—다른 인간에 대해서 폭력적이었느냐의 문제를 놓고 첨예하게 갈라져 있다. 이런 논쟁에 뛰어드는 것은 위험한 일이다. 그러나 우리는 적어도 그들이 무엇에 대해서 논쟁하고 있는지는 알아야 한다. 논쟁은 남성과 여성의 사회적 역할의 구별로부터 시작된다고 말할 수 있다. 인간의 조상으로서 대략 500만 년 전의 생존 흔적이 발견되고, 150만 년 전의 흔적도 입증이 가능한 오스트랄로피테쿠스(*Australopithecus*)는 음식을 먹는 장소를 정해놓고 있었다고 보이는데, 아마도 거기에 거주했던 것 같고, 최초로 도구, 즉 석편과 같은 따라서 뾰족한 차돌을 사용했음이 분명하다. 탄자니아의 올두바이 협곡에서 발견된 유적들 중에는 골과 뇌를 파내기 위해서 사용되었던 부서진 동물의 뼈들이 남아 있었다.

오스트랄로피테쿠스의 자손은 그 어미가, 포유 영장류들이 일반적으로 그러하듯이, 배우자와 함께 밖으로 나도는 동안 어미에게 오랫동안 매달려 있을 수 있는 능력을 상실했다는 주장이 있어왔다. 그래서 음식을 먹는 장소는 수컷들이 먹을 것을 가져오는 집이었다고 한다. 오스트랄로피테쿠스의 후손으로 약 40만 년 전에 살았던 호모 에렉투스(*Homo erectus*)에게서는 이러한 경향이 한층 강해졌다. 어미 뱃속에 있는 호모 에렉투스의 뇌 용량이 크게 늘어났고, 그 결과 머리도 커졌는데, 몸 크기는 그에 비례해서 커지지 않았다. 유아기의 호모 에렉투스는 오스트랄로피테쿠스보다 더 오랜 기간의 보살핌이 필요했는데, 그 결과 그 어미는 먹이를 먹는 장소에 더욱 묶이게 되었다. 임신 중에 아기의 커진 머리를 수용하기 위해서 여성 호모 에렉투스가 겪은 신체적 변화 때문에, 여성은 음식을 구해오는 일에 적합하지 못하게 되었다. 진화의 이 단계에서 여성에게 번식기—다른 포유류들처럼, 새끼를 가질 수 있는 제한된 기간—가 없어졌고, 항시 남성들의 시선을 끌게 되었다는 주장이 있어왔다. 따라서 남성은 여성을—혹은 여성은 남성을—배우자로 선택하게 되었을 것이고, 가까운 혈족관계 내에서의 성관계를 피했으며, 결국에는 금지되었을 것이다. 번식기가 없어짐으로써, 즉 발정기의 흥분으로부터 자유로워짐으로써, 여성은 성장이 늦고 뇌 용량이 큰 자기의 자손을 키우는 데에 필요한 세심한 모정을 안정적으로 발휘하게 되었다는 것은 확실한 것 같다.

어쨌든, 이것이 가족단위의 성장, 그에 따른 식량과 주거문제 해결의 필요성 그리고 가족 내의 결속의 필요성에 대한 한 가지 설명이다. 로버츠에 의하면, 호모 에렉투스는 "거주를 위한 구조물(가장 큰 것은 길이가 때로는 50피트에 달하고, 돌을 깔거나 맨땅 위에 나뭇가지로 세운 오두막들), 최초로 나무를 가공하여 만든 도구들, 즉 최초의 나무창과 최초의 용기였던 "나무 사발"의 유물을 통해서 그들의 가족과 사회생활의 자취까지도 우리에게 보여주고 있다.[64] 물론 당시의 그들은 먹을 수 있는 식물의 뿌리, 잎사귀, 열매와 갑충류의 애벌레를 채집하기만 한 것이 아니라, 크고 작은 포유류를 사냥하기도 했다. 호모 에렉투스는 기후의 변동이 심해서 빙하기의 도래와 후퇴에 따라서 식물들이 시들어버리기도 하고 번성하기도 하던 광대한 지역을 가로질러 사냥감 동물들이 이동하던 환경 속에서 살고 있었다.

이러한 기후변동 사이에는 시간상으로 큰 휴지기가 있었다. 100만 년간 지속된 뒤에 약 1만 년 전에 끝난 빙하기에는 4번의 간빙기가 있었던 것으로 밝혀졌다. 그리고 많은 소수집단들이 환경의 변화를 견디지 못하고 죽어갔음이 분명하다. 그런데도 그중 일부는 환경변화에 적응했고, 불의 사용법을 알게 되었으며, 많은 사람이 나누어 먹을 수 있는 거대한 포유동물들을 사냥하는 기술—아마도 협동하는 기술일 것이다—을 습득했다. 사냥 무리들이 힘을 합하여 코끼리, 코뿔소 혹은 매머드를 절벽이나 늪으로 몰아서

원시적인 무기들을 사용하여 죽였던 것 같다.[65)]

지금까지 발견된 것들 중 최초의 석제 도구들은 수렵용으로 사용될 수 없는 것들이었으며, 따라서 전쟁에도 사용되었으리라고 보기는 어렵다. 오스트랄로피테쿠스는 손에 쥐고 쓰는 자갈을 사용했는데, 그것은 대강 다듬은 것이어서 별로 날카롭지 않았다. 그런데 돌을 다듬고 나면, 특히 가장 유용한 돌로 밝혀진 부싯돌(flint)의 경우에 부서진 조각이 남는다. 인간은 돌덩어리와 그것을 깎고 남은 파편들이 모두 가치 있는 것임을 알게 되면서부터, 두 가지 모두를 세심하게 생산하기 시작했다. 인간의 기술이 발달하고 또한 압력도구로서 처음에는 돌모루를, 다음에는 뾰족한 뼈끝을 사용할 수 있게 됨에 따라서, 인간은 큰 도구의 선단부분과 양날의 필요한 부분을 날카롭게 한 정교한 긴 칼날을 만들 수 있었다. 사실 이러한 도구들은 사냥무기로 사용되었다. 창날 촉은 투척이나 찌르는 데에 사용되고, 도끼날은 쓰러진 사냥감의 몸통을 자르는 데에 사용되었다. 이렇게 정교한 도구들은 1만 년에서 1만5,000년 전의 구석기시대 말기유적에서 발견되고 있다.

인간이 커다란 동물들과 겨루어온 수십만 년의 기간이 그러했듯이, 그 당시는 폭력적인 시기였다. 이탈리아의 아레네 칸디데 지방에서는 구석기시대 말기 즉, 적어도 1만 년 전에 죽은 젊은 남자의 뼈가 발견되었다. 그의 아래턱뼈와 어깨뼈, 견갑골 그리고 상부 대퇴골 일부는 떨어져나가고 없었는데, 함정으로 파놓은 굴이나 구덩이에 빠진 몸집이 크고 사나운 곰, 혹은 다른 동물에게 물린 것으로 보인다. 그 상처는 그에게 치명적이었다. 그것은 그의 시신을 살펴보면 알 수 있는데, 손상 부위가 찰흙과 황토로 메꿔진 채 정성스럽게 매장되어 있었던 것이다.[66)] 그는 곰사냥의 역사에서 불행한 희생자였을 수도 있을 것이다. 왜냐하면 트리에스테에서 발견되어 10만 년 전 마지막 간빙기의 것으로 밝혀진 곰의 두개골 속에서 돌화살촉이 발견되었기 때문이다. 그 돌화살촉을 통해서 우리는 호모 사피엔스 사피엔스의 조상인 네안데르탈인(Neanderthal man)이 칼날을 손잡이에 직각으로 고정시키는 방법을 익히 알고 있었기에, 가까운 거리에서는 두개골을 관통시켜서 치명상을 입혔다는 것을 알 수 있다.[67] 같은 시기에 사용되었던 무기로는 주목(朱木)으로 만든 창이 있는데, 그것은 슐레스비히-홀슈타인에서 죽은 코끼리의 갈비뼈 속에 꽂힌 채로 발견되었다. 한편 팔레스타인에서 발굴된 네안데르탈인 유골의 골반에는 창날 촉에 깊이 뚫린 뚜렷한 흔적이 남아 있다.

이 모든 것을 통해서 우리는 수렵인들이 용맹했고 기술도 뛰어났음을 알 수 있다. 선사학자들인 브뢰유와 로티에는 이렇게 말한다.

> 동물로부터 [수렵인을] 분리시키는 큰 심연[은 없었다]. 그 둘 사이의 연결고리가 아직 끊어지지 않았고, 인간은 여전히 자기들처럼 죽이고 먹으면서 살던 주위의 동물들을 가깝게 느꼈다. ……거기에다 수렵인은 후에 문명이 무디게 만들어버린 능력들을 여전히 가지고 있었다—신속한 동작과 고도로 단련된 시각, 청각, 후각, 극대화된 육체적인 강인함, 사냥감의 성질과 습성에 대한 상세하고도 정확한 지식, 당시의 원시적인 무기를 사용하여 최대한의 효과를 볼 수 있는 기술.[68]

이러한 것들은 물론 시대를 초월하여 요구되는 전사들의 자질들이므로, 현대의 특수요원 양성을 위한 군사훈련 교육기관들 역시 이런 자질들을 훈련생들에게 다시 심어주기 위해서 많은 시간과 비용을 투자하고 있다. 현대의 군인들은 살아남기 위해서 사냥하는 법을 배운다. 그러나 선사시대의 수렵인들이 사람을 상대로 싸웠을까? 그에 대한 증거는 충분하지 못하고 종종 모순되기도 한다.

창에 맞은 흔적이 있는 네안데르탈인의 골반은 전혀 그 증거가 되지 못한다. 왜냐하면 그는 격렬한 사냥 과정에 참여했다가 우연한 사고로 창을 맞았을 수 있기 때문이다. 바로 옆 동료의 무기가 가장 위험하다는 사실은 무기를 다루는 사람이라면 누구나 알고 있을 것이다. 그렇다면 대략 3만5,000

년 전 마지막 빙하기부터 등장하기 시작한 놀랄 만한 동굴예술은 아직 수렵문화에 속하던 인간의 다른 인간에 대한 잔인성을 보여주는 증거를 제공하는가? 그 당시에 존재했던 지구상의 인간은 호모 사피엔스 사피엔스였다. 그들은 네안데르탈인보다 약 5,000여년 전에 출현했지만, 오늘까지 그 어느 선사시대 연구 학자도 설명할 수 없었던 방식으로 네안데르탈인들을 급속히 밀어냈다. 수천 개의 동굴화들이 전 세계의 유적에서 발견되어왔고—지구의 인구가 100만 명 이하였던 시기의 동굴화들—가장 초기의 것들 중에서 3만5,000년 전의 것으로 보이는 130개의 동굴화에서는 인간 또는 그와 비슷한 존재가 나타나고 있다. 일부 전문가들은 그런 그림들이 죽은 사람이나 죽어가는 사람을 나타낸다고 생각하고 있다. 일부는 또한 숭배의 대상으로 묘사된 동물들에는 찌르는 창, 던지는 창 또는 화살의 상징들이 있다고도 생각한다. 그러나 그에 동의하지 않는 사람들도 많다. 그림에 등장하는 대다수 인간은 평화롭게 보인다. 따라서 화살을 나타내는 상징들은 "성적 의미의 상징들—또는 아무런 의미도 없는 낙서들"일 수 있다.[69)]

어쨌든 구석기시대의 인간들은 아직 화살을 발명하지 않았다.[70)] 그러나 신석기시대 초기, 즉 약 1만 년 전에 "무기기술의 혁명이 일어났다. ……네 종류의 놀랄 만큼 강력한 신무기가 등장했다. ……활, 투석기, 양날 단검(비수)……그리고 철퇴가 그것이다." 투석기, 양날 단검, 철퇴는 이전의 무기를 정교하게 개량한 것이었다. 철퇴는 몽둥이로부터, 양날 단검은 창날 촉에서 그리고 투석기는 투승(投繩, bolas), 즉 사슴이나 들소를 몰아서 도살 장소에 이르면 던져서 다리를 옭아매던, 가죽끈으로 연결된 한 쌍의 가죽으로 감싼 돌로부터 나온 것이었다."[71)] 창을 던지는 지레 장치도 간접적으로는 투석기의 선행 형태였던 것 같다. 작동원리가 동일하기 때문이었던 것이다.

그러나 활은 최초였다. 활은 인류 최초의 기계라고 보아도 좋을 것이다. 작동부분들을 가지고 있었고, 근육의 힘을 역학적인 힘으로 전환시켰기 때문이다. 신석기시대의 인간이 어떻게 활을 고안했는지에 대해서 우리는 추측조차 할 수가 없다. 어쨌든 일단 발명이 되자, 활은 급속도로 전파되었다. 까닭은 마지막 대빙원이 점차적으로 물러났기 때문이라는 주장이 가장 타당성 있게 받아들여진다. 온대지역의 기온상승으로 인해서 사냥감 동물들의 이동과 이주에 전면적인 변화가 일어났고, 쉽게 사냥감을 발견할 수 있었던 해양지역이 파괴되었다. 그러므로 수렵인 집단은 먹을 것을 찾아서 더 멀고 광활한 지역을 자유롭게 이동할 수 있게 된 동물들을 잡기 위해서, 그때까지보다 더 먼 거리에서 재빨리 지나가는 목표를 쓰러뜨리기 위한 수단을 강구해야 했던 것이다.

최초의 활은 구조가 매우 간단한 활(simple arrow)이었는데, 그것은 균질적인 나무줄기의 한 부분으로, 보통 묘목만한 길이였고, 탄력성과 압축성이라는 상반된 특성을 제대로 갖추지 못한 것이었다. 백목질[白木質, 邊材]과 적목질[赤木質, 心材]을 조합하여 만든 후대의 긴 화살은 탄력성과 압축성이 적절하게 조화됨으로써 화살을 더 멀리 보낼 수 있었고, 관통력도 좋았다. 그러나 아무리 단순한 것이라도 활은 인간과 동물 세계의 관계에 큰 변화를 일으켰다. 인간은 더 이상 사냥을 위해서 목숨을 걸어가며 몸싸움을 벌일 필요가 없었다. 이제 그는 먼 곳에서도 사냥감을 해치울 수 있었던 것이다. 거기에서부터 로렌츠와 아드레이와 같은 동물행동학자들은 인간과 동물의 관계에서만이 아니라, 인간과 인간의 관계에서 새로운 도덕적 차원이 열리고 있음을 인식한다.

신석기시대의 동굴화는 궁수들이 전쟁과 같은 상황에서 대치하고 있는 모습을 보여준다. 아서 페릴은 에스파냐의 레반트 동굴화에서 전략의 뿌리들을 찾아볼 수 있다고 주장하고 있다. 그 근거로 우두머리 뒤에서 종대를 이룬 전사들과, 횡대로 활을 쏘는 전사들 그리고 페릴이 명명한 "4명의 무리"와 "3명의 무리"가 벌이는 접전에서 측면 이동을 하는 전사들이 있다는 것이다. 그러나 야노마뫼족(비록 돌을 주로 사용하지는 않았지만, 화살은 알고 있었던)과 마링족에 대한 지식을 통해서 보면, 위의 세 장면들이 모두 자기들의 힘을 형식적으로 과시하는 것이라고 설명할 수 있을 것이다. 예를 들면, 야노마뫼족의 우두머리는 몽둥이 대결이 위험한 지경에 이르면, 자신의 활로 전사들을 위협했다. 마링족은 "싸움 아닌" 싸움과 "진정한" 싸움 모두에서 후방으로부터 활을 쏘기는 했지만, 거리가 너무 멀어서 맞는 사람이 거의 없을 정도이다. "4명의 무리"의 궁수들과 "3명의 무리"의 궁수들이 근접해 있는 것은 실제와는 무관하고 단지 동굴화를 그린 사람의 구도 설정에 따른 결과일 뿐이라고 생각할 수 있다.

신석기시대의 궁수들을 현존하는 수렵인의 원형으로 간주하려고 할 때, 그들에게 강인한 전사적 기질이 있다고 보는 것은 위험한 일이다. 마찬가지로 그들이 평화적인 사람들이었다고 주장하는 것도 위험하다. 현존하는 수렵집단에 대한 연구에 혼신의 힘을 기울이고 있는 민족지학자들은 수렵-채집이 훌륭한 평화적인 사회규범과 양립가능하며, 심지어 그것을 촉진시킬 수도 있다는 견해를 지지하고 있다. 보통 남아프리카 칼라하리 사막의 산(곧 부시먼)족은 공격적인 행동을 삼가는 온화한 부족의 표본으로 간주된다. 그리고 말레이시아 정글에 틀어박혀 살고 있는 세마이족에 대해서도 비슷한 주장이 제기되었다.[72] 그러나 현존하는 수렵인들의 특성들로부터 거슬러 올라가서 인간 조상의 행위에 대한 언급을 시도한 때 생기는 문제는 석기시대 사람들이 오늘날의 수렵인들과는 크게 달랐으리라는 것이다. 예를 들면, 세마이족은 농작물 경작을 통해서 수렵을 보충하게 되는데, 농경은 동굴화가 그려지던 시대에는 알려져 있지 않던 생존수단이었다. 또한 그들은 분명 "사회에서 소외된" 집단이었다. 그들은 유목을 하는 반투족 때문에 지금 살고 있는 불모지로 밀려난 것이다. 도피적이면서 경쟁을 회피하는 습성을 가지게 된 것도 공격적인 이웃의 주의를 끌지 않겠다는 의도에서 비롯된 것인지도 모른다.

사실 수렵집단에 집중적으로 나타나는 사회풍조는 협동적인 사회와 경쟁적인 사회로 나누어질 수 있다. 위대한 백인 수렵인의 전형인 프레더릭 셀루스(1851-1917)가 1880년대의 짐바브웨에서 사냥할 당시, 그를 뒤따르는 수렵인들은 통제할 수 없을 정도로 늘어났는데, 그것은 굶주린 원주민들이 마음 좋기로 이름난 그의 수행원으로 따라붙었기 때문이다. 민족지학자들은 이와는 대조적인 경우로, 수렵인의 운이 다하게 되면 그는 수렵집단 내부에서의 권위를 즉각 상실하고, 심지어 그에게서 식량을 얻으려고 온 사람들의 희생이 될 수도 있었음을 언급한다. 마찬가지로 이웃한 부족들끼리는 동물들의 이동양태에 따라서, 또는 풍년에 뒤이어 흉년이 닥치거나 하면 힘을 합쳐서 사냥하는 법을 배울 수도 있었다. 아니면 서로 협동하지 않고, 자기의 사냥터를 마치 사유지인 것처럼 지키고 앉아서, 경계를 침범하는 자들을 죽일 수도 있었다. 동굴화에 대한 초기 해석자인 후고 오베르마이어는 동굴화의 한 장면이 자기 영토를 방어하는 석기시대인의 모습을 보여주고 있다고 믿었다.[73] 이집트 학 연구가들은 상(上)이집트의 제벨 사하바에 있는 악명 높은 117호 유적의 내용을 비슷하게 해석하고 있다. 그 무덤들 속에서는 모두 59구의 유골이 발굴되었는데, 그 다수가 부상을 입은 흔적이 있다고 F. 벤도르프는 기록하고 있다. 그 유골들은

> 110개의 유물들과 직접적인 연관이 있다. 그 유물들은 발사체의 미늘과 촉 또는 창으로서 몸을 관통했다는 것을 보여줄 만한 위치에 놓여 있다. 그것들은 부장품이 아니었다. 많은 유물들이 척추를 따라서 발견되었다. 그러나 명치, 하복부, 팔과 두개골 같은 다른 부분들에서도 발견되었다. 몇 개는 두개골 속에서 발견되었는데, 그중 2개는 아직까지도 [두개골의 중앙부분에 있는] 설상골 속에 박혀 있어서 그것들이 아래턱 밑에서부터 관통했음을 알 수 있다.[74]

남자 유골과 여자 유골의 수가 거의 같고 골상 부위에 가골(假骨 : 골절 부분에 생겨 유착작용을 하는 뼈 조직/역주)이 없는 것으로 볼 때, 치명상이

었음을 알 수 있으므로, 거기서 도출된 결론은 이렇다. 즉 누비아 지역에서는 빙하기 말에 기후가 불안정해짐으로써 급작스러운 건조현상—척박한 환경의 재도래—이 생겼고, 그로 인해서 수렵인들 사이에서 영역분쟁이 있었는데, 바로 그 희생자들의 유골이라는 것이다.

"선사시대 전쟁에 대한 최초의 포괄적인 증거를 이 유적에서 발견할 수 있다"고 페릴은 생각한다.[75] 그러나 그렇지 않을 수도 있다. 또다른 전문가가 주장하듯이, 유골들이 일정 기간에 걸쳐서 계속 매장되었을 수도 있다. 또한 유골의 주인들은 그들을 죽인 사람들과는 전혀 다른 문화를 가진 사람들일 수도 있다. 왜냐하면 나일 강 계곡의 상류지방은 신석기시대에는 잡다한 인종이 뒤섞여서 살던 곳이었기 때문에, 석기시대 수렵인들의 호전성과는 무관할 수도 있기 때문이다. 비록 정밀한 조사를 거치지는 않았지만 또 다른 네 번째 가능성도 있다. 즉 그 무덤들이 실제로 수렵인들 사이에 벌어진 전쟁의 증거를 보여주기는 하지만, 야노마뫼족과 마링족의 "기습공격"이나 "몰살전쟁"의 범주에 속하는 것일 수도 있다는 것이다. 유골들이 남녀로 이루어져 있다는 사실은 이러한 해석을 뒷받침해준다. 페릴이 "잔혹 살해(overkill)"라고 명명한 것 또한 이러한 해석과 일치하는데, 잔혹 살해란 두개골에서 화살촉과 창날 촉이 도합 21개나 발견된 젊은 여인의 유골에서 보듯이, 필요 이상의 상처를 입힌 것을 말한다. 특히 마링족은 "몰살전쟁"에 나설 때, 성이나 나이에 관계없이 붙잡을 수 있는 최대한의 사람들을 살해하려고 했다. 만약 유골의 손상이라는 증거가 집단학살을 보여주는 것이라면, 그것은 안타깝지만, 세계 곳곳에서 수세기 동안 행해졌던 인간의 행위와 일치한다. 1361년 비스뷔 전쟁의 시신 2,000구가 잠들어 있는 고틀란드(발트 해의 섬/역주)의 무덤 발굴물에서 확인된 가장 끔찍한 사실 중의 하나는, 많은 희생자들의 몸이 광범위하게 난도질—보통은 정강뼈를 따라서 반복적으로 칼질—을 당했다는 것이었다. 그런 상처들은 희생자들을 움직이지 못하게 만든 이후에나 가해질 수 있는 것이다. 그러나 앞에서 이미 말했지만, "기습공격"이나 "몰살전쟁"이나 어느 것이든지 간에 진정한 의미의 전쟁행위는 될 수 없다. 그 둘은 모두 "군사적 지평선 아래에" 존재한다. 군사작전의 결과로 일어난 하나의 사건이기보다는, 대량살인에 속하는 것이다. 만일 117호 유적의 희생자들과 그 가해자들이 모두 수렵문화인—최초의 발굴자들의 생각대로—이었다면 그리고 그들이 모두 한꺼번에 살해당했다면, 그 싸움의 끔찍한 결과는 신석기시대의 수렵인들이 따로 분리된 군사계급이나, "근대적인" 전쟁의 개념이 없는 원시적인 전사집단에 지나지 않는다는 견해를 강화시켜줄 뿐이다. 그들은 분명히 싸웠고, 매복공격을 했고, 기습도 했으며, "몰살"까지도 감행했을는지 모른다. 그러나 그들은 결코 승리와 정복을 위해서 자신들의 집단을 조직화하지는 않았다.

그러나 선사시대의 누비아에 살던 사람들 즉, 예나 지금이나 옥토와 불모지가 접하고 있는 그 지역의 거주자들은 원시적인 전쟁이 결국에는 어떻게 "진정한", 혹은 "근대적인" 또는 "문명화된" 전쟁으로 변모되었는지를 이해할 수 있는 열쇠를 제공할 수도 있다. 왜냐하면 117호 유적이 사냥감이 풍부한 영역을 놓고 벌인 수렵인들 사이의 싸움을 기록하고 있는 것이 아니라, 전혀 다른 경제생활을 하던 사람들 사이의 갈등을 보여주고 있다는 또다른 해석이 있기 때문이다. 나일 강 상류 계곡은 최후의 빙하기에 뒤이은 온난한 기후변화로 석기인이 새로운 정착 생활방식을 적용하는 데에 최적지였다. 그 지역에서 발견된 석기에 의해서, 그 지역 거주자들이 야생식물들을 거두어들이고, 채취한 낟알들을 갈아서 식용으로 사용하기 시작했음을 알 수 있다. 좀더 세심히 살펴보면, 그들이 아직 동물들을 가축으로 이용하지는 않았다고 하더라도, 잡아먹을 요량으로 동물들을 사육하기 시작했음도 알 수 있다.[76] 그들은 인간과 그 거주지와의 관계를 변형시키는 두 가지 생활양식인 목축과 농경으로 막 접어들고 있었던 것이다. 수렵-채집인들은 "영역(territory)"을 가질 수도 있고 그렇지 않을 수도 있다. 그러나 목축인들은 동물들을 먹일 목초지와 수원지를 가지고 있다. 농경인들은 토지를 가지고 있다. 인간이 일정한 장소에서 계절에 따라서 다른 노력—양의 출산을 돌보거나, 무리를 인도하고, 농작물을 심고, 거두어들이는 등—을 기울이며 정기적으로 그 대가를 기대하게 되면서, 소유와 권리에 대한 생각이 급속도로 싹트게 된다. 자신이 시간과 노력을 쏟고 있는 곳을 침범하는 사람들에 대해서는 토지 사용자이며 점유자로서 침략자와 권리 침해자에 대한 적개심도 마찬가지로 빠르게 생긴다. 기대가 확고하면, 그것이 위협받을 때의 반응도 마찬가지로 일정하다. 목축에서의 그러한 반응은 전쟁이며, 농업에서는 더욱 그렇다. 어쨌든 이런 것들이 117호 유적에 부여된 하나의 의미이다. 즉 당시 지구의 기온상승에서 특징적이었던 갑작스러운 기후변화가 일단의 수렵인들 또는 채집인들을 다시 나일 강 유역으로 되돌아오게 만들었고, 원래 그 지역에서 살고 있었던 최초의 목축인들이나 농경인들과 갈등관계를 빚게 되었다는 것이다. 그 유골의 주인들이 어느 쪽이었는지는 여전히 의문으로 남는다.

무기를 다루는 데에는 수렵인들의 기술이 월등히 나았을 것이다. J. M. 로버츠는 이렇게 생각한다. "귀족사회 개념의 뿌리는 수렵-채집인들, 즉 구(舊)사회질서를 대표하는 이들이 경작지에 묶여 있는 정착민들의 취약성을 성공적으로 착취(틀림없이 흔히 발생했을 것이다)하는 것에서 찾을 수 있다."[77] 사냥의 권리가 언제나 농민들을 지배한 사람들에 의해서 침해되고, 권리를 독점한 사람들은 또한 그것을 위반하는 농민들에게 잔혹한 처벌을 가하는 것은 보편적 현상이었음이 틀림없다. 그러므로 귀족들만이 누렸던 사냥 독점권의 철폐가 혁명의 주요한 요구사항 중의 하나였던 것이다. 그러나 수렵-채집인들은, 그들의 후계자라고 자칭하는 사람들—매부리들이나 산지기나 마방(馬房)지기 등의 우두머리—이 봉건사회의 빈농들과 농민들에게 위세를 떨치기 전까지, 이미 수세기 전에 쇠락하고 말았다. 그러므로 다음 침략이 도래하기까지 그 중간 시기 동안, 생태적으로 살기 좋은 지역의 주도권을 차지한 사람들은 땅이 주는 선물을 단순히 거두어들이는 정도에

만족하는 사람들이 아니라, 지표면을 변형시켜가며 부지런히 일하는 사람들이었다. 농업은 미래의 방식이었던 것이다.

빙하기의 쇠퇴로부터 수메르 문자가 등장하기까지 약 7,000년 동안, 인간은—그때까지도 석기를 사용하기는 했지만—티그리스-유프라테스 강, 나일 강, 인더스 강 그리고 황하 유역 등 대문명의 중심지가 된 여섯 지역에서 토지개간, 경작, 수확 등의 기술을 이전과 전혀 다른 방식으로 수차례의 시행착오를 거치면서 힘겹게 익혀가기 시작했다. 물론 인간이 빙하기의 생활양식으로부터 본격적인 농경생활로 직접 건너뛴 것은 아니었다. 역사가들은 인간이 군집동물들을 통제함으로써 목축을 시작했으며—이라크 북부에는 기원전 9000년경부터 목축이 시작되었다는 증거가 있다—야생 곡류를 체계적으로 모은 다음에 재배로 그리고 결국에는 수확량이 좋은 종자의 선택으로까지 점진적으로 진보해왔다는 데에 일반적으로 동의하고 있다. 그러나 어디서 그리고 어떻게 인간이 최초로 농경 정착지를 건설했는지에 대해서는 이론이 분분하다. 그것은 너무나 증거가 빈약하기 때문에 어쩌면 당연할 것이다. 농경 정착지에 대한 초기의 분석은 다음과 같았다. 즉 인간은 최초의 경작지로 근동지역의 강유역의 고지대를 선택했는데, 그것은 낮은 지역보다 땅도 비옥하고 습도도 알맞아서, 화전을 계속하면 비옥한 공지(空地)를 계속해서 만들 수 있었기 때문이다.[78] 이러한 이론을 뒷받침해주는 증거로는 그 시대에 등장한 새로운 종류의 석기, 즉 비중이 높은 현무암이나 화강암을 깎아서 연마했던 석기—신석기시대의 멋진 "마제" 도끼와 손도끼—가 있다. 일부 역사학자들은 "신석기 혁명(Neolithic Revolution)"이라는 개념을 제시했는데, 농경생활을 통해서 새로운 도구사용 기술이 요구되었거나, 아니면 새로운 도구에 힘입어서 보다 넓은 삼림지역으로의 진출이 가능했다는 것이다. 확실히 타제 석기로는 큰 나무들을 베어내기가 어려운 반면, 묵직하고 정교한 마제도끼는 아무리 큰 나무라도 쉽게 벨 수가 있었다. 이러한 고지식한 기술결정론은 그리 오래 가지 못했다. 그러나 이 이론은 신석기시대의 조상들이 비옥한 초승달지대(Fértile Créscent : 인간이 최초로 농경을 시작했다는 팔레스타인에서 페르시아 만에 이르는 초승달 모양의 지역/역주)의 측면 구릉 지역으로부터 큰 강 유역의 충적평야로, 또한 화전에서부터 홍수로 비옥해진 저지대의 한철 경작으로 농경기술에서 뛰어난 진보를 해왔다는 사실을 보여주고 있다.

그러한 움직임이 있었던 것은 틀림없는 사실이다. 그러나 훨씬 더 오래전인, 기원전 9000년경 전부터, 인간은 전혀 다른 농경생활 방식을 고안하기 시작했다. 해수면보다 600피트 낮은 요르단의 메마른 계곡 지역인 예리코에서 고고학자들은 기원전 7000년경 당시의 한 마을 유적을 발견했다. 이 마을은 8에이커에 달했고, 2,000-3,000명의 사람들이 주변 오아시스의 비옥한 지역을 경작하며 살던 곳이다. 그들이 경작한 밀과 보리의 종자는 그들이 사용하던 도구들 중 일부의 재료였던 흑요석과 마찬가지로 다른 지역에서 수입된 것이었다. 그보다 조금 후대에 오늘날의 터키 영토인 차탈휘위크에는 훨씬 더 큰 마을이 생겨서 발전을 계속했고, 결국 30에이커의 면적에 인구도 5,000-7,000명에 이르렀다. 그들은 상대적으로 보다 세련된 방식의 생활을 했다. 그곳에서 발굴된 유물로는, 무역을 통해서 수입된 것으로 여겨지는 많은 상품들과 다양한 종류의 토산품들이 있었는데, 이로써 우리는 그들의 노동이 분업형태를 띠었음을 알 수가 있다. 가장 흥미로운 것은 관개시설의 흔적이다. 관개시설이 있었다는 것은 그 지역 사람들이 지금까지는 큰 강 유역에 형성된 후대의 집단 거주지에서나 볼 수 있는 형태의 농업을 했음을 말해준다.

군사역사가들에게 의미 있는 것은 이 두 마을의 구조이다. 차탈휘위크 마을의 외곽 벽은 서로 연결된 주택들로 이루어져 있었는데, 침입자가 벽을 뚫는다고 해도, 그는 "마을 안이 아니라, 방 안으로 들어가게 되어 있었다."[79] 예리코의 경우는 더욱 인상적이었다. 기저부분의 두께가 10피트, 높이가 13피트, 둘레가 700야드인 벽에 둘러싸여 있었다. 벽의 하단에는 넓이

30피트, 깊이 10피트의, 바위를 깎아 만든 해자가 있었으며, 벽의 한 부분에 있는 벽보다 15피트 더 높은 탑에서는 사방을 조망할 수 있었다. 그것은 후대의 요새들처럼 돌출되어 있지는 않았지만, 주요 방어거점의 역할을 할 수 있었다. 더구나 예리코 성은 차탈휘위크 성처럼 흙으로 만든 것이 아니라 돌로 만든 것이었다. 이것은 이 성이 수만 시간의 인시(人時)가 소요된, 강도 높고 조직적인 작업계획에 따른 결과물임을 의미한다. 차탈휘위크 성의 구조가 단지 간헐적인 도둑이나 침략자를 막기 위한 것이었다면, 예리코 성의 구조는 그 목적부터 전혀 달랐을 것이다. 화약시대 이전의 군사 건축물을 특징지을 수 있는 두 요소, 즉 막벽(幕壁, curtain)과 본성(本城, keep)은 물론, 훨씬 더 오랫동안 영속된 해자까지 갖추었기 때문에, 강력한 요새, 즉 공성도구를 동원한 장기간의 공격을 막을 수 있는 진지구실을 했다.[80)]

1952-1958년 예리코 성의 발견에 의해서 집약농업, 도시생활, 장거리 무역, 수직적 계급사회 및 전쟁이 최초로 시작된 시점에 대하여, 당시의 지배적인 학술적 가정들을 전반적으로 재평가하지 않을 수 없었다. 기원전 3000년 전 이전의 어느 때, 메소포타미아의 관개농업 경제의 토대와 위에서 열거한 발전들이 이집트와 인도의 관개농업 경제에서 기인한 것으로 믿어지기 전까지는 그런 발전이 전혀 없었다는 것이 지금까지의 지배적인 생각이었다. 그러나 예리코 성이 발굴된 이후로는, 적어도 전쟁은 최초의 거대 제국이 성립되기 오래전부터 이미 인간을 괴롭히기 시작했다는 것이 확실해졌다. 뚜렷한 목표가 있고 체계적으로 조직되어 있으며 중무장한 적이 없었다면, 그들은 무엇 때문에 성벽과 망루 그리고 해자를 만들었겠는가?[81)]

그러나 예리코와 수메르 시대에 이르는 그 중간 기간 동안, 군사적 발전이 어떻게 이루어졌는지를 살펴볼 수 있는 어떠한 증거도 우리는 아직 가지고 있지 않다. 그것은 아마 여전히 광활하고 인적이 드문 세계에 살던 호모 사피엔스가 싸움보다는 자기 영역 넓히기에 전념했기 때문일 것이다. 유럽에서는 기원전 8000년경에 이미 농촌이 있었고, 농업지역은 1년에 대략 1마일의 비율로 서쪽의 더 비옥한 지역으로 나아감으로써, 기원전 4000경에는 영국에까지 이르렀다. 기원전 6000년경 그리스의 크레타 섬과 에게 해 연안에는 도시적 거주지가 있었고, 기원전 5500년경 불가리아에서는 도기산업이 발달한 한편, 기원전 4500년 무렵 프랑스 서북부 브르타뉴 반도의 농경민들은 조상을 기념하는 거석 무덤을 세우기 시작했는데, 아직까지도 그 일부가 남아 있다. 같은 시기에 인도에 살고 있던 6개의 주요 민족들 중 다섯은 인도 전역에 걸쳐서 여기저기 산재한 정착지에서 신석기시대의 생활방식을 영위하고 있었다. 기원전 4000년경에 중국 북부와 북서부의 비옥한 고원지대에서 발달했던 신석기시대 문화는 황하의 바람이 몰아온 황토를 기반으로 하여 번성했다. 아프리카, 오스트레일리아 그리고 아메리카만이 그때까지도 수렵-채집 문화로 남아 있었다. 비록 구대륙의 발달된 사냥 기술을 가지고 기원전 1만 년경 시베리아에서 베링 해협을 건너온 아메리카 인디언들은 덩치 큰 들소와 세 종류의 매머드를 포함하여 아메리카 대륙의 주요 사냥감들을 대략 1,000년 동안 성공적으로 멸종시키기는 했지만 말이다.

대부분의 지역은 인구밀도가 매우 낮았다. 비록 세계 인구가 기원전 1만 년경에는 대략 500만 명 내지 1,000만 명에서 기원전 3000년경에는 약 1억 명으로 늘어났지만, 그들은 거의 모두 지구 곳곳에 흩어져서 살고 있었다. 수렵-채집인 한 사람에게 필요한 영역은 1-4제곱마일이었다. 농경인들은 그보다 좁은 땅이라도 살 수 있었다. 기원전 1540년경 파라오인 아멘호테프 2세가 건설한 아케트아톤(오늘날의 텔 엘 아마르나/역주) 시의 인구밀도는 비옥한 농지 1제곱마일 당 500명이었던 것으로 짐작된다.[82] 그러나 이것은 풍족한 나일 강 유역의 낙원에서나 가능한 일이었고, 더구나 한참 후대의 일이었다. 기원전 6000년에서 기원전 3000년 사이의 동유럽에 산재한 농경 거주자들의 호구 수는 50-60가구를 넘지 않았다. 기원전 5000년경 라인 강 서쪽 지방의 농부들은 대삼림 지역에서 한 곳에 한동안 머물러 살다가 다시 이주하는 방식으로 화전을 일구며 살았는데, 그들 거주지의 인구는 300-

400명을 넘지 않았다고 한다.[83)]

궁핍하지만 그래도 역설적으로 그러한 여유가 있는 상황에서는 싸움에 대한 강한 충동이 있었을 리 만무하다. 몇 마일을 이동하여 화전을 일구려는 의지만 있으면 누구나 아무 대가 없이 땅을 사용할 수 있었다. 19세기까지도 핀란드의 가난한 농부들은 여전히 그렇게 살았다. 한편 수확량은 수확기가 아니라면 도둑질을 해도 별 소득이 없을 정도로 매우 낮았을 것임이 틀림없다. 게다가 훔친 물건을 수송하는 데에 따르는 어려움 때문에—짐꾸러미나 수레를 끌 동물도 없었으며 수송로도 없었다. 아마 심지어 담고 다닐 그릇조차도 부족했을 것이다—설혹 도둑질을 한다고 해도 아무런 소용이 없었을 것이다.[84)] 인간이란 높은 내적 가치를 지닌 확실한 보상이 있어야만 도둑질, 특히 폭력을 수반한 도둑질에 따르는 위험을 감수할 수 있다. 선박의 화물이 그런 기준에 부합되기는 한다. 그러나 기원전 4000년경에는 해적질의 대상이 될 만한 화물선 자체가 없었다. 많은 잉여 농산물들도 약탈의 대상이 될 만하다. 그 농산물들이 쉽게 잠입했다가 도망할 수 있는 장소에 보관되어 있을 때에는 특히나 그렇다. 그리고 무엇보다 운반하기 편한 형태로 보관되어 있을 때—가마니나 항아리 혹은 자루나 바구니 속에 보관되어 있을 때, 또는 그것들이 살아 있는 동물의 무리일 때—는 두말할 나위가 없다. 물론 그때에는 비록 침략자들이 땅을 경작할 능력이 없다고 해도, 그러한 보상의 원천인 땅 자체가 공격목표가 된다. 그런 일은 종종 있었다. 그러나 인간이 농업기술을 익히면서, 근동(近東)과 유럽의 비거주 토지를 경작하고 개척하기 위해서 스스로 배웠던 1,000년 동안, 이동이 용이한 접근 경로를 따라서 약탈에 노출된 많은 잉여물을 생산했던 지역은 단 한 군데뿐이었다. 그곳은 바로 고대역사가들에게 수메르로 알려진 티그리스-유프라테스 강의 저지대 충적평야였다. 수메르 사람들로부터 우리는 처음으로 역사의 여명기에 있었던 전쟁의 본질을 볼 수 있는 증거를 얻게 되고, "문명화된" 전쟁의 윤곽을 인식하기 시작할 수 있었다.

## 전쟁과 문명

수메르인들의 문명은 아즈텍인들의 그것처럼, 석기제조기술의 한계 속에서 이룩되었다. 그러나 공격자나 방어자로서 그들이 수행한 전쟁의 근간을 이룬 것은 그들이 사용한 도구—어쨌거나 그들은 초기부터 이미 금속을 사용할 줄 알았다—가 아니라 조직화의 힘이었다. 역사가들에 따르면, 그들은 그들 주위의 산 아래에 있던 강우지역—지금의 시리아, 터키, 이란 지역—을 과감히 떠난 이후, 이라크의 충적평야에서 처음으로 정착하기 시작했다. 그리고 나무가 없던 그 땅에 시험적으로 곡물재배와 목축을 시작했다. 두 강 사이에 위치한 메소포타미아는 정착민들에게 유리한 입지를 제공했다. 토지는 비옥했는데, 1년에 한 번씩 눈이 녹으면 강이 범람하게 되어서 그 비옥도를 더욱 높였다. 땅은 평탄한 평지—210마일에 걸쳐서 경사도는 겨우 112피트에 불과했다—였고 개간을 위해서 나무를 제거해야 할 필요도 없었다. 나무가 자라지 않는 지역이었다. 또한 작물 성장기에 냉해가 없었고, 여름의 태양빛이 너무 따가울 때면 작물을 적셔줄 물이 풍부했다. 그러나 바로 이러한 물 공급의 무한성을 바탕으로 해서 초기의 정착민들은 토지 경작에 상호 협조했는데, 그것은 당시에 이미 유럽의 광활한 삼림지역으로 들어가기 시작했던 독립적인 화전민들과는 전혀 다른 행동방식을 통한 협조였다. 해마다 홍수로 몇 군데에 소택지가 생겼지만, 비가 오지 않는 다른 지역의 충적지는 바싹 타들어갔다. 늪지에서 메마른 땅으로 물을 대기 위해서는 고랑을 파야 했는데, 그냥 파기만 하면 되는 것이 아니라 계획성 있게 파야 했고, 그 계획에 맞게 항시 손을 보아야 했다. 해마다 홍수로 인해서 수로에 침적토가 쌓이고 물의 흐름을 방해했기 때문이다. 그렇게 해서 최초의 "관개사회(irrigation society)"가 탄생했다.

고대역사가들은 주로 고고학적인 발견에 의거해서 관개사회(어떤 사람들은 "수력사회[hydraulic society]"라고도 한다)에 대한 정교한 정치과학을 구축했다. 수메르인들의 주거지, 신전, 도시의 성벽—이러한 순서로 대충 만들었던—과 다수의 생산품 및 교역상품 및 조각품, 점토판 위에 음각된 다양한 기록 등 엄청난 유물이 발굴되었는데, 음각된 기록은 모두 생산물의 영수증, 보관과 지불 등에 관계된 것이었고, 사원에서 발견되었다. 이런 기록을 통해서 수메르인의 문명이 아래와 같은 궤도를 따라서 발전했다는 주장이 제기되었다.

최초의 정착민들은 소규모의 자족적 공동체를 구성했다. 하상(河床)이 수시로 변했기 때문에 관개를 하는 사람들은 서로 협조하지 않을 수 없었고, 강줄기의 이동에 따라서 관개시설들을 서로 연결시켰으며, 점차 그들은 거주지 범위를 넓혀나갔다. 이러한 연결을 조직하고, 그런 와중에 벌어지는 갈등을 통제한 것은 전통적인 사제직을 소유한 사람들이었다. 매년 일어나는 홍수의 시기와 그 크기는 신들(물론 그때까지와는 다른 새로운 신들일 것이다)의 마음에 달려 있다고 생각했기 때문에, 신의 세계를 신화적으로 중재하는 사제들은 점차 정치적인 권력도 부여받았다. 그런 제사장들은 자연히 그들의 권력을 자신들의 주거이면서 자신들이 집전하는 제례의 중추가 되는 신전을 건립하는 데에 사용했고, 신전 건립에 노동력을 동원할 수 있었던 권력은 더 나아가서 관개시설 건설 등의 다른 공적인 작업에 부역을 동원할 수 있는 힘으로 변모되어갔다. 한편 신전은 행정의 중심부로서 가능했다. 반면에 공적인 노역에 동원된 다수의 농민들은 중앙으로부터 급식을 받아야 했고, 중앙에서는 잉여 농산물의 수집과 부역 노동자들에 대한 분배를 꼼꼼하게 기록해야 했다. 그들은 농산물의 수량뿐만 아니라 형태까지 서로 구별되도록 표시해야 했다. 결국 음각이 가능한 점토판 위에 표시했던 그러한 기록으로부터 문자의 최초 형태가 된 상징체계가 나왔다.

따라서 기원전 3000년경에 이르러서 수메르의 관개사회들이 건설한 최초의 도시들은 도시국가라고 불러도 무방하며, 그 도시국가들은 신권통치 체제였다는 주장이 제기되고 있다. 사제 혹은 왕의 권력은 관개농업이 산출한 전례 없는 부—한 이삭당 200낟알—의 "소유권"으로부터 그리고 자신들 몫인 잉여의 사용으로부터 나오는 것이었다. 그들은 잉여로써 신전 고용인들과 빚 때문에 일을 해야 했던 노예들의 품삯을 주었고, 신전이 주재한 것으로 여겨지는 무역자금을 충당하는 데에 썼다. 메소포타미아 평원에서는 석재 및 금속과 거의 모든 종류의 목재가 부족했기 때문에 수입해야만 했다. 그것은 생필품을 만드는 데에 사용하기 위해서이기도 했지만, 또한 일상의 노동에서 해방된 일부 도시민들의 사치품에 대한 욕구를 충족시키기 위한 것이기도 했다. 수메르에 대한 고고학적 연구를 통해서 먼 지역에서 들여온 사치품이 있었다는 증거들이 발견되었다. 인더스 강 유역에서는 금, 아프가니스탄에서는 청금석, 터키 남동부에서는 은, 아라비아 해 연안에서는 구리가 수입되었다.[85] 그러나 고고학적 연구를 통해서도, 수메르인 도시의 성립 초기부터 도시국가로의 상승에 이르는 동안, 전쟁이 있었던 증거는 찾아볼 수 없다. 우르, 우루크, 키시를 포함하여, 기원전 3000년대 초입에 존재했던 것으로 알려진 13개의 도시들 가운데 단 한 군데도 성벽을 가진 곳은 없었다. 당시 수메르 문명은 사제 혹은 왕의 강력한 권위로 도시의 분쟁을 억제하던 단계였던 것 같다. 또한 도시들 사이에서 전쟁이 발발하지 않은 것은 도시들의 이해관계의 충돌이 아예 없었기 때문이었을 것이다. 외세의 공격이 없었던 것은 그 기름진 계곡(수메르)을 둘러싸고 있던 험난한 지리적 조건 때문이었고, 또한 서쪽 사막이나 동쪽의 초원지대에 살던 잠재적인 침략자들에게 이동수단—낙타도 말도 그때까지는 아직 기르지 않았다—이 없었기 때문이었을 것이다.[86]

수메르에서 도시국가가 성립하고 있던 같은 시기에, 나일 강과 인더스 강 유역에서는 유사한 관개사회들이 성립하고 있었거나, 막 성장하려던 참이었다. 중국과 인도차이나 문명은 그때까지도 관개농업의 경제적 단계에 도달하지 못했다. 인더스 강 유역에서 신정체제가 성립된 것은 구운 벽돌의 발명 때문이라는 암시가 있었다. 구운 벽돌에 힘입어 기원전 3000년대 말까

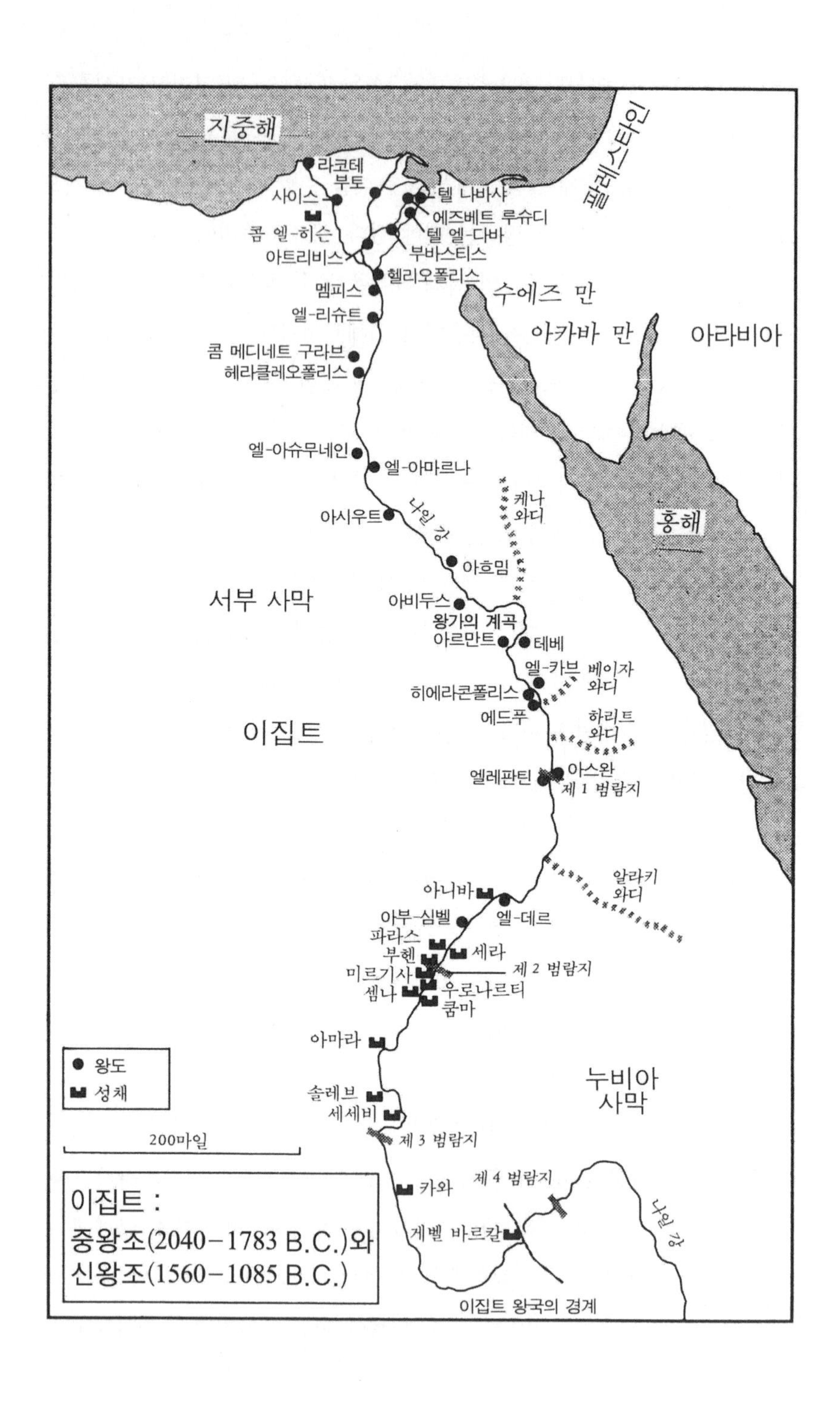

지중해
팔레스타인
라코테
부토
사이스
텔 나바샤
에즈베트 루슈디
콤 엘-히슨
텔 엘-다바
아트리비스
부바스티스
헬리오폴리스
수에즈 만
멤피스
엘-리슈트
아카바 만
아라비아
콤 메디네트 구라브
헤라클레오폴리스
엘-아슈무네인
엘-아마르나
케나
와디
아시우트
나일 강
홍해
아흐밈
서부 사막
아비두스
왕가의 계곡
아르만트
테베
엘-카브
베이자
와디
히에라콘폴리스
에드푸
하리트
와디
이집트
아스완
엘레판틴
제 1 범람지
알라키
와디
아니바
엘-데르
아부-심벨
파라스
세라
부헨
제 2 범람지
미르기사
우로나르티
셈나
쿰마
아마라
왕도
성채
누비아
사막
솔레브
세세비
200마일
제 3 범람지
제 4 범람지
카와
나일 강
게벨 바르칼
이집트 :
중왕조(2040－1783 B.C.)와
신왕조(1560－1085 B.C.)
이집트 왕국의 경계

지, 지금은 버려진 도시 하라파와 모헨조다로 주변 50만 제곱마일의 땅을 경작지로 만들 수 있을 만큼 대규모의 홍수통제 시설이 건설될 수 있었다는 것이다.[87] 그러나 고대 인더스의 비밀을 밝히는 발굴작업은 이제 막 첫 삽을 떴을 뿐이다. 이와는 대조적으로 체계적인 고고학적 연구가 행해진 이집트에서는 1세기에 걸친 발굴작업에 힘입어서, 어느 정도 확신을 가지고 그 문명구조를 초기부터 재구성해볼 수가 있다.

117호 유적은 우리에게 선사시대의 이집트의 폭력성을 경고하고 있다. 그러나 기원전 1만-기원전 3200년, 즉 나일 강을 따라서 이집트인의 정착지들이 하나의 왕권 아래로 통합되기—평화적으로든 아니든—까지, 그들의 생활방식이 어떠했는지를 희미하게나마 볼 수 있는 증거는 그 유적에서도 거의 찾을 수 없다. 어쨌든 이집트 문명의 성립에 가장 큰 역할을 한 것은 정치적 사건이라기보다는 나일 강 유역이라는 특수한 환경이었다는 점에 학자들은 모두 동의하고 있다. 이집트인들은 봄장마 이후 불어난 에티오피아 고원지대의 타나 호수로부터 흘러내려오는 침전물이 섞인 홍수를 겪으며 살았다. 홍수의 크기와 시기가 해마다 변하기 때문에 이집트인들은 그들의 왕을 신으로 모시게 되었다. 기원전 4000년대까지만 해도, 나일 강의 삼각주와 제2범람지 사이의 600마일을 따라서 나일 강에 접해 있는 사막은 지금보다는 강에서 먼 거리에 있었고, 당시의 사람들은 지금보다 높은 강기슭지대에서 경작과 목축을 함께하며 살았다. 그런데 설명이 불가능한 건조현상이 일어나자 사람들은 홍수로 생긴 평원지역으로 내려올 수밖에 없었고, 얼마 후에는 완전히 정착하게 되었다. 학자들은 나일 강 유역을 따라서 있었던 인구집중 지역들의 수장들이 전쟁을 벌인 시기가 있었을 것이라고 가정하고 있다. 사막의 확대 때문에 이주하는 사람들에 대한 통제권을 둘러싸고 싸웠다는 것이다. 마침내, 기원전 3100년경, 전통적으로 메네스라고 부르는 한 지배자가 그 지역 수장들의 권력을 흡수하여, 상부와 하부 이집트—삼각주와 남부 나일 강—를 통합하고 왕국을 세웠는데, 그 왕국은 파

라오의 집권하에 대략 3,000년간 존속했다.[88)]

이집트의 군사제도는 그 문명만큼이나 독특한 형태를 가지고 있었고 장수했다. 수메르의 군사제도나 메소포타미아 지방을 지배한 권력의 군사제도들과는 딴판으로, 이집트의 군사제도는 기술발전이 참으로 느렸고, 외부 위협에 대해서도 의도적으로 무관심을 보였다. 두 가지 특징은 모두 다른 지역에서 볼 수 없는 이집트만의 지형적 입지에 기인한다. 사실 오늘날까지도, 남쪽과 북쪽의 좁은 통로를 통하지 않고서는 어떠한 침략지도 이집트를 넘볼 수 없다. 동쪽에는 홍해와 나일 강 유역을 가르는 불모의 고원지대가 가로놓여 있어서 100마일에 걸친 자연 방어벽을 형성하고 있다. 서쪽으로는 광대한 사하라 사막이 버티고 있어, 어떠한 육로 침입도 불허한다. 최초의 파라오들은 남쪽으로부터의 위협에 직면해서, 누비아에 대한 정복 원정을 시작하게 되었는데, 제12왕조(1991-1785 B.C.)에 이르면, 제1범람지와 제2범람지 사이의 변경지역을 확보하고, 광범위한 지역에 걸쳐서 요새들을 연결시켰다. 북쪽으로부터의 위협은 애초에 있지도 않았다. 왜냐하면 지중해 동부 연안에는 사람이 거의 살지 않았고, 실제로 그곳에서 살던 사람들은 이동수단이 없었기 때문이다.[89)] 기원전 2000년대에 외부로부터 위협이 느껴지자, 파라오들은 위협을 제거하기로 했고, 마침내 성공하게 되었다. 수도를 멤피스(고왕국의 수도)에서 테베(중왕국의 수도)로 옮겼고, 상비군을 창설했으며, 삼각주의 험난한 지형을 자연적인 장벽으로 삼게 되었다.[90)]

신왕국(1540-1070 B.C.)에서 정규 군대가 창설되기까지 이집트의 전쟁은 이상스러울 정도로 시대에 뒤졌다. 그들은 왕권을 놓고 벌인 내전기간인 "중왕국 시대까지도 몽둥이, 찌르는 돌촉 창을 무기로 사용했다." 동일한 시기(1991-1785 B.C.)에 다른 지역에서는 청동제 무기가 널리 사용되고 있었다. 그리고 이집트인들도 이미 수백년 전부터 먼저 구리 무기에 뒤이어 청동제 무기까지 제작하고 있던 터였다.[91)] 이집트인들이 이토록 낙후된 전쟁

기술에 집착했던 이유는 밝히기 어렵다. 다만 그들이 분명히 그런 경향을 가지고 있었다는 사실만은 그들이 조각과 벽화에 남긴 여러 전쟁장면을 통해서 확인할 수 있다. 이집트 군인들은 어떠한 종류의 갑옷도 입지 않았고, 맨가슴을 그대로 드러내고 머리에 투구도 쓰지 않은 채, 조그마한 방패만을 들고 전장으로 나갔다. 신왕국 말기에 이르러서야, 겨우 파라오만이 갑옷을 걸친 모습을 볼 수 있게 된다.[92] 맨몸인 경우, 날붙이 무기 앞에서 움찔하게 되는 것은 생물학적으로 볼 때 당연한 일이다(샤카는 비범하고도 독특한 업적을 이룩했는데, 그것은 그의 줄루족 전사들로 하여금 생물학적 본능에 반하는 행동을 하도록 만든 것이었다). 그러므로 우리는 중왕국 말기에 다양한 문화를 가진 침략자들이 등장하기 전까지는, 이집트인들이 행한 전투가 정형화되어 있었고, 의례적이기조차 했을는지 모른다고 생각해도 좋을 것이다. 물론 금속이 부족했다는 것도 또다른 설명이 될 수 있을 것이다. 그러나 그것은 왜 고도로 세련된 문명의 전사들이 구석기시대와 별반 다를 것이 없는 무기로 무장했는지에 대한 부수적인 이유일 뿐이다. 결국 엄격한 계급사회, 즉 왕이 사제의 지위에서 신의 지위로 올라갔고 공적, 사적 생활 모두가 제의에 의해서 통제되었던 이집트 사회에서, 전투 역시 제의의 일부분이었다는 것은 가장 그럴듯한 추측이 될 것이다.

무척 의미심장한 하나의 예로서, 파라오의 원형이라고 할 수 있는 나르메르(기원전 3000년경)와 그보다 약 2,000년 뒤에 집권한 신왕국의 파라오 람세스 2세를 묘사한 그림을 들 수 있겠는데, 그 두 그림에 등장하는 파라오들은 모두 권표(權標)를 치켜들고 공포에 떨고 있는 포로를 막 처형하려고 하고 있다. 또한 포로들의 위치가 서로 유사하며, 두 파라오는 똑같은 자세를 취하고 있다.[93] 이집트의 미술 양식이 오랜 기간 변하지 않았다는 사실을 감안하더라도, 두 그림 사이의 유사성은 쉽사리 보고 지나칠 수 없는 것이다. 두 그림이 단순히 상징적인 기술이 아니라, 전투의 막바지에 이르러서 포로를 처형하는 실제의 상황을 묘사하고 있는지도 모르기 때문이다. 인간을 제물로 희생시키는 관습은 이집트 문명 초기에 이미 사라졌다. 그렇지만 전장에서는 그러한 관습이 여전히 남아 있었을 수도 있다. 또한 전사들이 갑옷을 입지 않고 싸움에 임한 것은 가까이서 몸을 부딪쳐가며 싸우는 일이 거의 없었기 때문이었을지도 모른다(이미 보았듯이 그것은 "원시적" 전쟁의 특징이다). 그러나 일단 움직일 수 없거나 붙잡힌 자들은 승리가 확실해진 뒤에 위대한 전사—추측컨대, 파라오 자신—의 손에 일종의 의식으로 죽임을 당한 것인지도 모른다.[94] 이집트인의 전쟁은 아즈텍인의 "꽃 전투"(p. 169 참조)와 같은 것이었을 가능성이 높다. 그것은 언제나 특정한 무기들—철퇴, 단창, 간단한 활—만을 선택한 이집트인들의 고집을 보면 알 수가 있다. 그들이 선택한 무기들은 1,500년에 걸친 계속적인 파라오의 집권 이후에는, 결국 골동품 연구자들의 흥미를 끄는 기묘한 유물이 되었다.

외부의 적과 싸울 때의 전투는 분명히 제의적이지 않았다. 기원전 1540년에 신왕국이 성립되기 직전, 침략자로부터 왕국을 방어한 용맹한 파라오 세케넨레의 미라에는 끔찍한 머리 상처 흔적이 있는데, 아마도 전쟁에 패한 후 당한 부상인 듯하다.[95] 그러나 그 이전의 1,400년—현재의 영국이 로마의 지배를 받았던 시기로, 현재의 북아메리카를 누구의 지배도 받지 않던 시대로 되돌려 보낼 수 있을 정도의 오랜 시간이다—동안, 이집트인들은 안정적이고 거의 변하지 않는 생활방식을 유지해왔다. 강의 범람과 작물의 성장과 한발이라는 세 절기를 차례로 경험하면서 2,000신들의 향도였던 왕의 통치를 받았던 그들은, 저승으로 가기 위하여 필요한 것으로 굳게 믿고서, 관개와 경작을 한 뒤 남은 시간과 노동을 지금까지도 유례가 없는 거대한 궁전과 신전, 무덤 건축에 바치면서 살아온 것이다. 비록 석공이나 수레꾼처럼 예술적 창조과정의 기반을 제공했던 사람들에게는 혹독한 어려움을 주기는 했지만, 그럼에도 불구하고 그 예술적 업적에서 뛰어나게 아름다웠던 이집트의 질서정연한 세계에서 전쟁은 아주 낮고 별로 중요하지 않은 역할밖에 하지 못했음에 틀림이 없다. "결국 왕권은 힘의 결과이다"라고 한 분석가는 제시하고 있다. 그러나 그것은 성격상 클라우제비츠적이지 않은 형태의 힘의 결과였을는지 모른다. 즉 군림하고 있는 왕이 그 기능을 제대로 수행하지 못함으로써 생기는 전형적인 무력의 충돌이었고, 따라서 권력이 좀더 자질이 있는 사람에게로 넘어가는 극적인 물리적 사건에 지나지 않았을 가능성이 있다.[96] 여러 세대가 동일한 상태에서 살다간 것으로 보이는 1,400년 동안 이집트에서는 후대의 다른 지역이 경험한 것과 같은 전쟁이 실재하지 않았을는지도 모른다.[97]

수메르인들은 이집트인들만큼 운이 좋지는 않았다. 나일 강 유역과는 달리, 티그리스-유프라테스 강 유역의 평야는 침략의 위협으로부터 지형적인 보호를 받을 수가 없었다. 수메르인들 자신도 이주 정착민들이었을 것이다. 또한 중앙집권 체제의 구축이 수월하지도 않았다. 이집트에서는 한 지배자가 나일 강 유역의 상부와 하부를 봉쇄할 수만 있으면, 강 전체가 자기 영토가 된다. 메소포타미아에서는 강들이 계절을 따라서 지표면을 가로질러서 위치를 바꿀 뿐만 아니라 평야의 동쪽과 북쪽이 고원지대와 접하고 있었다. 그러나 그 고원지대는 방어장벽 노릇을 하는 것이 아니라 오히려 고원지대 정착민들로 하여금 큰 강들의 지류에 있는 계곡들을 통해서 자기들 발밑에 놓인 풍족한 충적평야로 쉽사리 접근할 수 있는 군사 요충지를 제공했다. 이런 지리적 입지로 인한 정치적 결과는 쉽게 짐작할 수 있다. 수메르의 도시들은 일찍부터 변덕스러운 홍수의 영향을 받게 되는 영토의 경계 문제, 물 문제, 방목권 문제를 놓고 분쟁하기 시작했다. 수메르의 왕들도 일찍부터 고지대에 도시를 건설한 이주 정착민들의 도전을 받았다. 그 결과 기원전 3100년에서 기원전 2300년까지 수메르인들의 삶에서 전쟁은 갈수록 큰 부분을 차지하게 되었다. 그에 따라서 사제 왕들이 전쟁 지도자들로 대체되었고, 군사적 전문화가 시작되었으며, 금속무기가 급속히 발전했다. 또한 추측컨대, 싸움의 강도가 "전투(battle)"라고 부르기 시작해도 좋을 만큼 높아졌다.

이러한 것들은 물론 증거라는 조각들을 가지고 제대로 서로 맞추어야 할 가정들일 뿐이다. 그 증거들로는 이런 것들이 있다. 도시지역에 세워진 성벽의 흔적, 금속제 무기와 투구의 발견, 점토판에 "전투"라는 단어가 자주 기록되었다는 사실, 포로로 짐작되는 노예들의 판매 기록, 지배자의 칭호에 붙던 접두사 엔(en, 사제)이 점차 루갈(lugal, 대인[大人])로 대체되었다는 것 등이다.[98] 그중에서 특히 중요한 것은 북쪽으로부터 셈족이 침투한 증거이다. 셈족인 아카드족은 처음에는 평원에 자신들의 도시를 건설하고 수메르인들의 도시와 수세기 동안 경쟁을 벌인 뒤, 결국 세계 최초의 황제인 아카드의 사르곤을 배출했다.

기원전 2700년경 우루크의 왕이었던 길가메시의 영웅담이 세계 최초로 수메르에서 장거리 군사작전의 증거가 된다는 주장이 제기되어왔다. 길가메시는 숲에서 삼나무를 가져오고 삼나무가 자라는 지역의 지배자를 죽이기 위해서 원정을 떠난 것 같다("나는 삼나무를 벨 것이다. 나의 이름을 영원히 남기겠노라! 명령을……전사들에게 내릴 것이다").[99] 그러나 어떻게 삼나무를 옮겨왔는지를 밝히기는 어렵다. 결국 그 영웅담도 당시의 전쟁이나 장거리 무역의 존재 여부에 대해서는 거의 알려주는 바가 없다. 그럼에도 불구하고, 길가메시 집권기의 우루크 시에는 둘레가 5마일이 넘는 성벽이 있었던 것 같다. 그것은 그가 노동력을 동원할 수 있는 힘을 가졌음을 말해준다. 한편, 그후 200년에 걸쳐서 중요한 전쟁이 있었음을 증명하는 강력한 증거가 계속 발견되었다.[100] 소위 말하는 독수리 돌기둥(Vulture Stele)에는 라가시 시의 왕 에안나툼 2세가, 후에 위대한 페르시아 왕국이 된 엘람 지역의 초기 거주민들을 무찌르는 모습이 보인다. 그의 군인들은 금속투구를 쓰고 있으며 6열 종대로 도열해 있다.[101] 같은 시기의 우르 시의 깃발은 비슷한 장비를 가진 군인들을 보여준다. 그들은 소매 없는 외투와 금속조각들로써 보강한 것처럼 보이는, 술 장식이 있는 컬트를 입고 있는데, 이런 복장은 비록 아무런 효과가 없었던 것이 분명하더라도, 일부 학자들에 의해서 갑옷의 원형이라고 주장되고 있다. 그리고 군인들이 말 4마리가 끄는 사륜 전차를 탄 자들의 지휘를 받고 있는 모습도 보인다. 우르의 "죽음의 웅덩이들"에서는 가죽 모자 위에 착용한 것으로 보이는 금속투구의 유물이 발굴되었다.[102)]

그 투구들은 구리로 만들었는데, 구리가 인간이 사용할 줄 알게 된 최초의 값싼 금속이 될 수 있었던 것은 그것이 자연상태에서 대량으로 그리고 비교적 순수한 주괴(鑄塊) 형태로 발견되었기 때문이다. 사실 구리는 군사적으로 별로 쓸모가 없었는데, 왜냐하면 얇게 만들어서 신체방어용으로 쓰면 관통되기 쉽고, 날카롭게 다듬어서 무기를 만들더라도 금세 무디어지기 때문이다.[103)] 그러나 자연상태의 구리는 주석을 함유한 광석에서 발견되기도 하는데, 기원전 4000년경에 이르러 인간이 금속을 녹일 수 있음을 알게 되면서부터, 흔한 구리와 희귀한 주석을 섞어서 강한 청동을 만들 수 있는 기술이 발전했다. 청동주조 기술은 기원전 3000년대 말경에는 널리 사용되고 있었고, 메소포타미아의 금속 세공인들은 금속 가공술의 고안에 전념했다. 광석 제련, 주조, 합금, 땜질 등 오늘날의 대부분의 금속 가공 방법은 모두 그들이 고안한 것이었다.[104)] 합금과 주조로 만든 최초의 생산물들 중 하나는 구멍이 있는 도끼로, 그것은 나무 손잡이가 안정적으로 고정될 수 있도록 구멍을 낸 청동 도끼머리였는데, 건장하고 용맹한 전사가 휘두르면 가공할 위력을 발휘하면서도 그 날카로움이 오래 지속되는 무기였다. 구리(그리스어로 칼코스[khalkos])와 석기(그리스어로 리토스[lithos])가 병존하던 "금석병용(chalcolithic)" 시대는 청동기시대의 도래로 급속히 쇠퇴되었다. 필수적인 기술과 재료를 우월한 테크놀로지가 확보하는 순간 열등한 테크놀로지를 대체한다는 거의 보편적인 법칙에 의한 것이다. 이 경우에 필수적인 재료 중 하나인 주석은 매우 희귀했고, 분포지도 한정되어 있었다. 메소포타미아에서는 강물에 씻긴 석석(錫石 : 주석의 원광/역주)이라고 부르는 불순물을 함유한 원광만이 발견되었다. 그러나 카스피 해 연안으로부터 그리고 아마도 중앙 유럽으로부터 적당한 양의 순수한 원광이 신속하게 공급되었던 것 같다. 아가데 혹은 아카드(고고학자들이 아직 발견하지는 못했지만, 셈족의 조상들로부터 그런 이름을 가지게 된 도시이다)의 사르곤이 메소포타미아의 통치자가 되었을 무렵, 즉 기원전 2340년경의 정복자들은 청동제 무기를 사용하고 있었다. 사르곤은 청동의 사나이였던 것이다.

수메르의 역사에 대해서 알 수 있는 주요한 자료인 수메르 왕 명부를 분석한 결과, 사르곤의 집권시기는 기원전 2340년부터 기원전 2284년까지였던 것으로 추정되어왔다. 그러나 또다른 견해는 그가 56년간 집권했다고 한다. 비교적 확실한 사실은 그가 이웃 도시들이나 이웃 민족들과 일련의 전쟁을 수행했다는 것—모두 34번의 전쟁이 언급되고 있다—과, 그가 오늘날의 이라크 국경선과 유사하게 자신의 왕국의 경계를 구축하는 데에 성공했다는 것이다. 그가 집권한 지 11년째 되던 해에 그는 시리아, 레바논, 남부 터키에까지 군사행동을 펼쳤고, 지중해에 도달했을 가능성도 있다. 한 음각된 기록에 의하면, 그는 5,400명의 군대를 거느리고 있었고, 그의 군대는 셈족 침입자 곧 그의 지배에 대해서 반란을 일으켰던 수메르인들의 봉기를 진압하는 데에 정신이 없었던 것이 분명하다. 사르곤은 스스로를 "네 나라를 끊임없이 여행하는 자"라고 불렀는데, 여기서 네 나라는 세계를 말하며, 그는 분명히 "항상 주목받는" 삶을 살았던 것 같다.

사르곤의 손자인 나람-신(2260-2223 B.C.)은 스스로를 "네 지역[세계]의 왕"이라고 칭했는데, 이런 명칭은 참으로 황제의 색채가 강한 것이다. 그는 또 자그로스 산맥에서 군사행동을 한 것으로 알려져 있다. 자그로스 산맥은 메소포타미아와 페르시아 북부를 나누는 산맥이다. 비록 제국의 국경을 방어할 필요가 있기는 했지만, 그가 통치권을 장악한 즈음에 제국은 기정사실이 되었다. 그뿐만 아니라, 제국은 실제로 중동의 발전에서 가장 중요한 요소가 되었다. 제국의 부는 그것을 시기한 마법의 원(magic circle : 원 안의 사람은 마법에 걸린다는 원/역주) 바깥의 약탈자들에게 자석이 되었고, 제국문명의 일부 요소들이 전쟁이나 무역을 통해서 약탈자들 사이에서 뿌리를 내렸다는 것도 사실이다. 그 결과는 다음과 같았다. "기원전 2000년경에 이르러……메소포타미아는 일련의 위성문명 또는 원형적 문명들로 에워싸이게 되었고", 그 위성문명들이 군사적 수단을 획득함에 따라서 차례로 정복자들—구티족, 후르리족, 카시트족—을 보내왔고, 그들은 그후로 1,000년 동안 그 거대한 평원의 일부 또는 전체를 정복했다. 그런 민족들은 고원 지역에서 내려오기 전에 이미 새로운 경제적 삶으로 옮겨가고 있었다. 목축생활에 더욱 익숙하게 되어 동물들—나귀, 소, 말—을 기르기 시작하면서, 군사적인 기동력을 확보했고, 빗물로 농사를 짓는, 농경기술을 발전시켜서 잉여농산물을 생산하면서 문명생활을 시작할 수 있었다.[105]

특정한 군사적 장비, 부속물, 기술들은 제국 내부나 그 외곽 지역에 살던 사람들 모두가 공통적으로 가지고 있었다. 그들은 석제 무기를 청동제 무기로 대체했고, 금속갑옷을 사용하기 시작했다. 점차로 활을 많이 사용했고, 나람-신 석상의 조각에 대한 해석이 적절하다면, 기원전 2000년대 중반경에 이르면 강력한 조립식 활(p. 179 참조)도 개발했던 것 같다. 그들은 요새 축성법도 알고 있었고, 공성 방법—성벽 깨뜨리기와 기어오르기—도 알고 있었다. 적어도 메소포타미아에서 살았던 사람들은 지배자가 국가의 예산을 동원하여 언제든지 전투에 임할 준비가 되어 있는 무장집단을 유지해야 할 필요성을 인정하고 있었다. 그 예산은 표준화된 무기의 생산에 충당되어도 상관없었다. 그들은 장거리 작전도 해야 했기 때문에 기초적인 병참술도 알게 되었다. 적어도 사람과 동물이 함께 적지에서 며칠간 군사행동을 하는 데에 필요한 분량의 식량을 공급하는 방법 정도는 알고 있었던 것이다. 무엇보다 그들은 세심히 보살피고 선택적으로 교배시킴으로써 가축화된 말—말을 가축으로 기르기 시작한 것은 기원전 4000년대에 대초원 지역에서였다—의 체격을 개선시키는 법을 배워나갔다.[106] 크게 개량된 전투용 마차, 즉 원래 4개였던 바퀴들 중 2개를 떼어낸 전차를 끄는 데에 사용됨으로써 그런 말들은 전쟁수행에 혁명을 일으킬 수 있었다. 무엇보다도 풍요하고 안정적이던 강 유역의 정착문명들이 저쪽 초원지대의 약탈자들로부터 심각한 위협을 받게 된 것이다. 기원전 2000년대 말기 이후, 그렇게 전차를 탄 약탈자들은 메소포타미아, 이집트, 인더스 강 유역 그리고 문명이 뿌리를 내린 다른 모든 지역에서 문명의 진로를 방해하게 되었다.

보론 2

# 요새화

전차병들은 인류 역사에서 최초의 위대한 공격자들이었다. 공격은 반드시 동일한 반응은 아니라고 하더라도, 상대편에서 방어나 그와 같은 것을 야기한다. 우리는 전차병들과 그들의 뒤를 이은 기마민족들이 어떻게 문명화된 평화의 기술들이 번성하기 시작한 세계를 변형시켰는지를 살펴보기 전에, 먼저 비옥한 땅의 정착민들이 도둑이나 토지의 황폐화를 억제하며 자연으로부터 획득한 소득들을 안전하게 보존하는 데에 사용한 수단을 살펴보아야 할 것이다.

예리코의 유적을 통해서 증명된 바로는 최초의 농경인들은 그들의 거주지를 적들로부터 보호할 수단을 발견할 수 있었다. 그러나 그 적들이 어떤 사람들이었는지는 아직도 분명하지 않다. 그들은 누구였을까? 추측컨대 저장된 생산물을 정기적으로 강탈하여 기생하는 침입자들이었을까? 아니면 예리코의 땅과 끝없는 농업용 수원지를 탐낸 농경 희망자들이었을까? 그도 아니면 그저 강탈하고 파괴하기만을 원한 야만인들이었을까? 첫 번째가 가장 그럴듯하다. 황무지 출신은 농사짓는 방법을 알건 모르건 농부가 되기를 바라는 경우는 극히 드물다. 또한 비록 아무런 목적이 없는 야만적 파괴행위가 역사에서 비일비재하다고 하더라도, 단순한 강간과 약탈보다는 기생하는 것이 더 유리했던 침입자들이 더 많았던 것이다. 만약 예리코가 그런 경우였다면, 예리코의 성벽과 망루들은 단순한 피난처(refuge)—즉 요새의 세 가지 형태 중 첫 번째—의 경우로서만이 아니라 두 번째 형태, 즉 거점(stronghold)으로서도 생각되어야 할 것이다.

거점은 공격으로부터 안전한 장소일 뿐만 아니라, 능동적 방어의 장소이기도 하다. 즉 적의 기습이나 수적인 우세로부터도 안전을 보장하면서, 출격하여 침략자를 궁지에 몰아넣고 자신들의 이해관계가 있는 지역을 군사적으로 통제할 수 있는 근거지인 것이다. 한 거점과 그 주변 지역 사이에는 밀접한 관계가 있다. 피난처는 단기간의 안전을 도모하는 장소이다. 따라서 근접지역에서 장기전을 할 능력이 부족한 적이나 조잡한 전략을 구사하며 취약한 목표를 공격하는 적에게 효과적이다. 중세에 바다로 침입하는 이슬람 교를 막기 위해서 프랑스 동남부 지방인 프로방스의 깎아지른 듯한 해안가 절벽 위에 세운 빌 페르세(villes perchées)가 그 완벽한 예라고 할 수 있다.[1] 이와 대조적으로 거점은 평상시 주둔군을 유지할 수 있는 생산성이 있는 지역을 끼고 있으면서도, 근접공격을 당할 때에는 주둔군을 수용하고 보호, 유지하는 데에 충분할 만큼 크고 안전해야 한다. 그러므로 거점을 구축하는 자들은 언제나 그 크기를 잘 결정해야 했다. 비용을 아낄 요량으로 너무 작게 만들어서도 안 되고, 사치를 부려서 너무 크게 잡은 나머지 완성할 수 없게 되거나, 완성된다고 해도 인적 자원의 부족으로 방어가 불가능하게 되면 안 되기 때문이다. 십자군 원정 당시, 특히 그 쇠퇴기의 왕국들은 점점 영향력이 축소되어가는 주둔지들을 능력 이상으로 강화해야 하는 부담 때문에 끊임없이 비틀거렸다.

거점은 갖추어야 할 특성에서도 역시 피난처와는 다르다. 피난처는 적의 공격을 저지할 정도로만 강하면 되었다. 울타리를 친 마을에 살던 마링족이나, 산꼭대기의 파(Pa)에 살던 마오리족 같은 "원시전사들"은 "몰살전쟁"이나 "기습공격"으로부터 안전했다. 왜냐하면, 그들의 적은 공성도구를 보유하고 있지 않았고, 잠시라도 마을을 떠난 원정을 지탱할 수단이 없었기 때문이다.[2] 좀더 진보된, 따라서 더 부유한 사회들에서 전형적으로 볼 수 있는 구조물인 거점은 적의 포위공격을 견딜 수 있어야만 했다. 다시 말해서 식량도 준비하고, 보급이나 장비지원을 위한 통신수단도 갖춘 적의 포위공격을 대비해야 했던 것이다. 그러므로 거점의 외곽 내에는 급수원—특히 집단을 보호하기 위한 것일 때에는—뿐만 아니라, 창고와 주거공간이 있어야 한다.[3] 또한 무엇보다 거점은 주둔군이 능동적인 방어를 할 수 있는 수단들—해자 등의 "방어용 살상 장소(prepared killing-ground)"가 포함되는 유효 사거리 지역을 장악할 수 있는 전투 고대(高臺)와 결정적 기회에 열고 나가서 반격할 수 있는 튼튼한 문들—을 제공해야 한다.

화약이 발명되기 이전까지 거점에 대한 모든 공격은 근거리에서 이루어졌다. 가장 단순한 형태의 공격인 사다리 타고 오르기(escalade)의 정의만 보아도 그렇다. 공성군은 사다리를 타고 성벽을 기어 넘으려고 호시탐탐했다. 이뿐만 아니라, 포위공격 전문가들이 후에 "심모(深謀)한 포위(deliberate siege)"라고 부른, 땅굴파기, 공성망치나 발사기를 갖춘 기계장치 그리고 공성탑을 이용한 역(逆)요새화 공격을 살펴보아도 마찬가지이다. 발사기는 한마디로 거의 효과가 없었다. 평형추나 토션 용수철에 의존하는 기계장치에 의해서 발사되는 힘은 강한 벽을 뚫기에는 역부족이었던 것이다. 더구나 본질적으로 그와 같은 기계장치들은 비효과적인 각도로 발사체를 날려 보낸다. 화약을 이용한 발사체가 이전의 다른 모든 발사체들보다 뛰어난 이유는 균일한 탄도로 날아갔기 때문이다. 따라서 높은 성벽의 취약점, 즉 그 토대를 향해서 쏠 수 있었던 것이다.

따라서 거점 설계자들은 공격하는 적이 성벽의 토대에 접근하기 어렵도록 만들려고 했고, 방어자들에게는 유리한 발사 위치를 제공하려고 노력했다. 예리코 성의 놀랄 만한 점들 가운데 하나는 요새건축의 초기였음에도 불구하고, 설계자들이 숱한 위험요소들을 인식하고 그 하나하나에 대한 보호조치를 취했던 것 같다는 사실이다. 따라서 물이 없을망정 해자를 파서 공격자들이 성벽의 토대에 접근하기 어렵게 만드는 한편, 방어자들에게는

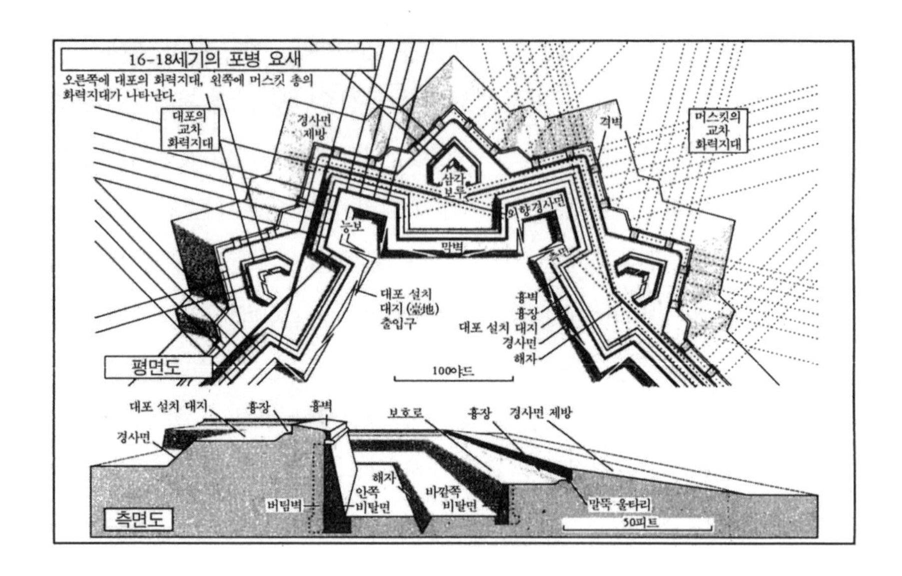


방어용 살상 장소로 제공했다(물이 빠지지 않는 지반과 수량이 풍부하고 증발이 잘 되지 않는 환경이었다면, 틀림없이 물을 채워 넣은 해자를 만들었을 것이다). 성벽은 사람 키의 3배가 넘었으므로 어떠한 공성군도 사다리를 사용하지 않을 수 없었는데, 사다리에서 공격하기란 쉬운 일이 아니었다. 성벽에는 전투 고대도 있었던 것 같다. 마지막으로 성벽 높이 솟아 있던 망루들은 방어자들에게 위치 면에서 더욱 유리한 조건을 제공했다.

예리코 성의 건축에서 화약의 도입까지 약 8,000년 동안은 이 세 가지 방어장치—성벽, 해자, 망루—가 요새건축에서 거의 모든 것이었다. 이 시기에 요새건축의 원리들이 이미 성립되었던 것이다. 그 뒤를 이은 모든 개량은 예리코 성의 건축자들이 이미 알고 있었던 사실들을 정교화한 데에 지나지 않는다. 그와 같은 개량으로는 다음과 같은 것들이 있었다. 내벽 바깥에 외벽을 세우거나("겹성벽"), 해자의 가장자리에 장애물을 설치하기도(흔적이 사라지기는 했지만, 사실 예리코 성에도 장애물은 있었던 것 같다) 했던 것이다. 또한 거점 안에 또다른 거점들—"본성(本性, keep)" 또는 "아성(牙城, citadel)"—을 세우기도 했다. 망루들은 내벽보다는 외벽에 세워졌는데, 측면 발사를 위한 것이었다. 매우 중요한 지점에는 독립 외루(外壘)들—그 자체로 소형 거점들이다—이 건설되었는데, 성문을 방어하거나 공성군에게 유리한 지점을 내주지 않기 위한 조처였다. 그러나 일반적으로 구텐베르크의 성경이 나온 뒤로는 더 이상 인쇄기술의 진보가 없었던 것과 마찬가지로, 예리코 성의 축성 이후로는 더 이상 축성기술의 진보가 없었다고 말해도 좋다.

거점을 만든 주체는 소규모 독립국들이었거나, 분할된 독립국들이었다. 중앙의 권위가 아직 세워지지 않았거나 세워지고 있었을 때, 또는 무너졌을 때에는, 여기저기에서 거점들이 생겼다. 따라서 근대의 터키와 시칠리아 연안에 있는 그리스의 요새들은 식민지 초기의 개별적인 상업 정착지들을 보호하기 위해서 세워졌던 것이다. 노르만인에 의한 영국에서의 성 건축—1066년과 1154년 사이에 건축된 성이 약 900채 정도이며, 그 규모는 적게는 1,000명에서 많게는 2만4,000명까지의 연인원(延人員)이 동원될 정도로 다양하다—은 노르만인들의 앵글로-색슨족에 대한 지배수단으로 이루어졌다.[4] 레쿨버(Reculver)와 페벤시(Pevensey)와 같은 "색슨족 해안"에 세워진 로마의 성들은 4세기에 로마 제국이 쇠퇴하자 힘을 얻은 게르만족의 해양 침입자들이 영국의 동남쪽 어귀들로 접근하는 것을 막기 위해서 건설한 것이었다.[5] 그러나 더 적절하게 말하면, "색슨족 해안"의 성들은 개별적인 거점들로서가 아니라, 요새의 세 번째 형태를 구성하는 요소들로 보아야 한다. 다시 말해서 전략적 방어진지인 것이다. 전략적 방어진지들은 하드리아누스 방벽이 계속해서 보수될 당시에 그랬던 것처럼, 연속적인 것일 수 있다. 좀더 쉽게 말해서, 서로 지원을 할 수 있고, 넓은 전선에 걸쳐서 적의 공격로를 차단할 수 있는 위치에 놓인 개별적인 요충지들로 구성되었을 수 있다는 것이다. 본질적으로 전략적 방어진지들은 건설은 물론 유지 및 주둔 비용이 가장 많이 드는 요새 형태이다. 그리고 전략적 방어진지를 가지고 있다는 말은 언제나 그 건설 주체가 부유하고 정치적으로 발전되어 있음을 뜻한다.

수메르의 요새화된 도시들은, 사르곤의 중앙권력에 복속된 이후, 하나의 전략체계를 형성했다고 볼 수 있다. 비록 그것들이 계획에 따른 것이 아니라, 자연적인 증가로 인한 결과였지만 말이다. 꼼꼼하게 계획된 최초의 전략체계는 제12왕조의 파라오들이 기원전 1991년 이후 계속해서 건설한 누비아 지역의 요새체계라고 볼 수 있을 것이다. 마침내 그 요새들은 나일 강을 따라서 제1범람지와 제4범람지 사이로 250마일을 뻗어나갔고, 나일 강과 사막 모두를 관장할 수 있도록 건설되었으며, 또한 추측컨대 연기 신호와 같은 것으로 서로 의사소통을 할 수 있을 정도의 거리를 두고 세워졌던 것 같다. 다시 한번 말하지만, 고고학적인 증거에 의하면 최초의 전략적 방어진지 구축 이후 더 이상 요새는 개념적으로 진전이 없었다고 해도 무방하다. 농사를 지어도 될 만큼 넓은 계곡(강 유역)을 가지고 있던 제1범람지 주변의 초기 요새들은 그 지역의 방어와 함께 강까지 지배할 수 있도록 고안되었다. 후대의 요새들은 이집트인들이 미개한 누비아 지역과 훨씬 강폭이 좁은 상(上) 나일 강으로 진출하던 루트를 따라서 세워졌는데, 군사적 기능에 훨씬 더 큰 비중이 부여되었다. 아직까지도 남아 있는 기록에 의하면, 상류지역의 요새들이 군사적 경계로 인식되었던 것은 사실이다. 세누스레트 3세는 자신의 입상을 세우고 이런 글을 새겨놓았다. "나는 선조들보다 더 먼 남쪽으로 배를 타고 가서 나라의 경계를 그었노라. 내가 물려받은 것을 확장했노라. 내가 세운 경계를 지킬 내 후손들에게 이르노니……너희는 존엄한 나의 왕실에 태어난 나의 아들들이다. ……그러나 누구를 막론하고 내가 세운 이 경계를 포기하게 되면, 그리고 그것을 위해서 싸우지 않으면 그는 더 이상 나의 아들이 아닐 것이다." 이 글은 셈나 요새에서 발견된 것으로 기원전 1820년의 기록이다. 그때의 입상은 없어졌지만, 같은 요새에서 세누스레트 3세를 숭배하기 위해서 기원전 1479-기원전 1426년에 만들어진 입상이 발견되었다. 이것은 그가 이룩해놓은 것을 지키라는 그의 명령이 후손들의 마음속 깊이 각인되었음을 볼 수 있는 명확한 증거이다.[6)]

누비아 지역에서의 이집트인들의 국경정책은 이후 다른 모든 지역의 제국주의자들에게 모델이 되었다. 셈나에는 3개의 요새가 있었는데, 강둑의 양쪽에서 강을 통제할 수 있는 위치에 있었으며, 강에서 물을 끌어댈 수로들도 갖추고 있었다. 진흙 벽돌로 벽을 세워서 남쪽으로 향하는 길을 보호했는데, 수 마일 길이의 벽이 강가의 육지 쪽에 세워졌다. 요새는 모두 큰 곡물창고를 하나씩 가지고 있었는데, 1년에 수백 명을 먹이고도 남을 만큼 많은 양이었다. 아마도 그것들은 아스쿠트에 있는 후방 보급기지로부터 보내졌던 것 같다. 그 기지는 애초부터 곡물창고로 쓰기 위해서 섬에 건설한 요새가 분명하다. 또다른 비문은 주둔군이 해야 할 일이 무엇인지를 보여주고 있다. 주둔군의 의무는 "어떠한 누비아인들도……배로든, 도보로든 북쪽으로 가지 못하게 막는 것이다. 그들 소유의 가축도 마찬가지이다. 단 이켄에서 물물교환을 하려고 온 누비아인들이나 공문을 가진 사람들은 예외이다." 요새의 선임자인 이집트인들은 사막지역의 누비아인들을 뽑아서 메드야이(Medjay)라고 부르는 사막 순찰대를 운영했다(테베에서 발견된 파피루스에 쓰인 셈나 급송 문서들 가운데에는 전형적인 사막 순찰보고서가 있다. "변방 사막 순찰에 나섰던 순찰대가……귀대하여 아래와 같은 보고를 했다 : 우리는 32명의 사람과 3마리의 나귀가 지나간 흔적을 발견했다"). 인도의 북서지방 국경지방에 관한 경험이 있는 영국군 장교라면, 이집트인들의 관행을 금세 알아차릴 것이다. 이집트인들처럼 영국인들도 대규모의 주둔군이 정착민들을 보호한 민정지역과 순수한 군사적인 목적의 요새에 주둔군이 있었던 전방지역을 나누어서 관리했다. 전방지역에서도 최전방은 다시 "부족지역"으로 설정하여 도로만을 보호한 채, 원래 정교한 전체적인 방어체제를 구축해서 막으려고 했던 부족에서 뽑은 부족 민병대—카이버 소총부대(Khyber Rifles), 토치 순찰대(Tochi Scouts)—로 하여금 주변 치안을 유지하게 했다.

예리코 성과 제2범람지 요새들에 관한 계획이 시간과 공간을 넘어서 영속되고 재생산되었다는 것은 그리 놀라운 일이 아니다. 그 계획들이 그렇게 일찍 출현했다는 것도 놀랄 만한 일은 더욱 아니다. 인간이 다양하지만 제한된 건축 및 도시계획의 요소들을 자체 방어체계 속에 통합시키는 데에 전념한다면, 예리코 복합체(complex)나 셈나 복합체와 비슷한 어떤 것이 나올 것임은 분명하기 때문이다. 이와 비슷하게, 비록 물질적인 이유보다는 심리적인 이유에서 기인하기는 하지만, 메드야이 순찰대나 카이버 소총부대처럼 침입자들을 감시인들로 만드는 관행은 문명과 야만의 경계지역을 통제하는 데에는 야만지역에 사는 자들을 매수하는 것이 가장 효과적이라고 인정하는 바로 그 순간 뒤따르게 되는 당연한 귀결이다.

그러나 예리코 성과 셈나 성의 건축기초가 된 원리들이 급속도로 널리 보급된 것이 아닌가 하고 생각하면 그것은 오류일 것이다. 예리코 사람들은 그 당시 매우 부유했다. 제12왕조의 파라오들은 그들보다 더욱 부유했다. 그러나 다른 지역의 인간들은 여전히 가난했고, 기원전 2000년대 중반에 접어들 때까지도 정착비율이 낮았으며, 기원전 1000년대에 가서야 넓은 지역에서 방어 정착지가 건설되기 시작했다. 고고학자들은 옛 이즈미르 지역에서 다듬돌로 된 능보(稜堡)를 갖춘 방어성벽 속에 요새화된 그리스인 정착지가 기원전 9세기에 등장했고, 기원전 6세기에는 에스파냐의 사라고사와 폴란드의 비스쿠핀과 같이 서로 멀리 떨어진 지역들에서도 성벽이 있는 정착지들이 등장했다고 말해왔다.[7] 또한, 작은 산 정상에 울타리로 둘러막은 땅들—"철기시대의 요새들"은 영국에서 흔히 볼 수 있으며, 2,000여 개가 발견되었다—은 동남 유럽에서 기원전 3000년대에 이미 만들어졌을는지도 모른다. 그러나 그것들이 보편화된 것은 오직 기원전 1000년대에 들어서였다.[8] 역사가들은 그 기능에 대해서—도시의 원형 아니면 일시적 피난처?—그리고 그 건설을 자극한 정치적 조건에 대해서 논란을 계속하고 있다. 한 가지 가능성은 이렇다. 마오리족의 파(Pa)처럼, 그것들은 이웃 부족들이 자신들의 운반 가능한 물건들을 기습공격으로부터 안전하게 보관하기 위해서 만든 부족사회의 산물일 수 있다는 것이다. 그러나 확신할 수는 없

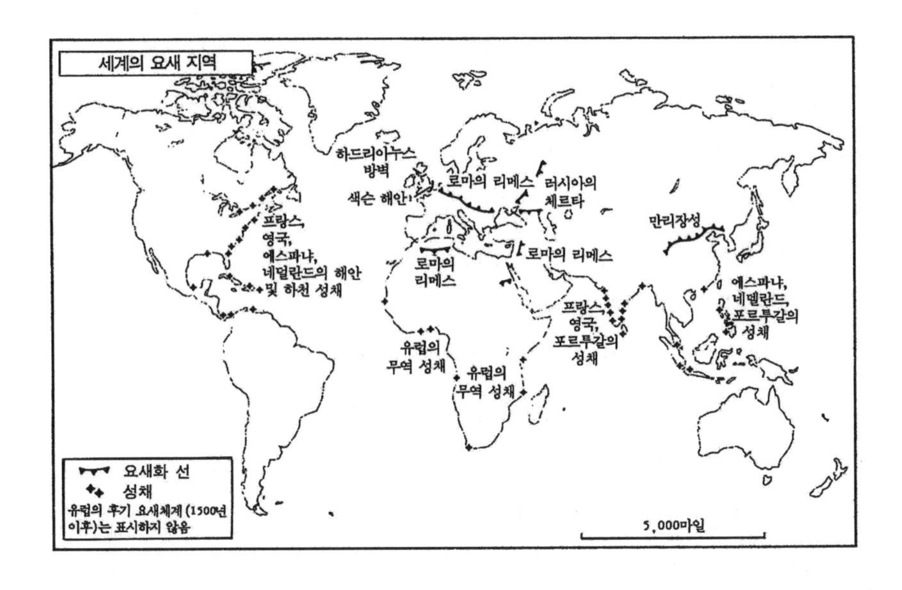


다. 우리가 알고 있는 것은 기껏해야 그런 요새들이 기원전 1000년대 동안에 동남 유럽에서 북서 유럽으로 확산되었고, 동시대에 그리스인들과 페니키아인들이 국경을 넘어 무역식민지를 건설하기 위해서 항해를 시작함으로써 지중해와 흑해 연안에 건설된 방어용 항구들에서 볼 수 있었다는 것이 전부이다. 요새화는 분명히 무역이 성립한 이후에 이루어졌다. 실로, 선사시대 도시 전문가인 피고트는 지중해 연안의 요새화된 항구들에서부터 프랑스와 독일 내륙의 산봉우리 성채들에까지 연결된 주요한 상호 무역로가 존재했다고 주장한다. 북쪽으로는 포도주, 비단, 상아(심지어는 원숭이와 공작까지—얼스터[아일랜드의 옛 지방 이름/역주]의 왕은 선사시대에 이미 바바리 원숭이를 길렀다)가 전해졌고, 남쪽으로는 호박, 모피, 가죽, 염장 고기와 노예가 전해졌다고 한다.[9]

기원전 1000년대 말에는 온대지역의 여기저기에서 요새들이 건설되었다. 중국의 초기 도시들은 성벽이 없었고 나무가 없는 황토 평원은 생활필수품조차 부족했지만, 밟아서 다진 흙으로써 성벽을 만든 도시가 상(商)왕조 시기에 등장하게 되어 최초의 중앙집권적 권력을 행사했다. 재미있는 일은 상왕조 당시 도시를 나타내는 상형문자 邑이 울타리를 친 땅과 무릎을 꿇고 복종하는 사람을 나타낸다는 것이다. 이것은 다른 지역에서와 마찬가지로 중국의 요새가 방어뿐만 아니라 사회통제의 역할을 했음을 보여주고 있다.[10] 크레타 문명의 몰락으로 인한 암흑기 이후의 고대 그리스에서 융성한 도시국가들에는 물론 성벽이 있었다. 로마를 포함한 동시대의 이탈리아 도시국가들도 마찬가지였다. 알렉산드로스 대왕이 기원전 4세기에 페르시아를 거쳐서 인도 원정에 나설 무렵, 그들이 거쳐간 원정로 중 정착민들이 살았던 지역에는 어김없이 거점 요새가 버티고 그들의 진로를 막았다.

그러나 일반적인 원리를 따르면, 거점들이 많았다는 것은 중앙권력의 부재나 취약성을 말한다. 알렉산드로스 대왕은 기원전 335년과 기원전 325년 사이에 적어도 20번의 포위공격을 감행했는데, 모두 페르시아 제국의 국경 밖에서 이루어졌다. 대제국에 걸맞게, 페르시아 제국은 그 외부지역에서부터 방어되고 있었던 것이다. 알렉산드로스 대왕이 그라니쿠스, 이수스, 가우가멜라에서 페르시아 군대와 벌인 세 차례의 전투는 모두 개활지(開豁地)에서 이루어졌다. 그는 페르시아를 제압하고 페르시아와 인도 중간에 위치한 공략하기 힘든 지역으로 진군하고 나서야, 비로소 기원전 334-기원전 332년 사이에 페르시아 제국을 깨뜨리기 위해서 사용했던 공성기술을 다시 사용했다. 기원전 262년 제1차 포에니 전쟁 당시 아그리젠토—시칠리아의 초기 항구 요새들 중 하나—에서부터 카이사르가 베르킨게토릭스를 붕괴시켰던 기원전 52년 켈트족의 거대한 산봉우리 요새인 알레시아에 이르기까지 로마인들은 로마 제국 건설기에 적의 요새들을 순차적으로 포위공격했다. 로마인들 역시 알프스 산맥에서 스코틀랜드와 라인 강으로 진출하는 과정에서 이곳저곳에 정방형의 군단급(3,000-6,000명 규모) 성채들을 배치했는데, 로마 제국의 군인들은 매일 같이 적군 지역에서 행군을 마치고 돌아온 뒤에는 성채들을 건설하는 훈련을 받았다. 이 표준화된 설계—문 4개와 의식을 거행하는 중앙 광장이 있었던 점은 묘하게도 고대 중국의 도시들과 닮았다—는 또한 로마 제국의 주요한 정복도시들의 모델이 되었다. 현대의 런던, 쾰른, 빈 등의 중심부는 그들 도시의 성장 기반이 되었던 로마 제국의 정방형의 군단급 요새의 유적 위에 세워진 것들이다.

그러나 로마 제국은 평화기에는 요새들을 세우지 않았다. "갈리아 도시의 다수는 개방 정착지 형태로 건설되었고, 방어체계를 만들지 않았다."[11] 그것—성벽이 없는 도시들, 안전한 도로, 광활한 서유럽 땅에 경계선이 될 만한 것들이 없었다는 점—이 바로 팍스 로마나(pax Romana : 로마의 평화)의 의미였던 것이다. 물론 로마의 평화는 다른 지역의 요새들에 의해서 보장되었다. 비록 그 정확한 양상이 어떠했는가 하는 것이 로마 역사 기술에서 가장 논란이 되는 문제 중에 하나이기는 하지만, 전방지역이 요새화되었다는 물적 증거는, 가서 보기만 하면 되는 것으로, 주로 하드리아누스 방벽의 중앙부분에 가장 뚜렷하게 남아 있다. 로마인들이 북영국을 향해서 훨씬 더 깊이 진출했음을 보여주는 안토니누스 방벽의 자취는 아직도 남아 있고, 라인 강과 다뉴브 강을 따라서 건설된 리메스(limes : 요새화된 국경선, 특히 고대 로마의 국경선/역주)의 일부들과, 모로코, 알제리, 튀니지, 리비아의 사막 변방지대에 있던 포사툼 아프리카이 그리고 아카바 만과 북홍해에서 티그리스-유프라테스 강 상류에까지 걸쳐 있는 리메스 시리아이도 아직 남아 있다. 이것은 과연 일부 현대 역사가들이 생각하듯이 "과학적인 국경선"이었을까? 아니면 로마 군대가 지중해 세계의 유효 경제활동 한계지역에서 조우했던 단순한 지역적 불온세력과 일부 전략적 위협세력들을 봉쇄하기 위해서 군사행동을 수행하면서 세운 실질적인 통치의 한계선을 알려주는 표지들이었을까? 에두아르드 루트바크는 저서 『로마 제국의 대전략(*The Grand Strategy of the Roman Empire*)』에서 자신의 생각을 성공적으로 주장했는데, 그것은 이러했다. 즉, 로마인들은 인도에서의 영국인들처럼 방어할 수 있는 것과 없는 것을 명확히 분간할 줄 알았지만, 실제로 그것을 방어할 때에는 방법이 달랐다는 것이다. 그들은 그들의 상황에 따라서 강력한 중앙

군을 우선적으로, 강력한 지방 방위군을 그다음으로, 마지막으로 불만스럽기는 했지만 그 양자의 혼합군을 사용했다는 것이다.[12] 루트바크의 반론자들은 특히 동부 국경지대에 관한 한 그런 일관성이 없었다고 주장한다. 벤저민 아이작은 로마 제국이 페르시아와 파르티아에 대해서 오랫동안 공세 정책을 펼쳤고, 따라서 동쪽 지역의 요새들은 토벌부대들을 위한 안전한 교통망으로 보아야 한다고 믿고 있다. C. R. 휘태커는 로마 제국의 변경지역들에서는 끊임없는 지역적 분쟁이 있었고, 누비아 지역의 이집트인들이나 1954-1962년의 전쟁 당시 알제리(모리스 전선)에 있던 프랑스인들처럼 로마 군의 주요 방어목표는 평화로운 농경지역로부터 악당들을 가능한 한 멀리 격리시키는 것이었다고 생각한다.[13]

분명한 것은 지역과 시대를 불문하고 중앙권력의 성장은 전략적 방어체계의 건설로 특징된다는 것이다. 앵글로-색슨족의 잉글랜드 지역과 켈트족 웨일즈 지방 사이의 오파 방벽(offa's Dyke)처럼 단순한 것에서부터—비록 그 당시에는 날마다 수만 명이 땅파기 작업에 동원되는 큰 공사였지만—아직도 불가사의한 수수께끼로 남아 있는 중국의 만리장성까지 모두 그렇게 볼 수 있다. 그와 같은 방어진지들이 수행한 정확한 기능을 정의 내리기는 어렵다. 너무 다양해서 일반화시키기가 어려운 것이다. 대략적으로나마 그 다양성을 살펴보면, 오스만 제국 영토에 접한 합스부르크 왕가의 군사경계선인 크라지나(Krajina)는 분명히 투르크인들의 접근을 막기 위한 것이었다. 그러나 결국 그것을 세움으로써 합스부르크 왕가가 더 오래 지속되기는 했지만, 오스트리아보다는 오스만 제국의 세력강화에 이바지했다. 이와는 대조적으로, 1860년대 영국의 남부와 동부 연안의 항구를 보호하기 위해서 많은 비용을 들여서 건설한 일련의 요새들(1867년까지 완성되었거나 건설 중인 것이 76개였다)은 프랑스의 가상적인 위협에 대한 반응이었다. 아마도 영국인들은 장갑함에 대해서 나무 울타리 정도의 방어밖에 하지 못하리라고 신경증환자들처럼 조바심을 가졌던 것 같다.[14] 루이 14세가 프랑스 동부 국경을 따라서 건설한 일련의 요새들은 공세적인 목적을 가진 것으로서, 프랑스 세력을 합스부르크 왕가의 영토 안으로 조금씩 침투시키기 위해서 고안되었다. 차르 전제왕권이 16세기 이후로 동쪽 대초원지대로 밀고 들어가서 임시로 세운 일련의 요새들인 체르타(cherta)는 공세적인 성격이 더욱 강한 것으로서, 우랄 산맥 남쪽의 유목민들을 압박하고 시베리아행 이주 통로를 개척하기 위한 것이었다. 그러나 체르타를 확대시킬 수 있었던 것은 반신반의하면서도 러시아에 협조한 카자흐인들 덕분이었다. 결국 카자흐인들도 뒤늦게 깨달은 바와 같이, 체르타의 기능은 그들의 자유로운 정착지들을 러시아가 통제하기 위한 것이었다.[15)]

프레더릭 잭슨 터너와 함께 최고의 프런티어 역사가(frontier historian) 중에 한 사람인 오언 래티모어의 견해에 의하면, 반(半)방어적이며 반(半)공세적인이라는 표현이 만리장성이 수행한 역할을 잘 기술하고 있다. 미국역사학협회에 보낸 유명한 1893년의 논문에서 터너는 위험을 무릅쓰고 서부로 갈 준비가 된 사람이면 누구에게나 자유 토지를 나누어준, 움직이는 프론티어(moving frontier)의 개념이 미국인들의 국민적 기질—생기 넘치고, 정력적이며, 호기심 많은—을 형성하는 데에 그리고 미국이 거대한 민주주의 국가를 유지하도록 보장하는 데에, 결정적 역할을 했다고 주장한다. 래티모어는 만리장성은 이와는 대조적으로 전혀 다른 종류의 국경이었다고 말했다. 만리장성의 위치에 변동이 있었다는 것은 명백한 사실이다. 각 지역의 지배자들이 자신들의 영토를 보호하기 위해서 세운 많은 성벽들을 연결하는 데에서 시작된 장성은 결국 기원전 3세기 진(秦)왕조에 이르러서 관개농경지대와 목축지대—간단히 말해서 강 유역과 초원지대—의 경계를 따라서 결국 고정되었다. 그러나 래티모어의 견해에 따르면, 지역의 지배자들이나 그 뒤를 이은 어떤 왕조도 만리장성의 위치를 제대로 결정할 수가 없었다. 한때 만리장성은 북으로 뻗어서 황하가 굽이쳐 흐르는 오르도스(중국 내몽골 자치구 남단/역주) 고원지역을 둘러싸기도 했고, 어떤 때에는 그 지역을 외면하기도 했다. 한편 만리장성이 티베트 고원을 향해서 뻗어 있던 서쪽 끝에서는 무수한 연장 공사와 재조정 작업이 있었다. 마침내 만리장성은 총 연장이 대략 4,000마일에 달하게 되었다.[16] 래티모어는 만리장성이 그와 같이 구불구불한 것은 왕조들의 쇠락이나 부흥의 증거라기보다는, 터무니없는 것을 추구한 증거라고 주장한다. 황제들은 실제로 "과학적인 경계", 즉 농업에 적합한 지역과 유목민들에게 양보해야 할 지역이 만나는 지점에 경계선을 그으려고 했다. 그러나 그런 경계는 찾아낼 수가 없었다. 왜냐하면 위에서 말한 두 지역이, 양쪽의 환경을 혼합적으로 가지고 있는 지역을 사이에 끼고, 나누어져 있었을 뿐 아니라, 그 중간지역 자체가 거대한 유라시아 대륙 내부의 기후변화—한발과 장마—에 따라서 움직였기 때문이다. 중국인 농민들을 이주시켜서 식민지화함으로써 변경을 지배하려던 시도는 사태를 더욱 악화시키게 되었다. 정착민들, 특히 황하가 굽이쳐 흐르는 지역에 보내진 사람들은 한발이 발생할 때마다 스스로 유목민화했으며 물결처럼 잇따라 만리장성을 공격하던 기마민족의 수를 오히려 증가시켜주는 경향이 있었다. 원래부터 중간지역에서 살던 반(半)유목민들을 복속시키려던 변방 군사령관들의 시도는 기마민족의 공격으로 인해서 벽에 부딪혔다.[17]

이런 상황에서 중국인들이 그들의 관개정착지 주변에서 성장했던 도시들에 벽을 쌓았던 것은 놀랄 만한 일은 아니다. 왕조의 권력이 강할 때, 도시들은 제국의 행정중심지 역할을 했다. 또한 유목민들의 반란으로 인한 혼란기에는 제국적 전통의 성역으로 남아서 항상 자신을 주장함으로써 정복자들을 순화시켜서 중국인화했다. 만리장성처럼 도시의 성벽들은 바로 문명의 상징이었다. 명(明)나라(1368-1644) 때에는 500여 개의 성채가 개축되었다.[18] 그러나 도시의 성벽과 만리장성은 모두 제국 체제를 떠받치는 버팀목일 뿐, 그 이상 아무것도 아니었다. 제국체제의 궁극적인 힘은 바른 사회질서에 대한 중국인들의 사상적 신념(삼강오륜[三綱五倫]/역주)에서 나온 것이었다. 그런 신념들이 힘을 가질 수 있는 이유는 그것이 지위고하를 막론하고 사회

구성원 전체에 침투되어 있었기 때문이라기보다는—그러한 신념들은 주로 지주계급과 관료계급의 문화적 소유물이었다—지배권력을 쟁취한 이민족들의 수가 상대적으로 적었고, 그들 스스로는 인정하려고 하지 않았지만, 그들이 변경요새에서 기존의 제국문명과의 지속적인 접촉을 통해서 부지불식간에 중국인화되어 있었던 초원사회 출신이었기 때문이었다. 그런 의미에서, 만리장성은 그 자체가 하나의 문명화 도구였다. 즉 일종의 격막 구실을 함으로써 그 속에 있는 사회의 지배적인 사상이 밖으로 흘러나가게 하여 그 문을 지속적으로 공격하는 사람들의 야만성을 순화시켜나갔던 것이다.

서양의 고전고대문명(그리스-로마 문명)에는 그런 행운이 없었다. 중국인들과 달리 로마인들은 끊임없이 등장한 대규모 야만족들로부터 공격을 받았는데, 야만족들의 대부분은 로마 문명의 보존을 보장할 만큼 지속적이고 중개적인 접촉 경험이 전무함으로써 로마화되지 않은 사람들이었다. 기원후 3세기 중반부터 야만족의 침략이 잦아지고 갈리아 지역 깊숙이 파고들자, 속주 관리들은 내륙 도시들에 성벽을 건설하기 시작했다. 그러나 5세기까지도 48개의 도시들만이 요새화되었는데, 그것도 대부분이 변경지역이나 해안지역에 위치해 있었다. 에스파냐에서는 12개의 도시에만 성벽이 있었고, 포 강 유역 이남의 이탈리아에서는 로마 시만이 방어수단을 가지고 있었다.[19] 북해, 영국해협, 대서양연안을 따라서 일련의 요새가 건설되었고, 라인 강과 다뉴브 강 하류의 리메스들은 보강되었다. 일단 이 변경 방어진지들을 함락시키면, 서로마 제국이 손안에 들어오게 된다. 로마의 뒤를 이은 야만족의 왕국들은 국경방어를 강화하는 방법을 알고 있었다고 해도, 처음에는 그럴 필요가 없었다. 뒤를 이어서 계속된, 전혀 로마화되지 않은 침입자들—스칸디나비아 해의 침략자들, 아랍인들, 중앙 아시아의 초원민족들—의 침입은 그것을 제지할 전략적 방어진지나 요새들이 없었기 때문에 거침이 없었다. 그런 공격으로 인해서 범유럽적인 국가의 재건을 위한 샤를마뉴의 용기 있는 노력이 물거품이 되었음은 당연한 일이다.

결국 서유럽은 다시 요새화되었다. 그러나 그 패턴은 당시의 중국 왕조의 입장에서 보면 단지 경각심만을 일으킬 정도에 지나지 않은 것이었다. 1100년과 1300년 사이에 신기하게도 부활한 무역—아마도 그 자체가 마찬가지로 신기하게도 증가한 유럽 인구(약 4,000만 명에서 약 6,000만 명으로)에 연원을 두고 있다—은 도시들을 다시 부활시켰고, 도시들은 화폐경제의 성장을 통해서 성 밖의 위협으로부터 스스로를 보호하는 데에 소용되는 자금을 확보했다. 예를 들면, 피사(Pisa)는 1155년 도시 둘레에 2개월에 걸쳐서 도랑을 팠고, 그 이듬해에는 망루들이 있는 성벽을 세웠다. 그러나 새로 성벽을 쌓은 도시들은 자신들의 안전을 토대로 왕권을 떠받든 것이 아니라, 자유와 권리를 요구했다. 피사의 성벽 건축은 붉은 수염의 프리드리히 1세(1123-1190. 로마 제국의 영광을 재현하기 위해서 다섯 차례에 걸쳐서 이탈리아를 원정했던 신성 로마 제국의 황제/역주)에 대한 저항수단이었다.[20] 한편, 중국의 황제들이 알았더라면 훨씬 더 놀랐을 과정을 통해서 서유럽 전역에서 지방 세력가들은 성을 건설하는 데에 몰두하고 있었다. 그들은 처음에는 단순히 사방에 참호를 판 진지만을 세웠다. 그러다가 10세기 이후로는 상당히 높은 나무로 둘레를 쳤고, 결국 돌로 만든 진정한 거점들을 만들었다. 이러한 곳들의 일부는 왕이나 그가 신임하는 가신들이 소유했지만, 점차로 대다수가 왕권에 복종하지 않는 사람들이나 신흥세력의 불법적인(adulterine) 건조물에 속했다. 그들이 축성을 정당화하기 위한 근거로 언제나 제시한 것은 무신앙(사악한) 민족들—바이킹족, 아바르족, 마자르족—의 위협 때문에, 자신들의 군마들을 관리하고 병력을 수용할 안전한 장소가 필요하다는 것이었다. 사실 그들은 전략적 방어진지들을 기초로 하여 강력한 중앙의 권위가 부족한 유럽의 상황을 자신들에게 유리하게 이용함으로써 스스로 지방 군주들이 되었다.

그러한 규모의 축성—바이킹족의 침략 이전에 프랑스의 푸아투 지방에는 성이 3개가 있었고, 11세기경에는 39개가 있었다; 멘 지방에는 10세기 이전에는 하나도 없던 것이 1100년경에는 62개가 되었다; 이런 양상은 다른 지역에서도 마찬가지였다—은 결국 성을 쌓음으로써 얻을 수 있었던 지방 권력투쟁에서의 이점을 서로 상쇄했다.[21] 세력가들이 모두 성 안에 사병을 보유함으로써 누구도 군주가 되지 못했고, 침략자들에 대항해서 중앙권력을 상호 지원하는 경우는 더욱 적었으며, 지역적인 내전만이 풍토병처럼 일어났던 것이다. 왕들은 축성 허가권을 발급했고, 자신들의 주요 가신들과 함께 불법적인 성을 힘이 닿는 데까지 제거했다. 그러나 성은 단시일 내에 지을 수 있었던 반면—100명의 인력이면 10일 안에 소규모의 목책 성을 세울 수 있다—일단 건축된 성은 성주가 정착하게 되면 제거하기가 훨씬 더 힘들었다.[22] 성채의 힘은 포위공격력을 크게 상회했던 것이다. 그것은 예리코 성 건축 이후 화약이 발명되기 전까지는 부정할 수 없는 사실이었다.

고대 역사가들은 메소포타미아와 이집트의 유적에서 발굴된 포위공격의 관습과 기제들—공성 망치, 공성 사다리, 공성 탑, 수갱(竪坑)이 있었다는 흔적에 주의를 집중하고 있다. 그리스의 공성용 무기에 대한 기록에 의하면, 발사기의 최초 형태인 쇠뇌가 기원전 398-기원전 397년에 등장했음을 보여준다.[23] 최초의 충차—비록 덮개를 덮어서 보호했던 것이 분명하더라도 매우 약한 형태의—가 있었다는 증거는 이집트에서 나왔는데, 기원전 1900년의 것으로 추정된다. 공성 사다리는 그보다 500년 전 것으로 기술되고 있다. 바퀴 달린 발판 위에 장착된 매우 강력한 공성 망치는 기원전 883-기원전 859년경 메소포타미아의 궁전에 돋을새김한 조각에서 보이는데, 그 옆에는 성벽 밑의 땅을 파고 있는 기술자들의 모습도 새겨져 있다. 이동이 가능한 공성 탑은 역시 메소포타미아의 다른 궁전에 기원전 745-기원전 727년 돋을새김된 조각품에서 보이는데, 그때쯤에는 해자를 메꾸고 성벽 공략을 위한 공성 램프(ramp)가 만들어졌다. 흉벽 위에 있는 방어병들을 공격하는 궁수들을 보호하기 위한, 커다란 공성 방패도 역시 그 즈음에 사용되었던 것이 분명하다. 불을 이용해서 성문은 물론이고 가능하면 요새 내부까지 공격했다는 언급들도 있는 한편, 가능한 지역에서는 급수원 차단과 아사작전도 기본적인 공성기술이 되었다.[24]

그러므로 화약이 발명되기 이전에 사용이 가능했던 모든 공성기술은 기원전 2400년에서 기원전 397년 사이에 고안되었다. 그러나 아사작전을 제외한 어떠한 공성기술도 요새를 함락시키는 데에 확실한 수단을 제공하지는 못했을 뿐 아니라, 효과적이지도 않았다. 고대의 전략가인 폴리비오스에 따르면, 공성군이 신속한 공격의 결과로서 얻은 최대의 효과는 방어자들이 안심할 수 없도록 하는 것이거나, 그들을 놀라게 만드는 것이었다. 반역행위도 또 하나의 공성전술이었다. 예를 들면, 안티오크 성은 반역으로 인해서 1098년 십자군에게 함락되었고, 다른 많은 거점들도 같은 방법으로 무너졌다.[25] 그런 방법들과는 별도로, 공격군이 성의 외부에서 취약점을 발견하거나 만들어낼 때까지, 몇 달간 대기하는 경우도 있었다. 가야르 성은 1204년 무방비 상태였던 화장실 하수구를 통해서 함락되었다. 다른 한편, 존 왕이 1215년에 포위한 로체스터 성은 땅을 파고 터널의 들보들을 태운 왕에게 성의 남쪽을 빼앗겼다(베이컨용 돼지 40마리에서 추출할 수 있는 분량의 지방이 사용되었다). 그러나 성이 결국 함락된 이유는 바로 50일간의 끊임없는 공격을 막아내는 동안 수비군의 식량이 떨어졌기 때문이었다. 이 사건은 그때까지 그리고 그 이후로 오랫동안 영국에서 있었던 가장 큰 규모의 공성작전이었다.[26]

1099년 공성 탑을 사용한 십자군에게 함락된 예루살렘 성의 경우는 이례적이었다. 그것은 한편으로는 주둔군의 약세 탓이었고, 또 한편으로는 공격자들의 종교적인 열정 탓이었기 때문이다. 일반적으로 말해서 화약시대 이전의 포위전쟁에서는 보급품을 미리 저장해두는 한에서는 방어자 측이 언제나 유리했으므로, 중세의 서유럽에서는 일정한 시한을 정해놓고 그 시한이 끝나고도 공격군이 후원군으로 대체되지 않았을 때에는 성 안의 사람들이 밖으로 나와도 아무런 위해도 가하지 않는 것이 포위전쟁의 관례일 정도였다.[27] 공격자 자신들의 식량이 떨어질 수 있는 가능성이나, 그들의 비위생적인 노영지에서 질병에 굴복할 가능성이 더 높았기 때문에, 그러한 약속은 양측 모두에게 이치에 들어맞는 선택이었다.

그러므로 우리는 공성기술과 공성수단들에 대한 어떠한 묘사도 화약시대 이전의 어느 시점에 등장했던 "전쟁 예술품" 속에서 중요한 증거로 제시될 때에는 주의 깊게 다루어야만 한다. 예술 속에서의 전쟁은 그 예술가로 하여금 언제나 문헌적 실재들보다는 잠재적, 감각적 실재를 표현하게 만들기 때문이다. 그런 시각에서 볼 때, 이집트와 아시리아 도시들의 성벽 하단의 벽화들과 왕실의 승리를 기념하는 돋을새김 조각들은 다비드와 르 그로가 그린 영웅적인 나폴레옹의 초상화들이 전쟁에 임한 장군으로서의 그의 행적을 묘사한 것으로 간주될 수 없는 것처럼, 동시대에 실제로 벌어진 전쟁의 모습을 보여준다고는 생각할 수 없다. 전쟁예술과 전쟁의 희극적 요소 사이에는 큰 차이가 없고, 아마도 최초의 왕실화가가 임명되어서 최초의 정복자 왕을 그리게 된 이후로 계속해서 그래왔을 것이다. 요새들과 그것을 함락시키기 위한 모든 행위들은 전쟁 예술가들의 손쉬운 주제였고, 공격자와 방어자 사이에서 벌어진 사건에 대한 예술가들의 오해는 화약 이전시대의 방어전쟁에 대한 우리의 이해에 심각한 왜곡을 초래했을 것이 분명하다.

요새를 주제로 삼을 때에는 이렇게 생각해도 좋을 것이다 : 화약시대 이전에는 어느 때고 견고하게 방어되고 저장된 물자가 풍부한 거점들은 함락시키기가 어려웠다; 그런 거점들은 전략적 방어체제를 구성하고 있었던 것만큼이나 많은 경우 중앙의 권위에 저항하기 위한 수단이기도 했다—후에 살펴보아야 할 주제로, 권위에 대한 저항이 아니었다면, 자유시민이나 자유경작지를 위압하기 위한 수단이었다; 전략적 방어진지들은 자연적인 국경을 따라서 배치되기가 결코 쉽지 않았고, 건설, 유지, 보급, 주둔 비용이 언제나 컸기 때문에, 그 힘은 궁극적으로는 진지들이 방어하고 있는 제국의 의지와 능력들에 의존하고 있었다. "그들은" 누구도 가서 지키지 않을 진지들을 "건설하는 데에 헛수고를 한다."

## 제 3 장
# 동물

전차병들이 최초로 왕국들을 쓰러뜨리고 자신들의 왕조를 세웠을 때에도 아직 요새는 거의 존재하지 않았다. 실제로 존재했던 요새들도 정복에 아무 장애가 되지 못할 정도였다. 힉소스족으로 알려진 한 셈족은 대략 기원전 1700년경 나일 강의 삼각주지대를 통해서 이집트로 침투하기 시작했고, 곧 멤피스에 그들의 수도를 세웠다. 기원전 1700년경 함무라비에 의해서 창건된 아모리 왕조의 지배하에서 통일되었던 메소포타미아("두 강 사이에 있는 땅"이라는 뜻의 그리스어/역주) 지방은 그보다 조금 뒤에 지금의 이란과 이라크 사이의 북쪽 산간지역 민족에 의해서 공략되었다. 그 왕조는 기원전 1525년까지에는 메소포타미아 지역의 대군주로 군림했던 것으로 보인다. 얼마 지나지 않아 이란 동부의 초원지대로부터 아리아인—인도-유럽 어족에 속하는—의 전차병들이 인더스 강 유역으로 밀려들어와서 인더스 문명을 철저히 파괴했다. 마침내 기원전 1400년경에 역시 이란의 초원지대에 뿌리를 둔 것으로 추정되는 상(商)왕조의 창시자들은 전차를 끌고 중국의 북쪽 지방에 도착했다. 그리고 그들의 우수한 군사기술과 성벽을 세운 거주지 건설을 바탕으로 최초의 중앙집권적 국가를 건설했다.

약 300년간 유라시아 문명의 중심지역에서 전차를 사용한 것과 전차병이 전쟁에서 차지하는 비중을 강화시킨 것은 세계 역사상 가장 이례적인 일이었다. 어떻게 그런 일이 일어날 수 있었을까? 그것은 많은 발전들이 있었기에 가능했던 것이다. 예를 들면 야금술, 목재 가공술, 무두질 기술 그리고 동물의 뼈와 근육을 재료로 한 아교 사용술 등의 발전이 바로 그것이다. 그러나 무엇보다도 야생마의 체격 향상과 사육기술의 발전에 크게 영향을 받았다. 모든 인류가 내연기관을 이용하여 여행하고 있는 오늘날에도, 말은 큰 관심의 대상이며 대규모 투자의 대상이다. 세계의 대부호들은 앞다투어 순종(純種)의 말을 소유함으써 서로의 부를 과시한다. 경마는 상류사회의 거부들이 막대한 부를 늘리기 위해서 즐기는 "왕들의 스포츠"이다. 그러나 대부분의 왕들이나 백만장자들은 우승마를 알고 있다고 믿는 범부들처럼 모험은 절대로 하지 않는다. 말의 세계에서는 가장 가난한 자들조차도 자신들이 거부들과 다를 바가 없다고 느낀다. 왜냐하면 속담에 있는 것처럼, "동물들은 우리들 모두를 바보로 만들 수 있기" 때문이다. 아무리 귀하고 혈통 좋은 말이라고 해도 주인의 기대를 저버리고 주인의 심기를 불편하게 만들 수 있으며, 반대로 무명의 말이라고 해도 모든 강적들을 물리쳐서 기수와 조마사, 사육사, 말 소유주에게 단숨에 커다란 성공을 가져다주고 다수의 소액 투자가들에게는 기쁨을 선사하며 마권업자들에게는 손해를 줄 수 있을 것이다. 현대의 순종마는 우리가 심각하게 생각해보아야 할 만큼의 커다란 영향력을 발휘한다. 훌륭한 혈통을 가진 말들은 대부분의 정치가의 생애보다 더 유명세를 누리며 살 수도 있다. 가장 훌륭한 혈통의 말은 제왕이나 왕가의 신분을 얻게 된다. 단지 그러한 말들이 뛰는 모습만이라도 구경하려는 사람들이 전 세계로부터 줄을 이어서 찾아온다. 한편 그들의 혈통적 계보는 프랑스의 부르봉 왕가나 오스트리아의 합스부르크 왕가의 정통성 확보를 위해서 쏟는 정도의 세심한 배려로 보존된다. 어떤 의미에서 위대한 말은 왕이 된다. 그러므로 왕들이 가장 위대한 말들에 힘입어 군림하게 되었다는 것은 놀라운 일이 아니다.

## 전차병

호모 사피엔스가 처음에 발견했던 말은 보잘것없는 말이었다. 사실 식용을 목적으로 하는 사냥의 대상일 뿐이었던 것이다. 오늘날의 말인 에쿠우스 카발루스(*equus caballus*)의 조상인 에쿠우스(*equus*)는 마지막 빙하기에 신대륙으로 이주해온 아메리카 인디언들의 사냥감이 됨으로써 멸종되었다. 구대륙에서는 빙하기가 끝나면서 숲이 다시 조성되었기 때문에 에쿠우스는 유럽에서 나무가 없는 스텝 지역으로 옮겨갔다. 그곳에서 처음으로 말은 사냥감이 되었고 식용을 목적으로 하여 사육되었다. 흑해 북쪽 드네프르 강의, 이른바 스레드니 스토그(Srednij Stog) 문화가 뿌리를 내린 정착지에서는 기원전 4000년 전의 마을로 추정되는 유적이 발견되었는데, 거기에서 출토된 뼈는 대부분이 말의 뼈였으며 이는 틀림없이 사육된 말들의 것이었다.[1] 석기시대인은 말을 타거나 몰기보다는 먹거리로 이용했다. 왜냐하면 그들이 알고 있던 말은 대부분 성인남자를 태울 때에는 견딜 만한 힘이 없었음이 분명하고, 인간은 아직 동물에 마구를 씌워서 견인할 수 있는 운송수단을 고안하지 못했기 때문이었다. 여하튼 말이라는 종에 속하는 동물과 인간의 관계는 매우 복잡하다. 똑같이 무리 동물이라고 해도, 사람과 쉽게 친화하며 1만2,000년 전부터 우호적인 관계를 유지해왔다고 보이는 개와는 달리, 말은 주인과의 사이에 유용한 상호 "공생관계"가 생기려면 무리와 떨어져서 길들여져야만 했다.

더욱이 석기시대인이 말의 사촌들—이미 널리 퍼져 있는 당나귀, 노새, 몽골과 투르키스탄의 헤모인(hemoine), 티베트 고원의 키앙(kiang), 인도 서부의 쿠르(khur), 메소포타미아의 오나거(onager) 등—보다 말이 더욱 유용하다고 생각했을 만한 합리적인 이유가 없었다. 물론 오늘날에는 유전학적으로 따져볼 때, 그런 동물들의 경우, 더 크고 힘이 세며 발 빠른 종을 선택적으로 번식시킬 수 있는 가능성이 희박하다는 사실이 밝혀졌다.

그러나 초기의 에쿠우스 카발루스는 외견상 아직까지 생존해 있는 에쿠우스 프르제발스키(*equss przewalskii*)나 지난 세기까지 스텝 지방에서 살았던 야생마 에쿠우스 그멜리니(*equus gmelini*)와 유사했다. 그것들은 모두 색깔이나 크기, 모양에서 니귀나 헤모인, 오나거를 닮았다. 지금 우리는 유전자 분석을 통해서 에쿠우스 카발루스가 64개의 염색체를 가지고 있으며, 염색체 66개를 가진 에쿠우스 프르제발스키나 염색체 62개를 가진 당나귀 그리고 염색체 56개를 가진 헤모인과는 다른 동물임을 알고 있다. 그러나 석기시대인에게는 그것들은 선택할 수 있는 차이가 거의 없었다.[2] 특히, 짧은 다리와 두꺼운 목, 불룩 나온 배, 볼록한 얼굴 그리고 뻣뻣한 갈기를 가진 카발루스는 야생마 에쿠우스 그멜리니와 구분하기가 힘들었다. 그것은 멸종 직전에 그 외형이나 움직임을 정교하게 하려는 모든 노력을 거부했던 것이 분명하다.

최초에 인간은 말이나 그와 같은 종의 동물이 아닌, 소나 아마도 순록을 몰며 탔던 것 같다. 기원전 4000년경에 농경민들은 길들인 수소를 거세함으로써, 그 이전까지만 해도 인간이 끌 수밖에 없었던 간단한 쟁기를 장착시켜서 견인동물로 이용할 수 있었다. 초원이나 충적토지대와 같이 나무가 없는 환경에서는 그런 견인동물에 썰매를 부착하게 된 것은 당연한 과정이었다. 그다음으로는 고정된 롤러 위에 썰매를 올려놓았고, 또다시 이미 도공들이 했던 것처럼 고정된 축에 연결된 회전하는 바퀴의 단계로 옮겨갔다.[3] 이는 아주 간단한 진보였음에 틀림없다. 기원전 4000년 이전 것으로 추정되는 수메르의 우루크 시에서 발굴된 일련의 상형문자는 썰매에서 바퀴 달린 썰매로의 직선적인 발전상을 보여준다. 기원전 3000년 전, 유명한 우르 신전의 기둥의 그림에는 왕의 무기(도끼, 칼, 창)를 올려놓는 단과 네 필의 오나거가 끄는 왕의 사륜마차가 등장한다. 두 부분으로 나뉜 나무 바퀴를 단 마차는 그 원형인 통짜 바퀴 마차로부터 발달되어온 것이다. 그리고 우리는 수메르인들이 오나거를—같은 견인동물인 소보다—빠르고 영리한 동물로 여겼다는 사실을 알 수 있을 것이다.

그러나 당나귀—오나거는 당나귀보다 다리도 길고 약간 크지만, 당나귀의 일종이다—를 어린 시절부터 애완동물로 길러본 사람은 알겠지만, 이 사랑스러운 동물은 심각한 몇 가지 결점을 가지고 있다. 그 동물의 고집이 종종 주인의 뜻보다 앞서는 경우가 많다는 것이다. 그리고 고통에 대한 반발도 매우 강해서 채찍이나 재갈, 고삐 등에 어줍잖게 저항했다. 또한 엉덩이와 뒷다리 부분에만 짐을 실을 수 있어서 "제어 위치"인 앞쪽에서는 몰 수 없었다. 당나귀는 단 두 가지 방식—걷기와 달리기—만으로 움직이는데, 전자는 심지어 사람의 걸음걸이보다 느리고 후자는 고개가 뒤로 젖혀질 정도로 빠르다. 이런 특성들은 선택 교배로도 변화시킬 수가 없었다. 덕분에 노새와 반쪽짜리 노새인 헤모인이 궂은일은 도맡아서 해야 했다. 결국 짐 싣는 동물로서 이들의 수송능력과 범위에는 한계가 있었다. 더욱이 등에 타고 다니기에는 가장 부적합했다.

기원전 2000년 초에 사육 말의 역할이 식용에서 짐 운반용으로 전환하기 시작했다는 사실은 그리 놀라운 일이 아니다. 야생의 작은 말들조차도 그 크기가 다양했다. 석기시대의 작은 암말은 어깨까지 12핸드(핸드[hand]는 손바닥의 너비를 말하며 1핸드는 약 4인치이다)가 약간 안 되는 높이였던 반면, 덩치 큰 수말은 15핸드가 넘는 것도 있었다.[4] 양치기는 양, 염소, 소의 사육을 통해서 이미 기초적인 선택교배 기술을 터득하고 있었기 때문에, 그것을 말에 적용한 것은 자연스러운 발전이었다. 그러나 그 결과는 예상한 기대와는 달리 나타났던 것 같다. 처음에 선택교배를 한 동물은 오히려 크기가 작아지는 경향을 보였던 것이다. 말의 경우에는 타기에 부적합할 정도로 크기가 작아지거나, 견인력이 약화되는 결과를 낳았다.[5] 더욱이 말의 견인력을 이용하는 데에는 또다른 어려움이 있었다. 말보다 비록 견인력은 약하더라도 당나귀는 재갈에 고삐를 걸기만 하면 쉽게 통제가 되지만, 말의 경우에는 감당할 수 없을 정도의 무거운 짐은 목 마구에 의해서 민감하게 느낌으로써 견인하려고 하지 않는다. 한편 유순한 소는 채찍이 몸에 닿기만 해도 앞으로 나아가고, 등이 불룩 튀어나와 있어서 마차에 연결된 멍에를 씌우기가 쉽다. 그러나 소보다 훨씬 더 팔팔한 말은 입에 재갈을 채워야만 제어가 가능하다. 심지어 오늘날까지도 말을 모는 사람들 사이에는 어떤 모양의 재갈이 가장 적합한가에 대한 논의가 끊이지 않고 있다. 목끈을 사용하면 숨통을 조이게 되고, 어깨가 좁기 때문에 멍에는 쉽사리 빠진다. 결국 사람들은 한참 후대에 와서야, 견인을 위한 마구 착용의 정확한 방법을 발견했는데, 가슴끈—중국에서 사용하는 것처럼—이나 목 전체를 돌려 감는 마구를 이용하는 것이 그것이었다. 그런 사실을 발견하기 전까지는 말의 통제방법과 마구착용 방법이 실제로 서로 상반되는 작용을 했다. 길을 인도하거나 완급을 조절하기 위해서 입을 죄었던 것이 오히려 숨쉬기를 어렵게 만들어서, 속력을 늦추기 위해서 사용하던 목끈과 상반된 작용을 했던 것이다.

따라서 마구를 찬 말은 기원전 2000년대부터 유럽에 나타나기 시작한 중마차나 고랑을 깊게 팔 수 있는 쟁기를 끄는 동물로는 적합하지 않았다.[6] 그것은 마구에 연결된 마차가 가능한 한 가볍게 만들어지지 않으면 안 된다는 것을 의미했다. 그 결과로 등장한 것이 전차였다. 역사학자 스튜어트 피고트는 시대를 초월해서 보편적으로 적용되는, 운송수단을 사용하는 사람의 심리—매우 빠른 전차는 그 소유주에게 사회적 권위, 물질적 이익은 물론이고 육체적 쾌감과 함께 성적 매력까지 부여해준다—에 대해서 흥미롭고 매우 설득력 있는 언급을 했다. 그리고 바퀴살이 달린 2개의 바퀴로 달리는 경전차가 이집트에서부터 메소포타미아에 이르는 문명권에서 통용되었던 "코이네(koine : 로마 제국 시대의 표준 그리스어/역주)의 기술 용어"에 동시다발적으로 나타났다고 주장했다.

새로 추가된 요소는 바로 새로운 동력에 힘입은 속력으로, 체구가 작은 고대의 말에게 새로운 종류의 탄력과 가벼움을 결합시킴으로써만 가능할 수 있었다. 구조공학의 개념을 빌리자면, 디스크 형의 바퀴를 가진 우마차는 느리고, 무거우며, 나무로 된 압축 구조로 볼 수 있다. 반면, 빠르고 가벼운 나무 구조물로서의 전차는 나무를 구부려서 만든 바퀴 테[타이어 부분]와 프레임이 있어서 탄력이 컸던 것으로 보인다.

피고트가 지적하듯이 심리학적으로만 보아도 전차의 출현은 혁명적일 수밖에 없었다. "인간의 육상수송 속력이 갑자기 10배 정도 증가되었다. 소를 이용한 수송에서는 시간당 [2마일]이었으나 이제 [20마일]로 빨라진 것이다. 이러한 변화는 고대 이집트에서 2마리의 말이 끄는 전차가 등장함으로써 가능했는데, 마구를 포함한 전차의 무게라고 해보아야 [75파운드]밖에 안 되었다."(이 시점에서 2세기 전까지만 해도, 이름다운 여인을 데리고 말을 모는 것이 가장 큰 기쁨이라고 생각했던 존슨 박사[1709-1784. 『영어사전』 편찬자로 유명함/역주]가 인간이 만드는 구조물로는 시간당 25마일 이상의 속력을 견뎌내기 어렵다고 주장한 사실을 다시 상기할 만하다)

그러나 전차의 효과는 단지 심리적이었던 것만은 아니었다. 전차는 전차병 계급의 출현을 야기했던 것이다. 그들은 조립식 활(composite bow)과 같은 보조 무기를 장비한, 많은 비용을 들여서 특수하게 만든 전차의 사용을 독점한 전문적인 전사들이었다. 그들은 또한 전차나 말의 정비에 필수적인 보조적 전문가들—말구종(驅從), 안장 장인, 수레바퀴 장인, 소목장이, 바퀴살 장인 등—을 수하로 거느렸다.

그렇다면 과연 이런 전차병들은 어디 출신일까? 서유럽의 산림지대는 소수의 야생마떼가 살고 있기는 했지만, 그곳은 분명히 아니었다. 산림은 최소한 500년 동안 전차 귀족의 출현을 저지하는 장애물이 되었던 것이다. 그렇다고 거대 강 유역의 충적평야도 아니었다. 왜냐하면 그런 지역에는 말이 살지 않았기 때문이다. 두말할 것도 없이, 건조하고 숲이 없으며 사방이 열려 있는, 아무 방향으로나 뛰어다닐 수 있는 대초원지대가 바로 야생마의 고향이었다. 그러나 그곳이 비록 봄과 가을의 라스푸티차(rasputitsa : 해빙기)를 제외한 거의 모든 시기 동안 바퀴 달린 마차를 타고 다니기에 적합한 환경이었다고는 하지만, 전차 제조에 필수요소인 금속과 나무가 너무 부족했기 때문에 전차의 발생지로 간주될 수는 없을 것이다. 따라서 몇 가지 가능성을 제외해보면, 결국 최초의 전차와 전차병은 스텝 지방과 문명화된 강 유역이 만나는 경계지역에서 출현했다고 가정하는 것이 타당할 것 같다.

역사학자 윌리엄 맥닐은 일반적인 견해—인도-유럽 어족 중에 하나인 호전적인 "전부"(戰斧[Battle-Ax] : 북유럽 신석기 문화의 하나. 도끼 사용/역주) 민족이 서쪽의 대초원지대로부터 기원전 2000년대에 "대서양 연안의 평화로운 거석문화 창시자들"을 지배하기 위해서 이주했다는 설—를 따르면서도 한걸음 더 나아가서 전부민족이 유럽의 석기시대인들을 지배할 수 있도록 귀중하고 신비한 기술을 건네주었던 금속문화를 가진 사람들 역시 이주민들이었다고 주장한다. 다만 그들은 메소포타미아에서 북이란의 대초원지대의 끝으로, 즉 전부민족의 이동방향과는 반대방향으로 이주했다고 주장한다.

> 기원전 4000년경부터 농경민들은 이 고원에서도 비교적 물 공급이 수월한 지역에 모여 살았다. 그리고 기원전 2000년경을 전후해서 농업은 그 중요성이 증대되었던 것 같다. 농경 정착지들 주변이나 그 사이에 위치한 초원지대에는 야만적인 유목민들이 살았는데, 그들의 언어는 서쪽 대초원지대 전사들이 사용한 것과 유사했다. 중간중간에 위치해 있던 농경정착지들을 매개로 해서, 이 유목민들은 멀리 떨어져 있던 메소포타미아 문명의 영향에 점차적으로 노출되기 시작했다. 이런 가운데, 기원전 1700년에서 과히 멀지 않은 시점에서, 야만적 용맹성과 문명화된 기술 간의 매우 중요한 융합이 이루어진 것 같다.[7)]
>
> 이것이 바로 전차의 발명이자 완성이었다.

왜 전차병, 또는 전차병의 간접적이거나 혹은 직접적인 조상에 해당하는 유목민들이 그들의 선조인 수렵민족이나 농경민족보다 더 호전적이었을까? 그 대답을 얻기 위해서 우리가 고려해야 할 요소들은 그리 까다로운 것이 아니다. 모든 것은 인간이 다른 포유동물들을 어떻게 해서 죽였는가 혹은 어떻게 해서 죽이지 않았는가 하는 문제와 관계가 있다. 농경을 선택함으로써 음식 섭취에서 고기의 비율이 감소되었다는 것은 당연한 일이다. 또한 농경민들은 방목보다는 수확을 위해서 땅을 사용하기 때문에, 곡물생산으로의 전환은 항상 단백질 섭취의 부족을 야기한다는 사실은 널리 알려져 있다. 그뿐만 아니라 그들은 가축이 성장하면 도살한 다음 식량으로 이용하기보다는, 가축의 수명을 연장시켜서 가축의 우유 생산량, 몸통의 무게, 근육의 힘을 극대화시키려고 한다는 것도 널리 관찰되는 사실이다. 그 결과, 농부들은 도살된 동물을 마름질하는 푸주한(butcher)으로서의 기술과, 칼을 피하려고 재빠르게 움직이는 기운 센 동물을 죽이는 백정(slaughter)으로서의 기술 둘 중 어느 것도 모자라게 되었다. 원시 사냥꾼들은 훌륭한 푸주한이었던 것이 확실하지만, 아마도 살해 기술에서는 결코 뛰어나지 않았던 듯하다. 그들의 주된 관심사는 치명적인 일격을 가하는 정확한 방법이 아니라 사냥감을 쫓아서 궁지로 몰아넣는 것이었다.

그와는 반대로, 유목민들은 당연히 죽이는 법과 죽일 가축을 고르는 법을 익히게 된다. 그들은 자신들의 양과 염소에게 별로 정이 없었음이 분명한데, 그 동물들이 그들에게는 단지 살아 있는 음식에 지나지 않았기 때문이다. 우유, 버터, 응유(凝乳), 유장(乳漿), 요구르트, 발효음료와 치즈를 포함한 유제품들도 먹기는 했지만, 주로 고기를 먹었고 아마도 그 피까지도 먹었던 것 같다. 동아프리카의 목동들이 그랬던 것처럼, 고대의 대초원지대 유목민들도 동물의 피를 뽑아서 먹었는지는 확실하지 않다. 그러나 가능성은 있을 것 같다. 그들은 가축 중에서 어린 것과 늙은 것, 상처를 입은 것 그리고 불구가 된 것이나 병든 것들을 해마다 돌아가며 죽였다. 그러한 도살에서는 몸통과 값어치 있는 내장들에 가능한 한 최소의 손상을 주며 재빠르게 죽이는 능력과 무리 속의 다른 동물들에게 일어나는 동요를 최소화하며 죽이는 기술이 필요했다. 빠르고 명쾌하게 단 한 번의 일격을 가하는 것은 유목민의 중요한 기술이었는데, 일상적인 도살 과정에서 얻은 해부학적 지식에 의해서 더욱 발달되었던 것이 분명하다. 한편 무리 속의 수놈은 대부분 거세해야 할 필요가 있었기 때문에, 그 과정에서 육질을 자르는 기술이 발달했다. 그것은 또한 새끼양을 받는 일과 목축에서 발생하는 조잡한 수의학적 수술을 통해서도 발달했다.

문명화된 지역에 살던 정착농경민들과 싸웠던 유목민들이 그토록 냉혈하고 능수능란하게 행동할 수 있었던 것은 백정과 푸주한으로서 만큼이나 목축자였기 때문이다. 그러므로 둘 사이의 전쟁은 의식적인 요소들로 형식화되었다고 여겨지는, 망설이고 꾸물대는 느슨했던 야노마뫼족과 마링족의 전쟁과 별반 다른 것이 없었을 것이다. 전문적인 전사계급이 있었다고 해도 이러한 가정은 폐기되지 않는다. 갑옷과 극히 치명적인 무기가 거의 없었다는 사실은 나일 강 유역에서도 마찬가지로 "원시적" 전쟁의 관습이 지속되었다는 것과 수메르인들의 장비 또한 그들의 장비를 능가하지 못했다는 것을 시사하고 있다. 그러한 기술적 조건하에서, 전투대형은 엉성해지기 쉬웠을 것이고, 군기가 약했을 것이며, 전장에서의 움직임은 마치 혼란에 빠진 짐승의 무리 같았을 것이다. 어쨌든 목축은 유목민들의 전공이었다. 그들은 어떻게 다루기 쉬운 구역 안으로 무리를 갈라서 넣는지, 어떻게 측면으로 돌아서 뒤로 도망가지 못하게 하는지, 어떻게 흩어진 동물들을 한 덩어리로 밀집시키며 무리 중의 우두머리를 고립시키는지, 어떻게 위협을 통해서 수적인 열세를 극복하고 주도권을 쥐는지, 또한 어떻게 선택한 일부를 죽이는 데에도 다른 무리가 반항하지 않고 통제에 따르도록 만드는지에 대하여 알고 있었다.

역사의 훗날에 기술된 목축민들의 전투방법은 모두 정확히 그러한 양태를 보여주고 있다. 우리는 유럽과 중국의 저자들에게 알려진 훈족, 투르크족, 몽골족들이 전차를 버리고 직접 말등에 올라탔으며, 그러한 기술이 그들의 전술을 더욱 효과적으로 만들었다는 사실을 고려해야 한다. 그렇지만 본질적인 것들은 지속적으로 남아 있었음에 틀림없다. 저자들은 말하기를, 이들은 질서정연한 전투대형을 형성하지도 않았고 돌이킬 수 없을 정도로 공격에 열중하지도 않았다고 한다. 대신 그들은 느슨한 초승달 형태의 전투대형으로 적들에게 접근했는데, 그렇게 해서 기동력이 떨어지는 적군들을 측면에서 포위하여 위협했다는 것이다. 강한 저항에 부딪히게 되면 그들은 곧 후퇴했는데, 적이 무분별하게 추격하도록 만들어서 적의 대형을 끊어놓기 위한 조치였다. 그들은 전투가 자신들에게 유리하게 전개되고 있음이 명백할 때에만 근접 공격을 했는데, 그때 그들이 적에게 사용한 것은 가장 날카로운 무기들이었으므로, 종종 적의 목을 베어버리거나 사지를 절단시키곤 했다. 그들은 적군이 사용하는 쇠의 품질을 아주 우습게 생각했기 때문에, 가장 작은 갑옷을 제외한 다른 어떤 것도 착용할 필요가 없었던 것이다. 전세를 장악하기 위해서, 그들은 원거리에서 자신들의 참으로 뛰어난 무기인 조립식 활(p. 179 참조)로 일제 공격하여 적군을 위협했다. 암미아누스 마르켈리누스는 14세기 훈족에 대하여 다음과 같이 기술했다. "전투할 때 그들은 적을 급습하고 괴성을 질러댔다. 저항에 직면하면 그들은 흩어졌다가, 진로를 방해하고 모든 것을 부수고 뒤엎으며 같은 속도로 되돌아왔다. ……엄청나게 먼 거리에서 화살을 쏘는 그들의 기술은 비할 데 없이 뛰어났고, 그 화살 끝에는 쇠만큼이나 단단하고 치명적인 날카로운 뼈들이 달려 있었다."[8]

학자들은 언제 조립식 활이 나타났는지에 대해서 논쟁을 벌이고 있다. 만약 수메르의 비석에 대한 해석이 옳다면, 기원전 3000년대에 사용되었다고 볼 수 있다. 아무튼 적어도 기원전 2000년대에는 존재했음이 분명한데, 왜냐하면 독특하게 만곡선을 그리는 "휘어진" 모양의 활—바토와 프랑수아 부셰의 그림에서 사랑에 우는 구애자들을 관통하고 있는 큐피드의 화살로 우리에게 친숙한—이 현재 루브르 박물관에 보관되어 있는 기원전 1400년경의 황금 그릇에 뚜렷이 나타나 있기 때문이다.[9] 이 활은 한순간 느닷없이 등장한 것은 아니었다. 왜냐하면 전차의 구조만큼이나 복잡한 활의 구조로 보아, 여러 단계의 형태적 변화를 겪었고, 수세기는 아닐지라도 수십 년간의 실험을 거쳤다는 것을 알 수 있기 때문이다. 활이 완성된 기원전 2000년대에서 전장에서 무기로 사용되던 기원후 19세기(청나라 병사들이 마지막으로 사용했다)까지는 형태에 별다른 변화가 없었는데, 그 완성된 형태를 보면 가늘고 긴 나뭇조각—또는 한 종류 이상의 나무로 만든 얇은 합판—의 바깥쪽("등")에 탄력성이 있는 동물의 힘줄이 붙어 있고, 안쪽("배")에는 압축성이 있는 동물의 뿔—일반적으로 물소의 뿔—이 길고 가느다랗게 붙어있다. 접착제로는 소의 힘줄과 가죽을 삶아서 졸인 것과 물고기 껍질과 뼈에서 추출한 것을 약간 섞은 것을 사용했는데, "말리는 기간만 해도 1년 이상 걸릴 수가 있었고, 사용하려면 온도와 습도가 정확히 조절되어야만 했다. ……접착제를 만들고 사용하는 데에는 상당한 기술이 필요했으며, 기술의 대부분은 신화적이고 반(半)종교적인 접근방식을 특징으로 했다."[10]

조립식 활을 만들 때에는 우선 판판하고 얇은 나무판자 5조각, 곧 하나의 중앙 손잡이, 2개의 팔과 2개의 팁(tip)이 필요했다. 일단 이것들을 서로 접착시키고 나면, 이 나무 "골격"에 뜨거운 김을 가하여 휘어지게 했는데, 시위를 당기는 반대방향으로 구부렸다. 그런 다음에는 증기를 가한 가느다랗고 긴 띠 같은 뿔 조각들을 골격의 "배"에 접착시켰다. 그러고 나서 골격을 구부려서 완전한 원모양으로 만들었는데, 역시 시위를 당기는 반대방향으로 구부렸고, 골격의 "등"에는 힘줄을 접착시켰다. 그리고는 "마를" 때까지 기다렸다. 완전무결하게 결합된 것을 확인한 후에는 줄을 풀고, 조심스럽게 튕겨보았다. 조립식 활에 시위를 꿰어서 다는 일은 원래 휘어진 방향의 반대방향으로 활을 구부려야 했기 때문에, 엄청난 힘과 능숙한 솜씨가 요구되는 작업이었다. 조립식 활의 무게를 재는 단위는 통례상 "파운드"였는데,

150파운드에 이르기도 했다. 이에 반해, 기다란 묘목으로 만든 간단한 활이나 "자작(自作)" 활의 무게는 가벼웠다.

중세 말에 이르러서, 서유럽의 활 장인들이 심재(心材)와 변재(邊材)를 모두 가지고 있는 굵은 나무를 활 제조에 사용하는 법을 배웠을 당시의 장궁(long bow)도 조립식 활과 "무게" 면에서 유사했다. 장궁은 조립식 활과 마찬가지로, 화살을 앞으로 보내기 위해서 궁수가 활을 당겼을 때 모아졌다가 손가락을 놓음으로써 방출되는, 탄력성과 압축성의 두 힘을 대립시키는 원칙에 의해서 작동했다. 그러나 장궁의 단점은 바로 그 길이에 있었다. 장궁은 오직 보병 궁수만이 사용할 수 있었다. 반면에 조립식 활은 시위를 당겼을 때 머리 끝에서 허리까지밖에 되지 않을 정도로 길이가 짧았으므로 전차나 말을 이용할 때에도 전혀 무리가 없었다. 조립식 활에는 장궁보다 가벼운 화살—가장 적당한 무게는 1온스 정도였다—을 사용해야 했음에도 불구하고, 300야드 거리의 목표를 정확하게 맞힐 수 있었고(최대 사정거리는 그보다 훨씬 먼 것으로 기록되었다), 100야드 거리에서는 갑옷을 관통했다. 무엇보다도 화살이 가볍다는 것이 실질적인 이점이었다. 화살이 가벼웠기 때문에 유목민 전사는 많은 화살—한 화살통에 50개까지—을 전장에 지니고 나갈 수 있었고, 그렇게 많은 화살을 빗발치듯 쏘아서 적을 무력화시킴으로써 승리를 거둘 수 있었다.

말을 탄 궁수나 전차를 탄 궁수가 사용한 장비들은 3,000년 이상 바뀌지 않았다. 기본적인 장비들로는 활, 화살 그리고 화살을 쏘는 순간에 피부가 벗겨지는 것을 막아주는 엄지손가락 골무를 들 수가 있다. 그밖에 중요한 부속물들로는 화살통과 활통이 있었는데, 그것들은 무기를 사용하지 않을 때 온도와 습도(둘 다 무기의 사정거리와 정확성을 약화시키는 요인이다)의 변화로부터 무기를 보호해주었다. 이런 장비들은 조립식 활을 사용한 궁수에 대한 최초의 묘사들 중 일부에서 볼 수 있다. 이러한 장비들은 현재 이스탄불의 토프카피(Topkapi) 궁전에 전시되어 있는, 18세기 오스만 제국 황제들의 주요한 보물들의 일부이다.[11] 기마민족의 세계에서는 다른 많은 장비들도 크게 달라지지 않았다. 천막, 양탄자류, 조리용기, 의류 그리고 유목민들의 간단한 가구들이 바로 그것이다. 유목민들은 그들의 소유물을 수납함 속에 넣어두었는데, 그 수납함들을 동물의 등에 좌우로 걸쳐서 하나씩 쌍으로 매달고 다닐 수 있었다. 그들은 바닥이 둥근 납작한 냄비와 주전자도 사용했는데, 주로 그물 속에 넣고 다녔다. 투르크족이 전투 시작을 알리기 위해서 사용했던 케틀드럼은 사실은 뚜껑 위에 가죽을 팽팽하게 당겨서 씌운, 유목민 캠프의 커다란 솥에 지나지 않았다.

언제든지 이동할 수 있는 기민한 기동력은 전차병들의 장비와 동물들과의 친숙한 관계만큼이나 그들을 공격적인 전쟁수행에 적합하도록 만들었다. 모든 전쟁에서는 기동성이 요구된다. 반면 정착민들은 짧은 거리를 이동할 때조차 어려움을 겪었다. 그들이 사용하는 도구들은 옮기기가 쉽지 않았고, 무게가 많이 나갔다. 그들은 이동할 때 사용하는 운송수단, 특히 수레를 끄는 동물들—전장에서 필요한 것들—이 없었다. 또한 사람과 짐승이 먹을 식량도 부피가 크고 다루기 어려웠다. 정착민들은 언제나 지붕이 있는 곳에서 잠을 청하는데, 천막은 가지고 있지 않았다. 날씨가 험악해지면 안전한 곳으로 대피하며, 날씨와 상관없이 입을 수 있는 옷이 거의 없고, 요리한 음식을 규칙적으로 먹고 싶어한다. 경작자들은 기술공들보다는 강하다. 그리스인들은 포노스(ponos), 즉 힘든 농경생활만이 농민을 전사가 되기에 적합하도록 만든다고 생각했으나 유목민들에 비하면 농민들은 유약하다.[12] 유목민은 항상 이동하며, 먹을 수 있을 때 먹고, 마실 수 있을 때 마신다. 또한 어떤 기후조건도 헤쳐나가야 하기 때문에, 조그만 안락에도 기뻐한다. 유목민들의 소유품은 모두 단번에 짐으로 꾸릴 수 있고, 무리를 먹일 목초지와 물 공급지를 찾아서 이동할 때면 언제나 음식을 가지고 다닌다. 고정된 지역에서 여름과 겨울 방목을 할 수 있어서 계절에 따른 이동만 해도 되는, 환경의 혜택을 가장 많이 누리는 유목민들조차도 정착한 농민보다는 훨씬 더 거친 사람들이다. 많지도 않은 좁은 목초지를 놓고 부족 간의 경쟁을 벌여야 했던 건조한 대초원지대의 고대 유목민들은 가장 거친 사람들에 속했음이 틀림없다.

미국의 중국학자인 오언 래티모어는 1926-1927년에 인도와 중국 사이에 놓인 불모지대를 1,700마일 횡단했다. 기원전 2000년대에 중국에 전차를 가지고 왔던 사람들이 수세기에 걸쳐서 오아시스에서 오아시스로 이동하며 택했음직한 행로를 부분적으로 따라간 것이다. 그는 그 일을 다음과 같이 회상했다. 그와 함께 여행했던 카라반은

> 유목민이 된다. 그들의 화해의식과 자기 방어적인 금기사항들 중 다수는 몽골족으로부터 유래된 것일 뿐 아니라, 유목민족의 가장 원시적인 본능들로부터 유래된 것이다. 그들은 야만인들의 천막 주위를 따라다니며 맴도는 신령들과 초자연적인 힘을 달래려고 노력한다. 이들 신령들과 힘들은 거칠고 통제할 수 없는 그 지역의 모진 재앙과 부족한 자원과 밤낮으로 맞싸워야 하는 사람들을 방황하게 한다. 첫 번째 캠프에서 천막이 쳐진 그 순간부터……물과 불은 이전과는 전혀 다른 새로운 중요성을 가지게 된다. 새로운 장소에 천막이 쳐질 때마다, 처음 끓인 물과 처음 조리한 음식 중의 일부는 반드시 문 밖으로 던져서 고수레를 해야만 했다.

비록 카라반들이 구할 수 있는 음식이나 물이 삼키기 어려울 정도로 형편없는 것들이었다고 해도 그 일은 변함없이 행해졌다.

> 우리는 동틀 무렵……나뭇가지와 나뭇잎 그리고 차 찌꺼기들로 만든 가장 조잡한 차를 끓이는 일로 하루를 시작했다. ……이 차에 우리는 볶은 귀리가루나 볶은 기장—그것은 마치 유럽 갈풀의 씨처럼 보였지만, 사실은 곡식이었다—을 넣은 뒤 저어서 묽은 건죽을 만들어서 마시곤 했다.

> 정오쯤 되면 하루에 단 한 번뿐인 식사다운 식사를 했다. 그것은 바로 절반 정도 구운 빵덩어리였다. 우리는 반죽할 흰 가루를 항상 가지고 다니면서, 매일 같은 종류의 빵을 만들었다. 가루에 물을 묻혀 반죽을 만들어서 굴리고 두들긴 다음, 적당한 크기로 뜯어내어 작은 덩어리로 만들거나 잘라서 스파게티 비슷한 음식을 만들었다. ……우리가 차를 많이 마신 이유는 물이 좋지 않았기 때문이다. 끓이지 않은 물은 절대 마시지 않았다. 물은 모두 샘에서 흘러나왔는데, 그 샘은 모두 염분과 석회로 상당히 심하게 오염되어 있었는데, 내 생각엔 다량의 미네랄 염분들도 많이 들어 있었던 것 같다. 때로는 물에 염분이 너무 많아서 마실 수 없었고, 또 어떤 때에는 무척이나 썼다. 최악의 경우에는……농도가 너무 짙어서 끈적거리고, 엄청나게 썼으며, 구역질이 날 정도였다.[13]

래티모어의 유목민들은 아마도 차와 반죽가루를 사용한 점에서 기원전 2000년대의 유목민들과는 달랐던 것 같다. 그러나 또다른 측면에서 보면, 그 두 민족의 생활방식에서의 차이는 거의 없었다. 두 경우 모두 자연의 힘, 그 예측 불가능성과 극도의 혹독함에 순응하며 살았다고 특징지을 수 있을 것이다. 또한 그런 혹독함을 완화시킬 수 있는 것이라면 무엇이든 기꺼이 받아들여졌음에 틀림이 없다. 이러한 점에 비추어서 우리는 왜—"어떻게"라기보다는—두 가지 뛰어난 발명품인 전차와 조립식 활이 유목세계와 문명이 접하는 경계지역에서 생겼다고 추측하게 되었는지를 고려해야만 한다.

전차의 요소들—바퀴, 차대(車臺), 차주(車柱) 그리고 금속부속품들—은 건축과 농경에 사용하기 위해서 개발된 투박한 원형(源型)들로부터 발전된 것이라는 점에서 이미 "문명화되어" 있었다. 고고학자들은 누가 그 요소들을 다듬어서 가볍게 들판을 누비는 전차를 만들었는지에 대해서 아직도 의견이 엇갈리고 있지만, 그 전차가 무엇을 위한 것이었는지에 관해서는 의문을 제기하지 않는다.[14] 만약 그 전차가 어떻게 사용되었는지 묻는다면, 그

대답은 아주 명확하다. 전차는 물론 전쟁에 사용되기도 했지만, 사냥에도 역시 사용되었다. 이집트와 메소포타미아의 여러 유적들에서 발견된 많은 그림들에 의하면, 전차는 거친 땅 위를 달릴 수가 있었고, 조립식 활을 가진 사냥꾼들이 사냥을 할 때 공격용 발판으로 사용되기도 했다. 중국의 주(周) 왕조 시대의 운문들도 전차가 사냥용 탈것이었다는 사실을 명백히 보여주고 있다.[15)]

그렇기 때문에 우리는 전차와 조립식 활이 동시에 나타났을 것이라는 생각을 할 수 있는데, 왜냐하면 그것들은 유목민의 절실한 요구에 부응했기 때문이다. 전차는 걷는 것보다 더 빠른 속도로 인간에게 동물들을 이끌 수 있는 수단을 제공했으며, 또한 무리를 이루어서 약탈을 일삼았던 늑대와 아마도 덩치 큰 고양이, 때로는 곰까지도 포함되었을 동물들과 비록 똑같지는 않더라도 비슷한 정도의 기동성을 인간에게 제공했던 것이다. 전차는 분명히 늑대를 뒤쫓아 나선 조립식 활의 궁수에게 더할 나위 없는 공격의 발판이 되었는데, 전차 위에 서서 움직이는 목표물을 보고 정확히 사격하는 것은 훗날 말 안장 위에서 사격하는 것보다 결코 더 어렵지 않았고, 오히려 더 쉬웠을 수도 있었을 것이다. 후에 정착민들은 쏜살같이 달리는 말 위에서 고삐를 놓고 희생물을 쏘아 맞추는 기마인의 능력에 감탄할 수밖에 없었다. 존 길마틴은 이렇게 설명한다. 그것은 "대초원지대의 유목민이……안장 위에 앉아서 가축을 이끌고 보호하거나, 그렇지 않으면……계속적으로 활쏘기 연습을 하면서 보낸……[무한한] 시간 덕분이라고 생각한다. ……대초원이 제공한 목표물—인간과 동물, 식용과 기타 다른 것들—의 수로 보아서 끊임없이 연습을 했다고 해도 경제적으로 무분별한 행동은 아니었다."[16)] 그가 한 말 중에서 "안장"이라는 말 대신 "전차"라는 말을 집어넣는다고 해도, 여전히 똑같은 의미가 통하며 그의 주장은 신빙성이 있는 것으로 남아 있게 된다.

기원전 2000년대 중반에 이르면, 전차와 조립식 활을 사용하고 만드는 법을 익혔던 민족들은 애초에 자신들의 가축을 공격하는 육식동물들에게 대항하기 위해서 고안한 공격적인 방법에 대해서 정착민들이 맞설 수 없다는 사실을 알게 되었다—그러나 어떤 방법을 사용했는지는 추측할 수 없다. 어쨌든 고원지대에서 평평한 개활지 평원으로 내려온 전차병들은 아무런 피해도 입지 않은 채, 메소포타미아인들과 이집트인들에게 엄청난 타격을 입힐 수 있었다. 100야드 또는 200야드 떨어진 거리에서 갑옷을 입지 않은 보병들의 주위를 맴돌았고, 1대의 전차—마부와 궁수 각각 1명으로 구성되었다—는 1분 동안에 6명까지 해치울 수가 있었다. 만약 10대의 전차가 10분 동안 공격하면, 500명 이상의 사상자를 낼 수도 있었는데, 이것은 현대의 프랑스의 솜 강 전투 때 소규모 군대들 가운데에서 발생한 사상자 수와 비슷하다. 피할 수 없는 적으로부터 전면적인 공격에 직면했을 때, 공격을 당한 측에게는 오직 두 가지 선택만이 남아 있을 뿐이다. 사방으로 흩어져서 도망치거나 항복하는 것이다. 어느 경우이든 전차병들에게는 포로를 비롯하여 많은 노획물들이 돌아가는 결과가 되었을 것이다. 또한 포로들은 즉시 노예가 될 운명에 처하게 되었던 것 같다.

대초원지대와 문명화된 도시들 사이의 최초의 상호 교류는 장거리 교역 상인들에 의해서 이루어졌다는 주장이 널리 제기되고 있다. 상인들은 직물, 장신구 그리고 금속 가공품들을 모피, 주석 그리고 노예를 포함하여 야만인들의 세계에서 생산되는 여러 가지 비싼 물건들과 바꾸었다. 어떻게 노예거래가 시작되었는지는 아무도 모른다. 아마도 네 발 달린 동물들을 끌고 다니는 데에 익숙한 유목민들에게서 그것은 자연스럽게 시작되었던 듯하다. 특히 가축 소유주들이 한데 모이는 계절축제, 즉 래티모어에 의하면 "정기시장으로 변모하는 경향이 있는" 축제들이 열릴 때면, 이방인들은 항상 자기들의 물건을 내놓았다. 그렇게 하여 물물교환이 자연스럽게 시작되었을 것이고, 그러한 정기시장들이 바로 최초의 노예시장이었을 수도 있다.[17] 만약 유목민들이 대초원지대에 팔기 위해서 노예를 모아서 수송하는 방법을 익혔다면, 그들이 마침내 고원지대에서 내려와서 정복활동을 벌였을 때 그들의 주된 관심은 노예 확보와 관리에 있었고, 자신들에게 복속되었던 노예라는 매개계층을 통하여 피정복자들을 통치할 준비를 갖추기 시작했다고 가정해도 무리가 없을 것이다.

이러한 설명은 바로 어떻게 소규모의 공격적인 침략자 집단들이 그들보다 수적으로 크게 우세한 정착민들을 제압하는 데에 그치지 않고 그들 사이에서 일정 기간 동안 권력을 유지하기까지 할 수 있었는지에 대한 하나의 설명이 될 것이다. 전차를 탄 지배자들이 또한 노예의 주인이기도 했다는 점에는 이론의 여지가 없는 것 같다. 물론 노예제도는 전차를 탄 지배자들이 등장하기 이전에도 이미 메소포타미아와 이집트에 알려져 있었다. 그러나 특히 상업적 측면에서 그 지역의 노예제도가 강화된 것은 전차를 탄 정복자들의 침입에 의해서였다. 반면에 노예제도의 유럽으로의 이동은 소아시아로부터 마케도니아인들이 이주한 데에서 비롯되었다고 볼 수 있는데, 그들은 전차를 가져온 것이 아니라 기원전 2000년대 중반경, 그러니까 전차가 갑자기 중동지역의 전쟁에서 주도적인 역할을 하게 된 시점에 전차를 획득했던 것이다.[18] 중국에서의 노예제도는 상(商)왕조 초기로 거슬러 올라간다. 한편 리그-베다에 의하면, 인더스 강 유역의 전차를 탄 정복자들은 노예제도를 통해서 훗날 카스트 제도의 기초를 다졌다고 한다.

전차의 급속한 확산에 놀랄 이유는 전혀 없다. 사실, 오늘날의 첨단무기 산업과 시장처럼 그 당시에도 전차 공장과 시장이 있었을 수도 있다. 그것을 통해서 제3세계 신생국가들은 가볍고 운반이 용이하며 구매자의 판단으로 볼 때 어떤 희생을 치르더라도 살 가치가 있는, 소위 우리 시대의 "예술의 경지에 이른" 무기들을 보유해왔던 것이다. 일단 완성된 뒤에는, 전차제조 기술은 복제하기가 쉬웠을 것이고, 운반과 판매는 더욱 그랬을 것이다. 기원전 1170년의 이집트인 부조(浮彫)는 어떤 사람이 전차를 어깨에 메고 운반하는—전차의 무게가 100파운드도 안 된다면, 이것은 전혀 대단한 묘기가 아니다. 사실 개량과정을 거친 이후 전차는 100파운드 미만의 무게를 가졌다—모습을 보여주고 있다. 게다가 시장성이 높은 생산품이었던 탓에 필요한 기술을 지닌 장인들은 어느 곳에서나 전차를 제작했을 것이다. 그토록 고가인 데에다가 잘 팔리기도 하는 제품의 생산에 제동이 걸린 것은 실제로 기술이나 천연자원의 부족 때문이 아니라, 전차에 적합한 말이 부족했기 때문이었다. 전차를 끄는 말은 엄선되어 고도로 조련된 동물이어야만 했다. 정교한 현재의 말 조련 용어가 믿을 만한 지표라면, 조마기준(dressage standard)에 따른 것이 분명한 최초의 말 조련은 기원전 13세기에서 기원전 12세기로 거슬러 올라간다. 메소포타미아에서 발견된 일련의 문서들 속에서 그 증거를 찾아볼 수가 있는데, 지금처럼 그때에도 젊은 말은 조련사의 말을 잘 듣지 않았다.[19)]

언어는 최초로 전차를 타고 정복활동을 한 사람들이 누구였을까에 대한 하나의 실마리를 제공한다. 이집트를 침략했던 힉소스족은 반불모지였던 아라비아 사막의 북쪽 변두리에서 온 사람들로서 셈 언어를 썼다.[20)] 함무라비의 메소포타미아 제국을 양분하여 다스렸던 후르리족(기원전 2000년대에 중동의 역사와 문화에서 중요한 역할을 했던 이동 민족. 기원전 1400년경 미탄니 왕국을 세웠다/역주)과 카시트족(기원전 1650년경부터 기원전 1100년경까지 바빌로니아를 지배한 고대 민족/역주)은 현재까지도 세계에서 가장 인종적으로 혼합된 지역 중의 하나인 티그리스-유프라테스 강 상류지역의 산간지방에서 온 사람들이었다. 카시트족의 언어는 아직 밝혀지지 않았다. 다만 "아시아계"에 속한다고만 분류되고 있다. 반면에 후르리족—그리고 오늘날의 터키 지역에 제국을 건설한 히타이트족—은 인도-유럽 어족이었다. 인도의 침략자 아리안족도 마찬가지로 인도-유럽 어족이었다. 그리고 중국에서 상왕조를 세운 전차병들도 역시 이란 북부—아마도 알타이의 중심부에 있던 고대 이란—에서 이주했을 가능성이 있다.[21)]

전차를 탄 지배자들의 모호한 신분은 그들의 주요한 특성을 보여주고 있다. 첫 번째로 그들은 문명의 창조자라기보다 파괴자였다. 그들이 문명화된 것도 그들 고유의 문화를 발전시킴으로써 가능했다기보다는, 그들이 정복한 사람들의 관습, 제도, 종교를 수용함으로써 가능했던 것이다. 구티족과 엘람족으로 알려진 변방의 족속에 의해서 야기되었던 혼돈의 시기에 나타난 메소포타미아 지역의 함무라비 제국은 이전에 사르곤이 행사했던 권위와 관료제, 직업군대를 재건하는 데에 성공했고, 바빌로니아에서 통치권을 행사했다. 그러나 셈 계통의 아모리족(기원전 2000년경에서 기원전 1600년경에 메소포타미아, 시리아, 팔레스타인을 지배했던 사나운 부족. 아모리 혹은 아무루라고도 한다/역주)이 건설한 제국의 군대는 여전히 보병으로만 구성되었기 때문에, 기원전 7세기에 전차를 앞세우고 국경을 넘어 들어왔던 카시트족과 후르리족에게는 상대가 되지 않았다. 이집트의 침략자 힉소스족은 이집트 북부의 주된 지배자이기는 했으나, 이는 이집트 신을 자신들의 수호신으로 섬기고 파라오의 행정체계를 수용하여 이집트화함으로써 가능한 것이었다. 상왕조 또한 자신들의 고유한 문화를 가지고 들어왔던 것이 아니라 북중국에서 이미 형성되어 있던 문화를 그대로 받아들였다. 비문들을 통해서 살펴보면, 그들은 전차를 타고 조립식 활로 호랑이나 뿔소처럼 덩치 큰 동물들을 사냥하던 수렵민들이었으며, 사람을 제물로 삼아 제사를 지내는 풍습이 있었는데 전쟁포로도 희생시켰지만 노예들도 역시 희생시켰던 것 같다. 무덤에서 발굴된 유물들에 의하면, 그들은 청동기의 사용을 독점했다. 반면 그들이 다스리던 농경민들은 그때까지도 석기를 사용했다. 결국 상왕조는 기원전 1050-기원전 1025년경에 남부 토착민의 왕조인 주(周)나라에 의해서 멸망하게 된다. 주왕조는 상왕조와는 다른 곳으로부터 말과 전차의 사용법을 배웠던 것이다.

전차를 탄 지배자들의 전제정치는 어느 곳에서나 그리 길게 지속되지 못했다. 인더스 문명의 아리안족 지배자들은 내부 갈등으로 인하여 멸망하지 않았던 유일한 전차병 침략자들이었던 것 같다. 그러나 어떤 학자들은 불교나 자이나 교(Jainism)의 출현을 아리안족이 도입했던 카스트 제도의 억압에 대한 반발로 간주하기도 한다. 힉소스족은 신왕국의 창시자인 아모세가 기원전 1567년 파라오의 권력을 부활시킴으로써 이집트에서 쫓겨났다. 또다른 전차를 탄 지배자들, 즉 아나톨리아 지방—지금의 터키—의 히타이트족과 크레타 섬의 미노아 문명을 파괴시키고 또한 호메로스에게 트로이 전쟁에 대한 영감을 불어넣어주었다고 생각되는 고대 그리스의 미케네인들은 모두 북그리스에서 온 프리기아인들과 도리아인들에 의해서 기원전 1200년경에 무너져버리고 말았다. 그러나 무엇보다도 중요한 것은 아슈르 우발리트 1세의 왕정하에 있던 메소포타미아 토착민들이 기원전 1365년에 후르리족 집권에 대항하는 장기적인 전투에 종지부를 찍었고, 마침내 고대왕국을 재건했다는 것이다. 그 수도가 아수르라는 이름이었으므로 그 고대왕국은 아시리아로 알려져 있다.

니네베와 님루드에서 출토된 웅장한 궁정예술을 통해서 얻게 되는 아시리아인에 대한 우리의 인상은 전차를 탄 사람들이라는 것이다. 실제로 그들의 왕과 귀족들은 전차를 탄 전사들이었고, 신왕국의 파라오들도 그러했다. 그러나 그들의 선조들도 그와 같은 모습이었던 것은 아니다. 문명세계에서 왕이 수행하는 역할의 이러한 변모는 고대 신정국가를 전사계급이 지배함으로써 미치게 된 영향들 중에서 가장 중요하고 지속적이며 바람직하지 않은 것으로 손꼽는다. 고왕국과 중왕국의 이집트인들 가운데 전사는 거의 없었다. 사르곤의 상비군은 그 뒤를 계승한 아시리아 제국의 군대에 비하면 무능하기 짝이 없고 참으로 비능률적인 조직이었다. 전차민족들은 이집트인들과 아시리아인들에게 제국적인 전쟁수행의 기술과 기풍을 가르쳤고, 두 나라는 각각 그들의 세력권 안에서 제국의 힘을 행사하게 되었다. 신왕국의 파라오들로 하여금 힉소스인들을 축출하게 만들었던 충동은 더 나아가서 그뒤 여러 해에 걸쳐서 나일 강에서 멀리 떨어진 이집트의 국경지대, 즉 북부 시리아의 고지대로 군대를 보내서 주둔하게 만들었다. 후르리족을 축출한 이후 아시리아인들은 자신들을 끊임없이 괴롭혀오던 메소포타미아 문명권의 문제—비옥하지만 지형적으로 무방비 상태인 이 지역은 약탈자들에 의해서 포위되어 있었다—에 대한 해결책으로서, 공세정책으로 전환하여 점진적으로 영토를 넓혀감으로써 최초로 복수의 민족 제국을 건설했다. 그 제국에는 현재의 아라비아, 이란, 터키 지역 일부와 시리아, 이스라엘 전역이 포함되어 있었다. 결론적으로 전차가 남긴 유산은 호전적인 국가였다. 전차 자체가 원정군의 핵심이 되었던 것이다.

## 전차와 아시리아

아시리아 제국의 전성기, 즉 기원전 8세기에 아시리아 군대는 후대의 많은 다른 제국들에게 계승되었던 군대의 특징들을 보여주었다. 그 특징들 가운데 일부는 아직까지도 계승되고 있다. 첫 번째로 그들의 병참 배치를 들 수 있다. 즉 병참 창고, 수송부대, 가교부대(bridging-trains) 등이 그것이다. 아시리아 군대는 진정한 의미에서의 장거리 군사작전을 감행할 수 있었던 최초의 군대로서, 주둔지에서 300마일 떨어진 곳까지 원정할 수 있었고, 내연기관이 등장하기 전까지는 그 누구도 능가할 수 없었던 빠른 속도로 전진할 수 있었다.

아시리아인들은 물자가 풍부했지만, 도로 포장은 하지 않았다. 극히 건조한 지역이면서도 우기가 되면 타르를 바르지 않은 도로의 쇄석은 씻겨져 내려가버렸으므로 어쩌면 당연한 일인지도 모른다. 그러나 그들은 광범위한 고속도로 조직망을 가지고 있었는데, 그것은 종종 토지대장의 경작지 구획선이라고도 주장되기도 한다. 이러한 토지대장들은 점토판 위에 설형문자(楔形文字)로 기록되었는데, 고고학자들에게 고속도로 조직망에 관한 중요한 정보를 제공하고 있다.[22] 이 길을 따라서 기마부대는 하루에 30마일에 달하는 속도로 이동할 수 있었다. 이것은 심지어 오늘날의 기준에 비추어

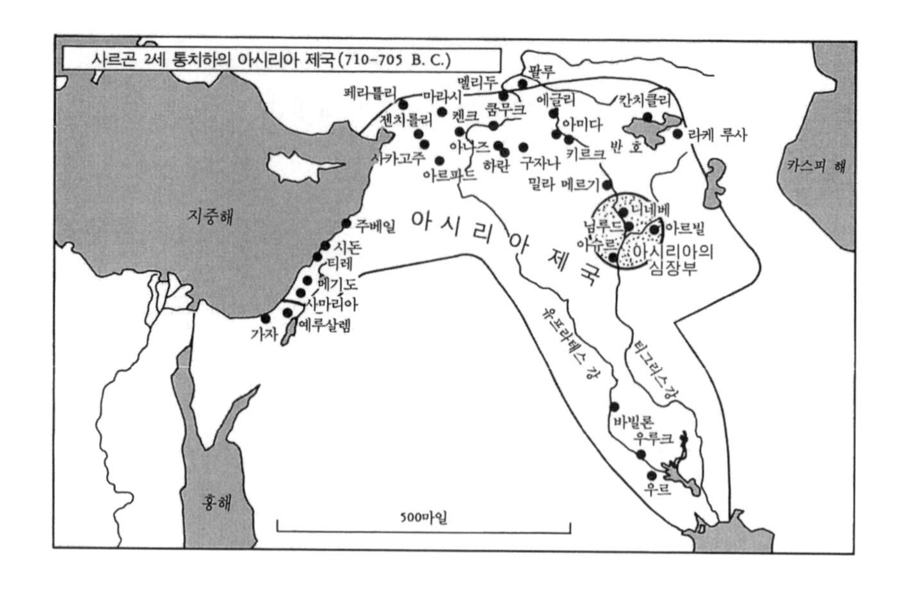


보아도 빠른 속도라고 말할 수 있다. 물론 적의 영토나 중앙 평원의 외부 지역에서는 도로의 질이 떨어졌다. 이곳에서는 군사 기술자들이 언덕을 올라가는 도로와 산을 넘어가는 통로 공사를 해야만 했을 것이다. 티그리스-유프라테스 강은 여울목이 많고 계절에 따라서 불규칙적으로 범람했기 때문에 강을 타고 운항하기는 어려웠지만, 아시리아 군대는 수상교통도 적절히 이용했다. 7세기 초 센나케리브는 지금의 남부 이란에 있던 엘람족 원정 토벌을 위해서 시리아인 조선공들을 니네베로 불러들여 선박을 건조시켰다. 그가 원했던 것은 분명히 지중해에서 사용되던 배와 유사한 대양 항해용 선박이었는데, 강에서 사용하는 배 정도만 만들 수 있었던 메소포타미아 조선공들의 기술로는 건조가 불가능했다. 일단 배를 진수(進水)시키고 나면, 그 배는 페니키아 선원들에 의해서 티그리스 강 하류를 따라서 최대한 운항하다가, 유프라테스 강으로 연결되는 수로까지는 사람의 힘으로 옮겨졌다. 그리고 다시 페르시아 만까지 운항했다. 그곳에서 그들은 엘람족의 영토 상륙을 위한 군대와 말들을 실었다.[23)]

모든 종류의 전쟁물자와 비품, 전차와 말들은 에칼 마샤르티(ekal masharti),

즉 "주둔군을 위한 전당"이라고 부르는 중앙 창고에 수용되었다. 니네베에 있던 한 중앙 창고에 대해서 에사르하돈 왕은 기원전 7세기에 다음과 같이 기술했다. "이곳은……적절한 야영준비를 하고 말과 노새, 전차, 군사장비 및 전리품을 돌보기 위해서 선대의 왕들에 의해서 건설되었다. 그러나 지금은 말 조련이나 전차훈련을 하기에는 너무 비좁다." 당시의 군대가 행군 시에 가지고 간 군량이 얼마나 되었는지는 알 수 없다. 아마도 아시리아 군대는 적지에서 많은 양의 군량을 약탈하여 보충해야 했던 것 같다.[24] 기원전 714년에 북쪽의 강대국 우라르투로 원정을 간 사르곤 2세는 자신이 함락시킨 한 요새에 "옥수수, 기름, 포도주"를 보냈다고 기록하고 있다. 그러나 그의 아들인 센나케리브는 기원전 703년 남부 메소포타미아의 칼데아족들과 싸울 때 "[자신의] 군대로 하여금 공격지역의 곡물과 야자 숲의 대추야자 그리고 평원의 수확물들을 모두 먹어치우게 했다." 군대가 자신들의 배를 채우고 남은 것은 모두 약탈함으로써 적의 영토를 황폐화시키는 전략은 후대와 마찬가지로 당시에도 역시 하나의 관례였다. 우라르투에 대한 마지막 원정에서 사르곤은 관개시설을 파괴했고, 곡창지대를 휩쓸었으며, 과실수들을 잘라버렸다.

사르곤의 분노는 원정의 어려움에서 비롯되었을 것이다. 그의 군대는 "헤아릴 수 없이 많은 산들을 넘고 또 넘었다." 그리고 "나의 군인들은 갈수록 반항적이 되었다. 나는 그들의 피곤을 달래줄 수도 없었고, 그들의 목마름을 적셔줄 물도 줄 수 없었다." 그는 반 호수와 우르미아 호수를 양분하는 자그로스 산맥 북쪽으로 원정을 떠났던 것이다. 그 지역은 오늘날까지도 군대의 통과가 거의 불가능한 지역으로 간주되는 곳이다. 그와 같이 험난한 지역에서 아시리아의 공병대는 비로소 신뢰를 얻었다. 사르곤은 이렇게 기록했다. 우라르투 원정 기간 "나는 강한 구리[아마 청동이었을 것이다]로 만든 곡괭이를 가진 공병대를 휘하에 두고 있었다. 그들은 가파른 산의 울퉁불퉁한 바위들을 마치 석회석처럼 잘게 부수어서 길을 닦았다." 아시리아의 군대는 물길을 헤치고 가는 데에는 더욱 뛰어난 기술을 자랑했다. 수세기 전부터 항상 골칫거리였던 바빌로니아의 남부지역을 제압하기 위해서 원정을 가면서, 아슈르 나시르팔은 이렇게 말했다. "내가 만든 배—내가 몰고 다니던 동물들의 가죽으로 만든—를 타고……나는 하리디 마을에서 유프라테스 강을 건넜다." 오늘날까지도 이라크에서 사용되고 있는 이런 가죽 배는 한 사람의 힘으로 부풀린 양가죽 배이거나 아니면, 그런 가죽 여러 개에 나무판을 얹은 켈레크(kelek)라는 뗏목의 일종이었을 것이다. 아마도 후자였을 가능성이 더 높다. 아시리아 군대는 또한 티그리스 강과 유프라테스 강이 합류되는 지역의 마슈 아랍족이 아직까지도 사용하고 있는 갈대배를 이용했다. 아시리아의 부조 그림에는 해체된 전차들이 그러한 배에 실려서 물을 건너는 모습이 나타나 있다.

아시리아의 군사조직은 또한 후대 제국의 군사조직의 원형을 보여주었다. 예를 하나 들면, 아마도 아시리아는 인종에 관계없이 징병을 한 군대를 가진 최초의 제국이었을 것이다. 인구정책에서는 무자비했으나—오스만 왕조나 훨씬 후대의 스탈린이 그랬던 것처럼, 그들은 국내 안전을 보장하기 위해서 불순분자들을 그들의 고국에서 멀리 떨어진 지역으로 이주시켰다—동시에 그들에게 충성을 맹세하는 피지배민족들과 전쟁포로들에 대해서는 제국의 군대에 복무시키는 제도를 갖추고 있었던 것이다. 언어와 종교는 인종통합의 매개물이었다. 아시리아는 아수르 신을 섬김으로써 원시적 일신교를 널리 보급했고, 공식 언어를 개방해서 다른 언어들로부터 어휘들을 차용해서 사용할 수 있도록 했다. 또한 민족 간의 이해를 위해서 복수의 언어 사용을 허가했다. 두 번째로 후대의 로마 제국이 그러했던 것처럼, 피지배민족들이 군대에 들어올 때에는 종종 그들만의 독특한 무기-투석기 또는 활도 함께 가지고 왔으며, 주력부대를 보조하는 부대를 조직했다. 피지배민족들은 또한 공성기술자들을 공급하기도 했는데, 아시리아의 화가들은 그들이 성벽의 토대를 공략하고 굴착도구로 땅을 파며 공성 램프를 설치하고, 공성기구를 작동하고 있는 모습을 그렸다. 사실 시리아인들은 요새 공격의 귀재들이었다. 센나케리브는 예루살렘 성 안에 있던 헤제키아를 포위공격한 전투에 대해서 아래와 같이 기술하고 있다. 이것은 구약성서 『열왕기』 하권 18장에 기록되어 있다. "[그는] 나의 멍에에 무릎을 꿇지 않았다. 나는 셀 수 없이 많은 마을들을 주위에 거느리고 있는 그의 철옹성 46개를 포위하여 공략했는데, 공성 망치를 사용할 수 있도록 램프를 확보하고, 보병 공격을 하고, 굴을 파고, 성곽을 깨고, 공성기계를 사용했다. ……나는 그를 새장에 갇힌 새처럼 자신의 왕궁인 예루살렘 성에 가두었다." 결국 헤제키아는 그에게 항복하여 공물을 바침으로써, 최후의 비참한 결과를 모면할 수 있었다.[25)]

제국군대의 규모가 증강되었음에도 불구하고, 전차병력은 여전히 아시리아 군의 핵심이 되었다. 기원전 691년 엘람족과 전쟁을 한 센나케리브는 그의 궁정 사관(史官)에게 그가 어떻게 "던지는 창과 화살을 이용하여 적군을 무력화시켰는지"를 기술하게 했다.

> 엘람 왕의 귀족들……그리고 총사령관……나는 양처럼 그들의 목을 쳤다. ……훈련이 잘된 나의 날랜 말들은 강물에 뛰어들듯이 흥건한 피 속으로 뛰어들었다. 내 전차의 바퀴들은 오물과 피로 얼룩졌다. 넓은 평원은 떨어진 낙엽들처럼 땅 위를 뒹구는 적의 전사들의 시체가 가득했다. ……격렬한 전투에 뛰어들었다가 죽은 기수들을 태웠던 전차들과 말들은 덩그러니 벌판 위에 [남아 있었다]. 주인을 잃은 그 말들은 [전장의] 여기저기를 끊임없이 방황했다. ……칼데아족[엘람족의 동맹군]의 우두머리들은 나의 맹습에 무서운 악령이라도 본 듯이 공포에 떨었다. 그들은 목숨을 부지하기 위해서, 자신들의 천막도 버리고 동료들의 시체를 짓밟으며 줄행랑을 쳤다. ……[공포에 질려서] 그들은 도망가던 전차 위에서 뜨끈한 오줌과 똥을 싸기도 했다.[26)]

대단히 실제적이고 생생한 이 묘사에서 보듯이, 이 싸움은 상대방이 죽을 때까지 싸운 치열한 전쟁이었다. 그러나 이 전쟁이 발발하게 된 것은 단지, 엘람족이 센나케리브의 군대가 티그리스 강으로 가는 길, 즉 그의 궁정 사관이 지적하듯이, 마실 물을 확보할 수 있는 길목에 위치해 있었기 때문이었던 것 같다. 나중에도 종종 밝혀진 것처럼, 이러한 상황에서의 전투는 선택의 문제가 아니라 필연성의 문제이다. 그런데 우라르투(기원전 1270–기원전 700년경에 터키 동부에 있었던 왕국/역주)에 대항한 사르곤의 마지막 전투에는 기사도의 자취가 나타나 있다. 우라르투의 왕 루사스 1세는 아시리아인에게 도전장을 보냈던 것이다.

후대의 기사들처럼 전차부대의 고관들도 이미 양측의 싸움을 기사적인 전투로 해결하는 것이, 그래서 보병들과 다른 부하들은 뒤에서 대충 싸우다가 이기면 전리품을 모으고, 지면 그 결과를 감내하게 하는 것이 가장 좋다고 생각하기 시작했을 가능성이 있다. 주(周)나라 때 중국의 전차병들은 기사도적인 영향을 받은 것이 분명하며, 그 뒤를 이은 춘추시대에도 마찬가지의 기록이 있다. 기원전 638년 적대국인 주나라와 송(宋)나라가 벌인 전투에서 송나라의 국방대신은 적이 전열을 갖추기 전에 왕에게 공격할 수 있게 해달라고 두 번에 걸쳐서 요청했다. 이것은 "적은 많고 아군은 적다"라는 완벽하게 합리적인 판단에 따른 요구였음에도 불구하고 거부되었다. 마침내 송나라가 패하고 자신도 부상을 입은 왕은 그가 내린 두 번의 공격금지 명령에 대해서 다음과 같이 설명했다. "군자는 한 번 부상을 입힌 사람에게 다시 부상을 입히는 일을 하지 않으며, 백발이 성성한 이들을 감옥에 가두지 않는다. ……내 비록 이제 무너진 왕조의 비천한 목숨에 불과하지만, 대열도 갖추지 않은 적을 공격하려고 북을 치는 일을 하지는 않겠다." 중국의 전차를 탄 귀족들 사이에서 비기사도적인 행위로 간주된 또다른 행위들로는, 달아나는 적의 전차에 문제가 생겼을 때 그 약점을 이용하는 것(심지어 달아나는 적을 도와주기까지 한다), 군주를 살해하는 행위, 또는 국상을 당

했거나 내분이 일어난 적국을 공격하는 행위들이 있었다.[27)]

전차병들이 서로 따라야 할 행동의 모범은 그후에 송나라가 벌인 전쟁에서 벌어진 한 사건에 전형적으로 드러나 있다. 왕의 아들이 화살을 메긴 적병과 맞닥뜨렸을 때의 일이다. 그 적병은 왕의 아들에게 화살을 쏘았으나 빗나가자, 재빨리 왕의 아들보다 먼저 또다른 화살을 메겼다. 그러자 왕의 아들이 말하길, "만약 네가 나에게도 기회를 주지 않으면, 너는 소인이다"라고 했다. 이 말을 들은 적병은 왕의 아들에게 기회를 주었고, 그가 쏜 화살에 맞아 죽었다.[28)]

이런 것들이 결투에서의 또는 진정한 전사들의 의식적인, 즉 사전 협의를 해야 하는 전투에서의 예절이다. 그리고 전차를 이용한 전쟁에서도 사전 협의가 있었던 것 같다. 우라르투가 아시리아에 도전장을 던진 것이 그 전부는 아니었다. 춘추전국시대의 중국인들도 보통전투 시간과 장소를 정하기 위해서 사자들을 보내는 한편, 느닷없는 공격을 감행하는 자들을 경멸했다. 그들은 또한 싸우기로 한 장소에서 전차들이 쉽사리 움직일 수 있도록 땅을 고르도록 요구하기도 했고, 전차가 자유롭게 다닐 수 있도록 미리 물웅덩이들과 조리용 아궁이들을 메워야 할 필요에 대해서 언급한 비문들도 여럿 있다. 현대전에서도 무기를 시험적으로 사용해보려면, 전장에 대한 사전 준비작업이 필요하고, 표시를 하지 않은 채 지뢰를 매설하지 못하게 하는 등의 법적 장치들이 있다. 병참지원의 어려움—대군을 다른 군대 근처에 배치하는 데에 드는 노력, 대군의 식량을 한 지역에서 하루나 이틀 이상 보급하기가 거의 불가능했던 점 등—이 산재하던 고대에, 주도적인 전사들이 사용하는 주력무기의 전략적 행동에 방해가 되는 장애물들을 사전에 제거한 것은 이치에 맞는 일이었다. 알렉산드로스 대왕이 기원전 331년 페르시아 군을 격파한 전투무대가 된 티그리스 강 근처 가우가멜라에서, 적장 다리우스 대왕은 미리 땅을 평평하게 만드는 작업을 철저하게 시행했을 뿐 아니라, 자기 휘하의 전차들을 위해서 3개의 "통로"도 건설했다. 덧붙여 말하자면, 전쟁 초기에 알렉산드로스 대왕은 야간 기습을 감행하자는 부하들의 간청을 외면했는데, 그렇게 해서 만약 그가 지게 되면 불명예스러운 일이 될 것이고, 이긴다고 해도 공정하게 겨루지 않았다는 오점을 남기게 될 터이기 때문이었다.

전차전은 알렉산드로스가 그의 전설적인 말 부케팔루스를 타고 다리우스를 격파할 당시, 이미 거의 1,500년의 역사를 가지고 있었다. 그때 이후로 전차전은 쇠퇴의 길로 접어들었다. 문명세계의 변방에 거주하던 민족들—로마 제국의 침략에 저항했던 브리턴(앵글로-색슨족의 침입 이전에 브리턴 섬 남부에 살았던 켈트족의 일파/역주)족과 같은—만이 여전히 전차전을 가장 효과적인 전쟁방법으로 생각했다. 그러나 그 장구한 역사에도 불구하고, 전차전의 본질에 대한 명확한 개념은 아직도 세워지지 않다. 고대사 역사가들조차도 전차가 어떻게 사용되었는지를 놓고 첨예하게 갈라져 있다. 일례로 크릴 교수는 전차는 중국에서는 "움직이는 유리한 위치"를 제공했고, 이집트에서는 지휘소로, 메소포타미아와 그리스에서는 전장에서의 수송수단으로 사용했다는 주장을 하고 있다. 그리고 이를 뒷받침하기 위해서, 오펜하임, 윌슨, 거트루드 스미스 교수의 연구를 인용하고 있다. 한편 M. I. 핀리 교수는 호메로스가 전차를 전장까지 가는 "택시"처럼 묘사한 것은 다만 호메로스가 살았던 시대의 반영일 뿐이며, 『일리아드(*Iliad*)』에 등장하는 영웅들은 전혀 다른 방식으로 싸움에 임했다고 생각하고 있다.[29]

아마도 핀리 교수의 견해가 옳다고 보아야 할 것이다. 궁정예술은 승리를 축하하는 것일 것이며 순수한 온고(溫故)의 취미를 상징처럼 영속화할 수도 있다. 그러나 본질적으로 우스꽝스러울 수는 없다. 따라서 빅토리아 여왕 시대에 사람들의 웃음을 사지 않으면서도, 갑옷 입은 여왕의 부군을 묘사할 수가 있었던 것은 당시에 또다시 기사도의 이념과 그 옷차림이 유행했기 때문이다. 반면 갑옷을 입고 말을 탄 히틀러의 그림은 엉뚱하기 짝이 없었다.[30] 이집트의 파라오들, 아시리아의 왕들 그리고 페르시아의 황제들은 전차를 탄 채 조립식 활을 쏘아대는 모습으로 자기들을 묘사해도 전혀 엉뚱하다고 생각하지 않았던 것이 분명하다. 궁정예술가들이 자신들을 고용한 자들이 전선에서 보여준 탁월한 기량을 과장했을 수는 있다. 그러나 이 위대한 사람들이 예술작품들 속에서 전차를 탄 궁수로 묘사되기를 바랐다면, 그 사실을 통하여 우리는 전차가 처음 등장한 기원전 1700년경에서부터 대략 1,000년 뒤에 그것이 기마부대로 대체되기까지의 상당 기간 동안, 전차의 궁수는 전쟁을 승리로 이끈 주된 동력이었다고 추론할 수밖에 없다.

초기의 전차병들이 얻을 수 있었던 이점은 전장에서의 이동속도가 참으로 빨라졌다는 것과, 멀리 떨어진 목표물에도 치명타를 가할 수 있는 조립식 활의 위력은 물론이고 사람을 죽이는 데에 별 큰 저항감을 가지지 않았던 문화적인 배경에 있었다는 주장이 이미 제기되었다. 그러나 이 모든 이점들은 시간이 흐름에 따라서 사라져갔다. 새로운 무기체계를 사용할 줄 안다고 해서 경멸하기만 해서는 안 되며, 대응책을 강구해야 하는 것이다. 그래서 전차병들의 공격을 받은 자들도 전차를 손에 넣었다. 전차를 손에 넣을 수 없었던 자들은 적의 전차의 말을 공격하는 법, 전차가 뚫고 들어오지 못하는 대형을 만드는 법, 전차병들이 전술적 행동을 할 수 없는 울퉁불퉁한 지형을 이용하는 법을 익혔다. 그럼에도 불구하고, 전차병이 소속되지 않았던 군대들의 통솔자들이 전차를 이용한 전쟁수행에 경탄했던 한편, 전차들이 전장에서 모든 능력을 발휘하도록 교전 당사국 군대들 사이의 공모가 있었던 것이 분명하다. 우리가 이미 보았듯이, 인간의 인식 속에는 전투가 제식적 또는 의식적으로 수행되어야 한다는 생각이 깊이 박혀 있고, 사생결단으로 싸우는 전투를 해야만 하는 상황—그렇지 않은 상황도 많았다—이 아니면, 언제나 그러한 생각은 관철되었다.

우리가 알고 있는 최초의 전차전은 북팔레스타인의 메기도에서 기원전 1469년에 있었던 전투로, 이집트의 파라오 투트메스 3세와 힉소스족이 주도한 반이집트 연합군과의 싸움이었다. 이 전투에서 양측은 모두 경미한 피해만을 입었다. 또한 메기도 전투는 보통 우리가 그 연대와 위치, 전쟁 당사자들 및 그 과정을 알 수 있는 역사상 최초의 전투로 간주된다. 막 왕위에 오른 투트메스는 나일 강 유역의 천혜의 요새를 자랑하던 이집트를 침범한 변방의 이방인들을 강력히 억제하는 새로운 전략을 추구했다. 그는 군사를 모아 지중해 연안을 따라서, 가자 지방을 통과하여 시리아 국경의 산악지대까지 하루에 10-15마일의 속도—대단히 놀라운 행군속도이다—로 행군했다. 적은 그의 공격을 가로막는 장벽을 만들어주는 험난한 지형에 의지하고 있었던 것 같다. 산악지대를 통해서 메기도까지 가는 경로는 세 가지가 있었다. 그는 적의 허를 찌르기 위해서, 부하들의 간언에도 불구하고 가장 험난한 경로를 선택했다. 메기도에 접근하기까지는 모두 사흘이 걸렸는데, 사흘째는 마차 두 대가 동시에 지나가기 어려울 정도의 너비밖에 되지 않는 산길을 헤치고 가는 데에 하루를 소비했다. 그는 저녁 늦게 메기도 앞 평원에 진을 쳤고, 다음날 아침 전쟁을 위해서 군대를 내보냈다. 적도 역시 맞서기 위해서 진군해왔다. 그러나 그들은 언덕 양측으로 측면부대를 배치하고 그 중앙에서 투트메스가 전차를 타고 진두지휘하는 이집트 군대의 위풍당당한 전열을 보자 사기가 꺾였고, 공포에 질려서 등 뒤에 있는 메기도 시의 성벽 안으로 달아나서 숨어버렸다. 투트메스는 추격을 명령했으나, 그 와중에 그의 병사들은 적군이 버리고 간 진지를 약탈하기 위해서 추격을 멈추었고, 적군의 수장 두 사람은 가까스로 메기도 성 안으로 들어갔다. 그 도시는 면적이 넓은 성벽 안에 풍부한 급수원을 가지고 있었기 때문에, 7달 동안이나 이집트 군의 공격—이집트 군은 성벽을 포위하고 공급로를 차단했다—을 견뎌냈다. 전투로 인하여 적군은 83명만이 사망했고, 340명이 포로로 잡혔다. 그러나 도망병들을 다시 불러 모을 수 없자, 포위공격을 당하던 왕들은 항복을 해왔고, 자신들의 자식들을 볼모로 내주었다. 그리고 투트메스에게 "제발 살려달라"고 간청했다.[31]

이집트 군이 그 전투의 승리로 얻은 가장 값진 전리품은 다름 아닌 말로서, 모두 2,041필을 차지했다. 그때까지도 여전히 외부로부터 순종 말을 들여와서 사용했던 것 같은 그들에게, 그만한 수의 말은 전차부대의 전투력 강화에 커다란 보탬이 되었을 것이다. 양측이 메기도 전투에 투입한 전차의 수가 얼마나 되었는지는 알 수 없다. 그러나 200년 후인 기원전 1294년, 남부 시리아의 오론테스 강 유역의 쿠아데슈에서 람세스 2세가—나일 강 삼각주에서 멀리 떨어진 전략지역의 외곽에까지 호전적인 공세를 펼치는 신제국의 정책을 유지하면서 히타이트족 군대를 격파했을 때, 이집트 군은 50대의 전차와 5,000명의 병사를 보유했던 것으로 보인다. 히타이트족 군대는 이집트 군보다 규모가 훨씬 더 커서 2,500대의 전차를 보유했다고 하지만, 과장임에 틀림없다(만약 그것이 과장이 아니라면, 전선[前線] 공격횡대의 폭이 8,000야드는 족히 되었을 것이다). 그러나 그 전투에 대해서 기록한 이집트의 부조는 52대의 전차가 묘사되어 있는데, 그 숫자들이야말로 상당히 신빙성이 있는 것 같다.[32)]

히타이트족이 조립식 활을 사용했다는 사실에 대해서는 회의적인 견해도 있다. 히타이트족 전차병들은 대개 창을 사용한 병사들로 묘사된다. 그것은 이집트인들이 쿠아데슈에서 패배할 뻔했던 싸움을 승리로 이끌 수 있었던 이유를 설명해줄 수도 있는 대목이다. 어쨌든 메기도와 쿠아데슈에서의 전차전은 모두 기원전 8세기의 전성기 때 아시리아 제국이 이룩했던 그 완성된 형태에까지는 아직 미치지 못했다. 무기체계가 정착하는 데에는 오랜 시간이 걸린다. 그것이 복잡하면 할수록 더욱더 그렇다. 전차뿐만 아니라, 조립식 활, 말, 장신구들—이것들 모두 전차 왕국들에게는 밖에서 온 물건이었다—로 구성되는 전차체계는 사실 매우 복잡한 체계였다. 이집트인들과 히타이트족은 모두 전차병으로서는 아직 서툴렀고, 아시리아 제국의 전투기술 발전과정에서 상대적으로 후대에 이르러서야 전차체계가 완성된 형태를 가지게 된 것은 그리 놀랄 만한 일이 아니다. 그러나 일단 전차체계가 완성된 형태를 갖추게 되자, 사르곤과 센나케리브의 사관들이 기술하고 있는 것처럼, 한 사람이 놀라운 속력으로 한 쌍의 말을 몰고 또다른 한 사람이 그 뒤에서 화살을 쏘는 전차는 분명히 가공할 전율과 공포를 주는 무기였을 것이다. 전차병들끼리 서로 지원하도록 훈련이 된 전차부대들은 오늘날의 기갑차량들만큼 많이 격돌했을 것이고, 승리는 더 많은 수의 적의 전차를 무력화시킨 편이 차지했을 것이다. 한편 전차가 달려가는 길목에 재수 없이, 아니면 무모하게 버티고 있던 보병들은 풍비박산이 되었을 것이다.

## 군마

전차가 그 효율성에서 정점에 이르렀을 때, 전차체계의 한 요소였던 말이 독자적으로 전차가 차지하던 중요한 위치를 대신하기 시작했다. 아시리아 제국의 멸망을 가져온 이 역설적인 혁명에 대한 책임은 바로 아시리아인 자신들에게 있다는 주장이 있다.

기원전 2000년대 이후로 문명세계에서는 말을 타게 되었다. 말을 타는 모습은 기원전 1350년의 이집트 미술에서 이미 나타났다. 그리고 기원전 12세기의 부조에서는 말을 탄 병사들이 등장하는데, 그들 중 한 사람은 쿠아데슈의 전투에 참가하고 있다.[33] 그러나 그 누구도 기사라고는 할 수 없다. 그들 모두 안장도 없이 말의 맨등 위에 타고 있었고, 둔부 쪽에 걸터앉아 있었는데 그것은 제어위치가 아니었다. 사실 그것은 당시의 말이 오늘날과 같은 형태로 사람을 등에 태울 만한 힘이 아직 없었다는 것을 보여준다. 그러나 기원전 8세기에 이르러, 아시리아인들은 선택교배를 통해서 말 등의 앞쪽에 앉아서 말의 어깨 위로 무게가 쏠려도 무리가 없을 만큼 튼튼한 말을 생산하게 되었다. 또한 움직이는 도중에 한 사람이 활을 쏠 수 있을 만큼은 기수와 군마 사이의 상호관계도 충분히 발전했다. 그러나 상호관계, 혹은 마술(馬術)은 여전히 그다지 충분히 발전하지 못함으로써, 고삐를 놓아도 되는 단계에까지는 발전하지 못했다. 아시리아의 부조는 짝을 이루어서 활동하는 기사들을 보여주는데, 한 사람은 조립식 활을 쏘고 있고, 다른 한 사람은 두 말의 고삐를 모두 잡고 있다. 윌리엄 맥닐이 평한 것처럼, 이것은 실제로 전차 없이 전차를 모는 것과 같은 방식이었다.[34)]

대초원지대의 사람들은 문명지역에서보다 더 일찍부터 말을 탔을 지도 모른다. 또한 말 등 위에서 활을 사용하는 방법이 아시리아로부터 대초원의 변방지대 너머로 전해졌으며, 아시리아보다 마술이 더 발전한 민족들에게 전해졌다는 추측도 가능한 일이다. 우리는 사르곤 2세가 통치할 때까지도 여전히 말은 대초원지대로부터 공급되었음을 알고 있다. 해마다 대초원지대에서 붙잡아서 훈련시킨 야생 망아지들을 아시리아에서 사들인 것이다. 그렇다고 해도 말 위에서 활을 쏘는 기술만큼은 그 반대방향으로 이전되었을 수 있다.[35)]

어쨌든 아시리아 제국이 멸망한 것은 기원전 7세기 말에, 중앙 아시아 동쪽 알타이 산맥에 살았던 것으로 추측되는 한 이란 종족—우리에게는 스키타이 민족으로 알려져 있는 기마민족—의 침입에 의해서였다. 그들은 또다른 이란의 기마민족으로 기원전 690년경 소아시아를 침략하여 뒤흔들어놓았던 킴메리오스족의 뒤를 따라서 침략을 감행했던 것 같다. 당시의 아시리아는 여러 국경지역에서 강한 압력을 받고 있었다. 북으로는 팔레스타인 지역의 압력을 받았으며, 남으로는 신하의 나라로 알고 있던 바빌로니아로부터, 동으로는 이란의 메디아족으로부터 압력을 받고 있었던 것이다. 이전의 분쟁들을 잘 해결한 것으로 미루어볼 때, 아시리아 제국은 이러한 모든 압력들을 충분히 견뎌낼 수 있었을 것이다. 그러나 기원전 612년에 침공한 스키타이인들은 메디아인과 바빌로니아인들과 제휴하여 거대 도시 니네베 성을 포위공격하여 함락시키고 말았다. 그로부터 2년이 지난 뒤에 아시리아의 마지막 왕은, 이집트의 강력한 지원에도 불구하고, 하란에서 다시 한번 스키타이-바빌로니아 동맹군으로부터 참패를 당했다. 그 결과 기원전 605년, 아시리아는 바빌로니아의 지배를 받게 되었다.

바빌로니아는 얼마 지나지 않아 고대문명의 발상지에서 등장한 제국으로는 최후의 대제국이 되는 페르시아에게 패권을 넘겨주게 된다. 그러나 페르시아 제국의 힘은 어떤 진보된 군사기술에서 연원하지 않았다. 페르시아는 궁극적으로 전차에 의존하고 있었다. 페르시아에서는 용병 보병을 충원했고, 귀족들은 말을 타고 싸우는 법을 교육받았다. 그럼에도 불구하고 페르시아 황제들은 전차를 타고 싸움터에 나가기를 즐겼고, 그 결과 페르시아의 다리우스 황제는 혁명적인 군사기술을 가진 적과 대치하여 패배의 쓴 잔을 마셨다. 그의 제국은 알렉산드로스의 후계자들이 접수했고, 알렉산드리아는 취약한 군사체계를 가지고도 다리우스 황제가 죽은 이후에도 1세기 이상을 버텨냈다. 그러나 문명국이 자신들의 공격에 취약하다는 사실을 기마민족들이 간파하고 난 이후부터는, 히말라야 산맥과 캅카스 산맥 사이의 정착지들로부터 대초원지대를 분리하는 1,500마일의 국경지대를 따라서는 전차전도, 알렉산드로스의 유럽 전략도 아무런 소용이 없었다. 따라서 기원전 7세기 말에 메소포타미아를 침공했던 최초의 스키타이인들은 그후로 2,000년 동안 주기적으로 반복되어 행해진 기습공격과 약탈, 노예포획, 살인 및 때로는 문명—중동, 인도, 중국, 유럽—의 외곽지역에 대한 정복의 선구자였다. 물론 문명의 외곽지역에 대한 이와 같은 끊임없는 공격은 우리가 대초원지대의 유목민들을 전쟁의 역사에서 가장 중요한—그리고 재앙적인—세력으로 여겨도 좋을 정도로, 문명의 내적 속성에도 깊은 영향을 미쳐서 상당한 변화를 야기했다. 그들이 준 재앙에 무의식적으로 동조했던 것은 바로 작고 거친 털이 난 조랑말의 후예들이었는데, 스키타이인들이 처음으로 그 불길한 모습을 드러내기 바로 몇십 세대 전까지만 해도, 볼가 강 유역의 사람들은 그 조랑말들을 식용으로 사육하고 있었다.

## 초원의 기마민족들

초원지대란 무엇인가? 온대지방에 정착해서 사는 사람들에게 초원(스텝)

은 한없이 펼쳐진 빈 공간에 불과하다. 지도에서 보면 북쪽으로는 북해에서부터 남쪽으로는 히말라야 산맥 사이에 있으며, 동쪽으로는 강이 흐르고 관개가 잘된 중국의 강 유역에서부터 서쪽으로는 프리퍄티 습지와 카르파티아 산맥의 장벽 사이에 있는 것이 바로 초원지대이다. 문명세계의 사람들의 정신적인 지도에 나타난 초원은 아무런 특색이 없을 뿐더러 기후도 분화되지 않았다. 똑같은 모양의 초목들이 드문드문 눈에 띌 뿐, 산도, 강도, 호수도, 숲도 없다. 이처럼 물이 없을 뿐이지 사실상 망망대해와 다름없는 이곳을 여행했다고 알려진 사람도 없었다.

그러나 이러한 인상은 사실과는 거리가 아주 멀다. 현대에 와서, 이와 같은 초원의 서쪽 끝 지역에 러시아와 우크라이나의 대도시 거주자들이 수백만 명씩 정착하게 되었다. 그러나 이들이 서부 초원의 거대한 강(볼가, 돈, 도네츠, 드네프르)의 유역에 모여 살기 이전부터 모험삼아 이 황무지를 여행한 사람들이 있었기 때문에, 이곳의 기후와 지형은 이미 몇 개의 특징적인 지역으로 구분되었다. 지리학자들은 이곳을 보통 세 지역으로 표시한다. 타이가 혹은 아(亞)북극의 숲은 북태평양에서부터 대서양의 북쪽 곶에 이르는 지역이다. 넓은 사막지대는 동쪽으로는 만리장성에 닿아 있으며 서쪽으로는 바닷물이 드나드는 이란의 늪지에까지 펼쳐져 있다. 바로 이 두 지역 사이에 있는 것이 엄격한 의미의 초원지대이다.

타이가는 사람이 접근하기 어려운 지역이다. 날씨는 극단적이다. 야쿠츠크 근처에서는 지하 446피트까지가 만년 동토로 밝혀졌다. 고원의 물을 북극해로 실어가는 강(오비, 예니세이, 레나, 아무르) 기슭에서 살아가고 있는 어부와 사냥꾼들은 내성적이고 무뚝뚝한 산사람들이다. 그들 중에서, 오직 동부 시베리아와 아무루 강 유역에 사는 퉁구스족만이 역사에 알려져 있다. 17세기에 중국의 제위를 차지하여 위용을 떨친 만주족이 바로 이들이다.

사막지대에서는 어떤 강도 바다에까지 이르지 못한다. 강들이 모래 속으로 사라져버리거나 염분이 있는 습지로 흘러들기 때문이다. 고비 사막에는 1,200마일에 걸쳐서 모래와 바위와 자갈이 외롭고도 막막하게 펼쳐져 있다. 사람들은 그런 곳에는 악마만이 산다고 믿고 싶어한다. 악마가 천둥치듯 울부짖는 소리는 사실 모래언덕이 강한 바람에 움직이면서 내는 소리이다.

식물이라고는 덤불과 무성한 갈대뿐이다. 기후는 매우 극단적이다. 더구나 겨울과 봄에는 얼음장 같은 모래폭풍이 미친 듯이 몰아친다. 비가 오기는 하지만 극히 드물다. 잠깐 소나기라도 쏟아지면, 사막의 땅바닥에서는 별안간 자그마한 녹색식물이 솟아오른다. 타클라마칸 사막은 고비 사막의 축소판이다. 여름이면 숨 막힐 듯한 먼지폭풍이 휩쓸고 지나가기 때문에, 타클라마칸 사막을 횡단해서 여행하려면 겨울이 그래도 괜찮은 편이다. 다슈트 에-카비르 사막은 페르시아 사막이라고도 불리는데, 폭이 800마일이며 모래벌판보다는 염분이 있는 습지가 더 넓은 부분을 차지하고 있지만 곳곳에 오아시스가 있다.

윌리엄 맥닐의 이론에 따르면 인도-유럽인의 전사들이 전차를 몰고 중국으로 갈 때 이 오아시스들을 하나씩 거쳐갔을 것이다.

그러나 진정한 초원은 길게 뻗은 목초지대이다. 그 길이는 3,000마일이고 폭은 평균 500마일이다. 북쪽으로는 아북극지대와 맞닿아 있고, 남쪽으로는 사막 및 산맥과 맞닿아 있다. 동쪽 끝은 강이 흘러가는 중국의 강 유역이며, 서쪽으로는 중동과 유럽의 비옥한 땅으로 접근해가는 길목에 이른다. 초원을 형성하는 것은

나무가 없는 초지이며, 산들 사이에 풀이 무성하게 자라는 평원이다. 많은 돈을 들여서 관개를 하지 않는 한 농업에 부적당하다. 하지만 소, 양, 염소를 키우는 데는 이보다 더 적당한 곳이 없다. 알타이 산맥의 아(亞)고

산대 골짜기는 드물게 보는 훌륭한 목장지대이다. 식물은 주로 짙푸른 풀로 구성되어 있다. 지표면은 자갈로부터 소금이나 양토에 이르기까지 다양하다. 날씨는 혹독하고 고지대 초원의 겨울은 섬뜩할 만큼 춥지만(알타이 산맥에서는 연중 200일 동안 영하의 기온을 보인다) 기후가 건조하므로 참을 만하다. 이 지역의 목동들은 흔히 극히 장수한다.[36]

지리학자들은 초원을 고지대와 저지대로 나눈다. 이것은 각각 파미르 고원의 동쪽과 서쪽을 가리키는데, 파미르 고원의 모태는 히말라야 산맥이다. 전체적으로 서쪽을 향하여 완만하게 "경사"가 졌으며, 초지도 서쪽으로 갈수록 더욱 발달되었다. 이것은 사람들에게 중동으로 이주하도록 하는 데에 충분한 동기가 된다. 하지만 역사적으로 보았을 때 오히려 그 반대방향으로 이동한 경우가 많다.

알타이 산맥 남쪽의 준가얼 분지는 초원의 심장부로서, 중국 평원으로 통하는 자연적인 관문이다. 서쪽 관문보다는 이곳을 지나가기가 더 쉽다. 서쪽 관문은 좁고 험하기 때문에 방어하기에 더 용이하다.

스키타이인들은 우리가 알고 있는 최초의 유목민족으로, 아마도 알타이 산맥에서부터 온 것 같다. 그들은 초원의 경사면을 따라서 서쪽으로 이동하여 아시리아를 공격했다. 나중에 옮겨온 민족들 중에서 투르크족은 알타이 산맥에서부터 온 것이 분명하다. 그들의 언어는(다른 언어 중에도 카자흐족, 우즈베크족, 위구르족, 키르기스족의 언어와 같은 종류에 속하며) 중앙 아시아의 중요 언어였고 지금까지도 그러하다. 5세기에 로마 근처에 모습을 드러낸 훈족은 투르크 어족에 속하는 언어를 사용했다. 그와는 대조적으로, 초원의 민족들이 상대적으로 드물게 사용하던 몽골어는 바이칼 호 북쪽이자 알타이 산맥 동쪽에 있던 숲지대에서 발생한 것이 분명하다. 만주어와 퉁구스어는 동시베리아에서 유래한다. 그러나 첫 번째 기마민족 중 일부는 최초의 전차전사들과 마찬가지로 인도-유럽 어족에 속했으며 그들의 언어는 후에 페르시아어가 되었다. 그들의 언어와 같은 종류에 속하는 것으로 소그드어와 토하라어가 있는데 당시의 전사들은 이들 언어를 사용했지만 지금은 완전히 잊혀져버렸다. 또다른 언어로는 로마인들에게 사르마트인이라고 알려졌던 족속이 쓰던 언어가 있었다.[37]

과연 기마 유목민들을 초원지대로부터 밖으로 이끌어낸 것은 무엇일까? 사회인류학자들이 다른 사회에서 발견한 양식만을 가지고는 그들의 전쟁행위를 설명하기는 어렵다. 그들은 분명히 "미개한 전사들"은 아니었다. 처음부터 그들은 싸워서 승리를 거두었다. 그러므로 친척 간의 다툼이나 의례행위라는 관점에서 설명하는 것은 부적절하다. 영역이라는 개념 역시 들어맞지 않는다. 유목민족들이 특정 초지에 고정되어 있었으며 다른 민족들의 요구를 인정했다는 사실은 의심할 바 없지만, 민족 구성이 유동적이라는 것 역시 유목민족의 두드러진 특성이다. 우두머리의 지위도 믿을 만한 것이 못되며 추종자들의 분열과 연합도 예측할 수가 없었다. 아마도 가장 유용한 개념은 생태학에서 이야기하는 "수용능력(carrying capacity)"일 것이다. 윌리엄 맥닐은 초원에서의 생활은 급작스럽고도 매우 혼란스러운 기후변화에 좌우된다고 주장하는데, 그의 주장은 나름대로 상당한 설득력이 있다. 따뜻하고 습한 계절에는 풀도 넉넉하고 동물(그리고 인간)의 자손이 살아남을 확률이 높다. 그리고는 종종 모진 계절이 찾아왔다. 그때에는 더 많은 가축떼와 가족들이 궁지에 몰린 채, 생명을 유지하기 위해서 애썼다. 초원지대 내에서의 이동은 아무런 도움이 되지 않았다. 이웃 민족들도 비슷하게 고통을 당하고 있었으므로 새로운 인구의 유입을 완강히 거부했기 때문이다. 그러므로 뚜렷한 탈출수단은 외부로 향하는 것이었다. 즉 날씨가 좀더 온난하고 경작이 이루어져서 비상시에도 식량을 공급할 수 있는 곳으로 향하는 것이다.[38]

이러한 설명에는 두드러진 결함이 있다(맥닐 자신도 그 점을 이해하고 인정했다). 이러한 설명에 따르자면, 유목민들도 시간이 지나면서, 좋은 때가 지나면 반드시 나쁜 때가 오리라는 것을 예상하게 되었을 것이며, 초원지대가 아닌 다른 곳에서 살고 싶어했을 것이다. 그 결과 유목민들이 타고 다닐 말을 손에 넣게 된 다음부터는 초원지대가 텅 비게 되었을 것이다. 어떤 면에서 그것은 사실이다. 초원민족들 중 가장 넓게 퍼져 있던 침략자들(몽골족과 투르크족은)은 정착민족들을 기반으로 해서 공물을 받을 수 있는 제국을 건설했고, 그 결과 녹색의 바다에 주기적으로 밀려오던 기근으로부터 해방될 수 있었다. 그럼에도 불구하고 유목민들에게는 약점이 있었다. 그들은 유목민의 생활방식을 버리지 않았다. 그리고 밭고랑과 쟁기 끄는 소에 얽매인 채 피로에 지친 농민들을 경멸했다. 유목민들은 두 세계에서 얻을 수 있는 최상의 것을 원했다. 즉 정착생활이 가져다주는 안락함과 사치스러움은 물론, 기마민족의 생활과 천막을 친 야영지, 사냥과 철마다 거처를 옮기는 데에서 오는 자유를 원했다.

유목민의 기풍이 오래도록 지속되었다는 사실을 가장 잘 찾아볼 수 있는 곳은 바로 이스탄불에 있는 토프카피 궁전으로, 이곳은 오스만 제국 술탄의 궁전이었다. 다뉴브 강에서 인도양에 이르렀던 이 제국의 지배자는 19세기 초까지도 초원지대에서의 생활방식대로 살았다. 궁전 뜰에 커다란 임시 천막을 쳐놓고 바닥에는 깔개를 깐 후, 푹신한 방석 위에 앉아 있곤 했다. 그는 기마민족의 카프탄(kaftan)과 헐렁한 바지를 입었다. 왕위를 상징하는 것들 중 가장 중요한 것은 기마전사의 화살통과 활집과 궁수의 엄지손가락 골무였다. 토프카피 궁전은 동로마 제국의 수도(이스탄불)에 자리 잡고 있었지만 여전히 유목민의 야영지 역할을 했다. 막강한 권력을 누렸던 사람들 앞으로 투르크 군대의 군기가 줄지어서 지나가고 문 옆에는 말들이 지키고 서 있었다.

유목민들이 전쟁을 일으키게 된 원인에 대해서는 또다른 설명이 있다. 유목민들은 전쟁을 통해서, 문명화된 땅에 사는 사람들에게 교역을 하도록 강요했다는 것이다. 초원지대에 사는 사람들은 일찍부터 교역을 익혔을 것이며, 그들의 말이나 노예들이 운송하는 물품들을 본 직업적인 상인들은 그것을 사고 싶어하거나 다른 제품들과 바꾸고 싶어했을 것이다. 5세기 중반에 훈족이 휴전조건으로 로마인들에게 요구한 것은 "예전처럼" 다뉴브 강가에 시장을 다시 여는 것이었다.[39] 중국과 중동을 연결하는 비단길(Silk Road)은 기원전 2세기에 처음 교통이 되었으며, 그 교통로의 양쪽 끝에서 상업이 흥하게 되자 1,000년도 넘는 기간 동안 교통로로 이용되었다. 이를 통해서 또 한 가지 알 수 있는 것은 유목민들은 대체로, 물품이 그들의 영토를 통해서 흘러 다니는 것을 막는 것보다, 장려하는 것이 더 이익이라는 사실을 감지하고 있었다는 것이다. 그럼에도 불구하고 물품의 흐름은 종종 차단되곤 했다. 지역적인 탐욕에 눈이 멀면 상업적인 감각을 내팽개쳐버렸다. 게다가 사람들이 구하는 것과 그 대가로 내놓을 수 있는 것 사이에 구조적인 불균형이 있을 때 강요에 의한 교역은 이루어질 수 없다. 초원지대에서는 문명지대가 원하는 것을 충분히 생산할 수 없었다. 그리하여 애초부터 군사적인 수단에 의해서 강압적으로 시작된 거래는 정상적인 상업적 동기에 의해서 자율적으로 지속될 수가 없었던 것이다. 19세기에 영국 사람들이 자신들이 원하지 않는 아편을 중국에 억지로 떠맡기려고 하면서 알게 된 것이 하나 있었다. 팔려고 하는 욕구가 군대의 힘을 등에 업고 있는 경우, 내켜하지 않는 구매자에게 판매자의 정치적인 의지를 억지로 강압하는 것은 불가피하다는 것이다. 그리하여 결국 명목상으로는 그렇지 않았다고 하더라도, 실질적으로는 영국은 제국주의자가 되었던 것이다. 그러나 초기의 기마민족들은 그처럼 세련된 단계에까지 올라갈 생각은 하지도 못했을 것이다.

## 훈족

우리가 조금이라도 상세한 지식을 가지고 있는 최초의 초원지대 민족은 훈*족으로 그들은 5세기에 로마 제국을 침범했다. 훈족이 만약 흉노족과 동일한 민족이라면 그들은 기원전 2세기에 중국을 통일한 한(漢)왕조를 심각한 혼란에 빠뜨리기도 했던 민족이었을 것이다. 훈족은 투르크 어족에 속하는 언어를 사용했던 것으로 추정되며 문자는 없었다. 그들의 종교는 "단순한 자연숭배"였다. 그들에게는 무당이 있었다(사람들은 넋을 부르는 이 무당들이 신과 인간을 중개한다고 믿었다. 북미로 이주해간 북부 산림 민족들에게도 무당이 있었던 것 같다). 훈족들은 견갑골 점을 쳤던 것이 분명하다고 알려져 있다. 견갑골 점이라는 것은 양들의 견갑골 형태를 보고 어떠한 조짐을 읽어내는 것이다. 미래가 어떻게 될 것인가를 아는 것이 훈족에게는 매우 중요했다. 로마의 장군 중에 고대 이교도의 의례를 가장 마지막까지 행한 것으로 알려진 사람은 리토리우스이다.[40] 리토리우스가 439년에 툴루즈 전투를 앞두고 어떤 조짐을 알아내려고 한 것은 수하의 훈족 용병들을 위한 것임에 틀림없다. 훈족의 사회체제는 단순했다. 훈족은 귀족주의 원칙을 인정했다(아틸라는 자신의 출신을 자랑스러워했다). 훈족에게는 제한된 숫자의 노예가 있었지만 그 이외의 계층구분은 받아들이지 않았다.

그들은 물론 노예를 팔았다. 그리고 다른 지역을 정복한 다음에는 노예의 숫자가 극히 많아졌다. 그들이 노예시장을 유지하기 위해서 수많은 가정을 비인간적으로 파괴해버리는 것을 보고 5세기의 기독교도 저술가들은 기겁을 했다.[41] 훈족이 로마 제국 외곽에 자리를 굳히게 된 후에는, 노예 장사가 말이나 모피 교역보다 더 많은 소득을 올렸던 것 같다. 금으로 들어오는 수입 또한 엄청났다. 그들은 포로로 잡힌 군인이나 민간인에게서 몸값을 받았

* 중앙 아시아의 초원지대 곧 스텝을 발원지로 하는 투르크족은 여러 부족들의 연합체로서 관습 및 언어공동체라고 할 수 있다. 투르크족의 주류는 대체적으로 역사에서 훈(匈奴族)→돌궐→위구르(回紇, 回鶻)→셀주크→오스만→터키로 이어지는 족보를 형성하고 있다/역주.

으며 나중에는 로마 황제들이 그들에게 자진해서 뇌물을 먹이기도 했다. 440년에서 450년까지 동쪽 속주들에서는 그들에게 1만3,000파운드, 즉 6톤에 달하는 금을 지급하고 평화를 보장받았다.[42] 이런 종류의 거래가 있었던 것으로 보아서, 기마민족들이 "기후변화로부터 탈출하기 위해서" 혹은 "교역을 강요하기 위해서" 초원지대를 벗어났다는 해석은 의심하지 않을 수 없다. 진실은 훨씬 더 간단한 것 같다. (육체적으로 거칠고, 병참술에 기동성이 있으며, 문화적으로 피를 보는 데에 익숙하고, 도덕적으로 다른 종족들의 목숨을 빼앗거나 자유를 구속하는 데에 대해서 종교적인 금기에 얽매이지 않았던) 유목민들은 전쟁이 희생을 치른 만큼의 대가를 가져다준다는 사실을 알게 되었던 것이다.

전쟁을 성공적으로 치른 뒤에 손에 넣은 점령지를 계속 유지할 수 있느냐 하는 것은 또다른 문제이다. 자연은 유목민들이 정착지를 얼마나 깊이 뚫고 들어갈 수 있을지 한계를 정해놓은 것 같다. 유목민들은 관개시설을 갖춘 토지를 점령하여 목초지로 쓰려고 했는데, 그 결과 걷잡을 수 없는 혼란이 일어났고 그 토지는 짐승도 사람도 먹여 살릴 수 없는 상태로 되돌아가게 되었다. 숲을 개간하여 만든 토지인 경우 쟁기를 끌 사람들이 흩어져버리자, 다시 삼림상태로 돌아갔다(13세기에 투르크인들이 메소포타미아에 발을 들여놓은 이후 재앙에 가까운 일들이 진행되었다[43]). 그러므로 유목민들이 팽창한 뒤 그 기반을 굳힐 수 있는 곳은 초원지대와 농경지대의 경계지역뿐이었다. 그러나 그러한 땅은 소수의 사람들밖에 부양할 수 없었다. 극동지역의 유목민들은 중국을 정복한 후 이미 반쯤은 중국화되었다. 그들은 지배계층이었음에도 불구하고 쉽사리 중국문화에 동화되었다. 서양에서는 종교와 문명화된 관습이 그들과 농업종사자들을 훨씬 더 현격하게 구분해놓았기 때문에 그러한 경계지역은 영원한 전쟁터였고 그곳의 토지사용은 군대의 힘에 의해서 유지되었다.

아틸라의 훈족에게, 갈리아의 농경지와 이탈리아의 포 강 지방의 잘 손질

된 범람원(氾濫原, floodplain : 홍수 때 하천에서 넘쳐난 물로 뒤덮이는 평원/역주)은 당혹스러운 환경으로 다가왔을 것이다. 먹을 것은 풍부했다. 그러나 가축을 먹인 후에도 다시 돋아나는 그런 익숙한 작물이 아니었으며 종류도 다양하지 않았다. 밀이나 콩을 거둔 땅에서 금세 풀이 돋아나는 것도 아니다. 아틸라는 자신을 따르는 일족들을 마차에 태우고 왔다고 한다. 그러나 그는 양이나 많은 말까지 데리고 올 수는 없었을 것이다. 그의 전통적인 경제기반은 뒤에 남겨졌을 것이 분명하며, 그런 상태로 아마도 다뉴브 유역의 저지대까지 갔을 것이다. 452년에 그가 이탈리아를 떠난 이유는 온통 의문에 싸여 있는데, 그것은 아마도 양떼나 소떼에 이끌려서 떠난 것으로 볼 수 있다. 그 당시 이탈리아 반도가 무방비 상태였다는 것을 그 역시 잘 알고 있었다. 그러한 상황에 초지로 돌아간 것은 병참술상의 의미를 가진다. 로마 제국을 흔들어놓은 것은 그의 후퇴가 아니라 바로 그의 진군이었다. 그리고 그 이전에 훈족이 동유럽으로 밀고 들어온 것도 빼놓을 수 없다. 그 결과 게르만족은 무리를 지어서, 다뉴브 강 유역의 국경지방을 공격했다. 훈족이 초원지대로부터 나와서 일련의 공세를 취했던 것에서 우리가 명백히 알 수 있는 사실은 기마민족이 일단 군사행동을 취하게 되면 얼마나 파괴적일 수 있는가 하는 것이다.

기원후 2세기에 중국을 위협했던 흉노족이 훈족이라면(이러한 사실을 뒷받침할 만한 증거는 스키타이인들에게서 단 하나 발견되었을 뿐이다), 기원전 1세기부터 기원후 371년 사이에는 그들에 대해서 아무런 소식도 접할 수 없는 것 같다. 371년에 훈족은 페르시아인에 속하는 알란족을 격퇴했는데 이 전투는 볼가 강과 돈 강 사이에 있는 타나이스 강가에서 벌어졌다. 많은 알란 사람들이 훈족으로 흡수되었고, 또다른 사람들은 로마 국경지방으로 가서 기마용병이 되었다.[44] 376년에 훈족은 볼가 강으로부터 진군해서 다뉴브 강가의 로마 변경지대와 드네프르 강 사이에 있는 고트족의 땅을 침범했다. 고트족은 게르만족 중에서도 가장 호전적이었으며 적어도 1세기

동안 로마 제국의 국경에 압박을 가하고 있었다. 그들 중 서쪽 분파인 서고트족은 106년에서 275년 사이에 옛 로마의 영토에서 자리를 잡았다(이곳은 다키아 지방으로 현재의 루마니아에 해당한다). 이 당시에 그들은 로마 제국의 커다란 골칫거리가 되었으며 이들의 지도자들은 황제들과 대등한 위치에서 교섭했다. 진군하던 훈족은 앞을 가로막는 동고트족을 몰아냈으며 서고트족은 하룻밤 사이에 훈족 앞에 무릎을 꿇고 애원하는 신세가 되었다. 로마인들은 마지못해서—제국 내에는 이미 많은 야만족들이 있었으므로—그들이 다뉴브 강을 건너는 것을 허락했다. 그들과 사촌뻘 되는 야만족이 그 뒤를 따랐다. 그러나 변경의 관리들은 그들을 심하게 학대했다. 그들은 제국에 들어오는 조건으로 무기를 포기했지만, 다뉴브 삼각주 부근에 이르러서는 다른 무기를 마련해서 싸울 준비를 갖출 수 있었다. 로마인들은 그들을 쉽사리 제압할 수도 있었을 것이다. 그러나 그들은 사실인지 거짓인지 알 수 없는 소문에 경악했다. 고트족이 훈족과 연합했다는 것이었다. 훈족은 이때 다뉴브 강 건너편에 진을 치고 있었다. 이에 로마인들은 발칸 산맥으로 후퇴했다.

고트족이 만들어낸 듯한 골칫거리가 이제 로마와 게르만족 사이의 국경지대 전체로 번져나갔다. 그리고 젊은 황제 그라티아누스가 라인 강변의 알라만족을 견제하려고 노심초사하는 동안 동쪽의 황제 발렌스는 힘닿는 한 훌륭한 군인들을 끌어모은 뒤 고트족을 제지하러 나섰다. 고트족은 그때 그리스 동부를 약탈하고 있었다. 378년 8월 9일 발렌스는 에디르네 외곽의 막강한 고트족 진지로 쳐들어갔으며 혼란스러운 전투 도중 부상을 당했고 뒤이은 대량 학살 속에서 죽었다. 율리아누스가 페르시아 전쟁에서 죽은 지(363) 얼마 되지도 않았는데 황제가 또다시 전투에서 숨을 거두자, 로마에 심각한 일대 타격이 되었다. 에디르네 전투 결과 돌이킬 수 없는 일이 벌어졌는데 그것은 도덕적이거나 물질적인 피해 이상의 것이었다. 서고트족은 점잖게 행동한다는 조건하에 동쪽의 새 황제 테오도시우스에게 압력을 가했는데 그것은 로마 군대가 강제적으로 야만족을 받아들이는 것이다. 로마 제국의 영토인 다뉴브 강 남쪽에 정착하여(382) 무기도 소지할 수 있는 대신에 서고트족은 평화를 지킬 뿐만 아니라 "연합한" 동맹군으로서 황제를 위해서 싸우는 데에 동의했다.

"그렇게 정착함으로써……선례를 심각하게 파괴해놓았다."[45] 로마인들은, 예전에 아시리아인들이 그랬던 것처럼, 야만족 부대를 군대의 일원으로 받아들이는 전통이 있었다. 그러나 전문적인 기술이 있는 사람들을 극히 적은 숫자만 받아들였다. 제국에 대한 압력이 높아짐에 따라서 그들의 숫자도 늘어났다(에디르네에는 "로마인" 고트족이 2만 명쯤 되었을 것이며, 기마부대에는 다른 기마민족 대표들과 함께 훈족 용병들도 얼마간 있었다). 그러나 로마인들이 계속 주도권을 장악하고 있었다. 그러기 위해서 제국의 관리를 장군으로 임명하기도 했고 로마 군대 내에서 야만족의 위상을 끌어올려서 (보수도 괜찮은) 대단한 선망의 대상으로 만들어주기도 했다. 그러나 테오도시우스 때 정착이 이루어지면서 이런 상황에 변화가 왔다. 그때부터 야만족의 군대들은 제국 내에서 자율적으로 움직였다. 외부로부터 많은 야만족이 계속적으로 압력을 가해옴으로써 내부에서는 끊임없이 지도력의 위기가 야기되는 상황 속에서, 야만족의 족장들은 제위를 노리는 경쟁자들 틈바구니에서 이런저런 방식으로 권력을 휘둘렀고, 그 결과 경제적, 군사적 지각변동이 생겼다.

이후에 테오도시우스는 하나의 옥좌 아래 제국을 재통일하는 데에 성공했지만, 평화유지를 위한 군사행동 과정 중에 더 많은 수의 고트족을 제국으로 받아들였다. 알라리쿠스가 이끄는 이 서고트족 부대는 395년에 테오도시우스가 죽자 서쪽에 남아 있던 제국의 골격에 치유할 수 없는 손상을 가했다. 401년에 알라리쿠스는 그리스의 진지로부터 알프스를 가로질러서 이탈리아를 침략하여 군사적인 약탈행위를 시작했다. 스틸리코가 이 약탈을 평정하는 데에 3년이 걸렸다. 로마 장군들 중 마지막 한 훌륭한 장군을 꼽으라면 스틸리코 말고 그 누구를 말할 수 있으랴. 마지막에 가서 스틸리코의 군대는 수적으로 완전히 고갈되었으므로 다음에 심각한 위협이 닥쳐왔을 때에는 군대를 이동할 만한 힘도 남아 있지 않았다. 405년 한 해 동안, 지금껏 보지 못했던 가장 많은 야만족이 떼를 지어서 몰려왔다. 반달족, 부르군트족, 스와비족, 고트족을 포함하는 여러 게르만 민족들이 라다가이수스의 지휘 아래 다뉴브 강을 건너 알프스를 가로질러서 포 강 유역에서 겨울을 났다. 다키아에 자리 잡은 훈족들이 밀고 올라와서 북부 독일의 게르만족을 쫓아낸 것이 분명했다(다키아는 유럽 숲지대가 끝나는 곳에 마지막 초원지대를 이루고 있다). 스틸리코는 결국 라다가이수스의 무리들을 플로렌티아 근처의 한 지역에 가두어넣을 수 있었다. 그들은 굶주림에 지쳐서 항복했으며 살아남은 자들은 하는 수 없이 알프스를 가로질러 남부 독일로 돌아갔다. 그때부터 2, 3년 내에 야만족들은 각기 따로 라인 강을 건넜으며 이로써 갈리아의 야만족화가 절정을 이루기 시작했다.

로마는 나머지 서쪽 지역에 대한 통제권을 삽시간에 잃어버렸다. 이때 알라리쿠스가 악역을 담당했다. 410년에 알라리쿠스는 로마를 점령해서 노략질했으며 남쪽으로 진군해서 로마 지배하에 있었던 아프리카로 건너가려고 했으나 배를 구하기 전에 죽었다. 그러는 동안 훈족이 동로마 제국을 위협했다. 훈족은 409년에 잠시나마 그리스를 침략한 일이 있다. 다행스럽게도 적절히 회유하자 훈족 무리 중에는 기꺼이 로마 편으로 넘어오는 사람들이 있었다. 이 용병들은 "마지막 로마인"인 아에티우스에게 많은 힘이 되었으며 그리하여 아에티우스는 425년경에서 450년경 사이에 제국의 권위를 유지할 수 있었다.[46] 아에티우스는 424년부터 줄곧 갈리아 지방에 대해서 대규모 군사행동을 벌임으로써 튜턴족 침략자들을 궁지에 빠뜨리는 데에 성공했다. 그러나 바로 그때, 로마 지배하의 아프리카와 에스파냐는 반달족의 공격 아래 무너져 내리고 있었다. 433-450년 사이에 아에티우스는 갈리아 지방에서 거의 쉼 없이 전쟁을 벌였다.

450년에 그는 새로운 도전에 직면했다. 헝가리의 훈족은 20년 동안 동로마 제국의 측면에서 독자적인 세력을 과시했다. 그들은 황제로부터 공물을 받았지만 황제의 영토를 약탈했고 튜턴족 군주와 협력하여 공동의 이익을 추구하기도 했다. 급기야 441년에 그들은 다시 그리스로 쳐들어갔다. 왕(루아/역주)의 조카인 아틸라가 그들을 이끌었는데 아틸라는 447년에 이스탄불 성벽 아래 모습을 나타냈다. 450년에 그는 공격의 방향을 갈리아로 옮겼으며, 451년에는 오를레앙을 포위했다. 훈족은 그때까지도 아직 공성술을 완전히 익히지 못했던 것 같다. 기마민족으로서는 몽골족이 최초로 그 기술을 완벽히 습득했을 것이다. 아틸라가 성벽 아래에서 교전하고 있는 동안, 아에티우스는 필사적인 교섭을 통해서 프랑크족, 서고트족, 부르군트족의 군대를 모아왔다. 그리고 아틸라로 하여금 트루아와 샬롱 사이에 있는 샹파뉴의 개활지 평원에서 전투를 벌이도록 유도했다.

451년 6월에 펼쳐진 샬롱 전투는 "역사상의 결전" 중의 하나로 불린다. 양편에는 각각 튜턴족과 기마민족이 있었다. 아틸라의 훈족이 쉽사리 승부가 나지 않을 싸움을 계속하도록 붙들어둔 것은 바로 아에티우스의 알란족이었다. 아에티우스가 이 교착상태를 틈타서 후미로 돌아가고 있다는 것을 간파한 아틸라는 방벽으로 세워둔 마차로 몸을 피했으며, 훈족 궁수들의 엄호하에 간신히 퇴각하여 라인 강 유역으로 도망쳤다. 그다음 해에 그는 라인 강으로부터 이탈리아로 옮겨갔다. 아틸라가 나타나자 사람들은 포 평원으로부터 섬으로 숨어들었다. 이 섬들이 바로 지금의 베네치아이다. 많은 사람들이 믿고 있는 가설에 의하면 교황 레오 1세가 아틸라의 진영을 방문해서 로마를 공격하지 않도록 설득했다고 한다. 어쨌든 아틸라는 더 이상 남쪽으로 진군하지 않았지만, 중요한 포로들을 몸값을 받고 풀어주기로 한 뒤 진로를 돌렸다. 그로부터 2년이 채 못 되어 "신이 내리신 골칫거리"는 세상을 떠났으며 훈족의 제국은 붕괴했다.

사실 아틸라는 상황에 떠밀려서 이탈리아를 떠나기로 결정한 것이었다. 이탈리아는 기근을 치른 지 얼마 되지 않은 상황이었다. 게다가 아틸라 군대에는 질병이 돌았고 동로마 제국의 군대가 다뉴브 강을 건너와서 헝가리에서 군사행동을 벌이려고 했다. 그러나 그러한 상황만으로는 아틸라가 죽은 뒤 거대한 훈족의 제국이 살아남지 못한 이유가 무엇인지, 또한 아틸라의 아들들마저 죽은 뒤 훈족이 역사로부터 완전히 사라진 이유가 무엇인지를 설명할 수는 없다. 다만 한 가지 추측해볼 수 있는 이유가 있다. 그들이 로마 제국의 변경지방에 머무르는 동안 초원지대의 습관을 버리고 튜턴족의 전투방법을 받아들인 후 그것에 흡수되었다고 생각해볼 수 있다.[47] 그러나 훈족 관련 자료를 지나치리만큼 꼼꼼하게 대조해본 멘헨-헬펜은 이러한 설명을 부인한다. "아틸라의 기병은 380년대에 바르다르 강 유역을 달려서 그리스로 쳐들어간 마상의 궁수들과 하나도 다르지 않았다." 그외에도 또다른 설명이 있다. 헝가리 평원은 훈족들이 기병조직을 유지하기 위해서 필요한 만큼의 말들을 먹여 살릴 정도로 넓지 않다는 것이다. 기마민족들은 분명히 상당한 숫자의 말이 필요하다. 13세기에 중앙 아시아를 횡단한 마르코 폴로는 기수 한 사람마다 갈아탈 말을 18마리 정도 가지고 있었다고 적었다. 더욱이, 계산해본 결과 헝가리 평원은 15만 마리의 말을 먹일 수 있었는데, 그 숫자는 기병 1명당 말 10마리씩을 배정한다고 해도 아틸라의 무리를 다 태우기에는 터무니없이 모자라는 숫자라는 것이다. 그러나 그러한 계산을 할 때 고려하지 않은 것이 있다. 그곳은 초원지대에 비해서 보통 기후가 훨씬 더 온화했으므로 목초가 더 길게 우거졌다. 그런데 1914년 헝가리에는 2만9,000명의 기병이 있었다. 1명당 말이 1마리였다. 말들이 아틸라 당시의 말보다 더 크고 부분적으로는 곡물을 먹어서 영양이 좋아졌더라도 기병 1명당 말의 소요량이 10분의 1로 줄어든 것을 충분히 설명해주지는 못한다.[48] 또한 훈족의 말들은 그곳에서 70년 동안이나 번성했는데, 아틸라가 450년에 서쪽으로 떠날 때에만 말이 부족했다는 것은 납득하기 어렵다.

반면에 그가 가지고 있던 말들 중 상당 부분이 혹사당해서 죽었으나, 병참선을 통해서 그만큼의 말을 대체하지 못했다는 주장은 상당히 설득력이 있다. 만약 정기적으로 휴식을 취하고 풀을 뜯을 수 없다면, 기병의 군사행동으로 인해서 엄청난 수의 말들이 죽는 것은 일반적이다. 예를 들면 1899년에서 1902년까지의 보어 전쟁(Boer War) 기간 동안 영국 군대는 전쟁에 참여한 51만8,000마리 중에서 34만7,000마리의 말을 잃었다. 그 나라는 목초지도 좋고 날씨도 온화함에도 불구하고 그러한 결과가 생겼다. 실제 전투에서 잃은 말의 숫자는 아주 적은부분에 불과해서, 2퍼센트를 넘지 않았다. 나머지는 과로, 질병, 영양부족 등으로 죽은 것이다. 작전기간 동안 날마다 평균 336마리의 말이 죽어갔다.[49] 더욱이 영국부대는 남아프리카의 내륙까지 말을 수송해갈 수 있었던 반면에, 아틸라는 마차나 배 등 말을 수송할 수 있는 수단이 없었다. 그러므로 헝가리로부터 기나긴 육로를 통해서 보충받은 말들은 병사들이 이미 타고 있던 말들에 비해서 그다지 더 나을 것이 없는 상태였을 것이다. 그리고 초지로 후퇴하자, 살아남아 있던 말들도 많이 죽어버렸을 것이다. 훈족 입장에서 보면 신이 내리신 골칫거리는 적군보다 아군에게 훨씬 더 골치 아픈 존재였다. 그는 실제로 아들들에게 병사를 거의 남겨주지 않았던 것이다. 그의 아들 중 1명은 고트족의 손에 죽었고 또 1명은 469년에 동로마 제국의 장군에게 죽은 것을 마지막으로, 훈족에 대해서는 아무것도 알려져 있지 않다.[50]

## 기마민족의 지평, 453-1258년

훈족이 역사에서 급작스럽게 사라져버렸다고 하더라도 기마민족은 이미 역사의 전면에 등장해 있었다. 그들은 이후 1,000년 동안 유럽과 중동과 아시아 문명에 변함없는 위협으로 남아 있었다. 1,500년에서 조금 모자라는 기나긴 기간 동안, 그들이 거대한 세력으로 부상한 데에는 특별한 점이 있다. 더욱이 그들은 참으로 새로운 종류의 민족으로, 이전에는 세상에 알려지지 않았다. 물론 군사력은 그들이 나타나기 전부터 이미 하나의 원칙으로 자리 잡았지만, 그것은 정부나 정부가 지배하는 정착인구들에게만 유용한 자원이었고 그나마 통제 가능한 경제적 산물에 의해서 엄격히 제한되었다.

농업잉여에 의해서 유지되고, 사람의 도보 속도와 그 지속시간에 의해서 기동범위가 제한되는 군대는 정복에 나섰을 때, 자유로운 범위의 군사행동을 할 수 없었다. 사실상 그들은 그런 군사행동을 할 필요도 없었다. 비슷한 제약을 받는 적군은 전투에서 승리를 거둘 수 있을지는 몰라도, 전격전을 수행할 수는 없었기 때문이다.

그러나 기마민족은 달랐다. 아틸라는 전략적 중심(프로이센 총참모부는 후에 이것을 슈베르풍크트[Schwerpunkt]라고 명명했다)을 이리저리 움직일 수 있는 능력을 보여주었다. 아틸라는 계속되는 군사행동 기간의 전략적 중심을 프랑스 동부에서 이탈리아 북부로 옮겨갔다. 500마일이나 떨어진 지역을 마치 까마귀가 날아가듯이 이동한 것인데, 실제로는 상당히 더 먼 거리였다. 아틸라가 외부 선(exterior lines)을 따라서 작전했기 때문이다. 그와 같은 기동전략은 그전에는 시도된 적도 없었고 가능하지도 않았다. 이렇게 광범위한 행동의 자유가 "기마혁명"의 중심 개념이었다.

기마민족은 또다른 의미에서 제약을 받지 않고 싸웠다. 고트족과는 달리 그들은 자신들이 정복한 문명을 제대로 이해하지 못한 채로는 물려받거나 수용하려고 하지 않았다. 또한 (아틸라는 서로마 황제의 딸과 결혼할까 하는 생각도 있었던 듯하다) 그들은 다른 사람의 정치적 권위를 몰아내고 자신의 권위를 세우려고 하지도 않았다. 그들은 아무런 부대조건도 없이 전리품만을 원했을 뿐이다. 다시 말해서 전쟁 그 자체를 원했던 것이다. 전쟁의 외관, 위험, 긴장감, 승리 후의 동물적 만족감—그들이 진정으로 원했던 것은 바로 이런 것들이다. 아틸라가 죽고 800년이 지난 후에, 칭기즈 칸은 몽골인 전우에게 삶에서 가장 달콤한 즐거움이 무엇인지 물었다. 그 사람이 매 사냥을 하면서 즐거움을 느낀다고 하자, 칭기즈 칸은 다음과 같이 이야기했다. "자네는 틀렸네. 인간의 가장 큰 행복은 적을 추격해서 쓰러뜨리고,

적의 소유물을 모두 손에 넣고, 그와 결혼한 여인들이 눈물을 흘리며 울부짖도록 하며, 적의 말을 타고 다니고, 그 여인들의 몸을 잠옷과 받침대로 사용하는 것이지."[51] 아틸라도 역시 이렇게 말했을 것이다. 그는 분명히 이러한 정신으로 행동했을 것이다.

그리하여 말과 인간의 잔혹함이 함께 어우러져서, 전쟁의 모습을 변형시켜놓았다. 이제 전쟁은 처음으로 "그 자체로 의미 있는 것"이 되었다. 우리는 이때 이후로 비로소 "군국주의(militarism)"에 대해서 이야기할 수 있다. 즉각적으로 전쟁을 일으키고 그 전쟁에서 이익을 챙길 수 있는 능력이 사회에서 존재가치를 인정받은 것이다. 그렇지만 군국주의는 모든 기마민족들에게 적용될 수 있는 개념은 아니다. 그러기 위해서는 군대가 다른 사회제도를 압도하지만 그 제도들과는 별개로 존재해야 한다는 전제조건이 필요하기 때문이다. 아틸라의 훈족의 경우, 군대가 그렇게 개별적으로 존재하지 않았다. 투르크인들이 이슬람 교를 믿기까지 어떠한 기마민족도 그러한 전제조건을 갖추지 못했다. 기마민족의 경우를 살펴보면 건강이 좋은 성인남자는 모두 군인이 되었다. 그러나 터니-하이가 한 사회의 위치가 "군사적 지평" 위에 혹은 아래에 있다고 측정할 때 사용하는 그런 종류의 군대는 아니었다. 초원지대를 벗어나서 문명의 땅을 향해서 정복의 행로를 따라간 모든 기마민족들은 어느 모로 보나 "진정한 전쟁"을 치른 것이다(힘의 사용에 제한이 없었고, 목적이 기이하며, 철저한 승리 이외에는 그 어떤 것에도 만족하지 않으려고 한 성격 등을 보면 그러하다). 그러나 클라우제비츠적 의미에서 보면 그들의 전쟁은 정치적인 목적이 없었고 어떠한 문화적인 변화 효과도 없었다. 즉 그것은 물질적, 사회적 진보를 위한 도구가 아니었다. 실제로 그 반대였다. 그들에게 전쟁이란 변함없는 생활방식을 유지해나갈 수 있는 부를 제공하는 과정일 뿐이었다. 그들은 조상들이 안장에 앉아서 처음 화살을 쏘던 때와 같은 상태로 언제까지나 남아 있을 생각이었던 것이다.

초원지대에 진출했던 기마민족들 중에는 선뜻 관습을 바꾼 경우가 없다.

우두머리들은 정착사회를 성공적으로 정복했음에도 그 지배층에 흡수되는 경우가 있었지만, 그럴 때도 유목민의 기풍을 버리지 않았다. 이슬람화된 투르크족마저도 그러했다. 그들은 1453년 이스탄불을 함락한 후 자신들의 제국 내에 비잔틴식 정부형태를 상당 부분 존속시켰지만 유목민의 기풍은 버리지 않았던 것이다. 맘루크들이 어느 정도 자치를 누렸다고는 하지만 우리가 보기에 맘루크 제도는 기마민족의 생활방식을 영속시키기 위한 수단에 불과했다. 그 군사적 힘이 가져다준 부나 영광이 문제가 아니었다. 게다가 대부분의 기마민족들은 중국, 중동, 유럽의 국경이 자신들의 공격에 대해서 열려 있을 때에도 개인적인 일을 찾지도 못했고 문명사회의 정복군주로 눌러앉지도 못했다. 초원의 삶은 여전히 전쟁 속에 뿌리를 두고 있었으나 출정의 길은 어렵기만 했다. 어느 쪽으로 가려고 해도 나라마다 한층 더 격렬하게 방어함으로써, 기마민족들은 초원의 경계선 안에 갇히게 되었다. 그들은 방심하는 것이 얼마나 무서운 결과를 가져오는지 알게 되었다.

훈족이 사라지고 난 뒤 유럽이나 중동의 문명국가들과 접촉할 만큼 강한 기마민족은 남아 있지 않았다. 가장 비중 있는 것이 에프탈족, 일명 백색의 훈족이었다. 그들은 흉노족과 함께 멀리 중국의 가장자리에 살고 있다가 흉노족에게 쫓겨서 페르시아의 북쪽 국경지대까지 온 것 같다.[52] 에프탈족은 적어도 한 번은 극적인 성공을 거두었다. 그것은 어떻게 보면 페르시아가 비잔틴과 전쟁하는 데에 힘을 쏟고 있었기 때문이다. 그러나 567년에 페르시아는 결국 에프탈족을 몰아내는 데에 성공한다. 에프탈족은 동쪽으로 방향을 틀어서 힌두교를 믿는 인도로 들어간 것 같으며 미래의 라지푸트족의 권력의 뿌리를 심어두었다.

한편 초원의 중심부에서는 민족 갈등이 끊이지 않았으며 그 결과 여러 기마민족들이 서쪽으로 밀려왔지만 비잔틴은 그들을 줄곧 꼼짝 못 하게 했다. 이 중에 불가르족과 아바르족이 있다. 불가르족은 아바르족의 압박을 받았으며 그런가 하면 아바르족은 점점 세력이 커져가던 돌궐족에게 쫓겨났다. 불가르족은 결국 발칸 반도에 정착했다. 그곳에서 불가르족은 많은 문제를 일으키다가 종국에는 오스만인의 지배하에 들어간다. 한편 아바르족은 헝가리로 이주하여 각지에서 충돌을 일으켰으며 경우에 따라서는 비잔틴과 연합을 하기도 했지만 626년에 이스탄불을 포위했다. 그리고 페르시아의 도움을 받아서 이스탄불에 입성하는 데에 거의 성공할 뻔했다. 결국 그들은 되쫓겨났지만 강력한 위험세력으로 남아 있다가 8세기에 이르러서 샤를마뉴(카를 대제, 카롤루스 대제)에게 정복당한다. 그들이 살던 지역은 마자르족이 차지했다. 마자르족은 초원지대로부터 중유럽으로 이주해온 마지막 기마민족이었다.

하지만 북위(北魏)라고 알려진 중국 북부의 왕조를 상대로 5세기에 싸움을 벌인 연연족(蠕蠕 또는 여여[茹茹], 예예[芮芮], 유연[柔然])이 바로 아바르족이라면 아바르족은 서쪽으로 밀려날 무렵, 이미 제국의 세력에 대항해서 전쟁을 벌이는 방법을 알게 된 듯하다. 북위는 중국화된 초원민족들의 국가들 중 하나인데, 이들은 중국을 통일한 한(漢)제국이 3세기에 쇠퇴하자 양자강을 지배했다. 그들이 권력을 장악하게 될 때의 상황은 너무나도 복잡해서 이 기간은 "5호16국(五胡十六國)"(304-439)이라고 알려져 있다. 그러나 386년에 이르러서는 북위가 주도적인 세력으로 나타나서 중국 북부를 재통일하기 시작했다. 그러는 중에 북위는 고비 사막 북쪽에 살고 있던 연연족과 갈등을 빚게 되고 그들을 다른 곳으로 쫓아버린다. 이때 북위는 연연족의 피지배계급의 도움을 받았는데 그들은 유능한 대장장이였던 돌궐족(突厥 : 투르크의 음역/역주)이었다. 돌궐족은 얼마 전부터 마음속에 원한을 품고 있었다. 자신들의 지배자인 연연족이 다른 피지배민족의 봉기를 진압하도록 도와준 후, 돌궐족의 수장은 그 대가로 연연족 수장의 딸을 얻고 싶어했지만, 그의 제안이 거절당했던 것이다. 그러나 북위는 돌궐족 수장에게 자기네 귀족의 딸을 주었으며 함께 연연족을 습격했고 마침내 연연족을 무너뜨리고 말았다. 돌궐족이 그들의 영토를 차지했으며 돌궐족의 수장은 "카간[可汗]"혹은 "칸[汗]"이라는 호칭을 얻었는데 후에 초원의 지배자들은 대부분 이 호칭을 가지게 되었다.

돌궐족의 칸과 그의 후계자들은 위대한 제국을 건설했다. 그들은 "야만족으로서는 처음으로 그 당시 4개의 훌륭한 문명사회, 즉 중국, 인도, 페르시아, 비잔틴과 각각 다른 지점에서 맞닿을 만큼 광대한 왕국을 창건했다."[53] 563년에 그들은 이미 아무다리야 강까지 뻗어나갔는데 이 강은 페르시아의 동쪽 국경지대를 흐르는 강이었다. 그 무렵 돌궐과 페르시아[사산조 페르시아]는 양쪽 모두 에프탈족에 대해서 적대감을 품을 이유가 있었다. 567년에 돌궐의 이스테미(서돌궐을 세워 서면카간[四面可汗]이 되며 디자브로스라고도 한다/역주)은 승리의 전리품으로 에프탈족의 땅을 사산조 페르시아와 나누어 가지게 되었다. 이스테미는 이제 괄목할 인물이 되었고 그다음 해에 비잔틴 황제 유스티누스 2세는 이스테미의 사신을 받아들였을 뿐만 아니라 그 답례로 이스테미에게 사신을 보냈는데 그들은 초원의 중심부까지 엄청난 여행을 해야 했다. 이때 돌궐족에게 치명적인 일이 일어났다. 제국 내에서 권력 다툼이 시작된 것이다. 이는 기마민족들의 고질적인 병폐였으며, 뚜렷한 체계가 없는 그들의 국가조직이 붕괴되는 주된 요인이었다. 이와 같은 분열[동돌궐과 서돌궐]의 시기에 그들은 영토의 동쪽 부분을 많이 잃었는데 그 땅은 한창 세력을 키워가던 중국의 당(唐)왕조에게로 넘어갔다. 당왕조는 659년쯤에는 아무다리야 강까지 자신들의 지배권을 넓혀놓았다. 하지만 그 무렵 돌궐족은 서쪽에서 새로운 적을 만났다. 그 새로운 적은 초원지대까지 세력을 뻗침으로써 광대한 정복활동을 벌였으며 중앙 아시아의 지배권을 놓고 중국과 다투게 되었다. 그리하여 다음 한 세기 동안 이들은 초원지대의 중심부를 장악하려고 치열한 싸움을 벌였는데 751년에, 현재 키르기스 땅을 흐르고 있는 탈라스 강에서 벌어진 전투가 그 절정이라고 할 수 있다. 돌궐 왕국은 결국 이렇게 전복되었다.[54] 그들의 새로운 적이란 다름 아닌 아랍인이었다.

## 아랍인과 맘루크

아랍인은 기마민족이 아니었지만 문명세계의 가장 중요한 용병들이 되었다. 그 이유만으로도 그들은 군사역사가들의 주의를 끌 만하다. 그러나 그들에게 주의를 쏟을 만한 이유는 이외에도 많다. 우선 돌궐족과 만났을 때, 그들은 역사상 가장 위대한 정복전쟁 중 하나를 완성시키고 난 뒤였다. 그 전쟁을 통해서, 아라비아 내륙 사막 출신의 거의 알려지지 않은 부족이 중동 대부분과 북아프리카와 에스파냐 전체의 지배자가 되었다. 그들은 비잔틴 제국을 흔들어놓았고 페르시아를 파멸시켰으며 그들 자신의 제국을 건설했다. 그 정도의 영토를 그렇게 빠른 시간 내에 손에 넣은 사람은 알렉산드로스 대왕뿐이었다(그리고 그는 역사상 최초의 장정(長征) 정복자였다).

게다가 그들의 정복형태는 창조적이고 조화를 이루었다. 후에 아랍인 내부에 불화가 생기기는 하지만, 최초의 제국은 혼연일체의 통합체가 되어서 재빨리 평화의 구현에 헌신하게 되었다. 아랍 지도자들은 위대한 건축가이자 미의 창조자였으며 문학과 과학의 후견인이 되었다. 아랍인은 나중에 거친 기마민족을 군인으로 받아들였지만, 기마민족들과는 달리 전쟁 중심의 생활방식으로부터 스스로를 해방시키고 문명을 발전시키며 세련된 사고방식과 행동양식을 가꾸어나가는 데에 놀라운 능력을 보여주었다.

그러나 그보다 더 중요한 것이 있다. 아랍인들은 전투적인 민족으로서의 특징을 보여주었다. 그들은 단지 자기 자신뿐만 아니라, 전쟁 그 자체를 변형시킬 능력을 가지고 있음을 증명했기 때문이다. 그전에도 중요한 군사적인 혁명이 있었다. 그중 전차와 기마로 인한 혁명이 두드러진 예라고 할 수 있다. 아시리아인들은 군사적인 관료제도의 원리를 세웠으며, 로마인들은 그것에 의존했다. 나중에 다시 살펴보겠지만 그리스인들은 상대방과 회전(會戰)의 기술을 발전시켰으며, 도보로 서서 죽을 때까지 싸웠다. 아랍인들은 전쟁에 전혀 새로운 힘을 불어넣었는데 그것은 바로 이념(idea)의 힘이다. 그전에도 이데올로기가 전쟁에서 일익을 담당한 것은 사실이다. 아테네 사람 이소크라테스는 기원전 4세기에 페르시아에 대한 그리스 "십자군"을 역설했는데, 거기에는 자유의 이념이 내재해 있었다.[55] 또한 383년에 테오도시우스 황제가 고트족과 싸우는 동안, 로마 사람 테미스티우스는 로마의 힘은 "갑옷 가슴받이와 방패에 있거나 셀 수 없이 많은 남자들 무리에 있는 것이 아니라 이성에 있다"고 주장했다.[56] 유대 왕들이 전능하신 유일신과의 약속하에서 싸웠던 반면에 콘스탄티누스는 밀비안 다리 전투에서 제위 요구자들을 물리칠 수 있게 해달라고 십자가에 호소했다. 이런 것들은 비록 말로 표현되지 않았고 제한된 것이기는 했지만 그래도 일종의 이데올로기라고 할 수 있다. 그러나 그리스인들은 자신들의 자유를 자랑스러워하고 크세르크세스나 다리우스의 백성들에게 자유가 없는 것을 업신여기기는 했지만, 그들이 페르시아인들을 미워한 것은 민족적인 문제에 뿌리를 둔 것이었다. 이성에 대한 호소는 한때 힘을 가지지 못했다. 로마 군대가 이미 심각하게 야만족화되었기 때문이다. 그때 로마 군대의 대오(隊伍)를 가득 채운 것은 이성이라는 이름은 들어본 적도 없는 야만족의 병사들이었다. 또한 콘스탄티누스는 십자가를 향해서 정복에 대한 청원의 기도를 했지만 아직 기독교도가 아니었다. 이스라엘의 전사 왕들이 구약의 힘을 빌려서 소규모 국지전을 펼치고 있는 동안, 신약을 믿는 기독교도들은 전쟁을 일으키는 것이 도덕적으로 허용될 수 있는 일인가 하는 문제를 놓고 여러 세기 동안 번민하게 되었다. 실제로 기독교도들은 전쟁을 하는 사람이 종교적인 사람일 수도 있다는 믿음에 만장일치로 의견을 통일한 적이 한 번도 없다. 순교의 이념은 줄곧 정당화된 투쟁의 이념만큼이나 강력했으며 오늘날까지도 그런 사실에는 변함이 없다. 그러나 정복전쟁을 펼치던 아랍인들은 이런 난관에 빠진 일이 없었다. 그들의 새로운 종교인 이슬람 교는 갈등의 신앙으로서, 계시를 통해서 알게 된 가르침에 복종할 의무가 있으며 믿는 자들은 자신들에게 반대하는 자들에게 대항해서 무기를 들 권리가 있다고 가르쳤다. 아랍인의 정복투쟁에 힘을 불어넣어준 것은 바로 이슬람 교이며, 아랍인을 전투적인 민족으로 만든 것은 바로 이슬람 교의 이념이며, 아랍인들로 하여금 전사가 되도록 가르친 것은 이슬람 교의 창시자 무함마드가 보여준 모범이다.

무함마드를 단순히 전사로만 보아서는 안 된다. 사실 그는 625년 메디나에서 메카 사람들을 상대로 전투를 벌였을 때 부상을 당했다. 그러나 그는 전쟁에 참여했을 뿐만 아니라 설교도 했다. 632년에 메카를 마지막으로 방문했을 때 그는 다음과 같이 규정했다 : 모든 무슬림은 형제이므로 서로 싸워서는 안 된다. 그렇지만 그 이외의 사람들과는, 그들이 "유일신 말고는 신은 없다"고 말할 때까지 싸워야 한다.[57] 무슬림이 믿는 바에 따르면 코란(Koran)은 무함마드가 한 말을 제자들이 후대에 전한 것인데, 코란에는 위에서 인용한 무함마드의 명령이 광범위하고도 정교하게 설파되어 있다. 무함마드는 예수보다 훨씬 더 구체적이다. 그는 주장하기를, 유일신의 말씀을 받아들인 사람들은 말씀을 통해서 하나의 공동체(umma)를 형성하며 이 공동체의 구성원들은 서로에게 책임을 질 의무가 있다고 했다. 그러므로 단순히 형제 살해를 피하는 것만으로는 충분치 않다. 무슬림은 행운이 덜 따르는 다른 무슬림을 위해서 적극적으로 선을 행할 의무가 있기 때문에 자기 수입의 일정 부분을 자선에 할애해야 한다. 그들은 또한 서로의 양심을 돌보아줄 의무가 있다. 그러나 공동체 밖으로 나가면 이 의무는 반대가 된다. "오, 믿는 자들이여, 네 가까이에 있는 믿지 않는 자들과 싸워라."[58] 그렇다고 강제적인 개종을 요구하는 것은 아니었다. 믿지 않는 자들 중 코란의 권위 아래 살아갈 준비가 된 사람들은 적극적으로 보호받을 권리가 주어진다. 그리고 그의 이론을 엄격히 따르면, 공동체 밖에 있는 사람이라도 평화를 지키는 사람은 공격하면 안 된다. 그러나 실제로는, 공동체의 영역이 "복종의 집(Dar al-Islam)"과 일치하게 되었으며 그 바깥은 불가피하게 "전쟁의 집(Dar al-Harb)"으로 남아 있을 수밖에 없었다. 632년에 예언자 무함마드가 죽는 순간부터 무슬림은 "전쟁의 집"과 갈등관계에 빠지게 되었다.

"전쟁의 집"과의 갈등은 이내 지하드(jihad), 즉 "성전(聖戰)"을 불러일으켰다. 무슬림은 전사로서 맹렬한 기세로 승리를 거두기는 했지만 그들이 그처럼 전쟁을 훌륭하게 치른 것은 단지 예언자 무함마드의 명령 때문만은 아니었다. 그들이 처음에 쉽게 승리를 거둘 수 있었던 것을 설명해줄 수 있는 원인은 적어도 두 가지가 있다. 첫째, 이슬람 교에서는 신앙과 물질적인 풍족함 사이에 갈등이 없었다. 예수는 가난을 성스러운 이상으로 떠받들었으며 이 때문에 그의 추종자들은 그 이후로 지금까지 대단히 심각한 도덕적 동요를 겪어왔다. 그와 대조적으로 무함마드는 상인이었으며 적절히 사용된 부의 가치를 예리하게 이해함으로써 공동체가 부를 축적하기를 바랐다. 그리고 이러한 부는 공동체 차원에서 그리고 개인 차원에서 선을 행하기 위한 수단이라고 생각했다. 무함마드 자신도 돈 많고 믿음이 없는 메카 부자들의 카라반을 습격했으며 그 약탈물을 자신의 주장을 펴는 데에 사용했다. 그의 성스러운 전사들은 비잔틴과 페르시아의 부유한 왕국을 공격할 때 바로 이것을 본보기로 삼았다.

둘째, 이슬람 교에서는 그때까지 숱한 전쟁의 원인이 되었던 두 가지 원칙을 무효화했다. 그것은 바로 영토의 개념과 친족관계였다. 이슬람 교에서는 영토의 개념이 있을 수 없었다. 왜냐하면 이슬람 교의 최종 목표는 온 세상이 신의 뜻에 복종하게 하는 것이었기 때문이다. 이슬람(Islam)이란 복종이라는 뜻이고 같은 단어에서 온 무슬림(Muslim)은 복종하는 사람이라는 뜻이다. "전쟁의 집"이 전부 "복종의 집" 속으로 들어왔을 때 비로소 이슬람 교의 목표는 이루어지는 것이다. 그러면 모든 사람은 무슬림이 되는 것이며 그렇게 형제가 되는 것이다. 실제로 최초의 아랍인 무슬림은 여전히 사막세계의 강력한 친족관계에 얽매여 있었기 때문에 형제의 원칙을 받아들이지 않으려고 했다. 그리하여 개종한 다른 부족 사람들은 한동안 예속자(mawali)의 지위에 만족해야 했다.[59] 하지만 결국에 가서 이슬람 교는 인종과 언어의 장벽을 허물었다. 이전에 어떠한 종교나 제국도 이루지 못한 위대한 성공을 이룬 것이다(이슬람 교는 종교와 제국이라는 두 가지 개념을 다 포괄하고 있다).

이것은 분명히 이슬람 교의 위업 중 하나이다.

무함마드의 생애의 마지막 몇 년 동안 아랍인들이 이슬람 교의 영역을 넓혀나갈 수 있도록 도와준 또 하나의 중요한 요소가 있다. 그들이 세력을 뻗쳐간 왕국들이 쇠퇴의 길을 걷고 있었다는 것이다. 비잔틴은 북쪽 국경지대에서 아바르족을 물리치기 위해서 많은 힘을 소모했다. 게다가 더 기진맥진할 수밖에 없었던 것은 7세기 초부터 줄곧 페르시아와 최후의 큰 결전(603-628)을 벌이고 있었다는 것이다. 이 전쟁으로 두 제국은 녹초가 되었다. 역사상 대단한 세력을 떨쳤던 페르시아로서도 지정학적인 위치로 인한 약점 때문에 역시 고통을 당했다. 페르시아는 초원지대와 중동의 비옥한 땅 사이에 놓여 있었던 것이다. 기마민족들의 세력이 성장하기 전에 페르시아는 빈번했던 서쪽 국경지대의 세력들의 쇠퇴와 붕괴에 힘입어 제국의 영토를 넓혀나갔다. 1,000년 전 알렉산드로스 대왕 시대에 페르시아는 대단히 탁월한 기술과 결의를 가진 상대를 만나게 되어서 정통 왕조가 밀려났고 알렉산드로스의 부하 장군들이 제국을 나누어 가졌다. 페르시아의 심장부는 알렉산드로스의 부하 장군이었던 셀레우코스의 손에 떨어졌다. 셀레우코스는 헬레니즘 세력을 유지하는 데에는 성공했지만 페르시아 사회를 헬레니즘화하는 데에는 성공하지 못했다. 그의 제국은 결국 파르티아인들에게 넘어갔다. 파르티아인들은 중앙 아시아에서 일어난 페르시아인들 중의 하나이다. 그들은 기마민족이었지만(그들이 셀레우코스의 보병을 무너뜨릴 수 있었던 것은 바로 용맹스러운 기병 덕분이었다), 선선히 문명사회에 동화되었으며 거대한 제국을 건설했고 기원전 1세기에서 기원후 3세기 사이에는 로마에 대항하는 동방의 주요 세력이 되었다. 페르시아와 로마의 전쟁은 종종 페르시아의 승리로 막을 내렸다. 363년의 군사행동 때에는 "배교자(背教者)" 율리아누스 황제가 메소포타미아에서 전사했는데 로마 쪽에서 보았을 때 이 전쟁은 15년 후 에디르네에서 고트족이 승리를 거둔 것만큼이나 엄청난 재앙이었다. 하지만 계속된 전쟁으로 페르시아의 부와 인력과 활력이 고갈되었으며 제국은 그때 이후로, 국경을 맞대고 있던 초원지대의 유목민들에게 점점 더 많이 괴롭힘을 당하게 되었다.

그리하여 633년에 일부 아랍 군대가 메소포타미아로 침략해올 무렵, 페르시아 군대는 이미 옛날의 페르시아 군대가 아니었다. 비잔틴 역시 사정은 마찬가지였다. 아랍인들은 대담하게도 양쪽을 동시에 상대하기로 했다. 2개의 전선 사이에서 군대를 이동해야만 하는 어려움이 있었지만, 637년에 현재의 바그다드 근처에 있는 카디시아에서 성공적으로 버텼으며 결국 승리를 거두었다. 이는 이슬람 교가 승전하여 페르시아로 들어가는 것을 의미했다. 아랍 세계에서 그 승리의 의미는 너무나도 거대하게 남아 있다. 사담 후세인은 1980년대에 이란과 소모전을 벌이는 동안 이 전쟁에 대한 기억을 계속적으로 환기시켰다. 다른 아랍 부대들은 시리아(636)와 이집트(642)를 정복하고 지중해 해변을 따라서 서쪽으로 밀고 가서 북아프리카의 비잔틴 지역에까지 진출했다. 다섯 번째 칼리프이자 무함마드의 "후계자"였던 무아위야는 674년에 다른 곳도 아닌 이스탄불을 포위하기로 결정했다. 아랍인들은 한참 애를 먹다가 677년에 포기하고 말았지만 717년에 다시 돌아왔다. 그 무렵 아랍인들은 북아프리카를 전부 차지하고(705), 에스파냐로 건너가서(711) 피레네 산맥에까지 손을 뻗었다. 그들은 곧 피레네 산맥을 넘어서 프랑스를 침범했다. 동쪽으로는 아프가니스탄을 정복하고 인도 북서부를 습격하고 아나톨리아의 일부분(현재의 터키 땅)을 손에 넣었다. 그리하여 북쪽 국경을 캅카스 산맥까지 끌어올렸으며 아무다리야 강을 건너서 트란스옥시아나에까지 이르러서는 751년에 탈라스 강가에서 중국과 결전을 벌였다. 그들은 카라반의 대도시인 부하라와 사마르칸트의 주도권을 놓고 전투를 벌였는데 둘 모두 만리장성으로 통하는 비단길 위에 있는 도시였다.

아랍의 승리가 한층 더 놀라울 수밖에 없는 이유는 그들의 부대가 비교적 수준이 낮았다는 것이다. 아랍인들은 수세기에 걸쳐서 사막에서 싸움을 일으키곤 했지만 강도 높은 전쟁을 실제로 경험한 적은 없었다. 그들은 사실

"원시적인 전사들"이었으며 그들이 좋아하는 작전의 형태는 기습(ghazwa)이었다.[60] 그들의 지휘 솜씨 역시 특별히 좋았던 것 같지는 않다. 장비나 군사적 기술도 분명히 유리할 것이 없었다. 아랍의 말은 재빠르고 활기차고 우아한 짐승이었지만 순치(馴致)되지 않았고 종종 사람 손으로 음식을 먹이기도 해야 했다. 겉모습을 보면 털이 덥수룩한 초원지대의 조랑말과는 질적으로 다른 동물이었지만 그 숫자가 극히 적었다. 반면 낙타는 1세기부터 10세기까지 가축으로 길들여졌는데 아라비아 낙타(단봉낙타)와 박트리아 낙타(쌍봉낙타)의 두 종류가 있으며, 많은 수를 손쉽게 구할 수 있었다. 낙타는 지구력이 강한 동물이지만 비교적 느리고 결정적인 단점으로는 다루기 힘들다는 것이다.[61] 그러나 전략적으로 보면, 문명화된 군대가 뚫고 갈 수 없다고 생각했던 지형을 아랍 부대는 낙타를 타고 지나갔다. 아랍인들은 그렇게 예상을 뒤엎고 뜻밖의 전장에 모습을 나타냈다. 사실 전술상으로 보면 낙타는 좁은 장소에서는 그 사용이 제한적이다. 그러므로 아랍인들의 병법은 일단 낙타를 타고 진군한 다음, 접전의 순간에는 끌고 온 말로 갈아타는 것이었다(카디시야에서는 말이 600마리에 불과했던 것 같다).[62] 정복전쟁을 지도했던 장군 중 칼리드는 이런 방법을 쓰던 장군이었다. 634년 7월에 그는 메소포타미아로부터 자신의 군대를 이끌고 팔레스타인의 아즈나다인으로 가서 비잔틴과 전투를 벌였는데 전우인 아므르의 측면에서 결정적인 일격을 가해서 큰 승리를 거두었다. 전투에 임해서 아랍 군대는 자연적인 장애물을 이용해서 방어할 수 있는 위치를 택했다. 그리하여 말에서 내린 병사들은 조립식 활을 들고 차폐물(遮蔽物) 뒤에서 싸웠다. 그들은 또한 사막으로의 도주로가 열려 있는 곳을 더 좋아했다.[63]

그들의 두 가지 전투형태(장애물에 대한 의존과 도주의 용이성)는 전형적으로 "원시적인" 전술이다. 우리가 앞에서 보았듯이, 터키로부터의 독립전쟁 기간 동안 그리스인들과 함께 싸우던 그리스 찬미주의자들을 그토록 화나게 만든 장본인은 바로 아랍인들이었다. 문제는 바로 여기에 있다. 아랍인들이 "원시적인 전사들"이었다면, 기강이 서고 잘 조직된 비잔틴과 페르시아의 군대를 상대로 한 전쟁에서 어떻게 승리를 거둘 수 있었을까? 군사적인 분류체계를 따르면 비잔틴과 페르시아 군대는 어느 모로 보나 정규군대라고 할 수 있을 것이다. 페르시아와 비잔틴이 오랜 전쟁을 거치면서 서로 소모전을 벌였다는 것을 우리는 잘 알고 있다. 그렇기는 하지만 원시적인 군대는 결국에 가서 정규군에게 패배하는 것이 일반적인 법칙이다. 쉴새 없이 공격하여 적을 괴롭히는 것은 방어전쟁을 할 때 효과적이다. 그러나 궁극적으로 승리를 거두는 것은 공세를 취하는 쪽이고 아랍인들은 정복전쟁을 벌이는 시기에 공세를 취했을 것이 분명하다. 그러므로 다음과 같이 결론을 내릴 수 있다. 아랍인들이 전쟁터에서 그렇듯 위용을 떨칠 수 있었던 것은 믿음을 위한 싸움을 극단적으로 강조하는 이슬람 교의 힘 때문이었다. 전사들이 승리에 대한 확신으로 의기양양해져 있다면 그리고 특정한 전투가 불리하게 돌아갈 때에는 퇴각을 하지만 언제든지 기꺼이 되돌아가서 싸움을 벌일 태세가 되어 있다면, "원시적인" 전술은 대단히 효과적일 수 있다. 시간을 한참 거슬러 내려오면 마오쩌둥 역시 이러한 사실을 인식하고 있었다. 그의 전술은 우선 "원시적"이라고 할 수 있다. 마오쩌둥은 자신의 병사들이 궁극적인 승리에 대한 확신만 가지고 있다면 후퇴하는 것도 전혀 부끄러울 것이 없다고 생각했다. 마오쩌둥이 구사한 전략의 또다른 원칙은 자신이 군사행동을 벌이고 있던 지역에 사는 주민들의 지지를 얻는 것이었다. 아랍 군대는 자신들이 침략한 정착지에 무스타리바(musta'riba)가 있었기 때문에 크게 이익을 보았다. 무스타리바란 아랍인들 중에서 사막생활은 포기했지만 아랍인에 대해서 강한 문화적 유대감을 느끼고 이슬람의 이름으로 형제애의 교리로써 설득하면 이내 아랍 측에 서서 싸울 준비가 되어 있는 사람들을 말한다.[64]

그러나 맘루크의 이야기에서 보았듯이 이슬람 교는 결국 아랍 세력을 파멸시키게 된다. 이슬람 교가 이슬람 교와 싸우는 것에 대한 금기는 일찍부

▷ 이스터 섬의 쓰러진 석상들. 폴리네시아계 원주민들은 유럽의 항해자들이 도착하기 전 내전으로 자신들의 문명을 파괴시켰다.

△ 카를 폰 클라우제비츠. 프로이센의 장군, 군사 전문가(1780-1831). 사후에 그의 저서인 『전쟁론』이 전쟁에 대한 서양의 사고를 크게 좌우하게 되었다.

▷ 14세기 한 맘루크 전사가 초원의 기마전사의 무술 중 가장 발달한 형태인 푸루시이야를 연습하고 있다.

▽ "에피날 판화." 이집트의 맘루크와 나폴레옹 부대의 1798년 피라미드 전투. 푸루시이야의 개인주의는 머스킷 총 정예 부대에게 패배당한다.

◁ 1879년 전투에서 찌르는 창을 들고 있는 줄루 전사들. 이산드훌라나에서 승리를 거둔 후에, 그들은 영국의 화력 앞에 무릎을 꿇었다.

▽ "빨치산의 어머니", S. 게라시모프, 1943년작. 이 사회주의 리얼리즘의 여전사는 장래의 빨치산을 임신한 채 나치 침략자에게 맞섰다.

◁ 오스트리아-헝가리 이중제국의 산악부대가 줄리안 알프스의 한 봉우리를 기어오르고 있다. 1914-1918년 이 지역과 카르파티아 산맥, 보주 산맥에서는 지구전이 계속되었다.

▽ 1941년 4월, 엘 아게일라 전투에 참가한 독일 아프리카 군단의 마르크 IV 탱크. 개활지 사막에서의 자유로운 이동은 병참상의 문제로 제한되었다.

1942년 봄, 길이 없는 초원지대에서 참모진의 차량을 인력으로 이동시키는 독일 보병들. 계절에 따른 해빙(rasputitsa)은 매년 두 차례에 걸쳐서 서부 러시아에서의 군사이동을 정지시켰다.

◁ 일본의 무사들과 그들의 전투기술. 일본에서의 칼 숭배는 19세기까지 화약무기 혁명을 막았다.

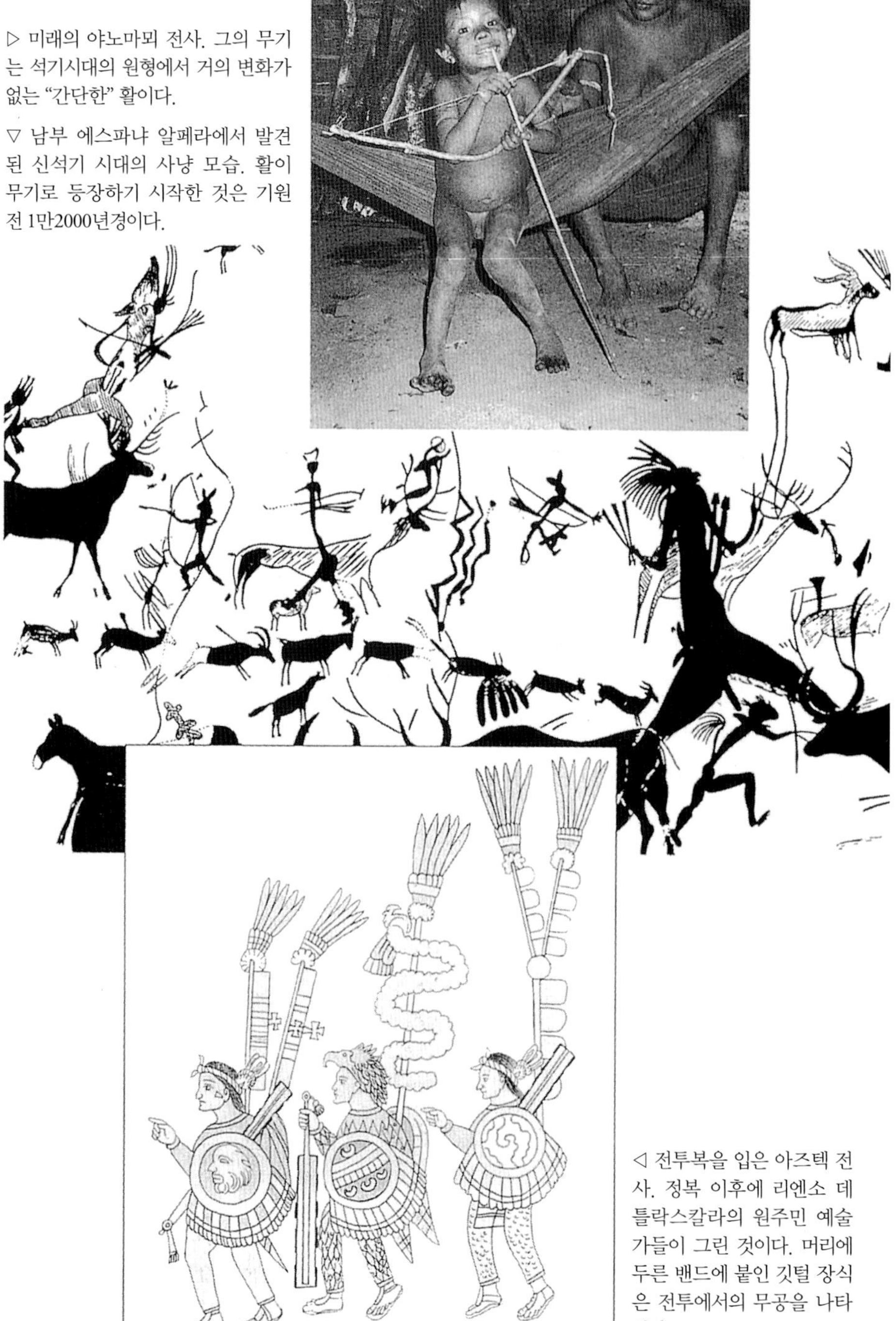

▷ 미래의 야노마뫼 전사. 그의 무기는 석기시대의 원형에서 거의 변화가 없는 "간단한" 활이다.

▽ 남부 에스파냐 알페라에서 발견된 신석기 시대의 사냥 모습. 활이 무기로 등장하기 시작한 것은 기원전 1만2000년경이다.

◁ 전투복을 입은 아즈텍 전사. 정복 이후에 리엔소 데 틀락스칼라의 원주민 예술가들이 그린 것이다. 머리에 두른 밴드에 붙인 깃털 장식은 전투에서의 무공을 나타낸다.

▷ 아시우트에 있는 중왕조(1938-1600 B.C.) 시대 메세히티의 무덤에서 출토된 이집트의 궁사들의 모형. 몸을 보호하는 장비가 없는 것은 초기 이집트 전투의 과시적인 성격을 보여준다.

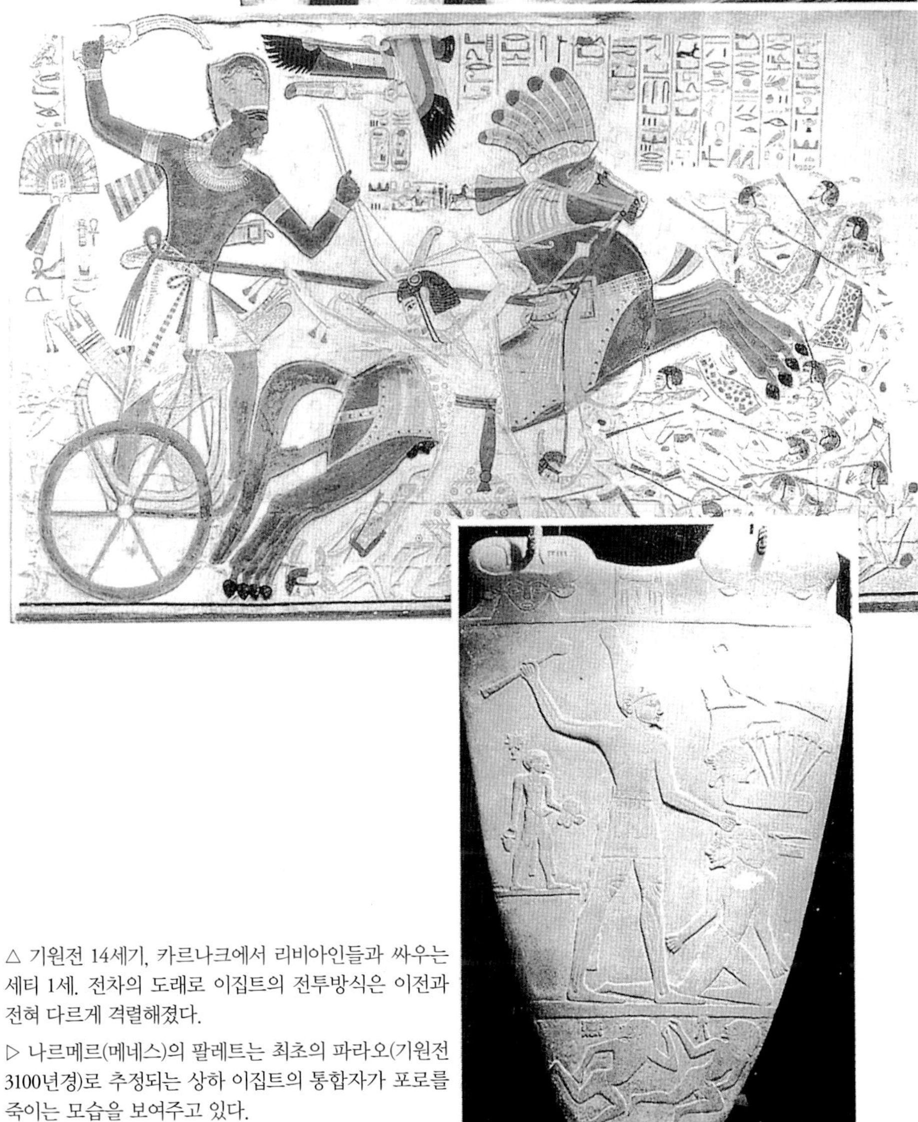

△ 기원전 14세기, 카르나크에서 리비아인들과 싸우는 세티 1세. 전차의 도래로 이집트의 전투방식은 이전과 전혀 다르게 격렬해졌다.

▷ 나르메르(메네스)의 팔레트는 최초의 파라오(기원전 3100년경)로 추정되는 상하 이집트의 통합자가 포로를 죽이는 모습을 보여주고 있다.

▽ 칼테아(바빌로니아에서 세력을 떨쳤던 고대 셈족의 하나/역주)와의 전투(기원전 7세기 후반)에서 승리한 아시리아 전사가 머릿수를 세고 있다. 이것은 제의(祭儀)가 아니라 전투에서 새롭게 나타난 잔인성의 증거였다.

△ 17세기가 지난 이후에 비슷한 자세를(앞 페이지 하단과 비교/역주) 취하고 있는 람세스 2세. 누비아(나일 강 유역의 고대 왕국/역주) 사람을 죽이고 있다. 제의적인 살육은 아스테카에서와 마찬가지로 이집트 전투의 한 특징이었던 것 같다.

▽ 기원전 7세기에 전차를 타고 큰뿔소를 사냥하는 아시리아인. 전차는 원래 사냥용에서 발전한 것 같다.

◁ 1956년에 발굴된 기원전 7000년경의 예리코 성벽. 요새에는 뾰족탑과 바위를 깎아서 만든 물 없는 해자가 있다.

▽ 베이징 근처에 있는 중국의 만리장성으로, 복원된 것이다. 전략적 방어물인 이 성벽은 초원의 유목민으로부터 제국을 보호하기 위해서 끊임없이 확장되어왔다.

커디의 바위산 근처를 지나는 하드리아누스 방벽. 기원후 122년에 건설이 시작된 이 방벽은 로마 제국의 국경 요새들 가운데 가장 잘 보전되어 있다.

◁ 노르만의 석조 구조물인 포체스터 성. 로마제국의 주요 방어체계 가운데 하나인 색슨 해안의 로마 요새 내에 있는 본성(keep).

▽ 십자군 성 중에서 가장 거대한 규모의 크라크 데 슈발리에. 기독교도 기사들에게 문제는 건설한 요새들을 지키기 위한 수비대를 확보하는 일이었다.

▽ 1691년 리머릭(아일랜드의 서남부)의 포위. 계획도는 탑이 있는 중세의 성벽에 대포를 위한 능보(稜堡)와 공격부대의 접근, 대치상태, 별 모양의 토루(土壘)도 보여준다. 저자의 선조들은 이 포위공격에 준하여 영토를 하사받았다.

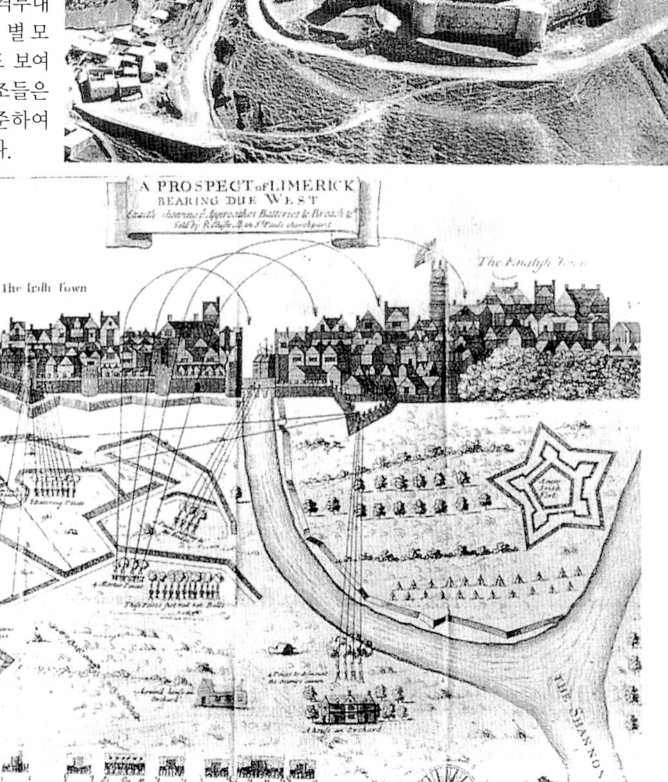

△△ 기원전 2500년경 수메르 왕국의 우르의 깃발. 전차는 오나거가 이끌었고 전사들은 갑옷의 원형을 입고 있다.

△ 살마나세르 3세(858-824 B.C.) 당시 말을 탄 아시리아 전사들. 안장 없이 탔고, 아직 앞쪽에 앉는 법을 몰랐다(본문 p. 258 참조).

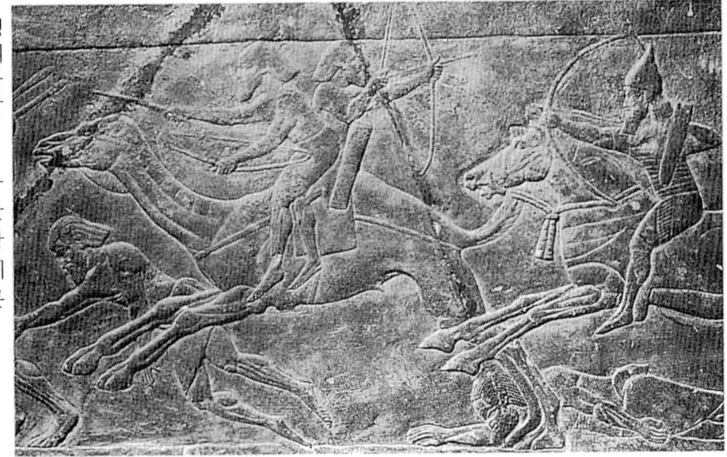

△ 기원전 650년경, 아랍인들과 전투를 벌이는 아시리아인들. 아랍인들은 당시 길들여지기 시작한 낙타를 탄 반면, 아시리아 전사들은 보다 부리기 쉽게 이제 말의 앞쪽에 탔다.

◁ 말을 탄 사르마트 전사. 로마와 페르시아의 적인 스키타이족과 같은 혈족이다. 그의 미늘갑옷은 쇠사슬갑옷과 판금갑옷이 발전하게 되는 방식을 보여주고 있다.

▽ 기원전 333년 이수스 전투에서 다리우스와 대적하는 알렉산드로스 대왕. 전차를 탄 페르시아 황제가 애마 부케팔루스를 탄 알렉산드로스에게 쫓기고 있다. 기병 혁명을 상징적으로 보여주는 그림이다.

△ 기원전 1000년대 초원지대의 이란 기병. 정교한 말 장신구는 그들의 발달된 승마술을 짐작하게 한다. 카스피 해 말의 날씬한 골격은 장차 아랍 말의 골격을 예견하게 한다.

▷ 등자의 출현. 생-갈 기도서에 그려진 카롤링거 제국의 기마전사들. 돌격하기 위해서 창을 잡고 치켜들어서 내뻗고 있다.

◁ 전사들. 앞쪽의 주아브 병사는 북아프리카 원주민 부족의 옷을 입은 프랑스인이다. 이들은 19세기 유럽 군대에서 "원시 전사들"의 명성을 높이는 데에 공헌했다.

▷ 노예병사들. 16세기 오스만 제국의 예니체리들("새로운 병사들")이 반 호수에서 행진을 하고 있다. 술탄은 발칸 반도의 기독교인 아이들을 데려와서 예니체리, 즉 노예병사로 삼았다.

▽ 시민군. 퍼레이드를 벌이고 있는 스위스 시민군. 스위스는 남자들의 경우, 선거권을 누리는 조건으로 군복무를 의무화해왔다.

◁ 용병. 1436년 우첼로가 그린 존 호크우드의 모습. 백색 기사단의 영국인 지휘관이었던 그는 14세기에 피렌체와 밀라노 그리고 교황청에서 돈을 받고 싸움에 참전했다.

▽ 정규병. "마을의 입대자." 농토가 없는 노동자들은 술과 허황된 말 그리고 왕이 주는 얼마 안 되는 봉급에 이끌려서 오랫동안 조지 3세의 군대에서 복무했다.

▽ 징집. 제2차 세계대전이 일어나기 직전인 1939년 5월, 군복무 의무화에 따라서 런던 시민들이 왕의 십자군에 등록하기 위해서 줄을 서고 있다.

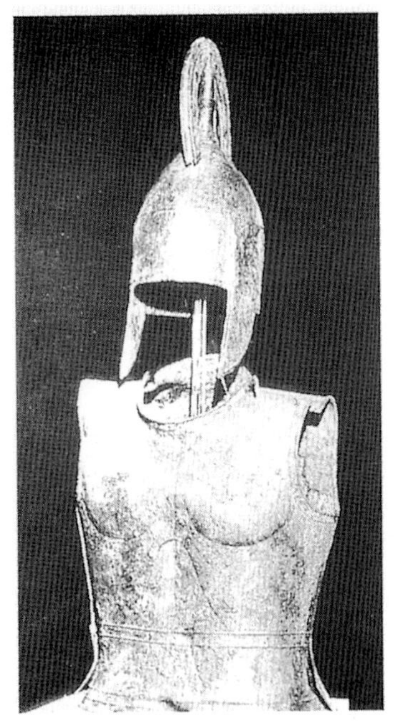

△ 기원전 8세기 그리스의 투구와 갑옷, 그리고 지금까지 발견된 것 중 가장 오래된 중무장 보병의 갑옷이다. 무기 제작에 철이 대신 쓰이게 된 후에도 상당히 오랫동안 청동은 몸을 보호하기 위해서 선호되어왔다.

▷ 기원전 6세기의 중무장 보병. 그의 방패는 아직 확연하게 볼록한 모양을 띠지 않았다. 이 방패를 사용하여 부상자나 죽은 병사들을 전쟁터로부터 후송했다.

▷ 기원전 515년의 꽃병 그림에 나타난, 전쟁을 준비하고 있는 중무장 보병. 적이 가까이 다가왔을 때, 창으로부터 배와 넓적다리를 보호하기 위해서 방패로 막았다.

△ 그리스의 3단 노 군선에서 비롯된 로마의 노젓는 전투선이 전쟁터를 향하여 진격하고 있다. 배의 이물은 충각(衝角)으로 무장되어 있고 윗 갑판에는 수병들이 있다.

◁ 제20군단의 백부장. 영국을 정복한 네 군단 중에 한 군단이다. 그는 기원후 45년경에 콜체스터에서 사망했다. 권위를 나타내는 포도나무 막대를 쥐고 있다.

▷ 로마의 야만족 침입자. 퓌-드-돔에서 출토된 테라코타, 기원후 3세기. 장차 5세기에 로마 제국을 흔들게 될 부족들의 선조이다.

◁ 군마를 탄 프랑크족 기사. 8세기에 스칸디나비아인 적들(이들은 아직 등자를 몰랐다)에 의해서 묘사된 대로 창과 방패를 들고 쇠사슬 갑옷을 입고 있다.

14세기, 쇠사슬 갑옷을 입고 무슬림 기병과 싸우는 십자군들. 사실 중동의 경기병들은 직접적인 무기대결을 피했다.

15세기 후반, 요새화된 도시를 포위한 뒤 사다리를 타고 기어오르는 광경을 묘사한 그림. 병사들은 판금갑옷을 입고 있으며, 참호에는 대포가 놓여 있다.

△ 기원후 2세기, 트라야누스의 기둥에 새겨진 로마 군단의 모습. 배를 이어서 만든 다리를 건너가고 있다. 로마 군단들은 아시리아 군대처럼 가교(架橋)부대와 함께 진격했다.

▷ 미국 남북전쟁 때의 대포 제조 공장. 미국은 군수공장에 대량생산 방식을 도입한 최초의 산업국가이다.

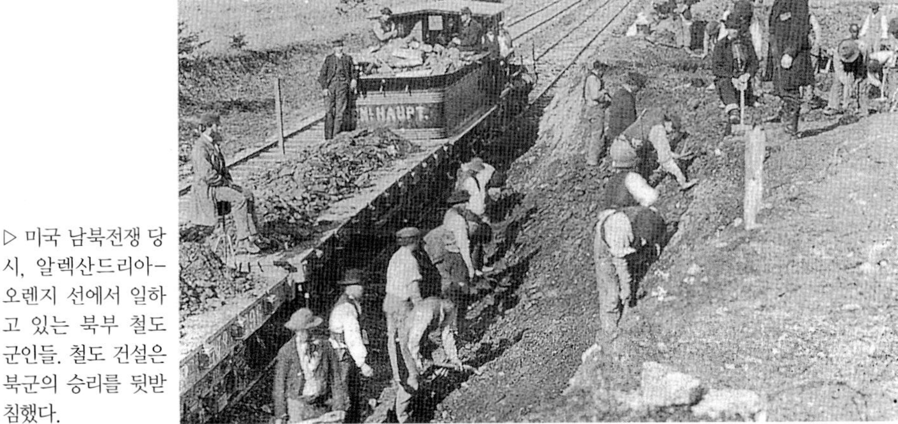

▷ 미국 남북전쟁 당시, 알렉산드리아-오렌지 선에서 일하고 있는 북부 철도 군인들. 철도 건설은 북군의 승리를 뒷받침했다.

1879년 메펜에 있는 알프레드 크루프의 시범 사격장. 그의 강철 대포는 제1차 세계대전이 일어나기 몇 해 전에 포병장비를 혁신했다.

1943년, 미국에서 영국으로 전쟁 보급품을 수송하고 있는 대서양 순양함. 이를 호위하는 항공기는 유-보트를 제압하는 데에 큰 역할을 했다.

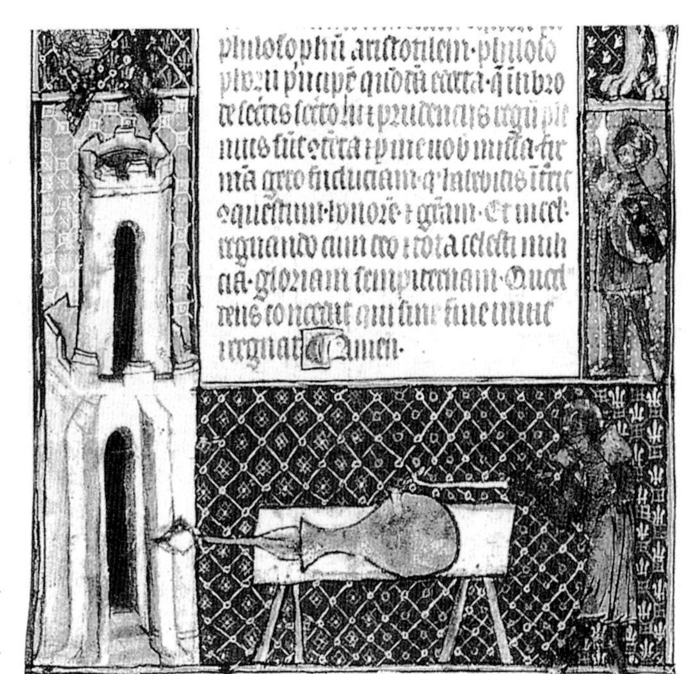

▷ 1326년, 최초 창기의 것으로 알려진 대포의 그림. 화문(火門)에 조심스럽게 도화선을 붙이는 모습은 이 무기가 얼마나 생소한 것인지를 잘 보여준다.

1400년경부터 사람들은 화약무기와 관계를 맺기 시작했다. 그로부터 1세기가 지나자, 병사들은 화약무기를 어깨에 메고 다니게 되었다.

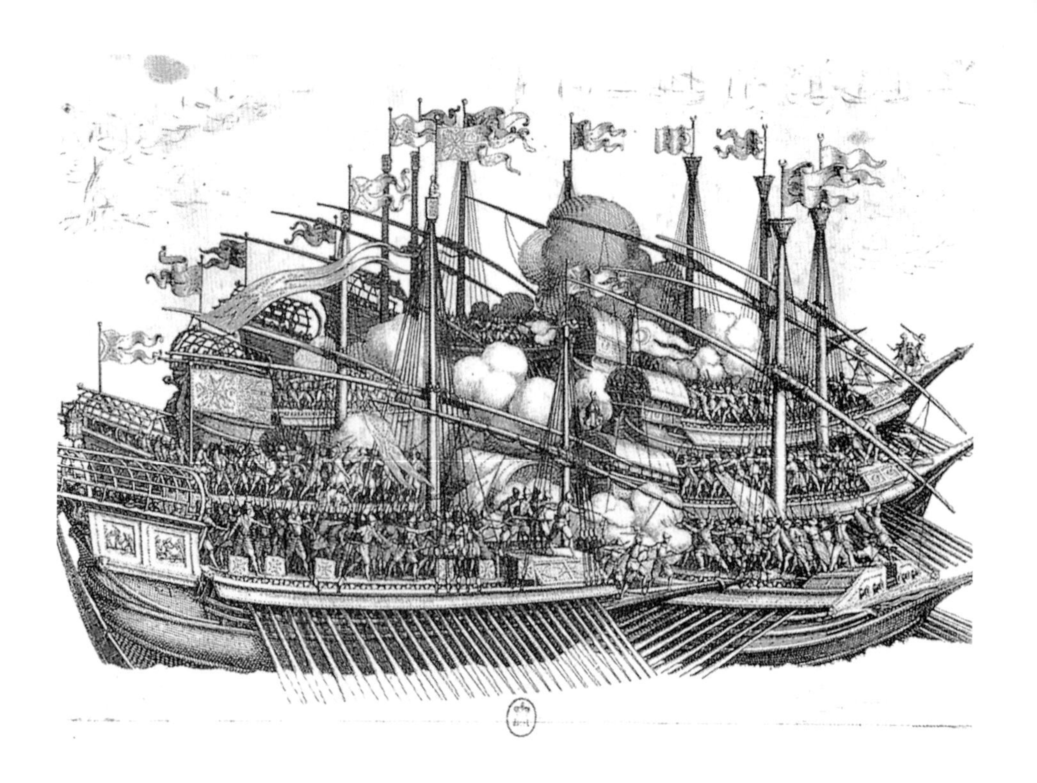

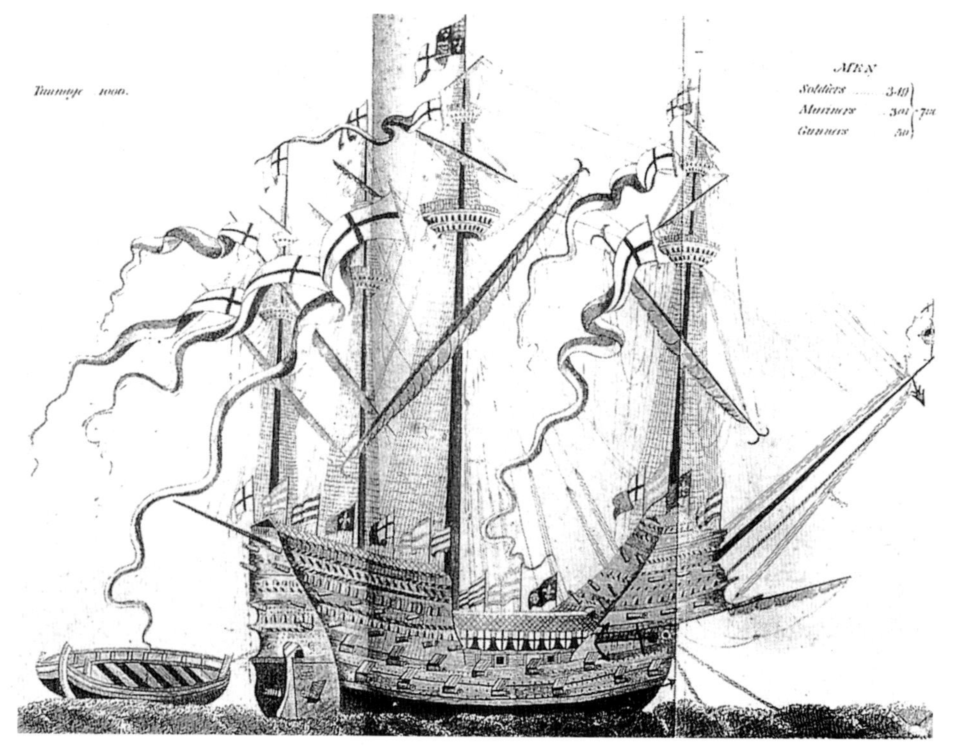
Tunnage 1000.
MEN
Soldiers 349
Mariners 301
Gunners 50
700

◁ 몰타 기사단(십자군의 구호 기사단)의 갤리 선. 17세기 초반, 오스만 함대와 전투를 치르고 있다. 바다로까지 이어진 육상 전투.

▷ 17세기 무기 사용법. 정렬한 병사들이 머스킷 총을 다루는 과정이 하나하나 소개되어 있다. 치명적인 사고를 피하기 위해서는 이런 과정이 필수적이었다.

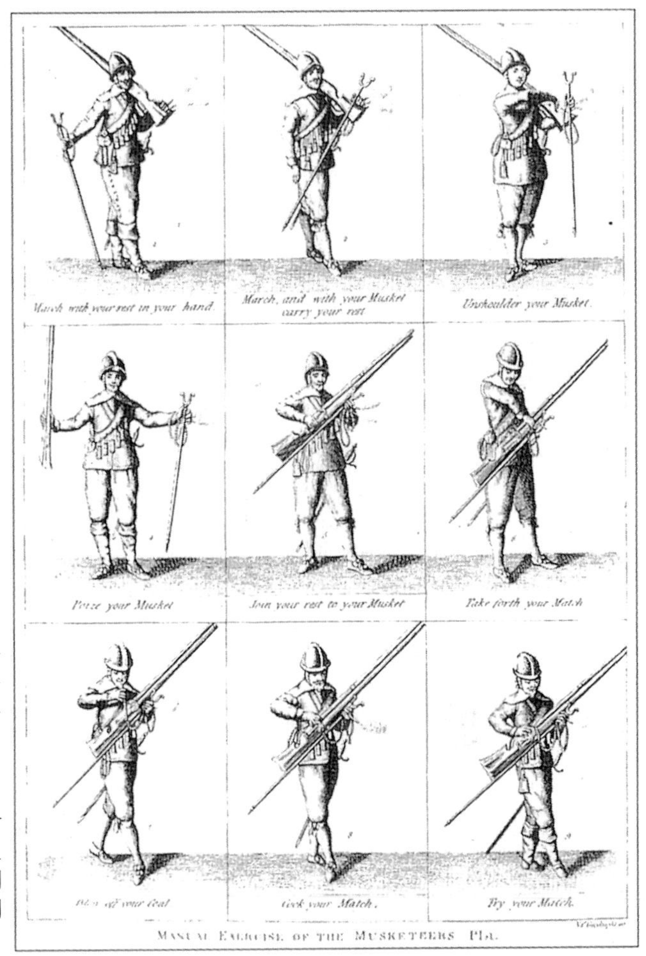


◁ "그레이트 해리" 호. 양편에 대포를 실을 수 있도록 제작된 최초의 군함들 중 하나. 1514년에 영국의 헨리 8세를 위해서 건조된 이 군함들은 1850년대까지 해상전투를 지배했다.

▽ 1702년, 공성용 대포. 설치 장소까지는 말이 끄는 마차에 연결되어 실려갔다. 이와 같은 대포의 출현은 200년 전에 대포혁명의 시작을 알리는 것이었다.

1773년 11월 호 「유니버설 매거진」에 실린 화약 공장. 정부에 의한 화약무기 생산의 독점권은 근대국가의 성장에 열쇠가 되었다.

△ 1916년 솜 전투의 영국 참호 속의 보초병. 다른 동료들은 잠을 자고 있다. 매일매일 되풀이되는 참호전은 위험하고 소모적이었다.

▷ 1940년의 전격전 당시 독일제 융커 87 급강하 폭격기가 프랑스의 탱크를 향해서 폭탄을 투하하고 있다. 이것은 전장의 제공권을 장악하기 위한 시도였다.

◁ 1862년 5월 5일, 미국 남북전쟁 중 윌리엄즈버그 전투. 북군의 물질적인 우세에도 불구하고 남군의 머스킷 총과 참호는 이 펜실베이니아 출정에서 리치먼드 장군을 구했다.

1944년, 독일에 대한 전략 공중전에서 날으는 요새(Flying Fortresses) B-17s. 호위 전투기의 비행운이 보인다.

1946년 7월 25일, 비키니 환초에서 실시한 원자폭탄 실험. 어떤 군사 사상가도 어떻게 핵전쟁이 정치의 연장이 될 수 있는지 설명하지 못했다.

터 깨졌으며, 칼리프의 군사적인 권위는 결국 부하 병사들에게 넘어갔다. 그리하여 명목상으로는 그렇지 않았지만, 실질적으로는 부하 병사들이 칼리프를 대신하여 군림하게 되었다. 이것은 어쩌면 피할 수 없는 결과였는지도 모른다. 이러한 병사들 중 상당히 많은 숫자는 초원지대의 기마민족으로부터 충원되었다. 칼리프(Caliph)라는 칭호는, 잘 알고 있듯이, 예언자 무함마드의 "후계자"라는 뜻으로 속(俗)과 성(聖)에서 최고의 권위를 가진다. 초기의 칼리프들은 실제로 두 역할 사이에서 갈등을 겪지 않았다. 교리에 의하면 어떠한 갈등도 있어서는 안 되었다. 그 이유는 다음과 같다. 최초의 무슬림들은 부족 단위로 새로운 군대 "주둔" 도시에 정착했다(그중 하나가 나중에 카이로로 발전했다). 그러한 도시에서의 종교적인 삶은 칼리프의 말에 의해서 좌우되었고, 세속적인 욕구는 정복전쟁의 노획물이나 비(非)신자들에 대한 세금으로 채워졌다.

이슬람 교의 승리로 무슬림의 숫자가 불어나기 시작하자, 부족 단위의 주둔생활은 영속될 수가 없었다. 무함마드에게는 아들이 없었다. 부족들 사이에서 후계문제를 놓고 다툼이 있을 수밖에 없었다. 4대 칼리프 지위의 계승문제를 놓고 다툼을 벌이다가 이슬람 공동체가 분열되었다. 다수인 수니 파와 소수인 시아 파로 갈라진 것이다. 이것은 대단히 비통한 일이었다. 개종한 사람들의 분노가 폭발하여 더 많은 분열이 야기되었다. 본래의 부족을 이루던 가문들이 여전히 군적(軍籍, diwan) 등재금으로 상당한 이득을 취하고 있었기 때문이다. 군적 등재금은 원래 정복전쟁의 전리품을 분배하여 더 많은 성전을 수행하는 수단이었다.[65] 후계문제에 대한 분쟁은 결국 가라앉았고 그리하여 다마스쿠스의 우마이야 왕조의 칼리프들은 에스파냐와 중앙 아시아에서 작전을 수행할 수 있었지만 긴장은 지속되었다. 아바스 왕조의 칼리프들이 749년 내전에서 승리를 거둔 후 수도를 바그다드로 옮기자 다시 안정이 찾아왔다. 아바스 왕조 칼리프들이 승리를 거둘 수 있었던 것은 부분적으로는 본래의 무슬림들과 나중에 개종한 사람들 사이의 차별을 일소(一消)하겠다는 약속 때문이었다. 그러한 차별로 군대 내의 형제관계가 위협받고 있었던 것이다. 그러나 아바스 왕조 칼리프들에 의해서 군적 등재금이 효과적으로 철폐되고 나자, 무함마드의 계승자라는 이름으로 군인이 되는 것이 예전만큼 세속적인 이득을 가져다주지 않았고 칼리프의 의견에 찬성하지 않는 무슬림 신하가 칼리프에게 저항을 시도할 때에는 종교적인 문제가 강력하게 제기되었다. 8, 9세기에는 칼리프에 대한 도전이 종종 있었다. 바로 이때 에스파냐와 모로코가 따로 떨어져 나가서 독자적으로 칼리프를 세우고 자신들이 무함마드의 가문과 더 가까운 계승자들이라고 주장했다. 아바스 왕조 칼리프들은 이제 전통적인 부족적 기반도 잃어버렸고 개종한 무슬림들로부터 군대를 모을 수도 없었다. 무슬림들이 형제 신자들과 싸워서는 안 된다는 금기조항을 심각하게 받아들였기 때문이다. 그리하여 아바스 왕조 칼리프들은 다른 곳에서 병사들을 찾아보는 수밖에 없었다. 해결책은 임시로 노예들을 무장시켜서 전쟁에 내보내는 것과 국가의 재원으로 신병을 사와서 노예부대를 충원하는 것이었다.

사람들은 알-무타심 칼리프(833-842)가 무슬림 군대 내에 노예체계의 기틀을 마련했다고 생각한다. 사실, 예언자 무함마드의 시대에도 노예병사들이 무슬림 자유민들 곁에서 싸움을 했지만 그들의 출신 성분은 달랐다. 그들 중 몇몇은 주인들의 개인적인 시종에 불과했다.[66] 아바스 왕조 칼리프들은 그처럼 비체계적인 모병제도로는 더 이상 자신들의 권력을 유지할 수 없다는 사실을 깨달았다. 알-무타심은 대규모 거래가 이루어지는 시장에 나가서 구할 수 있는 한 최고 품질의 물건을 샀는데, 그것은 바로 초원지대의 변두리에서 온 투르크족 인력이었다. 사람들은 말하기를 알-무타심이 휘하에 거느린 투르크족 노예병사가 7만 명이었다고 한다.[67] 노예부대가 그처럼 거대한 규모가 되면서, 이슬람 세계의 골칫거리였던 군대문제가 한동안 해결되었다. 하람(haram), 즉 권위를 무제한으로 사용하되 무슬림은 무슬림 형제를 상대해서는 안 된다는 요구에 충실히 따른 것이다. 그러나 중앙 아시아와 북아프리카 등 제국의 변두리에서 또다른 경쟁자 칼리프를 내세운 무슬림들로 하여금 기존의 칼리프에게 복종하도록 하는 문제는 해결되지 않았다. 그러기 위해서는 효율적이고 의욕적인 지도자가 새로운 노예부대를 이끌 필요가 있었다. 처음에는 부이드족 사람들이 그 역할을 했다. 그들은 중앙 아시아 변경지대를 충실하게 방어했으며 945년에 바그다드에서 그들 자신의 칼리프를 옹립하여 세웠다. 그러나 훨씬 더 실력있는 지도자들이 나타났다. 한때 투르크족에 속했으며 부이드족을 상대로 이름을 떨친 적이 있는 셀주크족이 바로 그들이었다. 1055년에 셀주크족은 수니 정통파의 이름으로 바그다드에 들어와서 시아 파의 부이드족을 무너뜨리고 스스로 칼리프의 새로운 보호자라고 선포했다. 그들은 곧 술탄(sultan, "힘의 보유자")이라고 불리게 되었다.

셀주크족이 이슬람 교 중에서도 수니 파로 개종한 것은 "거의 5세기 전에 프랑크족이 클로비스의 영향하에 기독교로 개종한 것만큼이나 중대한 변화"라고 이야기된다.[68] 이로 인하여 아시아에 남아 있던 비잔틴 제국의 대부분의 영토가 붕괴되었으며 그 결과 위기감을 느낀 기독교 측에서는 십자군을 일으키게 되었다. 셀주크족은 초원의 변경지대에서 활동하던 무슬림 선교사의 노력을 통해서 960년에야 집단으로 개종했는데, 이 당시 셀주크족은 (카를루크족, 킵차크족, 키르기스족 등을 포함하는) 여러 투르크 계 기마민족들 중의 하나로 중앙 아시아에서의 주도권을 놓고 싸움을 벌이고 있었다. 카를루크족은 아프가니스탄의 가즈니 왕조의 지배자가 되었으며 나중에는 델리에서 노예왕국을 세우게 되었는데, 이 노예왕국은 맘루크 국가들 중에서 가장 중요한 위치를 차지했다.[69] 그러나 그들의 공적조차도 셀주크족의 공적과는 비교할 수 없었다. 셀주크족은 토그릴 베그, 말리크 샤, 알프 아르슬란처럼 대단히 유능한 지휘관을 배출했다. 말리크 샤는 그의 유명한 대신 니잠 알-물크와 함께 1080년에서 1090년 사이에 중앙 아시아에서 아바스 왕조의 세력을 확장하는 데에 큰 몫을 했다. 알프 아르슬란은 반대방향으로 작전을 전개함으로써 캅카스 산맥에까지 이르렀으며, 1064년에는 기독교 국가인 아르메니아의 수도를 점령했다. 알프 아르슬란은 만만치 않은 캅카스 산맥을 뚫고 계속 나아가서 비잔틴의 동쪽 국경을 위협할 수 있는 지역을 확보했다. 1071년 8월에 만지케르트에서 그는 비잔틴 군대와 만났고, 싸워서 이겼다. 이 전투가 이후 근동과 유럽의 정치적 지형에 중요한 의미를 지닌다는 데에는 논란의 여지가 없다. 또한 이 전투로 인하여 아시아의 비잔틴 영토는 "투르크어를 말하고 이슬람 교를 믿는 곳, 한마디로 '투르크'가 되었다"[70]

그러므로 아비스 왕조가 실험적으로 노예부대에 의존했던 것은 역설적인 결과를 낳았다. 투르크 계 기마민족으로 하여금 칼리프를 위해서 일하도록 함으로써 일단 칼리프는 권력을 회복하기는 했지만, 전사출신 유목민들을 주요한 일꾼으로 선택함으로써 칼리프는 뜻하지 않게 자신의 권력을 내놓고 명목상의 권위만이 남게 된 것이다. 그리고 이슬람의 지휘권은 아랍 계통에서 영원히 멀어져갔다. 명목상으로는 아바스 왕조의 칼리프들이 계속 지배자의 자리에 남아 있었다. 그리고 심지어 알-나시르 시대(1180-1225)에는 칼리프의 정열로 왕조 초기의 기력을 회복할 수 있을 것 같았다. 그러나 돌이킬 수 없는 실수를 저지르고 말았다. 자부심이 강하고 강건하며 상당히 지적인 이국의 전사들을 노예병사로 받아들인 것이다. 그들은 결국 자신들이 계속해서 비굴한 위치에 있을 필요가 없다는 사실을 알게 되었고, 결과적으로 제국의 주도권을 장악할 방도를 마련했다. 더욱이 칼리프의 존엄성은 유지하되 그 실제 이익은 자신들에게 돌아오도록 하는 방식을 고안할 만큼 지혜로웠다.

12세기 말에 이르러 셀주크족의 세력이 쇠퇴하게 되자 다른 이국인 무슬림들도 셀주크족이 보여준 방법을 따랐다. 동쪽에서는 셀주크족이 확보해 두었던 땅이 가즈니인들과 초원에서 온 새로운 투르크 계 침입자들의 손에 넘어갔는데 이 투르크 계 침입자는 투르크멘족으로 알려져 있다. 서쪽에서는 칼리프를 보호해줄 뛰어난 군인이 나타났다. 그의 이름은 살라딘이었다. 그는 이란 북쪽 산맥으로부터 온 쿠르드족 출신인데, 이들은 십자군 위기를 틈타서 세력을 얻었다. 이미 언급한 것처럼 만지케르트는 비잔틴 군대를 아시아에서 몰아냈으며 이를 보고 미카일 7세 황제는 겁을 집어먹었다. 그리하여, 기독교 내의 동방 정교와 서쪽의 라틴 분파 사이의 수세기에 걸친 분열과 불신에도 불구하고, 미카일 7세는 교황에게 도움을 요청하게 된다. 황제의 호소는 느리게 자라났지만 마침내 열매를 맺게 되었다. 프랑스, 독일, 이탈리아 그리고 다른 많은 서쪽 지역으로부터 온 기독교 기사들의 군대가 1099년에 예루살렘 바깥에 도착했고 그 도시를 손에 넣었다. 이제 십자군은 성지에 교두보를 마련한 것이다. 그리고 예전엔 기독교도의 땅이었던 동방을 무슬림으로부터 되찾기 위해서 진군할 생각이었다. 그리하여, 십자군에 참여한 왕국들과 그들의 이슬람 교 적들 사이에 전쟁이 벌어졌으며 승리의 물결은 거의 한 세기에 걸쳐서 이쪽저쪽으로 흘러 다녔다. 살라딘은 1171년에 이집트에서 군대를 지휘하라는 명령을 받았다. 그의 지휘하에, 그때까지 이루어져왔던 균형이 깨지고 승리의 물결은 결정적으로 이슬람 교 쪽으로 선회했다. 그후로 80년 동안 끊임없는 노력이 계속되었지만, 십자군은 변함없이 방어태세로 싸워야 했으며, 그들의 발판은 오그라들어서 거의 사라질 지경에 이르렀다. 살라딘의 역공세는 절정에 다다른 듯했으며 마지막 승리는 이슬람 교에게로 돌아가는 것 같았다. 그러나 이슬람 측은 방향을 잘못 바라보고 있었다. 칼리프들은 서쪽의 국경문제를 해결하느라 여념이 없었으므로 동쪽의 안전은 무시해버렸다. 처음에는 의식하지 못했지만 13세기 초에 동쪽의 초원지대로부터 새로운 위협이 자라나기 시작했다. 1220년과 1221년에 중앙 아시아의 많은 부분과 페르시아가 낯선 기마민족의 손에 들어갔다. 1243년에 현재의 터키도 함락되었다. 정복자들은 이슬람 교가 아니었으며 누구를 상대하건 간에 가공할 잔인성을 과시하며 군사작전을 펼쳤다. 1258년에 그들은 바그다드로 입성했으며 마지막 아비스 왕조의 칼리프인 알-무스타심을 처형했다. 이 정복자들은 몽골족이었다(그 수장은 일한국을 창건한 훌라구였다/역주).

## 몽골족

그전에도 비슷한 기마민족들이 초원에서부터 문명세계로 침입한 적이 있었다. 그렇지만 정복지역의 범위나 신속함에서 몽골족[蒙古族]들이 그들 모두를 능가하는 이유는 쉽사리 설명할 수 없다. 어쨌든 몽골족은 그들 모두를 능가했다. 실제로 그전에도, 그후에도 한민족이 군사행동 과정을 통해서 그렇게 넓은 지역을 단일한 군사적 세력 아래에 둔 적은 없었다. 나중에 칭기즈 칸으로 불리게 되는 테무친이 1190년에 몽골족을 통일하기 시작했을 때부터 1258년에 그의 손자가 바그다드를 강습하기까지, 몽골족은 중국 북부 전체와 고려, 티베트, 중앙 아시아, 페르시아의 콰라자미아, 캅카스, 투르크 계 아나톨리아, 러시아 공국들을 차례차례 공략했으며 인도 북부로 공격해서 들어갔다. 1237년부터 1241년까지 그들은 폴란드, 헝가리, 동프로이센, 보헤미아에서 광범위하게 군사행동을 벌였으며 빈과 베네치아 정찰을 위한 부대를 파견했다. 그들은 칭기즈 칸의 아들이자 후계자(오고타이, 1229-1241년 재위/역주)가 죽었다는 소식을 접하고서야 유럽으로부터 물러갔다. 그다음 후계자들의 지휘하에 몽골족은 그 영역을 더 넓혀나갔는데 중국 전체도 거기에 포함된다. 칭기즈 칸의 손자 쿠빌라이 칸(世祖)은 원(元) 왕조를 세웠으며 원왕조는 14세기 말까지 지속되었다. 그들은 미얀마와 베트남의 여러 지역에까지 지배권을 확보했고, (실패했지만) 일본과 자바도 침략하려고 했다. 그들은 인도에도 계속 간섭했으며 1526년에는 칭기즈 칸의 자손인 바부르가 인도에 무굴(Mughul : Moghul이라고도 쓰며, 이는 Mongol을 의미한다/역주) 제국을 세웠다. 1876년에 빅토리아 여왕은 인도 황제의 칭호를 자기 것으로 만들었지만, 이 칭호는 그보다 350년 전의 무굴 정복에서 직접 유래한 것이며 궁극적으로는 칭기즈 칸의 야심으로부터 나온 것이다. 그는 1211년 초원지대로부터 제일차 정벌을 떠나기 전날 밤 하늘과 대화를 나눈 후 막사에서 나와서 이렇게 선언했다. "하늘은 나에게 승리를 약속했다."[71]

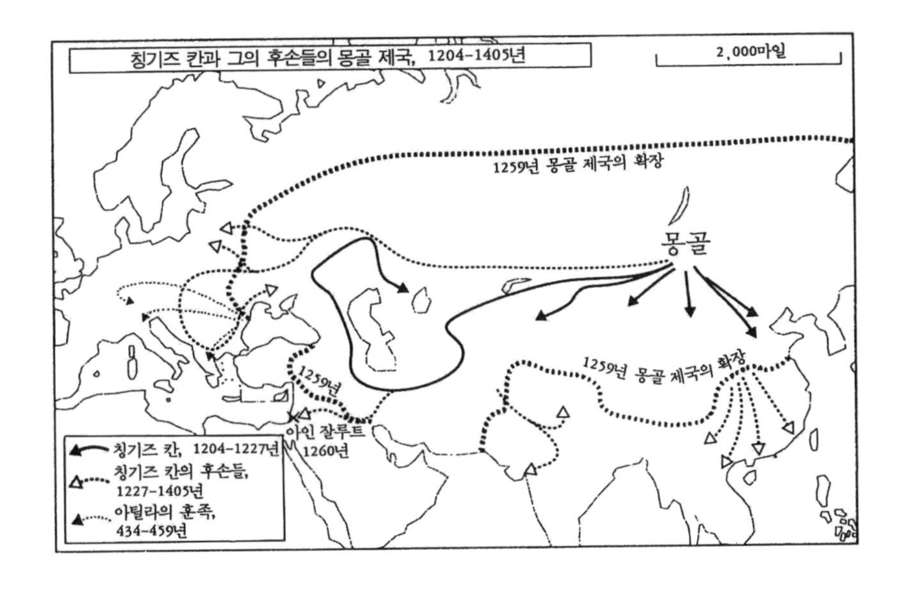


그러나 몽골족이 처음으로 방향을 돌린 것은 인도가 아니라 중국 쪽이었다. 그들은 중국제국의 변경에 살고 있었기 때문이다. 기원전 3세기 말에 진(秦)나라가 최초의 통일을 이룩한 이래로 중국왕조들은 황하 북쪽에서 온 민족들에 의해서 언제나 위협을 받고 있었으며 종종 그들의 손에 유린당하기도 했다. 중국 측에서는 이러한 난입에 대처하기 위해서 곧 두 가지 체계를 고안했다. 우선 만리장성을 이용하는 방법이 있었다. 만리장성은 진나라 때 처음 하나로 결합되었는데 종종 새로 쌓아지고 연결되고 확장되었다. 문명과 유목사회 사이의 일차적인 경계선이라고 할 수 있는 이 만리장성을 이용해서 중국의 지배자들은 변경민족들로 하여금 정착지의 일차적인 방어자 노릇을 하게 만들었다(변경에 살고 있던 민족들은 중국인 무역상, 관리, 군인들과의 접촉을 통해서 어느 정도 중국화되는 것을 피할 수 없었다. 그리고 그들이 중국을 위해서 일을 할 때에는 곧장 그 대가로 보호를 받거나 보조금을 지급받기도 했고 토지를 할당받기도 했는데 때로는 만리장성 안쪽의 땅을 받기도 했다). 그리고 만약 이 일차적인 방어선이 무너지고 나면 중국인들은 문명화된 중국인의 삶이 가지고 있는 탁월한 매력에 의존해서 침략자들을 서서히 무장해제해갔다. 그러한 정책은 다음과 같은 가정에 근거한다. "중국의 제도와 문화는 지고(至高)하므로 야만인들에게 이내 받아들여질 것이다. 야만인들이 중국문화를 전혀 필요로 하지 않을 것이라는 생각은 얼토당토않다."[72]

그러한 정책은 1,000년도 넘게 실효를 거두었다. 종종 침략을 당해서 때로는 분열되기도 했고 어떤 시기에는 심각한 혼란에 빠지기도 했지만, 중국이 전적으로 이민족의 지배하에 들어간 일은 없었다. 타민족은 한 지역의 주도권을 차지하고서도, 실제로 문화의 변용이나 이민족 결혼을 통해서 언제나 중국문명 속에 흡수되었다. 혼란기간은 종종 긍정적이고도 창조적인 반작용을 낳았으며, 중앙권력은 그렇게 다시 세워졌다. 수(隋)왕조(581-617)와 그 뒤를 이은 당(唐)왕조(618-907) 때에는 귀족집단이 정권을 장악했는데, 이들은 야만족 출신이거나 대체로 초원으로부터 온 투르크 계 침략자 출신이었다. 3세기부터 5세기까지 분열을 야기한 것은 바로 이들이다. 이러한 상황에서도 수왕조와 당왕조는 만리장성을 확장하고 강화했을 뿐만 아니라 거대한 공공 구조물도 건설했다. 대운하(大運河)도 그중 하나인데 이 운하는 황하와 양자강 상류의 배가 들어갈 수 없는 지점들을 연결해주었다. 더욱이 이 모든 것들이 군사정권이 들어서지 않고도 이루어졌다는 점에서 로마의 경우와 뚜렷이 대조된다. 로마인들은 처음에 군대가 야만족화하는 것을, 나중에는 나라의 정체(政體)가 칼로 살아가는 전사왕국으로 바뀌는 것을 경험했다.

중국의 지배왕조와 귀족들은 군사기술과 기병술을 존중했지만, 군사적인 지도력과 행정적인 능력을 혼동하지는 않았다. 4세기에 손자는 점진적인 군사전략을 처음 주장했는데, 그의 주장은 수, 당 왕조하에서 뿌리를 내렸다. 손자는 이미 존재하는 사상과 관례의 겉모습을 빌려서 자신의 이론을 형성해나갔다. 그렇게 하지 않았더라면 그의 이론은 중국인들의 호감을 사지 못했을 것이다. 그의 이론이 강조하고 있는 것은 다음과 같다. 승리를 확신하지 못할 때에는 싸움을 벌이지 말고, 모험을 하지 말아야 하며, 심리적인 수단으로 적을 위압해야 하고, 힘보다는 시간을 이용해서 침략자를 녹초로 만들어야 한다는 것 등이다(20세기의 전략가들은 이 모든 개념들이 대단히 반(反)클라우제비츠적이라는 것을 깨달았으며, 마오쩌둥과 호찌민의 군사 행동을 보고 비로소 손자를 주목하게 되었다). 손자는 『손자병법(孫子兵法)』을 통해서 중국의 군사이론과 정치이론이 하나의 지적인 완성체로 통합되어야 한다고 주장했다.[73] 그리고 어떤 경우라도 점진주의는 수왕조와 초기 당왕조 당시의 중국군대에 가장 잘 어울렸다. 그때 중국군대는 징병제를 바탕으로 했으며, 국경지대에 서는 중국인은 아니지만 중국인화된 외인 보조 부대를 받아들였다.

8세기 초에 당왕조는 그 세력이 절정에 다다라서, 그 전후의 어떤 중국왕조도 이루지 못한 위업을 달성했다. 중국은 물질적, 지적 지배권을 쥐고 있었는데 특히 중국 불교 지도자들의 영향으로 개종을 한 사람들이 아주 많았으므로, 중국은 인도와 스리랑카를 따라잡고 동아시아와 남아시아에서 불교를 대표하게 되었다. 이에 힘입어 당왕조는 만리장성 너머에 있는 상당히 넓은 지역까지 국경을 넓혀나갔으며 인도차이나의 일부분과 티베트의 동쪽 국경지역 그리고 말썽 많은 이웃 나라에까지 세력을 뻗쳐나갔다. 하지만 당의 승리는 당왕조가 멸망하게 되는 원인이 되었다. 군사적인 승리 때문에, 군인들, 그것도 종종 비중국인 출신이 유력한 위치에까지 올라서는 것을 피할 수 없었던 것 같다. 그후로는 관료와 군 지휘자들 사이에 권력투쟁이 잇따랐으며 755년에서 763년 사이의 군사 모반은 절정에 이르러 황제[玄宗]는 수도로부터 달아날 수밖에 없었다(안녹산과 사사명이 일으킨 "안사[安史]의 난[亂]"[755-763]을 말한다/역주). 결국 그의 후계자는 티베트인과 유목민으로부터 군사적인 도움을 받고서야 제권을 회복할 수 있었다. 이 사건은 751년, 탈라스에서 당나라 군대가 아랍을 물리치고 난 직후에 일어났다. 탈라스 전투는 중앙 아시아의 지배권을 놓고 중동과 극동 사이에 벌어진 결정적인 전투였는데 이때 중국군 지휘관은 고구려인(고선지 장군을 말하는데 그의 직책은 토적부원수[討賊副元帥]였다/역주)이었다. 또한 755년 반란군의 지도자였던 안녹산은 소그디아와 투르크 계통의 피가 섞여 있었다. 중국인의 관점에서 보자면 두 사람 다 야만족 출신이다.

중국제국의 중앙에 비(非)중국인이 다시 나타난 것은 미래의 나쁜 징조가 되었다. 8세기부터 줄곧 집중적인 관개를 통해서 쌀 생산이 엄청나게 늘어났고 그로 인해서 중국인구는 배가량 늘어났지만, 이러한 발전은 대체로 양자강 유역과 그 이남에 국한된 것이었다. 북쪽에서는 군사모반으로 인해서 기근이 들고, 제국의 권한이 군관구의 사령관들에게 넘어가고, 새로 충원되는 용병들은 "부랑자들, 행실이 나쁜 자들, 사면의 조건으로 입대한 전과자들"이 주류를 이루었다.[74] 중국인들이 병사들과 관련된 거래를 싫어하고 경멸하는 것은 이 시기에 뿌리를 두고 있으며 1949년 인민해방군이 승리를 거둘 때까지 지속되었다. 10세기 초에 제국의 권위는 무너졌다. (960년에 세워진) 송(宋)왕조가 다시 통일을 했지만 북서쪽과 북쪽의 영토는 회복하지 못했다. 이 지역은 몽골 계통의 거란족(契丹族)과 시베리아 계통의 여진족(女眞族)이 다스렸다(여진족은 17세기에 만주족이라는 이름으로 중국을 정복했다). 얼마 후 송왕조의 서쪽 지역은 서하족(西夏族), 즉 탕구트족의 손에 넘어갔다. 탕구트족은 투르크인, 티베트인, 시베리아인의 피가 섞인 민족이었다.

과거 한(漢)왕조가 중국민족 특유의 것들을 강력하게 심어놓았기 때문에 중국을 "한(漢)" 중국이라고 부르곤 하는데 1211년 칭기즈 칸이 하늘로부터 승리의 계시를 받을 무렵, 중국은 불안정한 상태였다. 만리장성은 한족(漢族)의 손에 있지 않았다. 다른 야만족이 서쪽 측면을 차지하고 있었다. "국고의 대부분을 차지한 군사비"는 용병비용으로 지불되었지만, 송나라 군대는 "과잉 병력에 비효율적이었다." 군대는 말도 부족했고 야만족 부대의 지원도 사라져버렸다. 왕조가 더 이상 초원 변경지대에 영향력을 발휘할 수 없었기 때문이었다.[75] 그러나 어떻게 해서 몽골족이 중국의 그토록 많은 부분을 그렇게 단시일 내에 휩쓸었는지에 대해서는 이러한 상황만을 가지고 설명할 수 없다. 사실 몽골족이 서양에서 그 정도의 소용돌이를 일으키며 승리를 거둔 것도 설명하기 쉬운 것은 아니다.

의심할 바 없이, 많은 부분은 바로 칭기즈 칸의 성격 때문이며, 또 그가 외부인을 상대로 몽골족의 관습과 편견을 열렬하게 강요했기 때문이다. 몽골족은 성 도덕이 엄격했다. 간통을 한 경우 두 사람 다 사형에 처했으며, 여자노예를 범한 경우 역시 상당한 지탄을 받았다. 다른 사람의 아내를 훔치는 것은 미개사회의 특징인 동시에 미개사회를 분열시키는 원인이 되곤 했는데, 이러한 규범으로 인하여 다른 사람의 아내를 훔치는 일은 없어졌다.[76] 그럼에도 불구하고 몽골인들은 그리고 특히 칭기즈 칸은 쉽사리 공격을 가하는 성격이었으며 외부인들에게 복수를 할 때면 야수에 가까웠다. 실제로 칭기즈 칸의 생애는 크게 보아서 복수의 역사였고 몽골인들의 전쟁은 원시적 복수 욕구를 엄청난 규모로 확대시켜놓은 것이었다. 그러나 몽골인들은 외부 전문가의 도움을 언제라도 받아들였으며 실제로 외국인 부대를 자기들 군대에 편입시켰다. 사실 그렇게 할 필요가 있었다. 1216년에 중국 북부에 대한 제2차 정복을 시작할 무렵 몽골군 핵심 인원은 2만3,000 여명에 불과했기 때문이다.[77] 서양인들을 공포에 떨게 했던 "몽골" 군의 다수는 투르크족이었다. 그리고 타타르족은 칭기즈 칸이 정복한 이웃 부족이었다(몽골족을 타타르족과 혼동하는 경우가 있는데 민족언어학자들은 이러한 혼동을 해소하기가 어렵다고 한다).[78] 칭기즈 칸 연구자들은 칭기즈 칸의 군사조직이 얼마나 세련되었는지에 대해서 규명한 바가 많다. 그는 추종자들 중 "재능 있는 자에게 자리를 개방했으며" 군대도 10명, 100명, 1,000명 단위로 나누는 등 합리적인 방식을 사용했다(나중에는 "1,000명 단위"의 부대가 95개나 되었다). 이것은 중대는 대대에 종속되며 대대는 연대에 종속되는 현대 서양의 군대체계와 비슷하다.[79] 다음과 같은 사항은 모두 다 의심할 바 없이 의미심장하다; 지휘관의 임명에서 상속의 개념을 없애버렸다(다만 칭기즈 칸 자신의 직계 가족인 경우는 예외였다); 지휘능력에 따라서 지휘관을 임명함으로써 칭기즈 칸은 부족주의와 결별했다. 그렇지만 이러한 변혁은 자그마한 부족 내부에서 일어난 것이다. 그들은 수백 배나 더 많은 사람들을 압도하기에는 수적으로 상당히 부족했다. 초원에서 온 기마민족들은 그 숫자가 20-30만을 넘는 경우가 결코 없었다. 그러나 그들의 정복범위는 몽골족의 경우와 비교할 것이 못 되었다. 비록 그들이 더 잘 조직되어 있었다고 하더라도 몽골족만큼 전쟁을 치러낼 수 있었을지는 의문이다. 또 다른 요소들이 작용한 것이다.

훌륭한 기술은 여기에 포함되지 않는다(몽골족은 훈족이나 투르크족 그리고 중국의 귀족들과 마찬가지로 초원의 조상으로부터 물려받은 말들에 대한 사랑을 간직하고 있었다). 몽골족은 조립식 활과 조랑말에 의존하는 것 이외에는 별다른 싸움 방법을 알지 못했다. 그들의 군대 내에 무장한 기마부대가 있었다는 주장도 있지만, 그럴 가능성은 거의 없다. 널리 받아들여지고 있는 바에 따르면, 몽골족은 전쟁에서 공성기술을 잘 이해하고 있는 외국인들의 도움을 받아들였다는 것이다. 그렇지만 화약이 없던 시대에 공성기술을 이용해서 방어자들의 저항의지가 굳은 요새를 깨고 들어가는 것은 대단한 노고가 필요하고 많은 시간을 소모해야 하는 방법이었다. 반대되는 추측도 가능하겠지만(실제로 그 당시에 화약을 가지고 있던 사람이 있었다고 하더라도) 몽골인들은 화약 사용법을 아직 배우지 못했던 것이 확실한 것 같다. 그럼에도 불구하고 몽골인들은 동양과 서양에서 강력하게 방어하고 있던 곳들을 잇따라서 모두 제압했다(트란스옥시아나의 우트라르[1220], 페르시아의 발흐, 메르프, 헤라트, 니샤푸르[1221], 서하의 수도인 영하[1226] 등을 들 수 있다). 그러므로 일반적으로 수비대들이 싸워보지도 않고 포기했다고 결론을 내릴 수밖에 없다.[80] 그런 관점에서 본다면 매우 의미심장한 사건이 하나 있다. 페르시아의 도시인 구르간에서 몽골족은 단호한 저항에 부딪혔으며, 포위기간은 1220년 10월부터 1221년 4월까지였다. 서양의 봉건전사들이 그 당시 똑같은 행동을 하면서 기대했던 바로 그런 종류의 지연작전이었다.

그러므로 위에서 말한 것과 같은 상황이 벌어진 것은 몽골족은 천하무적이라는 말이 퍼져 있었기 때문인 것 같다. 잘 알고 있듯이 부하라와 사마르칸트에서는 몽골족의 그림자가 나타나자마자 항복해버렸다. 부하라에서 칭기즈 칸은 아마도 아틸라의 유령을 불러일으켰을 것이며, 중앙 모스크에서 설교를 할 때 자신을 "신의 도리깨"로 묘사했을 것이다. 이러한 무적의 명성에 기여한 것은 무엇인가? 몽골족은 등자(鐙子)의 사용법을 알았다. 아틸라의 훈족은 그렇지 못했다. 그러나 등자는 이미 500년 동안 일반적으로 사용되었던 물건이었다. 혹은 몽골족의 말은 세월이 흐르는 동안 아마도 훈족의 말들보다 더 우수해졌을 것이다. 그리고 말을 다루는 기술도 더 나아졌을 것이므로 더 큰 종류의 말도 건사해낼 수 있었을 것이다. 그러나 이러한 이점은 투르크족 역시 누리고 있었다. 칭기즈 칸과 그의 아들들은 부족민들에게 엄혹한 규율을 강요했다. 야사(yasa)라고 하는 그들의 법전이 규정하는 바에 따르면 전리품은 집단의 재산이었으며 전사가 전투에 나가서 동료를 저버리는 것은 사형에 처할 만한 죄였다. 개인적인 이득을 취하는 것과 위험에 직면해서 도망가버리는 것은 "원시적인" 전쟁의 특성이라고 할 수 있는데, 이러한 행위에 제재를 가함으로써 몽골의 기사들은 불패의 군대가 되었다고 할 수 있다. 그리하여 그들의 군대는 "군사적인 지평선" 위에 있었으며 단순한 싸움꾼이 아니었다.[81] 그렇다고 하더라도 사람들이 몽골족을 보고 그렇게 쉽사리 겁을 집어 먹었던 이유는 여전히 알 수 없다.

초점을 정확하게 잡기 위해서는 먼저 다음과 같은 사실을 염두에 두어야 한다. 몽골족의 침략은 전 세계에 동시다발적으로 이루어진 군사행동이 아니었다. 곧 그들의 세력 과시가 미친 전 지역에서 거의 동시에 터진 사건이 아니었다는 것이다. 몽골족은 소규모로 시작해서 순차적으로 큰 싸움을 벌여나갔으며 무자비하기 그지없었다. 복수가 몽골족의 동기였다는 것은 이미 이야기했다. 사실 그들이 첫 번째로 승리를 거둔 상대는 금(金)나라였다.

금나라 측에서는 칭기즈 칸을 개념상 봉건가신으로 보고 금나라에 대한 충성을 요구했으며, 칭기즈 칸은 이것을 커다란 모욕으로 받아들였다. 몽골족의 두 번째 상대는 콰라자미아족이었다. 이들은 교역권을 요구하는 몽골족 사신을 신의를 저버리고 죽여버렸다. 하지만 칭기즈 칸은 계산 없이 공격하지는 않았다. 알렉산드로스 대왕처럼, 그는 공격대상에 대한 정보를 엄청나게 수집했으며 첩보망을 언제나 넓게 침투시켜놓았다. 그는 또한 알렉산드로스 대왕처럼 합리적인 전략가였다. 금나라를 치러 갈 때, 그는 원래 고비사막을 가로질러 가기로 했다. 그 길은 직선 코스였지만 난코스이기도 했다. 그는 출발 전 마음을 바꿔서 우회로인 간쑤성 회랑지대를 거쳐서 가기로 결정했다. 간쑤성 회랑지대는 비단길을 따라오다 보면 준가얼 분지 동쪽에 위치해 있으며, 이 회랑지대를 따라가다 보면 만리장성의 끝이 나온다. 칭기즈 칸은 서하를 상대로 하는 첫 전투에서의 승리를 필수적인 예비조건으로 생각했던 것이다.

그것이 바람직한 일이라고 생각되기도 했을 것이다. 기마민족들 중에는, 확실히 드러나지도 않으며 외부인들의 눈에는 대단치도 않은 싸움에 매달리는 부족들이 있다. 그들은 초원지대 내에 하나의 통일된 제국을 다시 한번 창건하려고 했으며 이 일을 처음 이룬 것이 6세기의 돌궐족이었다. 서하, 즉 탕구트족도 그러한 부족 중의 하나였다. "초원지대에 통일된 제국을 재창건하려는 시도가 언제 어떻게 시작되었는지는 신화와 전설의 구름 속에 싸여 있다. 후에 몽골족들 스스로 [칭기즈 칸의] 행적을 윤색해놓았기 때문에 더욱더 그러하다."[82] 이러한 해석에 따르면, 몽골족은 통일제국을 위한 싸움에 발을 들여놓게 되었으며 결국 그들 어족(語族) 가운데 논의의 여지가 없는 지도자가 되었다. 바로 그 승리로부터 그다음의 역사가 시작되었다. 이것은 매우 그럴듯한 이야기이므로 우리가 이런 식의 이야기를 믿는다면 몽골족이 어떻게 세계제국의 위업을 이룩했는가 하는 가장 중요하고도 마지막까지 남아 있는 난제가 쉽게 풀려버린다. 그들은 이제 더 이상 "문명생활의 중심으로부터 멀리 떨어져 있는 것도 아니고, 동아시아와 남아시아의 도시들로부터 문화적, 종교적 영향을 거의 받지 못하고 있는 것도 아니었다." 그 대신 그들은 초원지대 전체의 지평선을 따라서 진행되고 있던 싸움의 참전자로 나타난 것이다. 이러한 싸움은 간접적이기는 했지만, 군사적인 규율과 조직이 하나의 지평선을 넘어서 전쟁방법을 변형시켜놓는 매개체가 되었다.[83]

이 모든 것은 투르크족에게서 유래한 것이며 이슬람 교를 믿는 중동과 중국으로부터 변형된 형태로 돌아왔다. 여러 세기에 걸쳐서, 중국화되었거나 이슬람화된 투르크인들이 초원지대로 돌아왔다. 훌륭한 전문가가 되어서 고향으로 돌아온 경우도 있으며, 실패자나 낙오자로서, 처벌을 받지 않으려는 도망자로서, 상인들의 안내자로서, 심지어는 공적인 밀사로서 들어오기도 했다. 역전의 군인이 이야기를 할 때면 언제나 귀를 기울이는 청중들이 있었으며, 외지에서 배워온 군사적인 전문기술은 보편적인 가치를 가졌다. 몽골인들이 출정의 길에 나서기 전에 적군이 얼마나 강한지 전혀 몰랐다거나 적군에 대해서 아는 바가 없었다거나 하는 것은 있을 법하지 않은 이야기이다.

몽골인들이 습득하게 된 힘 중 가장 중요한 것은 추상적인 것이었다. 이슬람 세계의 군사행동은 그들에게 이상의 힘을 주입시켰다. 몽골인들이 가장 많이 들었거나 익히 알고 있었던 투르크인들이 실제로 이슬람의 선구적 전사에 관한 것이었다는 사실은 의미심장하다. 가지(ghazi)라고 하는 이 전사들은 칼로써 코란의 가르침을 전했다. 칭기즈 칸은 자신의 임무가 성스러우며 하늘의 재가와 요구에 따른 것이라고 믿었으며, 자신의 추종자들에게도 그렇게 가르쳤고, 무당들에게 자신의 입장을 지지해달라고 요구했다. 심지어는 몽골인들이 선택된 민족이라는 것을 골자로 하는 초보 단계의 국수주의적 설교를 했다고 한다.[84] 그러나 그보다 더 중요한 것은 칭기즈 칸이 이슬람 교의 완화된 도덕관을 전혀 받아들이지 않았다는 것이다. (기마전사들의 기동성, 사정거리가 길고 치명적인 조립식 활, 가지의 사생결단의 정신, 배타적인 부족주의 사회의 활기 등의) 전쟁의 수단은 이미 그의 손에 쥐어져 있었으며 그 정도라면 누구도 얕잡아 볼 수 없었다. 이러한 요소들에 동정이라고는 모르는, 낯선 사람에 대한 자비라거나 개인적인 완전성에 대해서 고민하는 불교 사상이나 유일신 사상의 영향을 전혀 받지 않은 이교(異教)사상이 더해졌다. 이렇게 보았을 때 칭기즈 칸과 몽골인들에 대한 무적의 평판은 놀랄 만한 것이 결코 아니다. 그들의 무기뿐만 아니라 그들의 정신 역시 공포의 대리인이었으며, 그들이 퍼뜨려놓은 공포는 오늘날까지도 하나의 기억으로 남아 있다.

## 기마민족의 쇠퇴

그렇지만 처음 정복에 나설 때의 힘을 영속시켜나갈 수 없다는 사실이 기마민족들을 끊임없이 괴롭혀왔으며, 그러한 일이 훈족과 부미니(돌궐을 세운 이리가한의 본명이며 중국에서는 토문[土門]이라고 한다/역주)가 이끌던 돌궐족에게처럼 결국에는 몽골족에게 일어났다. 칭기즈 칸은 훌륭한 행정능력의 소유자였다고 생각되지만 부족민들에게서 무엇인가를 끌어내려고만 했지 안정을 주려고 하지 않았으며, 유목민의 생활방식을 유지해나가려고만 했지 변화를 주려고 하지 않았다. 그가 만들어놓은 체계로는 유일 계승자를 정당화할 방법이 없었다. 피지배민족은 물론 몽골인들 자신이 보기에도 그랬다. 유목민의 관습에 따르면 지배자의 소유물(영토, 추종자, 가축)은 아들들이 공평하게 나누어가지는 것이 당연했으며, 1227년에 칭기즈 칸이 죽자 바로 그런 일이 일어났다. 그의 제국은 제1부인인 보르테의 네 아들이 나누어가졌다. 관습에 따라서 가장 어린 아들이 조상 대대로 내려온 땅을 받았으며 정복을 통해서 손에 넣은 영토는 나머지 아들들이 나누어가졌다. 그다음 몇 세대 동안 러시아의 몽골인 지배자들은 그들 생각대로 통치했지만, 중앙 아시아와 중국의 몽골인 지배자들은 후계문제와 관련된 분쟁에 휩싸였으며 결국 칭기즈 칸의 손자들 사이에 내란이 일어났다. 쿠빌라이는 스스로 칭기즈 칸과 대등한 지위에 오르겠다고 주장했으며 중앙 아시아의 지배자인 훌라구가 동생인 쿠빌라이의 주장을 지지하기로 함으로써 이 분쟁은 해결되었다. 그러나 그것이 몽골 심장부의 통일을 재현하지는 못했다. 쿠빌라이 칸은 그때 이미 전쟁을 치르고 있었으며 그 전쟁으로 중국에 독자적으로 원(元)왕조를 세웠다. 이 싸움으로 그는 결국 기력을 다 소모해버렸으며 그를 따르던 몽골인들은 옛날의 유목생활로부터 차츰 멀어지게 되었다. 그 사이에 훌라구는 중앙 아시아의 수장 자리에 도전하고 있었으며 이슬람 지역의 동쪽 국경지방에서 벌어지는 국지전에 점점 더 깊이 관여하다가 마침내는 칼리프를 상대로 군사행동을 벌이게 되었다.

결과론적으로 보면 몽골 제국의 해체는 쿠빌라이 칸이 중국으로 돌아선 순간부터 시작된 것이지만 그때는 그 해체가 이슬람 교도에게도, 서양의 기독교도에게도 명확해 보이지 않았다. 이슬람 교도들도, 기독교도들도 몽골족은 여전히 결코 무시할 수 없는 고려의 대상이라고 생각했는데, 사실 그것은 옳았다. 그러나 양측은 완전히 상반된 시각에서 그렇게 생각한 것이다. 한 세기 반 동안 성지의 소유권을 놓고 서로 싸움을 벌이고 있을 때, 중앙 아시아로부터 훌라구 칸의 몽골족 무리가 접근해온다는 소식은 각각 두려움과 희망을 안겨주었다.

희망을 느낀 것은 동방 라틴 왕국들의 십자군들이었다. 이슬람 쪽에서 보면 십자군은 여러 문제들 가운데 하나인 "국경문제" 정도밖에 되지 않았다. 그리고 실제로 십자군은 1099년에 예루살렘을 손에 넣은 이후로 자신들의 발판을 조금도 넓혀놓지 못했다. 12세기에는 예루살렘마저 살라딘에게 빼앗겼으며 살라딘이 역공세를 취한 여파로 시리아 해안의 몇몇 지점에 간신히 매달려 있었다. 그러나 서양세계에서 십자군의 호소력은 결코 잦아들지 않았다. 십자군은 계속해서 재충원되었으므로 13세기까지 "공식적인" 십자군 파병만 5번이나 일어났다. 그외에도 여러 차례 십자군의 파병이 있었지만 중간에 무산되었거나 혹은 다른 곳에 있는 교회의 적들에게로 표적을 바꾸었다. 십자군으로 인하여, 종교적인 맹세를 한 기사들 사이에 강력한 군사적 질서가 생겼으며, 십자군 왕국들의 변경에 기사들이 주둔하는 강력한 요새들이 체계적으로 세워졌고, 기독교를 믿는 유럽 전역에서 말을 모는 기사계급 사이에 "기사(chivalry)"의 규범이라는 것이 좀더 세련된 형태로 확대되었다. 11세기에서 13세기 사이에 서양의 군사문화에서 가장 중요한 요소가 된 것은 의심할 것도 없이 기사이다. 그 무렵의 서양 귀족계급들은 전쟁에 거의 모든 힘을 쏟았다. 새로운 십자군에 대한 요청이 정기적으로 있었는데 왕들뿐 아니라 땅이 없는 기사들 역시 동방에서 명예와 부를 얻을 수 있다는 생각에 솔깃해 있었으므로 십자군 원정은 수지가 맞는 일이었다. 훌라구의 몽골 군이 중앙 아시아를 박차고 나올 태세를 취하고 있던 13세기 중반에 예루살렘은 이미 탈환되었으며 라틴 왕국들의 통합도 회복단계에 있었다. 그들의 운세는 되살아나는 것 같았으며 본래 십자군들이 가지고 있던 꿈이 다시 상승세를 타는 것 같았다. 그러나 십자군들의 희망은 너무나도 자주 꺾여왔으므로, 어려움이 잠시 수그러드는 것과 힘의 균형이 영원히 반전되는 것을 혼동할 십자군은 한명도 없었다. 주도권은 여전히 이슬람 쪽에 있었다. 그들은 분명히 정신적, 육체적 바탕으로부터 새로운 공격력을 끝없이 이끌어낼 수 있었다. 전선이 하나인 전쟁에서 그들은 우세한 위치를 지킬 수 있었다. 그러나 중앙 아시아로부터 훌라구의 몽골족 무리가 다가온다는 소문은 십자군의 적들에게 곧 제2의 전선이 생긴다는 뜻이었으며 그로 인하여 상황이 바뀔 수도 있다는 기대를 할 수밖에 없었다. 그래서인지 흥분과 기대감이 지나친 나머지 십자군 내에서는, 신비스러운 기마민족의 이름을 혼동하여 기독교도 왕인 프레스터 존이 초원지대의 중심지로부터 말을 타고 와서 자기들을 구해줄 것이라는 이야기까지 생겼다.[85] 훌라구는 프레스터 존(중세에 아시아와 아프리카에 걸쳐서 강대한 기독교 왕국을 건설했다는 전설상의 왕/역주)이 아니었다. 그럼에도 불구하고, 훌라구가 자신들의 적에게 위협이 될 것이라는 십자군들의 생각은 옳았다. 이슬람 쪽에서는, 훌라구가 다가오고 있다는 소식에 공포의 전율을 느꼈으며 몽골족의 진군을 위협으로 간주했는데 그것 역시 옳은 생각이었다. 그러나 그들은 그것이 얼마나 두려워해야 할 일인지 아직 몰랐다.

12세기에 살라딘이 십자군을 상대로 승리를 거둔 후, 이슬람 생활권의 실질적인 중심지는 이집트에서 시리아로 옮겨갔다. 살라딘의 자손들은 시리아에서 아이유브 왕조를 세웠다. 그러나 정통 아바스 왕조의 칼리프 또한 바그다드에서 권좌를 지키고 있었다. 그리고 바그다드는 몽골인들의 진로와 곧바로 통하는 곳에 놓여 있었다. 1256년에 훌라구가 진군해올 때 처음에는 그다지 경계하는 사람이 없었다. 그들의 표적은 흉악한 무슬림 암살단인 것 같았기 때문이다. 훌라구가 그들의 거점을 파괴하자 여러 곳에서 환영했으며 기독교도인 아르메니아인들은 훌라구의 무리에 군대를 파견할 정도였다. 그러나 1257년에 훌라구는 페르시아를 침입하여 재빨리 정복해버렸고 그해 말에는 메소포타미아로 진입할 태세를 갖추었다. 아바스 왕조의 칼리프, 알-무스타심은 훌라구가 다가오기 전부터 공포에 떨었으며 몽골족의 한결같은 요구사항, 즉 항복이냐 전멸이냐를 제대로 이해하지도 못했다. 1258년 1월에 훌라구는 페르시아로부터 나타나서 티그리스 강을 건너서 칼리프의 군대를 쓸어낸 뒤 바그다드를 점령했다. 알-무스타심은 교살형에 처해졌다. 이것은 초원지대의 관행이었는데 나중에 오스만 튀르크족의 이스탄불 궁정에서도 이것을 이어받아서 법으로 제정했다.[86] 훌라구는 또한 많은 바그다드 시민들을 학살했다. 이것은 그들의 생명을 보장해주겠다던 약속을 어긴 것이며 몽골족의 관습을 어긴 것이기도 하다. 아마도 미리 충격을 주고 싶었기 때문인 것 같다. 그는 다음으로 시리아의 알레포로 향했으며 그곳 주민 역시 학살했지만 그들은 자신들의 도시를 방어했다. 다마스쿠스와 다른 많은 이슬람 도시의 주민들은 좀더 조심성이 있었으므로 목숨을 건졌다. 사방에서 이슬람 세력이 붕괴하는 것을 보고 십자군들은 자신들의 희망을 계속 키워갔다. 즉, 몽골인들은 십자군의 대의명분을 도와줄 것이며 심지어는 십자군 중에서 최강자인 보에몽을 설득해서 잠시 동안 자기들 군대에 있어달라고 할 것이라고 생각한 것이다. 그러나 몽골 군이 "성지"로 밀고 들어오자 그들은 생각을 고쳐먹고 해안의 진지로 물러났다. 그런데 훌라구가 "위대한 칸" 선출회의(쿠릴타이/역주)에 참석하기 위해서 초원지대로 소환되었다. 이때 이집트의 아이유브 왕조 역시 몽골족 때문에 근심에 싸여 있었다. 십자군들은 살라딘에게 패배한 쓰디쓴 기억을 가지고 있었지만, 서로 간에 이해관계가 맞아 떨어져서 이집트 군대가 십자군의 영역으로 들어오도록 급작스럽게 허락했다. 그들은 아크레 근처에 진을 치고 몽골 군에 대항할 준비를 했다. 이때 몽골 군을 지휘한 것은 훌라구의 부하 키트부가였다. 몽골 군을 기다리고 있는 동안 이집트의 사령관 바이바르스는 실제로 십자군의 궁정에 초대되기도 했다.

바이바르스는 맘루크였으며 대단히 야심에 찬 인물이었다. 그는 이집트에서 맘루크의 세력을 시위하기 위해서 술탄 1명을 살해하고 그 대신 다른 사람을 그 자리에 앉힌 일까지 있었다. 키트부가가 통상적인 항복을 요구하기 위해서 보낸 사신을 살해하기로 결정한 일에도 바이바르스가 관여했을 것이다. 이 같은 도전행위는 개전(開戰) 원인(casus belli)이었으며 복수에 집착하는 몽골인들 눈에는 각별히 도발적인 것이었다. 그런 행위는 전쟁을 불러오게 마련이었고 결국 전투가 벌어졌다. 몽골인들은 시리아의 진지로부터 팔레스타인 북부로 진군해왔고, 1260년 9월 3일에 예루살렘 북쪽에 있는 아인 잘루트(Ain Jalut : 골리앗의 샘)에서 이집트 군대와 부딪쳤다. 이때 이집트 군 사령관은 술탄 쿠투즈와 바이바르스였다. 그날 아침에 벌어진 전투에서 몽골족은 패배하여, 키트부가는 사로잡힌 뒤 살해되었고 살아남은 자들은 뿔뿔이 흩어져서 다시는 돌아오지 않았다.

몽골인들이 정면대결을 벌여서 패배한 것은 아인 잘루트에서가 처음이었으며, 이는 기독교도, 이슬람 교도, 몽골족 세계 전체에 대단한 사건이 되었고, 역사가들은 이 전투를 계속해서 자세히 연구하게 되었다. 이 전투의 결과에 대해서는 의견이 분분하다. 이 전쟁으로 인하여 근동은 몽골의 지배에서 풀려날 수 있었던가, 혹은 몽골족 무리들은 전략과 병참술에서 이미 그 한계에 다다랐던가? 전술적인 면에 대해서도 역사가들의 의견이 갈리고 있다. 바이바르스는 눈부신 무공(武功)을 세웠는가, 혹은 이집트 군대는 수적인 우세로 이겼는가? 몽골족의 말들이 시리아의 작물을 깨끗이 먹어치워버렸다는 주장에는 상당한 설득력이 있다. 초원지대를 떠난 기마부대는 언제나 경작지 작물을 깨끗이 먹어치워버리는 경향이 있다. 그리고 훌라구는 중앙 아시아를 향해서 떠날 때 상당한 병력을 이끌고 간 것이 분명하다.[87] 반면에 최근의 추산에 따르면 키트부가 휘하에 남아 있던 병사는 1만 명에서 2만 명가량 된다고 한다. 이뿐만 아니라 그동안 이집트 군대의 규모가 과장되어왔다고 생각된다. 병사의 수가 2만 명이면 그중 맘루크의 핵심은 1만 명이 넘지 않을 것이다.[88] 한마디로 아인 잘루트에서 양측은 대등하게 전투를 벌였으며 따라서 그것은 정말 의미심장한 일전이었다. 즉각적으로 나타나는 전략상의 결과 때문만이 아니다. 그것은 전문적인 병력으로 구성되고, 한 정태적인 국가의 세입에 의해서 지탱되는 기마민족의 군대가, 아직까지 약탈로 살아가며 부족주의와 복수라는 원시적인 가치에 의해서 행동하는 또 하나의 기마민족의 군대를 제압했다는 것을 두드러지게 보여주기 때문이다.

우리는 아부 샤마의 견해에 이미 주목하고 있었다. "[몽골인들이] 자신들과 같은 종족의 사람들에게 패배하고 파괴된 것은 눈여겨볼 만한 일이다." 양쪽 군대에 투르크족이 상당수 있었다는 것을 가리켜서 하는 말이다. 전투는 분명히 전통적인 초원의 방식대로 치러진 것 같다. 이집트 군이 몽골 군을 향해서 접근하다가 접전 순간에 후퇴를 가장해서, 기습적인 반격을 하기에 좋은 곳까지 몽골 군을 유인한다. 그럼에도 불구하고 전환점은 술탄 쿠투즈가 혼전의 중간에 "오, 이슬람"이라고 소리를 내지르는 순간이 되었던 것 같다. 맘루크는 종교의 군사적 시종인 반면, 그들의 상대는 내적으로 공유하는 신념이 없었다는 사실이 떠오르는 대목이다.[89] 바이바르스의 부하들은 군사적인 경험이 상당했고, 여전히 공포의 대상인 십자군을 이겼으며, 맘루크를 위한 군사학교의 훈련과 군율을 통해서 끝없이 강력해져갔다는 사실 역시 대단히 중요하다. 바이바르스의 맘루크가 현대적인 의미에서의 군대라고 한다면, 비록 정확한 표현은 아니라고 할지라도, 그들의 전술은 아직 폐물이라고 할 만큼 시대착오적인 것은 아니었으며(그들은 후에 오스만 제국의 화약을 만나자 폐물이 되어버린다), 몽골인들의 도전에 대응하는 상대로서는 그럴듯한 상대였다. 가치기준이 뒷받침된 훈련을 받은 군대가, 힘에서는 대등하지만 열의와 명성에만 의존하는 군대보다는, 더 큰 힘을 발휘한다는 사실을 실증해주고 있다.

아인 잘루트 전투 이후에 몽골족이 문명세계를 놀라게 한 일은 더 이상 없었다. 사실 그 이후로는 다른 어떤 기마민족도 문명세계를 경악시키지는 못했다. 이러한 견해는 티무르에게는 부당한 것인지도 모른다. 그는 정복자(1369-1405)로서 칭기즈 칸보다 훨씬 더 심각한 공포를 퍼뜨렸는데 그가 휩쓴 지역은 칭기즈 칸과 거의 맞먹는다. 그러나 티무르는 칭기즈 칸이 보여준 그러한 행정적인 능력이 결여되었으며 본보기로 폭력을 휘두르고 다니면서 자신의 기반이 될 수도 있을 모든 것들을 밑바닥까지 파괴했다.[90]

티무르에게는 전사의 정신이 있었다. 처음에는 그냥 티무르라고 불렸는데, 어려서 상처를 입은 후에 다리를 절게 되었고 그리하여 차츰 절름발이 티무르(Timur-lenk 곧 Tamerlane)라고 불렸다. 그는 부하 병사들이 동정을 모르는 흉악한 성격을 키워나가도록 이끌었다. 해골의 탑 혹은 해골의 피라미드에 대한 기억은 칭기즈 칸보다는 티무르의 군사행동으로 생긴 것이다.[91] 그러나 그의 욕망은 전쟁을 하겠다는 욕망 그 이상도 그 이하도 아니었던 것 같다. 자기를 따르는 자들에게 승리의 열매를 맛볼 기회를 결코 주지 않은 채, 언제나 새로운 세계를 정복하러 떠돌아다녔다. 그는 쿠빌라이 칸이 정복전쟁을 통해서 얻은 것을 놓고, 중국에서 권력을 장악한 명(明)왕조와 한판 승부를 벌이기 위해서 떠나기 직전에 죽었으며 이것은 초원 변경 지대의 문명사회로서는 고마운 일이었다. 14세기가 끝날 때쯤 초원의 경계선 너머에서는 몽골 세력이 현실적으로 소멸되었다. 그들은 오로지 인도에서, 그것도 상당히 이슬람화되어 칭기즈 칸이나 티무르의 흔적은 찾아볼 수 없을 정도가 되어 미래(무굴 제국/역주)를 맞게 되었다.

그렇다면 몽골족이 유산으로 남긴 것은 무엇인가? 어떤 역사학자는 투르크 계통의 민족들을 지구상의 세 지역(중국, 인도, 중동)으로 흩어놓은 것이 가장 주요한 결과라고 생각한다. 그러나 그 세 지역의 군사역사가들은 또다른 의미를 부여할 것이다. 칭기즈 칸은 그 당시에 별로 중요하지 않던 오스만인을 서쪽으로 옮겨놓음으로써 근동지역에 확립되어 있던 질서를 무너뜨리는 일련의 사건의 원인이 되었다. 그로 인해서 새로 생긴 질서는 금세기까지 이어지고 있다. 그리고 1453년에 이스탄불이 함락되었을 때부터 230년 후에 빈의 포위가 풀릴 때까지, 유럽은 이슬람 공격자들의 위협 아래 있게 되었다.

그러나 오스만인은 유럽 세계와 가까워지면서 두 가지 군사전략을 절충할 수밖에 없었다. 하나는 초원지대의 전격전(Blitzkrieg)이었으며 다른 하나는 성채와 중무장 보병을 이용하는 지구전(sedentary warfare)이었다. 그들은 이처럼 상반된 두 가지 전략을 조화시킬 수가 없었다. 그들은 스스로 훈련을 시킨, 무장한 정규 보병부대를 창설하는 데에 성공했다. 그러나 그것은 군인노예제도(예니체리[Yeniçeri])에 기초를 두고 있었으므로 이슬람의 맘루크처럼 결국 시대의 흐름에 뒤지게 되었다. 동시에, 유목민적인 무법행위를 근절할 수 없었던 기마민족들이 아시아 지역에서 보여주던 행동은 계속 걸림돌로 작용했다. 이러한 아나톨리아[오스만인]의 추장들은 18세기에 터키의 술탄으로부터 사실상 독립하게 된다.[92)]

그럼에도 불구하고 기마민족들이 전쟁에 미친 영향 중 가장 의미심장한 것은 오스만인이 초원의 유산을 서구의 도시문화 및 농경문화의 도전과 절충시키려고 노력한 것이다. 그들이 초원지대 바깥에서 정복전쟁을 성공적으로 수행하지 못한 이유, 혹은 성공했다고 하더라도 결국 초원의 문화를 버려야 했던 이유를 생태학적으로 설명하는 것이 옳다는 데에는 의심의 여지가 없다. 초지를 영구적으로 유지하려면, 관개가 되거나 자연적으로 숲을 이룬 땅에 강도 높은 노력을 가해야만 한다. 그러기 위해서는 정착인구가 필요하며, 그들을 먹여살릴 농업이 필요하다. 농업과 목축은 양립할 수 없다. 그러므로 다수의 군마를 먹여살려야 하는 침략자는 목축에 적당한 자신들의 본고장으로 후퇴하거나 자신들의 삶의 방식을 바꾸어야 했다. 앞에서 보았듯이 기마민족들은 둘 중 하나를 선택했다. 그러나 결과야 어찌되었건 기마민족들이 침입한 세계는 군사적인 습관이 영구히 바뀌게 되었다.

기마민족들은 그 전의 전차전사들과 마찬가지로 전쟁을 치를 때, 원거리에서도 전격적인 군사행동을 펼칠 수 있다는 사실을 가르쳐주었다. 그리고 군사행동이 전투로 이어질 때 전장에서 속전속결의 기동전을 구사해야 한다는 것을 가르쳤다. 그들은 걸어가는 사람에 비해서 적어도 5배는 빨랐다. 그들은 약탈자에 대항해서 양떼와 소떼를 보호하면서 동시에 사냥꾼의 기질을 지키고 있었다(농경사회에서는 귀족계급을 제외한 모든 사람들이 사냥꾼의 기질을 잃어버렸다). 동물을 다루는 법에서 그들은 실연(동물을 모으고, 몰고 가고, 가려내어서 식용으로 도살하는 것)을 보여주었는데 말을 타지 않은 사람들의 무리, 심지어는 하급기사들까지도 어떻게 상대방을 공격하여 허를 찌르고 궁지로 몰아넣은 후에 위험부담 없이 죽일 수 있는지를 직접적으로 가르쳐주었던 것이다. 사냥감에 대해서 강력한 유대감을, 공격당한 먹이에 대해서 신비스러운 존경심을 가지고 있던 원시 사냥꾼에게 이러한 관행은 본질적으로 거리가 먼 것이었다. 기마민족들은 조립식 활이라는 중요한 무기를 갖추고 있었는데, 이것은 그들의 삶을 지탱해주는 동물의 신체조직으로 만든 것이다. 이런 기마민족들의 경우(단지 물리적인 거리감뿐만 아니라 감정적인 초연함까지 주게 되는) 원거리에서 사람을 죽이는 것은 제2의 천성이 되었다.

정착민족들이 그렇게도 두려워했던 것은 바로 기마전사들의 감정적인 초연함이었다. 그들은 일부러 잔인한 행동을 함으로써 자신들의 감정적인 초연함을 과시했다. 그러나 그것은 그들 자신을 소모시켰다. "원시적인" 전쟁의 특성 중 두 가지는 문명이 발달할 때까지도 살아남았다(하나는 시험삼아 전투를 치르는 것이며 다른 하나는 제의와 의례를 전투 및 그 여파와 연관시키는 것이었다). 기마민족들은 이러한 특성과 전혀 관계가 없었다. 그들은 전의를 보이는 적군을 만나면 후퇴할 수도 있었다. 그러나 이것은 기만전술이었다. 상대편을 유리한 위치로부터 끌어내어서 전열을 흩뜨려놓고 역공세에 꼼짝없이 노출되도록 할 생각에서 그렇게 하는 것이었다. 원시사회의 전사들은 백병전을 벌이는 것을 꺼렸지만 그들은 결코 그렇지 않았다. 기마부대들은 살해를 목적으로 포위를 했을 때에는 아무런 양심의 가책도 없이 학살을 했다. 게다가 기마부대의 행동에서는 제의나 의례의 흔적을 조금도 찾아볼 수 없다. 기마민족들은 이기기 위해서 싸웠다(그것도 재빨리, 완벽하게, 특정한 영웅이 없이 싸웠다). 사실 영웅을 내세우는 것을 삼가는 것은 거의 모든 유목민들의 규칙이었다. 칭기즈 칸은 초기에 세력을 키워나갈 무렵 활에 맞아서 부상을 당한 일도 있었지만, 본래 육체적으로 자신이 없었으며 나중에 명목상 자신이 지휘하는 전투에서조차 눈에 띄는 역할은 하지 않았다.[93] 서양 전사들의 입장에서 볼 때, 유목민의 전술 중 가장 당혹스러운 것은 전형적인 초승달 모양의 전투대형에서 지휘자의 위치를 찾을 수가 없었다는 것이었다. 지휘자는 보통 중앙으로부터 멀리 떨어진 곳에서 눈에 띄지 않게 말을 몰고 갔기 때문이다. 반면에 알렉산드로스나 사자심왕(the Lionheart : 제3차 십자군 원정에서 용맹을 떨친 영국 왕 리처드 1세[1157-1199]를 말한다/역주) 같은 맹장은 중앙의 잘 보이는 곳에 자리를 잡곤 했다.

아주 오랫동안 서양인들이 생각하는 군사지도자는 언제나 영웅적으로 그 모습을 드러냈다.[94] 비록 적군 중에 영웅이 될 만한 사람이 기마민족의 영향으로 위험을 무릅쓰지 않으려고 하는 일은 없었다고 하더라도, 기마민족이

의례와 관계없이 오직 승리에만 관심을 두는 성향을 전파하는 데에 성공했다는 것은 의심의 여지가 없다. 군사역사가 크리스토퍼 더피가 이미 지적했듯이, 동유럽에서의 전쟁은 처음에는 인종주의적이며 전체주의적인 성격을 띠었고 그러한 성격은 아무도 모르는 사이에 유럽 전역을 오염시켜나갔다. 그는 그 원인이 몽골족의 영향에 있다고 한다. 몽골족은 "러시아인의 성격과 러시아의 제도에 영향을 끼쳤는데, [그 결과] 농민들은 야만적으로 변했고, 인간의 존엄성을 부인했으며, 가치체계가 왜곡됨으로써 잔인함과 독재적인 방법과 교활함을 특별히 우러러보게 되었다."[95] 초원지대의 잔인함은 또한 남쪽 경로를 통해서 유럽으로 들어왔다. 처음에는 셀주크족을 통해서 아나톨리아로 진군해왔으며, 나중에는 오스만인에 의해서 발칸 반도를 정복했다. 오스만 접경지대의 전쟁은 수세기 동안 유럽에서 가장 치열한 전쟁이었다. 그것은 또한 십자군과 이슬람의 접전을 통해서 다시 스며들어온 것 같다.

십자군 원정을 지하드(jihad, 聖戰)의 거울상으로 생각한다면, 라틴 왕국들이 진짜 싸움을 시작한 것은 살라딘과 대적했을 때부터이다. 그러나 살라딘은 초원지대로부터의 도전에 대해서 이슬람 쪽에서 강력하게 대응한 결과물이다. 투르크 계 노예로 이루어진 살라딘의 군대 중 그 핵심 병사들은 기마궁술을 이용한 잔인무도한 전술에는 전문가들이었다. 동방의 십자군들은 그곳에서 배운 관행을 유럽으로 가지고 돌아왔다. 또한 이교도인 슬라브족을 치러간 북방 십자군들이 그러한 관행을 옮겨놓았을지도 모른다(그 당시 슬라브족은 또다른 방향에서 초원민족으로부터 공격을 받고 있었다). 결국 그러한 관행은 에스파냐를 관통했다. 그곳에서 레콩키스타(Reconquista : 에스파냐의 기독교도들이 무어인 추방을 위해서 일으킨 국토회복운동. 8세기 초에 아프리카 북부의 무어인이 이베리아 반도에 침입하여 지배권을 확립한 이후부터 시작되어 1492년에 달성되었다/역주)의 기사들은 이슬람 교도들과 잔인하게 싸웠는데, 칭기즈 칸이 그런 모습을 보았다면 박수를 보냈을 것이다. 이렇게 하여 극단으로 치닫는 전쟁이 에스파냐에서 뿌리를 내렸다. 에스파냐 정복자들의 손에 파괴된 잉카족과 아즈텍족의 가공할 운명이 궁극적으로는 칭기즈 칸에게까지 거슬러 올라간다는 생각은 허무맹랑한 것이 아니다(아즈텍족은 꽃 전쟁[flower battle]이라고 하는 몹시도 부적절한 의식 존중주의의 덫으로부터 아직까지 빠져나오지 못했다).

초원의 기마민족과 가장 긴밀하게 연관된 제국은 중국이며, 몽골족의 전쟁습관이 가장 지속적인 효과를 나타낸 곳도 바로 중국일 것이다. 존 킹 페어뱅크가 우리에게 환기시키고 있는 것처럼 "중국식 전투 방식"은 원시시대의 제의와 의례를 보존하고 있었다(전투를 앞두고, 점을 치고 전사들이 훌륭한 솜씨를 과시하는 것 따위가 그렇다). 이러한 것들이 다른 어떠한 훌륭한 문명에서보다 훨씬 더 오래 지속되었던 것이다.[96] 그러나 거기에는 고유한 민족적 요소도 작용했는데 그것은 중국인의 일반생활에서 중심이 되는 공자의 규범으로부터 나온 것이다. 그 규범은 "군자는 폭력을 행사하지 않고서도 자신이 목표한 바를 획득할 수 있어야 한다"는 생각 속에 가장 잘 표현되어 있다.[97] 1세기부터 10세기까지 중국인들은 투르크 계 침입자들을 흡수했고, 침입자들은 이러한 윤리를 받아들이게 되었다. 그러나 그들은 초원의 전사로서 말 타고 활 쏘는 기술을 여전히 자랑스럽게 생각했다. 명나라 황제들은 쿠빌라이의 정복 이후 몽골족을 타도하기 위해서 필요했던 폭력을 이제 자국의 동포들에게 행사하게 되었다. 그리하여 중국은 사상 유례가 없는 절대왕정을 이루게 되었다. 사실상 명나라는 중국을 무장시켰고 세습적인 군사계급을 만들었다. 중국이 유일하게 지속적인 해외팽창(정화[鄭和]의 15세기 초 남해[南海] 원정 등을 말한다/역주)을 시작하고, 직접적인 공격작전을 통해서 초원을 지배하기 위한 대대적인 노력을 기울이기 시작한 것이 바로 명왕조 때이다. 만리장성 북쪽의 왕조가 대규모 군사를 이끌고 다섯 차례에 걸쳐서 쳐들어왔으며 만리장성이 오늘날 우리가 볼 수 있는 형태로 다시 쌓아진 것 또한 이때이다. "몽골족의 원왕조를 쫓아낸 명나라

정권은 훨씬 더 전제적인 인상을 남겼으며, 원나라의 군사체계를 어느 정도 모방했으되, 몽골족의 군사력이 되살아날 수도 있다는 불안감을 계속 떨쳐내지 못했다."[98]

명나라가 초원 출신의 야만족을 내내 두려워한 것은 옳았다. 그러나 17세기에 명나라를 무너뜨리기 위한 위험세력이 새로 나타났을 때 그것은 뜻밖에도 몽골족이 아니었다. 바로 중국인들이 대대로 적대시해왔던 만주족이었던 것이다.

엄밀히 말해서 만주족(滿洲族)은 기마민족이 아니다. 그들은 만주를 떠나기 전에도 대부분 정착해서 살았으며 중국화되어 있었고 장사에 능했다. 그러나 군대의 중심은 기마부대였다. 그리고 그들은 군사력을 이용하는 몽골식 기술을 완성하여 중국의 행정체계가 자신들에게 봉사하도록 만들었다.

> 이것은 군사적인 수준의 업적이었을 뿐만 아니라 오히려 정치조직 수준의 업적이기도 했다. 또한 여기에 숨겨진 비밀은 유목민의 능력이라고 할 수 있다. 그들은 국경지역에서 중국인들과 같이 일했으며 이러한 협력을 통해서 하나의 정권 아래 비중국인의 폭력적인 전쟁기술과 믿을 만한 중국인 부하들을 이용한 행정기술을 결합시킬 수 있었다. 어떻게 권력을 잡고 그것을 어떻게 유지하고 이용하는가에 대한 방법을 하나로 묶어놓은 것이다.[99]

그러나 불운하게도, 만주족이 중국에서 무너뜨린 명왕조의 권력은 중국의 이상적인 정부형태 중에서 상당히 몽골화된 것이었다. 만주족은 그것을 전혀 바꾸지 않는다는 원칙하에서 그것을 유지하고 이용했다. 청조(淸朝)의 가장 뛰어난 18세기의 황제들은 자애로운 군주가 되었으며 지식인 집단을 후견하고 예술을 장려했으며 무역과 대금업을 장려했다. 그리고 중국의 농민이 생각하기에 가장 인자한 재정체계를 세웠다. 그러나 이렇게 자비를 베푼 대가로 "중앙 관료조직이 비대해지게" 되었다. 베이징에 물어보지 않고

서는 어떠한 결정도 내릴 수 없었던 것이다. 사회조직 속에서 꼼짝달싹 못하는 관료들은 경쟁적인 과거제도와 "금제(禁制)를 강화하는" 교육제도의 산물이었다.[100] 중국의 천재들은 이러한 비대 조직에 순응하는 수밖에 없었다. 중국은 한때 과학탐구와 기술발달의 문명을 자랑했다. 그러나 만주족 집권하에서 지적인 변화뿐만 아니라 물질적인 변화에 대한 모든 시도가 의심의 대상이 되었다. 같은 시기에 일본에서는 사회질서를 유지하고 토착 지배계급의 기득권을 지키기 위해서 기술의 개량을 불법으로 규정했다. 반면에 중국에서는 이국의 지배계급을 지켜주기 위해서 기술의 개량이 불법시되었다기보다는 억제되었다. 결국 일본의 사무라이(侍)는 서양의 과학과 산업을 받아들여야만 자신들의 미래가 열린다는 것을 알게 되었다. 그렇지만 만주족과 그들의 관리들은 근대화의 도약을 할 수가 없었다. 그렇게 할 수 없게 영향을 미친 여러 가지 요인들에 대한 증거를 찾아볼 수 있다. 그러나 궁극적으로 그 실패의 원인은 만주족이 이국인이었고, 원래 초원 출신의 정복자였으며, 결과적으로 그들의 군사체계가 경직되어갔다는 데에 있다. 그들은 자신들의 권력기반이었던 군사체계를 감히 혁신할 생각을 하지 못했다. 그리하여 전쟁사에서 가장 애처로운 일이 벌어진 것이다. 19세기에 유럽인들이 소총과 대포를 앞세우고 침략해올 때, 만주족 기수들은 그것에 대항해서 그들의 뛰어난 조립식 활을 쏘아댄 것이다.

역사의 망원경을 통해서 바라보면, 19세기에 중국을 상대로 아편전쟁을 벌인 유럽의 전투력은 오래 전부터 그들의 조상이 만주족의 기마민족 조상과 벌인 일전을 통해서 다져진 것이다. 한편 제국주의 시대의 유럽 군대가 보여주었던 효율성이라고 하는 지주(支柱)는 초원지대 바깥에 세워진 것이다. 관료조직이라고 하는 또다른 지주는 수메르와 아시리아에서 처음 세워져서 페르시아를 통해서 마케도니아, 로마, 비잔틴으로 옮겨갔으며 르네상스 때 고전을 통해서 인위적으로 다시 살아난 것이었다. 그리고 또 하나, 회전을 벌이는 것은 그리스에서 배워왔다. 다른 모든 것들(장거리 원정, 속전속결의 기동전, 효과적인 발사 기술, 바퀴를 전쟁에 응용한 것 그리고 무엇보다 말과 전사의 상호 의존)은 초원지대와 초원의 변경지대에서 유래한 것이다. 심지어 나중에 투르크족과 몽골족이, 전쟁에 신념이 혁명적으로 기여한다는 생각(신념을 가족, 인종, 영토, 특정 정치형태에 대한 생각에서 분리하는 것)을 이슬람 교도들로부터 이끌어낸 공이 있다고도 할 수 있다. 그리고 그들은 이슬람 교도들에게 한 가지 생각을 심어주었다. 그 생각이란, 전쟁은 자율적인 활동이며 전사들의 삶은 그 자체로 하나의 문화라는 것이다. 이러한 문화는 희석되었지만 아직도 알아볼 수 있는 형태로 나타난 것이 바로 1812년 클라우제비츠의 모스크바 종군 때이다. 그는 카자흐족을 만났는데 그들의 "비군사적인" 방식에 모욕을 당하게 된다. 그것은 "비군사적"이었을 것이다. 그러나 그것은 클라우제비츠의 전략보다 훨씬 더 오랜 기간 동안 세상을 괴롭혀온 것이었다. 그렇지만 냉엄함, 잔인함, 정착민족과의 전쟁에서 무조건 승리를 거두어야 한다는 강박관념 등을 전파시키는 데에서는, 클라우제비츠의 논리적인 정신은 스스로 인정할 수 있었던 것보다 훨씬 더 많은 것을 그 "비군사적인" 문화에 의존하고 있었다.

보론 3

# 군대

클라우제비츠는 카자흐인의 전투수행 방식에서 나타난 또다른 군사전통을 인정할 수가 없었다. 왜냐하면 그가 이성적이며 가치 있는 것으로 인정할 수 있는 것은 오직 단 한 가지 형태의 군사조직, 즉 봉급을 받으며 군기가 확립된 관료국가의 군대뿐이었기 때문이다. 클라우제비츠는 다른 형태의 군사조직도 똑같이 그들의 사회를 위해서 봉사할 수 있고, 사회를 훌륭히 방어할 수 있으며, 그들의 힘을 확장시키는 것이 그들의 에토스라면 그렇게 할 수도 있다는 사실을 깨닫지 못했다. 물론 그가 알고 있었던 화약무기 군대는 군사훈련을 받지 못한 부대나 혹은 심지어 그보다 취약한 부대에게 상당히 매혹적이었다. 그러나 클라우제비츠는 그러한 군대가 바로 다음 세기에, 그가 궁극적인 목표로 설정한 "전투에서의 승리"를 추구하는 과정에서 화약무기를 경쟁적으로 대량 생산함으로써, 서로 막다른 지경에 이르고 말 것이라는 사실은 예상하지 못했다. 또한 20세기에 "중국식 전투방식"과 같은 방식의 전투가 그의 가르침을 물려받은 서양의 군대와 지휘자들에게 길고 고통스러운 굴욕감을 안겨주리라고는 예상하지 못했다(베트남 전쟁을 말한다/역주).

그러나 클라우제비츠의 눈앞에도 여러 가지 군사조직의 예가 놓여 있었다. 그것은 그가 훈련받고 복역한 연대의 조직과는 확연히 다르지만, 나름대로 합리적인 체계를 갖춘 것이었다. 카자흐 군대도 그중에 하나였다. 또다른 예로는 러시아의 지주들이 퇴각하는 나폴레옹 군대를 괴롭히기 위해서 조직한 농노 민병대인 오폴체니에(opolchenie)가 있다. 무심결에 클라우제비츠는 오폴체니에가 프랑스 병사들을 궁지로 몰아넣는 데에 중요한 역할을 했음을 인정했는데, 그것은 "그들을 둘러싼 무장한 민중"을 기록했을 때이다.[1] 또한 프로이센의 자유와 관련된 문제에서만큼은 그 스스로가 민병대 제도에 대한 열렬한 옹호자이기도 했다. 그의 저서『방어군 형성의 요점(*Essential Points on the Formation of a Defence Force*)』(1813. 1)은 민족적인 국경 수비대(Landwehr), 즉 징집병 양성을 위한 기반을 제공했다. 프랑스 군에 대항하여 산발적인 전투를 벌이겠다는 열정으로 가득 찬 낭만적인 젊은 애국자들에 의해서 편성된 지원군, 즉 예거(Jäger)나 프라이슈첸(Freischützen) 부대 또한 중요한 활동을 벌였다. 나폴레옹 전쟁이 유발한 민족 대동원의 여타 경우에서, 클라우제비츠는 온갖 다양한 형태의 동맹군과 외인 보조부대를 목격했을 것이다. 이들 부대는 민족적인 이유 때문에 그러나 주로 실의에 빠지고 굶주렸기 때문에 합류했을지도 모르는 망명자들로써 직접 편성되었거나 황제(나폴레옹/역주)의 뜻에 따라서 망명자들의 조국에 의해서 구성된 부대로서 자의든 타의든 대여된 부대들이다.[2] 그중에 가장 뛰어난 부대는 스위스 연대였다. 이들은 항복 협정에 따라서 이리저리 이동했는데, 그로 인해서 스위스인들은 앙시앵 레짐의 많은 부대에서 용병으로 살아갔다. 이외에도 옛 폴란드 왕국의 봉건 기사제도에 그 기원을 두고 있는 폴란드의 창기병(槍騎兵) 또한 대단히 뛰어난 부대였다. 그러나 이 많은 탁월한 연대들은 후에 나폴레옹에 의해서 자치권을 잃어버린 독일의 군소 제후들의 유희도구이나 혹은 개인 경호부대에 불과했다(헤센 대공의 경호원으로서 그런 연대 중의 일원이었던 프란츠 뢰더 대위는 우리에게 모스크바 퇴각에 대한 기념할 만한 추억을 남겨주었다. 오시안[스코틀랜드의 전설적인 시인/역주]과 괴테를 들먹거리고 그리스에 대한 허망한 꿈에 들떠 있던 이 젊은이는 군인이 신사에게 가장 어울리는 직업이라고 생각하던 당시 독일 젊은이들의 전형이었다).[3] 프로이센에 주둔하던 프랑스 주둔군 중에는 투르크와 인접한 합스부르크의 군사적 국경지방 출신인 크로아티아 이주민 연대가 포함되어 있었다. 사실 이들은 오스만의 영토에서 피난온 세르비아인들이었다. 한편 황실 경비대에는 금장한국(金帳汗國[Golden Horde] : 칭기즈 칸의 손자 바투가 건국한 몽골의 타타르인 킵차크 한국. 바투의 천막이 황금색이었던 데에서 유래한다/역주)의 투르크인 잔당 중에서 선발한 리투아니아의 타타르인의 기병대대가 포함되어 있었다. 하나의 군사조직이 얼마나 다양한 변모를 할 수 있는가에 대한 가장 극명한 실례는 뇌샤텔 대대이다. 이 대대는 나폴레옹이 그의 총참모장이며 대공이자 바그람 공(Prince de Wagram)의 칭호까지 준 베르티에 원수에게 명령하여 스위스에서 모집한 군대였다. 이들은 나폴레옹이 몰락한 이후에도 살아남아 프로이센 군으로 편입되었다가, 결국에는 황제의 황실 근위대대가 되었다. 그리고 1919년에 이르자, 퇴역군인들의 모임인 "의용단(Freikorps)"으로 탈바꿈하여, 우파 장군들과 사회민주당 정치가들의 편에 서서 베를린에서 일어났던 "붉은 혁명"을 진압했다. 그후 히틀러는 바로 이 의용단의 베테랑 중에서 나치 군사조직의 핵심 요원을 뽑았기 때문에, 베르티에 공국의 소규모 부대에서부터 무장 친위대(Waffen SS) 기갑사단의 친위대원에 이르는 계보를 추적해보는 것도 가능한 일이다.[4]

경호대, 정규군, 봉건 가신, 용병, 식민지 군대, 징집병, 농노민병대, 초원지대의 전사부족의 잔당들—그들 중의 일부는 시민군으로서 입대했으며, 그들의 막을 수 없는 열정은 클라우제비츠의 머릿속에 "정치의 연장으로서의 전쟁"이라는 생각을 제일 먼저 불러일으키기도 했던 나폴레옹 군은 말할 것도 없고—의 이 끝없는 나열에 어떤 질서를 부여할 수 있을까? 교관의 눈에는 이들이 그저 비슷비슷한 군인처럼 보일 것이다. 다만 어떤 군인은 고된 일에 적합하고, 어떤 군인은 전초전이나 정찰과 같은 특수 임무에 쓸모가 있으며, 또 어떤 군인은 거의 밥값을 하지 못하거나, 오히려 아군에게 위험이 되고 모든 평화로운 시민에게 위협이 되는 차이가 있을 뿐이다. 그러나 이러한 다양성 속에서 우리는 군사조직과 사회형태 간의 상호관계를 밝혀주는 많은 증거들을 찾아볼 수 있다. 그렇다면 이 다양성을 설명해주는 어떤 이론들이 있을까?

군사 사회학자들은 모든 군사조직 체계는 그것이 발생한 사회적 질서를 표현한다는 가설을 전제로 삼고 있다. 이것은 인구의 대부분이 이민족의 군사계급에게 속박당하고 있는 경우, 예를 들면 노르만족의 잉글랜드나 만주족의 중국과 같은 경우에도 역시 적용된다. 이런 이론들 중 가장 정교한 것은 폴란드계 영국인 사회학자인 스타니슬라브 안드레스키의 연구이다. 의미심장하게도 망명 군인의 아들인 안드레스키는 군사참여율(MPR : Military Participation Ratio)이 보편적으로 존재한다는 가설을 세움으로써 널리 알려지게 되었다. 다른 요인들이 함께 고려될 때, 우리는 이 이론을 통하여 한 사회의 군사화 정도를 측정할 수 있다.[5] 그러나 불행하게도 일반 독자들로서는 안드레스키 교수의 연구에 쉽게 접근할 수 없다(통탄스럽게도 학문 세계에서는 "쉽게 접근할 수 있다"는 말이 "깊이가 없다"는 말과 혼용되어서 경멸적인 말로 받아들여지고 있다). 왜냐하면 자신의 용어를 정의하기 위해서 안드레스키 교수는 새로운 조어를 이용한 대단히 정교한 어휘를 고안했기 때문이다. 그것을 상쇄하기 위해서 그는 다른 면에서는 명쾌하고 당당한 문장을 구사했다. 또한 자신의 발견에 대해서 어떤 도덕적인 자세도 취하지 않았다. 그 스스로는 분명히 군사참여율이 낮은 사회, 즉 군사력이 법에 종속하는 사회에서 살고 싶어했지만, 그렇다고 해서 정치학 잡지에 논문 몇 편을 기고하는 것으로 군사독재가 종식될 수 있으리라는 망상 따위는 결코 품지 않았다. 사실 그는 대단한 비관론자였고, 인간의 본성에 대해서 홉스적인 견해를 품고 있었으며, 투쟁은 인간존재의 자연적인 조건이라고 생각했다. 또한 존슨 박사처럼 "반 시간이라도 두 민족이 함께 지낼 수는 없다. 그들은 반드시 어느 한쪽이 다른 한쪽보다 우월하다는 증거를 요구하게 된다."

안드레스키는 인구론의 아버지인 맬서스로부터 출발한다. 맬서스는 인구는 기하급수적으로 증가하는 반면 식량과 주거공간은 한정되어 있기 때문에, 만약 출생이 제한되거나 병이나 폭력으로 인하여 사망률이 증가되지 않는다면, 인간의 삶이란 겨우 명맥만 유지하는 것이 되리라고 주장했다. 그는 바로 이것이 전쟁발발의 원인이라고 생각했다(만약 그가 맥닐의 『전염병과 인간[*Plagues and People*]』이 출간된 이후에 글을 썼더라면 그토록 확신을 가지고 주장하지는 못했을 것이다. 이 책은 외부에서 유입된 질병이 전쟁보다도 더 치명적이라는 주장을 폈다).[6] 그의 주장에 따르면, 원시사회에서는 강한 남자들이 약한 남자들의 여자를 차지함으로써 출생률을 줄였다. 그러나 상부계층의 출생률이 증가함에 따라서 과잉인구가 더 낮은 계층으로 방출되었다. 인구는 계속 증가하여 마침내 폭력에 의해서 인구의 크기를 제한하거나, 혹은 이웃 영토를 침범하는 지경에 이르렀다. 이 두 가지 방식에 의하여 그 사회를 지배하거나 다른 사회를 정복하는 군사계급이 탄생된 것이다. 이들의 상대적인 크기, 즉 군사참여율(MPR)은 그 계급 내에서의 소비와 소유의 요구를 만족시킨 이후에 보다 낮은 계층의 요구를 얼마나 성공적으로 조절하느냐에 의해서 결정될 것이다.[7] 예를 들면 주변의 이웃 부족들을 정복하여 승리를 거둔 부족은 모든 건강한 남자들이 전사가 될 수 있다. 반면 지배계층이 상업이나 교역 혹은 집약농업에 의해서 팽창하는 인구를 충분히 지탱할 수 있는 경우에는, 군사력은 다만 개인의 재산을 지키는 데에 필요한 정도로 축소될 것이다. 심지어 권력의 실체를 가리기 위해서 우리가 민주주의라고 부르는 것이 출현할 수도 있을 것이다. 그러나 안드레스키는 대부분의 사회체계가 군사참여율의 양극단 사이에 놓여 있다고 말한다. 그렇다면 이들 사회의 보다 정확한 성격은 두 가지 요인에 의존한다. 지배자가 피지배자를 얼마나 잘 통제할 수 있느냐, 혹은 통제할 필요를 느끼느냐 하는 정도(안드레스키는 이것을 예속력[subordination]이라고 불렀다)와 군사적 도구와 기술을 소유한 자들이 그들 내부에서 얼마나 잘 결속

되어 있는가 하는 정도(응집력[cohesion])에 따라서 결정될 것이다.[8)]

그가 든 몇 가지 예를 살펴보자. 19세기 초반, 남아프리카의 영국 영토를 떠나서 자유로운 땅을 찾았던 것은 트렉 보어인(남아프리카의 네덜란드계 사람. 나폴레옹 전쟁 이후 영국은 남아프리카를 지배하게 되었으나, 보어인은 곧 영국의 자유주의 정책에 반기를 들었다/역주)이었다. 그리고 토착 아프리카인들과 맞서 싸우며 이 땅을 확보하기 위해서 높은 군사참여율을 특징으로 하는 사회—모든 남자들이 말을 타고 총을 쏘는—를 구성했다. 반면 예속력은 아주 낮았는데, 왜냐하면 그들이 세운 남아프리카[트란스발] 공화국과 오렌지 자유국은 거의 무정부 상태였기 때문이다. 그리고 가부장적인 가족이 충성의 중요 단위였기 때문에 응집력 또한 낮았다. 한편 카자흐인들은 그들과 똑같이 높은 군사참여율과 낮은 예속력—지도자들은 그들의 의지를 강요할 만한 수단이 거의 없었다—을 가졌지만 응집력은 대단히 높았다. 왜냐하면 끊임없는 초원생활의 위험이 부족을 하나로 단결하게 만들었기 때문이다. 그러나 보다 보편적인 형태의 사회는 낮은 군사참여율, 낮은 응집력, 낮은 예속력(오랫동안 왕권이 취약했던 중세 유럽의 기사사회의 경우)을 가지거나, 혹은 높은 군사참여율, 높은 예속력, 높은 응집력(제1차 세계대전과 제2차 세계대전 중의 군사화된 산업사회의 경우)을 가진다.

안드레스키의 얇은 책은 그 대담함과 명쾌함에서 충격을 준다. 복잡하지만 대단히 논리적인 일련의 단계를 통하여, 그는 독자들로 하여금 오직 여섯 가지의 군사조직만이 존재할 수 있다는 주장을 받아들이도록 이끄는 것이다. 또한 전 세계의 역사를 숨 가쁘게 훑어가며 가장 원시적인 부족에서부터 가장 풍요로운 민주주의사회에 이르기까지, 알려진 모든 사회를 한 가지 혹은 또다른 군사조직으로 정렬시킨다. 의심이 일어나기 시작하는 것은 오직 독자가 한참 허공까지 오르고 났을 때뿐이다. 일반적으로 안드레스키의 체계는 너무나 기계적인 것처럼 보인다. 또한 비록 마르크스—"순수하게 경제적인 요인들은 의심할 바 없이 상층부의 변동에 영향을 줄 것이다. 그러나……장기간의 흐름은 군사력의 공간적 이동에 의해서 결정되는 법이다"—를 경멸하고 있지만 그의 이론은 지나칠 정도로 변증법적이다.[9] 더욱 구체적으로는, 만약 안드레스키가 그토록 단호하게 자신의 이론 속에 끼워 맞춘 여러 사회들에 대해서 독자들이 조금만 정확한 지식을 가지고 있다면, 그 사회들과 그의 범주가 꼭 들어맞지는 않는 것처럼 보인다는 사실이다. 예를 들면, 보어인들은 응집력이 부족한 것처럼 보일지도 모른다. 또한 과거나 지금이나 언제나 거만하고 분쟁을 즐기는 사람들처럼 여겨질 수도 있다. 하지만 그들과 싸워본 사람이라면 아무도 그들 사회의 법적인 허술함을 강력한 네덜란드의 칼뱅 파 개신교의 힘이 메워주고 있다는 사실을 의심하지 않는다. 그들은 정치적인 것은 아니지만, 성서적인 응집력을 가지고 있다. 한편 카자흐인들의 낮은 예속력에도 한계가 있다. 연장자나 혹은 동료들에 의한 부족사회로부터의 추방은 부적응자들을 위험스러운 고립상태에 노출시켰다.[10] 더구나 안드레스키는 사회학자들이 "가치체계(value systems)"라고 부르는 것에 대해서 아무런 중요성도 부여하지 않았다. 비록 "주술종교적인 믿음이 사회적 불평등의 가장 원초적인 근거를 [제공했다]"는 사실을 인정했지만, 논리전개에서 이 주제를 완전히 제외시킨 것이다.[11] 그는 우리가 일부 원시부족 사이에서 관찰한 반(反)폭력에 대해서 아무런 설명도 하지 않고 있다. 그들은 제의적인 전투를 통하여 폭력을 조절하려고 노력했다. 혹은 무슬림과 같이 유일신교를 믿는 민족들은 권력을 가진 자들의 요구와 종교적 요구를 일치시키기 위해서 노예라는 사회적 질서를 만들지 않을 수 없었다. 중국문명에서는, 비록 종종 실현되지는 않았지만, 이상적인 왕도(王道)의 구현자인 "왕자(王者)"라면 "폭력을 사용하지 않고 그의 목적을 달성할 수 있어야 한다"는 믿음이 영웅적으로 지켜져왔다.

결국 다른 방식으로 논리를 전개하는 것이 더 적합할 것 같다. 즉 군사조직 형태의 수는 제한되어 있으며, 특수한 군사조직 형태와 그것이 속한 사회적, 정치적 질서 사이에는 대단히 밀접한 관계가 있지만, 그 관계를 결정하는 요인은 엄청나게 복잡하다는 사실을 받아들이는 것이다. 예를 들면 전통은 대단히 압도적인 역할을 한다. 안드레스키는 "모든 남자들이 군인인 평등사회에서라면, 보편적인 군사기술을 불필요한 것으로 만드는 더욱 효과적인 방법의 도입이 거부될 수도 있을 것이다"라고 인정했다.[12] 만약 우리가 사무라이나 맘루크의 경우만을 예로 든다면, 이것은 더욱 일상적인 일이 된다. 그들은 고대의 무술에 집착한 배타적인 소수 군사집단으로서 수백년 동안이나 대단히 비합리적인 일을 해왔기 때문이다. 또다른 한편으로 이러한 소수 집단—사회학자들은 이들을 "군사 엘리트"라고 부르지만 그것은 부정확한 표현이다. 왜냐하면 그들은 오직 스스로에 의해서 선택되었기 때문이다—은 무모하고 지나친 혁신정책을 추구하기도 한다. 예를 들면 빅토리아 여왕의 해군장교들은 증기 장갑함을 받아들이면서, 새로운 모델의 함정들이 점점 더 빠른 속도로 구식이 되어버릴 것이라고 장담했다. 그러나 그것은 군함 건조가 영국의 예산정책에서 가장 논란이 많은 항목 중의 하나로 떠오르기 전까지 일이었다.[13]

그들의 "해군 제일주의"는 영국의 지리학적인 상황을 반영한 것이었다. 부유한 섬나라로서, 그들은 침입에 맞서서 자신을 방어할 필요가 있었다. 또한 해양제국의 본거지로서, 그들의 무역과 해외 재산을 보호할 필요가 있었다. 그러나 지리는 군사형태에 영향을 미치는 보편적인 요인으로, 안드레스키도 그것만은 간헐적으로 인식했다. 그리하여 이집트에서 석제무기에서 철제무기로의 기술이전이 늦어졌고, 문명화된 생활을 누리는 최근에 이르기까지 상비군을 유지하느라 무거운 짐을 져야만 했던 것은 바로 이집트의 독특한 지리적 고립 때문이라는 사실을 잠깐 비추기도 했다. 그러나 안드레스키는 기사계급이 그토록 엄청난 힘을 가질 수 있었던 것은 유럽이 초원지대로부터의 침입—그후에는 바이킹 해적들로부터의 침입—에 무방비 상태로 노출되어 있었기 때문이라는 사실을 간과하고 있는 것 같다. 또한 일단 사람을 수송할 수 있는 말을 생산하게 되자 유목민은 변화가 없는 초원지대로 인하여 세력을 누릴 수 있었으며, 땅에 굶주린 스칸디나비아인들은 해안가의 좁은 평야로부터 노략질하기 위해서 떠났고, 베네치아—안드레스키는 이곳의 군사력에 관심이 있었다—가 바다를 지배하고 멀리 크레타 섬과 크림 반도에까지 상업권을 확장시킬 수 있었던 것은 아드리아 해 주변에 또다른 안전한 천혜의 항구가 없었기 때문이라는 사실을 놓치고 있다.[14)]

무엇보다도 그는 군인으로서의 삶이 남자들의 상상 속에 얼마나 매력적으로 비치는지에 대해서 헤아리지 못했다. 이것은 군사적 사건에는 관심이 있지만 한 번도 대학이라는 환경을 떠나보지 못한 학자들이 흔히 저지르는 실수이다. 군대사회의 일원으로서의 군인을 알고 있는 사람들은 그 사회가 그들이 속한 보다 더 큰 문화와 밀접하기는 하지만 그러나 분명히 다른 문화를 가지고 있으며 전혀 다른 상벌체계에 의해서 움직이고 있다는 사실을 인식한다. 그 사회에서 벌은 더 즉각적이며, 상은 금전적인 것이 아니라 대개 순전히 상징적이거나 정서적인 것일 뿐이다. 그럼에도 불구하고 그 사회의 소속원에게 깊은 만족감을 준다. 몇몇 영국군인들과 평생을 사귀어온 나로서는 어떤 남자들의 경우에는 군인 이외에는 아무것도 될 수 없다고 주장하고 싶은 유혹을 느낄 정도이다. 그것은 어떤 여자들의 경우에 무대에 서는 것과 같은 것이다. 그 여자들은 오직 무대의 일, 즉 프리마 돈나 혹은 디바가 되거나 사진이나 의상 모델이 되는 데에서만 만족을 느낀다. 그리고 그러한 성취를 통하여 남자와 여자 모두의 찬미를 받을 수 있는 가장 보편적인 여성다움의 이상을 구현하는 것이다. 남자배우의 경우에 훨씬 더 많은 칭찬을 들을 수는 있겠지만, 그와 같은 찬사를 누릴 수는 없다. 왜냐하면 무대의 주인공들은 단지 위험을 감수하는 흉내만 내기 때문이다. 그러나 전쟁영웅들은 진짜 위험을 감수함으로써 남녀 모두로부터 찬사를 받는다. 그러나 정말로 군인다운 기질—아무리 사회과학자들이 기질의 중요성을 무시한다고 해도—을 가진 남자는 외부세계로부터 칭찬을 받는 것과는 상관없이, 어떤 위험이든지 무릅쓰는 법이다. 그를 만족시키는 것은 오직 동료들의 찬사일 뿐이다. 대부분의 군인들은 동료들, 유약한 세계에 대한 공유된 경멸감, 야영생활과 행진으로 인한 물질적인 궁핍으로부터의 자유로움, 야영지에서의 야성적인 안락함, 인내에 대한 경쟁심 그리고 그들을 기다리는 여자들과 함께 보낼 휴가에 대한 기대감에 의해서만 만족감을 느낀다.

출정에 대한 중독은 원시전사들의 기풍을 설명하는 데에 도움을 준다. 또한 출정에서의 성공은 일부 원시부족들이 호전적이 되는 이유를 설명해준다. 승리의 성과—영토의 획득과 이민족에 대한 지배와 같은 완전한 정복이 아니라고 할지라도, 공물 수취나 최소한 교역의 독점권 등—는 정착된 삶의 방식을 포기한 데에 대해서 보상이 되고도 남았다. 그러나 전사생활에 대한 충동을 지나치게 과장하지 않는 것 또한 중요하다. 우리가 살펴본 바와 같이, 많은 원시부족들은 폭력에 대한 충동을 억제하려고 노력했다. 심지어 가장 사나운 부족들조차, 다른 부족의 시험적인 발자취를 따라서 그들의 해골 피라미드를 쌓아올려갔던 것이다. 만약 초기의 기마민족들이 문명세계의 저항력의 한계를 시험해보지 않았다면, 티무르는 그만큼의 승리를 거둘 수 없었을 것이다. 더욱이 다른 사람들에게 공포심을 불러일으킬 만한 명성을 소유한다는 유혹—호전적인 앵글로-색슨족들은 이 점을 완전히 간과하며, 자신들을 의회제도의 수혜자로 생각하기를 더 좋아한다—이 아무리 크다고 할지라도, 전사부족들은 언제나 모든 부족들 사이에서 소수일 뿐이었다. 반면 전사들은 원시적 단계를 넘어선 사회에서는 항상 절대적 소수였다. 인간의 본성 중에는 사회학자들이 보상 성향이라고 부르는 성향이 있다. 그러므로 인간은 폭력에 대한 호소를 반대한다. 올더스 헉슬리에 의하면, 지식인이란 섹스보다 더 흥미로운 어떤 일을 발견한 사람이라고 한다. 달리 말하면, 문명화된 인간이란 전투보다 더 만족스러운 어떤 것을 발견한 인간이라고 할 수 있다. 일단 인간이 원시적인 단계를 넘어서면, 경제적인 자원이 개발되는 만큼 싸우는 일보다 다른 어떤 일—밭을 경작하고, 물건을 만들거나 팔고, 건축하고, 생각하고, 다른 세계와 의사소통을 하는 일 등—

을 더 좋아하는 사람들의 비율이 빠르게 증가해왔다. 물론 이러한 변화를 지나치게 이상화시켜서는 안 된다. 특권층들은, 안드레스키가 대담하게 지적한 바와 같이, 언제나 군사력에 그들의 지위를 의탁해온 반면, 가장 운이 나쁜 자들은 노역에 얽매이거나 노예상태로까지 전락했다. 그러나 원시시대 이후의 사람들은 비폭력적인 삶, 예를 들면 학자나 예술가 그리고 무엇보다도 제사장이나 성직자에게 특별한 가치를 부여했다. 수도원과 수녀원을 약탈한 바이킹들의 만행이 특별히 기독교 세계에서 엄청난 혐오감을 일으켰던 것은 바로 이러한 이유 때문이었다. 티무르조차 그들처럼 잔인한 지경으로 전락하지는 않았는데, 그는 위대한 아랍 학자 이븐 할둔을 존경했다.[15)]

그러므로 안드레스키의 분석을 조정하기 위해서, 원시세계에서 전쟁발발이 빈번했다는 점—한편 전쟁이 무엇인지조차 거의 몰랐던 부족들이 존재했으며, 전쟁을 벌인 부족들 사이에서도 제의와 의식을 통해서 폭력을 완화하려는 노력이 있었다—을 인정하자. 그리고 곧이어 원시세계 이후로 넘어가도록 하자. 군 역사에 대한 조사는 지금까지 군사조직이 취할 수 있는 여섯 가지 주요 형태를 보여준다. 즉 전사(warrior), 용병(mercenary), 노예군(slave), 정규군(regular), 징집병(conscript) 그리고 민병 곧 시민군(militia)이 그것이다. 안드레스키 또한 여섯 가지 형태가 존재한다고 믿었던 것은 순전히 우연한 일이다. 그는 각 범주에 어울리는 명칭이 없기 때문에, 모두 신조어를 사용하여 호모익(homoic), 마사익(masaic), 모르타식(mortasic), 네페릭(neferic), 리테리안(ritterian), 텔레닉(tellenic)이라고 명명했다. 전사의 범주는 말 자체로도 쉽게 설명이 된다. 그러나 나는 전사를 특히 사무라이나 서구의 기사들을 포함하기 위해서 사용했다. 이들 전사의 핵심은 거의 언제나 해외 혹은 국내의 전사부족의 잔당과 동일시될 수도 있다. 예를 들면 근본주의 무슬림이나 시크 교도와 같은 광신도 전사들, 줄루족이나 아샨티족(아프리카 서부[가나의 아샨티 지방을 중심으로 하여]에 사는 부족)과 같이 스스로 형성된 전사 정치세력 등이 포함된다. 용병이란 돈—그외에도 토지

양여(讓與)나 시민권 부여(로마 군대와 프랑스 외인부대의 경우) 혹은 각종 특혜와 같은 대가—을 받고 군사력을 제공하는 자들이다. 정규군이란 시민권이나 혹은 그에 상응하는 권리를 이미 누리고 있지만, 생계의 수단으로 군 복무를 선택한 용병들을 말한다. 풍요로운 국가에서의 정규군의 복무는 전문직 과정으로 받아들여질 수 있다. 노예군 제도에 대해서는 이미 앞에서 자세히 살펴보았다. 민병 곧 시민군의 원리는 신체조건이 적당한 모든 남자 시민들에게 군 복무를 수행할 의무를 부여한다는 것이다. 이러한 의무를 이행하지 못하거나 거절할 경우 그것은 시민권의 박탈로 보통 이어진다. 징병제는 특정 연령에 이른 남자 거주자들의 시간을 얼마 동안 징발하는 일종의 세금이다. 시민들에게는 보통 그러한 세금을 지불하는 행위가 시민의 의무라고 표현되고 있지만, 선택적인 징집, 특히 지나치게 오랜 기간 동안 대표성이 없는 정부에 봉사하는 것—농노가 해방되기 이전의 러시아에서는 그 기간이 20년이었다—은 노예군 제도와 별다른 차이를 발견하기 힘들다.

전사사회가 어떻게 출현하게 되었는가 하는 문제는 별로 어려운 것이 아니다. 전사집단이 어떻게 비전사집단에 대한 지배력을 획득하고 영구화했는가 하는 문제 또한 크게 고민할 필요가 없다. 전형적으로 전사집단은 값비싼 무기체계의 사용권을 독점하거나(전차 정복자들이 그러했듯이), 혹은 대단히 어려운 전투기술을 완벽하게 습득해왔다(기마민족이 그토록 오랫동안 공포의 대상이 되어왔던 것은 바로 이 때문이다). 이것은 보다 복잡한 원리를 가진 또다른 형태로의 전이(轉移)이다. 사회가 진보하려면 이러한 전이가 필수적이라는 사실은 명백하다. 왜냐하면 군사정권은 극단적으로 보수화되는 경향이 있기 때문이다. 사무라이나 만주족 그리고 맘루크처럼 그들은 자신들이 지배하는 체제 내에서 어떤 것이든 함부로 바꾸는 것을 두려워한다. 왜냐하면 그렇게 함으로써 전체 구조의 붕괴를 가져올지도 모르기 때문이다. 그러나 우리가 앞에서 살펴본 것처럼, 이미 쓸모없게 되어버린 군사체계는 언제까지나 변화에 저항할 수는 없다. 변화가 일어나면,

새로운 지배자들(그들은 아마도 옛 군사질서 속에서 살아남은 선각자들일 것이다)은 두 가지 중요한 문제에 봉착하게 된다. 하나는 새로운 군사체제에 어떻게 대가를 지불할 것인가 하는 문제이며, 또다른 하나는 그 체제에 속한 자들의 충성을 어떻게 확실히 확보할 것인가 하는 문제이다. 이 두 가지는 서로 밀접하게 연관되어 있다. 전사국가는 사회의 나머지 다른 계층이나 혹은 국외자들에 대한 직접적인 강탈에 의해서 지탱된다. 그러므로 기마민족들은 전리품을 취하거나 공물을 받거나 혹은 교역권 독점을 주장할 수밖에 없다. 일단 군사적 전문성이 권력의 중심부에서부터 다른 곳으로 옮겨가면(바로 이것이 전시국가가 퇴색하기 시작하는 징조이다), 군인들을 보상하기 위한 중재적 방안이 모색되었다. 칭기즈 칸은 모든 공물을 중앙에 모았다가 똑같이 분배하는 과정을 빈틈없이 관리했다.[16] 그러나 그가 살아 있는 동안에도, 제국이 점점 더 커지자, 지방에 대한 권한을 신임하는 신하들에게 맡기지 않을 수 없었다. 그가 죽자마자, 그러한 신하들은 통치권뿐만 아니라 조세권까지도 장악했다. 칭기즈 칸의 세리(稅吏)들은 모든 세입을 중앙의 국고로 가져왔다. 그의 생전에 왜 몽골 군대가 그토록 강력할 수 있었는가 하는 중요한 이유가 바로 여기에 있다. 그러나 그의 손자 대에 이르자, 일종의 봉건제도가 출현하기 시작했고 그와 더불어 몽골 세력도 쇠퇴하기 시작했다.

봉건제는 전사사회가 또다른 형태로 변화할 때에 거치는 공통적인 단계이다. 이것은 두 가지 중요한 형태로 나타났다. 하나는 서방에서 특징적인 것으로, 군주가 요구할 때마다 적당한 군사력을 제공하고 주권을 지지한다는 조건으로 봉신(封臣)들에게 땅을 나누어주는 것이다. 봉건영주들은 이와 더불어 똑같은 조건으로 자신의 후손들에게 땅을 유증(遺贈)할 수 있는 권리를 가진다. 또다른 형태는 주로 유럽 밖에서 나타난 것으로, 비세습 봉토를 받는 것이다. 그러므로 봉토는 군주의 명령에 따라서 다시 환수될 수 있었다. 이슬람 세계에서 널리 보급된 이크타(iqta) 제도가 바로 그것이었으며,

셀주크나 아이유브 왕조(1169-1252. 살라딘이 세운 이집트의 이슬람 왕조/역주) 그리고 오스만 제국 등에서 많이 이용되었다. 두 형태 모두 단점이 있었다. "이크타"는 세습이 되지 않았기 때문에, 봉신들은 권리가 유효한 동안에 최대한 많은 부를 축척하려고 애를 썼다. 따라서 그의 납세자들은 착취를 당했고 군사적 의무는 소홀해졌다.[17] 반면 서양 봉건제의 봉신들은 그들의 영지가 후손에게까지 물려지기 때문에 영지를 잘 경영하는 데에 관심을 쏟았다. 그러나 동시에 영지의 군사적 가치를 증강하는 데에도 많은 관심을 보였다. 그렇게 함으로써, 봉신은 군주와 더불어 권리나 의무에 대하여 논쟁을 벌일 수 있을 만큼 자신의 위치를 확고히 할 수 있었다. 더 나아가서, 자신의 성을 건설한 봉신들은 궁극적으로 그의 가문을 일으켜서 국가 자체를 통치하려는 희망을 품을 수도 있게 되었다. 이것이 바로 9세기 카롤링거 왕조의 분열에서부터 16세기 화약무기를 소유한 왕의 등장에 이르기까지 서유럽 역사의 대부분을 이루게 되는 것이다.

그러므로 어떤 형태이든 간에, 봉건제도는 전사사회에서부터 멀어져가는 어두운 행로였다. 이보다 훨씬 더 효과적인 제도는 바로 정규군 제도였다. 이 제도는 놀랍게도 상당히 빨리 수메르에서 처음 나타났다. 그리고 거의 달라지지 않은 형태로 아시리아인들에게 전해졌다. 우리가 살펴본 바와 같이 아시리아 군대는 이용할 수 있는 모든 종류의 군인들로 이루어져 있었다. 보병은 말할 것도 없고 전차병, 기마 궁사, 공병 그리고 수송병까지 포함되어 있었다. 하지만 이들의 핵심은 왕실 경호대였으며 정규군의 기원은 바로 여기에서 비롯되었다. 수메르 군대는 아마도 처음에는 왕실 경호대였을 것이다. 그것을 중심으로 필요할 때마다 또다른 연대가 창설되었다. 그 이후로 "근위대"와 같은 제도는, 상징적으로든 혹은 국가의 기반을 대표하는 것으로든, 권력이 개인화된 모든 국가에서 심지어 오늘날에 이르기까지 존속해왔다.

그럼에도 불구하고 경호대는 독자적인 노선을 따르며 때때로 다른 정규군으로부터 독립하여 발전하기도 했다. 고정된 장소에 거주지를 정한 지배자들은 점점 정주하려는 경향이 생긴다. 그리고 종종 전사로서의 기능을 잃어버리고 때로는 국왕 옹립자(kingmaker)가 되기도 한다. 결과적으로 지배자들은 종종 해외에서 그들의 경호원들을 선발했다. 특히 국내의 불평분자들과 공모할 수 없도록 그 나라 말을 전혀 모르는 전사민족들 중에서 뽑았다. 가장 대표적인 예로는 비잔틴 황제들의 바랑인 경호대를 꼽을 수 있는데, 이 경호대는 이스탄불을 향하는—거대한 러시아의 강들을 타고 내려오는—"러시아인"의 무역로를 따라온 스웨덴인과 노르웨이인으로 이루어졌다. 그러나 1066년 이후에는 앵글로-색슨 이주민들이 대부분이었다. 그들은 그들만의 방언을 개발하고, 성 마르코의 사자 위에 룬 문자(rune : 고대 북유럽의 튜턴족이 사용하던 알파벳/역주)를 새겨서 가장 기념할 만한 기록을 남기도 했다. 그 사자상은 1668년 프란치스코 모로시니가 투르크인들로부터 빼앗은 이후에 다시 피레에프스가 공물로 바친 것인데, 지금은 베네치아의 병기고 밖에 세워져 있다.[18] 또다른 유명한 외인 경호대로는 프랑스 왕들의 스코틀랜드 사수부대, 프리드리히 2세의 아랍 경호대(프랑코 장군 또한 모로코인 정규군으로부터 무어인 경호대를 선발했으며, 그들은 1936-1939년 에스파냐 내전을 승리로 이끄는 데에 지대한 역할을 했다) 그리고 교황을 포함한 여러 유럽 군주들의 스위스 경호대가 있다. 오늘날에도 영국 정부가 정권유지에 관심을 가지고 있는 외국의 통치자들을 경호하기 위해서 공군 특수부대(SAS : Special Air Service)를 제공하고 있다는 사실은 어느 정도 알려진 바이다.[19]

이러한 경호대들, 혹은 지배자의 신민들 중에서 직접 선발한 자들이라도 수도에 상주하는 부대들은 흔히 기괴한 형태로 굳어져서 생명력을 잃어버리는 경향이 있다. 19세기에도 전부(戰斧)를 들고 다녔던 바이에른 경호대처럼, 바로 영국 왕실 경호대와 로마 교황의 스위스 경호대가 그런 특징을 보여준다. 사실 어떤 군주들은 가계의 유구한 전통을 과시하기 위해서 고풍스러운 경호대를 키우기도 한다. 호엔촐레른 왕가는 철통경호대

(Schlossgardekompagnie)로 하여금 마치 프리드리히 대왕 시절의 왕실에서와 같은 복장을 하고 빌헬름 2세를 수행하게 했다. 그러므로 출신이 좋고 혈기왕성한 젊은이들이 경호대 복무를 외면하는 것은 지극히 당연한 일이었다.

그들은 차라리 적과 좀더 가까이 접할 수 있는 "근위대"에 들어가서, 통치자에 대한 그들의 충성심을 보여주고 싶어했다. 그렇게 하여 어떤 경호대들은 전투부대로 살아남을 수 있었으며, 다른 많은 연대들이 똑같은 모델로 양성되었다. 프로이센과 러시아의 근위보병연대—프레오바옌스키(Preobajensky), 세메노프스키(Semenovsky)—는 바로 그러한 전통에 속했으며, 영국의 연대는 아직도 그렇다.

이러한 부대의 충성심은 거의 의심할 바 없었다(단, 파리에 너무나 오랫동안 상주한 나머지 부패해버린 1789년의 프랑스 경호대는 예외이다). 그러나 이러한 군대에게 어떻게 보상을 해줄 것인가 하는 어려운 문제가 여전히 남아 있었다. 보통 전투의 정규군의 경우에는 더욱더 미묘한 문제였다. 전시뿐만 아니라, 평화 시에도 똑같이 먹여주고 집을 제공하고 월급을 준다는 것은 통치자와 정규군 사이에 맺어진 계약의 핵심 내용이었다. 충분한 세금을 거두어들일 수 있는 부유한 국가에서는 상당히 오랜 기간 그렇게 할 수 있었다. 그럼에도 불구하고 군사적인 야심이 지나칠 때에는 주민들에게 과중한 세금을 부과하게 되었다. 반면 오랜 전쟁이 끝나고 정규군의 과잉 숫자를 줄이려고 하는 시도는 많은 경우에 폭동을 야기했다. 1923년 아일랜드 자유국이 바로 그런 경우였다. 그러므로 특히 인구가 적은 부유한 국가에서는 정규군을 유지해야 하는 과중한 부담을 벗어버리고 그 대신 필요할 때마다 군사력을 사들이고 싶은 유혹을 느꼈다. 바로 그것이 용병제도의 근간이다. 그러나 반드시 그것만이 시작은 아니었다. 역사적으로 많은 국가들이 용병을 고용함으로써 그들의 군사력을 보강해왔다. 종종 상당히 오랜 기간 계약이 맺어지기도 했는데, 그 결과는 옛날 프랑스와 스위스의 관계나 혹은 오늘날 영국과 네팔의 구르카의 관계가 보여주듯이, 양자 모두에게 더할 나위 없이 만족스러운 것이었다. 또한 체계가 잘 잡힌 용병시장에서 매매를 하는 것도 가능했다. 고용된 병사들은 계약기간이 끝나면 다시 이 시장으로 되돌아왔다. 이런 용병시장은 기원전 4세기에 펠로폰네소스의 타이나룸 곶에 형성되었는데, 바로 이전 세기의 도시국가 전쟁이 끝난 이후에 직업을 잃어버린 떠돌이 병사들로 수요가 충당되었다. 이 시장은 페르시아와 헬레니즘에서 영향을 받은 동양에서 군사 전문가에 대한 요구가 계속되는 한, 완벽하게 자신의 기능을 발휘했다.[20] 알렉산드로스 대왕은 329년에 약 5만 명의 그리스인 용병들을 고용했는데, 그중 대다수가 바로 이 용병시장에서 충원되었다.

용병에게 군사력을 의지하는 경우에 내재된 위험은 쌍방 간의 계약기간이 지나기 전에 용병을 유지하는 데에 필요한 자금이 바닥날 수도 있다는 것이다. 혹은 전쟁이 예상한 것보다 더 지연될 때도 같은 결과를 가져올 수 있다. 만약 국가가 너무나 나태해지고 현실에 만족하여, 오직 용병들에게만 전적으로 의지하게 되면, 용병들은 국내에 강력한 세력을 형성할 수도 있다. 물론 그것은 15세기 이탈리아의 몇몇 도시국가가 직면했던 문제였다. 그곳의 시민들은 너무나 상업화되어 직접 군사적 의무를 이행할 수 없었을 뿐만 아니라, 군사력 유지를 위해서 돈을 내는 것조차 싫어했다. 이러한 상황에서 용병은 적군에게보다는 차라리 고용주에게 위협적인 존재가 되었다. 그들은 국내문제에 간섭하기도 했고 동맹파업을 했으며 미해결된 봉급이나 가외의 봉급을 갈취하기도 했다. 심지어 적군에게 넘어가는 수도 있었다. 가장 최악의 경우에는 스스로 권력을 차지하기도 했다. 브레시아, 크레모나 그리고 파르마에서 용병대장(condottieri) 판돌포 말라테스타, 오토부오노 테르초 그리고 가브리노 폰돌로 등이 그와 같은 경우이다.[21]

몇몇 도시국가들은 마치 용병제도 의존에 대한 위험을 미리 예견이라도 한 것처럼, 보다 일찍이 국방을 위해서 다른 방법을 선택했다. 그들 도시는 재산을 소유한 모든 자유민은 무기를 구입해야 하고, 전쟁을 대비하여 훈련을 받아야 하며, 위험이 닥쳤을 때에는 의무를 다해야 한다는 것을 시민권의 조건으로 제시했다. 이것이 바로 시민군(민병대) 제도(militia system)이다. 이는 또다른 형태로 나타날 수도 있다. 이 용어는 오랜 역사적 시기에 걸쳐서, 중국과 러시아 제국을 포함한 여러 종류의 정착국가에 의해서 양성된 농민 징집군에게도 광범위하게 적용될 수 있다. 이것은 또한 앵글로-색슨 잉글랜드의 퍼드(노르만인의 정복 이전의 잉글랜드의 자유농민이 만든 부족군/역주)나 유럽 대륙의 그와 상응하는 제도에도 적용된다. 그것은 이후에 "자유민은 무기를 들어야만 한다(jus sequellae 혹은 Heerfolge)"라는 경구로 알려진 원칙에 근거하고 있다. 이 제도는 야만인 침략자들이 독일에서 가져왔으며, 로마 통치를 계승한 몇몇 왕국들에서 행해졌다. 그리고 9세기와 10세기의 군사적 위기에서, 말을 타는 봉신들에 대한 군사소집(ban)이 그 중요성을 대신할 때까지 계속되었다. 그러나 스위스나 티롤과 같이 귀족계급이 취약한 변방 지역에서는 훨씬 더 오랫동안 지속되었으며, 스위스에서는 사실상 오늘날까지도 존속하고 있다.

그러나 우리가 민병의 이상으로 떠올릴 수 있는 곳은 야만인의 세계가 아니라 고전고대의 세계이다. 그리스는 평소에는 작은 도시국가들로 나누어져서 서로 분쟁하고 싸웠는데 그 전투대형은 농민 시민군으로 편성된 밀집방진대 곧 팔랑크스(phalanx)였는데, 그리스 도시국가들은 기원전 6세기와 기원전 5세기의 페르시아 제국의 침략처럼 공동의 위험에 직면했을 때에는 함께 단결했다. 독일인이나 그리스인이 서로 같은 기원에서 자유민의 민병 의무라는 개념을 이끌어냈을 것이라고 상상하는 것은 대단히 매혹적인 일이다. 전쟁에 미친 그리스의 중요한 공헌—지정된 장소에서 도보로 어느 한편이 패배를 인정할 때까지 결전을 치르는 방식—이 고대 로마를 거쳐서 야만시대의 독일까지를 회상할 수 있도록 하는 것은 더욱더 매력적이다. 그러나 이러한 가정을 뒷받침해줄 만한 증거는 없다. 확실한 사실은 로마가 공화제 이전 시대에 그리스로부터 이러한 제도를 수입했으며, 세르비우스

법전(로마 왕정시대의 제6대 왕인 세르비우스 툴리우스가 제정한 법. 백부장[百夫長] 제도와 호적을 만들었다/역주)의 로마 군대(카이사르의 군대가 바로 여기에서 비롯되었다)는 밀집방진대의 전쟁에 그 뿌리를 두었다는 것이다.[22] 그후 정치적으로나 문화적으로나 그리스와 로마는 서로 분리되었다. 로마가 제국으로 성장하는 과정에서, 농민병사는 점차적으로 직업군인에게 자리를 양도했다. 그러나 "불화의 천재들"인 그리스인은 개별적인 도시 시민군 제도를 그대로 유지했고, 궁극적으로는 더 강력한 세력, 즉 반(半) 야만적인 마케도니아인들이 그들 모두를 정복하는 길을 터주었다. 그럼에도 불구하고 그리스의 다른 모든 전통과 마찬가지로, 시민군 정신 또한 살아남았다. 르네상스 시대 유럽에서 고전학문의 재발견과 더불어서, 이 제도는 법치제도나 시민적 자부심만큼이나 좋은 것으로 받아들여졌다. 물론 각각은 서로 밀접하게 연관되어 있다. 왕권은 군사력에서 나온다는 전제에 근거한 정치적 사상을 펼쳤던 마키아벨리는 이 제도에 대해서 책을 쓰는 것에 그치지 않았다. 그는 실제로 그의 도시를 용병의 폐해로부터 해방시키기 위해서 피렌체 시민군의 법(1505년의 『오르디난자[*Ordinanza*]』)을 기초하기도 했다.[23]

그러나 시민군 제도는 그 자체에 결함이 있었다. 왜냐하면 국방의 의무가 오직 재산을 소유한 자들에게만 부과되었기 때문에, 건장한 남자 주민이라면 누구나 선발하는 국가에 비하여 상대적으로 전투병력의 숫자가 제한되었던 것이다. 그리스인들은 두 가지 이유로 이러한 결함을 감수했다. 첫째, 이 제도는 군대를 어떻게 유지할 수 있는가 하는 골치 아픈 문제를 해결해 줄 수 있었다. 군인들이 스스로 봉급을 지불하는 결과를 낳았기 때문이다. 둘째, 이 제도는 군인들의 신뢰성을 보장해주었다. 재산을 기준으로 하는 심사에 통과한 자들은 각자의 정치적 성향이 어떻게 다르든지 간에, 통과하지 못한 모든 사람들, 즉 비토지 소유계급의 노예계급에 맞서서 굳게 단결했다.

그들은 비시민권자로서 군대에 들어갈 수 없었던 것이다. 그러나 군인의 자격제한에 지나치게 엄격했던 스파르타인들이 기원전 4세기 테베와의 전쟁에서 경험했던 것처럼, 비상사태가 발생했을 경우에 그러한 엘리트주의는 기형적인 결함을 드러낸다.

징병제(conscription)는 비배타적인 제도이다. 정의상 이 제도의 정의에 따르면 재산이나 정치적 권리와는 상관없이, 행진하고 싸울 수 있는 사람이면 누구나 대상이 되었다. 그런 이유 때문에, 무장민중이 권력을 잡을까 두려워하는 정권이나 혹은 자금을 마련하는 데에 어려움을 겪는 나라에서는 결코 환영받지 못했다. 징병제는 모든 거주민에게 시민권을 제공하는—적어도 외양적으로나마—부유한 국가를 위한 제도이다. 이러한 조건을 충족시킨 첫 번째 국가는 바로 프랑스 제1공화국이었다. 그외의 다른 국가들—예를 들면 프리드리히 대왕의 프로이센—이 그보다 앞서 징병제와 비슷한 제도를 실시하기는 했지만, 그것은 오직 신병 보충을 위해서 정규군의 일부를 이용하는 것에 불과했다. 1793년 8월, 프랑스 공화국은 "공화국의 영토에서 적들이 모두 사라지는 그 순간까지, 모든 프랑스인들은 언제까지나 군 복무의 의무를 다해야만 한다"라고 선언했다. 그보다 앞서 오직 "능동 시민"(actif citoyen : 30만 명 정도/역주)에게만 제한적인 의무를 부여했던 재산심사 제도를 폐지했다.[24] 그리하여 프랑스 남자들은 누구나 군인이 될 수 있었고, 1794년 9월의 공화국은 116만9,000명의 군인을 보유하게 되었다. 이것은 그때까지 유럽에서 한 번도 보지 못한 엄청난 규모의 군사력이었다.

혁명군이 불러일으킨 엄청난 성공의 바람은 징병제를 미래의 군사 제도로 부각시켰다. 결국 클라우제비츠로 하여금 "전쟁은 정치의 연장"이라고 주장하게끔 자극을 준 것도 바로 그들이었다. 이 제도의 심각한 결점—전 사회의 군사화나 엄청난 비용의 소요—은 아직 발견되지 않았거나 혹은 숨겨졌다. 오랜 기간 동안, 혁명군은 약탈을 통해서 스스로 비용을 충당해나갔다(공화국의 지폐가 주화를 밀어내던 시기에, 이탈리아의 보나파르트 군대는 경화[硬貨]의 주된 원천이 되었다). 19세기 중반부터 징병제를 선택했던 다른 유럽의 정부들은 명목상의 돈을 병사들에게 지불함으로써 재정적인 부담을 애써 감추었다.

징병제가 세금의 한 형태로 여겨질 수 있는 것은 바로 이런 의미에서이다. 그러나 모든 세금이 그렇듯이, 이것도 궁극적으로는 세금을 내는 자에게 혜택이 돌아가도록 만들어진 것이다. 프랑스의 경우에, 그 혜택이란 군복무를 하는 모든 사람들에게 시민권이 부여된다는 것이었다. 그러나 19세기에 이 제도를 선택한 군주국들은 그들 권력의 취약성을 시인할 수가 없었다. 그러므로 그 대신 민족주의를 고취했고, 독일과 같은 국가에서는 대단한 성공을 거두었다. 그럼에도 불구하고 국방의 의무를 다한 사람만이 완전한 시민권을 향유할 수 있다는 프랑스의 사상은 점차 뿌리를 내려서, 시민의 자유는 군복무자들의 권리이자 징표라는 믿음으로 빠르게 변화되었다. 그리하여 영국과 미국에서처럼 이미 시민의 자유를 누리고 있지만 징병제가 실시되지 않던 몇몇 나라들에서는, 금세기 중반에 시민들이 자원병으로서 정부의 손에 자신을 맡기는 이상한 현상이 발생하기도 했다. 반면 징병제를 실시하면서도 국민의 대표기관의 성장은 억누르려고 애쓰는 국가들—특히 프로이센—에서는, 나폴레옹 전쟁 중에 조직된 중산층 시민군이 존속함으로써 국왕의 권력과 그의 정규군에 대항하는 권리수호의 전초부대의 역할을 수행했다.

결국 유럽 대륙의 선진국에서 보편적인 징병제는 선거권의 확대와 짝을 이루며 성립했다. 비록 이들 나라의 의회가 일반적으로 앵글로-색슨 국가들의 경우보다 훨씬 더 미약하고, 이들의 성립과정 또한 일정한 방향이나 눈에 띄는 연관성이 없이 이루어지기는 했지만 말이다. 그러나 제1차 세계대전의 발발과 더불어 유럽은 대개 어떤 형태로든 국민 대표기관이 존재하고 엄청난 규모의 징집병을 유지하는 국가들로 형성되었다. 민족적 감정에 의해서 크게 강화된 이들 군대의 충성심은 끔찍한 전쟁의 시련을 겪는 최초의 3년 동안 계속 유지되었다. 그러나 1917년경에 이르자, 모든 남자들을 군인으로 만드는 일에 대한 물질적인 부담뿐만 아니라 정신적인 부담이 필연적인 결과를 가져오기 시작했다. 바로 그해 봄, 프랑스 군대는 대대적인 폭동을 일으켰으며 가을에는 러시아 군대가 와해되었다. 다음 해에는 독일의 군대가 똑같은 결과를 낳았다. 휴전 뒤 11월에 고향으로 돌아가던 군대가 자진 해산하고 독일제국은 혁명의 소용돌이에 휩싸인 것이다. 이것은 125년 전, 프랑스가 모든 시민들에게 무기를 들고 혁명을 지지할 것을 호소하여 성공했던 그때부터 시작된 과정이 다시 원점으로 되돌아온 것과 같았다. 그 이후로 정치는 전쟁의 연장이 되었으며, 모든 국가들의 오래된 딜레마—어떻게 하면 믿을 수 있고 경제적이며 효과적인 군대를 양성할 수 있는가—는 처음 수메르가 병사들에게 돈을 지불하기 위해서 세금을 부과했던 그때 이후로 조금도 해결되지 않은 채, 다시 모습을 드러낸 것이다.

# 제 4 장
# 철기

석기와 청동기 그리고 말—국가가 막 성립되기 시작하던 시기와 정착지 너머에 살고 있는 전사부족들로부터 공격을 받기 시작하던 시기에 전쟁을 수행하기 위한 가장 주요한 도구들—은 비록 서로 다른 이유에서 비롯된 것이기는 했지만 제한적인 자원이었다. 석기를 마음대로 변형하는 것은 무척 어려운 일이었다. 청동은 구하기 힘든 금속이었다. 또한 병사들이 전투를 벌일 때 필요한 말은 한정된 장소에서만 기를 수 있었다. 초지가 형성되어 있는 장소가 아니라면, 말을 기를 수가 없었던 것이다. 만약 석기와 청동기 그리고 말이 전쟁에서의 주요한 교전수단으로 계속 남아 있었다면, 전쟁의 범위와 강도는 기원전 1000년대에 경험한 수준을 결코 넘어서지 않았을 것이다. 그리고 인류사회는 큰 강 유역에서 형성되는 천혜적인 조건하에 있던 지역을 제외하면, 결코 목축과 원시농업 이상으로 발전하지 않았을 것이다. 인류는 온대 산림지역의 개간을 위해서뿐만 아니라, 청동기시대에 전쟁 수행에 필요한 값비싼 기술을 독점하고 있던 부유하고 강한 소수 민족들이 이미 차지하고 있던 땅의 소유권을 두고 투쟁하기 위해서도 어떤 다른 자원이 필요했다.

철은 이러한 필요를 충족시켜주었다. 요즘의 학문적 추세는 "철기시대 혁명(Iron Age Revolution)"의 내습에 대해서 회의적인데, 이는 부분적으로 이 시각이 결정주의적이고 기계주의적인 역사관을 가지고 있던 마르크스주의 학자들에 의해서 제기되었다는 이유 때문이었다. 그러나 예리하게 날을 세울 수 있고 쉽게 무디어지지 않는 물에 대한 소유가 그 비용과 희소성으로 인해서 소수의 특권이 되었던 때에, 그러한 물질의 공급이 갑작스럽게 매우 크게 증가함으로써 당연히 사회적 관계를 변화시킬 것이라는 사실을 이해하기 위해서, 우리가 반드시 결정주의자가 되어야만 하는 것은 아니다. 산림을 벌채하고 토지를 경작하는 데에 돌과 나무를 이용하던 사람들은 날카로운 무기뿐만 아니라 날카로운 도구도 역시 사용하게 되었다. 철로 만든 도구는 이전에 손대기 힘들었던 땅을 경작할 수 있게 했을 뿐만 아니라 이를 고무하게 됨으로써, 현재의 정착지에서 멀리 떨어져 있는 지역을 식민지화하고 그곳을 더욱 집약적으로 이용하거나 혹은 단순히 그들 이전의 전사들이 정복한 지역의 식민지화를 고무했던 것이다.

철이 그러한 물질이라는 것에는 많은 설명이 필요 없다. 청동은 흔한 구리와 희귀한 주석의 합금이다. 주석은 희귀하고 지역적으로 한정된 자원이어서 높은 시장가격과 높은 수송비 그리고 많은 세금이 부가되기 쉬운 물질이었다. 따라서 전사들은 즉시 청동을 독점했고, 흔히 스스로 지배자의 위치로 올라섰다. 반면 철은 희귀하지 않았다. 이 광석은 지구 질량의 약 4.2 퍼센트를 차지하고 있으며, 광범위한 지역에 분포되어 있다.[1] 그러나 원시인들이 찾아서 사용할 수 있는 순수한 형태의 철은 오직 운철(隕鐵)로만 존재하거나 혹은 거의 격리된 이른바 텔루륨(Te)의 퇴적물로만 나타날 뿐이기 때문에, 주석보다 더 희귀했다. 그럼에도 불구하고 원시인들은 운철의 존재를 알고 있었고 그것을 다룰 줄 알았다. 그리고 우리가 짐작할 수 없는 일련의 사건으로 인하여 철이 열에 의하여 지층으로부터 추출될 수 있다는 것을 발견했을 때, 개화된 인간들은 이로써 무엇을 할 수 있는지 알았다. 철은 기원전 2300년경 비제련 광석으로부터 석간주(ocher)와 같은 안료를 추출하려고 했던 메소포타미아의 대장장이에 의해서 최초로 제련되었다고 추정되어왔다.[2] 대장장이들은 신비스러운 기술을 구사하는 비밀을 가진 사람들이었고, 보통 그들의 귀중한 생산품을 공급받는 전사들의 직접적인 보호하에서 작업을 했다. 최초의 제련된 철은 거의 완전하게 독점되었고, 기원전 1400년경이 되어서야 비로소 일반적으로 사용하게 되었다. 이 시기의 철은 고순도의 광석이 지표에 풍부하게 존재했던 아나톨리아에서 집중적으로 생산되었던 것 같으며, 히타이트 토박이들이 강 유역의 왕국들에 대해서 공격적인 군사행동을 시작할 수 있었던 것은 바로 제련된 철에 접근하면서부터였다.

기원전 1200년경 그들의 왕국이 붕괴되었을 때, 추측컨대, 히타이트인들은 더 이상 불시에 나타난 제철업의 유일한 소유자가 아니었던 것 같다. 아나톨리아의 제철공들은 새로운 구매자와 보호자를 찾아서 어느 곳이든 그들의 기술을 가져갔으며, 그 과정에서 뿔뿔이 흩어졌다. 또한 이 시기에 제철 그 자체가 기술적 도약단계에 이르렀던 것 같다. 이는 몇 단계를 거쳐야 했다. 첫 번째는 연료소비를 경제적으로 하기 위하여, 경제적인 크기의 주괴(鑄塊)를 생산할 수 있도록 광석을 제련하는 노(爐)를 개선하는 것이었다(최초로 중국인이, 이어서 유럽인이 석탄을 코크스로 바꾸는 방법을 발견하는 근대 초기에 이르기까지 선호되었던 연료는 숯이었다). 철광석은 구리나 주석보다 더 높은 온도에서 용해되었는데, 인위적인 통풍이 필요했다. 풀무가 사용되기 전까지 최초의 노는 그 대부분이 바람을 강하게 받는 언덕 꼭대기에 위치하고 있었다. 그들은 광석의 무게당 약 8퍼센트의 철을 생산했는데, 이는 계속적인 재가열과 망치질을 통해서만 도구—또는 무기—수준의 주괴로 만들어질 수 있는 "괴철(塊鐵)"이라고 알려진 스펀지 형태의 덩어리였다. 심지어 그러한 단련 후에도 광석에 특별히 많은 니켈 성분이 함유되어 있지 않는 한, 그 생산품은 단단하지 못했고 날이 금방 무디어졌다. 날을 벼리기 위한 상온에서의 단련, 즉 청동기 대장장이의 기술이 철 연마에는 효과가 없었다. 고온에서 단련하고 물에 담금질하는 것이 철의 날에 내구력과 영속성을 준다는 것이 발견된 기원전 1200년경에야 마침내 청동에 대한 단순한 경쟁품으로서가 아니라, 보다 우수한 제품으로서의 철이 나타났다. 이 단계의 도달은 아나톨리아의 대장장이들이 근동지역 주변에 분산되었을 때에 가능했던 것 같다.

제련과 세공 기술의 출현은 군사적 기능에 커다란 변화를 가져왔다. 이는 호전적인 민족들을 보다 잘 무장시켜서 부유한 정착국가들에 대한 공격을 시작하도록 만들었고, 그럼으로써 기원전 1000년대에 중동과 근동을 휩쓸었던 혼란을 불러일으키는 데에 기여했을 것이다. 마찬가지로 이로써 수입이 충분한 제국들은 반격을 가하기 위한 무장을 하게 되었는데, 풍부한 철은 바로 더욱 많은 사람들이 무장을 할 수 있다는 것을 의미했다. 아시리아 군대는 철기군대였으며, 기술적으로 뒤졌던 이집트는 이보다 뒤인 파라오 통치하에서 철기를 받아들였다.

초기 철기유적지에서 발견된 가장 인상적인 무기는 동방에서가 아니라 유럽에서 출토되었다. 이는 소위 할슈타트 문화의 칼들로, 이미 기원전 950년에 만들어지기 시작했다.[3] 청동기 양식을 원형으로 하여 만들어진 이 칼들은 엄청난 길이였다고 추정되는데, 이는 값이 싸고 풍부한 새로운 광물인 철이 이전의 청동보다 얼마나 흔하게 사용될 수 있었는지를 보여주는 증거이다. 철로 묶고 못을 박은 방패의 흔적과 철제 창끝 역시 할슈타트 문화 유적지에서 발견되었지만 주된 유물은 칼이다. 할슈타트인은 적을 무찌르는 데 날카로운 날과 긴 칼끝에 의존했던 검술가들이었던 것 같다.

할슈타트 문화(오스트리아의 중부 소도시 할슈타트의 유적. 오늘날에는 유럽 중-서부의 후기 청동기시대 및 초기 철기시대의 문화를 속칭하게 되었다/역주)는 기원전 1000년경까지 대부분의 서유럽을 점령했던 신비스러운 켈트족에 속한 것이다. 기원전 3세기경에는 그들도 역시 동방으로 이동하여 아나톨리아로 옮겨갔다. 전성기의 켈트족은 정복자 혹은 최소한 식민지 지배자였으며, 그들의 무기는 유럽 대평원에서 볼 때 산맥 너머에 살고 있는 이웃들, 그 가운데에서도 특히 그리스인들에 의하여 열광적으로 수용되었다.

## 그리스인과 철기

그리스인들은 켈트족과 마찬가지로 그 기원이 수수께끼에 쌓여 있지만, 아마도 기원전 4000년대가 끝날 무렵에 소아시아의 남부 해안으로부터 키프로스, 크레타 그리고 에게 해 섬들을 향해서 항해를 시작했던 것으로 추정된다. 거의 같은 시기에 그리스 본토에서는 같은 지역 출신의 다른 석기 민족들이 정착하기 시작했다. 그러고 나서 기원전 3000년대 중반기에 다뉴브 강변에서 온 것으로 추정되는 한 북방민족이 마케도니아에 출현했는데, 이들의 문화는 최초 정착민들이 이미 청동기시대에 진입했을 때에도 여전히 신석기시대에 머물고 있었다. 바로 이들이 결국에는 모든 그리스인들이 함께 사용하게 되는 언어를 가져온 사람들이었다.

북방민족과 소아시아 출신의 정착민들이 융화되는 데에는 시간이 걸렸다. 기원전 2000년대의 끝까지 도서인들은 단순히 별개의 민족으로만 남아 있지 않았다. 특히 크레타인들의 문화적 수준은 본토인들이 필적할 수 없을 만큼 높았다. 바다가 안전을 보장하고 풍부하게 교역상품을 입수할 수 있었던 크레타의 크노소스에서는 사치스러운 문화가 성장했다. 그뒤 기원전 1450년경 크레타 문명에 재앙이 덮쳤다. 비록 최근에 크레타 해안을 따라서 크레타 문명을 방어하기 위한 공사가 있었다는 사실이 발견됨으로써 그들이 이전에 생각했던 것처럼 공격으로부터 격리되어 있었던 것이 아니라는 점이 드러나기는 했지만, 고고학자들이 크레타 문명이 몰락한 이유를 설명하기 위해서 많은 연구를 했음에도 불구하고, 그 의견은 일치하지 않았다. 그들은 이전에 침략을 받았을 수도 있었다. 아마도 해적질을 하는 "소아시아의 해양민족"에 의하여, 혹은 크레타인의 지중해 무역독점을 질투하는 그리스 본토인에 의하여 진행된 단 한 번의 내습으로 거대한 궁전들과 창고들 또는 작업장들이 파괴되었을 것이다.[4)]

그 사이에 동쪽 해안을 따라서, 특히 펠로폰네소스에서 작은 왕국들 중 일부가 성장하고 있었던 본토에서, 진보된 청동기 문화가 정착되었다. 가장 중요한 왕국 중의 하나인 미케네가 이 문명에 자신의 이름을 붙이게 되었고, 기원전 1000년대 말까지 소아시아의 해안에 그리고 트로이처럼 먼 곳에서는 흑해로 통하는 해협에 미케네 문명의 도시들이 또한 건설되었다. 이러한 도시들은 잘 무장된 전차부대를 유지할 만큼 부유했으며, 선문자(線文字) B의 서판이 증거가 될 수 있는데, 이것은 그리스 문자의 최초의 흔적이다. 필로스의 궁전에 관한 기록에 의하면, 왕의 병기고에 200쌍의 전차 바퀴들이 있었다고 한다.[5] 우리는 전차가 어디서 유래했는지를 짐작할 수 없다. 아마도 스스로 연안 왕국의 지배자가 된 전차전사들에 의해서 도입되었을 것이다. 무역으로 부유해진 왕국들은 국제시장에서 진보된 군사기술을 구매할 수도 있었을 것이다. 어쨌든 기원전 13세기에 전차는 그리스 본토와 트로이 전체로 파급되었던 전쟁에서 큰 역할을 담당할 만큼 그리스 세계에서 중요한 것이었다. 적어도 호메로스는 그의 영웅들이 그들의 군마를 거느리고 전쟁터로 전차를 몰고 가는 장면을 『일리아드』에 상세히 묘사해놓았다.

그러나 근래에 들어서 고대사 연구자들 사이에서 잘 알려진 바와 같이, 호메로스—기원전 8세기경에 지은 그의 위대한 시는 그보다 500년 앞선 사건들에 관한 것이다—는 전차가 영웅시대에 담당했던 역할을 오해했던 것으로 보인다. 현대의 한 학자는 다음과 같이 기술하고 있다.

> 전차의 진정한 이점은 신속한 집중적 공격에 있다. 이것이야말로 미케네인들에 의해서 그리고 청동기 시대와 미케네 문명의 붕괴 이후의 양 시기에 대규모 전차병력을 유지했던 근동 및 중동 왕국들이 사용한 방식이었다. 호메로스의 묘사는 매우 다르다. 거기서는 전차를 전사들이 땅에서 싸우기 위하여 다시 하차해야만 하는 단순한 수송수단으로[택시처럼/역주] 묘사하고 있다. 그리고 전사들은 활 또는 창 중에서 하나로 무장하는데, 이들 두 무기는 기원전 2000년대의 전반기에 가볍고 빠른, 살 달린 바

퀴를 갖춘 전차의 발명 이후, 전차류를 위력적인 병기로 만든다.[6)]

호메로스의 오해는 보통 트로이 전쟁 때부터 그가 존재했던 시기까지의 시간적 간격에서 비롯된 것으로 설명된다. 현재 트로이 전쟁은 단순한 신화적 작품이 아니라 실제로 발생한 사건으로, 아마도 에게 해와 주변 수역의 교역권에 관한 분쟁을 해결하기 위한 싸움이었을 것이라고 받아들여지고 있다. 그러나 시간적 간격만이 호메로스가 영웅적 과거를 재창조하는 데 겪은 어려움에 대한 유일한 설명은 아닐 것이다. 호메로스가 그러한 시대로부터 단절되었던 또 하나의 이유는 그리스인의 고난기, 즉 로마를 카롤링거 왕조로부터 차단했던 유럽의 암흑기보다 더욱 철저하게 기원전 13세기에서 기원전 8세기 사이의 연계를 차단한 암흑기 때문이다. 심지어 기원전 1150년 이후의 300년 동안 그리스 본토에서는 글쓰기에 관한 지식이 거의 상실된 것 같다.[7)] 이렇게 불행한 대변동의 동인(動因)은 후에 그리스에 도리아인으로 알려진 북방 출신의 침입자들이 새롭게 유입되었기 때문이었는데, 그들은 비록 그리스어를 말했지만, 다른 모든 면에서는 야만인이었다. 최초의 유입은 바다를 통해서 이루어졌을 것이다. 그 이후에 도래한 사람들은 말과 철제 무기를 가져온 것으로 보인다. 따라서 추측건대 그 사람들은 육로로 들어왔을 것이며, 아마도 초원지대 주변부에서 기원한 다른 기마민족에게 밀려났던 것 같다.

이러한 침입자들 앞에서 소수의 미케네 그리스인들, 특히 아테네 주변의 아틀란티스에 살고 있던 사람들은 그들의 요새화된 지역들을 지키는 데에 성공했다. 섬에 대한 그들의 재식민지화(이오니아인들의 이주)는 후에 소아시아의 해안에 이르기까지 에게 해 전역에 그리스 문화를 재건했다. 그들은 기원전 10세기 동안 소아시아 지역에 12개의 강력한 요새도시를 건설했는데, 아테네인들은 이곳을 자신의 기원지로 여기고 바다를 통해서 서로 연락했다. 본토에서는 미케네 왕국들 가운데 어떤 나라도 독립국으로 살아남지 못했다. 도리아인 침입자들은 최상의 토지를 약탈하고 주민들을 노예화하여 농노로 부렸다. 그러나 그들은 상호 간에 별로 일체감을 찾지 못한 것으로 보인다. "마을끼리 서로 싸웠으며, 사람들은 무장하는 데에 몰두했다."[8)]

이러한 호전적인 정복과 정착의 전형은 가장 독특하고 영향력 있는 그리스의 제도, 즉 도시국가(city state)가 발생하는 바탕을 마련했다. 도시국가의 기원은 크레타의 도리아인 정착지에서 가장 잘 나타나는데, 그곳에서는 기원전 850-기원전 750년 동안에 병역 복무자와 정복자의 후손에게만 정치적 권리를 주고 그밖에 사람들에게는 그것이 거부되는 법이 시행되었다. "이러한 크레타 법의 남다른 특징은 가족집단이 아닌 국가 지향의 시민의 성향이다."[9)] 유력가문의 자제들은 17세가 되면 군대에 입대하여 체육, 사냥 혹은 모의전투 훈련을 받았다. 불행히도 입대하지 못한 자들은 시민권에서 배제되었고 법적으로 보다 적은 권리를 누렸다. 19세가 되어 군대를 제대한 자들은 성인들의 회식에 참여할 수 있는 회원 자격을 부여받았고, 함께 식사를 하고, 선거에 참여할 수 있었다. 회합은 공공비용으로 유지되었으며, 실질적으로 그 회원들의 가정이 되었다. 비록 그들이 결혼할 수 있었다고는 하지만, 아내들은 따로 격리되었고 가족생활은 최소한으로 축소되었다.

이러한 전사계급 이외의 사람들에 대한 지배의 정도는 다양했다. 피정복민의 후예는 농노로서 소유자의 토지 혹은 공유지에 얽매여 있었다. 토지 소유지는 또한 시장에서 구입한 사노예들을 소유했다. 최초의 침입 이후에 피정복자들은 소유권을 누릴 수 있었지만, 공물을 바쳐야 했고 선거권에서 배제되었다. 기원전 9세기 크레타의 한 술자리에서 부르는 노래(drinking-song)는 그 당시의 상황을 다음과 같이 표현하고 있다. "내 재산은 창과 칼과 육신을 보호하는 견고한 방패로다. 이 방패로 나는 경작하고, 수확하고, 포도로 달콤한 포도주를 빚고, 내 농노의 주인이 된다."[10)]

폴리스(Polis, 도시국가)의 두드러진 특징은 그 기원에서 유래한다. 이는 그 구성요소인 코마이(komai, 마을)에서 강한 친족개념을 물려받았으며, 시민권은 오직 부모 양쪽으로부터만 세습적으로 상속되었다. 그럼으로써 주인과 농노 사이의 구별은 영속적으로 유지되었고 공동체 내에서 시민계급의 특권이 유지되었다. 이는 자급자족의 원천인 농업경제를 육성했고, 전쟁과 평화의 기량을 닦을 수 있는 적당한 여가를 시민에게 보장했다.[11]

폴리스와 그 구성요소는 크레타적 기원에 가장 가까운 형태로 그리스 본토에 확산되었고, 그중에서도 특히 그리스에서 가장 호전적인 국가였던 스파르타에서 가장 확실하게 뿌리를 내렸다. 스파르타에서는 자유전사와 비무장으로 거의 권리를 누리지 못하는 농노 사이의 구별이 뚜렷했고, 두 집단 사이의 불평등 또한 극단에 이르렀다. 소년들의 신체단련 기관 입문은 7세에 시작되었다. 소녀들 역시 격리되어서 체육, 춤, 음악을 연마하는 훈련기간을 거쳤다. 그러나 소년들이 우두머리 소년들의 지도와 국가 감독관의 관리하에서 계속 격리되었던 것과는 달리 소녀들은 결혼할 때까지 집에서 생활했다. 그들의 생활은 어려운 환경하에서 신체를 단련하도록 계획되었고, 같은 또래의 다른 집단들과 스포츠 및 인내력 시험에 의해서 경쟁했다. 18세에 이르면, 그들은 정식 전투훈련을 시작했고, 일정한 기간 동안 농노를 통제하는 비밀기관에서 일했다. 20세가 되면 그들은 병영 막사에 주거를 정했고—비록 이 나이에 결혼을 했더라도 아내와 함께 거주할 수가 없었다—30세에는 완전한 시민권을 얻기 위해서 선거에 나갔다. 그곳에서 오직 만장일치로 선출된 후보만이 완전한 시민이 되었으며, "평등한" 스파르타인으로서의 주된 임무, 즉 농노(helot) 계급을 통제하는 일과 전쟁에 출전할 채비를 갖추는 일에 참여했다. 실제로 해마다 "평등 시민권자들"은 노예들 상대로 내전을 벌였으며, 비밀기관이 믿을 수 없다고 분류한 자들을 제거했다.

이러한 스파르타가 보다 덜 호전적인 이웃들을 지배하기 위해서 나선 것은 놀랄 일이 아니다. 아마도 역사가들에게 알려진 어떠한 다른 나라도 이

보다 더 나은 전쟁체계를 갖출 수 없었을 것이다. 스파르타인들은 기원전 8세기에 최초로 본래의 5개 마을 주변에 있던 100개 마을의 지배자가 되었으며, 계속해서 진행된 20년간(940−920 B.C.) 의 전쟁을 통해서 메세니아 주변 지역을 정복했다. 그러나 그 이후로는 펠로폰네소스 반도를 지배하기 위한 스파르타의 노력은 순조롭게 진행되지 못했다. 먼저 복속국가들이 스파르타의 지배에 대하여 반란을 일으킨 이후에, 아르고스의 주변국으로부터 도전을 받았고 기원전 669년에는 히시아이에게 패배했다. 스파르타는 19년간 살아남기 위한 투쟁을 했다. 그리하여 아르고스와의 전쟁(양쪽 진영의 "300명의 투사들"이 일으킨 충돌에서부터 비롯되었다)을 치른 기원전 6세기 무렵부터, 온갖 시련에서 살아남은 스파르타는 펠로폰네소스 반도에서 가장 큰 군사강국이 되었다.

그동안 그리스의 나머지 지도적 도시들은 다른 방식으로 그리고 상당히 다른 방향, 즉 본토에서 벗어난 섬과 그로부터 조금 더 거슬러 올라간 소아시아 해안 방향으로 그 영향력의 범위를 옮기면서 발전하고 있었다. 마침내 이 그리스의 항로들은 모항과 시칠리아, 프랑스 남부해안, 흑해 내해 및 리비아의 해안을 연계하게 되었다. 스파르타가 육지에서 그리스인들과의 교전에 우위를 점하기 위해서 무기와 병법, 군사조직을 정비하고 있을 때, 다른 나라들 특히 아테네는 해양강국으로 성장함으로써 에게 해와 동부 지중해의 지배를 위해서 페르시아인들 및 그 예속 해양민족들과 겨루는 데에 사용될 선박들을 건조하고 있었다.

페르시아는 키로스 대왕의 즉위 후에야 비로소 통일왕국을 건설하는 데에 성공했기 때문에 페르시아 전쟁(499−448 B.C.)이 발발하기까지는 상당한 시간이 소요되었다. 기원전 6세기 동안 그리스인들의 경우, 전쟁은 대부분 그들 사이의 전쟁이었는데, 이는 도시국가들이 토지와 권력 그리고 무역 지배권을 두고 계속 다투었기 때문이다. 이 과정에서 새로운 전쟁양식이 나타났는데, 즉 평등시민이었던 소농들의 참여로 인하여 미케네 문명세계의 군대를 구성했던 것보다 더 많은 병사들이 제공될 수 있었으며, 철제 무기로 싸우게 되었기 때문이다. 이것은 강도와 잔인성 면에서 이제까지 한 번도 보지 못했던 치열한 전투를 야기했다. 이전까지 다른 민족들의 전투—비록 우리가 전장에서 벌어진 행동까지 세세히 알 수는 없지만 아시리아인의 전투조차—는 태고 이래로 전쟁을 특징지었던 요소들, 즉 탐색과 원거리 전투의 선호, 발사무기에 대한 의존은 물론 승리가 확실시될 때까지는 팔이 뻗칠 정도의 거리는 서로 접근하기를 꺼려하는 따위의 특징을 여전히 보여주고 있었다. 그리스인들은 이러한 탐색전을 버리고 스스로 새로운 형태의 전쟁을 창출했는데, 이는 결정적 행위로서의 전투기능에 대한 의존과 시간, 장소, 행동의 극적인 요소를 고려한 것이다. 그들은 기량과 용기를 증명하기 위한 유일한 시험에서, 유혈의 패배를 겪을 수 있는 위험을 감수하고서라도 승리를 확보하기 위하여 사력을 다했다. 이 새로운 정신이 교전에서 너무나 혁명적인 효과를 실현하게 되었다. 그리스 도시국가의 전술에 관한 최초의 역사가는 비록 많은 논란의 여지가 있지만 대단히 흥미로운 한 가지 생각을 제시했는데, 즉 그리스인들이 "서양식 전쟁"의 발명가이며 이로 인하여 유럽인들은 마침내 무력으로 세계 모든 지역을 정복하게 되었다는 것이다.[12)]

## 팔랑크스 전투

그리스는 산이 많은 곳으로서 그 지형은 오직 골짜기와, 펠로폰네소스 반도 북부와 테살리아에서 발견되는 그리고 서부 해안을 따라서 발견되는 소수의 광활한 평지만이 농업에 적합하다. 올리브 나무와 포도나무는 경사지에서도 경작이 가능한데, 경사지 역시 계단 모양으로 깎으면 밭으로 만들 수 있다. 올리브 기름과 포도주 말고 그리스인의 생활에서 주요 요소가 되는 곡물은 오직 골짜기나 평원의 넓은 공간에서만 대량으로 자란다. 따라서 그리스 시민군이 보통 15에이커 이하의 소규모 보유지에 강한 집착을 가지고 있었다는 사실은 쉽게 이해할 수 있다. 이들 토지에 의하여 시민군은 그의 생계를 유지할 수 있을 뿐만 아니라, 갑옷을 입은 전사로서의 자격을 갖추게 되고, 더불어 도시 행정관을 뽑고 법률을 통과시키는 사람들 속에서 한 자리를 차지할 수 있는 가외의 효과까지 얻었다. 따라서 경작지에 대한 침입, 나무나 포도나무의 파괴 또는 곡물을 짓밟거나 태우겠다는 협박은 어떤 것이든 길고 혹독한 겨울 동안의 생존을 위태롭게 하는 행위일 뿐만 아니라, 자유민으로서의 지위에 대해서도 커다란 위협을 가하는 일이었다. 유린, 즉 "황폐화"는 그리스 도시국가 전쟁에서 정기적으로 되풀이되는 특징이었고, 이로 인한 자극은 오랫동안 그 전쟁에서 나타난 새로운 잔인성을 설명하는 근거로 생각되어왔다. 그러나 보다 최근에 미국의 고전학자 빅터 핸슨이 또다른 해석을 제시했다. 캘리포니아의 포도재배 가정에서 성장한 그는 "유린"이 사람들이 상상하는 것만큼 그토록 대단한 경제적 효과를 가지는지에 대해서 의심하게 되었다. 자신의 경험을 통하여 그는 포도나무가 아무리 심하게 손상되어도 거의 기적적인 재생능력을 가지고 있으며, 심지어 뿌리까지 잘리더라도 이듬해 봄이면 푸른 싹이 트고 여름이면 무성하게 자란다는 것을 알고 있었다. 결국 포도나무를 없애는 유일하고 가장 효과적인 방법은 뿌리째 뽑아버리는 것인데, 그렇게 하려면 많은 시간이 소요된다. 그는 2,000그루의 포도나무가 있는 1에이커의 포도나무 밭을 완전히 유린하는 데에는 33인시(人時)의 노동력이 요구된다고 계산했다.[13] 올리브 나무는 공격에 대한 저항력이 포도나무보다 더 크다. 성숙한 올리브 나무는 견고하고 옹이가 많은 식물로서 단순히 그 밑동에 불을 지르는 것만으로는 태울 수 없으며, 지름이 20피트에 달하는 굵은 줄기는 웬만한 도끼질에도 좀처럼 쓰러지지 않는다. 올리브 나무는 포도나무만큼 빠르지는 않지만 마찬가지로 뿌리가 잘려도 곧 회복하며 뿌리째 뽑혀야만 완전히 죽는다. 그러나 나무를 뿌리째 뽑는 일은 올리브 나무 밭에서보다 포도나무 밭에서 더욱 힘이 든다.[14] 그러므로 침입한 적들이 그리스 농가들의 농업주기를 교란하기 위해서는 보다 취약한 생산의 원천을 공격해야만 했다. 이는 바로 곡물 경작지를 의미했는데, 이로부터 발생한 한 해 작물의 손실은 궁핍을 불러오고, 연이은 두 해 작물의 손실은 비축분을 바닥냄으로써 기아를 불러왔다.[15] 그러나 경작지 파괴에도 역시 어려움이 있었다. 봄에 옥수수는 너무 푸르러서 타지 않았으며, 때때로 말을 탄 침입자들이 시도한 짓밟기는 시간만 소모되었을 뿐 비효과적이었다. 반면 추수 후의 이삭은 탈곡을 기다리며 안전한 헛간에 저장되곤 했다. 따라서 쉽게 불탈 수 있는 잘 마른 수확 전의 작물들이 무방비 상태로 서 있을 때는 오직 5월의 몇 주일 정도에 불과했다.

그러나 그리스의 경작지 구조는 가해(加害)에 열중한 말 탄 무리의 질주를 방어할 수 있도록 짜여 있었다. 그리스 농부들은 일반적으로 그들의 보유지에, 때로는 작은 토지에도 제방이나 담을 쌓았고 심지어 이웃으로부터 멀리 떨어져서 살 때에도 그렇게 했다. 그 결과 "약탈자들은 그리스 농촌 전역에 마음대로 불을 지르고 유린하면서 사납게 질주할 수 없었다. ……담장, 언덕, 작은 과수원과 포도나무 밭은 모두 전진을 방해하는 것들이었다."[16] 간단히 말해서 그리스 도시국가의 영역은 방어될 수 있었고, 그렇기 때문에 전체 방어를 위한 합리적인 공동의 노력을 군사적인 선택방안의 하나로 취할 수가 있었다. 그리하여 그리스에 근접해 있음으로써 비밀리에 전쟁을 준비할 수 없었던 적들은 국경에서부터 저지될 수밖에 없었다. 침략자들이 영토를 노략질할 수 있는 그 짧은 기간 동안, 가장으로서뿐만 아니라 시민과 전사로서의 지위까지도 자신의 생산물에 의존하고 있는 토지 보유자들은 다가올 피해에 집단적으로 대비했다.

이러한 분석은 핸슨이 그의 연구를 시작하기 전부터, 비록 세부 내용까지 제시되지는 않았으나, 널리 받아들여져온 것이었다. 그러나 그는 여기에 자신의 독창적인 생각을 덧붙였다. 그리스 농업세계에 효과적인 공격을 행할 수 있는 시간이 극단적으로 짧게 주어졌다는 점—그리고 그가 지적한 바와 같이 소위 도시국가 "시민"의 최소 80퍼센트가 농촌 사람이며 도시 거주자가 아니었다는 점—과 또한 공격자들이 침입할 때마다, 정작 그들 자신의 경작지는 약탈에 취약한 상태로 버려질 수밖에 없었다는 점을 고려하면, 가장 중요한 것은 문제를 가능한 한 빨리 그리고 확고하게 해결하는 것이었다.[17]

군사적 해결이라는 "이상"은 우리가 그리스의 유산에서 연상하는 다른 해결의 이상들—극에서 줄거리의 필연성에 의한 해결이나 지적 작업에 의한 논리의 귀결, 혹은 정치에서의 다수결에 의한 해결 등—을 제치고 그리스인의 마음에 심어졌다. 그러나 원인과 결과를 전도하지 않는 것이 중요하다. 그리스의 지적 영광이 빛난 것은 방패와 방패, 창과 창을 맞부딪히는 좁은 전장에서 팔랑크스(phalanx : 방패, 창 등으로 중무장한 보병들의 밀집방진[方陣]/역주)를 이룬 채 전투하기 시작한 시기로부터 최소한 2세기 이후의 일이다. 또한 아무리 문명화했다고 해도, 그리스인들은 모욕에 대한 즉각적인 응답, 즉 복수를 향한 원시적 열정이 남아 있던 과거와 여전히 밀접하게 연결되어 있었다. 그것은 모든 그리스인들이 속속들이 알고 있는 신화 속에서 파르테논 신전의 위대한 신들이 가차 없이 행했던 일인 것이다. 그러므로 핸슨은 이렇게 주장한다.

> 그리스인의 전투양식은 [아마도] 발전된 관념, 즉 조상 대대로의 땅은 어떤 대가를 치르더라도 신성한 상태로—아포르테토스(aporthetos)—남아 있어야 하며 그들 자신 말고는 누구도 밟을 수 없고 땅의 보전을 위해서는 모든 시민이 당장에라도 기꺼이 싸울 것이라는 소농들의 인식에 의해서 설명될 수 있다. ……대부분의 그리스인들은 회전(會戰)이라는 유구한 형식으로 이루어지던 복수를 자신들의 주권에 대한 모욕을 해결하는 데에 가장 명예롭고 마땅한 방법으로 생각했다. 모든 일을 빠르고 효율적으로 종료시키기 위하여 적의 창을 향해서 정면에서 격식을 갖추어서 충돌하는 것은 그들의 전통이자 의무이며 진정한 욕구이기도 했다.[18]

근대세계가 그리스인으로부터 기원을 찾을 수 있는 경쟁의 또다른 형식 역시 그들에게 전장에서의 한판 승부를 위해서 싸운다는 생각을 제공하는 데에 도움이 되었다. 그것은 바로 전차(또는 말) 경주와 권투(혹은 레슬링)를 섞어서 하는 연합경기와 경쟁적인 운동경기였다. 이런 것들은 기원전 776년에 그리스 국가들 사이에서 조직되기 시작하여 4년마다 펠로폰네소스 반도의 서부에 있는 엘리스의 올림피아에서 열렸으며, 기원후 261년까지 1,000년 이상 동안 중단되지 않고 계속되었다. 운동경기와 대회는 이미 그리스에서 오랜 역사가 있었다. 호메로스는 트로이 전쟁의 영웅들이 아킬레스가 개최한 의식에서 벌어진 쌍두전차 경주, 권투, 레슬링, 투척 그리고 달리기에 참가한 것을 묘사하고 있다. 그것은 "트로이의 문 앞에서 벌어진 일 대 일의 결투 때, 헥토르에게 살해된 그의 친구 파트로클로스의 장례식을 기념하기 위한 것이었다."[19]

많은 다른 민족들도 이와 유사한 관습을 가졌거나 발전시키려고 했다. 애리조나의 호피족은 주자가 각각 구름과 비를 상징하는 달리기 경주를 개최했는데, 이는 이 행사가 생육기간 동안 구름과 비를 불러오기를 바라기 때문이었다. 북미의 휴런족과 체로키족 같은 많은 수렵민족들 또한 의식적이거나 실용적인 방법을 통해서 경기자들에게 사냥 준비를 시키기 위한 경기나 기술시험을 고안했다. 심지어 개인주의적인 초원지대 유목민들도 물건을 결승선 너머까지 옮기는 경기를 벌였는데 서로 말을 타고 경쟁했다.[20] 그러나 일반적으로 경쟁적인 운동경기는 기마민족에게는 낯선 것이었다. 특히 거친 육체적 접촉을 수반하는 경우에는 더욱 그러했다. 만일 솔론과 올림픽 대회를 방문한 스키타이인 사이의 가공의 대화를 믿을 만한 것으로 여긴다면, 그리스인들은 기마민족이 거친 육체적 접촉을 개인적 모욕과 연관시킨다는 것을 알 수 있었다. 이집트 신왕국의 무덤에서 출토된 조각 등에는 병사들이 레슬링하는 모습이 그려져 있다. 그러나 그 경쟁은 이집트인과 시리아인(또는 누미디아인) 사이의 것으로서 결국 시리아인이나 누미디아인이 패배를 인정하는 것으로 묘사되어 있다. 이는 그리스인들이 대회의 목적으로 생각했던 것처럼, 평등한 시민권자 사이의 투쟁을 묘사한 것은 아니다.[21] 기원전 5세기에 헤로도토스가 그리스를 떠나서 이집트를 방문했을 때, "그는 조직적인 경기가 없다는 사실에 놀랐다. [그러나] 고대 근동사회처럼, 신에 의해서 재가되었거나 때때로 그들 자신이 신이기도 했던 파라오나 다른 절대왕정하의 엄격한 계층사회에서 공개 경기란 불가능한 것이었다."[22]

경기들, 특히 권투나 레슬링과 같은 폭력적인 경기들에 대해서는 그리스 세계에서도 비판자들이 있었는데, 그들의 반대입장은 오늘날 우리가 듣는 것과 유사하다. 성공한 운동선수들은 지나치게 많은 보수를 받았으며, 반사회적인 개인주의의 보기가 되었고, 활동적인 삶을 살 수 없을 만큼 치명적인 상처를 입기도 했다. 플라톤은 권투 선수나 레슬링 선수의 전술이 "전시에는 전혀 가치가 없으며, 토론할 만한 것이 못 된다"고 단호히 말했다. 그러나 그의 판단은 너무나 관념적인 것이었다. 분명한 결과를 위해서 싸우는 거친 운동경기들은 그리스의 군사윤리를 강화시켰던 것이다. 게다가 그리스의 전쟁은 그 자체로 너무나 잔인한 것이었기 때문에, 어떠한 가상적인 경기도 사람들이 그 공포를 견뎌내지 못할 만큼 그렇게 거친 것이 될 수는 없었다.[23]

그리스 전사들은 전장에서 보통 8열로 이루어진 밀집 집단에서 어깨와 어깨를 나란히 하고 특정한 위치에 자리가 매겨졌다. 비록 기원전 8세기 이후에는 무기와 갑옷을 개인이 스스로 마련해야 했지만, 어쨌든 모두가 동일한 형식으로 장비를 갖추었다. 장비, 특히 청동제 투구, 가슴받이, 또는 정강이를 보호하는 정강이받이의 비용은 수입에 큰 부담이 되었고, 오직 재력가만이 감당할 수 있었다.[24] (청동제 갑옷이 철기시대에 존속한 것은 그 시대의 대장꾼이 그 정도로 탄성이 있는 큰 판을 만들 만큼 충분한 금속을 생산할 수 없었기 때문인 것으로 설명된다. 비록 어느 곳에서나 쇠가 가죽 튜닉에 고정된 미늘이나 후프로 병사들을 무장시키는 데에 사용되었고 철제투구가 근동에서 보편적으로 사용되었던 것으로 보이지만, 양자 모두 청동만큼의 방어력을 보장할 수 없었다). 그러한 보호는 팔랑크스—이 단어(글자 그대로의 뜻은 "축[roller]"이다)는 손가락(finger)과 그 어원이 같은데, 아마도 이는 나란히 늘어서 있는 창들처럼 손가락들이 나란히 뻗어 있기 때문일 것이다—속에서 특정한 위치에 자리 잡은 사람에게는 필수적이었다. 왜냐하면 그런 사람이 견뎌내야만 하는 충격의 정도는 매끄러운 표면 위에서는 빗나가는 칼이나 화살촉 정도의 충격이 아니라, 최상의 금속을 제외하고는 무엇이든 뚫고 들어갈 수 있는 철제 창촉이 끝에 박힌 단단한 물푸레나무를 모든 근육의 힘을 동원하여 힘껏 찌르는 정도의 충격이었기 때문이다.

팔랑크스를 이룬 사람들은 또한 둥글고 볼록한 방패(hoplon)로 자신을 보호했는데, 이 "hoplon"으로부터 팔랑크스 전투를 벌이는 "hoplite(중무장 보병)"이라는 단어가 유래했다. 쇠를 덧댄 나무로 만들어진 방패는 지름이 3피트였는데, 어깨에 가죽끈으로 매달아두었다가 왼손으로 자루를 잡고 사용했다. 따라서 오른손은 팔꿈치와 갈비뼈 사이에 낀 창을 쥐고 있다가, 적진의 상대방에게 자유롭게 창끝을 겨눌 수 있었다. 최초로 투키디데스에 의해서 언급된 유명한 관찰의 결과는 팔랑크스는 움직일 때 오른쪽으로 쏠리는 경향이 있다는 것이다. 사람들이 각각 그 옆사람 방패의 보호막 쪽으로 가깝게 움직이기 때문에, 교전 중에 조우하게 되는 두 팔랑크스는 개개인의 자기보호 충동이 집합적으로 작용하여, 천천히 보이지 않는 축을 두고 주변을 선회하는 것처럼 보인다는 것이다.

그러나 모든 그리스인이 필수적이라고 생각하는 준비단계가 없이는 진정한 팔랑크스의 대형이라고 할 수 없다. 제물은 그중의 하나이다. "그리스인의 경우, 어떤 일을 하든지 초자연적인 힘이 보장하거나 승인하거나 최소한 반대하지는 않는다는 사실을 증명하기 위한 적절한 의식이 따른다. ……충돌로 이어지는 모든 진행단계는 신에 대한 배려라는 것으로 특징지어진다. 전쟁에 나서는 군대는 강이나 국경의 교차지와 야영지에서 그리고 궁극적으로 전쟁이 벌어지는 바로 그 장소에서 제물로 쓸 양을 가져간다. 이 스파기아(sphagia), 즉 "유혈의식"은 "결과가 좋으리라는 것을 표지에 의해서 보장받으려고 하는 희망에서 행해졌을 수도 있다. 혹은 회유의식이었을 수도 있다. 이는 더 노골적인 것일 수도 있는데, 즉 전투에서 유혈참사가 예견된다면 신에 대한 호소로서 의식의 시작을 다음과 같이 할 수도 있다 : 우리는 죽이겠습니다. 우리가 죽이도록 해주십시오."[25] 그러나 중무장 보병들의 사기를 더욱 북돋아준 것은 의식보다는 스파기아를 행하는 순간이었다. 오전 무렵에는 두 진영 모두 무력충돌 전에 의전적인 아침식사를 하는 것이 일반적인 관행이었다. 이 최종 식사에는 반드시 포도주 배급이 포함되었는데, 아마도 평상시보다 많은 양이 배급되었을 것이다. 전투 전의 음주는 포도주나 화주(火酒)를 이용할 수 있는 곳에서는 거의 보편적인 관행이었다. 중무장 보병들은 지휘관의 격려를 듣고 싶어했고, 그러고 나면 스파기아라는 의식적 도살이 행해진 후에 즉시 파이안(paean), 즉 아리스토파네스가 전투할 때 내지르는 고함소리라고 표현했던 "엘렐렐레우(eleleleu)"를 외치며 전진했다.

지휘관들이 앞줄에 자리를 잡았는가 하는 문제는 많은 논란이 되고 있다. 호메로스가 『일리아드』에서 영웅들이 소위 "원형(原形) 팔랑크스"라고 불리는 대열의 맨 앞에 선 것으로 묘사한 것으로 보아서, 스파르타에서는 그렇게 했던 것으로 보인다. 군사역사가이자 역전의 병사였던 투키디데스가 스파르타 방패 벽(네모꼴의 방진[方陣]을 만드는 밀집대형은 그 자체가 방호벽을 이룬다/역주) 내부의 전술적 구분은 첫째 줄에 서 있는 지휘관의 특별한 옷차림에 의해서 확인될 수 있었다고 말한 것 또한 거의 같은 내용을 암시한다. 그들이 가장 위험한 자리를 선택했다는 것은 그들 사회에 존재하는 전사윤리의 영향력이 주로 반영된 것이다. 다른 곳, 특히 아테네에서의 관습은 달랐다. "고전고대의 그리스 도시에서는 장교계급이 특별히 존재하지 않았고"—군대 직위는 일반 직위와 마찬가지로 선거직이었다—지휘자가 반드시 선두에 있어야 할 전술적 이유도 없었다. 팔랑크스 전투는 본보기를 통한 격려에 의해서가 아니라, 가까이 근접한 신체와 무기들의 격렬하

고도 짧은 충돌 속에서 대등한 자들의 집결된 용기에 의해서 승리가 좌우되었기 때문이다.[26)]

핸슨은 이 무시무시하고 대단히 혁명적인 형식의 교전을 명석하고도 상상력이 풍부한 묘사로 재구성했다. 그는 경무장 보병, 즉 재산이 없어서 갑옷 비용을 댈 수 없었던 사람들이나 혹은 부대를 동반했던 듯한 소수의 부유한 기마전사들이 벌이는 전초전(前哨戰)의 중요성을 낮게 평가했다. 말 탄 사람이 쉽게 이동할 수 없었던 그리스의 시골은 기병활동에 적합하지 않았다. 일단 적대적인 팔랑크스 부대가 힘겨루기의 전제조건이라고 생각하는 얼마 되지 않는 평지에 도착하면—헤로도토스는 "일단 그리스인들이 전쟁을 시작하면, 가장 적합하고 평평한 장소를 선택하여 그곳에서 전투를 가진다"라고 기록했다—더 이상 시간을 낭비하지 않았다.[27)]

70파운드 무게의 갑옷과 무기에 짓눌린 병사들은 비틀거리는 걸음걸이로 150야드가 넘는 황량한 벌판을 가로질러서 상대편 부대를 향해 곧장 달려들었다. 각각의 병사들은 서로 맞부딪치는 순간에 창끝을 방패와 방패 사이의 틈으로 밀어 넣고, 갑옷에 의해서 보호되지 않은 신체부위—목, 겨드랑이 또는 샅—를 찾아서 공격했으며, 곧이어 또다른 사람을 자신의 목표로 선정하곤 했다. 기회는 재빨리 지나갔다. 둘째 대열과 후속 대열들이 앞 대열의 정지로 일시에 멈추어지기 때문에, 팔랑크스는 적과 교전하는 전사의 등에 7명의 무게를 실으며 앞으로 밀려나갔다. 이러한 상황에서 몇 명은 불가피하게 땅에 쓰러져서 죽거나 상처를 입거나 뒷사람에게 깔리게 되었다. 이것은 방패 벽에 균열을 만들 수 있었다. 두 번째나 세 번째 대열의 병사들은 상대적으로 보호받는 위치에 서서, 창끝이 닿을 수 있는 범위 내의 적병은 누구나 찌르려고 덤비면서 그 균열을 넓히려고 노력했다. 만일 틈새가 넓어지면, 이를 더욱 넓혀서 중무장 보병의 부차적 무기인 칼을 뽑아서 적의 다리를 칠 공간을 얻기 위한, 오티스모스(othismos) 즉 "방패로 밀기"가 뒤따랐다. 칼보다는 오티스모스가 더욱 확실한 방법이었다. 이는 파라렉시스

(pararrexis) 즉 "붕괴"를 일으킬 수 있었는데, 그것은 적의 압력에 압도된 병사들이 도주하려는 충동을 느끼면서 뒷대열에서부터 이탈하거나, 혹은 더욱 부끄럽게도 다른 동료들에게 공포심을 퍼뜨리며 필사적으로 죽음의 순간을 피해서 도망치는 것이다.

일단 팔랑크스가 붕괴하면 패배는 불가피했다. 자유롭게 움직일수 있는 공간을 확보한 적의 중무장 보병들은 등을 돌린 사람들에게 창을 겨누거나 칼로 베어 죽였다. "기병과 경무장 전초병, 양자의 출현은 더욱 큰 위협이 되었다. ……이제 그들은 소규모의 전초전 이래 처음으로, 말을 타고 전장을 달리면서 적의 무기력한 군대를 짓밟으며 결국은 자신들이 훌륭한 전사임을 과시할 수 있었다."[28] 경무장 보병의 추격을 피해서 도주하는 것은 어려웠다. 중무장 보병은 달리면서 방패나 창을 버리기도 했지만 도망가는 도중에 갑옷을 벗는 일은 거의 불가능했다. 그것이 가능했다면 그렇게 했을 것이다. 투키디데스는 기원전 413년 시칠리아 원정에서 아테네가 패배한 이후, "시체보다도 더 많은 무기가 뒤에 남았다"고 했다. 삶과 죽음 사이의 선택의 순간에, 시민군은 평상시에 그의 높은 신분을 표시했던 아무리 비싼 갑옷이라고 하더라도 그것을 버림으로써 목숨을 구할 수 있었다면 분명히 그렇게 했을 것이다.[29] 그러나 그렇게 한다고 해서, 훨씬 더 빨리 도주할 수 있었던 것은 아니었다. 무력 충돌이 계속되는 30분 혹은 한 시간 동안에, 중무장 보병들은 아마도 근육노동뿐만 아니라 피를 말리는 공포에 의하여 완전히 탈진하고 말았다. 그러므로 그의 뒤를 쫓아오는 기운이 넘치는 경무장 보병들을 따돌릴 수 없었을 것이다. 대담하고 잘 훈련된 자들은 작은 집단을 이루어서 전투를 계속하면서 퇴각할 수도 있었다. 아테네는 기원전 424년 델리온에서 패배했으되, 철학자 소크라테스는 무리를 이룸으로써 그리고 "만약 누군가가 그를 공격한다면 상당한 저항을 받을 것이라는 사실을 멀리 떨어진 사람조차도 알아볼 수 있게 함"으로써 살아남을 수 있었다.[30] 그러나 대열을 이탈한 대부분의 사람들은 단순히 살기 위해서 도망쳤고 결국은 안전을 위해서 우왕좌왕하다가 칼에 맞아 죽었다.

팔랑크스는 즉사, 부상으로 인한 죽음—전형적으로는 창자의 관통에 의한 복막염으로 야기된—또는 도주에 따르는 대량학살에 의한 패배로 인해서 입는 병력 손실은 약 15퍼센트라고 추정해왔다. 만일 승리자가 그들의 승리를 좀더 확실하게 굳히려고 했다면, 이 손실은 훨씬 더 커졌을 것이다. 그러나 일반적으로 그들은 그렇게 하지 않았다. "도망치는 중무장 보병을 추격하는 일은 그다지 중요하다[고 생각되지 않았다] : 승리한 대부분의 그리스 군대는 만약 적군이 수일 후 대오를 재정비하여 다시 한번 자신의 운을 시험해보려고 한다면, 그 간단한 성공의 공식을 반복 사용하여 더 큰 승리를 얻으면 된다고 생각했다." 그 결과 "보통 두 진영은 휴전을 하고는 죽은 자들을 교환하는 것에 만족했다"—전투에 참가한 사람은 명예롭게 매장되어야만 한다고 느끼는 모든 그리스인에게 이것은 신성한 의무로 여겨졌다. 그러고 나서 "승리자들은 자신의 성공에 대하여 전장에 전승 기념비 또는 간단한 기념비를 세운 후, 가족과 친구들의 칭찬을 기대하면서 의기양양하게 고향으로 행진했다."[31] 그리스의 전투가 그렇게 유례없는 잔인성을 띠었다면, 어째서 그리스의 전쟁은 근대인들의 경우처럼 패배한 군대를 완전히 파괴하는 것을 당연시하지 않았을까? 핸슨은 그렇지 않았다고 강력히 주장한다. "근대적 의미에서의 최종적 승리와 피정복민의 노예화는 어느 진영에서도 선택 가능한 것으로 간주되지 않았다. 그리스 중무장 보병의 전투는 상호 동의하에서 전쟁을, [따라서 살인을] 한 번의 짧은 악몽 같은 경우로 제한하고자 했던 소토지 보유자들 사이의 싸움이었다.[32]

고전고대의 그리스 전쟁의 이 이상한 불완전성에 대해서는 두 가지 설명을 생각할 수 있다. 하나는 매우 오랜 기원에 뿌리를 둔 것이며 또다른 하나는 그리스 폴리스의 새로운 특성에서 유래한 것이다. 그 치열함(그것은 주저하고 회피적인 혹은 간접적인 전술을 구사한 원시인들에게는 아주 낯선 것이었다)에도 불구하고, 그리스 전쟁에는 강한 원시의 흔적이 남아 있었다.

그중의 하나가 바로 복수에 대한 충동이다. 그리스인들은 아내 강탈을 이유로 해서 (비록 근대의 학자들조차 다른 더 큰 원인이 없었다면, 그 정도의 사소한 사건도 영웅시대에 트로이 전쟁의 원인이 될 수 있었을 것이라고 생각하기는 하지만) 전쟁을 일으키지는 않았을 것이다. 그러나 도시국가의 경작지 침입에 대해서는 금기의 훼손처럼 참을 수 없는 모욕으로 간주했다. 만일 그것이 도발의 핵심이었다면 이는 중무장 보병의 즉각적인 대응을 부분적으로 설명해준다. 그리고 또다른 원시적 감정인 자기 만족감의 충족은 어째서 그 반응이 클라우제비츠식 결정에까지 미치지 못하고 종료되었는지를 설명해줄 수 있다. 그리스인들은 인간이 견디기 어려운 한계상황에 대한 자연적인 공포감을 극복함으로써, 이미 미래를 향한 큰 도약을 한 것이었다. 그리고 바로 이런 관점에서 그들의 중무장 보병 전술의 사용을 바라보아야만 한다. 분명히 치명적인 무기를 휘두르며 얼굴을 맞대고 싸우는 것은 인간의 본성에 대해서 도전적인 행위이다. 그러나 그들은 오직 모두가 동등하게 위험에 맞서고 있다는 이유만으로 이를 견뎌냈고, 어깨와 어깨를 부딪치며 전선에서 각자의 위치뿐만 아니라 서로의 용기도 또한 지탱해주었다. 그러한 위험을 모두 견딘 생존자들이 최선을 다했다고 만족감을 느꼈다고 해서 놀라울 것은 없다. 지친 중무장 보병이 남은 힘으로 전장에서 대적했던 자들을 끝까지 추격하여 몰아붙였다면, 이는 아무리 개방적인 그리스인의 사고로도 대처할 수 없을 만한, 전쟁의 또다른 차원을 부가했을 것이다.

더욱이 근대적 의미에서의 정복이라는 관념이 그리스인들, 최소한 그리스인과 그리스인 사이에서만이라도 수용될 만한 것이었는지는 전혀 확실하지 않다. 도시국가들—아르고스, 코린트, 테베 그리고 특히 아테네와 스파르타—사이의 갈등은 기원전 7세기에서 기원전 6세기의 소위 "참주시대(age of tyrants)"에 실재했다. 그렇지만 교전의 목적은 보통 상대방을 자신의 지배하에 복속시키려고 한 것이기보다는 동맹국의 숫자를 확대하려는 것이었다. 초창기부터 "그리스인들은 항상 그들이 다른 민족들과 다르다는 것을 인식했다. ……예를 들면 그리스인 전쟁포로들은 '야만인들'과는 달리 이론적으로 노예화될 수 없었다. ……많은 도시국가 사람들이 한데 모이는 그리스 력(曆)에서의 큰 종교적 축제들"—그중에서 두드러진 것이 올림픽 대회이다—은 "오직 그리스어 사용자만을 수용했다." 그리스인들, 특히 메트로폴리스(metropolis : 어머니 도시)에서 영감을 받은 소아시아의 이오니아 사촌들에게, 또 아테네인들에게 정복은 오직 바다 건너서 다른 민족을 대상으로 하는 것이었다. 그들은 광범위하게, 적어도 외국해안에 식민지를 건설하는 데에 필요한 만큼의 땅을 정복했다. 그러나 국내에서는 비록 자주 치열하게 싸우기는 했지만—아마도 스파르타는 예외로 하고—서로에게서 일반적으로 인정된 권리를 박탈하려고 하지 않았다. 6세기에 도시국가들은 집단정부를 세우는 방향으로 건설되었다. "과두정치, 입헌정부 또는 민주정치는 어느 곳에서나 널리 퍼졌다."[33] 모든 국가가 노예제도를 계속 유지하고 있었던 것은 사실이지만, 최근의 연구에 의하면, 폴리스 내에서의 자유민 대 노예의 비율은 지나치게 과장된 것이었다. 예를 들면 5세기까지 아테네에는 노예보다 자유 소농 시민들의 수가 훨씬 더 많았다. 이는 그리스 중무장 보병들—스파르타인을 제외한—이 그들 소농의 노예 노동력 덕분에 자유롭게 전쟁을 일으킬 수 있었다는 학설을 뒤엎는 것이다.[34]

기원전 7세기 동안에 스파르타는 냉혹하고 효율적인 군사체계에 의지하여 남부 그리스에서 불변의 강국으로 자리 잡았다. 주요 경쟁자인 아르고스, 아테네, 코린트와 테베 등은 교대로 동맹을 맺음으로써 겨우 스파르타를 저지할 수 있었다. 그러나 기원전 510년에 스파르타가 민주주의에 대한 결정적인 옹호를 저지하려고 아테네를 본격적으로 침략하자, 이 다툼은 본격화되었다. 이것은 스파르타의 전사 엘리트주의와 그의 강력한 경쟁자인 아테네를 중심으로 한 의회 민주주의 사이의 싸움의 시작이었으며, 그후로도 100여 년간이나 지속되었다. 그러나 이 기간 중에도 상당히 오랫동안 스파르타와 아테네는 애국적 충동에 의해서 동맹관계를 맺곤 했다. 페르시아는 기원전 511년까지 아무다리야 강과 시르다리야 강에 이르는 지역은 물론, 메소포타미아 전체와 이집트를 포함하는 거대한 제국을 병합하며 날로 그 힘을 성장시켰다(아무다리야 강은 파미르 고원에서 발원하여 아랄 해에 흘러들며, 시르다리야 강은 천산산맥에서 발원하여 아랄 해에 흘러든다. p. 82 참조/역주). 그리하여 결국 소아시아의 이오니아 정착지들에 대한 공격을 감행하기에 이르렀다. 이들 도시는 먼저 리디아의 크로이소스에게 복속되었다가 이후 페르시아의 지배하에 들어갔으며, 기원전 499년에는 아테네의 도움을 받아서 독립을 주장하기 위해서 반란을 일으켰다. 당시의 페르시아 황제인 다리우스는 기원전 494년에 반란을 진압했으나, 그리스 본토에서부터 싹트기 시작한 말썽을 뿌리에서부터 처리하기로 결심했다. 그리하여 기원전 490년에 잘 무장된 5만 명의 군대를 이끌고 나선 다리우스 황제는 가공할 위력을 가진 페르시아 해군을 출동시켜서 아테네 북쪽 36마일에 있는 마라톤 평원에 상륙했다. 아테네인들은 페르시아의 내륙 진격을 막기 위해서 즉시 군대를 동원하여 플라타이아이에서 동맹군과 합류하는 한편, 스파르타에 긴급 구원요청을 보냈다. 스파르타인들은 임박한 종교의식을 마치는 대로 곧 도착할 것이라고 대답했다. 그러나 그들의 선발대가 전투 현장에 도착했을 때에는, 이미 마라톤 전쟁은 끝난 뒤였다. 아테네인들은 경미한 피해를 입은 가운데 페르시아 군대의 7분의 1을 파괴했고, 적은 그들의 배로 철수했다.

이것은 그리스의 팔랑크스와 전제적인 중동의 상당히 더 불안한 대형의 군대 사이에 빚어진 최초의 직접적인 충돌이었다. 페르시아 군대는 매우 불평등한 가치관을 지닌 병사들로 구성되어 있었다. 핸슨은 그리스 군이 진격하는 모습을 본 적군이 얼마나 용기를 잃고 두려워했을지 묘사하고 있다. 또한 헤로도토스의 기록에 주목하고 있는데, 그의 기록에 따르면 다리우스 황제의 조카이자 마라톤에 정박한 선단의 지휘관인 마르도니오스가 아테네인들과 플라타이아이 동맹군들의 비인간적인 잔인함에 대하여 언급했다고 한다.

페르시아 대군의 다채로운 부대들은 소음과 외형으로 적을 위협했으며 전투에 대하여 매우 특별하고 예언적인 안목을 가지고 있었다. ……그러나 페르시아인들은 전쟁에서 가장 위험한 성향 때문에 고통을 받았다. 그것은 바로 적을 죽이고 싶기는 하지만, 그 과정에서 자신은 죽고 싶지 않다는 의지였다. ……마라톤 전투에서 무거운 갑옷을 입고 구보로 접근해오는 그리스 군대를 보았을 때, 페르시아인들은 그리스 군대가 "파괴적인 광증(狂症)"에 사로잡혀 있다고 생각했다. 자신들보다 분명히 수적으로 열세인 그리스 중무장 보병이 거침없이 돌진해오는 것을 보고, 페르시아인들은 마침내 이들이 아폴론뿐만 아니라 거칠고 비이성적인 디오니소스 또한 경배한다는 것을 이해했을 것임에 틀림없다.[35)]

스파르타인들은 마라톤 전쟁의 불참에 대해서 깊이 자성했는데, 그 강도는 아테네인들에게 돌아간 승리의 영광 때문에 더 높아졌다. 그럼에도 불구하고 그들은 그리스인의 권리를 위협하며 쳐들어오는 페르시아인의 공격에 맞서서, 서로에게 도움을 제공해야만 한다는 사실을 받아들였다. 그리하여 아테네와 함께, 그리스 공동의 적이 다시 나타날 것에 대비한 방어계획을 통합적으로 진행했다. 물론 페르시아인들도 침략 의지를 포기하지 않았다. 기원전 484년부터 기원전 481년 사이에, 다리우스의 뒤를 이어서 황제로 즉위한 크세르크세스는 시칠리아의 그리스 식민지 개척자들이 그들 본토의 사촌을 도우기 위해서 출정하지 못하도록, 갖은 수단을 동원하여 카르타고를 끌어들여서 연합했다. 그리고 병참협정을 맺었는데, 여기에는 자신의 선두부대를 위한 후방 연락선을 확보할 수 있도록 아시아와 유럽 사이의 해협을 가로지르는 주교(舟橋)의 건설이 포함되어 있었다. 이 소식을 들은 많은 군소 그리스 국가들은 크세르크세스와의 평화를 위한 방책을 모색했다. 오직 아테네와 펠로폰네소스 반도의 국가들만이 애국적인 저항을 고수했다. 스파르타는 아테네를 설득하여 방어가 용이한 코린트의 수에즈 지협 남쪽으로 군대를 파견하도록 하고, 펠로폰네소스 동맹의 나머지 국가들의 병력을 그곳에서 합류시키려고 했다. 테미스토클레스가 이끌던 아테네인들은 그 제안을 거절했는데, 그렇게 되면 그들 자신의 도시를 포기하는 것을 의미하기 때문이었다. 그 대신 그들은 아테네의 강력한 해군이 동맹 파견군의 해안 쪽을 보호할 것이며, 그렇게 함으로써 페르시아인들이 북쪽으로 더 이상 진격하지 못하도록 막을 것이라고 주장했다.

결국 자국의 부대를 펠로폰네소스 반도의 바깥으로 보내는 것을 원하는 동맹국이 거의 없었기 때문에, 스파르타는 마지못해서 아테네의 전략에 동의했다. 그리고 테살리아 평원에서부터 시작하여 테르모필레 협로를 관통하는 해안 루트를 지키기로 했다. 한편 앞 바다에서는 3분의 2가 아테네인으로 이루어진 함대가 테미스토클레스의 지휘를 직접 받으며, 폭풍우로 막대한 손실을 입었던 페르시아 군에게 반격을 가했다(기원전 480년 8월). 테르모필레의 요충지에서는 스파르타 국왕 레오니다스가 페르시아 군대의 진격을 성공적으로 저지했으나, 배신으로 인하여 배후를 습격당하고 말았다. 그럼에도 불구하고 불굴의 용기의 대명사로 불릴만한 자기 희생적 행위를 통하여, 레오니다스와 그의 경호대—"협로의 300인"—는 함대가 붕괴되었음에도, 아테네인들을 구하여 살라미스 섬으로 소개(疏開)시키고 결전을 기다렸다. 나머지 동맹군은 코린트의 수에즈 지협 남쪽으로 후퇴하여, 테미스토클레스가 해군력만으로도 페르시아인을 격퇴할 수 있다는 것을 보여주도록 모든 것을 그에게 일임했다. 그는 교활하게도 헛소문을 퍼뜨려서, 페르시아 함대가 행동을 개시하면 아테네인들은 순순히 투항할 것이라고 크세르크세스가 믿게 만들었다. 그리하여 약 500척 대 700척이라는 수적인 우위가 아무런 의미를 지니지 못하는 좁은 해역으로 크세르크세스의 함대를 유인했다. 결국 (아마도 기원전 480년 9월 23일에) 아테네인들은 단지 함선 40척의 손실만을 입은 채, 전투가 벌어진 지 하루 만에 적 함대의 반을 파괴했고, 나머지 반은 북쪽으로 달아나게 만들었다.

## 그리스인들과 육해군 합동전략

크세르크세스의 침략이 완전히 격퇴된 것은 아니었다. 그 이듬해 6월 플라타이아이의 육상전투와 8월 미칼레의 해상전투에서, 아테네와 스파르타가 합동으로 그리스(주로 테베) 동맹국들과 함께, 남은 페르시아 원정군을 그리스 본토에서 완전히 쫓아버렸을 뿐만 아니라 흑해 해협을 재탈환하여 장악했을 때에야 비로소 완전한 격퇴가 이루어졌다.

기원전 480-기원전 479년의 전투는 10년 전 마라톤 전투에서 처음으로 이방인들에게 증명한 바 있었던 사실을 다시 한번 확증한 것이었다. 그것은 바로 그리스 팔랑크스를 격퇴하려면 그리스인의 용기나 그리스인 스스로의 협력, 또는 새롭고 보다 더 정교한 전술이 필요하다는 사실이었다. 그리스인의 용기는 쉽게 이전될 수 없는 것이었지만, 그리스 용병들은 용병시장에서 이전보다—페르시아인들은 이미 기원전 550년 이집트 정복 시에 그리스인들을 고용했다—훨씬 더 기꺼이 그들의 용역과 전술적인 훈련경험, 특히 급속도로 진전된 무장기병의 훈련경험을 받아들일 태세가 되어 있다는 사실을 발견하게 되었다. 그러나 기원전 480-기원전 479년의 군사작전의 더욱 큰 유산은 육군이 아니라 해군의 몫이었다. 이 전투를 통하여 내해에 접하고 있는 국가에서는 해군의 위상이 육군의 그것과 동등한 수준에까지 상승했으며, 또한 진정한 의미에서 전략적이라고 할 수 있는 새로운 교전술을 확립했다. 이와 같은 전술은 그 세기의 나머지 기간 동안, 동부 지중해에서의 지배권을 둘러싼 다툼을 좌우했으며, 그 원리들은 주변의 모든 해양민족들에게 대대로 전승되었다.

그리스, 주로 아테네 해군의 전략적 수단은 노 젓는 군선이었다. 아마도 그것은 시리아 해안 출신의 페니키아인들이 그 지역이나 혹은 키프로스의 원형에서부터 발전시킨 것으로 추정된다. 페니키아인들은 크세르크세스 시대까지 페르시아 신민이었지만, 그들의 기술은 이미 그리스에도 전해져 있었다. 아테네 해군에서는 세 줄로 앉은 노잡이들이 3단 노로 된 군선의 노를 맡았다. 이들 군선은 튼튼하고 무장된 이물이 있는 길이 120피트, 폭 15피트의 무거운 배로서, 노잡이들이 충분한 속도로 노를 저어서 적선에 부딪치면, 적선을 침몰시킬 수 있었다.[36] 아테네인들은 중무장 보병(hoplite)의 계급보다는 낮은 켄수스(census) 계급에서 수병을 모집했는데, 이들은 군선의 전투원이 되었다. 접근전에서는 배들끼리 서로 얽혀서 꼼짝하지 못했기 때문에, 선체 대 선체의 싸움보다는 육탄전의 형태가 더욱 유리했다. 그렇다면 배를 젓던 노잡이들도 전투에 참가했을 것이다.[37]

아테네 해군의 힘과 이에 따른 이 도시의 군사적인 중요성은 이전 2세기 동안 아테네의 경제와 대외관계의 발전에서부터 비롯되었다. 스파르타가 펠로폰네소스 반도에서 강국이 되기 위해서 배타적 사회 질서를 통한 군사적 이점을 최대한 활용했던 반면, 아테네는 부분적으로는 척박한 토지만으로 모든 인구를 먹여 살려야 하는 어려움 때문에, 소아시아처럼 먼 곳까지 동맹도시나 예속도시를 세우는 무역제국이 되었고 점점 더 정치제국이 되었다. 바로 이러한 동맹체제를 통하여 아테네는 살라미스와 플라타이아이 이후 페르시아와의 계속된 전쟁에서 주도권을 잡았고, 이로써 기원전 460－기원전 454년 이집트 지배를 위한 싸움에 휩쓸리게 되었다. 안전하고 자급자족적인 스파르타는 종종 전쟁에 불참했지만, 반면 아테네는 작은 도시들로 이루어진 델로스 동맹의 지도국으로서 정력적으로 전쟁을 치름으로써 주로 지지국들에 대해서 어느 때보다도 더욱 무거운 보수금(報酬金)을 요구하게 되었다. 궁극적으로 150개 도시가 아테네에 공물을 바치게 되었다.

기원전 448년에 이르러 아테네는 페르시아의 전의를 완전히 꺾었으며 평화가 이루어졌다. 그러나 해외에서의 평화가 고국에서의 평화를 가져오지는 않았다. 아테네인의 강제 보수금 때문에 델로스 동맹 국가들의 담세 계층은 불만을 품었다. 아테네인의 간섭이 때때로 아테네의 민주주의를 정착시키기 위한 혁명을 초래하기도 했다. 더불어 아테네인의 착취와 정치적 파괴 그리고 확장 전략 정책과 상업적 지배는 마침내 먼저 코린트를 적대적인 도시로 만들었고, 동맹 도시들로 하여금 차례로 아테네를 적대시하게 만들었다. 이는 전쟁을 발발시켰는데, 스파르타는 코린트와 테베 편을 들었다. 이 최초의 펠로폰네소스 전쟁은 기원전 445년에 두 진영 모두 별다른 대가를 치르지 않고 종료되었다. 그러나 아테네는 필연적으로 전쟁을 재개할 수밖에 없는 길에 들어서고 있었다. 아테네는 육상에 장애물을 설치하여 난공불락의 요새—아테네와 피레에프스 항구 모두를 둘러싸는 "장성"—를 만드는 한편, 정력적인 지도자 페리클레스의 선동으로 재정적, 군사적 지원을 전적으로 해외확장에 집중시켰다. 그 결과 아테네는 델로스 동맹에 속하는 이전의 동맹국들에 대하여 무자비한 지배권을 행사했고, 다른 상업 대도시의 이익과 본토에서 주요 강국으로 군림하던 스파르타의 지위에 정면으로 도전함으로써 고립된 도시가 되었다. 기원전 433년, 마침내 아테네와 코린트 사이에 전쟁이 발발했다. 기원전 432년에 스파르타는 보이오티아 동맹 도시들 및 펠로폰네스 동맹 도시들과 함께 전쟁에 합류했다.[38)]

이 갈등, 즉 엄격한 의미의 펠로폰네소스 전쟁은 기원전 404년에 결국 아테네가 패배하고 스파르타가 승리할 때까지 계속되었으나, 그 갈등은 그리스 도시국가 체제를 영원히 종료시켰다. 이 영향하에서 계속된 후속 전쟁들은 그리스 전체를 정복의 위협 앞에 노출시켰으며, 마침내 그리스는 그리스인에게 형제뻘이 되지만 그들이 보기에는 반(半)야만인에 불과했던 마케도니아인에 의해서 통일되고 말았다. 그 이후 팽창주의자, 즉 아시아 제국의 주변에 존재했던 자유민들의 문화가 그러했던 것처럼, 독립 그리스의 웅장함과 그 문화가 가꾸었던 지적이고 예술적인 삶의 영광들은 완전히 사라지고 말았다. 전쟁 그 자체는 육군력 대 해군력이라는 정반대 세력 사이의 갈등으로, 양진영 모두 이익을 보지 못했다. 전쟁의 개시단계에서 스파르타는 거의 매년 그 배후지를 침략함으로써, 아테네를 기아에 빠뜨려서 파멸시키려고 했다. 아테네는 농촌 주민을 포기하고 해양, 특히 흑해를 둘러싼 곡물 중심지의 항로를 통해서 들어오는 수입품으로 생계를 이어감으로써 이 봉쇄전략을 효과적으로 극복했다. 기원전 424년 스파르타가 이 항로를 지탱하고 있던 트라키아 항구를 점령하기 위해서 군대를 보냈을 때, 아테네는 휴전을 모색했다. 그러나 스파르타는 영속적인 평화를 가져왔을 수도 있는 외교술이 없었다. 스파르타의 동맹국들 가운데 일부가 탈퇴하자, 아테네인들 사이에서는 최후의 승리에 대한 희망이 되살아났다. 그리하여 415년에는 결정적인 전환점을 마련할 목적으로 아테네는 전쟁을 더욱 확대했다. 아테네는 시칠리아의 시라쿠사 원정을 개시했는데, 목적은 섬 전체를 점령함으로써 아테네의 경제적 위치를 궁극적으로 보전할 수 있는 공급 중심지를 확보하는 데에 있었다.

시칠리아 원정은 큰 전환점을 만들었는데, 이는 아테네가 기대했던 것보다 훨씬 더 커다란 변화였다. 이제 어느 도시가 그리스 세계의 패자가 될 것이냐 하는 것이 이 싸움의 쟁점임을 인식한 스파르타는 테르모필레 전투 이후로 줄곧 견지해오던 애국적인 입장을 포기하고 페르시아에 도움을 청했다. 기원전 412년에서 기원전 404년 사이에 흑해 입구까지 이르는, 육상과 해상에서 벌어진 일련의 전투에서 스파르타 육군과 페르시아 해군은 아테네인들에게 패배를 안겨주었으며, 아테네는 결국 자신의 군대를 장성 안으로 철수시킬 수밖에 없었다. 페르시아 함대는 기원전 405년 아이고스포타모이 전투에서 아테네인을 전멸시킨 후에, 멀리 피레에프스 항구에까지 출현했다. 기원전 404년 4월, 육상과 해상 양쪽이 모두 봉쇄된 아테네는 결국 항복해야 했다.

## 마케도니아와 팔랑크스 전쟁의 절정

펠로폰네소스 전쟁이 끝났다고 해서 그리스인들 사이의 전쟁이 끝난 것은 아니었다. 기원전 4세기는 참으로 본토에서나 해외 식민지에서나 모두에서 유감스러운 시기였다. 그 주역들이 점점 더 제멋대로 동맹국들을 바꾸고, 심지어 다리우스와 크세르크세스에 대항하여 온 그리스를 단결시켰던 애국심과는 정반대되는 이기심으로 페르시아의 도움을 끌어들이기까지 하면서, 자신들의 기득권을 위한 전쟁을 계속했기 때문이다. 기원전 395-기원전 387년에 아테네와 그 동맹국들은 페르시아와 동맹을 맺고, 소아시아의 그리스 도시들로부터 나오는 이익을 독점하던 스파르타에 대항했다. 아테네와 페르시아의 연합함대는 기원전 384년 크니도스 전투에서 스파르타 해군을 격퇴했다. 국력을 다시 회복하게 된 아테네는 이제 페르시아를 경계하기 위해서 스파르타를 비밀리에 지원했다. 그 결과로 나타난 교착상태를 통하여, 그리스인들은 국내에서나 해외에서나 이름만 남은 페르시아 종주권의 실상을 이해하게 되었다. 그럼에도 불구하고 스파르타는 계속해서 펠로폰네소스 전쟁의 결정을 지키려고 했는데, 특히 육상에서 주된 경쟁자가 된 테베를 제압하려고 노력했다. 테베는 기원전 371년 레우크트라와 기원전 362년 만티네이아에서 주목할 만한 승리를 거두었는데, 이곳에서 테베의 탁월한 장군이었던 에파미논다스는 팔랑크스 체계가 정면대결에서 결정적인 전술로 채택될 수 있다는 사실을 증명했다. 1만1,000명 대 6,000명으로 열세였던 레우크트라 전투에서 그는 오른쪽의 약점을 감추면서 왼쪽의 힘을 4배로 하여 밀집종대를 돌격시켰다. 두 진영이 전투의 전체 전선을 따라서 동일한 힘으로 대처하는 보통의 팔랑크스 형태로 전투가 전개될 것을 기대했던 스파르타는 위력적 공격에 타격을 입은 부분을 제때에 보강하지 못했고, 테베인에게는 거의 손실을 입히지 못한 채 상당한 타격을 입고 물러났다. 이때에 입었던 타격의 경고에도 불구하고, 스파르타는 9년 후에 만티네이아에서 똑같은 방식으로 또다시 패배했다. 그러나 에파미논다스는 팔랑크스 방식을 지휘하는 지휘관이 감수해야만 하는 상당 정도의 노출로 인하여 승리의 순간에 살해되고 말았다. 그리하여 테베는 위기가 지속되는 동안 지도력 부재의 상태가 되었다.

그리스의 권력은 이제 남부와 중부의 옛 도시들로부터 북쪽으로 이동하고 있었는데, 이곳에서는 마케도니아가 정력적인 새 국왕 필리포스 아래에서 지역 지배자로 변신하고 있었다. 에파미논다스를 높이 평가하고 있던 필리포스는 마케도니아 군대를 전술적 기동력을 보강하는 방향으로 재편하고, 서부와 북부 국경의 적들을 정복했으며, 그후 그리스 사태에 개입하기 시작했다. 마케도니아는 제3차 성전(355-346 B.C.) 후, 아테네를 격퇴하고 많은 동맹시들을 탈취한 다음, (북동부) 인보동맹(Amphictyonic Council : 고대 그리스에서 신앙을 중심으로 신전 유지와 친선 등을 목적으로 한 폴리스들의 동맹/역주)의 지도권을 획득했다. 일단 마케도니아가 자신의 지위를 확고히 하고 그리스 밖으로 정복범위를 확대하자, 그 권위는 날로 커져갔다. 데모스테네스는 그의 동료 아테네인들과 그밖에 그리스인들에게 그들이 한때 페르시아에 대해서처럼 마케도니아의 위험에 대항하여 단결할 필요가 있다는 것을 경고했지만, 주목을 끌지 못했다. 기원전 339년, 아테네와 테베는 심기일전하여 인보동맹에 대하여 전쟁을 선언하고 카이로네이아에서 필리포스와 한판 승부를 겨루었지만(338 B.C.), 철저하게 패배했다. 이듬해 필리포스는 자신의 인보동맹 회의에 모든 그리스 국가들을 소집했다. 스파르타를 제외한 모든 국가가 그의 주도권을 인정했으며, 그리스에 대한 페르시아의 영향력을 일소하기 위한 소아시아 원정을 위해서 마케도니아에 합류하라는 요구를 받게 되자 수락했다.

필리포스의 18세 된 아들 알렉산드로스는 카이로네이아 전투에 참가했는데, 왼쪽 날개의 기병을 지휘하여 그날의 결정적인 공격을 성공시켰다. 2년 후에 알렉산드로스는 스스로 왕위에 올랐다. 알렉산드로스가 필리포스를 살해한 음모에 참여했는지에 대한 여부는 오늘날까지도 그의 전기 작가들이 고민하는 부분이다. 그러나 이 왕위승계로 인하여 마케도니아의 정책에 어떠한 균열이 생기지는 않았다. 사실 알렉산드로스는 아버지가 약속했던 것보다 더욱더 적극적으로 페르시아 십자군이라는 야심작을 지지했다. 마케도

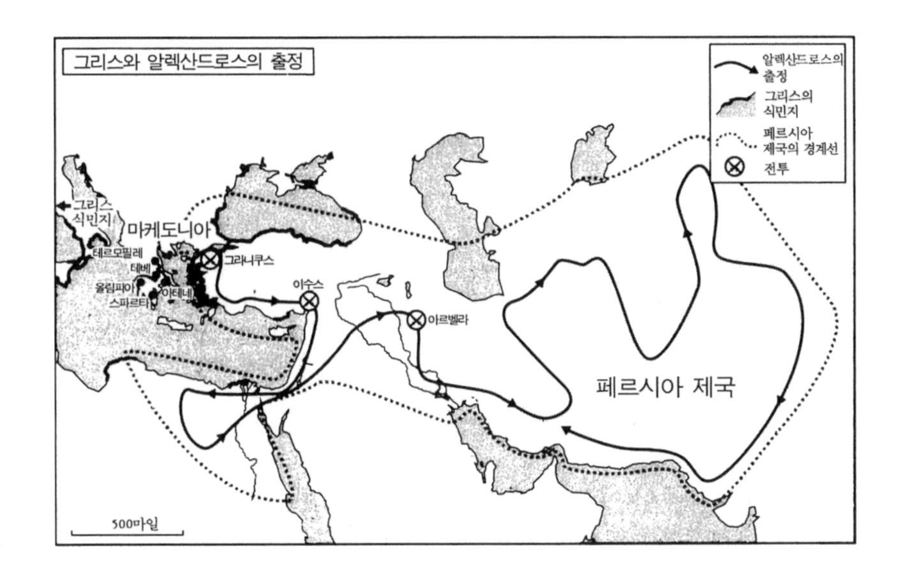


니아 북쪽 국경에 있는 필리포스의 오랜 적들을 정복하고 거듭된 테베의 저항을 진압한 후에, 그는 그리스의 잦은 전쟁으로 생긴 잉여 병력들 중에서 모은 용병부대로 마케도니아 군을 탄탄하게 정비했다. 기원전 334년 봄에 그는 보강된 군대를 이끌고 아시아로 건너갔으며, 당시 페르시아 황제인 다리우스 3세의 전복을 시도했다. 그것은 숨 막힐 정도로 대담무쌍한 행동이었다. 페르시아는 지금까지 중동지역의 주인으로 군림하고 있었으며, 그 영역은 페르시아의 본토뿐만 아니라 메소포타미아, 이집트, 시리아 그리고 그리스의 식민지가 있는 소아시아를 포함했다. 페르시아 군대는 아직도 전차가 중심이기는 했으나, 중무장 기병과 많은 그리스 용병 보병부대가 있었다.

알렉산드로스의 군대는 그 구성상 페르시아를 본보기로 했다. 비록 그리스에서는 이미 오래 전에 구식이 된 전차부대는 없었지만, 그에게는 마케도니아 산맥 너머의 초원에서 기른 말을 탄 중무장 기병연대, 갑옷을 입고 찌르는 창과 칼을 휘두르는 (초보적인 안장은 있었으나 아직은 등자가 없는) 기병들, 곧 그 자신의 훈작사(勳爵士)들의 기습부대, 그리고 그 병사들이 전통적인 그리스 갑옷을 입었으되 훨씬 더 긴 찌르는 창 곧 사리사(sarissa)를 사용함으로써 그리스의 팔랑크스보다 2배 깊이로 대오를 지을 수 있는 강력한 팔랑크스의 핵심부대가 있다. 그의 부대는 부족별로 구성되었지만, 그보다 더 중요한 것은 마케도니아의 구성원들이 강한 민족의식으로 무장되어 있다는 점이었다. 알렉산드로스는 그와 함께 페르시아로 건너갔던 그리스인들에게 공통된 애국심을 심어주는 데에 큰 성공을 거두었다. 약 5만 명에 달하는 알렉산드로스의 병사들—이것은 펠로폰네소스 전쟁의 가장 큰 전투에서 싸운 병사의 숫자와 비교해볼 때, 참으로 엄청난 숫자였다. 이때 스파르타는 1만 명 이상의 병사를 거느린 적이 거의 없었다—은 그 대부분이 보병이었다.[39]

알렉산드로스는 아시아에서 12년간 전쟁을 벌였고, 지칠 줄 모르는 그의 정복정신은 마침내 새로운 정복지를 찾아서 머나먼 북부 인도의 평원에까지 그를 이끌었다. 그러나 페르시아에 대한 결정적인 일격은 이미 그라니쿠스(334 B.C.), 이수스(333 B.C.), 가우가멜라(331 B.C.)의 3개 전투에서 이루어졌다. 이후로부터 알렉산드로스는 점진적으로 페르시아 제국군의 저항력을 파괴하여 종내에는 완전히 압도했다. 그라니쿠스 강 전투에서는 전초전에서 기병대 선두에 섰던 알렉산드로스의 다이내믹한 지도력이 특히 두드러지게 나타났다. 그의 전기 작가 아리아노스는 이렇게 쓰고 있다. "비록 보병전선이 구축되기는 했지만 사실상 기병전과 다름없었다. 말을 타고 말의 뒤를 쫓아서……페르시아인들을 강가에서 평지로 밀어붙였고, 한편 페르시아인들은 그들[그리스 군]의 상륙을 막은 뒤에 강으로 되밀어 넣으려고 했다."[40] 알렉산드로스는 페르시아인들이 강둑을 엄폐물로 사용하는 방식을 자세히 관찰한 다음, 그의 공격의 핵심을 결정했다. 페르시아인들의 방식은 흥미롭게도 "원시적인" 회피전술이 남아 있었다는 명백한 증거로서, 우리가 알고 있는 바와 같이 이 전술은 그후 1,000년 동안 계속해서 중동 군대의 에토스를 지배하게 된다. 알렉산드로스의 그리스 군은 한시라도 빨리 육탄전을 벌이고 싶은 마음에 페르시아인들의 가장 강력해 보이는 지점을 향해서 돌격했고, 결국 페르시아인들의 완전한 패배로 이 모험의 정당성은 확실히 증명되었다. 그러나 "예기치 못한 대이변에 급소를 찔린" 제2열의 그리스 용병 팔랑크스는 적에게 포위되어서 심각한 공격을 당했다.[41] 알렉산드로스 자신도 부상을 당했지만, 전체적인 승리로 인하여 이 사실은 잊혀졌다. 알렉산드로스는 무장기병대를 동반하는 그리스의 팔랑크스가 페르시아 영토에서도 전쟁을 벌일 수 있으며, 충분히 이점이 있다는 사실을 증명했다. 이듬해 이수스 전투에서 알렉산드로스는 공격의 핵심을 더욱 강화했다. 3 대 1의 수적인 열세 속에서(만약 다리우스 대왕이 몸소 16만 명의 부하를 진두지휘했다는 주장이 옳다면), 알렉산드로스는 다시 한번 적의 가장 강한 부분을 공격하는 전술을 선택했다. "[페르시아인들은] 몇몇 곳에 방책을 세워놓았는데, 그것을 본 알렉산드로스의 부하들은 다리우스가 기개가 없는 사람이라고 판단했다."[42] 그는 적의 발사 가능 지역을 재빨리 가로질러서, 페르시아의 조립식 화살과 난공불락의 엄폐물에 용감히 맞서면서 그의 기병대를 곧장 다리우스가 있는 측면을 향해서 유도했다. 그 중심에서 알렉산드로스의 팔랑크스는 그에 필적할 만한 페르시아의 그리스 용병과 맞부딪혀서 저지되기도 했지만, 결국 다리우스를 달아나게 만들었다. 그리고 기병들을 우회시켜서 적의 측면 보병을 포위공격하여 승리를 거두었다.

세 번째 대결은 다리우스가 포기한 페르시아 제국의 여러 지역들—시리아, 이집트 그리고 북부 메소포타미아—을 알렉산드로스가 침략하여 정복하는 동안 지연되었다. 기원전 331년 10월 1일, 이수스 전투가 벌어진 지 벌써 23개월이나 지난 후였다. 알렉산드로스는 가우가멜라에서 페르시아 군대를 다시 몰아붙이기 시작했다. 메소포타미아 본토로 들어가기 위해서 보급함대를 멀리 뒤로 한 채, 유프라테스 강을 건너간 마케도니아인들은 이제 병참보급의 한계선처럼 생각되는 지점에까지 도달하게 되었다. 그러므로 다리우스는 자신이 유리한 위치에서 알렉산드로스를 붙잡고 늘어진다면, 마케도니아인들은 패배하거나 혹은 후퇴하여 군대가 붕괴될 것이라고 계산했다. 다리우스는 전차부대—아마도 전차낫이 달린 바퀴를 장착했을 것이다—의 기동성이 방해받지 않을 만한 공간을 마련하기 위해서 가우가멜라에 강력한 진지를 구축했고, 공격을 행할 3개의 도로들을 나란히 닦았다(이미 살펴본 것처럼, 중국인들 또한 전쟁터를 미리 준비했으리라고 추측된다). 가우가멜라는 티그리스 강 지류에 있는 8제곱마일의 소해(掃海) 지역이었다. 다리우스의 군대는 전차를 모는 전사들(다리우스 자신도 중동 제국의 전통에 따라서 전차부대와 함께 행군했다)뿐만 아니라, 자신의 신민부대와 민족이 각기 다른 용병부대 24개를 포함하고 있었다. 이중에는 소수의 잔존 그리스인들, 초원지역 출신의 스키타이 기병, 소수의 인도 기병 그리고 심지어 한 떼의 코끼리부대까지도 있었다. 그라니쿠스 전투와 이수스 전투에서처럼 이들은 마케도니아 군대보다 월등한 수적 우세를 차지하고 있었고—전투 현장에는 최소한 4만 명의 페르시아 기병이 있었다—그들이 직접 선택한 엄폐지형에 자리를 잡고 있었다.[43] 따라서 페르시아의 승리는 확실한 것처럼 보였다. 만일 알렉산드로스가 먼저 지연전으로 다리우스를 속인 다음, 전혀 새로운 전술을 사용하여 일격을 가하지만 않았더라면, 성공할 수도 있었을 것이다. 처음에 알렉산드로스는 진격을 나흘간 미루었는데, 이로 인하여 페르시아인들은 그들의 임무를 게을리 하게 되었다. 알렉산드로스는 진격을 시작했을 때, 다리우스의 배치에 대응하여 기병을 양 날개에 배치하고 보병은 중앙에 배치했지만, 그다음부터는 레우크트라에서 보았던 에파미논다스의 전술을 창조적으로 적용하여 페르시아 전선의 전면을 빗겨나가 적의 왼쪽 측면을 위협했다. 놀란 페르시아 군은 마케도니아 군이 접근할 때까지 그에 대응하는 공격을 늦추었다. 마침내 그들이 공격했을 때, 알렉산드로스는 자신의 훈작 기사와 함께 가까이 접근하여 공격 시에 만들어진 적의 틈새를 파고들었다. 결국 알렉산드로스가 진격하는 바로 앞에 서 있던 다리우스는 공포에 질려서 꼴사납게 도망쳤다.

이 전투로부터 10개월이 지난 후에야, 알렉산드로스는 다리우스를 잡을 수 있었다. 다리우스는 비겁한 그의 신하에게 자상을 당하고 죽었다는 사실이 밝혀졌다. 이미 자신이 이집트의 파라오이자 바빌론의 왕임을 선언했던 알렉산드로스는 또다시 페르시아 황제 자리를 차지함으로써 이제 아시아의 왕을 자처했다. 한편 그리스에서는 줄곧 그에게 저항했던 스파르타인과 아테네인의 폭동이 분쇄되자, 알렉산드로스에게 그리스 동맹의 종신 대군주의 지위를 수여했다. 이제 알렉산드로스는 그의 주장을 실현하기 위해서 출발했다. 그리고 이미 그의 앞에 예정되어 있는 전략적 과정을 검토하고 있었다.

> 유프라테스 강 전선에서 페르시아의 군사력과 경제력을 파괴한 채로 철수하는 [것], 후에 트라야누스가 했던 것처럼 메소포타미아의 풍요로운 평원의 지배에 만족하고 멈추는 [것], 또는 페르시아 제국의 나머지 부분을 계속해서 정복하는 [것]. 알렉산드로스는 그중에서 세 번째 과정을 선택했다. 풍요로운 평원이 원기왕성한 산악민족들의 공격에 노출되어 있었던 점과 그 너머 지역들이 호전적인 유목민족들에 대한 방벽을 형성하고 있었던 점에서, 페르시아 제국이 마케도니아와 유사했기 때문이었다.

간단히 말하면, 알렉산드로스는 자신도 모르는 사이에, 그가 계승한 이전의 황제들이 안고 있던 전략상의 문제들을 물려받은 것이다. 이것은 중국이 황허강(黃河江)의 광활한 만곡부에서 북방민족들과 관계하면서 겪게 되는 문제, 로마와 비잔틴이 아시아 변방 전쟁에서 겪게 되는 문제 그리고 최종적으로는 동쪽의 초원지역의 경계를 확정하고 유지하려고 노력했던 유럽이 겪게 되는 문제들을 그대로 옮겨 놓은 것이었다. 알렉산드로스는 자신의 지배 테두리를 끊임없이 동쪽으로 확장함으로써, 잠재적 침략자들을 공격하는 데에 발판이 될 페르시아의 중핵지대를 지킨다는 현명하고 능동적인 정책을 통하여 그가 물려받은 문제들을 해결한 것 같다. 그렇지만, 사실 중앙아시아와 북부 인도를 관통하는 알렉산드로스의 오랜 군사적 방황은 허망한 환상을 좇은 것이었다. 결정적인 승리를 거두었지만 그때마다 항상 새로운 적이 출현하여, 알렉산드로스는 마침내 타향살이에 지친 자신의 군대를 이끌고 어쩔 수 없이 고국으로 돌아가야만 했다. 알렉산드로스는 뒤에 일련의 위성도시를 남겨놓았는데, 그것들은 외면적으로는 그리스화한 도시들이었다. 기원전 323년 알렉산드로스가 바빌론에서 죽은 이후, 그의 장군들은 이곳을 자치적으로 지배했다. 그러나 그 기반은 몹시 불안정했고, 후계자들은 서로 다투었다. 그리하여 다음 세기가 되자, 이곳의 도시들은 대부분 헬레니즘에서 벗어나서 본래의 상태로 돌아갔다.

알렉산드로스는 아주 적절한 시기에 공격을 시도한 셈이었다. 그의 주된 목표, 즉 아케메네스 왕조의 페르시아는 그 지배영역을 지나치게 확장했기 때문에 주변으로부터의 공격에 취약했다. 특히 마케도니아 팔랑크스의 맹렬한 육탄 전사들과 알렉산드로스의 무장 기마병(아리아노스가 언급한 바와 같이, 이들은 말 위에서도 마치 보병처럼 기민하게 싸웠다)과 대적한 당시의 페르시아는 문화적으로 중동의 전통을 계승한 병사들에게 상당 부분 의존하고 있었는데, 이들은 접근전을 피하고 발사 차폐벽 뒤에서 싸우며 적의 진격을 저지하는 장애물에 의지하는 병사들이었다. 알렉산드로스에게 주어진 또 하나의 행운은 페르시아의 중핵 지역을 정복한 후 중앙 아시아로 침공했을 때, 그 사회가 미래의 천년 동안 누리게 될, 성공적인 기마전쟁의 집적된 경험과 이슬람의 힘을 아직 가지지 못했다는 점이었다. 진정코 알렉산드로스의 삶은 하나의 서사시이다. 그렇지만 만일 알렉산드로스의 비잔틴 후계자들이 카프카스 산맥과 나일 강에 이르는 제국의 국경을 유지하려는 투쟁에서 알렉산드로스의 성공을 재현하지 못했다면, 그것은 그들이 알렉산드로스의 의지와 능력 또는 자원을 결여했기 때문이 아니라, 훨씬 더 심각한 군사적 문제에 직면했기 때문이었다.

## 로마 : 근대 군대의 모체

동방에서의 알렉산드로스 헬레니즘의 붕괴는 비록 알렉산드로스의 후계자들 사이의 다툼으로 인한 것은 아니었지만, 본국의 붕괴와 때를 맞추어서 일어났다. 그리고 결국 마케도니아 정권의 중심지와 그리스 또한 알렉산드로스 시대에는 극히 세력이 미약했던 민족, 즉 로마인들에 의해서 전복되고 말았다. 로마의 등장은 그리스에 힘입은 바가 크다. 기원전 6세기에 로마는 강둑에 위치한 작은 마을에 불과했다. 이곳에는 에트루리아의 북부 진출과 그 지배에 대한 증거로 여겨지는 에트루리아 계통의 이름을 가진 세 부족의 왕국이 있었다. 기원전 580-기원전 530년 세르비우스 툴리우스의 재임기간 동안, 유산계급에서 징집된 5개의 군사계급이 조직되었고 중무장 보병 전술을 수행했을 것이 확실한 시민군이 조직되었던 것으로 추정된다.[44] 로마인들은 후에 그들의 전술을 에트루리아인으로부터 물려받았다고 주장하지만, 그러나 아마도 남부 이탈리아에 상당한 규모로 거주하고 있던 그리스인들로부터 도입된 것이라고 설명하는 편이 더욱 그럴듯해 보인다. 거의 같은 시기에 공화정 형태의 정부가 왕정을 대신했다. 주로 (북부 이탈리아의 갈리아인들로부터 압박을 받고 있던) 에트루리아인들과의 교전과 그후의 갈리아인들과의 교전 그리고 최종적으로 남쪽의 삼니움인들과의 교전을 통하여 로마인들이 지배영역을 확장하기 시작한 것도 바로 공화정하에서였다. 남부로 팽창하는 로마가 기원전 3세기에 칼라브리아와 풀리아의 그리스 식민지와 맞부딪쳤을 때, 그리스인들은 그리스 내의 알렉산드로스 후계 왕국들 가운데 한 곳의 지배자였던 피로스를 돕기 위해서 군대를 파병했다. 그는 비록 승리하기는 했지만, 로마 군대와 싸움을 벌인 대가, 특히 아우스쿨룸(299 B.C.)과 베네벤툼(295 B.C.) 전투에서의 대가에 너무나 놀란 나머지 교전을 포기했다.

로마 군대의 조직은 이 무렵에 그 기초가 되었던 그리스의 중무장 보병

모델과 큰 거리를 두게 되었다. 느슨하지만 역동적인 산개(散開)대형으로 싸우는 갈리아족과의 전쟁을 거치면서, 로마의 지휘관들은 팔랑크스의 꽉 짜여진 대열이 오히려 아군을 불리하게 만든다는 사실을 발견했다. 그래서 그들은 전장에서의 기동성을 높이기 위해서 소규모의 마니플레(maniple)라는 보병중대(60-120명/역주)를 만들었다. 그리고 찌르는 창 대신에 던지는 창(pilum)을 사용하게 되었는데, 창을 던지고 난 병사들은 손에 검을 들 수 있었다. 보병군단(legion : 300-700명의 기병 및 3,000-6,000명의 보병으로 구성/역주)의 병사들도 역시 기원전 4세기 동안에 마니플레로 구성되는 부대로 편성되어 무거운 중무장에서 벗어나게 된다. 그들은 가벼운 타원형의 방패와 나중에는 버팀살을 넣은 아주 가벼운 표준형 철제 갑옷을 입었는데, 이것은 팔랑크스의 찌르는 창이 아니라 날아오는 무기들과 휘두르는 검을 피하기에 적당하게 만들어진 것이었다. 장비와 전술에서 이러한 변화가 로마 군대에 미친 장기적인 중요한 영향은 군대의 새로운 기초가 도입된 데에 있었다. 비록 용병의 빈번한 고용으로 결국 그리스 도시국가들은 시민이 스스로 야전에서 싸워야 한다는 원리를 위태롭게 만들기는 했지만, 시민은 장비를 대고 군인에게 공적 비용(기원전 440년경의 아테네인들은 갤리 선과 해외 주둔군을 위해서 비용을 지불하고 있었다)을 지불함으로써 자신의 비용으로 병역의 의무를 수행한다는 기본 사상을 계속 유지했다.[45] 그러나 기원전 4세기 무렵에 로마는 그러한 제도를 버리고, 병사들에게 일당을 지불했다. 이러한 발전은 그리스 군사체계로부터 로마 군사체계를 구별하는 가장 중요한 차이점이었다. 점차 증가하는 정치적 지배계급의 독재 때문에, 로마의 소규모 토지 보유자들은 토지 보유와 토지에 의한 생계유지를 포기했다. 그리고 직업군인이 되기를 자청했다. 로마 공화국이 점차 제국의 형태로 확장됨에 따라서 이들은 점점 더 집에서 멀리 떨어진 곳에서 더욱 오랫동안 전투를 치러야만 했다.[46]

로마의 제국화 동기들이 무엇인가는 아직도 학자들 사이에서 많은 논의가 되고 있다. 그러나 무엇보다도 경제적인 동기는 부족하다는 것이 전통적인 견해이며 그것은 로마의 자료에 의해서도 뒷받침된다. 로마는 확실히 아테네처럼 인구증가에 따른 식량공급지를 찾을 필요가 없었다. 근거리전투가 가능한 지역에서 쉽사리 비옥한 땅들을 차지할 수 있었기 때문이다. 다른 한편으로 로마는 정복에 의해서 부를 증가시켰고, 제국의 팽창은 관성운동을 하며 계속되었다. 팽창기의 초기에는 정치계급을 위한 대농장이나 농민을 위한 토지를 공급하기 위해서, 이탈리아의 새로운 땅을 획득하는 데에 거대한 열정을 바쳤던 것은 분명하다. 국가는 자신이 정복한 땅들을 빌리거나 사려는 사람들을 얼마든지 찾을 수 있었다. 로마에 의해서 건설된 농업식민지들은 빠르게 정착되었고 일반적으로 번성했다. 그러나 정치계급의 날로 커져가는 대농장을 경영하기 위한 노동력으로서의 노예들을 축적하기 위해서 로마가 전쟁을 고의적으로 벌였다는 주장은 지나친 억측이다. 로마 정부는 전리품 획득과 같은 원시적인 생각에 빠져 있었다. 사실 로마가 정복한 이탈리아는 그다지 부유한 지역이 아니었다. 또한 금속이나 광물 혹은 가공물의 생산도 적은 곳이었다. 그럼에도 불구하고 "성공적인 전쟁과 정복에 대한 기대로부터 전리품 획득에 대한 기대를 분리시킨다는 것은 로마인에게 거의 불가능한 일이었다." 그 두 가지 기대는 로마인의 관념 속에 언제나 함께 존재했는데, 고전고대사 연구자인 윌리엄 해리스가 멋지게 표현한 것처럼, "경제적인 획득은 로마인들에게 성공적인 전쟁과 권력 팽창이 맞물리는 부분……이었다."[47]

동시대의 이웃 나라들의 전쟁과 로마의 전쟁 사이에 가장 큰 차이점은 전쟁의 동기—그런 관점은 차라리 완고하고 개인주의적인 그리스인들에게 해당된다—가 아니라 그것의 잔인성이었다.[48] 광범위한 역사적인 시각에서 살펴보아도, 기원전 1000년대 후반의 로마인들은 너무나 잔인해서 그들의 행동양식은 오직 1500년 이후의 몽골족이나 티무르족의 잔인성과 비교될 수 있을 뿐이다. 물론 몽골족처럼 수많은 위협세력들이 그들의 주위를 포위하고 있기 때문에 방어를 위하여 대규모 학살을 자행할 수밖에 없었다는 핑계를 댈 수도 있다. 일찍이 군대의 역사를 연구한 로마의 가장 중요한 역사가 폴리비오스는 제2차 포에 전쟁 중인 기원전 209년에 스키피오 대(大) 아프리카누스가 카르타고 노바(에스파냐의 카르타헤나)를 습격한 후에 어떤 일을 저질렀는지 묘사하고 있다.

[스키피오는] 로마인의 관습에 따라서, 도시에서 저항하는 사람들과 마주치면 절대로 살려두지 말고 모조리 죽이라고 명령하며 [그의 병사들을] 지휘했다. 그리고 그들이 명령을 완수할 때까지는 약탈을 시작하지 않았다. 이러한 관습의 목적은 공포를 불러일으키기 위한 것이다. 따라서 로마인들에게 정복된 도시에서는 대량 학살당한 인간들뿐만 아니라 두 동강이 난 개와 사지가 잘린 동물들도 볼 수 있었다. 이런 일이 일어날 때마다 학살의 규모는 매우 컸다.[49)]

카르타고 노바의 경험은 대량 학살을 피할 수 있으리라는 기대 속에 조건부 항복을 해온 도시에서도 심지어 전쟁터에서조차 널리 되풀이되었다. 기원전 199년의 원정에서 쓰러진 마케도니아인들은 나중에 손발이 절단된 시체로 동료들에 의해서 발견되었다. 친구이든 적이든 전쟁터에서 죽은 자는 매장해주는 것을 당연한 의무로 생각했던 모든 그리스인들에게 그것은 신성모독이었다. 만약 로마인들의 제2차 브리타니아 침입 기간 동안 도싯(영국 남부의 도[道]/역주)의 메이든 성(Maiden Castle)에서 벌어진 대량학살에 관한 고고학적인 증거가 통상적인 의미로 해석될 수 있다면, 그러한 매장풍습은 기원후 1세기에도 존속했던 것이 틀림없다. 해리스는 이렇게 결론을 내린다.

많은 점에서 [로마인의] 행동양식은 비원시적인 고대인들과 유사했다. 그러나 로마인들처럼 높은 수준의 정치문화에 도달했으면서도 전쟁에서는

> 그토록 극단적인 잔인성을 보여준 민족은 거의 없다. 로마인의 시각에서 볼 때에는 로마 제국주의의 상당 부분이 합리적이고 이성적인 행위의 결과였으나, 그것 또한 어둡고 비이성적인 근원을 가지고 있었다. 로마인의 전쟁에서 가장 충격적인 특징 가운데 하나는 규칙성—로마인들은 매년 전쟁을 일으켜서 누군가에게 집단적인 폭력을 행사했다—이었고, 이 규칙성은 그 현상에 병적인 성격을 부여했다.[50]

비교군사역사학의 입장에서 보면, 이는 놀라운 일이 아니었다. 앞에서 살펴본 바와 같이 폭력충동은 다양한 모습을 띤다. 그리고 만일 폭력충동을 직접적으로 표현하는 것이 자신들의 신체에 위험을 야기한다면, 대부분의 사람들은 그 표현을 자제한다. 그러나 극소수의 사람들은 어떤 위험에도 불구하고 자신의 충동을 자제하지 않았다. 팔랑크스 전쟁은 비록 그 효과가 본질적으로 대단히 크게 나타난다는 특성으로 말미암아 제한되기는 했지만, 접촉의 순간에 섬뜩한 폭력이 가해졌다. 또한 여기에 참가하는 것은 자기보전의 본능과 인간의 면전 살해에 대한 보편적인 문화적 금기에 모두 반하는 행위였다. 그리스인들이 어떤 방식으로 극복한 것을 로마인들은 또다른 어떤 방식으로 극복한 것이다. 사회적이고 정치적인 순화에도 불구하고, 로마인들은 원시적 과거에서부터 동종인 인간을 마치 사냥감 동물처럼 공격하는 그리고 때때로 거친 동물이 다른 동물에게 하듯이 희생자의 생명에 대한 고려를 조금도 하지 않고 죽일 수 있는 사냥꾼의 심리를 보전했던 것 같다.

그러나 로마의 전쟁은 그 삽화적인 극단성에도 불구하고 후일 몽골족이나 티무르인들이 도달한 것과 같은 정도의 잔인함과 파괴에 이르지는 않았다. 로마는 조금씩 영토를 확장하고 통합했으며—카이사르의 갈리아 정복이 유일한 예외이다—티무르인들이 그랬던 것처럼 포에니 전쟁이 끝난 후에도 광포해지거나 테러를 하며 파괴하지는 않았다. 또한 두개골의 피라미드도 쌓지 않았다. 기원전 3세기 리구리아에서 그랬던 것처럼 로마가 정복지에 군사적 식민지를 건설했을 때, 로마 시민들은 기꺼이 이 땅에 정착했으며 믿을 수 없다는 이유로 원주민들을 고향에서 추방(이것은 아시리아인들로부터 시작되어 몽골족, 투르크족 그리고 마침내 러시아인들에 의해서 계속 이어진 관행이었다)하지도 않았다.

로마가 다른 제국들이 했던 방식을 상대적으로 자제했던 것은 몇 가지로 설명될 수 있다. 첫 번째는 로마 군대는 기마민족들이 보여준 것과 같은 대형의 기동성을 결여하고 있었다는 점이다. 기원전 4세기의 로마 군대는 상당한 규모의 기마부대를 가지고 있었으나, 이후에 여러 가지 사회적 이유들 때문에 보조적인 부대로 축소되었다. 그리스와 마찬가지로, 이탈리아도 기사계급이 도시에서의 정치에 종사하기 위해서 참전을 차츰 포기하자, 더 이상 많은 말들을 보유하지 않게 되었던 것이다.[51] 행군의 경우, 군단들은 팽창기의 초기부터 기대한 만큼의 거리를 정상적인 속도로 매일매일 주파하는 데에 탁월한 능력을 과시했고, 국가는 이에 대하여 급료와 물자를 지급했다. 그러나 그 성격상, 보병은 유목민족처럼 다이내믹하게 몰려들어서 공격하는 것이 아니라, 서서히 전진하는 수밖에 없었다. 그러므로 로마의 팽창 또한 폭포처럼 쏟아지는 것이 아니라 누적적인 것이었다.

게다가 로마 군대의 성격 자체도 로마의 점진적인 확장을 결정짓는 한 요인이 되었다. 로마 군대는 이미 초기단계에 "상비군"으로 조직되어 관료적인 성격이 짙었다. 카르타고를 상대로 한 포에니 전쟁 때 형성된 이 형태는 기원후 3세기에 로마 제국과 게르만족 야만인들 사이에 문제가 생길 때까지 바뀌지 않았다. 역사가들은 아시리아가 상비군 체제를 처음 도입한 것으로 생각하고 있다. 아시리아가 처음 만든 그 제도는 상근 복무자에 대한 정기적인 급료 지불, 병기고와 병참창고 건설, 막사 설치와 장비의 중앙집중적 생산과 같은 체계를 포함하고 있었는데, 이는 다른 후대의 제국들에게 하나의 전형이 되었다. 이 제도는 부분적으로는 페르시아와 그리스와의 접촉을 통하여, 다른 한편으로는 국고에 의해서 유지되는 용병시장의 성장을 통하여 중동으로부터 훨씬 서쪽의 광범위한 군사활동 지역까지 기원전 5-기원전 6세기 동안에 퍼져나갔다. 그러나 로마 공화국 이전의 어떠한 군대도 법률에 의해서 관료적으로 규정된 신병모집, 조직, 지휘권 그리고 보급에서 로마 군대의 수준에 도달한 적이 없었다. 포에니 전쟁 이후에 이 제도는 문명세계의 다른 모든 제도—아마도 비록 눈에 띄지는 않지만, 그에 필적할 만한 유일한 제도는 고급 관료정치일 것이다—와는 구별되게 확실한 자족적 현상으로 자리 잡았다.

전혀 예기치 못했던 전쟁이건 혹은 의도적으로 수행된 전쟁이건 간에 끊임없이 이어졌던 교전을 성공적으로 수행하는 로마의 탁월한 능력은 모든 중앙집권적 정부가 안고 있던 문제를 해결한 데에서부터 비롯된다. 그것은 바로 능률적이고 믿을 수 있는 병력을 지속적으로 제공할 수 있는 원천을 확보해야 한다는 군사상의 어려움이었다. 이론적으로는 여전히 강제적 의무 중의 하나였던 병역의 의무는 포에니 전쟁 무렵이 되자, 완전히 붕괴되었다. 로마 군단은 딜렉투스(dilectus)라고 부르는 선발과정을 통해서 충원되었다. 이로써 자발적으로 군대에 지원한 시민들 중에서 최상급 판정을 받은 사람만이 6년 동안(이 기간은 18년까지 연장될 수 있었다) 복무할 수 있었다. 딜렉투스의 채택은 소농들의 상황이 점점 더 악화되고 있음을 반영하는 것이었다. 실제로 부유한 사람들의 농장 확장은 소농의 기반을 잠식해나갔다. 그럼에도 불구하고 유급 군복무 지원은 농업을 대체할 만큼 인기가 있었던 것으로 보이는데, 왜냐하면 기원전 2세기 후반까지는 복무기간을 제한하는 조항이 필요 없었기 때문이다.[52] 군단에서 고위직을 맡은 사람들에게는 딜렉투스를 적용할 필요가 없었는데, 왜냐하면 로마의 정치체계가 적어도 그때까지는 군복무를 마쳐야만 선거정무직의 후보가 되어 집정관이 될 수 있도록 만들어져 있었기 때문이다. 후보가 되기 위해서는 출신성분이 좋은 젊은이들은 각 군단에 6명씩 배치되는 지휘관으로서의 의무복무 기간을 지켜야 했는데, 10년 복무 또는 10번의 출전이 자격규정이었다. 비록 제국

후반기, 특히 기원후 3세기의 군사적 위기 동안 그 자격규정은 무너져버렸지만, 공화국과 제국 모두 궁극적으로 야전에서의 지휘능력에 의해서 통치권이 정당화된다는 견해를 버리지는 않았다.[53)]

그러나 로마 군대의 궁극적 힘이 되었으며, 1,000년 뒤인 르네상스 시대에 고전고대의 부활과 함께 현대의 대군대를 유래시킨 유럽의 왕국들이 모델로 삼았던 로마 군대의 특징은 신병충원 제도나 지휘체계가 아니라, 군단의 단위부대장인 백부장에 의한 운영이었다. 로마의 백부장은 장기 복무하는 부대장으로서 군적 사병들 가운데 가장 뛰어난 병사들 중에서 선발되었으며, 역사상 최초의 전문 장교 집단이었다. 바로 이들이 로마 군단의 골격이 되었으며, 한 세대에서 다음 세대로 군기의 규범을 전했던 것이다. 로마가 500년이 넘는 기간 동안 무수한 적들과 전쟁을 계속하면서도 언제나 성공할 수 있었던 것은 백부장 제도에 의해서 전문적인 전술을 축적했기 때문이었다.

로마의 역사가 리비우스는 로마 공화국의 한 백부장의 복무기록을 남겼는데, 그것은 이 단위부대의 놀라운 정신을 정확히 표현하고 있다. 또한 군복무가 긴급상황에서 어쩔 수 없이 강요되거나 혹은 용병에 의해서 이루어지는 것이 일반적이었던 세계에서, 백부장 제도가 얼마나 혁명적인 것인가를 강조한다. 적당히 비교해보자면, 백부장은 근대의 군대에서 준사관 정도의 계급에 해당한다. 스푸리우스 리구스티누스는 기원전 171년의 집정관(consul) 직무에 대해서 다음과 같이 말했다.

> 나는 [기원전 200년에] 집정관의 병사가 되었다. 마케도니아로 건너간 그 군대에서 나는 2년 동안 필리포스 왕의 군대와 맞서 싸웠다. 그리고 3년 만에 용맹함을 인정받아 하스타티(hastati : 제1전열의 군단병/역주)[본래 재산 자격에 의해서 정해지는 군단의 보병중대(maniple)의 서열을 의미하던 이 용어는 트리아리이(triarii : 제3전열의 군단병/역주), 프린키페스(principes : 제2전열의 군단병/역주) 등과 함께 잔존한다]의 제10중대 백부

장 자리를 얻었다. 필리포스가 전투에서 패배한 뒤 우리는 이탈리아로 돌아와서 제대했고, 나는 즉시 지원병으로 집정관 M. 포르키우스와 함께 에스파냐에 보내졌다[195 B.C.]. 이 사령관은 나를 높게 평가하여 하스타티의 제1백인대의 백부장으로 임명했다. 세 번째로 나는 아이톨리아족과 안티오코스 왕에 맞서 창설된 군대에 지원병으로 등록했다[191 B.C.]. 그리고 마니쿠스 아킬리우스에 의해서 프린키페스(principes)의 제1백인대의 백부장이 되었다. 안티오코스를 몰아내고 아이톨리아족을 항복시킨 다음, 우리는 이탈리아로 돌아왔다. 그 뒤에 나는 두 차례에 걸쳐서 우리 군단이 1년 동안 담당한 전장에서 복무했다. 그다음 두 차례(181 B.C.과 180 B.C.)의 에스파냐 출정에 참가했다. ……플라쿠스는 용사들을 이끌고 전쟁을 치렀고, 승리한 전투에 참가했던 다른 사람들과 함께 나를 귀향시켰다. 몇 년 만에 나는 4번에 걸쳐서 프리무스 필루스(primus pilus : 트리아리이의 제1백인대 백부장)의 지위를 얻었다. 그리고 뛰어난 용맹으로 사령관으로부터 34차례의 표창을 받았고 떡갈나무잎 관(civic crown : 전우의 목숨을 구한 군인에게 수여된다/역주)을 6번 받았다. 나는 50세가 넘을 때까지 22년간을 군대에서 복무했던 것이다.[54)]

6명의 아들과 2명의 출가한 딸을 가진 리구스티누스는 더 나은 자리나 승진을 탄원했으며, 훌륭한 복무기록을 인정받아 제1군단의 선입 백부장 즉 프리무스 필루스가 되었다.

리구스티누스로 대표되는 뛰어난 자질의 장교들을 거느린 로마가 대서양으로부터 카프카스 산맥에 이르기까지 그 경계를 확장한 것은 놀라운 일이 아니다. 이들은 지배계급으로의 신분상승에 대한 희망도 없이 평생을 군인으로서 지냈다. 그리고 단지 역사상 처음으로 존경받고 자기만족적인 직업으로 인정받을 수 있다는 것 이외에는 성공에 대한 야망이 극히 제한되어 있었다. 그러나 로마는 어떤 방법으로든, 군소 도시국가의 전사정신을 진정한 군사문화, 즉 완전히 새로운 개념인 세계관(Weltanschauung)으로 바꾸는 데에 성공했다. 그 정신은 로마의 최고위층에서부터 최하층민까지 모든 사람들이 공유하고 있었지만, 근본적으로는 독립된 하위의 전문가 집단의 가치관을 통해서 표현되었다. 그들의 생활은 어떤 경우에도 특권적인 생활이 아니었다. 전투에서의 군단의 체계적 효율성에도 불구하고, 로마의 전투는 피를 동반하는 매우 위험한 임무였다. 병사들과 마찬가지로 백부장도 적과 가까운 거리에서 싸웠고, 때로는 백병전도 치렀다. 그들은 자신이 선택한 인생에 부과된 어쩔 수 없는 부상의 위험을 감수해야만 했다. 예를 들면 율리우스 카이사르는 기원전 57년에 오늘날의 벨기에의 상브르 강에서 치렀던 네르비이족과의 싸움에 대해서 쓰면서 그 위험했던 순간을 다음과 같이 묘사하고 있었다.

병사들은 서로 너무 붙어 있어서 쉽게 싸울 수가 없었다. 제12군단의 군기들이 모두 한곳에 집중해 있었기 때문이다. 제1보병대(cohort : 300-600명으로 구성되며 10개의 보병대가 1개의 군단이 된다/역주)의 백부장들이 기수들과 함께 모두 죽었고 군기는 빼앗겼다. 다른 보병대에서도 거의 모든 백부장들이 죽었거나 부상했고, 용감한 선임 백부장인 섹스티우스 바쿨루스도 여러 차례 심한 부상을 입고 너무 지쳐서 거의 일어날 수도 없을 정도였다.[55)]

군단 전투의 현실에 대한 이와 같은 세밀한 묘사는 로마의 직업군인들이 복무하면서 얻을 수 있는 금전적 보상만을 위해서 군에 복무하지는 않았다는 것을 보여준다. 경계와 잡역 그리고 규칙적으로 주어지는 부엌과 목욕탕에서의 위안이 전부였던 부대의 한결같은 일과—100년 전 유럽인 주둔 부대의 일상과 전혀 다르지 않은—는 수염도 깎지 않은 불결하고 시끄러운 이방인의 무리들과 대적하면서 갑자기 깨어지곤 했다. 아마도 그 이방인들은 몸에 칠을 하고 살상무기를 휘두르면서 더러운 냄새와 공포감을 사방에 퍼뜨리면서 온통 땀에 절어 있기도 했을 것이다.[56] 로마 군인의 가치관은 오늘날의 군인들이 살아가는 가치관 그것이었다. 즉 독특한(또한 유독 남성적인) 삶의 방식에 대한 자부심, 동료의 좋은 의견을 경청할 줄 아는 관심, 직업적인 성공에서 오는 매우 상징적인 징표에 대한 만족, 승진에 대한 희망, 편안하고 명예로운 은퇴에 대한 기대와 같은 것이다.

제국이 커지면서 로마 군은 모병제도를 바꾸어서 이탈리아 토박이가 아니라도 신병으로 받아주었다. 군단병, 기병, 경보병 보조군에 상관없이 직업적 군대는 다국적 군대의 특징이 나타났고, 구성원들은 대체로 자신들이 로마의 은총을 입고 있다는 의무감에 의해서 통합되었다. 기원후 1-2세기 동안 제국에 복무하다가 죽은 10명의 로마 병사 비석을 조사한 것이 있다. 거기에서 우리는 하드리아누스 방벽에서 죽은 마우리타니아(현재의 모로코) 출신 기병, 웨일스에서 죽은 리옹 출신의 제2아우구스타 군단 기수, 독일에서 토이토부르크 숲(p. 397 참조)의 재난으로 전사한 볼로냐 출신의 제10 게미나 군단 백부장, 라인 강 상류 부근에서 태어나서 현재의 부다페스트의 다뉴브 강에서 죽은 같은 군단의 노병, 오늘날의 오스트리아에서 태어나서 알렉산드리아에서 전사한 제2아디우트릭스 군단의 군단병 등을 발견할 수 있다.[57] 얼마나 넓은 지역에서 병사를 모았는가를 보여주는 무덤의 기록들 가운데 가장 인상 깊은 것은 하드리아누스 방벽의 양쪽 끝에서 발견된 군인 남편과 그 아내의 비석일 것이다. 아내는 그 지방 여자였고 남편은 로마령 시리아 태생이었다.

그럼에도 불구하고 로마 군은 다이내믹한 제국건설이 아니라 정상적인 제국건설을 위해서 만들어진 군대였다. 군단들이 로마로부터 멀리 떨어져서 임무를 수행하고, 출신지역이 광범위한 신병들을 포용하는—제국 출발기에는 "야만족의 땅"이었던 지역의 출신들이 많았다—과정은 카르타고와 포에니 전쟁을 치르면서 분명하게 진행되기 시작했다. 페니키아인들의 식민지였던 그 도시는 로마인들이 처음으로 페니키아인들을 시칠리아 남쪽으로 몰아내는 데에 성공하면서 로마와 갈등을 겪게 되었다. 또한 카르타고와 적대적이었던 피로스(319-272 B.C. 에피루스 왕국의 국왕/역주)와 로마의 관계는 시칠리아 섬에서의 카르타고의 지위를 약화시켰다. 기원전 265년 두 강대국은 그 때문에 전투를 치렀고, 전투는 급속히 육지와 바다로 확산되었으나, 결국 카르타고는 자국의 패배와 서부 시칠리아에 대한 로마의 지배권을 인정하게 되었다(제1차 포에니 전쟁, 264-241 B.C./역주). 로마는 첫 해외제국 건설에 이어서 코르시카와 사르데냐를 복속시켰고, 갈리아 지방에 첫 번째 기습을 감행했다. 이에 대해서 카르타고는 에스파냐의 지중해 해안선에 있던 로마의 동맹 도시국가들에 대해서 전투를 개시함으로써 대응했다. 기원전 219년 사군툼(이베리아 반도의 동쪽 해안 도시/역주) 포위공격에서 전쟁은 새롭게 전개되었다. 전쟁은 17년 동안이나 계속되었고 로마가 대재앙을 코앞에 둔 상황을 넘긴 직후에 카르타고의 패배로 끝났다. 이로써 로마는 지중해 세계에서 패자가 되었다(제2차 포에니 전쟁, 218-201 B.C./역주).

대함대를 가진 카르타고는 기본적으로 용병에 의존했으며 북아프리카 해안에서 군사를 모았고, 그 비용은 브리타니아의 주석 생산지에까지 이르는 광범위한 교역을 통해서 마련했다. 뜻밖에도 카르타고는 제2차 포에니 전쟁 때 2명의 출중한 능력을 지닌 사령관을 배출했다. 바로 한니발과 하스드루발 형제였다. 그들의 지도력과 혁신적인 전술은 용병의 군대라는 특징으로 인한 한계, 즉 본토로부터 멀리 떨어져서 작전을 펼침으로써 나타나는 한계를 넘어선 것이었다. 한니발(247-183 B.C.)은 역사에 길이 남을 작전들을 전개했다. 그것은 바로 코끼리들을 이용하여 에스파냐에서 갈리아 남부지역과 알프스를 넘어서 이탈리아 중부에 이르는 길을 전광석화처럼 빠르게 진군했던 것이다. 한니발은 기원전 217년 트라시메노 호수에서 로마 군대를 격파하고, 로마를 우회하여 이탈리아 남부에서 동맹군을 찾아냄으로써 파비우스 막시무스의 지연전을 극복했다. 그리고 알렉산드로스의 후계자인 마케도니아의 필리포스 5세와 합류할 수 있는 위치에까지 이르렀다. 이제 자제심을 잃어버린 로마 군은 파비우스의 전술을 기반으로 하여 기원전 216년에 야전군이 풀리아(이탈리아의 동남부 지방/역주)의 칸나에 근처까지 진출하여 카르타고인들과 대결을 벌였다. 8월 2일, 약 7만5,000명의 16개 군단이 공격했다. 로마 사령관 바로는 보병을 가운데에, 기병을 양쪽 날개에 놓는 전통적인 전선을 전개했다. 한니발은 배치를 바꾸어서 가운데를 약하게 하되 최정예 보병을 양쪽에 집결시켰다. 로마 군은 진격했으나 금방 포위되어버렸고, 퇴로는 기병들에 의해서 차단되었다. 후미가 끊기고 도망자가 생김으로써 병력은 5만 명으로 줄었고 패퇴하면서 대학살이 자행되었다(로마 군의 생환자는 겨우 1만4,000명이었다/역주). 바로 칸나에의 실례로부터 19세기 프랑스 전술 이론가인 아르당 뒤 피크는 "군대가 회복할 수 없는 패배에 노출되는 것은 바로 퇴각할 때"라는 중요한 개념을 처음 제시했다.

한 번의 견제전략으로 로마는 칸나에에서의 재난을 극복할 수 있었다. 로마에서는 재산이 없는 군 면제자, 심지어는 노예들까지 동원한 새로운 군단을 만들어서 카르타고의 동맹군이 있는 남부 이탈리아에서 한니발을 몰아내기 위한 병력을 보냈다. 집정관 코르넬리우스 스키피오(?-211 B.C.)는 에스파냐에 미리 2개 군단을 주둔시켜서 한니발이 그 지역에서 세력을 다시 키우는 것을 막고 있었는데, 로마군은 그곳에서 공세로 나서기 시작했다. 기원전 209년 이후 스키피오 대(大)아프리카누스(236-184 B.C. : 기원전 201년에 카르타고를 굴복시켜서 현재의 "아프리카"라는 명칭의 기원이 된 아프리카누스라는 칭호를 획득했다/역주)로 알려진 코르넬리우스 스키피오의 아들은 카르타고에 대한 전격전을 시작했다. 그의 군대가 자행했던 잔혹 행위는 관련이 없는 주변국들까지도 자기편으로 끌어들이는 효과를 가져왔다. 하스드루발(?-207 B.C.)은 그의 형 한니발이 11년 전에 갔던 길을 따라서 아드리아 해로 퇴각했다. 그리고 이탈리아에 상륙했으나 메타우루스 강에서 패배했다. 한편 에스파냐 지역에서 한니발을 계승했던 또 한 명의 하스드루발(?−221 B.C. : 기스코의 아들/역주)은 에스파냐에서 칸나에를 쟁취했던 전술을 다시 사용한 스키피오에게 패배하는 불명예를 안게 되었다. 그들이 후퇴하자 스키피오는 아프리카로 건너감으로써 결국 한니발을 그의 고향인 카르타고로 불러들이도록 만들었다. 그들 두 군대는 기원전 202년에 오늘날의 튀니지의 자마에서 마주쳤다. 카르타고의 코끼리 돌격전은 스키피오가 전개한 체스 판 전술에 의해서 무너졌다. 그가 반격에 나섰을 때, 카르타고 군은 수적으로 열세에 놓여 있었고 한니발은 전장에서 물러났다.

그러나 카르타고가 마지막 붕괴할 때(스키피오 대[大]아프리카누스의 양손자인 스키피오 소[小]아프리카누스[185−129 B.C.]가 활약한 제3차 포에니 전쟁. 149−146 B.C./역주)까지는 50년이 더 필요했다. 이때 로마의 군사력은 그리스와 그밖에 헬레니즘 세계의 개입으로 소진되었다. 기원전 196년, 그리스의 도시국가들은 로마의 보호를 인정했고, 헬레니즘 왕국인 시리아가 사태를 반전시키려고 개입했을 때, 로마 군은 처음으로 그 지역과 소아시아에 군단을 파견하여 대부분의 국가들을 순식간에 지배하게 되었다. 한때 알렉산드로스 대왕의 장군들의 지배를 받고도 살아남았던 왕국들 가운데 중요한 왕국인 프톨레마이오스 왕조의 이집트도 기원전 30년에 드디어 무너졌다(바로 그해에 그리스어로 "아버지를 사랑하는 여신"이라는 뜻의 클레오파트라는 옥타비아누스에게 패배했다/역주).

로마의 가장 유명한 인물 율리우스 카이사르는 기원전 58−기원전 51년 사이에 벌어진 일련의 전투에서 갈리아 지방을 제국에 복속시켰다. 로마는 기원전 121년에 이미 북부 이탈리아에서 갈리아족을 몰아낸 데에 이어서 갈리아 지방을 근거지로 삼아 에스파냐로 영토를 확장했다. 기원전 58년, 로마인들은 역사상 첫 번째 민족 대이동에 직면하게 된다. 바로 지금의 스위스로부터 남하하는 할베티이족의 이주에 대항하여 카이사르는 기선을 제압하기 위해서 론 강 계곡에 거점을 만든 뒤에 갈리아족의 도움을 받아서 침입을 막아냈다. 할베티이족을 물리친 후 로마 군은 아리오비스투스가 지휘하는 튜턴족의 위협을 받게 되었는데, 그는 새로운 통제지역의 북쪽인 라인 강에서 그들을 물리쳤다. 남부 갈리아족에게는 환영을 받았지만, 라인 강을 건너서 독일에까지 세력을 확장해가던 북부 갈리아족은 카이사르의 승리에 아연 놀랐다. 카이사르는 극도로 호전적인 이 부족과 4년 동안 싸우고 프랑스 서해안의 브르타뉴의 베네티족과 그들의 사촌격인 영국의 켈트족에 맞서 원정에 나서기도 했으나(56−54 B.C.), 결국 갈리아 지방에서 명목상의 평화 협정을 맺는 데에 성공했다. 그후 기원전 53년에 잠잠해진 갈리아족은 제국에 편입되지 않으려고 필사의 노력을 기울여서 대대적으로 반항했다. 베르킹게토릭스의 지휘하에 있던 갈리아족의 등쌀에 카이사르는 번거롭게 다시 전쟁에 나서야만 했다. 그리고 갈리아 전쟁의 마지막 단계에서 로마의 전술을 배운 적과 1년 동안 싸운 끝에, 베르킹게토릭스를 센 강의 발원지 근처인 알레시아의 넓고 요새화된 진지로 물러나게 만들었다. 베르킹게토릭스가 물러날 것을 결정한 것은 실수였다. 왜냐하면 로마는 포위공격—아마 그들이 알고 있는 기술의 일부는 중동지방에서 수세기 동안 알려졌던 것으로 군사학의 국제시장을 통해서 아시리아의 침략자들로부터 전수되었을 것이다—에 관한 한 가공할 만한 경험과 기술을 가졌기 때문이다. 로마 군은 둘레 14마일에 이르는 여러 개의 요새들로써 사방에서 포위망(보루[堡壘]와 대루[對壘]의 전선[戰線]들)을 구축하여 구원군을 바랄 수도 없도록 둘러쌈으로써 알레시아인의 진지를 재빨리 고립시켰다. 군단병들은 삽질의 명수였고 적지에 들어가면 자동적으로 똑같은 형태의 참호를 하룻밤 만에 만들었다. 25만 명 이상으로 보이는 켈트족 구원군이 나타나자, 카이사르는 포위공격에 참여했던 병사 가운데 5만5,000명을 뽑아서 적을 해안에 묶어두면서 계속 베르킹게토릭스 진영을 포위공격했다. 마침내 세 번의 시도 끝에 갈리아족의 수장은 항복했고 카이사르의 개선과 함께 로마로 압송되어 처형되었다. 그의 죽음으로 로마의 지배에 저항하던 갈리아족은 붕괴되었다.

로마는 이제 서방에서 가장 큰 제국을 건설했는데, 그 최대 영역은 아프리카와 근동 지방에까지 이르렀다. 파르티아(카스피 해 동남부에 있던 고대 국가/역주)와 페르시아 왕국 등 여전히 로마와 힘을 겨루고 있던 중동 국가들의 변경에서만 정복사업이 계속되었다. 그러나 제국의 확장에 성공하면서 로마는 사회적, 정치적 질서가 위기를 맞게 되었다. 특히 로마에 속했지만 시민권의 혜택이 없었던 이탈리아인들 사이에서의 징병문제 그리고 돈과 권위를 요구하는 로마 행정관들과 세세연년 승리를 거두면서 권력이 확대일로에 있던 집정관들과의 갈등관계 때문에, 군단 모병과 선거 정부라는 구체제는 점차 진부한 것으로 변했다. 기원전 2세기 말에 위기의 징후가 나타났다. 그라쿠스 형제가 군 징집의 부담과 군 당국의 독자성을 줄이기 위한 시도를 했다. 기원전 90년에는 문제가 심각해져서 시민권이 없는 이탈리아인들이 징병에 반발했는데, 그들에게 시민권을 인정하고 나서야 무마될 수 있었다. 또한 비록 집정관 마리우스가 최하층 계급 출신 자원자에게 군복무를 허용한 1세기 말의 조치로 이전의 재산자격 조건이 없어지기는 했지만, 그럼에도 불구하고 군단의 병력수급 문제는 계속되었다. 마리우스의 조치는 우습게도 야전의 집정관과 로마 정계의 갈등을 심화시켰다. 그 조치로 토지를 소유하지 못한 군단병들이 사령관인 집정관에게 더 가까이 접근하게 되었고, 그 결기로 사령관과 군단병의 관심이 같아지게 되어(특히 마리우스처럼 복무를 잘한 대가로 땅을 줄 경우), 원로원과 행정관들에 대한 집정관들의 입지를 강화시켜주었기 때문이다.[58]

그 위기는 갈리아 지방을 정복한 카이사르에게도 닥쳐왔다. 카이사르가 지휘기한을 연장하려고 했을 때 원로원은 이를 거부했다. 그러자 카이사르는 자기 지역을 떠나서 법적으로는 지휘권한이 없어진 13군단의 사령관으로 로마에 돌아와서 도전장을 던지고 내전에 돌입했다. 이 전쟁은 7년간 (50−44 B.C.) 지속되었고 에스파냐, 이집트, 아프리카에서도 싸움이 있었다. 군단들과 장군들, 특히 폼페이우스가 카이사르의 반군에 대항했다. 승리를 거둔 카이사르가 결국 불만을 가진 적들과 독재에 반대하는 주요 인물들의 손에 암살당함으로써 위기가 절정에 달했다. 카이사르의 조카인 옥타비아누스는 권력을 계승하여 또 한 번의 내전을 치름으로써 모든 적들을 물리쳤다. 기원전 27년에 옥타비아누스는 무기력한 원로원으로부터 이미 임페라토르(Imperator) 곧 황제(명목상으로는 "제1시민[Princeps]"이었지만) 칭호를 부여받았으며 아우구스투스(Augustus : 존엄자)라는 명칭도 이에 덧붙였다. 이름만 유지된 공화제 형식은 이때부터 실질적으로 사라졌고, 로마는 판도에서뿐만 아니라 통치에서도 실질적인 제국(empire)이 되었다.

제정(帝政)은 독점적이고 비선거계급의 경쟁정책을 통하여 군사국가를 통치하려는 시도 속에서 현안들을 해결했다. 첫 번째 결정은 군 자체에 대한 것이었다. 아우구스투스는 군이 내전으로 인해서 50만의 규모로 크게 비대해져 있었으므로 그들 중 다수는 경쟁자들의 용병들에 비해서 그리 나을 것이 없다고 판단했다. 그래서 그는 병사의 숫자를 크게 줄이고 28개의 군단으로 고정시켰다. 전제정치의 폐단을 되풀이하지 않기 위해서 중앙정부의 보안을 확실히 하고 새로운 군대인 황제의 근위대를 만들어서 로마에 주둔시켰다. 야전군은 대체로 국경에 배치되었는데, 인구증가 압력을 이미 받고 있던 게르마니아 맞은편 곧 라인 강 하류, 다뉴브 강 상류의 야만족 침탈 지역 그리고 시리아 등지에 집중 배치되었고, 소규모 수비대를 에스파냐, 아프리카, 이집트에 유지시켰다. 아우구스투스가 새롭게 도입한 복무규칙 또한 중요하다. 허울뿐인 군사의무는 폐지하고 군단은 모병에 의한 직업군인으로 대체되었다. 시민들에게 우선권이 주어졌지만 자격을 갖춘 비시민들에게도 시민권을 주면서 모집했다. 복무기간은 15년(실제는 20년)이었고 그 기간 동안 결혼은 금지되었다(가족들은 불법이기는 하지만 자연스럽게 진중 면회를 할 수 있었다). 봉급은 고정적이고 정기적이었다. 그리고 제대할 때에는 생활에 충분한 퇴역 하사금을 받았다. 퇴역병들을 정착시키고 현역군인들에게 지속적인 충성과 선행을 유도하기 위해서는 보험통계적으로 계산된 상당한 새로운 세금이 필요했다.

아우구스투스 시대의 정규군은 대략 12만5,000명 선에서 안정되었다. 비슷한 수가 군단 지원 기병대와 경무장 보병대에서 복무했다. 로마는 이탈리아 정복 초기부터 이런 부대들을 이용했지만, 보조 부대원들은 시민이 아니었고 복무연한도 일정하지 않았다. 따라서 아우구스투스의 후계자인 클라우디우스의 통치기부터는 확실하게 정규적인 봉급이 지급되었다. 그러나 더 큰 유인책은 25년간의 복무 뒤에 시민권을 주는 것이었다. 그리고 결혼이 허용되어 한 명의 아내에게서 난 자식들은 시민권을 얻을 수 있었다. 이러한 제도들로 보조 부대원의 질이 크게 향상되었고 성공리에 임무를 수행한 일부 부대는 일괄적으로 시민권을 얻기도 했다. 게다가 시간이 갈수록 기병대와 보병대(cohort)는 복무지역에서의 충원을 중단하게 되었고(부대 수준을 군단에 맞추려는 경향 때문에), 현지 장군들의 관할에서 황제 직할 장교들의 관할로 옮겨가면서 제국의 어떤 곳에서도 복무해야 했다.[59]

아우구스투스는 지휘체계를 정비함으로써 장래 군에 대한 신뢰성을 확보하기 위해서 모든 노력을 기울였다. 공화국 치하의 속주 총독은 지역 내에 있는 군단들에 대한 명령권을 가졌다. 아우구스투스는 자신이 대부분의 속주 총독들을 겸임함으로써 직접 각 군단들을 지휘했다. 원로원이 여전히 통치자의 지명권을 가지고 있는 나머지 지역에 대해서도 그를 개인적으로 대표했던 총독을 통해서 군단을 자신의 명령하에 두었다. 이 복잡하고 중앙집권화된 체계를 운영하고 유지하기 위해서, 아우구스투스는 제국의 상비 관료체계를 만들어서 정치계급으로 충원했으며, 그들에게 공식적인 봉급뿐만 아니라 재량권을 부여했다. 황제 직속이었던 이들 관리들에게는 속주 행정과 수비대를 지원하기 위한 세금을 인상하는 임무가 주어졌다. 이 세금은 제국의 국고로 들어가서, 이집트와 아프리카에서는 로마의 가족들에게 무료로 나누어줄 곡식(연 40만 톤 수입)을 사들이고 수집하는 데에 쓰였다.

역사가들이 말하는 이 율리우스-클라우디우스 체제는 바로 아래 후계자

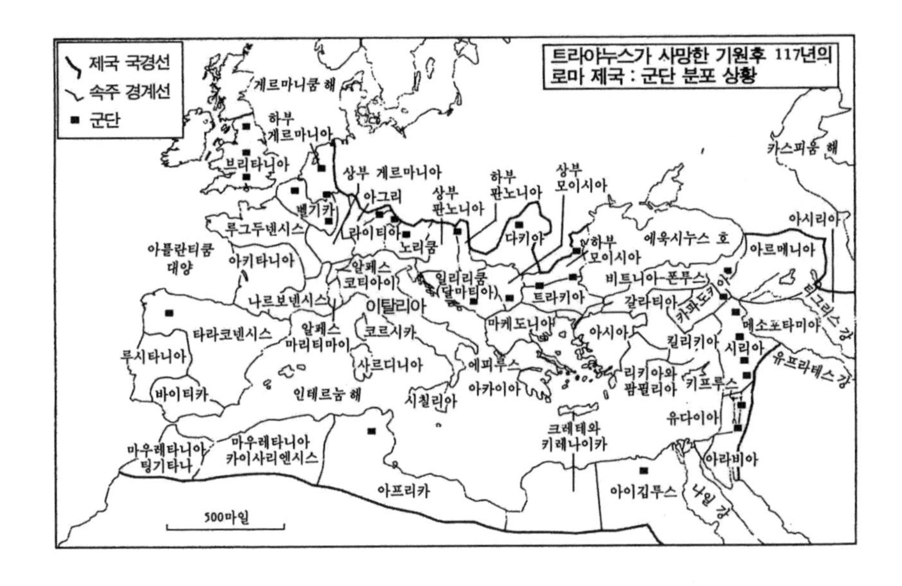

트라야누스가 사망한 기원후 117년의 로마 제국 : 군단 분포 상황

들까지는 잘 운영되었다. 그러나 미처 깨닫지 못한 위험을 안고 있었다. 제위계승 싸움이나 전쟁에서의 패배 등이 야기되면, 권력은 군대로 옮겨가는 경향이 있었다. 군대야말로 모든 체제의 기반을 이루었다. 로마 제국은 변경에서의 무질서를 묵인할 수 없었기 때문에, 불가피하게 전쟁을 해야만 했다. 한편 로마가 점차 번성함에 따라서 주변국들이 무력 침입을 노리게 되었다. 무질서는 동방에서의 주요한 위험이었다. 그곳의 옛 왕국들과 끝까지 살아남은 적국 파르티아와 페르시아 제국은 로마가 확실한 통제선을 설정하려고 하자 반감을 가지게 되었다. 반면 서쪽의 라인 강과 다뉴브 강 유역에서는 침입 위험이 있었다. 초원지대에서 강제로 쫓겨난 인구의 대이동이 이미 1세기에 감지되었던 것이다.

기원후 69년에 벌써 예견되었던 위기가 잇따라서 일어났다. 율리우스-클라우디우스 체제하에서 일련의 군사적 성과가 있었다. 브리타니아가 제국에 추가되었고(기원후 43년 침입), 아르메니아는 63년에 로마를 종주국으로 받아들였다. 물론 반발도 있었다. 특히 독일의 아르미니우스의 토이토부르크 숲(Teutoburger Walt : 베스트팔렌 지방의 산림 구릉지대/역주)에서의 로마 군 격파(기원후 9년)와 66년 유대인들이 로마의 통치에 반기를 들었던 유대(Judaea)에서의 반발은 잘 알려져 있다. 68년, 기이한(아마도 미친) 독재자 네로는 병사들의 신뢰를 잃고 쿠데타에 의해서 무너졌다. 이 사건은 내전으로 이어져 제위계승 투쟁을 낳았고, 마침내 율리우스―클라우디우스 가계가 아닌 군인 황제 베스파시아누스의 출현을 낳았다. 그는 능력 있고 신중하여 다시 제위를 안정시켰지만 정권의 찬탈자로서 정통성을 결여했다. 정통성은 결국 그의 실제적인 후계자인 네르바에 의해서 다시 이어졌다. 그는 공식적인 후계자 선발과정을 통해서 강력한 통치자를 임명한다는 원칙을 세웠다. 4명의 선발된 계승자들은 트라야누스, 하드리아누스, 안토니누스 피우스, 마르쿠스 아우렐리우스였으며 모두 타고난 행정가이자 훌륭한 군인들이었다. 이 안토니네(Antonine : 안토니누스 피우스와 마르쿠스 아우렐리우스[혹은 그들과 아우렐리우스의 공동 황제 루키우스 베루스 및 콤모두스] 중의 한 사람을 부르는 칭호/역주) 치하(138-180)에서 로마 군은 연전연승을 거두어서 메소포타미아, 아시리아, 도나우를 가로지르는 다키아(지금의 루마니아)까지 제국에 편입시켰다.

안토니네 황제들이 성공할 수 있었던 것은 파르티아와 페르시아의 개방된 국경을 제외하고 가능한 한 모든 곳에서 군 안정화 정책을 취했기 때문이었다. 이것은 "예방 안보에 기초한 대전략—제국 국경 방어선 건설"이라고 불려왔다.[60] 역사가들은 그 전략의 복잡함에 대하여 견해를 크게 달리한다. 일부는 그것이 로마인들이 가졌던 인식의 기초라는 점을 부인한다. 또 라인 강, 다뉴브 강, 브리타니아 하일랜드, 사하라 사막 변두리에 "과학적인" 국경선을 만들고 요새(지금도 가끔 거대한 유적을 통해서 그 윤곽을 알 수 있다) 건설에 의해서 국경을 표시하는 정책도 기껏해야 지역 사령관이나 국경을 순시하던 황제가 공식적 행정구역의 구석에 경비 초소와 세관을 세운 것에 지나지 않는다고 말한다.[61] 그러한 견해를 가진 사람들에게 주목할 필요가 있다. 왜냐하면 그들이 가진 로마의 군사정책에 대한 세부적인 지식은 폭넓고도 정확한 것이기 때문이다. 그들이 가진 견해의 장점은 또한 외관상 드러나는 로마 군대의 면모에 의해서도 강화되고 있다. 즉 전략적 이론이라기보다는 "영광에 대한 욕구"라는 말로 항상 알려져온 것이다. 이러한 개념은 진실을 일깨워준다. 오늘날 클라우제비츠와 그의 이론가들은 로마의 군사훈련에서 깊은 영감을 받았다. 그러나 알렉산드로스를 능가하는 로마의 전쟁수행 방식이 본질적으로 클라우제비츠적이라는 이론은 별로 무게를 지니지 못한다. 그가 특정 군대의 상황을 아무리 치밀하게 논리적으로 분석했다고 하더라도, 알렉산드로스는 허영심의 충동 때문에 동방정책을 폈고 마찬가지로 허영심에 가득 찬 로마도 분명히 "정치의 연장으로서 전쟁"이라는 개념하에서 전쟁을 벌인 것은 아니었다. 로마는 어떤 적에게도, 심지어는 파르티아인이나 페르시아인에게조차도 시민으로서의 지위를 인정하지 않았기 때문이다. 중국인들처럼 로마인들도 세계를 문명권과 그 영향권 밖의 땅으로 구분하고 있다. 그들은 필요에 따라서 때때로 외교를 이용했다(예를 들면, 아르메니아와 역사가 유구한 왕국들을 다룰 때가 그러한 경우이다). 비록 편의를 위하여 그렇게 했겠지만, 그들이 다른 왕국을 대등한 하나의 국가로서 인정하고 외교를 한 것은 아니었다. 사실 로마는 그렇게 할 이유가 없었다. 로마는 군사기구와 관료기구라는 기준에서만 자신이 경계하고 있던 다른 모든 민족들을 능가한 것이 아니었다. 기원후 212년 제국의 판도 안에 살던 모든 자유민에게 시민권을 확대했던 로마의 생각은 다른 곳에서는 그 유례를 찾아볼 수 없는 것이다. 도로, 교량, 도수로, 댐, 무기, 막사, 공공건물 등의 뛰어난 하부구조 또한 그렇다. 이것들에 의해서 로마의 군사력과 대민행정, 경제생활이 유지되었던 것이다.

그럼에도 불구하고 중국의 만리장성과 같은 로마 국경요새의 강화는 역사적인 사실이다. 중국은 고정된 방어선 그것 자체로써는 안전을 보장받을 수가 없고, 진공정책(進攻政策)을 동시에 펼쳐야만 안전이 유지될 수 있다는 것을 알고 있었다. 준가얼 분지로 쳐들어간 당나라나 초원지대로 진격한 만주족의 경우가 바로 그런 예였다. 비(非)초원지대 출신의 왕조들이 그러한 정책을 추진하지 못했거나 실패했다고 해서, 애초에 쌓았던 만리장성이 무의미하게 되지는 않았다. 그 이유는 만리장성이 모든 중국 왕조들이 유지하려고 했던 문명권의 경계를 표시했기 때문이다. 똑같이 로마가 요새화에 기울인 노력이 제국의 실제 전략목표에서 부수적이고 이차적인 특징이라는 일부 현대 학자들의 부정은, 요새 자체의 돌에 걸려서 넘어지는 꼴이다. 아우구스투스 이후 2세기 동안 제국은 주둔 지역이 광범위하던 군단들의 힘에 의존하는 것은 물론 다양하게 외교정책을 펼침으로써 간접적인 수단으로 안전을 유지했다. 에두아르드 루트바크는 확장전쟁을 계속하던 율리우스-클라우디우스 정책이 군단을 궁극적인 방어보장의 원천(새로 편입된 나라들에 의해서 생긴 초기 경계선, 예를 들면 북부 그리스, 소아시아, 아프리카)으로서 이용하기 위한 것이라는 견해를 제시했다. 한편 안토니네 황제들 치하의 군단들은 방벽을 수비하기 위해서 국경에 파견되었는데, 당시 방벽은 침입자가 맨 처음에 깨뜨려야 할 장애물이었다. 에두아르드 루트바크의 주장에 따르면 특정한 위기상황은 군단들이 평온한 국경지역에서 철수하여 위험지대에 집결하는 것과 일치한다. 그의 견해는 다른 사람들로부터 논박을 받았는데, 그들은 주로 적이 로마의 힘에 도전하는 국경, 특히 파르티아와 페르시아에서도 로마가 계속 팽창정책을 유지했다고 주장하거나 혹은 로마 군의 주요한 첫째 임무가 습관적인 산적질이나 해적질, 유목민의 무법성 등에 뿌리를 둔 지역적 무질서와 관련이 있다고 주장한다.

그럼에도 불구하고 서쪽에서 인구가 증가하고 페르시아와의 긴장이 고조되던 기원후 3세기 이래로, 동쪽에서 국경진지를 가진 군단이 분명히 확인된다는 사실은 아무도 부인하지 않는다. 로마는 270년에 다키아(헝가리) 속주를 포기했던 다뉴브 강 유역에서 특히, 라인 강 유역에서, 누미디아족이 파라오만큼이나 무자비하다는 것을 알았던 나일 강 하류 지역에서, 그리고 모리타니아 지역 일부에서 298년에 철수했던 아프리카에서 국경의 합리화가 이루어졌다. 그러나 로마 군단은 다음 세기 동안에도 축소된 전선에서 계속 싸워야만 했고, 로마의 전략은 요새화된 국경에 의해서 한정된 영토의 보호에 집중되었다. 그러므로 비록 그 세력은 줄어들었지만, 기원전 1세기 아우구스투스의 즉위로부터 기원후 5세기 브리타니아를 포기하기까지 거의 변하지 않았던 국경선이 로마의 군사적 전망에 결정적인 영향을 미쳤다고 주장하는 것은 당연한 일이다. 특정한 시기나 특정한 지방, 심지어는 전체적으로 로마 제국에 관한 특별한 지식을 가진 역사가들은 기번에 의해서 널리 알려진 견해, 즉 로마가 무질서한 야만적인 세계에서의 평화의 중심으로서 자신을 바라보았다는 견해에 대해서 명백한 모순을 지적할 수 있을 것이다. 그러나 그렇게 지적하는 것은 직업군인의 심리가 그들이 섬기는 정부의 제국주의적 정책에 미쳤던 영향을 간과하는 것이다. 일단 국경이 요새화에 의해서 결정되고 공식적으로 지정된 부대의 영구적인 주둔지가 되거나 혹은 적어도 정기적인 순시 주둔 지역이 되면, 그곳은 그 요새를 지키던 군인들에게 상징적인 의미를 가지게 되었다. 예를 들면 기원후 122년에 라인 강을 떠나서 영국에 도착했던 제6빅트릭스 군단이 그후 60년 동안 그곳에 머물렀으며, 나일 강에서 카이사르에 의해서 편성되었던 제3키레나이카 군단이 기원후 3세기에도 여전히 그곳에 주둔하고 있었고, 갈리아와 판노니아(헝가리)에서 각각 편성되었던 두 기병연대, 즉 알라 아우구스타 갈로룸 페트리아나(Ala Augusta Gallorum Petriana)와 알라 이 판노니오룸 사비니아나(Ala I Pannoniorum Sabiniana)가 "하드리아누스 방벽(로마 황제 하드리아누스[76-138]가 야만족의 외침에 대비하여 브리타니아 북부에 쌓은 길이 118킬로미터 정도의 성벽/역주)에서 기원후 2세기에서 3세기 사이에 주둔했다는 사실을 볼 때, 우리는 위에서 말했던 것과 같은 상징을 로마 군의 역사에서 쉽게 발견할 수 있다.[62] 후자의 기병연대는 현재의 스탠윅스 지방에서 죽 두둔했다. 기원후 69년에서 215년 사이에 시리아에 주둔했던 제3갈리카 군단, 기원후 85년부터 215년까지 헝가리에 주둔했던 제2아디우트릭스 군단, 기원후 71년부터 215년까지 라인 강을 방어했던 제7게미나 군단과 같은 예들이 그러한 사실을 상세하게 설명해주고 있다.[63)]

군대의 중추를 이루는 직업군인들은 병영 내의 온갖 이야기들과 그 안에 사는 사람들에 의해서 전승되는 지식을 한 세대에서 다른 세대로 전해주었다. 이러한 상황에서 병사들의 의식이 궁극적으로는 국경지방의 지리적 환경에 의해서 제한을 받았을 것이라는 점은 자명하다. 물론 군대의 주의를 그 본연의 의무인 제국의 방위로부터 다른 곳으로 돌리게 하는 일은 많았다. 특히 제위계승과 관련하여, 국경을 지키는 군단에게 제위계승권을 주장하는 침략자나 속주의 참징자의 군단과 맞서 싸우도록 명령이 내려졌던 기원후 3세기의 빈번한 분쟁이 그러했다. 제위계승을 위한 내전에서 승리하여 제위에 올랐던 콘스탄티누스 황제(312-337) 치하에서 국경 수비대는 재조직되었다. 이에 따라서 수개의 군단이 중앙의 예비대로 재편성되었는데 축소되기는 했으나 상당한 규모의 기병대가 보충되었다.[64)] 이러한 변화는 군의 구조를 급격하게 변화시켰고, 공화정 이래로 제국이 의존해왔던 보병의 힘을 영구적으로 약화시켰다. 그럼에도 불구하고 제국의 군대는 여전히 존속했으며, 모병에 따르는 많은 어려움은 제국의 세금에 의하여 완화되었다. 그리고 본래의 역할로부터 상당히 변질되기는 했지만 군대는 여전히 국경방어에 활용되었다. 콘스탄티누스 황제의 개혁으로 분쟁이 잦고 환경이 열악한 고립지역에 남겨진 외인 보조부대는 군단과의 접촉으로부터 멀어짐으로써 더욱 질이 떨어지게 되었다. 따라서 이러한 변경지대(limitanei)의 부대들은 점차 그 지역출신으로 이루어진 농민군으로 구성되었는데, 이들은 군인이 되기 전에는 농민들이었다. 그럼에도 불구하고 정규군의 군사적 가치는 상당한 정도로 유지되었다.

디오클레티아누스(284-305) 이후에, 제국은 행정적인 목적에 의해서 동로마와 서로마로 분할되었고, 그 필연적인 결과는 군사력의 분열이었다. 그러나 무력해진 제국군대의 위기는 5세기까지 감지되지 않았다. 363년 페르시아 전투의 재앙(이 전투에서 배교자 황제 율리아누스가 전사했다)과 396년 에디르네의 참변(발렌스 황제가 고트족과의 싸움에서 전사했다) 등에도 불구하고, 제국 내부의 질서와 국경방위는 테오도시우스 황제의 지대한 노력으로 회복되었다. 테오도시우스는 동로마와 서로마를 다시 통합시켰고, 제국의 영토에서 외부 침략자들을 몰아내기 위한 군사작전을 성공적으로 수행했다. 그럼에도 불구하고 앞에서 살펴본 것처럼 부대편성에서는, 제국의 장교들이 통솔하고 지휘했던 예전의 외인 보조부대가 아니라 그 종족 출신 지도자의 통제하에서 제국의 동맹군으로 활동하는 대규모 야만인 "연맹(federate)" 부대를 휘하에 받아들임으로써, 제국군대의 "로마성(性)"을 손상시키는 운명적인 첫발을 내디딘 사람 또한 테오도시우스였다. 한번 내디딘 이상, 이 걸음은 다시 되돌릴 수 없는 것이었다. 5세기의 전반기에 게르만 병사들이 서로마 제국으로 쏟아져 들어왔다. 비록 명목상으로는 제국의 조직이 적절하게 유지되고 있었고 콘스탄티우스나 아에티우스와 같은 속주 군사령관들이 제한된 정복지에서 몇몇 종족들의 거주를 한정시키거나 때때로 야만인으로써 야만인을 제압하는(以夷制夷) 전략을 구사할 수 있을 만큼 충분한 군사력을 보유하고 있었음에도 불구하고, 국경에 대한 통제는 대체로 포기될 수밖에 없었으며 국경 내부의 통제도 취약해졌고 일정하지 않았다. 콘스탄티우스와 아에티우스의 "로마" 군대는 게르만족으로 구성되어 있었고, 게르만족의 무기를 사용했으며, 옛 로마 군단 시절의 군사훈련에서 비롯되었던 질서와 군율을 전부 잃어버렸을 뿐만 아니라 심지어는 게르만족의 함성 바리투스(baritus)를 사용하고 있었다.[65]

제국 바깥에 있는 훈족들에게 고통을 당했던 여러 야만족들은 아틸라(5세기 전반에 유럽을 침략한 훈족의 왕/역주)와 훈족에 맞서 싸우는 아에티우스를 도왔다. 451년 샬롱에서 아에티우스 군대는 대부분 그들로 구성되었다. 샬롱의 승리가 갈리아 지방을 안전하게 했고, 이것은 아마도 기마민족의 로마 파괴를 저지했을 수도 있다. 이탈리아와 제국의 수도는 다른 방향으로부터의 위험에 놓이게 되었다. 갈리아 지방과 에스파냐를 가로질러서 바다를 건너서 북아프리카에 왕국을 세웠던 반달족의 지도자 게이세리쿠스는 바다로 나가서 코르시카와 사르데냐를 빼앗았고, 455년에 그 근거지로부터 로마를 공략하고 약탈했다. 동로마 제국의 황제 레오가 게이세리쿠스에게 가한 역공은 실패로 끝났다. 반달족은 시칠리아와 아프리카에 있는 그들의 근거지로부터 지중해 항로를 통제하는 해적정권을 세웠다. 해적행위는 1,000년 동안 사라센과 바버리(북아프리카 이슬람 지역/역주)의 후계자들에 의해서 계속 행해졌다. 갈리아 지방과 이탈리아에서는 권력이 3명의 게르만족장인 리키메르, 오레스테스, 오도아케르의 손에 넘어갔다. 그런데 그들이 계속 제위에 올린 꼭두각시 황제들 중의 하나인 마요리아누스(457−461)가 실제로 갈리아 남부지방에서 짧은 기간 제권(帝權)을 천명했으나, 그 즉시 강제로 권좌에서 끌려 내려와야만 했다. 꼭두각시 황제 로물루스 아우구스툴루스에게 명목상으로 복종하고 있던 오도아케르는 이탈리아에서 가장 강력한 군대를 장악하고 있었는데, 권력투쟁에서 리키메르를 패배시키고 로물루스 아우구스툴루스를 폐위시킨 후에 스스로를 황제가 아니라 왕으로 선언했다. 이름만으로서 여전히 존속하고 있던 원로원은 이스탄불의 동로마 황제에게 제권을 돌려주었다. 로마에서 로마 군대는 이미 아주 오래 전부터 존재하지 않았던 것이다.[66)]

## 로마 이후의 유럽 : 군대 부재의 대륙

로마 군대는 계속해서 동방에 주둔해왔다. 그들 군대는 이스탄불로부터 멀리 떨어진 비잔틴 제국의 영토, 때로는 캅카스 산맥이나 나일 강에서까지 또 때로는 키클롭스식 성벽(거대한 들을 모르타르를 사용하지 않고 그대로 쌓아올린 고대 그리스의 성벽/역주)의 발아래에서 방어했다. 그리고 1453년에 정복자 오스만 메흐메트 2세가 이스탄불을 포위공격할 때까지, 그 잔존

부대는 계속 남아 있었다. 그러나 동로마 제국의 자립이 시작되었을 때부터 이들은 로마의 보병군단과 전혀 다른 성격을 지니게 되었다. 유스티니아누스 1세 때, 벨리사리우스와 나르세스 장군은 이탈리아와 북아프리카에서의 지배권을 회복했는데(그 과정에서 반달족을 멸망시켰다), 그들 휘하의 로마 군대는 아에티우스와 마요리아누스의 군대와 매우 흡사했다. 벨리사리우스가 반달족의 겔리메르를 전복시킨 트리카메론 전투에서나 나르세스가 라벤나와 로마를 제국의 통치하에 다시 두게 된 타기네 전투에서, 그들의 군대는 아프리카의 훈족과 이탈리아의 페르시아 궁사들을 포함한 비로마인들로 구성되어 있었다.[67] 그러나 비잔틴의 국경이 대략 다뉴브 강의 경계와 캅카스 산맥 그리고 키프로스, 크레타, 이탈리아의 끝부분을 둘러싸는 해안 경계선으로 설정되고 난 이후부터(이집트, 시리아, 북아프리카는 641년과 658년 사이에 아랍에 패망했다), 제국의 군대조직은 상이한 기초 위에 세워질 수 있었는데, 조직면에서 아우구스티누스의 군대와 공통점이 있었다. 제국은 "테메스(themes)"라고 부르는 속주(province)로 분리되었으며 이 속주들은 황제의 직할부대 사령관들이 지배했다. 이 부대들은 중무장 보병군단에서보다는 4세기에 콘스탄티누스가 개혁했던 조치들에서 유래한 단위부대들로 조직되었다. 작고 독립된 보병연대들로 구성되었으며 전방의 민병들을 증강시키기 위해서 필요할 때에는 기병연대와 결합할 수 있었다. 2세기에는 13개의 테메스가 있었는데, 소아시아에 7개, 발칸에 3개 그리고 지중해와 에게 해 연안에 3개가 있었다. 10세기까지는 그 숫자가 30개까지 증가했지만, 병력은 대략 15만 명이었는데 반은 보병이고 반은 기병으로서 아우구스티누스 시대의 보병병력 정도가 유지되었다. 비록 많이 변화하기는 했지만, 효율적인 관료체제와 조세 제도가 뒷받침하고 부유한 농민계급으로부터 식량 지원을 받았던 비잔틴 군대는 셀주크 투르크가 1071년에 공격을 시작할 때까지 기독교로 개종한 로마 제국을 존속시키는 기반이 되었다.[68]

로마 문명의 파괴자들조차도 깊은 존경심을 표명했던 이 문명의 잔명을 지키기 위해서 서쪽에서 다시 부활한 군대는 없었다. 사실상 부활은 불가능했다. 왜냐하면 군대를 지탱해주었던 기반, 즉 정규적이고 공정한 조세제도—비록 제국 후반기에는 매우 불공정했지만—가 파괴되었기 때문이다. 이민족 왕들은 그들에게 주어진 최선의 방법으로 세금을 부과했지만, 조세 수입은 강력한 군대를 지원하기에는 불충분했다. 어떤 경우에 정복자들은, 무기를 보유한 전사는 자유로운 존재이며 동료들과도 평등하다는 소박한 튜턴식의 믿음을 가지고 있어서, 훈련을 극히 싫어했다. 고트족, 랑고바르드족 그리고 부르군트족은 초원지방으로부터의 압박을 받고 라인 강을 건너기 전에는 농부들이었으므로, 그들의 몫을 받게 되면 다시 농업을 하면서 살고 싶어했다. 이탈리아에서는 점유자가 정착하고 있는 경작지의 3분의 1이 병사들 개인에게 할당되었는데, 이것은 점유 토지의 3분의 1을 병영의 병사들에게 양도한다는 옛 제국의 제도를 강제적으로 적용한 것이었다. 부르군트와 남프랑스에서 이 부담은 3분의 2로 정해졌다. 그러므로 군사들은 환영받지도 못한 채 농부들과 함께 경작하기 위하여 분산된 농가에 정착했으며, 그렇게 막강한 군사력을 가능하게 했던 군대의 미덕은 산산이 부서졌다. 그리고 문명화된 평화유지군을 재건할 수 있도록 정규적으로 잉여물을 정부에 바치지도 않았다. "야만족의 왕국은 로마 제국의 특징적인 악덕들—주로 부자들의 토지를 확장하기 위해서 소농의 토지들을 부정한 방법으로 탈취하는 것—과 그들의 야만성을 결합시켰다. ……그리하여 이제는 로마의 오랜 폐습에 이민족들의 탈법적인 폭력이 더해졌으며 살아남은 로마인들도 그들의 관습을 배웠다."[69]

돌이켜보면, 삶이 어떻게 문명화될 수 있는가에 대한 인간의 이해에 로마가 미친 중요한 공헌은 바로 기강이 선 전문적인 군사제도라는 것을 쉽게 알 수 있다. 물론 로마가 이탈리아 내에서 팽창주의적인 군사활동을 개시한 후에 카르타고에 대한 전투에 착수했을 때에는 이러한 목적을 심중에 간직하고 있지는 않았다. 군대가 시민군으로부터 장거리 원정군으로 변모하게 된 것은 의식적인 결정에 의해서가 아니라 전투에서의 요구에 따른 것이었다. 로마 군대가 정규적 모병제도를 채택한 것은 필요에 따라서 제국 전역에서 시민과 비시민 모두를 대상으로 재능 있는 자들에게 열려 있는 기회를 제공함으로써 시작되었다. 아우구스투스의 개혁은 이미 존재하고 있는 상황을 단지 합리화시킨 것이었다. 그러나 마치 보이지 않는 손에 의해서 움직이는 것처럼, 로마 군대의 발전은 그 자체로 로마의 훈명화에 공헌했다.

로마는 고대 그리스와는 달리 사변적(思辨的)인 이념이나 예술적인 창조가 아니라 법과 물리적인 성취의 문명을 발전시켰다. 로마가 법을 강조하고 자신의 물리적인 하부구조를 거칠 것 없이 확대할 때에 요구된 것은 지적인 노력보다는 풍부한 에너지와 도덕적인 규율이었다. 군대는 이러한 기풍을 만드는 궁극적인 원천이었으며 직접적인 도구였다. 특히 공적인 사업을 추진할 때에 자주 그런 작용을 했다. 그러므로 군사력의 쇠퇴는 불가피하게 제국의 쇠퇴를—비록 국경에서의 군사위기뿐만 아니라 제국 내부의 경제적, 행정적 실패에 의해서 야기되었다고 하더라도—수반했으며, 군대의 몰락은 서로마 제국 자체의 몰락을 가져왔다.

서부에서 로마를 승계한 왕국들은 그들이 파괴했던 제도가 얼마나 값진 것이었고 이를 대체하는 것이 얼마나 어려운지를 알지 못했다. 그러나 로마 제국 이후, 유럽에서의 도덕적 권위까지 그 근거를 상실한 것은 아니었다. 이것은 기독교 교회의 조직에 전이되었고, 496년 프랑크족의 개종 덕분에 네스토리우스 교보다는 로마 가톨릭에서 더욱 굳게 확립되었다. 비록 실재(實在)는 아닐지라도 교회에서 제국의 이상이 존속되는 것을 확인할 수 있다. 그러나 칼이 없는 기독교 사제는 기독교인들에게 약속의 힘을 줄 수 없었다. 그리고 비록 귀족계급이 무기를 가졌다고 해도, 그들은 그 무기를 기독교적 평화를 확립하고 유지하기 위해서 사용하기보다는 서로에 대한 전쟁에 사용했다. 6세기 후반과 7세기에 서유럽의 역사는 왕국 계승을 위한 왕족들 사이에서 계속되는 싸움의 음울한 이야기로 엮어졌는데, 8세기 초

카롤링거 왕조가 라인 강 양쪽의 프랑크인들의 토지에 대한 지배를 확보하기 시작했을 때에서야 비로소 완화되었다. 카를링거 왕조의 출현은 내부 투쟁의 산물이었으나, 이는 또한 새로운 위협—이슬람 교도들의 에스파냐로부터의 프랑스 남부 진출과 동부 국경에서의 이교도 프리지아족, 색슨족 그리고 야만족들의 기습—에 대한 응답이라고도 볼 수 있을 것이다. 푸아티에에서 732년 카를 마르텔의 이슬람 교도들에 대한 승리는 그들을 멀리 피레네 산맥 너머로 영원히 내쫓는 계기가 되었다. 그의 손자 샤를[카를 또는 카롤루스] 대제, 즉 샤를마뉴의 군사활동으로 국경이 엘베와 다뉴브 이북까지 확장되었으며, 로마에 포함되어 있던 랑고바르드족의 이탈리아 왕국 또한 800년 성탄절 날, 교황 레오 3세의 집전에 의한 즉위식을 통해서 세워진 새로운 샤를마뉴 제국의 일부가 되었다.

샤를마뉴의 합법성은 교황이 가공의 혈통을 통하여 그를 로마 황제의 계승자로 인정함으로써 시작되었다. 그의 권력은 무장군인들에게 의존했는데, 이들은 마지막 몰락의 순간까지도 로마 군대를 전혀 닮지 않았다. 나머지 야만족 통치자들과 마찬가지로 초기 프랑크족의 왕은 용감하게 싸울 것이라고 믿어지는 전사들을 필요에 따라서 선별하여 구성한 집단을 군사의 핵으로 유지했는데, 이들은 알렉산드로스의 친위기병대에 필적했다. 정복의 시대에 그들을 유지하는 것은 전혀 문제가 되지 않았으나, 동요의 시대에는 임시변통으로 그들 스스로 생계를 꾸려야 했다. 그러나 일단 왕국이 세워지고 아무리 확실하지 않다고 하더라도 국경이 정해지고 안정을 추구하게 되면, 통치자의 전사들은 일시적인 약탈이나 징발보다는 더욱 지속적인 공급원을 필요로 하게 된다. 그 해결책은 게르만 전사집단(새로운 왕국들에 매우 많은 법률용어를 제공했던 라틴어로 말하자면 코미타투스[comitatus])을 옛 로마의 프레카리움(Precarium)의 관행, 즉 경작자들을 소유자의 토지에서 소구획지를 경작하도록 한 임대차의 관행에 적응시키는 것이다. 로마 제국의 번영기에 프레카리움은 화폐지대를 받는 것이었지만, 6-7세기의 무질

서로 인하여 화폐가 퇴조했기 때문에 지대는 다양한 종류의 용역지대로 바뀌었다. 그때에는 이미 통치자에게 개인적 의무를 부담하고 그 대신 통치자의 후원(patrocinium)을 받던 사람들에게 군역을 지우는 일이 실질적으로 서서히 이루어졌는데, 복잡한 과정이 필요한 것은 아니었다. 그 관계의 변화는 단지 "후원"이 프레카리움의 부여라는 형태로 표현되었다. 이 관계는 양자 모두에게 적당했다. 봉신(vassal : "의존"을 의미하는 켈트어에서 유래한다)은 생계수단을 받았고 "통치자는 자신의 병력을 확보했다. 양자 사이의 계약은 충성행위를 표현함으로써 이루어졌는데, 교회의 개입으로 기독교화하여 충성서약 또는 "충성(fealty)"으로 알려지기 시작했다."[70)]

우리에게 봉건제도(feudalism : 후원자가 봉신에게 부여하는 feudum[페우둠] 즉 fief[봉토]에서 유래한다)라고 알려진 계약은 9세기 중엽 이후부터 카롤링거 왕조의 유럽에서 왕들이 군대를 양성하고 군사계급이 토지를 보유하는 일반적인 바탕이 되었다. 또한 이 당시에는 군대복무가 계속 행해지는 동안은 봉토가 집안 내부에서 상속될 수 있다는 것이 일반적인 관행이었다. 이러한 요소들이 형식화된 것은 877년 서프랑크의 왕이자 샤를마뉴의 손자인 대머리왕 샤를이 키에르세의 항복 때 봉토가 아버지에게서 아들에게로 물려질 수 있다고 포고했던 때부터라고 추측된다. 그는 이미 모든 사람들, 구체적으로 말하면 토지보유자나 무기보유자들이 반드시 후원자나 주군을 가지고 있어야만 하고, 말을 소유했거나 소유할 사람들은 최소한 1년에 한 번은 군대의 점호집합에 말을 타고 나와야만 한다고 포고한 바 있다. "모든 사람이 주군을 가져야 할 때, 모든 은대지(恩貸地) 보유자가 기병으로 복무해야 할 때 그리고 관직과 은대지 및 군사적인 의무가 세습적인 것이 될 때, 봉건제도는 완성된다."[71)]

카롤링거 왕조의 봉건제도는 말의 소유를 강조했음에도 불구하고 유목민의 군사체계에 필적하지는 못했다. 서유럽의 경작지로써는 상당한 규모의 말들을 지탱할 수 없었고, 군대의 소집에 응한 봉건군인들은 기마민족 집단과 전혀 비슷하지 않았다. 이러한 차이가 나타나는 이유의 상당 부분은 날붙이 무기를 사용하는 육탄전을 고무했던 게르만족의 특유한 군사문화에서 유래되는데, 이는 군단의 기강이 해이해지기 이전의 로마 군인들과 접촉함으로써 강화되었다. 이 문화는 서양의 전사들이 말 등에 탔을 때에도 그대로 보존되었으며, 그들이 갖춘 장비의 잠재력과 안장에서 사용한 무기에 의해서 강화되었다. 안장 그 자체는 단단한 좌석으로 발전했는데, 부분적으로는 8세기 초부터 새로 도입된 등자를 부착하기 위해서였다.

등자는 그 기원이 인도로 추정되지만, 5세기에는 중국인들이 사용했고 그 이후에는 초원지역의 민족들에 의해서 받아들여졌으며 다시 유럽에 전파되었다. 등자의 중요성에 대해서는 치열한 논쟁이 제기되고 있는데, 한편에서는 등자가 기병에게 고정된 자리를 제공함으로써 창기병을 만들었다고 주장하는 사람들이 있고, 다른 한편에서는 등자를 사용하지 않는 유목민이 등자를 사용하는 기병보다 말과의 일체성이 더 떨어졌던 것은 아니라고 보는 회의론자들도 있다. 이는 어느 한편의 시각을 뒷받침할 만한 당시의 증거가 없기 때문에 중립적인 시각을 가진 사람이 끼어들 수 있는 논쟁이 아니다.[72] 그러나 우리는 8세기 이후부터 서양의 기병이 발을 등자에 놓고 높은 안장에 앉은 채 말을 탔으며, 따라서 당시까지 보병들만이 배타적으로 사용하던 무기나 장비를 갖출 수 있게 되었다는 사실을 알 수 있다. 사실 페르시아인들과 비잔틴인들은 무장한 기수를 그리고 심지어 무장한 말로 구성된 기병부대를 훨씬 이전 시기부터 전투에 배치했지만, 우리는 그들이 장비를 갖춘 방식이나 전투방식을 알지 못하며, 따라서 그들이 무장 기병전의 기원이라고 보기에는 위험부담이 있다.[73] 이와 대조적으로 9세기까지 서유럽의 봉건시대 기병들이 쇠사슬 갑옷을 입고 방패를 들었으며, 움직이면서도 방패와 창은 물론이고 칼을 다루기에 충분할 만큼 손을 자유롭게 사용할 수 있었다는 사실에는 의문의 여지가 없다.

이러한 혁신은 그 시기 또한 적절했다. 왜냐하면 9세기 100년 동안 서양에는 새로운 물결의 공격이 몰려왔는데, 이는 로마 이후의 후계 왕국들이 보유했던 것과 같은, 부담스럽고 가끔씩 소집되며 대부분이 말을 소유하지 못한 전사들로 구성된 군대로써는 감당하기 어려운 전투였기 때문이다. 이러한 공격의 원천은 세 곳이었다. 이슬람 지역, 초원지대 그리고 아직 이교적이고 야만적인 스칸디나비아 해안이 그곳이었다. 이슬람 지역에서는 6세기 반달족의 행위를 연상시키는 지중해 해적과 약탈조직이 나타났는데, 그들은 북아프리카 항구에 기반을 두고 있었다. 5세기에 로마 함대의 붕괴 이후, 서부 지중해에서는 해안을 보호하고 안전한 해상활동을 보장할 수 있는 국가적 해군력이 부재했기 때문에, 서양인들에게 이슬람의 침입자들로 알려진 사라센인들은 그곳에서 멋대로 준동할 수 있었다. 827년에는 종종 광포한 세력—아테네, 카르타고, 반달족—의 근거지가 되었던 시칠리아가 정복되었다. 얼마 후에는 이탈리아 남단과 남프랑스에 해적의 근거지가 세워졌다. 10세기에는 코르시카, 사르데냐 그리고 심지어 로마까지 공격을 받았다. 마침내 사라센은 당시에 유일하게 갤리 선 함대를 유지하고 있던 비잔틴의 노력으로 남부 이탈리아에서 축출당하게 되었지만, 이는 그들이 론 강에서 아드리아 해까지, 때로는 내륙 깊숙이 파괴하고 약탈한 이후의 일이었다.

초원지역으로부터의 위협은 투르크족의 흥기(興起)하는 힘에 밀려서 서쪽으로 이동한 마자르족에 의한 것으로, 이들은 862년에 이전에 아틸라의 방목지였던 다뉴브 강 유역의 평원에 출현했다. 이로부터 마자르족은 일련의 전형적인, 그러나 심지어 훈족의 기준에서 볼 때도 특이하게 광범위한 유목민의 약탈을 개시했고, 898년에는 이탈리아로 침입하여 899년 9월에 당시의 이탈리아 국왕 베렌가리오와 그의 1만5,000명의 무장기병을 브렌타 강에서 대파했다. 910년에 마자르족은 카롤링거 왕조의 마지막 왕이었던 소아왕(小兒王) 루트비히가 소집했던 동프랑크의 전병력을 아우크스부르크 근교에서 조우하여, 이후 10년간 독일 전역을 마음껏 활보할 수 있게 된 대승리를 거두었다. 919-936년까지 재위한 독일 국왕, 새사냥(fowler)왕 하인리히는 동쪽 국경에 광대한 요새를 축조하여 마자르족의 침입을 서서히 제한했으나, 그럼에도 불구하고 그들은 924년과 926년 프랑스와 부르고뉴까지 침입했고, 933년에 하인리히에게 패배했음에도 954년에 다시 이탈리아에 침입했다. 이듬해 신성 로마 제국 황제 오토 1세는, 마침내 중무장 기병대가 훨씬 더 기동력이 있는 경무장 기병대를 맞이하여 전투에서 승리할 수 있는 몇 안 되는 방법 중에 하나는, 적을 장애물 앞에 고정시켜놓고 많은 병력을 한꺼번에 투입하여 싸우는 것이라는 점을 발견했다. 그리하여 대부분이 바이에른과 슈바벤 사람들로 구성된, 당시의 군대로서는 상당한 숫자였던 8,000명의 군대를 이끌고, 오토 1세는 적의 퇴각로를 차단하기 위해서 공격 대상 지역이었던 아우크스부르크 외곽에 있는 적의 야영지를 우회하여 레히 강을 건너서 그들의 공격을 기다렸다. 하인리히가 희망했던 것처럼 마자르족은 서유럽의 교전양식을 오랫동안 접했음에도 불구하고 훈족과 마찬가지로 조립식 활을 주요 무기로 사용했으며 자유로운 초원지역에서처럼 벌떼(swarm) 전술을 구사하는 부대 편성을 했다. 그들은 탈출로를 찾기 위해서 싸우면서 레히 강을 건넜지만, 강을 등진 채 당혹스러운 전투에 말려들었고, 무장한 적에 의해서 말에서 떨어져 죽었다. 흩어진 나머지 사람들은 무장한 농민들에게 공격을 당했고 두 번 다시 헝가리 평원을 나와서 서유럽의 경작지를 침략할 수 없었다.[74)]

스칸디나비아인들은 그렇게 간단하게 퇴치할 수 없었는데, 서유럽 왕국들의 어느 곳에서도 대책을 찾을 수 없는 수단, 즉 원양의 군선을 이용하여 공격해왔기 때문이다. 북유럽 해안 거주민은 수세기 동안 모험적인 해상활동을 해왔다. 로마인들은 그들의 해적질을 경계하기 위하여 브리타니아와 갈리아의 "색슨족 해안"에 함대를 배치했다. 덴마크와 북부 독일 출신의 앵글족, 색슨족 그리고 주트족이 브리타니아에 정착할 수 있었던 것은 바로 이 함대가 5세기에 붕괴되었기 때문이었다.[75)] 라인 강 이북 지역이 야만족의 이주로 비게 되자, 해양 이주는 소강상태를 맞이했다. 그러나 8세기 말

노르웨이와 스웨덴에서도 토지에 대한 갈망이 생기자 야만적인 북방인들은 정착지와 약탈지를 찾게 되었고 일방적인 조건으로 무역을 할 수 있는 기회를 새롭게 모색하기에 이르렀는데, 이때가 바로 그들이 폭풍이 이는 바다 너머의 먼 지역까지 전사들을 이동시켜줄 수 있는 배를 개량했던 시점이었다. 당시의 근해를 항해하는 배보다 우수한 롱십(longship)의 핵심은 바람이 부는 방향으로 항해를 가능하도록 만드는 좁은 측면과 깊은 용골(龍骨)이었으며, 또한 바람이 없을 때 노를 저을 수 있고 항구에서 떨어진 열린 해안에서의 정박을 용이하게 하는 폭넓은 선체 중앙이었다.[76]

한마디로 그것은 해상 침입자에게 완벽한 선체였으나 다만 언제나 정박지들 사이를 차가운 음식을 먹으며 정체가 드러나지 않도록 위장을 하고 장거리를 항해해야 하는 불편을 기꺼이 감수해야만 했다. 바이킹—노르웨이의 해적(Viking) 이름을 따서 부르는—은 문명국가를 침범한 가장 강건하고 호전적인 민족들 중 하나인데, 백병전에서 그들이 보여준 놀랄 만한 민첩함은 항해시대 이전의 육상전투 시대에 고양된 것이었다.[77] 더욱이 840년 이래로 말을 선적하기 시작했는데, 따라서 그들은 예기치 못한 방향에서 적의 허를 찌르는 내륙 기습을 감행할 수 있는 수단을 가지게 되었다. 바이킹은 793년 북부 영국의 홀리헤드 수도원에 대한 기습을 시발로 과감하게 세력을 확장하여 844년에는 이슬람 교 에스파냐의 세비야를 공격하고 859년에는 지중해 깊숙이까지 진출했다. 834년에는 라인 강 어귀에 있는 도르슈타트의 큰 장시(trading place)를 유린하고, 877년에는 앵글로-색슨 영국을 공격하여 10세기 중반에 마침내 중부와 북부 영국 전체를 덴마크인의 해양왕국으로 만들었다. 항로의 놀랄 만한 확대는 용맹성에서 볼 때 태평양의 폴리네시아인의 항로 확대와 유사한데, 870년에는 아이슬란드로, 다음 세기에는 그린란드로 나아가게 되었다. 서유럽에 대한 공격에서는 무자비함이 보다 덜했지만, 중유럽과 동유럽의 아직 제압하지 못한 지역에 대한 공격은 끝이 없었다. 그곳에서 "루스(Rus)"로 알려진 바이킹의 삶은 무력에 의한 교역에 집착했는데, 그들의 교역은 스웨덴에서부터 발트 해를 지나서 거대한 러시아의 강들을 통해서 이슬람 및 비잔틴 제국과 접촉하기에까지 이르렀다. 서유럽에서 이 스칸디나비아인들은 영국의 중부지방을 정복하는 동시에 북프랑스에서 발판을 마련했는데, 911년에 프랑스 왕은 북프랑스를 봉토로서 그들에게 양도해야만 했다. 이러한 취득을 통해서 11세기의 노르만인은 1066년에 영국을 정복했고, 1027년부터 이탈리아와 시칠리아에서의 미래의 왕국의 전초기지를 나폴리 근처에 마련했다.

따라서 군사적 수단만으로는 9, 10세기의 여러 침략자들을 견제하기에 충분하지 않았다. 서유럽은 중국이 초원지대 유목민에게 했던 것처럼, 문화적인 힘으로 허무주의를 중화시키고 자신의 지배하에 있는 세계에 그들을 동화시킬 필요가 제기되었다. 사라센은 쉽게 동화될 수가 없었다. 그들은 이슬람의 선봉 전사 가지(ghazi)의 도덕적 확신하에서 침략과 약탈을 일삼았다. 그러나 바이킹과 마자르족은 예수와 무함마드의 말씀을 듣기 전까지는 게르만족과 유목민의 복수와 무자비함의 원시세계에 여전히 머물러 있었다. 기독교 교회는 이미 서유럽에서 놀랄 만한 평화를 이룩했는데, 이는 496년에 프랑크의 개종(기독교에의 귀의)으로 시작되어 로마 제국의 모든 침략자들을 강력하게 하나의 믿음으로 이끌었다. 종교적 목적 못지않게 문명화라는 영웅적 설교에 힘입어서 사람들은 로마 시대부터 존재한 교황, 주교, 수도원이라는 교회제도에 대한 존경심을 품게 되었는데, 그러한 신앙에 뒷받침되어 북부와 동부로 뻗어가던 로마 교회의 교리는 게르만과 슬라브족 세계에 깊숙이 뿌리박게 되었다. 개종은 종종 "검"에 의해서 손상되기도 했는데, 독일에서 선교활동을 한 영국 태생의 성 보니파티우스처럼 기독교인들은 야만족들에게 예수의 말씀을 전하려고 노력하는 과정에서 순교하기도 했다. 10세기 말에 마자르족이 개종한 것은 그러한 방법을 통해서 이루어진 것이었는데, 이후 헝가리는 유목민의 침공을 막는 요새가 되었고, 11, 12세기까지에는 스칸디나비아인들도 그렇게 되었다.

로마 교회가 없었다면, 로마 후기의 유럽은 실제로 야만적인 세계가 되었을 것이다. 로마 시민기구의 잔재는 너무 미미하여 질서를 재조직하기 위한 환경을 마련할 수 없었고, 기강이 선 군대의 부재 속에서 대륙 전체는 아마도 영토와 민족적 권리를 둘러싸고 지방 특유의 대립을 일삼아 "군사적 지평선" 아래로 떨어졌을 것이다. 그러나 교회가 화해의 과업 속에서 이룩할 수 있는 것은 한계가 있었는데, 그 한계는 교회 자체를 위한 힘에 대한 열망과 그 힘이 속세에서 어떻게 행사되는가에 대한 교리상의 금제(禁制)에서 유래했는데 그 정도도 거의 비슷했다. 동유럽에서 기독교 주교들은 비잔틴 황제에게 판단을 위임하는 콘스탄티누스 관행을 주장했다. 이슬람에게 굴복한 이전의 기독교 세계에서는 종교적, 세속적 권위가 칼리프의 일신에 통합되었다. 그러나 서유럽에서 교황권은 그런 변통(變通)을 배척했다. 교황권은 로마 제국이 멸망하는 순간에 세속적 권위와 교회적 권위를 구분, 정립하고 교회적 권위에 세속적 권위를 종속시키는 것을 정당화하고자 했다. 샤를마뉴는 "검"에 의해서 로마 제국이라는 이름을 복원시켰지만, 성 베드로 대주교 관구(로마 시/역주)에서 레오 3세에 의해서 집전된 대관식에서 황제라는 칭호의 합법성을 획득했다.

황제는 강력했고 교황은 약했지만, 적어도 세속적 의미에서 전자의 힘과 후자의 권위 사이에서 일어나는 충돌은 없었다. 그러나 11세기 무렵에 교회는 모든 영역에서 더욱 부유해졌고 확고해졌다. 종종 자선적 유증에 기초하여 획득된 교회의 땅들이 많은 군사적 봉토와 함께 통치자에게 양도되었다. 마찬가지로 자선적 유증에 기초한 수도원은 교황의 지상권에 대한 가톨릭의 요구를 강화하려는 주장에 근거를 제공하는 신학의 강력한 중심지가 되었다. 신학자들은 특히, 주교나 수도원장을 공직에 임명하거나 "기용하여" 그중 무골충들을 특히 군사력의 강화와 유지를 위한 세속 통치의 도구로서 이용했던 황제와 국왕들의 관행을 강력하게 비난했다. 신학자들은 군주의 법적 권리를 회복하거나 강제하기 위해서 이루어졌던 전쟁의 도덕성에 대해서는 마지못해 승인했다. 즉 "카이사르의 것은 카이사르에게"라는 예수의 권고는 의미의 확대에 의해서 필요성의 정당화를 제공했다. 정복왕 윌리엄이 주권 회복이라는 명분으로 교황의 동의를 얻어서 해롤드(영국 색슨 왕조의 최후의 왕)의 앵글로-색슨족과 싸웠지만, 그럼에도 불구하고 살해와 상해는 참회해야 할 죄였다. 1066년의 헤이스팅스(윌리엄이 앵글로-색슨 군을 격파하고 정복한 곳으로 영국 해협에 면한 항구/역주) 이후 노르만 주교들은 자신들의 기사에게 죽은 사람 각각을 위해서는 1년의 기도와 금식, 상처를 준 사람 각각을 위해서는 40일의 기도와 금식을 명했다.[78] 11세기에 교황 그레고리우스 7세와 신성 로마 제국의 황제 하인리히 4세 사이에 "서임권 싸움"이 벌어졌는데, 그 명확한 명분은 그레고리우스가 황제에 대항하기 위해서 노르만-게르만 동맹과 선뜻 보조를 함께 했다는 것이었다. 그러나 그 바탕에는 평화의 수호자인 그리스도의 축복이 교황의 기를 앞세우고는 있지만 손에 칼을 쥐고 정복욕에 불타는 전사들의 충동과 어떻게 조화될 수 있는가에 대한 의구심이 항상 잠재해 있었다.

그것은 노동하지 않는 상류층 가운데 절반은 화려한 옷을 입고 지내는 반면, 다른 절반은 갑옷과 말을 타고 국정을 이끄는 유럽에서는 회피할 수 없는 양심의 문제였다. 11세기의 기사계급은 여전히 강력했고 기사도 정신은 미래를 향한 것이었다.[79] 겨우 200여 년 전에 선포된 "말을 가진 사람은 누구나 기마병사가 되어야 한다"는 카롤링거의 법령은 "토지소유 귀족계급과 함께 야심에 찬 모험가 집단을 만들어왔는데, 그들이 귀족이 된 가장 큰 표지는……고상한 짐승을 타는 것이었다." 유럽은 정신적인 면에서 전사사회를 유지했다. 신의 법은 시민들이 피를 흘리고 시민법이 군주의 권력보다 더 큰 사법권을 행사하지 못할 때에도 외면했던 것이다.

그러므로 11세기 말에 서임권을 둘러싼 대립이 세속적이고 비기독교적인 공통의 적에 대항하는 새로운 소명으로 탈바꿈하자, 그것은 왕뿐만 아니라 교회에게도 구원을 의미했다. 1088년에, 교황권에 관한 이론을 주도하던 수도원 가운데 하나인 클뤼니의 수도사였던 우르비누스 2세가 새로운 교황으로 선출되었다. 그는 곧바로 신성 로마 제국과의 우호관계를 회복하기 위한 외교적 노력에 착수했다. 동시에 그는 기독교도들이 서로 싸움을 벌이는 것은 죄가 된다고 설교하기 시작했다. 1095년에 클레르몽 공의회에서 그는 신의 휴전(Truce of God), 즉 사순절과 성일(聖日)의 휴전 개념을 내세우며, 기독교도들이 살인에서 벗어나서 정의로운 투쟁을 해야 한다고 주장했다. 또한 자신의 교도들에게 24년 전 만지케르트의 재앙에 뒤이어 비잔틴 제국이 동쪽의 기독교 성지를 방어하기 위해서 서방에 도움을 요청했던 것을 상기시켰다. 그 당시 이슬람 교 투르크인들은 기독교의 영토와 그 성도인 예루살렘을 계속 압박함으로써 결국 예루살렘은 이슬람의 수중으로 넘어간 상황이었다. 우르바누스 2세는 교회에 대해서 예루살렘 회복에 지체 없이 나설 것을 호소했다.[80]

우르바누스가 제창한 "십자군(Crusade)"의 이상은 이미 널리 기독교도들을 사로잡고 있었다. 10세기 100년 동안에 알-만수르 치하의 에스파냐 이슬람 교도들은 이베리아 반도 북부에 잔존한 소규모 기독교 왕국의 영토를 점령했다. 그러자 노르만인과 이탈리아인, 프랑스인을 비롯한 유럽 각지의 독실한 젊은 기사들이 싸우기 위해서 그곳을 찾아갔다. 이 기사들은 특히 클뤼니의 수도사들에 의해서 고무되었는데, 그 수도사들은 콤포스텔라의 사도 야곱의 무덤을 향하는 순례자들의 안녕에 특별한 관심을 가지고 있었다. 1073년 십자군 원정의 후원자는 서임권을 둘러싼 분쟁의 주인공인 그레고리우스 7세였다. 그는 "에스파냐 왕국이 성 베드로 대주교 관구에 속한다"는 사실을 온 세상에 일깨우는 한편, "기독교 기사들은 그들이 불충한 무리로부터 정복한 영토를 향유할 수 있다고 선포했다."

11세기 말엽이 되자, 성전에 대한 생각이 실천에 옮겨졌다. 기독교도 기사들과 병사들은 개인적인 사소한 싸움을 그치고 불충한 자들과 싸우기

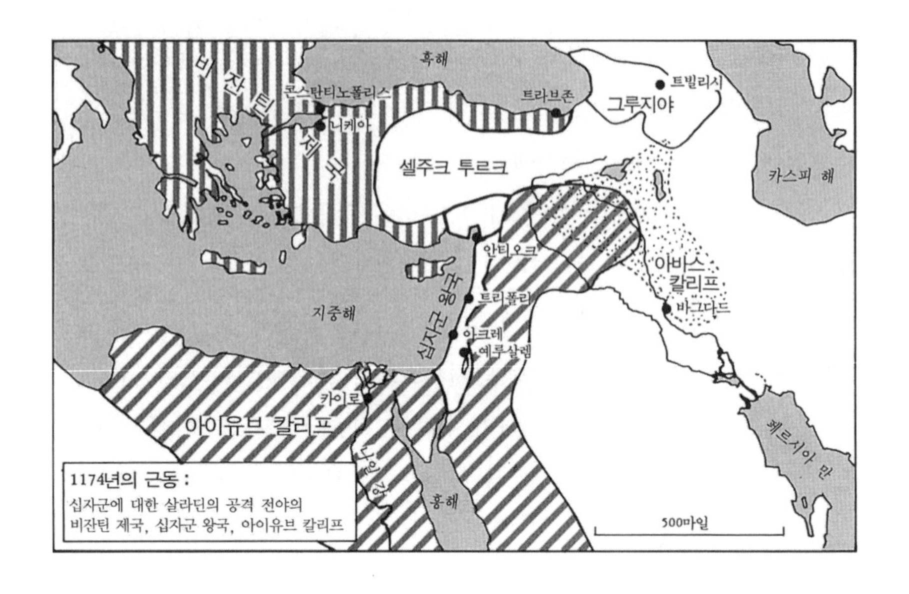

**1174년의 근동 :**
십자군에 대한 살라딘의 공격 전야의
비잔틴 제국, 십자군 왕국, 아이유브 칼리프

위해서 기독교 세계의 변경으로 행군하라는 교회의 설교에 크게 고무되었다. 그들은 성전에 참여한 보상으로서 탈환한 땅을 소유할 수 있었고, 정신적인 안락을 찾을 수 있었다. ……[더욱이] 교황들이 성전을 지도하고 있었다. 그들은 가끔 성전을 일으켰고 사령관이라고 불렸다. 그리고 정복된 땅은 교황의 지고한 종주권하에 놓이게 되었다. 비록 대제후들은 시큰둥한 반응을 보였지만, 서방의 기사들은 성전에 참여하라는 요구에 흔쾌히 응했다. 그들의 동기는 어느 면에서 분명히 종교적인 것이었다. 개인적인 싸움만 일삼았던 것을 부끄러워하는 기사들은 십자가를 위해서 싸우고 싶어했다. 그러나 한편으로는 토지에 대한 욕심에 자극을 받은 것이 분명했다. 특히 장자세습의 관행이 확립된 북프랑스에서는 더욱 그러했다. 영주들이 자신의 재산과 직위를 분할하는 것을 점점 더 꺼리게 되고 돌로 쌓은 성채가 중심이 되기 시작하면서, 장자가 아닌 아들들은 다른 곳에서 자신들의 행운을 찾아야만 했다. 한편 프랑스의 기사계급은 모험에 대해서 일반적으로 들떠 있었으며 호기심을 보였는데, 불과 몇 세대 전만 해도 유랑하던 해적 신세였던 노르만인들이 특히 그러했다. 기독교적 의무와 기

후가 좋은 남쪽의 토지 획득을 동시에 만족시킬 수 있는 기회란 매우 매력적인 것이었다.[81)]

1096년, 노르만족의 시칠리아, 노르망디 본토, 프랑스, 부르고뉴의 왕들은 제1차 십자군을 이끌고 유럽의 육지와 바다에서 각각 출정했다. 육로 병력은 비잔틴 황제의 도움을 받으며 발칸 반도로 진격하여 소아시아에서 셀주크 투르크와 싸우면서 1098년에 시리아에 이르렀다. 그리고 그곳에서 영국, 이탈리아, 플랑드르로부터 온 해로 병력과 만났다. 그들은 시리아를 경유하는 시리아 해안 통로의 주요 지점인 안타키아(현재의 터키 남부에 위치한 고대 시리아 왕국의 수도/역주)를 점령하는 데에 많은 어려움을 겪었다. 그러나 1099년, 성지에 이른 십자군은 7월 15일의 질풍노도의 공격으로 마침내 예루살렘을 점령했다. 이곳은 예루살렘의 왕이라는 칭호를 받은 부르고뉴 공작이 다스리게 되었으며 라틴 왕국의 수도가 되었다. 십자군의 다른 지도자들은 소아시아 남부에서 또 시리아 해변에 국가를 세웠다. 성전으로 생긴 이러한 왕국들은 다양한 부를 획득하며, 1291년까지 유지되었다. 그러나 1291년에 맘루크의 마지막 반격을 받아서 궤멸당하고 말았다. 서방의 기독교 세계는 특히 프랑스와 신성 로마 제국의 열렬한 지지를 받으며 정기적으로 새로운 십자군을 출정시켰다. 그리하여 라틴 왕국은 거듭 부활되었지만, 무슬림이 그들 자신의 성지이기도 하며 동시에 이집트와 바그다드를 연결하는 중요한 육교 역할을 하는 이스라엘로부터 침입자를 축출하기 위한 노력을 강화함에 따라서, 십자군의 성공에 따른 이익도 점점 감소하게 되었다.

아마도 이슬람의 반격은 본질적으로 "국경문제"를 해결하기 위한 반응에 불과했을 것이다. 그것은 그들을 괴롭혀왔던 초원지대 국경 문제와 별로 다르지 않았다. 그러나 기독교도들과의 전쟁을 통해서 이슬람 교국들은 다른 어떤 경우에도 경험하지 못한 단합을 이루었다. 게다가 제4차 십자군(1198-1204)의 비극적인 결과는 비잔틴 제국에 치유할 수 없는 상처를 주었다. 동로마 제국의 제위계승 문제에 대해서 십자군들이 잘못 간섭함으로써, 동로마 제국은 남유럽으로의 이슬람 투르크의 진격에 대응할 수 있는 능력을 거의 잃어버리게 되었다. 그로부터 250년 후에 벌어진 이스탄불의 함락 또한 제4차 십자군의 피해에서부터 연유한 결과였다.

군사적으로 볼 때, 십자군은 로마 제국의 강력한 군대가 사라지고 16세기에 국가권력이 재등장하게 된 사이의 긴 공백기간 동안, 유럽 전쟁의 성격과 문화를 한눈에 파악할 수 있는 가장 명확한 대상이다. 십자군 전쟁은 북유럽적 전통의 백병전과 초원지대 기마병의 회피적이고 약탈적인 전술 사이의 대립이었다. 물론 반드시 그런 양상으로만 싸움이 시작된 것은 아니었다. 맘루크에 의한 강탈 이전에, 이집트의 칼리프는 아랍과 베르베르족(사하라 지방 등지에 사는 북아프리카 민족/역주)의 경기병에 주로 의존했는데, 그들은 활보다는 창과 검으로 싸웠고 갑옷을 입은 십자군들과 불평등한 조건하에서 싸웠다. 예를 들면 1099년, 장차 예루살렘의 왕이 될 고드프루아 드 부용은 아스칼론에서 그러한 군대를 비산(飛散)의 운명 속에 몰아넣었다. 그러나 1174년에 바그다드 칼리프 살라딘(아이유브 왕조의 시조/역주)이 이집트로 오면서, 특히 1260년에 바이바르스 1세에 의한 이집트의 맘루크 권력의 성립 이후, 십자군들이 싸워야만 하는 대상은 바로 초원의 군대들이었다. 십자군은 언제나 수적으로 불리한 상태에서 싸우면서 단판 승부에 모든 것을 걸어야만 했다. 그러는 동안 전세는 점차 그들에게 불리하게 돌아갔다.

그럼에도 불구하고 그들은 자신과는 다른 군사적 방법들에 대해서 효과적으로 대항하기 위해서 부단히 노력했다. 특히 기마병력과 더불어 대규모의 보병들이 합동작전을 폈다는 점은 주목할 만하다. 이들 보병들은 날붙이 무기들과 활 그리고 마지막에는 기계식 쇠뇌[弩]를 사용함으로써 맹렬한 기세로 경무장 기병들과 대적했는데, 보병들은 쇄도하여 기마부대 집단을 분리시켜서 정교하게 견제했다. 보병들은 마자르족과 바이킹과의 전쟁에서는 조금도 중요하지 않게 여겨졌으며, 특히 봉건 유럽을 강박적으로 사로잡았던 권리들을 둘러싼 전쟁에서는 가장 하찮은 존재였다. 유럽의 기병은 무기를 나르는 일에서도 보병을 무색하게 했는데, 그 때문에 기사들은—특히 도성 내에 거주하는 사람이라면—전사들에게 인정되지 않았던 권리들을 주장하며 그것을 정당화할 수 있었을 것이다. 그러나 성지에서 보병은 특히 군수품 수송대를 방어할 수 있었는데, 그들이 없었다면, 기병의 측면이 취약해지는 것은 말할 것도 없고 십자군 부대도 출정할 수 없었을 것이다.

역사가들은 오랫동안 십자군에 대항한 이슬람 군이 기병과 보병의 분리를 주요한 전술 원칙으로 확립했다고 주장해왔다. 그 주장에 대해서는 비록 아직까지 논쟁의 여지가 있지만, 그러한 분리 전술이 십자군을 패퇴시키는 경우가 종종 있었다는 사실은 증명된 바이다.[82] 1102년의 람라와 1179년의 마르야이윤, 1187년의 크레손 그리고 같은 해에 살라딘이 승리를 거두며 예루살렘 왕국 영토의 대부분을 회복했던 하틴의 참사에서 바로 분리 전술이 사용되었다. 십자군의 이러저러한 모든 패배의 기저에는 전술적인 우연이 아니라, 전쟁수행 방법에서의 구조적 결함이 깔려 있었다. 즉 상대방에게 저항하지도, 응수하지도 않으려고 하는 적군을 제압하기 위하여 무장부대의 돌격에 의존했던 것이다. 십자군은 맹렬히 돌격하여 적의 주력군을 격파하는 시점의 선택에 성공의 여부가 달려 있다고 믿었다.[83] 유럽에서는 그러한 공격의 충격에 위축되지 않는 것이 전사의 명예와 관련된 문제였고 전사들이 지켜야 할 규범이었다. 그러나 십자군에 참여했던 서방 전사들은 매우 다른 군사적 전통을 가진 적과 맞부딪힌 것이다. 새로운 적은 거리를 두고 싸우며 결정적 타격을 피하기 위해서 도망치는 것을 조금도 불명예스럽게 생각하지 않았다. 시간이 지날수록 십자군은 이 낯선 사태에 적응하게 되었다. 그리하여 그 지방출신의 보병 병력을 늘리고, 지역의 실정에 따라서 가능한 장애물로 측면을 보호하며, 싸울 장소를 선택하게 되었다. 반면 이슬람 교국들은 서양식 풍습에 점점 가까워져서, 13세기에는 서양식 마상 창시합 의식을 모방하기 시작한 증거를 찾아볼 수 있다.

그러나 성지에서 벌어지는 교전으로 야기된 긴장에 대해서 십자군 전사들이 보인 주된 반응은 문화적인 것으로, 전사의 규약과 매우 가깝게 동화된 것이었다. 기사들의 삶의 의미는 최초로 그들을 지중해 너머로 이끌어낸 기독교에 대한 호소와 궤를 같이했는데, 그 호소는 전사의 규약에 의지했다. 이미 11세기 유럽에서도 기사도 이상의 윤곽은 찾아볼 수 있었다. 그러나 이제 전사가 되기 위해서는 말과 쇠사슬 갑옷과 충성을 서약한 군주가 있는 것만으로는 충분하지 않았다. 충성의 토대 또한 군주가 그에게 요구하는 군사적 능력을 지탱할 수 있도록 하사하는 "토지"라는 순수한 물질적인 향유로부터, 양자 사이의 의식적이고 종교적인 관계를 형성하는 것으로 바뀌었다. 예전의 충성서약(교회는 이 서약을 통해서 군주의 은혜를 입은 봉신의 의무를 성스러운 것으로 인정했다)은 기사가 자신의 군주에 대하여 개인적 봉사를 약속하고 단순히 복종할 뿐만 아니라, 기사도 정신에 따라서 행동하겠다는 것을 맹세하는 것으로 바뀌었는데, 기사도 정신이란 명예롭고 나아가서는 고결한 삶의 영위를 의미했다.

십자군 세계에서 기사도 정신의 초점이 군주 개인에서 교회 자체에 대한 것으로 옮겨지는 데에는 오랜 기간이 걸리지 않았다. 12세기 말이 되자, 수많은 수도원 기사단이 새로 출현했다. 이들은 본래 성지 순례자를 위해서 의술을 펴거나 여행 중인 사람들을 보살피는 것과 같은 전통적인 종교적 봉사에 헌신했지만, 머지않아 또다른 기능, 즉 성지 그 자체를 방어하기 위한 싸움을 떠맡게 되었다. 이러한 수도원 기사단, 즉 구호 기사단(Hospitallers)과 템플[聖殿] 기사단(Templars)은 팔레스타인과 시리아에 성을 축조하는 일은 물론이고 십자군운동의 대들보 구실을 했다. 그와 동시에 유럽에서 십자군운동에 대한 지원병을 모집하는 일과 기금을 마련하는 일을 떠맡게 되었다.[84] 그들의 영향력은 날로 커졌는데, 다음과 같은 이유 때문이었다.

그들이 보여주는 삶의 방식은 다른 전사의 모범이 되었다. 그들은 순종적이었고, 전장에서도 규율을 잃지 않았으며, 여자와 어린이가 배제된 공동체적 삶 속에서 검박함과 금욕주의를 실천했다. 그들은 모두 같은 지붕 아래에서 지도자로부터 의복과 음식을 공급받으면서 살았고, 개인적인 소유물은 전혀 지니지 않았다. 반면 그들은 결코 무위도식하지 않았다. 싸움이 없을 때면, 그들은 교범 만드는 작업을 했다. ……그들의 위계는 신분이 아니라 미덕에 기초하고 있었다. 그들은 세속적 기사에게 어울리는 즐거움과 특권—좋은 무기를 소유하고자 하는 욕망, 신체와 머리 모양에 대한 지나친 관심, 놀이와 사냥에 대한 열정 등—을 거부하고 청빈, 공동생활 그리고 그리스도에 대한 헌신으로 이를 대신했다.[85]

이러한 군사집단을 근거로 하여, 우리는 16세기에 유럽에서 일어났던 조직화된 군대들의 기원을 인식할 수 있을 것이다. 종교개혁 기간에 프로테스탄트 지역에서 벌어진 수도원 기사단의 붕괴는—속인 병사들이 된 세속화한 전사 수도사들을 통해서—국가군대의 형성으로 이어졌는데, 위계질서의 체계, 즉 지휘관과 그 예하부대의 체계를 통해서 기사단은 자치적이고 기강이 선 전투집단이 되었다고 주장하는 강력한 논의가 있다. 이는 로마 군단의 퇴장 이래, 유럽에 알려진 군사체계 중에서 최초의 것이었다. 그러나 아직은 미래의 일이었다. 구호 기사단과 템플 기사단이 전장에서 미친 직접적인 영향으로, 다른 곳에서 또다른 기독교 전사들이 조직되었다. 대표적으로는 에스파냐에서 이슬람 교도들과 전투하던 병사들뿐만 아니라, 이교도 프로이센인 및 리투아니아인에 대항하여 전쟁을 일으킨 독일인들도 이와 유사한 자신들의 기사단을 기반으로 했음을 확인할 수 있다. 튜턴 기사단이 프로이센을 정복하여 군사정권을 세운 것은 이러한 실례 중에서 가장 중요한 것이다. 그로부터 500년 후에 프리드리히 대왕은 세속화한 이 지역으로부터 자신의 장교단의 핵심을 선발하게 된다.

13세기 말 십자군 참전국의 쇠퇴와 궁극적인 종말은 유럽 전쟁에서 분수

령으로 기록되기에는 너무나 점진적인 것이었다. 이슬람 세력을 분쇄하기 위해서 너무나 많은 십자군들이 보내졌고, 이로 인해서 만성적이고 고질적인 보복심이 야기되었다. 아무튼 고국에 있는 유럽의 왕들은 전쟁을 지원하느라고 바빴다. 그럼에도 불구하고 십자군 전쟁은 결코 흔들리지 않았던 유럽 군사세계(기사계급)의 변화를 초래하게 되었다. 그들은 팔레스타인과 시리아뿐만 아니라 더욱 오랫동안 존속했던 그리스, 크레타, 키프로스, 에게해 등의 동지중해에 존재하는 라틴(로마 가톨릭) 국가들을 재정립했다. 그리고 이들 나라를 통해서 중간 무역상 구실을 한 북부 이탈리아의 도시들, 특히 (도시생활과 상업이 결코 완전히 소멸하지 않았던) 베네치아는 중앙 아시아와 무역을 왕성하게 재개하여 궁극적으로 극동과 무역을 할 수 있었으며, 지중해 전역에 있는 항구들 사이의 안전한 물자수송을 재개시킬 수 있었다. 따라서 그들이 벌어들인 돈들은 15세기 동안 그들 사이에 벌어졌던 대부분의 전쟁에 쓰였고, 후에는 프랑스가 알프스 산맥 남쪽 지방을 장악하기 위해서 신성 로마 제국의 합스부르크 왕가에 대항하여 벌였던 전쟁(p. 450 이하 참조)에 쓰였다. 그들은 동쪽으로는 러시아와 초원지대를 향하여 기독교 국가의 국경선을 확장시켰을 뿐만 아니라 이슬람 세력으로부터 에스파냐의 국토회복운동(레콩키스타[Reconquista])을 뒷받침할 수 있도록 강력한 자극을 주었다. 그러나 비잔틴 제국의 세력을 약화시킨 이후에도, 발칸 반도로 진출하는 오스만 튀르크에 대해서는 아무런 견제도 하지 못했다. 15세기 초 오스만 튀르크는 다뉴브 강까지 진출하여 기독교 국가 세르비아를 압도하면서 기독교 국가 헝가리를 위협하기 시작했다. 그럼에도 십자군들은 유럽의 호전적인 왕들과 그들의 사나운 봉신들과 맞붙었는데, 그들은 제반 권리를 둘러싼 끝없는 싸움보다는 전쟁 그 자체를 더 큰 목적으로 삼는 이상을 가지고 있었던 것이다. 그들은 도덕적이고 법적인 틀 속에 전사의 충동을 담아두기 위해서, 교회의 권위를 더욱 강화했다. 그리하여 역설적으로 들릴지도 모르겠지만, 유럽의 기사계급을 명분이 있는 전쟁의 수행이라는 고행을 치르도록 가르치면서, 강력한 왕국이 등장할 수 있는 기반을 제공하게 된 것이다. 그들은 국내에 중심세력을 두어야 한다고 주장했는데, 그렇게 함으로써 결과적으로 분쟁이 계속적으로 되풀이되어서 일상생활의 고질적 병폐가 되었던 상황이 사라졌고, 결국에는 외국에 대해서 때때로 전쟁을 수행하는 상황으로 변하게 되었다.

분쟁 많고 골치 아픈 14, 15세기를 살았던 당시의 사람들로서는 이러한 체계의 발전을 인식하기가 어려웠을 것이다. 제반 권리들을 둘러싼 프랑스와 영국의 백년전쟁(1337-1457), 신성 로마 제국의 왕관을 차지하려는 합스부르크 가와 비텔스바흐 가 그리고 룩셈부르크 가 사이의 전쟁, 보헤미아와 스위스의 반항적인 주민들을 억누르려는 황제들의 전쟁, 이탈리아 도시국가 전쟁 등 온갖 전쟁 속에서, 군사적인 부분은 말할 것도 없고 사회적이고 정치적인 부분에서조차도 말을 탄 기사들의 지배가 언젠가는 확실하게 종식될 것이라는 생각은 아마도 터무니없는 것처럼 보였을 것이다. 그럼에도 불구하고 상황은 그렇게 진행되었다. 전투대열에서 공격을 받고 물러서는 것이 법적인 의무에서뿐만 아니라 개인적인 명예에서도 용납할 수 없는 행위라는 신념을 가지고 싸우는, 갑옷을 입은 기사들의 기병전은 전형적인 그리스의 밀집방진 전법만큼이나 자기 파괴적인 것임이 입증되었다. 실제로 15세기의 전성기조차도 기사전쟁은 우리가 믿고 있는 것과 같은 양상이 아니었으며, 기사전쟁의 열렬한 추종자들이 머릿속에서 믿고 있는 바와는 다르다고 생각할 만한 증거가 있다. 말을 탄 기사들이 착용했던 무겁고 튼튼한 갑옷(14세기 중반 이후에는 쇠사슬 갑옷이 아니라 판금[板金] 갑옷이었다)은 전장—그 시대에는 장궁과 쇠뇌를 다루는 보병들이 더 많이 출현했지만 전투에서의 사상률은 과히 높지 않았다—에서 실제로 위급한 때보다는 마상 창시합과 같은 인공적 대결에 더욱 적합한 것이었다.[86] 현대전에서 전광석화의 기갑부대 공격과 조준 공습이 군대의 훈련 시에만 이론적으로 완벽하게 이루어지는 것과 마찬가지로, 15세기 전사의 빛나는 갑옷이 전장에서의 칼끝이나 화살보다는 마상 창시합에서 상대편의 장창으로부터 몸을 보호할 수 있다는 이론적인 목적을 달성하기 위한 것이었던 것은 어쩌면 당연한 일일 것이었다. 빅터 핸슨이 상식을 통하여 팔랑크스 전투의 신비를 밝혀낸 것처럼, 상식은 우리에게 어떤 다른 목적은 달성이 불가능하다는 것을 가르쳐주고 있다.

십자군 전사학의 대가인 R. C. 스메일이 지적했듯이, 중세의 전쟁은 증거를 통한 재구성을 부정한다.[87] 우리가 자세히 알고 있는 백년전쟁 기간에 있었던 크레시(1346)와 푸아티에(1356) 그리고 아쟁쿠르(1415), 이 세 곳의 전투 모두에서 영국 기사들은 말을 타지 않은 채 궁수들의 지원을 받았으며, 프랑스 기사들은 푸아티에와 아쟁쿠르 전투에서 말을 타지 않았다. 갑옷을 입은 기사들이 장창을 비스듬하게 겨눈 채 줄지어서 나란히 말을 타고 격돌하는 순간에, 서로에게 즉각적인 재앙을 주지 않고서 서로의 급소를 공격했을 것이라는 생각은 도저히 믿을 수 없다.

그리스 시대의 철기전쟁과 같이 중세의 철기전쟁은 피비린내 나는 "끔찍한 사건"이었다. 그것은 전쟁의 무자비한 규칙성과 인간 스스로를 강박했던 피에 굶주린 용기에 의해서 더욱 최악의 상태로 발전되었다. 보다 이상적인 동기—그리스인의 시민 독립정신이나 중세 기사들의 충성심 및 기사도—가 부여되어 있었음에도 불구하고, 그것의 밑바닥에는 "강한 원시주의(primitivism)"가 웅크리고 있었다. 그리스인은 자신들의 방법들의 논리에 의해서 탈진이 될 정도로 싸웠다. 전쟁 수행에서 기사적인 방식의 쇠퇴는 곧 등장하게 될 "화약"이라는 외적 요인에 있었다. 그러나 어느 경우에든 매우 값싸고 일반적인 금속이었던 철의 힘이 이 과정의 원동력이 되었던 것이다.

보론 4

# 병참과 보급

석기, 청동기, 철기는 처음부터 전쟁의 중심적 행위인 전투의 도구로 사용되어왔으나, 불과 600년 전에 출현한 화약은 전투의 성격 자체를 변화시켰다. 그러나 전투원들이 전장에서 집합할 수 있는 수단을 찾아낸다면, 전쟁은 얼마든지 일어날 수 있다. 전쟁 자체에서 승리를 하는 것 다음으로 언제나 어려운 것은 전장으로 가는 도중의 전투원들에게 필요한 물품을 보급하는 문제이다. 역사적으로 소수의 전사였던 기병들만이 그러한 어려움에서 벗어날 수 있었다. 그밖에 대부분의 병사들은 전장까지 이동하고 필수품들을 운반하기 위해서 오직 자신들의 다리와 어깨의 힘에 의지해야 했다. 전장은 공격을 하건 방어를 하건, 대단히 격렬하든지 그렇지 않든지 간에, 전투원들의 인내심과 행동반경을 한정하는 한계지역이었다. 그러므로 지상에서 일어나는 대부분의 전쟁은 아주 최근에까지도 단기간 내에 이루어지는 단거리 행위였다.

가장 간단한 예를 들어보자. 한 무리의 병사가 그날의 임무를 수행하기 위해서 모였다고 하자. 아무리 어려운 경우라도, 해가 뜨고 지는 사이에 최소한 한 번의 식사는 해야 할 것이다. 만약 그 임무가 하루 이상 지속되는 것이라면 병사들은 그들의 식량이 보관되어 있는 곳으로부터 멀리 이동해야 할 것이고, 결국 식량을 지니고 다녀야 할 것이다. 전쟁에서 가장 기본적인 작전의 대부분은 지구전과 이동작전이기 마련이다. 이 때문에 전사들은 반드시 무기뿐만 아니라 식량까지도 지고 다녀야 한다. 그러나 근대적인 야전을 치르게 되면서, 평균적으로 군인 1명의 짐은 약 70파운드를 초과해서는 안 된다는 경험을 얻었다. 피복과 장비, 무기와 기타 필수품들이 적어도 짐의 반을 차지한다. 중노동을 하는 한 병사가 하루에 섭취해야 하는 고체 음식의 무게가 최소한 3파운드라면 행군하는 병사가 열흘이나 열하루분 이상의 보급품을 운반한다는 것은 무리라는 이야기가 된다. 그것도 식량이 쉽게 부패하지 않는 형태로 공급되어야만, 노력에 합당한 대가를 얻을 수 있다. 이러한 양상은 여러 세기가 지나도록 변화하지 않았다. 기원후 4세기 로마 시대의 군사 이론가인 베게티우스는 다음과 같이 주장했다. "젊은 군인들은 반드시 60파운드 이상의 짐을 지고서 군인의 보폭으로 행군하는 연습을 자주 해야 한다. 왜냐하면 그들은 힘든 군사작전에서 무기는 물론이고 그들이 먹을 식량을 운반해야 하는 필요에 직면할 것이기 때문이다.[1] 1916년 7월 1일, 솜 강 전투에서 공격하던 영국 병사들은 보급선이 끊어질 경우를 대비하여 며칠분의 식량을 지니고 있었다. 군장의 무게는 평균 66파운드였다.[2] 그리고 1982년에 포클랜드 군도 전투에 투입되었던 낙하산부대와 해병대는 그들에게 보급품을 공급할 수 있는 헬리콥터 리프트가 없었기 때문에, 그들의 몸무게와 같은 정도의 짐을 지고 다녀야만 했다. 그러므로 특출한 육체적 조건을 가진 병사들만이 선발되었음에도 불구하고 보급품 운반에 고역을 치르다가 탈진되어버렸던 것이다.[3]

물론 병사들은 민간인들의 식량을 취함으로써, 현지에서 식량을 조달할 수도 있을 것이다. 최근까지 아무리 기강이 잘 선 군대가 접근할지라도, 주민들이 휴대 가능한 물품을 숨기는 이유가 대부분 약탈 때문이라는 것은 분명한 사실이다. 그러나 에스파냐에서 웰링턴이 항상 했던 대로, 때때로 군대가 시장을 만든다면 결과는 반대가 될 것이다. 농부들이 팔 물건을 가지고 군대 주위로 모여들었던 것이다. 그러나 웰링턴은 사용할 수 있는 현금을 가지고 있는 극히 보기 드문 경우였다.[4] 역사적으로 대부분의 군대는 돈이 부족했기 때문에 약속어음으로 지불을 하거나, 적지에서 작전 중일 때에는 그들이 원하는 것이면 간단히 거두어들였다. 이것은 오랫동안 써먹을 수 있는 방법은 아니었다. 숨겨져 있던 식량을 찾아냈다고 하더라도, 부대는 더 많은 식량을 찾기 위해서 분배된 식량을 가지고 뿔뿔이 흩어져야 했다. 그럼으로써 전력이 약화되거나 어떤 경우에는 작전 지역의 식량을 고갈시키기도 했다. 기마부대의 경우, 사람이 먹을 식량이 부족하고 복합적인 어려움이 있는 광대한 초지를 제외한다면, 한층 더 빨리 더 넓은 지역을 휩쓸었을 것이다.

기마부대는 그 위력이 치고 빠지는 속도에서 비롯되는 것일 뿐만 아니라 또한 절약정신으로 유명한 유목민들이 부대의 대부분을 구성했기 때문에, 초지에 근접해 있거나 그곳으로 향하고 있는 한, 일반적으로 과도한 방목에서 초래되는 압박에서 벗어나게 되었다. 행군 중인 군대는 그러한 행동의 자유가 없었다. 하루 20마일의 이동은 사람이 걸어서 정상적으로 도달할 수 있는 최대의 거리이다. 이것은 로마 제국의 내륙 도로에서 군단이 이동하는 속도였다. 그리고 1914년의 출정 때, 프랑스에서 폰 클루크의 군대가 몽스에서 마른까지 진군했던 속도이기도 하다. 그들은 일상의 필수품을 대려고, 행군선에서 적당한 거리에 있고 아무도 손대지 않은 창고들을 찾아내기 위해서 매우 느리게 전진했다.[5] 결과적으로 그들은 원거리에 있는 식량을 얻거나 혹은 적하 보급품들을 운반하기 위해서 간간이 멈추어야 했다.

적하 보급품을 운반하기 위해서는 행군선에 가까운 강이나 연안의 바닷길 같은 수로에 접근할 필요가 있었다. 그렇지 않으면 수레나 짐 싣는 동물을 이용해야 했다. 이 방법은 고대로부터 근대(러시아인들이 중앙 아시아의 히바[Khiva]를 정복할 때, 5,500명의 병사를 먹이기 위해서 8,800마리의 낙타가 동원되었다)에 이르기까지 험난한 지형에서 많이 이용되었지만 그리 좋은 대체 수단은 아니었다.[6] 수운은 많은 군사작전에서 중심 역할을 해왔다. 라인 강을 따라서 보급을 받던, 1704년 말버러의 바이에른 진군은 널리 알려진 예이다. 그러나 그러한 경우에는 보급의 축선이 작전에서의 승패를 결정했다. 많은 강이 뜻밖의 방향으로 흐를 경우 결전은 일어날 수 없었다. 차륜수송의 경우에는 도로망이 잘 발달되어 있을수록 병참은 보다 큰 유연성을 발휘할 수 있다. 그러나 도로는 18세기 이후부터 프랑스를 시작으로 해서 영국과 프로이센에서 대규모로 착공되었을 뿐이다. 1860년에 인구 1,000명당 도로 길이는 영국 5마일, 프랑스 3마일, 프로이센 2.3마일, 에스파냐 0.75마일 정도로, 촘촘한 도로망을 갖추고 있던 지역은 얼마 되지 않았다. 그리고 19세기 초에 쇄석포도법(碎石鋪道法)이 쓰이기까지에는 일반적으로 도로는 전천후 포장의 혜택을 받지 못했다.[7)]

로마 제국과 부분적이기는 하지만 중국(중국의 수로, 특히 608년에 건설되기 시작한 대운하는 내륙교통이 주목적이었다)만이 이런 상태에서 예외적이었다. 그리고 로마의 도로는 그것을 건설한 군단들을 매우 효과적인 제국의 힘의 도구로 만들었다. 아프리카의 로마 속주만 보더라도 지금의 모로코에서 나일 분지까지 도로가 건설되어 있었다. 고고학자들이 밝힌 바에 의하면 폭이 들쭉날쭉하기는 하지만 그 길이는 약 1만 마일에 달한다. 그리고 갈리아, 브리타니아, 에스파냐, 이탈리아 등도 재보급소 역할을 하던 막사와 군용 창고들 사이를 행군하는 시간을 로마의 지휘관들이 아주 정확하게 산출하는 데 비슷하게 공헌했다. 쾰른에서 로마까지 67일, 로마에서 브린디시까지 15일, 로마에서 안티오크까지(바다에서 보낸 날까지 합해서) 124일이 걸렸다.[8)] 그러나 이웃 제국들에는 로마 제국의 도로와 같은 것이 없었다. 이뿐만 아니라 비교적 도로를 간단히 건설할 수 있었던 메소포타미아 평원은 물론 알렉산드로스 대왕이 이용했던 페르시아의 "왕의 길(royal road)"도 로마의 기준에 미치지 못했다. 로마의 행정이 15세기에 붕괴하자 훌륭한 도로들도 따라서 완전히 쇠퇴했다. 이러한 쇠퇴는 그후 1,000년 이상 동안, 어디에서든 전술적인 행군을 찾아볼 수 없는 결과를 초래했다. 9세기 중반, 알프레드 대왕이 덴마크 군대와 싸우기 위해서 애써 그의 군대를 서머싯으로부터 이동시킬 때 이용했던, 영국의 하드웨이의 예를 들어보자. 이미 400

년 전에 로마인들에 의해서 이용되었던 여러 개의 훌륭한 도로들이 가깝게 뻗어 있었음에도 불구하고, 하드웨이는 그 도로들 중 어느 하나와도 연결되지 않은 진창길이었다.

도로가 없는 경우에, 군대는 아주 튼튼한 바퀴 달린 수송기관이 없으면 보급을 받을 수 없었다. 따라서 배나 불러크(bullock : 4세 이하의 거세한 수소/역주) 따위에 의지해야 했다. 불러크는 짐을 운반하거나 견인하는 짐승 중 가장 흔한 것이었다. 오늘날 폴란드의 고고학적 발견에 의해서 증명된 바에 따르면, 그것은 기원전 5000년대부터 쓰이기 시작하여 19세기 초반까지 인도와 에스파냐에서 이용되었다.[9] 예를 들면, 전투에 임한 웰링턴은 자나 깨나 "좋은 불러크"를 구할 방법을 궁리했다. 1804년 8월에 그가 쓴 바에 의하면, "신속한 이동은 좋은 소떼를 잘 몰고 잘 관리하지 않으면 불가능하다"고 했다. 이보다 먼저 인도에서 그는 같은 지적을 했다. "군사작전의 성공은 보급에 달려 있다. 전투를 벌이거나, 혹은 약간의 손실을 입으며 적을 섬멸할 수단을 찾아내는 것은 조금도 어렵지 않다. 그러나 목적을 달성하려면 반드시 먹어야 한다."[10] 자금이 충분했던 웰링턴과 같은 지휘관에게 불러크는 운송수단일 뿐만 아니라 식량으로 쓸 수 있는 이점이 있었다. 실제로 그는 소를 두 가지 목적에 이용했다. 그러나 역사상 그렇게 좋은 조건을 가지고 있었던 지휘관은 극소수뿐이었다. 군대의 이동 속도와 범위를 자동적으로 조절해주는 것을 고려한다면, 일반적으로 불러크는 식량으로 쓰려고 도살하기에는 너무나 귀중한 존재였다.

예를 들면, 알렉산드로스 대왕은 웰링턴만큼이나 전술적 이동에서 불러크와 옥스(옥스[ox]는 불러크가 더 성숙한 것이다)에 의존했다. 그러나 그는 작전반경을 해안에 흔히 위치한 재보급용 군수품 적하장으로부터 8일 이내의 행군이 가능한 범위로 판단했다. 그 이상 지속되면 소들이 등에 싣고 있는 짐을 먹어야 했기 때문이었다. 결과적으로 그는 함대를 가까이 둘 수 있거나, 혹은 다리우스 왕에 대한 자신의 공격이 본격화되면서 전쟁물자 거래에 뛰어든 불충한 페르시아 관리들에게 대리인을 먼저 보내서 식량과 사료를 살 수 있는 경우에만 멀리 출정할 수 있었다. 이 경우 대금 지급은 현금이나 승리 후의 보상을 약속함으로써 이루어졌다. 기원전 326년, 그는 인더스 강에서 발루치스탄의 마크란에 이르는 300마일의 가장 긴 행군을 단행했다. 이 행군을 위해서 그는 5만2,600톤의 비축물자를 모았으며, 이것은 8만7,000명의 보병과 1만8,000명의 기병, 5만2,000명의 지원 부대를 4개월 동안 먹일 수 있는 양이었다. 그러나 행군이 끝나기도 전에, 짐승 무리가 자신들이 운반하던 짐을 소비하고 병사들은 30파운드의 개인 보급품을 먹어치울 것이기 때문에, 그는 재보급을 받기 위해서 인도양의 해안을 따라오던 함대에 의지했다. 시의적절한 몬순은 강물을 맑게 했으므로 강어귀에서 물을 얻을 수 있었다. 병참적인 계산은 잘 이루어졌다. 비축물자는 정기적으로 하선되어 분배되었으며, 식량은 그의 모든 군대에 공급할 수 있을 만큼 충분했다. 그러나 그 해에 심한 몬순이 불어닥쳐서, 알렉산드로스의 함대는 인더스 강 하구에 발이 묶였다. 그 결과 알렉산드로스는 발루치스탄 사막을 가로질러서 행군하던 중, 군대의 75퍼센트를 잃었다.[11]

이 재난은 아무리 세심하고 특출한 지휘관에 의해서 짜인 전쟁 계획이라도, 얼마나 병참이 그 계획에 중요한 역할을 하는지를 보여주는 극명한 예이다. 이것은 목표 달성을 하기 위해서는 반드시 먹어야 한다는 웰링턴의 경구를 소름끼치게 증명하고 있다. 제국 도로망의 끝에서나 수로 수송의 공급부대 가까이에서 작전을 벌이던 로마 군인들을 제외하면, 고대에서부터 전(前)근대 시기까지 병참적인 검토에 제약받지 않고 자유롭게 영토 밖으로 출정할 수 있었던 지휘관들은 거의 없었다. 심지어 로마인들도 출정을 나서는 순간 난관에 봉착하기도 했으며, 나폴레옹의 원수들이 1809－1813년까지 에스파냐에서 겪은 것처럼 대부대의 경우에는 그들이 장악하고 있는 지역에서조차 굶주림의 위협에 시달려야 했다. 병참적인 문제에서 가장 커다란 난점은 어느 시대나 장소를 막론하고 음식의 부패였다. 이 문제는 19세기에 인공 식료품 가공이나 진공 밀봉법이 발달함으로써 해결되었다. 말리거나 빻은 곡식은 기나긴 역사에서 군인들에게 주요한 음식이 되었다. 그리고 기름, 라드, 치즈, 어유(로마 군단의 음식 중 기본 요소였다), 포도주, 식초, 맥주 그리고 아마도 약간의 훈제육이나 염장육, 육포 혹은 즉석에서 도살된 고기 등이 보충되기도 했을 때, 그들은 전투능력을 유지할 수 있었다.[12] 그러나 최고의 병참장교의 식사일지라도 신선한 필수 식품들이 부족했기 때문에, 궁핍한 시기에 군인들은 장거리를 항해하는 선원들 못지않게 영양실조로 쓰러지기도 했다. 결과적으로 육체적 쇠약은 전염병을 불렀고, 전투나 포위공격을 하느라 작전이 지연되는 경우 집단 주둔 군인들은 철저하게 타격을 입었다.

군용 식료품은 19세기 중반 고기 통조림의 출현으로 혁신을 일으켰다(물론 1845년에는 불완전한 공정 때문에, 통조림을 너무 많이 먹은 사람은 납중독의 위험에 처해야 했다. 이것은 프랭클린의 극지 원정에서 수많은 죽음을 불러일으키는 원인이 되기도 했다). 농축 우유(1860)와 분유(1855), 그리고 1860년대에는 나폴레옹 3세가 그의 병사들을 위한 버터 대용품을 찾아내도록 경쟁을 장려한 명령에 의해서 만들어진 마가린이 뒤를 따랐다.[13] 미국의 남북전쟁에서 북군은, 통조림보다 소금에 절인 것들이 대부분이었지만, 주로 시카고의 가축 수용소에서 나오는 생산물로 야전에서 연명했다. 반면에 남부 연합군은 전통적인 주식이기는 하지만 옥수수나 말린 땅콩(goober peas) 같은 맛없는 음식을 먹어야 했다. 게다가 미시시피 강 유역의 연방정부 지지자들의 통제에 의해서 텍사스의 대목장들이 육류 공급을 거부함으로써 육류에 굶주려야 했다. 1862년 한 남부 연합군은 아내에게 보낸 편지에서 "우리는 어떤 날은 설익은 사과를 익히거나 구워서 먹고, 어떤 때에는 다 익지도 않은 옥수수를 먹거나, 그것도 없으면 굶게 되오"라고 썼다.[14] 북군 역시 공장에서 가공된 말린 감자나 야채를 먹었고, 캔에 담은 커피, 우유, 설탕의 혼합액을 먹었다. 이 모두가 정상적인 음식은 아니었으나, 포로로 잡힌 굶주린 남부 동맹군에게는 사치스럽게 보일 정도였다.

그러나 궁극적으로 북군은 남군보다 나은 음식을 먹을 수 있었다. 이것은 북군의 병참부대가 1860년까지 놓인 3만 마일에 달하는 철도를 2.4 대 1이라는 비율로 통제하고 있었기 때문이었다. 이 철도는 당시 나머지 전 세계의 철도를 합한 것보다도 길었다. 그들은 전쟁 중에도 계속 철도를 건설했으며 가는 곳마다 우선적으로 남부동맹의 철로를 철거해버렸지만, 남부의 미약한 경제적 기반은 이것을 복구시킬 수가 없었다. 철도는 지상전에서 혁명을 일으켰다. 그리고 미국의 남북전쟁은 그러한 경향을 최초로 보여준 전투였다. 북군이 미시시피 전선에서 인구가 많은 남동부와 풍요한 남서부를 잇는 철도의 절단에 성공함으로써 남북전쟁은 이제 순전한 철도전쟁으로 표현될 운명이었다. 그후 1864년에 북군은 채터누가―애틀랜타 노선을 장악함으로써 남동부의 내륙 체제를 분리시키게 되었고, 그 지역은 경제적으로 자족할 수 없는 지역들로 조각이 나버렸다. 이로써 남부의 연방탈퇴 실패를 확고히 하는 결과를 낳았다. 그러나 남부연합은 전투부대들에게 공급할 물자조차 부족한 상황에서 헐벗고 굶주렸음에도 불구하고, 끝까지 연방정부를 인정하지 않았다.[15]

그러나 전투와 병참이 승리를 결정한다는 견해는 상대적인 기여를 왜곡하는 것이다. 매클렐런이 1862년의 연방군의 페닌슐라 전투(버지니아 동남부의 요크 강과 제임스 강 사이의 지역/역주)에서 발견한 대로 병참에서의 우위 자체만으로는 단호한 적을 상대로 승리를 이끌어내기는 힘들다. 반면에 1944-1945년의 일본이나 독일같이 경제적으로 막다른 골목에 이른 나라들은 자포자기한 상태에서 적을 상대로 역공을 계속할 수도 있다.[16] 그럼에도 불구하고 나폴레옹의 퉁명스러운 단언은 거부하기 어려운 진실을 담고 있다 : 승리는 궁극적으로 대군(大軍)에 돌아간다. 그리고 다가오는 철도시대는 대군을 양성할 수 있었던 나라들에게 적어도 빠르고 순발력 있게 병사들을 지정된 장소에 사계절 언제나 수송할 수 있게 할 것이다. 미국 이외에도, 공업화된 서부와 중부 유럽 나라들은 영국과 벨기에의 항구들과 공장들을 잇기 위해서 장거리 철도망을 가지게 되었다. 이 철도망은 프랑스와 프로이센에서 급속하게 확대되었으며 그후에, 오스트리아-헝가리와 러시아의 농업지대를 공동 권역으로 묶기 위해서 그보다는 느린 속도로 동쪽으로 뻗어나갔다. 1825년에서 1900년 사이에 유럽의 철도 총연장은 무(無)의 상태에서 17만 5,000마일로 증가했다. 이 철도는 라인 강과 알프스와 피레네 산맥을 포함해서 터널들과 다리들 그리고 대륙의 온갖 자연적 장애물들을 지나갔다. 로마에서 쾰른까지 로마 군단 하나가 행군하는 데에 67일이나 걸리던 거리를 1900년에는 24시간 이내에 완파할 수 있게 된 것이다.

그러나 보다 군사적인 중요성을 지닌 것은 철도의 남북축이 아닌 동서축이었다. 왜냐하면 이것은 예측하기 어려운 분쟁지역인 프랑스와 독일, 독일과 오스트리아 그리고 독일과 러시아 사이를 연결하기 때문이었다. 프로이센에 속했다가 나중에 독일제국 정부의 손에 넘어갔던 철도는 국가방어에 매우 중요했으므로, 1860년경에 철도의 절반이 국영화되었다가 20년 후에는 전부 국영화되었다. 1866년 프로이센의 군대는 일주일 동안 하루 12편의 기차로 베를린에서 오스트리아와의 접경까지 이동하여 배치되었다. 이것은 군사작전에서 도로보다 철도 이동이 우월하다는 명백한 증거였다. 그리고 수송수단과 동원체계를 통합시키지 못한 나라는 미래에 반드시 이미 통합을 이룬 나라에게 패배한다는 단호한 경고이기도 했다. 1866년, 대체로 수적 우세에 힘입어서 프로이센은 오스트리아에 승리했다. 프로이센은 개전을 서두를 수 있었다. 그러나 1870년에 알자스-로렌에서의 프랑스에 대한 프로이센의 승리는 직접적으로는 프랑스의 국정 관리 실패에서부터 비롯했다. 프랑스는 철도망의 강화와 재부설에서 명백한 열세를 면치 못했던 것이다.[17]

1866년과 1870-1871년 전쟁에서의 교훈은 독일 총참모부뿐만 아니라 전 유럽의 총참모부에 깊은 충격을 주었다. 독일은 1876년경 독일제국의 국내에 새로운 철도건설을 관장할 권한을 가진 철도부서를 신설했다. 전사에 군사적인 목적으로 이용될 철도를 확보하기 위해서였다. 벨기에와 프랑스의 접경에 있던 소규모의 시골 역들에 1마일의 승강장들이 갖추어졌다. 군용 열차들이 한꺼번에 국가의 전체 사단 병력과 말을 부릴 수 있도록 하기 위해서였다. 1914년 8월에 그러한 위업적인 배치는 쉽게 실현되었다. 8월 1일부터 17일 사이에 독일군은 80만 명에 달하던 평상시의 병력을 예비군을 동원함으로써 6배로 불렸다. 이뿐만 아니라 열차에서 내리자마자 전투상태에 돌입할 수 있는 장비를 갖춘 148만5,000명에 달하는 병력을 벨기에와 프랑스 전선에 실어 날랐다. 독일군의 적들은 독일의 성취에 대응해야 했다. 1914년 프랑스에서의 철도에 대한 군사적 관리는 1870년의 열악한 상태에서 나아진 것이 없었다. 그리고 프랑스의 수송참모진은 9월의 마른 전투의 위기상황에서 필요한 병력을 투입하는 데 독일군에 비해서 너무나 많은 여유를 부렸다. 오스트리아의 동원체계는 독일군만큼이나 효과적이었다. 한편 러시아의 조직능력을 의심한 독일군 총참모부는 서부전선에서의 승리를 완전 확보하는 데에 필요한 동부전선에서의 승리를 무리 없이 6주일 내에 거둘 수 있다고 전망했다. 그러나 러시아는 자신의 동맹군과 독일군뿐만 아니라 러시아 자신조차 놀랄 만한 속도로 1군과 2군을 폴란드에 집결시킬 수 있었다.

1914년의 동원은 유럽의 총참모부 참모들이 40년의 평화기간에 전쟁에 대비하여 철도망을 완성시키려고 들인 온갖 노력을 정당화했다. 전쟁이 발발한 뒤 1개월 동안에 어마어마한 수의 병력—프랑스 62개 보병사단(각 1만 5,000명), 독일 87개 보병사단, 오스트리아 49개 보병사단, 러시아 114개 보병사단—이 수백만 필의 말들과 함께 평상시의 주둔지로부터 전장에 투입되었다.[18] 거의 기적과도 같은 이러한 이동은 오직 철도에 의해서만 가능했다. 그러나 일단 도착하자 더 이상 철도를 사용할 수 없는 사실을 발견한 그들은 서로 대치한 상태에서, 고대의 로마 군단들과 마찬가지로 자신들의 보급품을 직접 운반해야 했다. 군인들은 철도수송 종점까지 행군해야 했으며, 유일한 운송수단은 말이 끄는 것들이었다. 그들의 사정은 차라리 이전 시대의 잘 조직된 군대보다 못한 것이었다. 현대의 포대는 수 마일의 화력지대를 형성하기 때문에, 말에 의한 보급도 불가능해졌다. 그래서 보병부대를 위한 재보급은 식량뿐만 아니라 탄약까지도 사람이 날라야만 했다.

물론 기동력의 상실은 전술적인 형태보다는 병참적인 형태에서 보다 절박하게 나타난다. 화력지대의 중심부에서는 보병은 거의 전혀 이동할 수 없었으며 재앙에 가까운 인명손실을 치러야 했다. 탱크가 도입되기 전인 1916년까지, 보병들은 적을 직접적으로 마주하고 있는 상황에서도 움직일 수 있었다. 말할 것도 없이 병참적인 요소는 제1차 세계대전 내내 군대를 따라다녔다. 화력을 강화함으로써 사정권 내에서의 우위를 확보하려는 노력은 군수품이 하역되어 있는 역과 포대 사이에 유례없이 많은 탄약수송을 요구했다. 물론 이것은 말에 의해서만 가능한 것이었다. 결과적으로 말 사료가 단일 품목으로는 적하물 중에서 가장 큰 부피를 차지하게 되었다. 바로 그와 같은 예가 1914부터 1918년까지 서부전선에 진주했던 영국 육군을 위한 보급품을 하역하던 프랑스 항구에서 나타났다.

문제는 제2차 세계대전 중에 다시 나타났다. 독일의 기계산업은 모든 자원들을 투입해서 탱크와 비행기, 잠수함을 만들어야 했기 때문에, 독일군은 자동차 부족을 겪어야 했다. 어떤 경우에는 연료 부족까지 겹쳐서, 그들은 1914년부터 1918년까지 동원되었던 140만 마리보다 훨씬 많은 275만 마리의 말을 투입해야 했다.[19] 이 말들은 1941-1945년까지 소비에트의 붉은 군대가 동원한 350만 마리의 말의 경우처럼 대부분 전쟁터에서 죽었다. 자동차만으로 전선에 있는 부대들에게 전술적으로 재보급을 할 수 있었던 나라는 미국과 영국뿐이었다. 이것은 미국의 정유산업과 자동차 공장들의 뛰어난 생산능력에 힘입은 것이었다. 미국의 자원은 미국 육군과 해군에 필요한 모든 트럭과 연료를 충분히 공급할 수 있을 만큼 방대한 것이었다. 이뿐만 아니라 미국은 붉은 군대에 39만5,883대의 트럭과 270만 톤의 휘발유를 공급했다. 이 장비들을 공급받은 소비에트는 이후에 그들 스스로 자유로운 입장에서 인정했듯이 볼고그라드에서 베를린까지 진격할 수 있었다.[20]

산업혁명기의 대전쟁에서 철도와 말 그리고 자동차 수송에 의지했던 화물의 양은 초창기 군대의 보급부대에 의해서 운반된 양은 물론이고 심지어 화약시대의 그것조차 비교할 수 없을 정도로 많은 것이었다. 칼이나 창처럼 날붙이 무기로 싸우던 군대는 식량과 사료, 천막, 연장 그리고 얼마간의 도하장비까지, 모든 보급품을 직접 운반해야만 했다. 반면에 화약을 쓰던 군대의 필수적인 보급품은 상대적으로 적었다. 그러나 대량 생산시대의 공장들은 철강을 압연하고, 수송혁명을 일으키게 될 엔진들을 주조했다. 또한 대규모 군대가 게걸스럽게 요구하는 대로, 유례없는 양의 포탄과 탄환들을 쏟아냈으며 소비율도 급속하게 증가했다. 예를 들면, 워털루에서 나폴레옹의 포대는 246문의 대포를 가지고 있었으며, 전투기간 동안 한 문당 100발의 포탄을 쏘았다. 19세기의 전투 중 가장 주목할 만한 전투로 꼽히는 1870년의 스당 전투에서 프로이센군은 3만3,134발을 쏘았다. 1916년 7월 1일의 솜 강 전투가 시작되기 바로 전 주일에 영국군 포대는 100만 발을 쏘았으며, 사용된 화약과 철의 총무게는 2만 톤에 달했다.[21] 이와 같은 수요는 1914년에 "포탄 위기(shell crisis)"를 야기했다. 그러나 이러한 부족 사태는 영국의 전시비상 공업화 정책에 의해서 또 생산능력을 발휘하지 못하던 다른 곳의 공장들과 대규모 계약을 맺음으로써 해결될 수 있었다. 프랑스와 영국의 산업은 그후로 결코 불황을 겪지 않았다. 프랑스는 전쟁 전에 하루 1만 발의 75밀리미터 포탄을 생산하기 위한 군사비를 산정해두었다. 그리고 1915년에는 하루 20만 발로 생산량을 끌어올렸으며, 1917-1918년에 미국의 원정군이 도착하자 프랑스제 대포를 쓰고 있던 그들에게 1,000만 발의 포탄을 공급했다. 이뿐만 아니라 미국공군이 전투에 사용하는 6,287대의 공군기 가운데 4,791대를 공급했다. 봉쇄에 의해서 질산염을 구할 수 없던 독일은 그것을 대체할 인공물질을 찾아내야 했음에도 불구하고, 1914년에는 한 달에

1,000톤이었던 화약의 생산량을 1915년에는 6,000톤으로 증가시켰다. 공장 설비의 수준이 매우 낮게 평가되던 러시아도 1915년에는 매달 생산하던 45만 발의 포탄을 1916년에는 450만 발로 무려 10배나 증가시켰다.[22)]

19세기에 유럽과 미국에서 일어난 군수산업의 생산능력의 신장과 복합성은 이전 시대와는 비교가 되지 않을 정도였다. 석기시대인들은 단지 상업적 동기에 의해서 부싯돌을 캐내어서 가공했다. 그러나 청동제 무기와 갑옷의 제조는 항상 수공업에 의한 것이었다. 철의 출현은 생산량의 확대뿐만 아니라 규격화까지 가능하게 했다. 로마 제국의 군대는 그들이 쓸 버팀살을 넣은 갑옷, 투구, 칼과 창을 생산할 무기공장을 체계화했다. 노동자들의 기술은 나라에 매우 중요한 것으로 여겨졌기 때문에, 398년에는 도망을 막기 위해서 그들에게 낙인을 찍는 포고령이 선포되었다.[23)] 그러나 야만족들의 침략 이후 쇠사슬갑옷을 만드는 기술 같은 것은 국가의 통제하에 두어야 할 만큼 매우 희귀했음에도 불구하고 무기제조는 다시 개인의 손으로 넘어갔다. 779년에 샤를마뉴는 쇠사슬 허리갑옷을 수출하다가 적발될 경우 그의 전 재산을 몰수하라는 명령을 내렸고, 이 법령은 805년에 다시 발표되었다. 당시 전쟁을 위해서 소집된 기마병들이 입었던 쇠사슬갑옷의 무게는 총 180여 톤으로 추정되었다. 이것은 제국의 쇠사슬 대장장이들이 여러 해 동안 작업한 결과였다.

극도로 복잡한 야금술과 제작과정 때문에 판금갑옷의 제작은 극소수의 손에 집중되었다. 최상품은 왕실의 공방에서 제작된 것이었는데, 영국에서는 그리니치에 있는 공방이 중심지였다. 그러나 판금갑옷의 제조의 절정과 화약의 출현이 일치하게 되었다. 이 일치는 판금갑옷을 폐기하도록 만들었고 동시에 화약과 포탄, 대포와 개인용 소화기(小火器)에 대한 요구로 동요를 일으켰다. 처음에 쇠 포탄은 너무 비싸서 석공들이 돌로 된 대체품을 만들어서 사업영역을 넓히기도 할 정도였다. 화약의 생산은 19세기에 공업적 공정이 개발되기 전까지, 화약이 지닌 본래의 약점에 의해서 압박을 받았다.

화약의 원료인 질산칼륨 곧 초석은 가축들을 키웠던 외양간이나 굴처럼 땅속에 묻힌 오줌이나 분뇨에 박테리아가 작용하는 곳에서만 보통 채취될 수 있었다. 그리고 이것들의 채취나 이용은 국가에 의해서 광범위하게 통제되었다.[24] 소화기는 국가가 점점 더 제조독점(예를 들면 영국에서는 런던 타워에서처럼)의 의지를 보였음에도 불구하고 사설 민간 제조업자에 의해서도 많은 양이 제조되었다. 이들은 특히 작은 독일공국들에서 살고 있었다. 그러나 대포의 주조는 초기부터 왕들에게는 필수적인 권력의 특권으로 간주되었다. 그리고 15세기 말에 일어난 대포혁명과 함께 국가병기창의 역사가 실제로 시작되었다.

대포의 주조기술은 처음에는 종을 만드는 사람들에 의해서 발전되었다. 그들은 8세기에 개발된 쇳물을 사용하여 큰 형상을 주조하는 방법을 알고 있었던 유일한 사람들이었다. 그리고 그들은 초기에는 청동과 같이 화약폭발의 충격을 견디는 데에 적합한 소재를 가지고 일했다. 한편 16세기에는 무쇠를 이용한 실험이 시작되었다. 처음에 무쇠로 된 대포는 단지 바다에서만 쓰일 수 있다고 알려졌다. 왜냐하면 그것들은 화약의 폭발력에 의한 에너지를 흡수하기 위해서 청동보다 더 두껍고 무겁게 만들어야 했기 때문이었다. 마침내 배를 위한 것뿐만이 아니라 성을 공격하기 위한 대부분의 대포도 무쇠로 만들어졌다. 주조와 관련한 실험이 진행되는 동안 청동제 야전용 대포들이 눈부신 발전을 했다. 1734년에 프랑스 정부에 고용된 스위스인 장 마리츠는 종을 주조하는 과정에서 단단하게 주조한 다음 구멍을 도려내는 것이 처음부터 속이 비도록 만드는 것보다 더 나은 포신을 만들 수 있는 방법이라는 사실을 발견했다. 구멍을 도려냄으로써 포탄과 포구 사이의 마찰을 줄일 수 있고, 일정한 사정거리를 달성하기 위해서 요구되는 화약의 양을 줄일 수 있었던 것이다. 그리고 무엇보다도 가볍고 이동이 간편한 무기를 만들 수 있게 되었다. 수력에 의해서 필요한 만큼의 힘을 낼 수 있는 천공기(穿孔機)는 아직 존재하지 않았다. 그러나 결국 그의 아들에 의해서 완성되었으며, 후에 그 아들은 뤼엘에 있던 왕실 병기창의 관리관으로 임명되었다가 나중에는 프랑스의 모든 국립 대포제작소의 관리관으로 임명되었다.[25)]

프랑스의 그 기계는 1774년 복제되어 영국에 전해졌다. 그러나 그럼에도 불구하고 프랑스의 대포생산은 국가 병기창들을 중심으로 해서 화약시대가 끝날 때까지 유럽의 어느 나라보다 우위에 있었다. 대체적으로 이것은 훌륭한 대포 제작자였던 장 그리보발에 의해서 1763부터 1767년까지 수행된 표준화와 합리화의 덕택이었다. 그가 만들었던 대포는 1829년에까지도 실전에 배치되었다.[26)] 그러나 그때가 되면 국가 병기창 제도는 산업혁명에 힘입어서 출현한 상업적인 무기상들에 의해서 위협받기 시작했다. 그리고 어쩌면 필연적인 결과로 그들에게 굴복해야 했다. 증기력은 이제 화석연료를 통해서 얻게 되었고 풍부한 석탄을 연료로 하여 용광로에서 철광석을 제련하는 대규모의 철강공업이 일어났다. 19세기 중반의 성공적인 제철업자들은 은행가들을 설득하여 그들이 하는 거의 모든 사업에 자금을 끌어댈 수 있었는데, 대규모의 철강공업은 철강업자에게 매우 많은 이윤을 남겨주는 것으로 판명되었기 때문이다. 철도, 기관차, 강철선박 그리고 공업용 기계는 처음부터 혜택받은 생산물이었다. 육군과 해군의 규모가 커지면서 함정이나 포대, 각각의 병사를 위해서 만들어진 크고 작은 총포들은 매력적인 이윤을 약속하기 시작했다. 수력장비들을 제조하던 영국의 윌리엄 암스트롱은 크림 전쟁에서 시험되었던 대포들이 얼마나 효과적이었나에 대한 연구 결과, 그 시대는 군사적 기술이 당시의 기술숙련의 수준까지 올라갔다고 결론을 내렸다. 곧 그는 육군을 위한 대형 강선(腔綫) 대포와 해군을 위한 더욱 큰 대포를 만들기 시작했다. 1857년부터 1861년까지 엘스윅에 위치한 자신의 공장에서 그는 적어도 1,600문의 후장식(後裝式) 강선 대포를 만들었다. 휘트워스라는 영국의 경쟁자가 재빨리 시장에 뛰어들었으나 경쟁은 해외에서 이루어졌다. 이 두 사람은 모두 실험을 위해서 국가보조금을 지원받았다.[27)]

독일 에센의 제강업자인 알프레드 크루프는 1850년 이전에 강철을 이용하여 대포를 만드는 실험을 시작했다. 그는 1851년 런던 박람회에 강철로 만든 후장식 대포를 출품했다. 강철은 가공하기가 어려운 소재였다. 강철의 성질은 그때까지 완전히 밝혀지지 않아서 크루프의 시험 모델은 실험에서 너무 잘 부서지고 터져버렸다. 마침내 기술은 완전해졌고, 1863년 러시아의 대량 주문을 획득함으로써 그의 대포제작 사업은 흑자를 내기 시작했다. 크루프가 만든 강철 대포의 구경은 77밀리미터에서 155밀리미터에 달했으며(420밀리미터 대포는 1914년에야 만들어졌다) 많은 군대를 무장시켰다. 물론 영국, 프랑스, 러시아, 오스트리아는 여기에 해당되지 않았으며 러시아와 오스트리아는 그들 스스로 지은 대포 공장을 보유하고 있었다. 크루프의 해군용 11인치 포는 이에 대등한 영국제 13.5인치 포보다 우수했다.

같은 시기에 소화기의 제조도 대부분이 미국에 모여 있던 사기업들에 의해서 혁신되었다. 주로 코네티컷 강 계곡에 위치한 미국의 발명가들과 제조업자들은 최초로 "호환 부품"의 개념을 받아들였다. 자동이나 반자동 수력, 후에는 증기 평삭반을 써서 일정한 형태로 깎은 부품들은 고속으로 매우 정밀하게 생산되었다. 따라서 한 벌의 부품을 만들던 값비싼 수작업은 사라져갔다. 이런 공정에 의해서 생산된 라이플 소총—라이플 소총은 1850년대에 활강소총들을 빠른 속도로 대체했다—은 공급자로부터 구매자가 같은 품질로 보증받은 부품들을 가지고 반숙련 노동자들이 조립할 수 있었다. 이러한 공정은 새로운 라이플 소총에 채택된 철제 탄창 제조에도 재빨리 적용되었다. 그 결과 1850년대에 반복적 공정 기계를 설치한 영국의 울위치 병기창은 하루에 25만 개를 생산할 수 있었다.

무기 제조업자들은 과잉생산과 이에 따라서 국내시장이 범람할 수 있는 위험을 깨달았다. 이러한 상황은 기존의 모델을 대체할 새로운 디자인을 찾아내고 해외시장을 찾도록 부추겼다. 여기에서도 다시 미국인들은 이노베이터가 되었다. 프랑스는 총기 제조자들이 오랫동안 완성하려고 노력해왔던 무기, 곧 기관총의 실용 모델을 실전에 배치했지만, 그것은 산탄

포의 형태로서 미숙한 반자동 무기일 뿐이었다. 스웨덴인 노르덴펠트와 미국인 가드너와 같은 발명가들은 보다 우수하고 상업적인 모델을 만들기 위해서 각축했다. 이 경쟁의 승리는 미국인 하이럼 맥심에게 돌아갔다. 그는 1884년에 본격적인 기관총을 생산하기 위한 회사를 설립했다. 이 기관총은 연속적인 폭발에서 획득된 힘으로 동력을 공급받는 구조였으며 분당 600발의 실탄을 발사할 수 있었다. 맥심 기관총의 사수는 작업복을 입고 공장의 기계를 조작하는 노동자로 취급받았다. 왜냐하면 그의 역할은 그 기계(기관총)의 노리쇠와 방아쇠를 잡아당기고 일련의 기계적으로 조작되는 원호(arc)를 따라서 장치를 움직이는 것에 한정되었기 때문이다.[28)]

1914년의 전쟁에 참전했던 육군의 모든 전투병력은 기관총과 그보다 덜 치명적이기는 하지만 친척뻘이 되는 후장식 소구경 라이플로 무장했다. 사정거리는 1,000야드였으나 500야드의 유효 사정거리를 가진 기관총은 전장에서의 방어 우위를 확보해갔다. 이러한 전쟁에서 보병의 공격은 희생이 컸고 어떤 때에는 자멸적인 것이었다. 지휘관들은 보병들이 강철 파편의 폭풍 속에서 피난처를 삼을 수 있도록 초반에 참호선을 구축함으로써 피해를 줄일 방법을 강구했다. 대포 부문의 증강은 가장 먼저 시도된 해결책이었으나 이것은 상호 간의 소모로 귀결되었다. 전쟁터는 지나치게 황폐해졌으며, 국내에서 포탄을 생산하는 기업들과 전선에 가까운 공급부대들에게 과도한 부담이 되었던 것이다. 두 번째 해결방법은 탱크의 개발이었다. 그러나 생산된 탱크는 수적으로 너무 적었으며 지나치게 느릴 뿐만 아니라, 전술적 조건에 맞추어 결정적인 변화를 하려면 너무나 번거로웠다. 전쟁이 막바지로 치달으면서 두 진영은 새로 도입된 항공기에 의지하게 되었다. 비행기는 적국 민간인들의 사기와 생산능력을 직접적으로 파괴할 수 있었다. 그러나 무거운 비행기나 비행선 모두 아직 전장에서의 균형을 깰 수 있는 정도로 공격능력을 갖추지 못했다. 마침내 제1차 세계대전은 문제를 해결했다. 그

해결방법은 고위층의 명령에 의한 새로운 군사적 기술의 채택이나 발견에 따른 것이 아니라, 공업 생산물에 의한 무자비한 인력의 소모에 따른 것이었다. 이러한 물질전에서 독일이 패배한 것은 거의 우연이었다. 독일의 적국 중에서 어느 국가도 패배할 수 있었다. 실제로 러시아는 1917년에 전쟁배상금을 지불해야만 했다. 총참모부가 평화를 확증하거나 혹은 전쟁이 일어날 경우 승리를 거둘 수 있을 것—훨씬 더 많은 병사를 징발하고 유례없는 무기구입 비용을 지불한다면—이라고 확신했던 수단들은 서로를 초토화시켰다. 보급과 병참에서 모든 참전국들은 거의 같은 정도의 피해를 입었던 것이다.

그럼에도 불구하고 제2차 세계대전에서 보급과 병참은—인간적인 비극을 제외한다면—최소의 비용으로 주요 승전국들에게 명백한 승리를 가져다 줄 수 있었다. 제1차 세계대전에 늦게 참전했던 미국은 1865년부터 내수시장과 평화적인 발전에 의한 산업화로 부를 축적한 이후, 군수산업을 거의 포기하고 있었다. 그러나 1941년의 제2차 세계대전에서는 초기부터 개입했다. 그리고 그후 2년 동안의 재군비로 영국과 러시아가 나치 독일에 대항할 수 있도록 군수품을 보급하는 책임을 맡았다. 재군비는 대공황에 의해서 철저하게 타격을 받은 미국의 산업을 회생시켰으나 아직도 많은 잉여능력을 남겨두고 있었다. 1941년부터 1945년까지 미국의 경제는 유례없는 대규모의 지속적이고 급격한 팽창을 경험했다. 국민총생산(GNP)은 50퍼센트가 증가했으며, 1939년부터 1943년 사이에 생산량이 2퍼센트에서 40퍼센트로 증가하게 된 전쟁물자를 위하여, 차입보다는 국가세입을 지출했다. 노동생산성은 20퍼센트가 증가했으며, 공장설비 가동은 주당 40시간에서 90시간으로 증가했다. 결과적으로 조선 생산량은 10배가 증가했으며, 고무는 2배, 철강 생산량은 거의 2배, 항공기 생산량은 11배나 증가했다. 따라서 전쟁 중에 75만 대의 항공기가 주요 참전국들에 의해서 생산되었으며 이 중 30만 대는 미국에서 생산되었고 1944년 한 해만 하더라도 9만 대가 생산되었다.[29)]

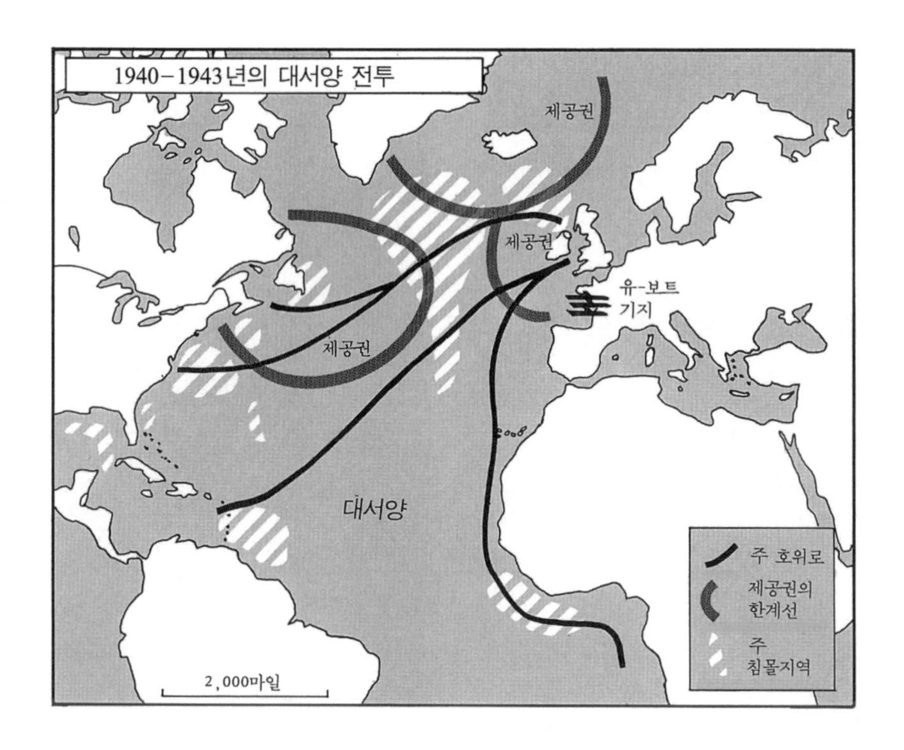


독일과 일본을 제압한 것은 미국의 산업이었다. 그러나 그것은 오직 조선소들이 물자를 옮길 수 있는 운송수단을 제공했기 때문에 가능한 것이었다. 1941년부터 1945년 사이에 5,100만 톤 이상의 상선이 미국의 조선소에 의해서 건조되었다. 대표적으로 1만 척의 리버티급과 빅토리급 화물선 그리고 T-2 유조선이 조립식 부품제조의 혁명적인 공정에 의해서 건조되었다. 이 방법은 시범 제작에서 선박한 척의 건조를 시작에서부터 진수시키기까지 4일 15시간 만에 완료했다. 리버티 건조계획이 절정에 이르렀을 때 미국은 평균 하루 세척의 배를 진수시킬 수 있었다.[30] 독일의 유-보트(잠수함)는, 대서양의 전장에 보내졌던 미국이 건조한 항공모함과 장거리 항공기들에 의해서 타격을 입기 이전에도, 새롭게 보충되는 비율만큼의 선박을 격침시킬 수 없었다.

그러므로 이제까지 일어난 전쟁 중 가장 규모가 크고 가공할 전쟁에서 승리를 확증시킨 것은 보급과 병참이었다. 이것은 국운(國運)을 건 투쟁으로 미래에 일어나는 재래식 군사력 사이의 분쟁에서 어느 요소보다도 산업적 능력이 결정적인 것이라는 사실을 확인했다. 1945년의 결과 이후 그러한 충돌이 아직 일어나지 않은 것은 미국에 의해서 이루어진 간단없는 노력의 결과이다. 미국은 유례없는 산업발전을 이루었던 수년 동안, 전선에서의 교전에 의한 전쟁의 대안으로 원자폭탄을 만들기 위해서 노력을 기울였다. 이 무기는 500년 전에 시작된 기술적 발전과정의 정점이었으며, 군사적 목적에 필요한 에너지에 대한 요구를 인간이나 동물의 근육에서부터 다른 형태의 에너지원으로 전환시키기 위한 노력이었다. 이러한 추구는 화약의 발견과 함께 시작되었던 것이다.

## 제 5 장
# 화기

불은 아주 유구한 무기이다. 불은 7세기 비잔틴 제국에서 "그리스의 불(Greek fire)"이라는 형태로 처음 사용되었다. 비잔틴인들은 이 불의 제조법을 아주 조심스럽게 비밀로 했기 때문에 현재의 학자들조차도 그 불의 성분들이 어떤 정확한 특성을 가졌는가에 대해서 논란을 벌이기도 한다. 확실한 것은 그 불이 일종의 분사기에 의해서 액체상태로 뿜어져서 주로 성을 공격할 때나 해전에서 목재 구조물을 태우는 소이제(燒夷劑)였다는 것이다. 이것은 추진력을 가지거나 폭발성이 있는 현대적 의미의 "불"은 아니었다. 불이 일으키는 공포나 그것을 둘러싸고 있는 의문에도 불구하고 불은 전쟁에서 그다지 영향력이 있는 혁신은 아니었다. 불은 화약의 출현만큼 전쟁에서 혁명을 일으키지는 못했던 것이다.

그럼에도 불구하고 화약은 불과 연관이 있다. 왜냐하면 "그리스의 불"의 기본 물질은 바빌로니아 사람들이 "나프타(naphtha)" 즉 "활활 타오르는 물질"이라고 부르던 것이라고 오늘날 믿어지기 때문이다. 이것은 석유 매장지의 표면에서의 삼출물이었다.[1] 고대인들은 이 "나프타"의 실질적인 용도를 찾아내지 못했다. 그러나 11세기 무렵, 중국에서 지방의 지표 삼출물의 나프타 기본 물질과 초석을 섞으면 소이성뿐만 아니라 폭발성을 지닌 화합물이 된다는 것이 밝혀졌다. 일찍이 중국인들은 역시 폭발성이 있는 농축된 고품질의 황을 함유하고 있는 흙 위에서, 특히 숯불에서, 번개가 치는 것과 같이 타고 있는 불을 우연히 발견했다. 정제된 황과 숯가루와 결정상태의 초석이 결합하면 우리가 지금 화약이라고 부르는 것이 만들어진다.[2] 이것은 아마 950년경 중국의 도교 사원들에서 반주술적인 목적으로 처음 행해진 것으로 보인다. 중국인들이 화약을 전쟁에 사용했는지 않았는지에 대해서는 논란이 분분하다. 유럽에 화약이 알려진 직후인 13세기 말까지, 중국인들이 이전의 폭죽에 대비되는 대포를 만들었는지에 대한 증거는 없다.[3] 유럽에서 화약의 비밀은 쓸모없는 것들을 황금으로 만들려던 연금술사들의 끝없고 소득 없는 연구과정에서 우연히 발견된 것으로 보인다. 유럽에서는 화약의 폭발성이 발견되자마자, 군사적인 용도로 받아들여졌다. 1개의 튜브 안에 화약과 발사체(탄환)를 잰 다음 화약의 폭발에 의해서 생긴 힘이 탄환의 착탄거리와 방향을 결정한 사실 말고는, 정확히 얼마나 더 혁신적인 발견이 이루어졌는지 재현할 여지는 없다. 그러나 그것의 발견이 14세기 초라는 정확한 연대 추정은 가능하다. 왜냐하면 1326년에 그린 그림에 꽃병 모양의 관이 나타나기 때문이다. 아마 이 관은 그런 형태를 만들어왔던 종 제작자들에 의해서 주조되었을 것이다. 그림 속의 주둥이에서 큰 화살이 막 튀어나오고 있다. 그리고 한 포수가 점화용 심지를 점화 구멍에 쑤셔 넣고 있고 그 관은 문을 겨누고 있다.

15세기에 대포 기술은 많은 진전을 이루었다. 대포알이 화살을 대체했으며 대포는 파이프 모양을 띠었는데 어떤 것은 쇠테를 감은 정련된 쇠 빌레트, 곧 봉 형태였다. 그렇지만 대포의 사용은 포위공격 전에만 한정되었다. 1415년 프랑스의 아쟁쿠르에서는 분명히 대포가 배치되었음에도 불구하고 소음이나 연기를 만들었을 뿐, 아직까지는 전장에서의 역할은 미미했다. 마구 날아오는 대포알에 맞는 기사나 궁수는 재수가 없는 사람들이었다. 그러나 40년 후 프랑스가 영국을 노르망디와 아키텐에서 쫓아낼 무렵인 1450-1453년의 전쟁에서 프랑스는 영국군 요새들의 성벽을 대포로 박살냈다. 바로 똑같은 시기에 투르크인들은 이스탄불의 테오도시우스의 성벽들을 거대한 대포로 깨부수고 있었다. 투르크인들은 거대한 대포를 좋아했는데, 어떤 경우에는 성채 공격을 앞두고 그 장소에서 주조하기도 했다. 1477년 프랑스의 루이 11세(1423-1483)는 대포로 부르고뉴 최후의 제후들의 성을 공격함으로써 세습영지에 대한 지배지역을 더욱 넓혔다. 1478년에 결국 프랑스 왕가는 6세기 전 카롤링거 왕조시대 이후 처음으로 자신의 영토에서 온전한 지배권을 확립했으며 중앙집권적인 정부를 세울 준비를 하게 되었다. 다루기 어려운 봉신들에 대해서 대포가 최후의 징세관 역할을 했던 재정 시스템에 힘입어 프랑스는 단숨에 유럽에서 가장 강력한 나라가 되었다.[4)]

## 화약과 축성

그러나 프랑스와 오스만 튀르크의 왕들은 적의 방어벽을 뚫을 때 썼던 대포의 군사적 유용성을 크게 제약하는 갖가지 결점들 때문에 골치를 앓았다. 대포는 너무 크고 무거웠으며 기동성을 떨어뜨리는 포좌 위에 얹혀 있었기 때문이다. 결과적으로 대포는 노르망디 지방에서의 프랑스인이나, 이스탄불에 수로와 육로로 접근하던 오스만인에게서 볼 수 있었던 것처럼, 이미 제압된 지역에서의 작전에만 투입될 수 있었다. 대포는 전투장비로서는 부적당했기 때문에 대포를 사용하는 군대의 이동속도에 맞추어서 옮길 수 있도록 수레에 얹을 수 있을 만큼 가벼워져야 했다. 그래야만 보병과 말, 대포가 일체가 된 부대로서 적지에서 움직일 수 있었으며, 결과적으로는 행군부대를 따라잡기 위해서 포병들이 안간힘을 쓰는 동안 대포를 포획당하거나, 퇴각하는 경우 버려야만 하는 위험을 피할 수 있었다. 마침내 1494년 프랑스는 적당한 돌파구를 마련했다.

> 프랑스의 장인들과 종 제작자들은……1490년대 [초]……대포를 개량했는데, 그것은 다가올 400여 년 동안의 공성 작전과 전투를 결정지을 수 있는 것이라는 인정을 받았다. 새 대포로 대체되기 이전의 무거운 "조립

된" 사석포(射石砲)는 나무 포좌 위에서 돌 포탄을 쏘았으며 자리를 바꿀 때마다 힘들여서 수레 위에 얹어야 했다. 그러나 날씬한 새 대포는 균질의 청동으로 주조된 포신에, 8피트를 넘지 않았으며, 점감(漸減)하는 발사 시의 충격을 흡수하기 위해서 포미에서 포구까지의 균형이 세밀히 계산되었다. 이 대포는 정련된 쇠 포탄을 쏘았다. 이 포탄은 돌 포탄에 비해서 훨씬 무거웠지만 똑같은 구경이더라도 파괴효과는 3배나 높았다.[5)]

무엇보다 중요한 것은 대포가 기동성을 가지고 있었다는 것이었다. 포신(砲身)은 한 덩어리로 주조되었기 때문에 포신의 무게중심 바로 앞쪽에 쑥 튀어나오게 되는 "포이(砲耳)"는 포신에 합체가 가능했다. 이렇게 함으로써 포신은 목제 이륜 포가(砲架)에 걸릴 수 있었다. 결과적으로 대포는 작은 수레와 같이 기동할 수 있게 되었는데 운반 포가의 가미(架尾)가 또다른 이륜 앞차에 연결되었을 때 훨씬 더 큰 기동성을 가질 수 있었다. 이것은 말의 마구를 나릇 사이에 직접 연결시킬 수 있는 분절 장치였다. 운반대는 포미의 밑에 있는 쐐기를 조작함으로써 포구 혹은 포신(쇠테로 감은 금속 통널의 조립 대포의 명칭들은 지금도 사용된다)을 낮추거나 올릴 수 있도록 만들어졌다. 대포를 좌우로 혹은 그 역으로 선회시킬 때에는 안정성을 주기 위해서 땅바닥에 의지되어 있는 포가를 적당한 방향으로 바꾸었다.

1494년 봄, 40대의 샤를 8세의 새 대포들이 프랑스에서 선적되어 북부 이탈리아의 라 스페치아 항으로 향했다. 당시 그의 군대는 몽 주네브르 고개를 지나서 알프스 산맥을 넘고 있었다. 그는 나폴리 왕국에 대한 권리를 주장하기 위해서 이탈리아를 종단하는 행군을 개시했다. 그의 원정로 중간에 있었던 도시국가들과 교황령들은 그의 대포가 얼마나 신속하게 피리치노의 성벽을 때려 부수었는가에 대한 소문을 듣는 즉시 저항을 포기했다. 11월에 그는 피렌체에 정복자로 들어갔다. 이듬해 2월에는 전통적인 군사적 수단에 의한 공격을 7년이나 견뎌낸 적도 있는 산 조반니의 나폴리 성벽을 단 8시간 만에 무너뜨린 다음, 나폴리에 입성했다. 그는 가는 곳마다 승리를 거두며 이탈리아 전체를 흔들었다. 그의 대포는 전쟁에서 진정한 혁명을 일으켰다. 공성부대들과 공성무기들이 함락을 포기하곤 했던 예전의 높은 성들은 새로운 공격무기들에 매우 취약했다. 당대의 이탈리아인 귀치아르디니에 의하면, 대포는 "성곽 앞에 매우 신속하게 설치되었으며, 발사 간격은 매우 짧고, 포탄은 아주 빠른 속도로 날아갔으며 엄청난 파괴력을 가지고 있었다. 그 결과 그전에는 이탈리아에서 며칠이 걸려야 할 싸움을 몇 시간 만에 끝낼 정도로 거대한 피해를 주었다.[6]

샤를 8세의 나폴리 승리는 오래가지 않았다. 그의 순회원정은 그에게 대항하기 위해서 동맹을 맺으려던 이탈리아의 여러 도시와 베네치아, 신성 로마 제국, 교황 그리고 에스파냐를 공포에 떨게 하여 그에게 대항하는 동맹을 맺게 만들었다. 그의 포병대가 신성동맹의 전쟁의 주요 전투인 포르노보 전투에서도 승리를 안겨주었음에도 불구하고, 그는 이탈리아를 포기하고 프랑스로 돌아갈 것을 결정했으며 1498년에 사망했다. 그러나 그의 포병혁명의 성과는 계속되었다. 그 새로운 대포들은 공성 전문가들이 수천 년 동안 노력해왔으나 허사로 끝났던 것을 일거에 성취했다. 그때까지 요새들의 위력은 주로 높은 성벽에서 나온 것이었다. 물론 높은 성벽만이 위력적인 것은 아니었다. 물을 이용한 방어 역시 방어력을 크게 향상시켰다. 알렉산드로스 대왕은 기원전 332년, 티레 해안요새를 공격하면서 이를 실감했는데, 이 공격은 일곱 달 동안이나 계속되었다. 그러나 일반적으로 성벽이 높으면 높을수록, 돌격부대가 사다리로 꼭대기를 점령하는 것은 어려웠다. 한편 높이에 따른 두께는 공성무기들의 효율을 떨어뜨렸다. 탄환을 발사하는 투석기같이 무게의 저항을 이용한 기구들은 그러한 성벽들을 빗맞히기 일쑤였다. 반면에 비틀림을 이용한 장치들은 수평 탄도로 날아가기는 했지만 본질적으로 위력이 약했다. 그러므로 확실히 성벽을 무너뜨릴 수 있는 유일한 방법은 땅밑을 파서 성벽의 기반 자체를 파괴하는 것이었다. 그러나 이 힘든 작업은 성벽 주위에 도랑이나 해자를 파놓음으로써 쉽게 무력화될 수 있었고, 반대편에서 파나오는 역공에도 속수무책이었다.

새로운 대포는 신속하게 성벽 가까이에 설치되어 탄도를 계산하여 정확히 발사될 수 있었기 때문에, 대포는 땅파기의 역할을 대신하게 되었다. 쇠 포탄은 거의 일정한 높이로 수평으로 곧장 성벽의 기반을 향해서 날아갔고 성벽을 이루고 있는 돌들의 연결을 순식간에 끊어버림으로써, 벽 자체가 가진 무게를 이용하여 벽을 무너뜨리는 누적적인 효과를 볼 수 있었다. 포탄을 맞은 성벽이 높을수록 성은 더 빨리 불안정한 상태가 되었고 성벽이 무너져 내릴 때 생기는 틈도 더 넓었다. 성이 무너지면 자연히 성벽 밑의 해자는 돌들로 메워지고 공격부대에게 통로를 만들어주었다. 물론 성곽의 꼭대기도 파괴되었을 것이다(투척물로 공격부대를 공격할 수 있는 방어자의 유리한 위치를 빼앗는 것 또한 포병의 목적이었을 것이다). 그리고 성벽에 틈이 생기면 요새 전체의 함락으로 이어졌다. 그 당시 성곽 전투에서는 성벽이 무너진 이후의 투항자는 살려주지 않았는데, 그때부터 공격군은 그들 투항자에게 숙소를 제공해야 하는 의무나 약탈금지 의무로부터 자유롭게 되었다. 이것은 이미 관례가 되었으며 대포의 시대에 그 관례는 절대적인 것이 되었다.

나폴리에서의 참사는 자연적으로 반향을 일으켰다. 당시 존재하던 성들은 많은 나라에서, 특히 르네상스 시대에 유럽의 작은 나라들의 경우, 첫 번째 방어선의 역할을 해왔으며, 성의 건설과 유지를 위해서 세입의 상당 부분을 쓰고 있었다. 요새건축 전문가들은 수세기 동안 견고히 버텨왔던 성벽을 간단히 무너뜨린 샤를 8세의 대포에 자극되어 분발하게 되었다. 16세기 전반기에 이탈리아를 괴롭히던 프랑스, 에스파냐, 신성 로마 제국, 이탈리아 도시국가들의 상호 간의 변화무쌍한 동맹들이 벌이던 전쟁에서 낡은 요새들을 강화하려는 즉각적이고 주목할 만한 공사가 있었다. 예를 들면 1500년 피사(Pisa)의 건축 전문가들은 성 내부의 흙 제방과 도랑을 고안했고 이것들은 프랑스와 피렌체 동맹의 대포들이 성벽을 무너뜨린 뒤에도 온전히 남아 있었다. 이러한 "피사 방식의 이중 방벽"은 많은 곳에서 모방되는 한편, 적어도 공성 초반에는 쇠 포탄이 거의 피해를 입히지 못하는, 흙과 나무로 만든 벽과 탑이 외부 경계선이 되는 수많은 건축물이 지어졌다.[7] 도시나 요새의 지휘관은 성벽이 뚫린다고 해도 당시에 막 쓰기 시작한 효과적인 소화기로 무장한 보병들에 의해서 성공적으로 방어할 수 있다는 것을 재빨리 깨달았다. 그것은 1523년 크레모나 포위공격과 1524년 마르세유 전투에서 용의주도하게 실행된 결과 입증되었다.

그러나 임시변통의 방법들로는 낡은 성벽들이 계속해서 새로운 대포의 공격을 견딜 수는 없었다. 축성에 다른 체계가 요구되었다. 놀라운 것은 새 방법이 즉시 나타났으며 대포의 우세를 극복하기 위해서 50년 이상의 시간이 소요되지 않았다는 것이다. 다른 군사적 적응의 속도와 비교해본다면 50년은 매우 긴 시간으로 비추어질 수도 있다. 예를 들면 제2차 세계대전이 시작될 당시의 독일의 전격전에 대항하기 위해서, 연합국은 1943년에 군대를 전면적으로 재조직하고 탱크 방어용 무기를 대량 생산했다. 그러나 이것은 지적(知的)인 문제점들과 비용에 관계된 측면 모두를 간과한 것이었다. 대포를 방어한다는 개념이 먼저 생각되어야 했고 그 뒤에 이 생각을 구조물로 바꾸어놓을 수 있는 자금이 확보되어야 했던 것이다. 여기에는 참으로 엄청난 자금이 필요했는데, 왜냐하면 수세기에 걸쳐서 지어진 넓은 구조의 요새들을 전부 대체하는 것과 다름이 없었기 때문이다(로마 시대의 성벽을, 어떤 마을들은 비록 중세에 증축하거나 재건축하기도 했지만, 그대로 사용하기도 했다). 요새 건설비용은 오랜 세월에 걸쳐서 상환되었다.

이동성 대포가 나타날 때쯤 해서, 명석한 사람들은 그 개념의 맹아(萌芽)를 발견했다. 대포는 높은 성벽에 가장 치명적인 타격을 주었으므로 대포를 견딜 수 있는 새로운 성벽은 반드시 낮아야 했다. 그러나 이런 식으로 지어진 성들은 사닥다리로 성벽 기어오르기, 즉 사다리로 성벽 마루를 넘어서 요새 내부를 기습공격하는 기습부대의 돌격에는 무방비 상태였다. 새로운 축성 방식은 포격을 견딜 수 있는 형태와 적의 보병을 가까이 오지 못하도록 하는 형태를 통합해야 했다. 깊이를 얻는 반면 높이를 포기해야 하는 문제의 해결방법은 각을 이룬 능보였다. 이것은 성벽 앞에 세워져서 도랑이나 해자를 내려다보고 있었으며 대포나 소화기를 쏠 수 있는 고대(高臺)를 제공했다. 또한 적의 집중포화에도 형체를 알아볼 수 없을 만큼 뭉그러지지 않을 정도로 튼튼했다. 능보의 가장 이상적인 형태는 4개의 면을 가지는 것이었다. 2개의 면은 적의 포탄을 빗나가도록 만들기 위해서 주위의 시골 들판을 향해서 돌출한 V자를 이루었는데, 공격용 대포들을 올려놓을 수 있었다. 나머지 두 면은 성벽과는 직각을 이루며 V자 면과 연결되는데, 이 방벽에서는 수비병들이 대포와 소화기를 사용해서 해자와 능보 사이의 연장된 성벽에 붙은 적을 사살할 수 있었다. 능보는 물론 벽돌로 대체할 수는 있었지만 돌로 쌓아야 했고 다져진 흙으로 뒤쪽을 채워서 지지해야 했으며 단단한 포좌와, 충돌하는 포탄의 영향력을 최소화할 수 있는 바깥면을 제공하기 위해서 전체적으로 매우 단단한 구조를 이루고 있었다.[8)]

요새건축 전문가들은 능보들을 계속 실험하면서 벽을 두껍게 하거나 사면을 경사지게 하기도 했다. 그리고 1494년 샤를 8세의 이탈리아 원정 이전의 얼마동안은 이러한 성곽이 때를 만나게 되리라는 것을 보여주었다. 그러한 실험들은 분산되고 점차 사라져갔지만 그것을 인수받은 사람들은 혁신의 요구에 빠르고 정력적으로 충분히 화답할 수 있었다. 동생 안토니오와 함께 최초로 가장 중요한 이탈리아의 축성 "가문"을 이룩한 줄리아노 다 상갈로는 1487년에 능보형 방어도시인 포조 제국(Poggio Imperiale)의 디자인을 만들었다. 안토니오는 1494년에 그 자신이 직접, 교황 알렉산데르 6세를 위해서 능보 시스템으로 치비타 카스텔라나의 요새를 재건축하기 시작했다.[9)] 이러한 구조가 포병의 공격에 대한 해답이라는 것을 확신한 그들은 신속하게 필요한 자금을 확보할 수 있는 이탈리아 도시국가 정부들을 위해서 새로운 작업에 착수했다. 네투노는 1501년과 1503년 사이에 능보들을 갖추었고, 1515년에 안토니오는 카프라롤레에서 알레산드로 파르네세 추기경을 위해서 모범적인 요새를 건축하는 일에 착수했다. 이러한 상갈로 형제의 상업적인 성공은 처음에는 산 미켈리 일기를 그리고 다음에는 사보르냐노, 페루치, 겐가, 안토넬리 등의 경쟁자들을 이 분야에 끌어들였다.

돈은 선망의 대상이었으며 모든 부류의 가능성이 없는 기능인들까지 이 시장에 끌어들였다. 이중에는 체자레 보르지아를 위한 요새를 감찰하던 레오나르도 다 빈치와 미켈란젤로도 포함되어 있었다.[10] 미켈란젤로는 1545년 안토니오 다 상갈로와의 논쟁 도중 이렇게 말했다. "나는 그림이나 조각에 대해서는 그다지 잘 모르오. 그러나 축성술에 관해서는 많은 경험을 가지고 있으며, 상갈로 일족보다 더 많은 것을 알고 있다는 것을 증명할 수 있소."[11] 미켈란젤로는 1527-1529년에 그의 고향 피렌체에 새로운 요새를 지었다. 그러나 그 이후에는 그의 축성기술에 대한 의뢰는 드물었다.

상갈로와 다른 축성 가문들에게는 일이 끊이지 않았다. 그들은 명성이 퍼지고 지배자들이 이동성 대포를 훨씬 더 많이 가지게 되자, 이탈리아뿐만 아니라 프랑스, 에스파냐, 포르투갈, 에게 해, 몰타(이곳은 자선기사단이 성지로부터 추방된 뒤 정착한 곳이다) 그리고 러시아, 서부 아프리카, 카리브해 등 아주 멀리까지 진출했다. 그들은 그들의 경쟁자인 포술가들과 더불어서 기원전 1000년대에 중동의 호전적인 귀족들에게 기술을 팔면서 생활해온 전차 제조공들 이후로는 최초의 국제적인 기술용병이 되었다. 한 이탈리아 역사가는 그들의 생활방식을 다음과 같이 기술했다.

> 우리는 이들의 입장에서 생각해야 한다. 그들은 돈이 부족했다. 그러나 그들은 자신의 재능을 알았고, 자신들을 이탈리아인들보다 덜 문명화된 종족들 사이에서 활동하는 우수한 사람으로 생각했다. 그들은 자신들 중에서 최상위 계층에 오른 소수의 사람들을 보게 되면 기분이 상했다. 그리고 유혹적인 약속으로 마음을 사로잡는다면, 가장 멀리 떨어진 왕국의 왕

자에게라도 가서 기꺼이 봉사하려는 사람들이었다. 그러나 그들은 결코 부자가 되지 못했다. 그들은 채권자들이 많았고 지갑은 가벼웠고 장거리 여행비용이 그들의 귀국을 어렵게 했다. 그들은 전쟁이론을 전쟁무기와 연관 지으려고 노력하던 동료들 중 일부가 군인들로부터 모욕을 당했지만 참아야만 했다.[12]

만약 전투하는 군인들이, 그들 중 많은 군인들 또한 용병이었지만, 기술자들에게 욕했다면 그것은 전사로서의 자부심 때문이었지, 엄청난 비용과 노동을 들여서 세운 새로운 요새가 본래의 목적에서 벗어났기 때문은 아니었다. 현실은 그와 정반대였다. 능보형 요새는 15세기 말에 대포가 전쟁을 방어에서 공격 위주로 바꿔 놓은 것만큼 빠르게 공격에 대한 방어의 이점을 회복했다. 16세기 말에는 주권의 보전을 열망하는 모든 국가의 국경은 산악의 고갯길, 강들의 합류지점, 항해 가능한 강어귀 등 가장 공격받기 쉬운 지점을 현대적인 방어술로 지킴으로써 방어되었다. 요새의 내부형태 역시 바뀌었다. 즉 후배지의 "별 모양의 작은 요새들"은 거의 없어졌다. 이는 왕들이 값비싼 대포의 독점권을 이용하여 그들에게 마지막까지 대항해오던 귀족들의 성채를 밀어서 넘어뜨리고 그들이 능보를 갖춘 성채를 다시 짓지 못하도록 했기 때문이다. 그러나 국경선에서는 요새가 과거 어느 때보다 더 조밀해졌다. 그리고 요새는 군사적 방벽을 쌓는 수단인 동시에 정부 관할구역의 윤곽을 정하는 수단으로서 훨씬 더 효과적이 되었다. 실제로 근대의 유럽 국경선은 대부분 요새건설의 결과이다. 그 요새건설에 의하여 골치 아프고 귀찮던 언어 경계선과 새로운 종교개혁 이후의 종교 경계선이 깨끗이 정리된 것이다.

이런 경계선이 네덜란드보다 더 뚜렷한 곳은 없다. "강 위에 떠 있는" 네덜란드는 북해로 흘러들어가는 라인 강, 모젤 강 그리고 스헬더 강 등이 합류하는 지점에 위치하고 있었다. 에스파냐 가톨릭 국왕들(1519년 이후로는 합스부르크 왕가. 그들은 오스트리아, 독일 그리고 이탈리아 역시 통합했다)

의 신민이었던 신교도 네덜란드인들은 1566년에 반란을 일으켰다. 이 전쟁은 80년 동안 계속되었는데 독일에서의 30년전쟁(1618-1648)으로 비화했으며 1588년 영국에 대항한 에스파냐 무적함대의 출정과 같은 부수적인 분쟁을 일으키기도 했다. 네덜란드인들은 다음의 두 가지 이유 때문에 그렇게 오랫동안 저항할 수 있었다. 먼저 바다에 이웃했고 중앙 유럽으로 거슬러 올라가는 강의 수로를 통제함으로써 그들은 이미 부(富)에서 베네치아와 거의 어깨를 나란히 할 수 있는 무역국가가 되었다. 그리고 그러한 부를 통하여 그들의 독립을 보장할 수 있는 요새를 지을 수 있었다. 에스파냐 총독의 비서관인 레케센스는 1573년에 "모반한 도시와 마을의 수가 너무나 엄청나서 반란지역은 홀란트(네덜란드의 중심적인 옛 도[道])와 젤란트(네덜란드 서남부의 도[道])의 거의 모두를 포함할 지경이다. 그런데 이 지역들은 오로지 엄청난 노력을 들이거나 해군을 동원하지 않고는 제압될 수 없는 섬들이다. 실제로 만약 몇몇 도시들이 계속 저항하기로 미음 먹는다면, 우리는 결코 그 지역들을 장악할 수 없을 것이다"라고 보고했다.[13] 도시들이 계속해서 저항하기로 결심하자, 주민들은 그때까지 돌이나 벽돌로 된 요새가 세워지지 않았던 그곳에 흙으로 능보 요새들을 급조했다. 수는 적었으나 그렇게 요새화된 지점들은 에스파냐인들의 접근을 충분히 막을 수 있었다. 알크마르와 하를렘의 마을들은 아주 강력하게 방어됨으로써, 1573년 에스파냐의 총역공 시도를 분쇄했다.

포위공격은 많은 시간과 노력을 요하는 것이었다. 왜냐하면 요새에 영향을 줄 수 있을 만큼 충분히 포격하기 위한 참호를 파는 일에 엄청난 노동력을 들여야 했기 때문이다. 능보식 요새는 "과학적인" 건축이었다. 이것은 포탄이 맞힐 수 있는 성벽의 면적을 최소화하고 방어사격으로 시야를 깨끗이 할 수 있는 성벽 외부의 공지면적을 최대화할 수 있는 방법을 수학적으로 계산하여 설계했다는 것을 의미한다. 따라서 요새의 공격 또한 과학적이어야 했다. 포위공격 전문가들은 곧 요새공격에 대한 원리들을 알아냈다. 참호는 능보 건축선의 한쪽 면과 평행으로 파야 한다. 그래야만 대포를 쏘는 동안 참호 속에서 대포들을 안전하게 보호할 수 있기 때문이다. 그러한 사격의 엄호 아래에서, 접근 참호는 다른 평행 참호들이 요새 쪽으로 더 가까이 접근할 때까지 앞쪽으로 전진한다. 그리고 새로 판 평행 참호 속으로 포탄을 옮겨와서 더 가까운 사격범위 안에서 사격을 계속하는 것이다. 17세기 루이 14세의 포위공격 기술자인 보방은 자신의 참호 기술을 완성시켰는데, 반드시 파야 할 평행 참호의 수는 3개였다. 마지막 참호는 능보를 박살낼 수 있는 충분한 화력의 포를 배치할 수 있어야 했고 도랑을 성벽의 파편들로 채워서 마지막 평행 참호에 밀집해 있던 보병들로 하여금 파괴된 성벽 틈새로 돌격해서 싸울 수 있는 기회를 줄 수 있었다.

능보 요새에 대한 보병들의 공격은 손실이 매우 컸음에도, 항상 필사적이었다. 가비언(gabion)이라고 부르는 흙을 담기 위한 원통의 바구니, 기둥, 난간 그리고 나무 바리케이드 등의 재료를 다루기 쉽게 갈무리하는 것은 보편적인 방어술이다. 그러한 재료들을 가지고 성벽의 터진 틈 뒤에서 내부 방어를 곧바로 할 수 있었다. 그동안 이웃한 능보에서는 구식 소총병들과 포병들이 도랑을 건너오거나 심지어는 능보 밖의 경사진 제방에 이미 도착한 적들에게 위압적인 포격을 퍼부을 수 있었다. 그러나 공격에 대한 두려움이 16세기 보병들의 포위공격에서 주요한 장애물은 아니었다. 그 당시 보병들에게 장애물로 등장한 것은 도랑을 파는 노동이었다. 이것은 특히 홀란트 지역에서 심했는데 왜냐하면 그곳에서는 지표에서 60센티미터만 파 내려가면 지하수면을 만났기 때문이었다. 에스파냐의 핵심 지휘관 중의 한 사람인 파르마는 도랑을 파는 병사들에게 봉급을 더 주었다—이러한 관행은 2, 3세기 후부터는 거의 보편적이 되었다—. 그러나 그는 여전히 "카스티야 사람의 뒤틀려진 자존심과 싸움을 벌여야 했다. 그들은 보답을 바라고 노동하느니 차라리 길거리에서 구걸을 하는 것이 더 명예롭다고 생각했기 때문이다."[14)]

그럼에도 불구하고 에스파냐는 나중에 북부—그리고 가톨릭 지역—

벨기에가 되는 스헬더 강과 뫼즈 강 사이의 반란도시들을 진압하면서, 네덜란드 반란이 일어나던 시기 중 처음 20년 동안에는 진격할 수 있었다. 그러나 로테르담, 암스테르담, 위트레흐트와 같은 도시들을 포함하고 있는 라인 강 북쪽과 에이셀의 서쪽에 위치한, 훨씬 더 수면이 낮은 지역들로는 진격할 수 없었다. 1590년까지 네덜란드 장군 나사우의 마우리츠 백작은 그의 사촌 나사우의 빌렘 로데뷔크와 나사우의 요한과 함께 고전문학에서 로마 군단의 군기와 훈련을 모방함으로써, 충분한 군대를 모아서 진격했다. 1590년과 1601년 사이에 그는 네덜란드의 국경선을 라인 강 남쪽까지 밀어내고 브레다와 같은 지역을 영구적으로 홀란트를 위하여 획득했으며 궁극적으로 에인트호벤이 함락되는 것을 막을 수 있었다. 한편 그는 또한 북부 네덜란드의 에스파냐 수비대에 타격을 주었다. 그리하여 독일어권 영토에 접하는 미래의 홀란트 왕국을 세울 수 있는 기틀을 확고히 열어놓았다. 1601년에 에스파냐는 미우리츠 백작을 축출했는데, 그때 그는 대담하게 "요새 홀란트"를 넘어 네덜란드의 요새화된 전진기지 오스텐데를 향했다. 결국 그들은 3년간의 포위공격 끝에 그곳을 차지했다. 그러나 그들은 그후에 잇따른 전쟁을 함으로써 군사적 측면보다는 재정적 측면에서 몹시 어려움에 빠짐으로써 1608년에는 휴전협정을 맺어야 할 지경에 이르렀다. 이 휴전은 명시된 12년 동안은 지속되지 않았다. 1618년 북유럽에서는 보다 큰 전쟁인 "30년 전쟁"이 발생했다. 그 전쟁에서 화약이 사용되어 참전병들은 네덜란드와 에스파냐가 이전에 겪었던 어떠한 정적(靜的)인 요새 전쟁보다 훨씬 더 호된 시련을 겪어야 했다.

## 실험시대의 화약전투

14세기의 군인들은 화약이 발휘하는 신비한 힘을 발견했지만, 그것은 너무나 폭발성이 강하여 충분한 거리를 두는 방법 이외에 달리 다룰 수 있는 방법이 없었다. 심지어 뜨겁게 달군 기다란 심지 끝을 점화구에 닿게 하여 발사하는 원시적인 대포에 화약을 사용한다고 하더라도, 특출한 용기를 가지지 않은 사람은 감히 엄두도 못 낼 일이었다. 만약 초기의 대포들이 종종 충격을 받고 폭발한다는 사실을 고려했다면 더욱더 사용할 용기가 나지 않았을 것이다. 따라서 발사 무기의 추진력으로서 화약을 사용하는 것은 불신, 불안 그리고 공공연한 두려움의 높은 문턱을 넘어야 했다. 그러나 15세기 중반에 몇몇 유럽 군인들은 그러한 화기(火器)로써 실험을 시작했고 1550년에는 꽤 일반적으로 사용하기 시작했다.

군인이 화약에 대해서 소원한 상태에서 친근감을 느끼게 되기까지의 심리적 과정의 매개물은 쇠뇌였다. 쇠뇌는 스프링을 당겨서 오차 없이 무거운 화살을 발사할 수 있는 에너지를 모은 다음, 격발장치인 방아쇠를 당겨서 멀리까지 화살을 보내는 기계장치였다. 쇠뇌는 기원전 4세기 중국의 무덤들에서 발견되었지만, 유럽에서는 기원후 13세기 말까지 나타나지 않았다. 그러므로 개념상 지역적인 것이었을 것이다. 14세기에 쇠뇌는 강력한 무기로서 전장에서 일반적으로 사용되었다. 그렇게 된 이유는 무엇보다도 화살에 실리는 힘이 중간 거리에서나 가까운 거리에서 갑옷을 뚫을 수 있었기 때문이다. 쇠뇌의 메커니즘과 형태는 그 자체가 화약사용에 적절하게 되어 있었다. 어깨에 대는 쇠뇌의 자루는 스프링 반동으로 인한 갑작스러운 충격을 지탱할 수 있을 정도로 튼튼해야 했다. 그리고 이러한 자루는 가벼운 대포의 포신을 나무로 똑같이 만들 수 있는 패턴이 되었다. 방아쇠가 당겨졌을 때 쇠뇌의 반동은 소화기의 격발 순간에 어깨에 전해지는 것과 같은 종류의 충격에 궁노수들을 익숙하도록 만들었을 것이다. 따라서 최초로 화기를 사용하기 시작한 사람들은 궁노수였을 것이 당연하다.

그러나 지휘관들은 성 포위공격에 대비하여 전장에서 궁노수들을 가장 적절히 배치하는 방법을 전혀 모르고 있었다. 그리고 소화기를 사용하는 군인에 대해서도 마찬가지의 어려움을 겪었다. 14세기와 15세기 동안에, 영국인들은 장궁 사수를 이용하여 큰 효과를 보았다. 그러나 장궁은 쏘는 데에 익숙해지기까지 인내할 수 있는 사람들이 거의 없을 정도로 다루기 힘든 무기였다. 일반적으로 장궁을 잘 쏘는 군인들은 오지나 시골 출신 사수들이었다. 그것은 조립식 활의 경우도 그렇지만 가장 좋은 것은 많은 시간을 들여 직접 손으로 만드는 사람들에 의해서 제작되었다. 단창(短槍), 즉 찌르는 창은 보다 단순한 전쟁기구였다. 그리고 스위스와 같이 기사계급이 소수인 지역의 강건하고 성마른 농민집단의 창병부대는 돌격에 직면해서 팽팽하게 긴장할 때에는 기병대의 공격에 대항하기 위해서 창을 휘두르며 조밀한 장벽을 만들었다. 스위스인들은 창병으로서 두려움이 없다는 것 때문에 평판을 얻었으며, 그로 인해서 15세기 동안에는 그들의 합스부르크 군주로부터 높은 수준의 자치를 얻었으며, 다음 300여 년 동안 유럽의 주도적인 용병으로서 그들의 생계를 유지하게 해준 견실함의 명성도 얻었다. 예를 들면 1444년의 생 자코브-앙-비르의 "미친 전쟁"에서 1,500명의 스위스 창병들은 3만 명 이상의 프랑스 군대의 중심부를 뚫고 들어가서 모두 전사할 때까지 싸웠다. 1476년의 그랑송 전투와 모라 전투와 1477년 낭시 전투에서는 부르고뉴인들과 좀더 대등한 관계에서 싸웠는데 그들은 똑같이 앞뒤 가리지 않는 밀집대형 유형의 전술을 사용하여 부르고뉴의 세력을 영구적으로 파괴시키며 잇따른 승리를 거두었다.

따라서 16세기 초까지는 발사무기인 쇠뇌, 장궁, 소화기 등으로 무장시켜서 배치한 창병들은 개활지 전장에서 기병대와 싸우는 강력한 수단이 되었다. 더 좋은 조합은 여전히 기병대, 궁수, 혹은 소총수를 보병과 함께 배치하는 것이었다. 이러한 형태의 군대를 가지고 부르고뉴 공작 샤를은 1474-1477년의 전쟁에서 스위스인들과 싸웠다. 그는 패했는데, 이것은 그의 군대에 필요한 부대들이 없어서가 아니라 수적으로 스위스 군대와 겨눌 수 있을 만큼 많은 군대를 유지할 자금이 없었기 때문이다.[15] 그럼에도 불구하고 그의 각기 다른 분견대의 비율—1471년에 그는 1,250명의 장갑 기병, 1,250명의 창병, 1,250명의 소총수 그리고 5,000명의 궁수를 보유했다—은 상당히 실험적인 것이었다. 그것은 잘못된 비율이었을 수도 있으나, 아직까지는 아무도 어느 것이 옳은지 모른다. 마키아벨리는 기병 한 사람당 20명의 보병이 있어야 한다고 믿었지만, 어떻게 보병이 무장해야 하는지에 대해서는 구체적으로 말하지 않았다. 16세기에는 정확한 비율을 설정하는 데에 노심초사했다.

반드시 필요했던 것은 소총수들이었다. 무역이 생명줄이었던 베네치아는 도시를 보호해줄 군대가 필요했던 지역인데, 1490년에는 모든 쇠뇌를 화약무기로 대체하기로 결정했으며, 1508년에는 새로 만든 국가 민병대를 소화기로 무장시킬 것을 결정했다.[16] 그러나 갑옷을 뚫는 구식 소총의 원형이 소개되는 1550년경까지 손에 들고 쏘는 화기류는 여전히 상대적으로 비효율적이었다. 그것들은 점화구에 불 붙은 성냥을 가져다대면 발사되었는데 습한 기후에서는 일쑤 잘 작동하지 않았다. 반면 말할 것도 없이 소화기들은 근접한 위치에서 보병과 기병 모두를 경악케 했으며 때때로 타격을 입혔다. 그 결과 르네상스 시대의 지휘관들은 대책을 강구하게 되었는데 대포가 최선의 대책이었던 것 같다. 그것은 1512년 라벤나와 1515년 마리냐노(지금의 멜레냐뇨)에서 벌어진, 아주 이상한 성격의 전무후무한 교전에 대한 유일한 설명이 될 수 있다. 두 전투에서 프랑스 군과 에스파냐 군은 양편을 자유롭게 드나들며 회전을 벌였는데, 그들이 작전을 펼친 지점은 앉은 자세로 화약무기를 쏘는 부대를 위한 능보로서 급히 구축된 거대한 참호로 형성되어 있었다.

라벤나에서 프랑스 군은 에스파냐 군을 저지하기 위해서 전진했다. 이때 프랑스 군에는 독일인 용병으로 구성된 대규모 분견대가 포함되어 있었는데 이들은 펠레폰네소스 전쟁의 그리스 퇴역군인들이 헬레니즘 세계에서 그랬던 것처럼 이탈리아 전쟁에서 똑같은 방식으로 생계를 영위했던 도적떼였다. 프랑스는 54문의 대포를 이동시키며 사용했고 에스파냐 군은 약 30

문의 대포를 참호에 설치했다. 프랑스는 가차 없는 연속 포격으로 에스파냐 기병대를 자극해서 교전에 나서게 한 다음 분쇄했다. 그러나 진격하던 독일인 용병들은 참호에서 저지되었으며 필사적인 백병전이 이어졌다. 마침내 2문의 프랑스 군 대포가 에스파냐 군 진지의 뒷편으로 운반되었고 그 화력에 겁을 집어먹은 에스파냐 군은 퇴각했다.

3년 후 역할은 역전되었다. 마리냐노에서 참호를 구축한 것은 프랑스 군이었으며, 반면 그의 적인 에스파냐와 동맹을 맺은 스위스의 한 부대가 교전하기 위해서 진격했다. 스위스 군은 너무나 신속하게 이동하여—그들이 철저히 고수하는 전투방식 중의 하나이다—프랑스 군이 대포를 발사하기도 전에 참호에 돌진했다. 스위스 군은 반격에 의해서 격퇴당했으나, 전열을 정비하고 이튿날 아침 다시 공격했다(마리냐노 전투는 하루 이상 지속된 보기 드문 초기 전투의 예이다). 그동안 프랑스 군 포대는 철저히 준비를 갖추었으며, 이제 참호전은 유혈의 교착상태로 바뀌었다. 교착상태는 프랑스의 동맹국인 베네치아의 부대가 후방에서 접근해오며 스위스 군을 위협하여 퇴각시키기까지 끝나지 않았다. 공격할 때만큼이나 신속하게 전투를 중지한 그들은 깨끗이 물러났다. 그러나 그들의 손실은 막대했으며 곧바로 프랑스가 제기한 평화협상을 받아들였다. 이 협상은 다음 250년간 프랑스 군에 스위스가 주요한 용병 공급국이 되는 선린관계의 기초가 되었다.[17]

라벤나와 마리냐노 전투가 특별한 이유는 참전국들이 마치 임시 성채라도 되는 양 개활지 들판을 전장으로 선택했기 때문이다. 그 결과 당대의 지휘관들은 임시로 만든 공성용 엄폐호 뒤에서 대포를 쏘는 방법보다 더 나은 전술을 생각할 수 없었던 것으로 보인다. 그들은 스위스인들의 전투대형인, 밀집대형의 보병과 기병 모두의 전통적인 공격 의도를 분쇄할 수 있는 대포의 능력을 알고 있었다. 그들은 그들 자신의 공격 의도에 맞는 전술을 그때까지 개량할 수 없었던 것이다.

실제로 다른 방법도 쓰일 수 있었다. 1503년 체리뇰라에서 프랑스 군은 에스파냐 군의 한 참호진지에서 격퇴당했는데, 이것은 에스파냐 군 소총수들의 화력 때문이었으며 1522년 비코카에서도 같은 결과가 반복되었다. 소화기로 강력하게 방어하고 있는 에스파냐 군 참호에 대한 한 시간 동안의 무의미한 공격 끝에, 프랑스 편에서 싸우던 3,000명의 스위스 군인 중 절반이 희생당했다. 이 경험은 전장에서 용맹하기로 소문난 스위스 군조차도, 장애물 뒤에 있는 소총수들에 대해서는 두 번 다시 공격하지 않게 만들었다 (이탈리아 도시국가들의 내분을 틈타서 나폴리의 영유권을 주장한 샤를 8세의 프랑스 군대가 남하함으로써 시작된 장기간의 이탈리아 전쟁은 프랑스와 합스부르크 왕가의 에스파냐가 주도하고 영국, 스위스 등이 개입했다. 1559년 에스파냐의 이탈리아 주요 지역에 대한 영유권 확립으로써 전쟁은 막을 내렸는데, 그 결과 이탈리아는 독립을 잃었다/역주).

한쪽 편이 참호를 구축해놓고 공격을 기다리고 있는 전선을 따라서 영원히 전투를 계속할 수 없다는 것은 분명했다. 그렇게 함으로써 참호를 구축한 군대는 스스로를 특정 장소에 묶어놓는 결과를 낳았다. 그로 인하여 적군은 아군 지역을 약탈하기 위해서 또는 고립된 요새들을 여유 있게 공격하기 위해서 우회를 결정할 수도 있었다. 극단적인 형태의 회전에 대한 요구가 교전으로 연결되려면 다른 편이 도전을 받아들여야 했다. 만약 한쪽이 기동작전을 수행한다면, 방어하는 편도 똑같이 해야 한다. 따라서 르네상스 시대의 군대가 포대나 소화기 부대를 동반한 기동작전을 수행하기 위해서는 문화적 태도에서의 변화가 요구되었다. 화약기술을 전통적인 무기수단에 덧붙였음에도 불구하고, 그들은 아직 그것의 논리에는 적응하지 못했다. 소화기를 지닌 이집트 술탄의 흑인노예들을 칼로 압도했던 맘루크처럼, 그들은 그때까지도 오로지 기병이나, 혹은 날붙이 무기를 들고 대오를 지은 채 싸울 준비가 된 보병에게만 전사의 지위를 허락하던 당대의 풍조에 얽매여 있었던 것이다. 멀리 떨어진 곳에서 발사무기로 싸우는 것은, 샤를마뉴 시대 이후 유럽의 전쟁을 주도하던 갑옷을 입은 중무장 기병들의 후손에게는 품위에 관계되는 문제였던 것이다. 그들은 할아버지들이 그랬던 것처럼 말 등에서 싸우기를 원했으며, 창끝을 겨누고 서서 기병들에게 맞서는 남자다운 위험을 함께 감수할 수 있는 그런 보병을 원했다. 만약 총이 그들의 자리를 전장에서 대신한다면, 그들은 방어벽 뒤에 있을 수밖에 없었는데, 방어벽은 발사무기가 주도적인 역할을 하던 곳이었다. 기사는 억센 보병들이 교활한 궁노수 용병들과 같은 수준으로 떨어졌다는 사실을 알고 싶어하지 않았다. 그리고 말에서 내려와서 화약의 마술을 배우는 것은 더욱더 원하지 않았다.

화약혁명에 대해서 말을 탄 귀족들이 저항했던 이유를 설명할 수 있는 문화적 뿌리는 과거 깊숙이까지 뻗어 있다. 앞에서 살펴본 바와 같이, 팔랑크스 시대의 그리스인들은 원시적 전쟁에서의 "회피하기"에서 벗어나서 같은 목적을 가진 적과 정면으로 맞붙었던 최초의 전사들이었다. 우리는 그들에 대해서 상세한 지식을 가지고 있다. 여러 가지 형태로 부족들의 전쟁에서 찾아볼 수 있었던 그리고 트로이 전쟁에 대한 호메로스 이야기의 정점을 제공했던 최고전사들의 결투와 같은 예비행위가 그들에게는 없었다. 고전고대의 그리스인들은 가장 빠르고 직접적인 수단에 의해서 전쟁에서 결말을 보려고 했다. 초기 공화국 시기의 로마도 마찬가지로 그리스적인 방법의 사고를 받아들였다. 아마 그러한 방법들은 남부 이탈리아의 그리스 식민지 개척지들을 통해서 받아들여졌을 것이다. 물론 로마인들에게 정면대결의 싸움 습관을 점진적으로 전달한 것은 첫째로는 갈리아족과의 다음에는 라인 강 너머의 튜턴족과의 조우였을 것이라고 생각할 수도 있다. 로마인들의 기록에 따르면 북방인들은 거칠고 개인주의적인 전술들을 경멸했음에도 불구하고, 주먹다짐에 이를 때까지 그들의 용기나 민첩함을 절대 부정하지 않았기 때문에 종종 정면대결을 벌였다고 한다. 카이사르가 그의 군단이 적의 방패에 수많은 창을 퍼부었던 전장에 대해서 묘사한 바에 의하면, "수많은 헬베티이인들은 적을 제압하려는 여러 차례의 공격이 수포로 돌아가자 방패를 던지고 맨몸으로 싸우려고 했다. 그리고 그들이 퇴각을 시작하는 때에는 오로지 부상자가 너무 많거나 전투의 손실을 감당할 수 없을 경우였다."[18] 그러나 만약 할슈타트의 큰 칼들이 증거가 될 수 있다면 갈리아족은 이미 로마인들과 조우하기 전부터, 정면전투를 한 것이 확실한 것 같다. 그리고 이것은 타키투스에게 깊은 인상을 준, 용감하고 호전적인 게르만인들에게서 볼 수 있는데, 그들 역시 기원후 1세기경에 라인 강 유역에서 로마인들을 만나기 전에 이미 정면전투를 한 것으로 보인다. 팔랑크스 전투가 발전한 것이 도리아인이 그리스에 정착하고 난 후라는 점을 고려하고 도리아인들이 다뉴브 강 건너편에서 온 것을 인정한다면, 우리는 빅터 핸슨이 "서구식 전쟁(Western way of war)"이라고 부르는 전쟁의 기원의 공통 지점을 찾을 수 있다. 또한 이러한 전투의 전통과 초원지대, 근동, 중동 지역의 전투 특징인 회피적이며 거리를 두는 간접적인 전투 사이의 구분선을 그을 수 있을 것이다. 즉 초원지대의 동쪽과 흑해의 동남쪽의 전사들은 그들의 적들로부터 거리를 계속 유지했으며, 초원지대의 서쪽과 흑해의 남서쪽 전사들은 경계심을 버리고 팔 길이만큼이나 가까이 접근하는 방법을 터득하고 있었던 것이다.

서양에서는 원시적 관습과 심리가 최종적으로 어떻게 사라졌는지 그리고 다른 곳에서는 왜 지속되었는지 그 이유를 말하기는 어렵다. 구분선은 언어의 경계선과는 상당한 차이를 보이지만 기후와 식생, 지형학상의 띠[帶] 개념에 상당히 근접하고 있다. 그리스인과 로마인, 튜턴인, 켈트인들은 인도-유럽어를 사용했다. 그러나 이란인들은 같은 언어를 사용하면서도, 활 대신 창과 칼을 선택하는 과정에는 참여하지 않았을 뿐만 아니라, 그 대신에 발사무기와 빨리 치고 부드럽게 빠지는 전술에 더 의지했다. 이 현상을 인종적으로 설명하는 것은 더욱 위험해 보인다. 19세기에 줄루인과 일본인은 틀림없이 그들 스스로의 노력에 의해서 서양식 전투에서와 비슷한 군기를 분명히 기초적으로 알고 있었다. 명확한 것은 만약 "군사적 지평선"과 같은 것이 존재한다면 "정면" 전투의 경계선 또한 있으며 서양인들은 한쪽의 전통에, 대부분의 다른 민족들은 그 반대편에 서게 된다는 것이다.

16세기에는 정면전투의 전통을 가진 군대에 의해서 전사사회는 위기에 봉착하게 되었다. "두려움도 후회도 없는 기사" 바야르의 궁노수들에 대한 태도는 잘 알려져 있다. 그는 그들의 무기가 비겁한 것이며 그들의 행위는 배신행위라는 근거하에서 포로로 잡으면 무조건 처형했다. 쇠뇌로 무장한 병사는 기사가 되기 위해서 필요한 무기들을 익히는 긴 견습기간을 거치거나 장창을 사용하는 보병에게 요구되던 것과 같은 윤리적인 노력이 없이도, 자신을 위험에 몰아넣지 않으면서 멀리 떨어진 곳에서 기병과 보병을 죽일 수 있었다. 궁노수의 이러한 현실은 총을 쏘는 병사의 경우에 훨씬 더 잘 적용되었다. 총을 쓰는 병사 역시 싸우는 방식은 겁쟁이처럼 보일 뿐만 아니라 시끄럽고 비열해 보였지만, 반면에 어떤 근육의 힘도 필요하지 않았다. 16세기의 전사 루이 드 라 트르무유의 전기 작가는 이렇게 물었다. "전장에서 그러한 [화약] 무기들이 사용된다면 기사의 무기 다루는 기술, 힘, 대담함, 군기, 명예에 대한 갈망이 더 이상 무슨 소용이라는 말인가?"[19)]

전통적인 전사계급의 어떠한 반대에도 불구하고, 16세기 중반에는 대포뿐만 아니라 소화기들도 전장에 투입되어야 한다는 것이 명확해졌다. 방아쇠를 당김으로써 뇌관에 천천히 불이 붙는 메커니즘을 가진 화승총과 머스킷 총은 효율적인 무기였으며, 후자는 200-240걸음 밖에서 갑옷을 꿰뚫을 수 있었다. 보병들의 가슴받이는 방어수단으로서의 가치를 상실해갔다. 보다 불길한 것은 기병들이 입는 갑옷 전체가 그런 처지가 되었다는 것이다. 16세기 말에 이르자, 갑옷은 더 이상 착용되지 않았으며 기병은 전장에서 결정적 목표를 잃어가고 있었다. 이러한 목표는 항상 애매모호한 것이었다. 기병 공격의 효과는 말과 기수의 객관적인 힘보다는 공격을 받는 쪽의 윤리적 허약성에 더욱 의존했다. 기사들이 스위스 창병들이 그러했던 것처럼 당당하게 서서 공격을 막아내려는 결의를 한 적과 조우하거나, 머스킷 총처럼 확실하게 기수를 땅바닥에 떨어뜨릴 수 있는 무기를 가진 적을 맞이했을 때, 어떻게 군대를 배치할 것인가를 결정하고 그에 상응하는 사회적 우월성을 유지하는 기사 계급의 권리에 대해서 의문이 제기되었다. 독일과 프랑스에서는 귀족들이 보병을 보강하기 위해서 기병대를 해체하라는 압력에 계속해서 저항했으나, 현실은 그들의 편이 아니었으며 점차 돈에 상응하는 가치를 원하게 된 재정 담당자들도 그들의 반대편에 서게 되었다.[20] 영국, 이탈리아, 에스파냐에서는 전통적인 군사계급이 변화의 방향을 탐지할 준비가 되어 있었기 때문에, 재빨리 새로운 화약기술을 받아들였으며 보병으로서 싸우는 것이 결국 명예로운 소명이라고 스스로를 설득했다.

에스파냐에서는 하급귀족 이달고(hidalgo)가 화약전통의 논리를 받아들이는 데에 가장 열광적이었다. 아마 그 이유는 이 실험의 시대에서 에스파냐인들 자신이 직접 가장 큰 전쟁들을 치러야 할 처지에 있다는 것을 깨달았기 때문이었을 것이다. 16세기 처음 50년 동안의 이탈리아 전쟁에서 그들은 어떠한 논쟁도 없이 대포가 전투를 주도하던 환경하에 있었다. 이탈리아 축성 전문가들이 대포의 공격에 견딜 수 있도록 교묘하게 축성한 많은 요새들은 기본적인 대포술을 모르는 병사는 전쟁터에 남아 있을 수 없다는 것을 의미했다. 한편 네덜란드의 수렁밭 전장에서는 기사들은 자동적으로 선두를 보병에게 양보했으며 보병은 운하 사이나 강의 어귀, 방책에 둘러싸인 마을 등의 좁은 공간에서 자유로이 작전을 펼 수 있었다. 네덜란드와의 전쟁에서 젊은 에스파냐 귀족들은 보병장교로 흔쾌히 임명되었으며, 에스파냐 정규병들은 물론이고 이탈리아, 부르고뉴, 독일, 영국 제도에서 고용된 대규모의 용병 분견대들과 함께 싸웠다. 그들은 18세기에 군사적 야망을 가진 출신이 좋은 젊은이들이 프랑스, 영국, 러시아와 프로이센의 보병 근위연대의 빈자리를 두고 치열하게 경쟁하는 선례가 되었다.[21]

## 해상에서의 화약

각국의 군대들이 주저하거나 마지못한 채로 앞으로 도래할 화약시대에 적응하는 동안, 유럽의 선원들은 모두 화약이 함축하고 있는 가능성에 대해서 보다 긍정적으로 적응하고 있었다. 땅에서 대포를 운반하는 것은 병참장교들에게 형편없는 도로나 도로가 아예 없는 곳에서 무거운 짐을 운반해야 하는 해결할 수 없는 새로운 문제를 안겨주었다. 바다를 항해하는 전사들에게는 이와 유사한 문제가 발생하지 않았다. 그와는 반대로 대포와 배는 서로에게 기여했다. 대포의 무게는 애초에 화물선이었던 배에 쉽게 수용될 수 있었고, 포탄과 화약 같은 대포의 필수품들은 배의 짐칸에 쉽게 수용될 수 있었다. 대포가 조선공들에게 던졌던 풀기 어려운 문제는 한정된 용적의 선박 내에서 대포의 반동이 역학적으로 흡수될 수 있느냐는 것이었다. 육지에서 대포의 반동은 발사하는 순간 포의 바퀴가 뒤로 구르면서 소멸되었으나 바다에서의 경우 이에 필요한 공간을 확보하는 것은 어려운 문제였다. 만약 수레에 얹지 않는다면 대포를 발사하는 순간 배의 늑재(肋材)에 손상을 입히거나 최악의 경우에는 배 안쪽에 구멍을 내거나 돛대를 쓰러뜨릴 수도 있었다. 따라서 대포는 배의 구조물에 붙들어 매어야 했으며 반동은 제동장치에 의해서 감소되거나 최소의 저항력으로써 배 자신의 진로에 전달되어야 했다.

후자는 대포를 싣고 지중해에 처음 배치되었던 갤리 선의 전문가에 의해서 채택된 해결책이다. 지중해의 갤리 선은 고대로부터 내려오는 계보가 있었다. 이것은 최소한 기원전 2000년대에 대양에서 최초로 싸웠던 "바다 사람들"과 이집트인들의 노 젓는 배로 거슬러 올라간다. 배의 길고 좁은 선체의 대부분이 노잡이들로 채워졌기 때문에 대포는 이물이나 고물에 설치되어야 했다. 페르시아 전쟁 이후 조선공들은 충각에 받치더라도 괜찮도록 이물을 강화하는 기술을 익혔기 때문에, 대포는 대개 이물에 위치하게 되었다.

발사되었을 때 반동의 일부분은 선체에 흡수되었으며 발사하는 순간의 충격으로 항해하고 있던 배의 움직임은 감지할 수 없을 정도로 느려졌다. 만약 정지상태라면 뒤로 약간 밀려났을 것이다. 가장 큰 대포라도 포좌에 얹힌 채 뒤쪽으로 밀려날 수 있도록 만듦으로써 주된 반동을 흡수할 수 있는 이상적인 방법을 찾은 것은 그 이후였다.[22]

이런 형태의 무장 갤리 선이 등장했던 것은 16세기의 처음 50년 동안 동부 지중해 지역의 주도권을 둘러싸고 오스만 튀르크와 기독교도 사이에 일어났던 전쟁에서였다. 1453년 오스만이 이스탄불을 점령하고 한때 그들의 영지였다가 비잔틴인들에게 속하게 된 모든 땅들을 사실상 되찾은 후로, 그들은 한때 동로마 제국에 속했던 영토를 자신들의 것으로 만들기 위해서 가공할 만한 힘을 집중했다. 1439년 세르비아가 오스만의 통치하에 들어갔으며, 알바니아는 1486년, 펠로폰네소스는 1499년에 오스만의 통치하에 들어갔다. 내부적 혼란이 오스만의 전진을 가로막았으나, 1512년 셀림 1세를 술탄으로 이의 없이 승계시킴으로써 1514년 페르시아의 사파비 왕조(1502–1736)를 격파했고, 맘루크가 지키고 있는 이집트를 다음 해에 정복했다. 이리하여 1515년에 오스만 제국의 국경은 다뉴브 강에서 나일 강 하류까지 그리고 티그리스–유프라테스 강의 상류에서 아드리아 해의 해안에 이르렀으며, 이것은 7세기 아랍의 대공격이 있기 직전 비잔틴 제국이 지배하던 크기에 맞먹는 지역을 포함하는 것이었다. 1520년에 제위를 승계한 셀림의 아들 술레이만 대제는 오스만의 지배영역을 더욱 넓히기 시작했다. 그는 1522년 구호 기사단의 수중에 있던 에게 해의 로도스 섬을 점령했다. 그리고 발칸 반도에 공세를 확대하여 현재의 유고슬라비아의 수도인 베오그라드를 1521년에 장악했고, 1526년에는 모하치 전투에서 헝가리 왕국의 군대를 격파했으며, 1529년에는 합스부르크 제국에 도전하기 위해서 베네치아 성벽 밑에 도착했다. 이것은 오스만 제국으로서는 이 도시에 대한 최초의 대규모 공격이었다.

한편 투르크는 기독교국들에 맞서 서쪽으로 전진하기 위해서 바다를 장악해가고 있던 중이었다. 그들은 합스부르크 제국을 측면인 동쪽에서부터 공격하기 위해서 이미 아드리아 해 깊숙이 진입해 있었다. 이것은 베네치아에게는 그들의 에게 해 섬들의 영지가 오직 오스만의 묵인하에서만 유지되고 있다는 경고이기도 했다. 기독교국들은 반격을 가해왔다. 1532년에 거대 무역도시인 이탈리아의 제노바의 안드레아 도리아 장군은 펠레폰네소스를 급습했다. 그리고 1538년에 베네치아와 교황청이 지중해에서의 오스만과 이탈리아에서의 프랑스 세력(이들은 1536년 오스만과 일시적인 동맹을 맺었다)의 위협에 대항하기 위해서 제2차 신성동맹을 결성하자, 그는 연합함대의 사령관이 되었다. 전쟁의 물결이 온 지중해를 거칠게 휩쓸었다. 1535년 투르크의 장군 케이르 에드-딘은 도리아에 의해서 쫓겨나기는 했지만 튀니지를 장악했으며 1538년에는 그리스의 서부 연안의 프레베자 해전에서 그의 함대를 격파했다. 이 승리는 이후 몇 년 동안 오스만 함대가 적어도 그때까지는 프랑스에 속하지 않았던 니스에서 에스파냐의 메노르카까지 서부 지중해에 깊숙이 침입할 수 있도록 허용했다. 북아프리카 해안에 있던 이슬람 교 약탈자들의 항구에 대한 기독교 국가들의 여러 차례에 걸친 성공적인 반격에도 불구하고—1560년 제르바에서의 전투는 주목할 만하다—투르크는 훨씬 우월한 입장에 있었다. 이유는 투르크가 그리스와 알바니아에서 돈을 받고 기꺼이 갤리 선의 노잡이가 되어줄 많은 기독교인들을 확보할 수 있었기 때문이었다. 베네치아와 에스파냐의 경우 노잡이를 노예와 죄수에 의지했기 때문에 수적으로 대등해질 수 없었던 것이다. 오스만이 지중해를 침략적인 목적을 위해서 자유롭게 이용하는 데에 방해가 된 것이 있다면, 바로 몰타 섬이었다. 몰타는 시칠리아와 북아프리카가 인접하고 있는 지점에서 서부와 동부 지중해를 나누는 해협을 장악하고 있었다. 그리고 기독교의 자선기사단에 의해서 강력한 요새로 탈바꿈했는데 그것의 위력은 병력에 비할 수 없을 정도로 대단했다. 1566년 5월에 포위된 요새는 땅과 바다를 통한 협공을 9월까지 버텨내다가, 한 에스파냐 함대의 개입에 의해서 위기에서 벗어났다. 지중해 지역을 완전히 장악하려던 오스만의 시도는 가까스로 좌절되었다. 마침내 위협은 나프팍토스(곧 레판토) 해전에서 끝을 맺었고, 1571년 승리를 거둔 신성동맹은 펠로폰네소스에서 투르크 함대를 물러가게 했다. 이것은 군함들이 손실되었기 때문이 아니라, 잘 훈련된 조립식 활의 궁수들로 이루어진 부대가 치명적인 손실을 입었기 때문이었다. 군함의 손실은 재빨리 회복될 수 있었다.

역사학자 존 길마틴이 경탄할 만큼 명료하게 말한 바에 의하면, 지중해의 갤리 선 전쟁은 2,000년 동안 변화하지 않은 기본적인 모습을 간직하고 있었다. 이것은 역대 육상전투들의 한 변형으로서가 아니라, 전투 그 자체가 해안에서 벌어지는 작전의 연장이라는 정상적인 의미에서의 수륙합동전 형태였다. 육군과 함대는 가능한 한 해안을 따라서 함께 이동했는데, 이것은 되도록이면 요새가 함대와 육군 모두에게 지원 포격을 해줄 수 있는 지점에서 함대의 측면과 육군의 해안 쪽 측면이 맞물릴 때 적과 교전하기 위한 것이었다. 나프팍토스는 예외였다. 전투가 연해에서 진행되는 한, 진정한 해전이라고 할 수 있었다. 나프팍토스가 그랬던 것이다. 그러나 이 승리는 충각이나 대포의 화력에 의해서가 아니라 가까운 거리에서 양쪽 군선에 타고 있던 병사들 사이의 발포에 의해서 이루어졌다. 기독교도들은 화승총(火繩銃) 총수들과 머스킷 총수들을 배치했다. 오스만은 전통적인 투르크 무기인 조립식 활의 궁수들로 맞섰다. 결과는 오스만의 패배였다. 투르크 군은 전투에 참가했던 6만 명의 병사 중에 총 3만 명의 사상자를 냈다. 이로써 나프팍토스 해전은 지중해 분쟁에서 전환점이 되었는데, 궁수가 필수적인 기술을 익히려면 한평생이 걸렸기 때문에 솜씨 좋은 수군궁수들의 부족은 결코 한 세대 내에서 재충원되어 메꾸어질 수 없었다. 이것은 "오스만 세력의 황금시대에 종말을 의미하는 것이었다. ……나프팍토스는 복원될 수 없는 삶의 전통이 사멸한 흔적이었다."[23)]

지중해 이외의 바다에서는 군선들 사이에 벌어진 경쟁이 다른 양상을 띠게 되었다. 전투의 결과는 이물에 실은 대포나 전투원들의 개인 무기에 의해서 결정되지 않고 함대에 만재한 함포에 의해서 결정되었다. 상선은 이때까지도 해군용으로 적합하지 않은 것으로 취급되었다. 상선은 노를 쓰지 않아서 느리게 항해했으며 과중한 적하물들로 인하여 해전에서 갤리 선들과 함께 작전하는 것이 적당하지 않았다. 비좁은 바다에서는 바람 방향이 아닌 쪽에서의 충각에 의한 공격이나 포격에 너무 쉬운 목표물이 되기도 했다. 그러나 대양에서는 상황이 정반대가 되었다. 갤리 선들이 파도가 몰아치는 대양에서 과도하게 길고 낮은 용골 때문에 잘 견딜 수 없었기 때문만은 아니었다. 많은 수의 승무원들에게 재보급하기 위해서 잠깐씩 항구로 돌아와야 한다는 것은 날씨가 허락하더라도 한 번에 며칠 이상은 바다에서 머물지 못한다는 것을 의미한다. 북해의 화물선들은 거친 바다에서 견딜 수 있도록 건조되었기 때문에 그러한 결점이 없었다. 깊은 동체는 충분한 식량과 식수통을 실을 수 있었기 때문에 한 번에 몇 달 동안 다수의 승무원들이 생활할 수 있었다. 범선의 결점은 다른 것이었다. 이물에 탑재하고 있는 대포는 바람이 뒤에서 부는 경우에만 사격방향을 정할 수 있었지만, 적이 항상 앞에서 나타난다는 보장도 없었다. 그래서 승선하고 있는 포병부대는 선체의 옆구리에 구멍을 뚫고 포격을 해야 했는데 그러기 위해서는 잇따른 기술상의 보완이 필요했다. 발사 뒤의 반동을 흡수하는 제동장치와 전투 시에 배를 조종하는 새 기술이 그것이었다.

땅에서 축성 전문가들이 보여준 것과 유사한 적응성을 가진 조선 전문가들은 문제가 발견되자마자 곧 해결했다. 자그마한 15세기의 대포들은 이물과 고물에 세워진 "포곽"에 설치되었다. 16세기 초에 개발된 "거포들"은 갑판 밑에 설치되었으며 발사할 때 제어할 수 있도록 삭구(索具)를 갖추었으며 "뱃전"에서 발사할 수 있도록 자리가 정해졌다. 이렇게 건조된 최초의 배는 일반적으로 1513년 영국의 메리 로즈 호라고 알려져 있다. 1545년에 그레이트 해리 호와 같은 배는 중포를 2개의 갑판에 싣고 있었다. 그리고 1588년 그렇게 무장된 대함대가 영국 해협에서 7일 동안 계속된 장기전을 치러냈다.[24)]

에스파냐 무적함대의 패배의 결과는 16세기의 종교전쟁에서 신교도와 구교도 사이의 세력균형에서 결정적인 역할을 했다. 그러나 15세기 말 이후 시작된 포르투갈, 에스파냐, 영국, 네덜란드의 아메리카, 아프리카, 인도제국을 향한 대양을 가로지르는 항해와 비교해본다면 무장 범선의 중요성을 잘 드러내지는 못했다. 북유럽형 범선은 1492년 콜럼버스를 아메리카로 그리고 이후에는 멕시코의 아즈텍 문명, 유카탄 반도의 마야 문명, 페루의 잉카 문명을 파괴한 에스파냐 정복자들을 수송했다. 이 배는 노(櫓)라는 보조동력에의 의존에서 벗어나서 돛 하나만으로도 항해할 수 있었다. 정복전쟁에서 정복자들에게는 말이 대포보다 중요한 화물이었다—코르테스는 1517년에 17마리의 말을, 몬테호는 1527년 유카탄에 50마리의 말을, 1531년에 피사로는 페루에 27마리의 말을 상륙시켰다—말은 서반구에서는 1만2,000년 이전에 최초로 서반구에 이주한 이주민 사냥꾼들에 의해서 멸종되었기 때문에, 원주민 전사들에게는 참으로 무섭고도 생소한 것이었다. 원주민들의 제의적인 전투방식 또한 희생제물로 쓸 포로를 잡기보다는 승리를 거두기 위해서 싸움을 벌이는 유럽인들과는 겨눌 수 없는 것이었다. 그러나 오직 몇백 명이 수천 명을 상대로 벌이는 싸움에서, 침략자들에게 결정적인 우위를 준 것은 바로 말이었다.

또다른 곳에서 대포는 유럽인 해상 모험가들의 중요한 무기가 되었다. 1517년, 희망봉(Cape of Good Hope)을 돌아서 항해하던 포르투갈인들은 홍해의 지다에서 육지에 설치된 대포의 지원을 받는 원주민 함대(맘루크 함대)에 접근하는 것은 너무 위험하다는 사실을 발견했다. 그러므로 서쪽 이슬람 제국으로 들어가는 후추 항로(spice route)를 봉쇄하려던 그들의 시도는 실패했다. 그러나 포르투갈은 호르무즈(1507)—오늘날에는 걸프 만의 석유가 통과하는 길목이기도 하다—와 인도의 서쪽 해안인 디우(1509)에서의 승리를 통해서 이미 인도양에서의 해상권을 장악하고 있었다.[25] 그리고 머지않아 동인도 지역(1511)과 중국(1557)에 근거지를 세운 다음, 필리핀에 대한 지배권을 둘러싸고 에스파냐와 경쟁을 벌일 계제가 되었다. 그 세기가 끝날 무렵이 되자, 이베리아 해양국가들이 전 세계 대양의 해안을 따라서 건설해 놓은 대포 요새는 다음 300년 동안 계속해서 성장하는 여러 제국의 거점이 되었다.

최초의 유럽 해양국가들과 대면하게 된 다른 사회들은 그들의 요구를 저지할 수 있는 방법이 거의 없었다. 유럽인들은 처음에는 교역권을 요구하고 그다음에는 교역기지를 건설하기 위한 토지를 그리고 마침내는 군사력을 이용하여 교역 독점권을 받아냈다. 온갖 풍토병으로 보호를 받은 아프리카의 연안 왕국들은 19세기 동안 이러한 침략에서 살아남을 수 있었다. 그러나 그것은 다만 내륙으로 파고들어가는 야만적이고 파괴적인 노예 수집상들과 공모한 대가였을 뿐이었다. 일본인들은 해상 경계선을 봉쇄하고, 과연 유럽인들이 전투에서 사무라이의 대담성을 능가할 수 있는지 도전장을 냄으로써, 전통적인 사회를 보전할 수 있었다. 한편 중국은 광대한 영토와 관료적인 응집력으로 영토가 분할되는 것을 막을 수 있었다. 그밖에 대부분의 나라들은 아주 손쉬운 먹이였다. 처음부터 에스파냐와 포르투갈이 식민지화를 꿈꾸던 아메리카 대륙에서, 원주민 사회들은 저항을 위한 효과적인 수단은 물론, 그들의 군사력에 맞서고자 하는 정신력조차 지니고 있지 못했다. 동인도 지역의 작은 술탄 왕국들은 쉽게 정복되었다. 한편 에스파냐인들이 대면한 필리핀인들의 대부분은 단순한 부족사회의 경작자였다. 오직 인도의 경우에만, 유럽인들의 침략적 접근을 막을 수 있을 만한 수준의 조직화된 국가체제가 존재하고 있었다. 그러나 당시의 정복자였던 무굴인들 조차 변경에 대한 통치력이 미약했기 때문에 그들을 완전히 몰아낼 수는 없었다. 더구나 어떤 무굴 황제도 유럽 함대로부터 해안선의 안전을 보장해줄 수 있는 유일한 수단인 대포를 갖춘 원양함대의 조직에 성공한 적이 없었다.

그러나 오스만 제국의 해상 경계선 너머에서 유럽인 함대들을 가로막는 것이 거의 없다고 해서, 이들이 아무런 저항도 받지 않고 항해했다는 것은 아니다. 오히려 그와는 반대였다. 모험을 통해서 얻는 대가가 너무나 엄청난 것이었기 때문에, 그들은 황금과 후추의 땅을 향한 원정이 시작되었을 때부터, 자국의 근해와 원양 모두에서 서로 싸우기 시작했다. 1601년, 네덜란드인들이 제일 먼저 인도의 코로만델 해안에 도착했고 8년 후에 영국인들이 도착했다. 곧 두 나라는 인도양을 장악하고 있던 포르투갈과 싸움을 벌였고, 그다음에는 영국 해협과 북해에서 1652–1674년에 걸친 세 차례의 대해전을 벌이며 서로 싸웠다. 네덜란드는 1624–1629년에 브라질에서도 포르투갈과 싸움을 벌이기도 했다. 또한 두 나라 모두 카리브 해에서의 무역권을 둘러싸고 에스파냐와 갈등을 빚었다. 카나리아 제도로부터 사탕수수가 전해지고 이것을 재배할 수 있는 노예들이 아프리카로부터 들어오기 시작하자, 이곳은 세계에서 가장 풍요로운 식민지역이 되었다. 뒤늦게 해양에 뛰어든 프랑스가 인도와 서아프리카에 무역기지를 건설하자, 17세기 중반부터는 북아메리카에서 해양제국들의 각축이 시작되었다.

해상에서 화약무기를 사용한 전투는 지상에서의 요새전보다도 포병의 위력을 더욱 뚜렷하게 증명해 보였다. 1650년 무렵이 되자, 각각 50문의 대포를 장착한 70척의 함대, 혹은 그 이상의 함대들이 현측포(舷測砲)를 쏘면서 전투를 벌였다. 가장 뛰어난 공격기술자라도 튼튼하게 건설된 성을 함락하는 데에는 몇 주일이 걸렸다. 그러나 영국의 남쪽에서 벌어진 3일 전투(1653)에서 네덜란드는 75척의 함대 중에서 20척을 잃고 3,000명의 사상자를 냈다. 이것은 해상에서의 전투가 얼마나 치열할 수 있는지를 보여주는 극명한 실례일 뿐만 아니라, 장차 다가올 더욱 끔찍한 전투에 대한 무서운 경고이기도 했다. 18세기 말엽이 되자, 가장 큰 군함들은 100문의 대포를 장착하게 되었다. 그리하여 프랑스–에스파냐 함대는 트라팔가르 전투(1805)

에서 단 하루 만에 7,000명의 사상자를 내기도 했다. 이제 창병과 기마병의 전사문화는 바다로 옮겨졌고, 그곳에서 함선의 포병들은 밀집대형 중무장 보병의 강인한 정신을 가지고 수많은 정면대결 전투에서 총을 들고 서 있었다.

## 화약무기의 안정성

해상 포병전에서 유럽의 선원들에게 요구되는 기술과 용기는 16세기 초반 "거선(great ship)"의 출현에서부터 19세기 중반에 증기 장갑선에 의해서 거선 함대의 직접적인 후예들이 쇠퇴하기까지 거의 변화가 없었다. 그러나 육지에서는 화약무기의 발전이 16세기와 17세기 동안 병사들을 교란시켜왔다. 대포의 화력과 이동성은 계속 발전하여 17세기가 끝날 무렵이 되자, 보다 가벼운 종류는 전쟁터에서 효과적인 무기로 사용될 수 있을 정도에 이르렀다.[26] 같은 시기에 머스킷 총의 화력과 사용법도 함께 발전되어, 쉬지 않고 발사할 수 있게 되었으며 새로운 부싯돌식 발화장치는 구식 발화장치보다 습기에 덜 예민했다. 그러나 보병의 경우에는 "총"과 창이 그리고 보병과 기병이 서로 가장 적절한 비율을 이루기까지는 아직 시간이 좀더 걸려야만 했다.

총의 거센 도전을 받은 기병들은 훨씬 더 정교한 마술(馬術)—맘루크들의 "푸루시이야"와 비슷한 정도의 복잡한 기술—을 채택함으로써 전쟁터에서의 자신의 위치를 영구화하려고 노력했다. 이들은 회전과 반회전(이러한 전통은 빈의 에스파냐식 승마학교에서 아직도 찾아볼 수 있다)을 교대로 반복함으로써 말 위에서의 총의 사용을 손쉽게 할 수 있으리라고 생각했던 것이다. 이 실험은 성공을 거두지 못했다. 총과 말은 서로 공존할 수 없었으며, 어떤 경우에도 보병이 너무나 효과적으로 전술을 정교화함으로써, 기병은 머스킷 총병의 약점을 알아차릴 기회조차 빼앗겨버렸다. 그것이 바로 17세기에 이르기까지, 군대가 머스킷 총병 두 사람당 한 사람의 비율로 창병을 보유한 이유였다. 창병들은 칼이나 총을 들고 전선을 위협하는 기병들에게 작전을 펼 수 있는 여지조차 주지 않을 수 있었으며, 한편으로 머스킷 총병들의 보호를 받았다.

그럼에도 불구하고 창병과 머스킷 총병은 동시에 같은 자리를 차지할 수 없었다. 그들의 무기는 상호 보완적이었지만, 똑같은 일을 할 수는 없었던 것이다. 결과적으로 프랑스와 스웨덴 그리고 합스부르크의 군대가 가세했던 독일의 30년전쟁(1618-1648)의 전투는 혼란스럽고 황당한 사건들의 연속이었다. 스웨덴의 국왕이자 전사였던 구스타프 아돌프는 1632년 뤼첸에서 전사했는데, 바로 머스킷 총병과 기마병이 뒤엉켜 있는 사이로 말을 몰고 들어갔기 때문이었다. 그러나 이 문제의 해결책은 아주 가까운 곳에 있었다. 17세기 말엽이 되자, 모든 유럽의 군대들은 거의 동시에 머스킷 총에 총검을 새로 부착하게 되었다. 이로써 총은 창의 역할을 동시에 수행할 수 있게 되었다.[27]

그러나 18세기 전투에 특징적인 성격을 부여했던 것은 총검과 머스킷 총의 결합만이 아니었다. 이보다 훨씬 더 중요했던 것은 보병의 군사훈련이 보편적으로 시행되었다는 것이다. 군사훈련은 오랜 기원을 가지고 있다. 밀집대형 전술의 단순성으로 미루어 보아 믿기 어렵기는 하지만, 마케도니아인들은 밀집대형 병사들에게 군사훈련을 실시했을 것으로 추측된다. 로마인들은 각 지역의 신병들을 군사학교에 보내어 창던지기와 방패 다루기 그리고 정형화된 스타일로 칼 쓰기 등을 가르쳤던 것이 분명하다. 그럼에도 불구하고 로마 군단의 대형(隊形) 발전이, 적과의 교전에서 이용되었든지 안 되었든지 간에, 머스킷 총검 군대의 훈련방식과 유사한 형태에까지 도달했을 것이라고 보기는 어렵다. 로마 병사들은 리드미컬한 걸음걸이 따위를 연습하지 않았다. 이것은 18세기에 들어서 정부가 평평하고 넓은 연병장을 마련하기 전까지는, 도저히 불가능한 행진방식이었다. 반면 근육의 힘이 발휘되는 전투는 단순한 몇 가지로 정형화될 수가 없었다. 그러므로 로마 군단은 창던지기 연습을 위한 목표물을 개별적으로 선택하도록 했을 것이다.[28]

화약무기 연습은 전혀 다른 목적을 가지고 있었다. 그것은 물론 무기를 사용하는 도중에 서로에게 상처를 입히지 않게 하려는—비록 연구된 바가 없는 주제이기는 하지만, 궁수들의 경우에도 마찬가지였을 것이다—머스킷 총병에 대한 자연스러운 염려에서 비롯되었다. 그나마 궁수들은 근접해 있는 단 한 명에게만 상처를 입힐 위험이 있는 반면에, 질서정연하게 밀집대형으로 종대를 지어서 사격하는 머스킷 총병의 경우, 특히 천천히 불이 붙는 심지 근처에 화약이 산재해 있던 초기에는, 만약 모든 병사들이 정확하게 일치하는 동작으로 장전하고 조준하고 발사하지 않는다면 연속적인 폭발사고를 불러일으킬 위험이 있었다. 17세기 초반부터 널리 배포되었던 머스킷 훈련교본—후대의 산업 안전수칙과 똑같은 것이다—은 총병이 무기를 들고 방아쇠를 당기는 순간까지 모든 과정을 여러 개의 정확한 동작—1607년에 발행된 오라녀 가(네덜란드의 유력한 귀족가문/역주)의 마우리츠 훈련교본에서는 57개 동작—으로 나누어놓았다.

그러나 17세기의 머스킷 총병들은 아직도 개인적인 재량이 있었다. 비록 발사 순간은 스스로 선택할 수 없었을지라도, 상대편 진영의 목표물만큼은 자신이 선택했다. 18세기가 되자, 이러한 자유조차 사라져버렸다. 30년전쟁이 끝난 이후부터—예를 들면 오스트리아와 프로이센 그리고 영국 군대의 최고참들은 1696년, 1656년과 1662년에 각각 양성되었다—만들어지기 시작한 왕실 연대들의 머스킷 총병들은 한 개인이 아니라 적의 집단을 향해서 조준하도록 훈련을 받았다. 훈련교관들은 쓸모없게 된 부러진 창을 가지고 다니면서, 제일 앞줄의 머스킷 총구가 똑같은 높이에 오도록 훈련을 시켰다. 그렇게 하면 발사 명령이 떨어졌을 때, 적어도 이론상으로는 총탄이 땅 위에서부터 똑같은 높이로 날아가서 반대편 적의 앞줄을 관통할 수 있기 때문이었다.[29]

병사들의 개인적 재량의 상실은 수많은 다른 방식으로도 명백하게 나타났다. 17세기 말엽부터, 병사들은 하인들처럼 규정된 제복을 입어야만 했다.

제복은 사실상 하인들의 근무복과 똑같은 개념에서 비롯된 것이었다. 제복은 주인에게 고용된 사람, 즉 권리와 자유가 제한된 착용자의 신분을 분명하게 드러내주었다. 16세기의 병사들은 종종 약탈하여 수집한 다양한 갑옷을 입고 자신의 무공을 뽐냈다. 비단이나 벨벳으로 만든 속옷을 자랑하기 위해서 겉옷을 찢는 르네상스의 유행은 군대에서도 그대로 이루어져서 병사들은 원하는 대로 멋진 옷을 입고 좋아해도 아무런 처벌을 받지 않았다. 지휘관들은 멋진 제복을 탐닉했다. "병사들이 자신의 군복을 자유롭게 선택하는 문제는 논쟁거리였다. 그들은 그렇게 함으로써 더욱 용감하고 신명나게 싸울 수 있다고 생각했다."[30] 그러나 18세기 병사들은 신명이 아니라, 명령에 따라서 또한 의무에 의해서 싸울 것이 기대되었다. 군기를 강화하기 위해서, 사관들은 병사들을 혹독하게 다루었다. 16, 17세기의 자유로운 창병이나 용병이었다면 그런 대접을 감수하려고 하지 않았을 것이다. 또한 오직 살인이나 폭동에 대한 당연한 징벌로서는 교수형이나 처벌을 받아들였으나, 일상적인 구타나 법에 의한 태형 따위는 결코 용납하지 않았을 것이다. 그러나 제복을 입은 왕국의 군인들은 그런 방법을 통해서 질서를 유지했다.

사실, 이탈리아 전쟁이나 30년전쟁의 무정부적인 떠돌이 부랑자들과는 전혀 다른 종류의 개인만이 새로운 연대에서는 받아들여졌다. 17세기 프랑스 내전(프롱드의 난/역주)에 참가한 병사들의 대부분은 무법자, 부랑자, 도둑, 살인자, 불경자, 채무자들로 이들은 일상적인 생활로부터 등을 지고 쫓겨났기 때문에 군대에 흘러들어온 것이었다.[31] 물론 모든 군인이 이렇게 천박한 범주에 속했던 것은 아니었다. 특히 에스파냐와 스웨덴 군대(후자는 군사 소농 제도[Indelingsverket]를 통하여)는 마을이나 농가로부터 건장한 남자를 모집하여 정규 연대를 구성하는 데에 성공했다. 그러나 일반적으로 용병 고용자들이 채용하는 병사들은 "인간쓰레기들"이었다. 군주국들은 종종 가족이 많고 가난한 가정의 젊은 아들들을 채용했는데, 이들이 일반적인 직업을 얻을 수 있는 기회는 극히 드물었다. 보통 이들은 징집 형식으로 군대에 들어왔는데, 특히 17세기부터 불법적인 강제에 의하여 대부분의 농민들이 농노화되었던 프랑스와 프로이센과 러시아에서 그러했다.[32] 비록 이 연대를 조직한 사람들은 그 사실을 부인할지라도, 우리는 이것이 일종의 군사노예 제도로서 오스만의 예니체리와 비슷한 성격을 가지고 있다는 사실을 곧 깨달을 수 있다. 천민 중에서 선발된 그들은 혹독한 훈련에 의해서 길들여졌으며, 철저하게 시민권이 부인되었다. 빽빽이 늘어서서, 거의 기계적인 동작으로 이루어지는 스테레오타입화된 그들의 훈련방식은 그 구성원들이 경험한 개성의 말살을 정확히 반영하고 있다.

왕실 군대의 사관들 또한, 실제의 혹은 상상 속의 선배 기사들이 향유했던 여러 가지 개인적 자유를 포기해야만 했다. 17세기 초반부터, "귀족가문의 젊은 청년들의 경망함과 방탕함"은 베네치아인들로 하여금, 실제로 그렇게 불린 것은 아니지만, "장교계급"으로 곧 인식될 자들에게 군기와 전문적인 공부를 가르치기 위한 군사 아카데미를 세우도록 했다. 나사우의 마우리츠, 요한, 빌렘의 개혁은 이러한 과정을 더욱 가속화했다. 그들은 로마 군단의 정신과 조직을 되살리기 위한 의식적인 노력의 결과로서, 일부러 고전적인 군사교육으로 되돌아갔다. 그리하여 마치 축성 기술자처럼, 국제적인 시장에서 자신의 지식을 팔 준비가 되어 있는 전문적인 훈련교관이 출현했다. 더불어 열정에 가득 찬 젊은 귀족들에게 행진연습과 펜싱, 진보된 승마술을 가르치고 심지어 세련된 교양을 가르치는 군사학교가 설립되었다.

지겐에 설립되었던 나사우의 요한의 스콜라 밀리타리스는 겨우 1617년부터 1623년까지 존립했지만, 유럽 최초의 진정한 군사 아카데미로 인정받고 있다. "이곳에서 가장 강조하는 것은 기술적으로 유능한 보병장교를 양성하는 것이었다." 존 헤일 교수는 1570년에서 1629년 사이에 독일과 프랑스에 설립된 또다른 5개의 군사 아카데미의 존재를 밝혀놓았지만, 그중에서 오늘날까지 남아 있는 것—생-시르, 샌드허스트, 브레다, 마리아 테레지아너와 모데나 등은 그 기원이 18세기와 19세기 초반으로 거슬러 올라간다—의 원조로 여겨지는 것은 하나도 없다. 군사 아카데미의 설립은 새로운 사상의 도래 혹은 적어도 부활을 의미한다. 즉 로마인들이 믿었던 바와 같이, 전쟁에서의 지휘력은 군사적 덕목뿐만 아니라 교양이 필요하다는 것이다.[33] 이것은 1668년, 루이 14세가 메스에 최초로 설립한 포병과 공병 아카데미에서 새로 부상하는 중산계급의 젊은이들을 훈련하는 것도 이와 유사한 경향이었지만 그보다도 훨씬 의미 있는 발전이었다. 수학을 공부하는 것은 미래의 포병과 공병에게는 분명히 필수적이었다. 그러나 기계적인 학습을 부여하고 고전을 시험 보며 매질로 혈기왕성한 젊은이들을 위협하는 것은 또다른 차원의 혁신이었다. 그들은 사냥과 마상 창시합과 매사 냥만이 전사를 양성하는 데에 필요한 모든 것이라고 생각했던 시대에 종지부를 찍은 것이다.[34]

훈련, 규율, 체계적인 전술, 과학적인 사격술 등 이 모든 것은 세기의 전쟁방식을 16세기나 17세기의 혼란스럽고 실험적이었던 방식과는 전혀 다른 성격의 것으로 구분 지었다. 1700년경이 되기까지는 전쟁터에서 사용하는 무기들의 형태는 150년 동안 변하지 않았다. 머스킷 총으로 무장한 보병들은 비록 100야드가 넘는 범위에 있는 적군에게는 아무런 피해를 입히지 못했지만, 적군의 앞줄에 대하여 즉각적으로 치명적인 타격을 입힐 수 있는 일제사격 집단이 되었다. 한편 점점 더 신속한 이동력과 발사력을 갖춘 포병들은 정예보병들의 견고한 대형을 뒤흔들 수 있는 유일하고 확실한 수단을 제공했다. 그러나 이들의 안전한 임무는 기병의 시의적절한 기습으로 위협받을 수 있었다. 기병들은 점차 부수적인 활동에 투입되어, 대포에 의해서 대형이 무너진 보병들을 벌주거나 탈주자들을 뒤쫓는 임무를 맡았다.

이리하여 18세기 군대의 세 가지 요소, 즉 머스킷 부대와 대포부대와 기병대의 서로 상반되는 특성들은 회전(會戰)의 전쟁터에서 비정상적인 균형상태를 이루었으며, 17세기 말의 마지막 네덜란드 전쟁에서부터 프랑스 혁명의 발발에 이르기까지 유럽의 절대군주들이 끊임없이 싸움을 벌였던 전쟁에서 러셀 위글리 교수가 끝없는 무승부(persistent indecisiveness)라고 명명한 결과를 낳았다. 군복을 입은 머스킷 총병들은 밀집대형으로 연속사격을 하고 대포의 공격 앞에서 우왕좌왕하면서 기병들을 쫓거나 혹은 그보다는 자주 쫓김을 당하다가, 하루해가 저물면 또다시 처음처럼 싸움을 벌일 수 있는 전력을 그대로 유지한 채, 전쟁터를 떠났다. 왕조전쟁의 절정기에 "대전투들"—블렌하임(Blenheim, 1704 : 에스파냐 왕위계승 전쟁. 교전부대 쌍방의 사상자 수가 3만 명 이상에 이르렀다/역주), 퐁트누아(Fontenoy, 1745 : 오스트리아 왕위계승전쟁. 7,500명의 프랑스 군 사망/역주), 로이텐(Leuthen, 1757 : 7년전쟁. 오스트리아 군과 프로이센 군의 사상자는 모두 1만2,000명이었다/역주)—은 어떤 영구적인 전쟁 성과보다는 사상자 숫자 때문에 악명을 떨쳤다. 18세기 전쟁이 종지부를 찍은 것은 월등한 무력에 의한 결전 때문이 아니라, 전쟁을 수행하기 위한 돈과 인력의 고갈 때문이었다.

18세기가 저물어감에 따라서 전쟁에서의 승패를 분명히 하려는 노력의 하나로, 유럽의 군대들은 점차 전통적인 전사민족을 모집하는 일에 관심을 돌렸다. 그들의 변칙적인 전투방식이 군복을 입은 정규군의 공격성을 더욱 강화시켜주지 않을까 하는 기대 때문이었다. 마자르인 경(輕)기병인 후자르는 헝가리에서 충원되었고, 저격병들은 중앙 유럽의 산림과 산악지대 그리고 오스만 발칸 반도로부터 도망쳐온 기독교 피난민들(일반적으로 "알바니아인"이라고 알려진) 중에서 선발했다. 모차르트의 오페라 "코시 판 투데(Cosi fan tutte)"의 줄거리는 이들 이국적인 이방인들이 문명사회의 상상력에 어떤 관심을 불러일으켰는지를 보여준다. 사실상 그들은 너무나 소수였기 때문에 어떤 식으로든 전세를 역전시킬 수 없었다. 북아프리카의 주아브, 보스니아의 무슬림, 티롤의 예거, 펀자브의 시크 그리고 네팔의 구르카 등을 지휘할 수 있는 기회는 프랑스와 오스트리아와 영국의 젊은 장교들 중에서도 가장 용기 있는 자들의 본능을 자극했는데, 비록 이들 연대가 19세기까지 지속되는 하나의 유형으로 자리를 잡기는 했지만, 정규군 옆에 나란히 선 그들의 모습은 객관적인 영향력보다는 볼 만한 구경거리—주아브인들의

"투르크식" 복장은 19세기 의상에 가장 큰 영향을 미치기도 했다—를 제공했다. 비정규 외인부대들은 해외에서의 "소규모 전투"에서 가장 능력을 발휘했다. 영국군으로 복무하던 독일인 경무장 보병들은 미국 독립군의 라이플 소총병을 맞이하여 최선을 다해서 싸웠다. 반면 유럽식 무기로 무장한 미국의 원주민—레드 인디언(Red Indian)—은 울창한 숲속 깊은 곳에서 정규군들을 농락했다.

역설적인 사실은 유럽식 기준에 의해서 훈련받은 군대들이 전통적인 전사민족을 적으로 맞이한 싸움에서 가장 큰 전과를 올렸다는 것이다. 17세기 말엽이 되자, 유럽에 대한 오스만의 공격은 거의 끝나가고 있었다. 왜냐하면 합스부르크 왕국이 술탄의 예니체리와 맞서 싸울 수 있을 만큼 훌륭한 자질을 가진 정규군을 양성하는 데에 성공했기 때문이었다. 예니체리(Yeniçeri)—이 단어는 "신병"이라는 투르크어에서 유래된 것이다—는 맘루크와 비슷한 노예병사였지만, 다른 점은 발칸 반도의 기독교 노예들의 어린이들을 강제징발(devsirme)하여 보병 훈련을 시켰다는 점이었다.[35] "새로운 병사", 즉 예니체리는 근본을 따지자면, 서유럽의 부랑자 군대와 비교될 수 있을 것이다. 그러나 17세기 말에 이르자, 전장에서의 이들의 규율과 강인성은 유럽의 정규군에 필적할 만한 것이었다. 심지어 그들의 군사훈련은 유럽보다 더욱 우수했다. 1683년, 예니체리는 빈을 포위하며 전 유럽을 공포에 떨게 만들었다. 그러나 25년이 지난 후에, 그들은 남부 헝가리와 북부 세르비아에서부터 쫓겨나고 그들의 지도자는 카를로비츠 평화조약(1699)에 서명해야만 했다. 이로써 위대한 오스만 제국은 1911-1912년의 발칸 전쟁을 끝으로 이스탄불로 퇴각하기 시작했다.

그러나 유럽 너머의 이슬람 제국, 특히 인도의 무굴 영토에서는 예니체리와 같은 수준의 능력 있는 토착군인을 양성하지 않았다. 인도는 16세기 초반부터 투르크 용병—투르크인들은 여전히 베오그라드의 웅장한 성채를 비롯하여 서방의 어떤 기술자보다도 인상적인 요새들을 건축했다—인 포병들과 공성 기술자들로 가득했으며, 17세기부터는 영국과 네덜란드, 프랑스 그리고 스위스에서 온 총포 전문가들로 넘쳐났다. 18세기가 되자. 무굴인들은 훈련교관을 원하기 시작했고 주로 프랑스가 이를 공급을 담당했다. 그러나 초원지대의 전통에 깊이 뿌리내린 무굴인들의 감성은 훈련교관들의 노력을 무위로 만들었다. 무굴 왕조를 창건한 바부르(1483-1530)는 기병이 보병의 "정수"를 가지지 않더라도 성공적으로 전투를 수행할 수 있다고 믿었다. 그러므로 1616년과 1619년 사이에 무굴 황실을 방문했던 영국 대사 토머스 로 경은 무굴의 군대를 보고 "적에게 두려움을 안겨주기보다는 약탈에나 더 적합한 유약한 군대"라고 생각했다. 그리고 이스탄불의 동료들에게 이렇게 말했다. "비록 수많은 사람들이 군인으로 자처하기는 했지만, 나는 단 한 사람의 군인도 보지 못했소."[36] "자질" 대 "숫자"의 싸움은 무굴의 패배로 판가름났다. 18세기 중반, 영국이 초원지대의 풍습에 물들지 않은 힌두인들을 선발하여 훈련시켰을 때, 그들은 재빨리 수적 열세를 보병훈련으로써 만회할 수 있는 군대를 양성했다. 플라시(1757)에서 대영제국은 인도에 대해서 승리를 거두었다. 클라이브가 이끄는 1,100명의 유럽인들과 2,100명의 힌두인 세포이는 5만 명의 무굴인 보병들과 기병들에게 포위되었지만, 강력한 머스킷 총으로 그들을 쉽사리 흩어버린 뒤에 멀리까지 쫓아버렸다. 이곳에서 군사훈련과 지역군의 조직은 150년 전에 나사우의 사촌들이 예견했던 모든 것을 달성한 것이다. 그러나 이들이 거둔 성과는 다만 새로운 군사문화에 적응할 준비가 되어 있지 않았던 전혀 다른 군사전통의 병사들이 진정한 의미에서 충격을 받았기 때문이었다.

## 정치적 혁명과 군사적 변화

군사훈련과 그 저변의 군인정신은 인도에서 유럽인들과 똑같은 머스킷 총과 대포로 무장한 병사들을 상대로 한 싸움에서조차 큰 승리를 거두었다.

플라시는 물론이고 그와 유사한 10여 차례의 다른 전투들은 전쟁에서 정신적인 요소가 물질적인 요소보다—나폴레옹의 평가에 따르면—3 대 1 정도로 중요하다는 주장을 뒷받침해주었다. 기술적으로 대등한 적과 싸운 또다른 해외전투에서도, 군사훈련은 다른 정신적 요인(예를 들면 유럽의 이주민들은 자율적인 과세와 자치정부를 그들의 당연한 권리로 여기고 쟁취하기 위한 싸움은 정당하다고 느꼈다)과 함께 승패를 판가름 짓는 요소로 더욱 부각되었다. 그중에서도 특히 영국과 그들의 북아메리카 식민지 그리고 에스파냐와 그들의 남아메리카 식민지 간에 벌어진 전투가 주목할 만하다. 남아메리카 식민지의 에스파냐에 대한 저항을 불러일으킨 북아메리카 식민지와 영국 간의 전쟁은 진정한 의미에서 최초의 정치적 전쟁이었으며, 법적 권리의 찬탈이나 혹은 종교적 차이와 같은 전통적 동기로부터 벗어난 것이었다. 그들은 추상적인 원리들을 인정받고 단순한 독립뿐만 아니라, 새롭고 더 나은 사회에서의 자유를 획득하기 위해서 싸웠다. 자유를 위한 투쟁은 단시일 내에 이루어지지 않았다. 아마도 식민지 주민들 중에 오직 3분의 1만이 능동적으로 이 전쟁에 참여했으며, 또다른 3분의 1은 중립을 지켰고 나머지 3분의 1은 구질서에 여전히 충성했을 것이다. 처음에 혁명주의자들이 양성한 군대는 허약하고 무기조차 보잘것없었다. 본래 아메리카 대륙의 원주민들과 캐나다의 프랑스인들의 공격으로부터 식민지를 방어하기 위해서 양성된 식민지 의용군을 기초로 창설된 이 군대는 영국 정규군의 군율에 맞서 싸우며 광활한 북아메리카를 무대로 서로 다른 여러 지점에서 적을 위협하는 능력을 발휘하여 커다란 성공을 거두었다. 더욱이 식민지 군대는 기회가 닿을 때마다 적을 공격할 수 있다는—실제로 1775년 이들은 퀘벡의 요새를 공격하기 위해서 캐나다를 침공하기도 했다—자신감이 있었다. 한편 1779년과 1781년에는 멀리 오하이오 강과 중부 캐롤라이나까지 군사행동을 펼치면서 활동무대를 내륙으로 이동했다. 이러한 작전은 영국군의 전력을 사방에 분산시킴으로써, 그들의 가장 커다란 장점, 즉 해상으로부터 해안의 주요 도시를 공격할 수 있는 능력을 발휘하지 못하도록 했다. 이러한 능력은 영국의 적수였던 에스파냐와 프랑스의 개입으로 더욱 빛을 잃었다. 1780년, 프랑스 원정군과 대함대의 파견은 대세의 흐름을 결정적으로 바꾸어놓았으며, 결국 1781년 10월에 영국의 주요 부대는 요크타운에서 항복하기에 이르렀다.

비록 외국의 원조를 받기는 했지만, 승리가 오직 미국인들 자신의 것임은 의심할 여지가 없었다. 그리고 그들이 보여준 실례는 프랑스의 입헌주의자들에게 큰 자극이 되어, 루이 16세에게 새로운 요구를 주장하게 되었다. 마침내 1789년 루이 16세는 100년 이상 동안 한 번도 소집하지 않았던 신하들을 불러 모았고, 새로운 조세제도에 동의하지 않을 수 없었다. 18세기 동안 계속된 왕실의 전쟁 요구 때문에, 이미 프랑스의 국고는 고갈되고 재정체계는 붕괴되어 있었다.

거기에 아메리카 식민지를 도와서 프랑스 해군과 육군이 영국과 전쟁을 치르는 데에 소모한 비용은 최후의 일격을 가한 셈이었다.[37] 초원지대 전통에 속한 무법적인 약탈자들의 경우를 제외하면, 이전부터 언제나 많은 비용이 들어가는 전쟁은 종종 국가를 파산시키고 한왕조의 몰락과 새로운 왕조의 계승을 강요했다. 그러나 전쟁으로 인한 재정적 파산 위협은 정부에 대한 전적으로 새로운 철학을 아직까지 예고한 바가 전혀 없었다. 그럼에도 불구하고 재정의 압박은 삼부회(États généraux)의 소집이라는 결과를 낳았고, 삼부회는 잇따라서 프랑스의 귀족과 성직자와 평민들은 신분에 의해서가 아니라 머릿수에 의해서 투표권을 행사하며 모두 함께 자리를 해야만 한다는 결정을 내렸다. 그리고 마침내는 국왕이 민주적인 헌법에 자신의 권한을 모두 위임할 때까지 계속해서 개회할 것을 결정했다. 그러나 루이 16세가 힘으로 삼부회를 위압하려는 어설픈 시도를 하자, 이들은 스스로를 국민의회(Assemblé Nationale)로 명명하고 파리 시내에서 봉기를 이끌었다. 여기에 왕실 연대인 가르드 프랑세즈(Gardes Françaises)가 합세하기에 이르렀다. 한동안 미봉책으로 혁명에 대처하던 국왕은 해외로 도피하려고 했으나 실패했고, 모든 공권력 행사를 중지당했다. 한편 국민의회는 프랑스의 이웃 국가들, 특히 프로이센과 오스트리아에게, 반공화주의적 망명자들에게 피난처를 제공하려고 했다면서 으름장을 놓았다. 그들은 전쟁을 도발하기 위해서 반혁명군을 조직하고 있었다. 1792년 4월에 루이 16세는 국민의회의 선동하에서 오스트리아와의 전쟁을 선언했다. 오스트리아는 재빨리 프로이센과 러시아와 동맹을 맺었고, 1793년에는 영국과 동맹을 맺었다. 프랑스의 침공은 1792년 7월에 시작되었다.

프랑스 혁명전쟁은 1799년 나폴레옹 보나파르트가 제1통령으로 정부의 수반이 된 이후부터 계속되어 1815년까지 이어졌다. 처음에는 방어적인 싸움으로 시작되었지만, 1790년 5월에 정복전쟁을 선포한 프랑스 군은 급속도록 성장하여 유럽 역사상 유례가 없을 정도로 지속적이며 광범위한 공격을 펼쳤다. 애초에는 이웃 왕국의 인민에게 혁명의 자유를 전파하려는 욕망에서 전쟁을 시작한 프랑스인들은 결국 국력을 키우기 위한 끝없는 군사적 프로그램에 스스로를 내맡기게 되었다. 1812년에 나폴레옹은 100만이 넘는 군사를 거느리고 에스파냐에서부터 러시아까지 대륙을 휩쓸었다. 그리고 모든 경제와 행정을 지휘했다. 그의 통치의 유일한 목적은 병사들을 계속해서 전쟁터로 내보내는 것이었다. 러시아를 제외한 유럽 대륙의 중요 강대국들은 모두 자국의 영토 내에서 패배했으며, 보다 작은 국가의 병사들은 철저하게 프랑스 군대에 통합되었다. 그리하여 신체 건강한 남자들의 경우, 그가 사는 곳이 어디이든 군대생활을 하거나 혹은 징집의 두려움 속에서 살아야만 했다. 경제적 한계상황에 있는 사람들만이 군대생활을 할 위험이 있었던 유럽 사회는 20여 년 동안 꼭대기부터 밑바닥까지 철저하게 군사화되어갔다. 더불어 지금까지는 오직 소수—자발적인 경우도 있었지만 보다 흔히는 비자발적이었던—만이 알고 있었을 뿐 대다수의 사람들에게는 관심의 대상이 되지 못했던 군인생활의 영광과 고난은 이제 모든 세대에 걸쳐서 많은 사람들의 공통된 경험이 되었다. 어떻게 해서 이런 일이 이루어지게 되었을까?

프랑스인들은 애초부터 "모든 사람을 병사"로 만들려고 하지는 않았다. 오히려 혁명의 기본사상은 반군사주의적이고 이성적이며 합법적인 것이었다. 이성의 지배와 정당한 법의 역할을 수호하기 위하여—비록 허상일지라도, 이들은 지난날 전사의 신분에서 지금의 사회적 위치에까지 오른 귀족계급의 봉건적인 특권을 폐지했다—대혁명의 시민들은 무기를 들었던 것이다. 15년 전에, 아메리카 식민지 사람들이 그와 똑같은 일을 했다.[38] 그러나 아메리카의 영국 식민지 사람들이 기존의 군사제도—인디언과 프랑스인들로부터 그들의 정착지를 보호하기 위해서 유지했던 군사제도—를 자신들의 목적에 맞도록 전환한 반면에, 프랑스인들은 자신들만의 새로운 도구를 창조해야만 했다. 왕의 군대는 정치적으로 믿을 수 없었을 뿐만 아니라, 정예 장교들의 대부분을 잃어버렸다. 그들은 혁명정부가 왕의 위엄을 손상시키자, 제일 먼저 이에 반발하여 프랑스를 떠나간 무리들 중의 하나였다. 열정에 가득 찬 의용병들은 남아 있는 왕당파 군대로부터 혁명정부를 방어하기 위해서 국가수비대를 결성했다. 그러나 1789-1791년의 입법가들은 고전고대의 그리스 도시국가들이 그러했던 것처럼, 처음에는 무기를 소지할 수 있는 권리를 오직 믿을 수 있는—그들이 의미하는 바에 따르면, 재산을 소유한—사람에게만 부여하려고 노심초사했다. 그러므로 본래 국가수비대는 충분한 인원을 확보하지 못했으며, 그나마 가정에 대한 애착심이 강한 부르주아들이 너무 많은 비중을 차지했기 때문에 능률적인 군대를 구성하지 못했다. 위협이 내부적인 것일 때에는 별로 문제가 되지 않았다. 성난 군중들이 언제나 거리에 모여들어서 왕에게 충성하는 군대와 대담하게 싸웠기 때문이다. 그러나 1792년 7월 이후부터 외부로부터의 침공의 위험에 처하자, 프랑스는 하루 빨리 대규모의 능률적인 군대를 조직할 필요가 있었다. 이렇게 되자 1789년의 반군국주의 정신은 까맣게 잊혔고, 미국헌법의 "무기를 소지할 권리"의 논리가 널리 받아들여졌다. 그리고 총을 소지하는 것은 시민의 자유를 수호하는 것으로 여겨지면서, 국가수비대의 일원이 되기 위해서 재산자격 조항은 서둘러 폐지되었다(7월 30일). 7월 12일에는 기존의 15만 명의 정규군에 다시 5만 명을 추가해야 한다는 호소가 있었으며, 1793년 초반에는 30만 명의 남자들이 모병되었는데, 군대에 자원하지 않는 사람은 강제로 징집되어야만 했다. 마침내 8월 23일에는 모든 신체 건장한 남자들은 공화국의 명령에 따라야 한다는 총동원령(leveé en masse)이 선포되었다. 이미 정규군과 국가수비대는 1 대 2의 비율로 혼성 여단(旅團)을 편성했으며, 정규군은 의용병들이 자신의 임무를 배울 때까지 지원해야 한다는 명령이 내려졌다.

이제 완전히 새로운 종류의 군대가 탄생했다. 군기는 육체적인 징벌(비록 모주꾼들은 물로 배를 채워야 했지만)에 의해서가 아니라, 사관과 병사로 이루어진 군사법정에 의해서 확립되었다. 사관들은 국가수비대의 관행에 따라서 선출되었으며, 봉급은 비교적 넉넉한 수준에서 고정적으로 혁명군들에게 분배되었다. 그러나 전쟁의 압력이 커지자 사관의 선출관행은 곧 폐지되었고(1794), 군기위원회도 제재를 당했다(1795). 그러나 이미 군대의 사회적 변화는 너무나 멀리까지 진행되어 이러한 뒤늦은 생각으로는 뒤집을 수가 없었다. 1789년에는 장교의 90퍼센트가 귀족이었던 반면(종종 소귀족들은 그들이 누리는 거의 유일한 사회적 지위를 알려주는 문장을 자신들의 무기에 새겼다), 1794년 무렵이 되자 오직 3퍼센트만 남아 있었다.[39] 그 빈 자리는 민간인들이나 더욱 흔하게는 과거의 왕실연대의 하사관들이 차지했다. 혁명군은 실제로 "재능 있는 자에게 자리를 개방했던" 것이다. 나폴레옹의 26명의 원수들 중에서 오주로, 르페브르, 네이, 수는 1789년 이전에 하사관이었다. 더욱이 빅토르는 악단 출신이었으며 다른 3명의 원수, 즉 주르당, 우디노, 베르나도트(그는 러시아 황제 알렉산드르 1세의 어떤 장군보다도 뛰어나서, 결국 스웨덴의 왕위에까지 올랐다)는 사병에 불과했다. 과거의 군대는 이토록 능력이 많은 사람들에게 어떤 기회도 부여하지 않았던 것이다.

1782년에도, 최소한 중조 할아버지까지 귀족이었던 후보생들에게만 장교임관을 허용했다. 군대에서 훈련을 받은 그들은 1789년의 사회적 해방을 통해서 자신감을 가지고 결국에는 뛰어난 지휘자가 되었다.[40)]

그러나 나폴레옹의 원수들 중에는 1798년 이전에 장교였던 사람들도 포함되어 있었다. 마르몽은 나폴레옹 자신과 마찬가지로 메스에 있는 루이 14세의 포병학교를 졸업했으며, 그루시는 가르드 에코세즈(Gardes écossaises : 본래 부르봉 왕실의 바랑족 연대)에서 복무했다. "재능 있는 자에게 개방한다"는 것은 말 그대로 비록 망명귀족이라고 할지라도 혁명을 위해서 봉사할 준비가 되어 있는 모든 왕당파 장교들의 재능을 인정한다는 의미였다. 1706년, 보나파르트가 이탈리아의 합스부르크 영토를 향하여 가공할 칼을 뽑아들기 시작했을 때, 공화국의 군대는 가장 넓은 의미에서 그야말로 "혼성군(amalgame)"이었다. 과거의 정규군과 국가수비대들뿐만 아니라, 많은 다른 전통 속에서 성장한 사관들까지, 새로운 프랑스에게 봉사하기 위해서 그리고 또한 군인으로서 성공적인 경력을 쌓을 수 있다는 보상을 의식하여 하나로 결속했던 것이다. 승진과 전리품은 별개의 문제였다. 한편 머스킷 총과 총검에 의한 전투가 좀처럼 승패가 나지 않는 고착상태로부터 벗어날 수 있는 방법을 찾는 것이 대단히 시급했다. 또한 민중들이 왕정을 전복시켰던 것과 똑같은 기세로 혁명과 앙시앵 레짐 사이의 전투에 참여하도록 하는 것도 중요한 문제였다.

해결책은 아주 가까운 곳에 있었다. 왕실군대 또한 최근의 7년전쟁과 오스트리아 왕위계승 전쟁에서 전투의 승패가 확연하지 않음으로써 당혹스러워하고 있었으며, 특히 기베르 백작과 같은 귀족 출신의 장교들은 전술의 개혁을 주장하고 나섰다. 당대의 여느 군인들과 마찬가지로 기베르 또한 프로이센의 프리드리히 대왕의 업적에 대해서 깊은 감명을 받았다. 그는 소수의 정예부대를 거느리고 프로이센보다 훨씬 더 큰 나라의 군대를 여러 차례 무찔렀던 것이다. 프리드리히의 철저하게 계산된 전투방식은 그 당시의 정신과 조화를 이루었다. "계몽주의 혹은 이성의 시대는 이미 모든 정부의 기관들이 사람들의 정신과 욕망에 조화를 이루어야만 한다는 사상을 탄생시켜놓았다."[41] 전형적인 귀족적 합리주의자였던 기베르는 프로이센의 군사훈련과 교습을 통해서 프랑스 군대가 국가권력의 논리적 도구로 변모할 것이라고 굳게 믿었다. 동시대의 많은 사람들이 그러했던 것처럼, 그는 오직 화력에 의해서만 적의 저항을 무너뜨릴 수 있다고 생각했던 머스킷 총병의 구식 횡대 편성방식에 대한 의존을 거부했다. 그리고 결정적인 결과를 가져올 수 있는, 대규모 군대에 의한 기동작전으로의 전환을 촉구했다. 우리에게 알려진 바와 같이 "횡대 대 종대" 간에 벌어진 이 논쟁에서 그와 그에게 동조하는 다른 사관들은 1789년이 되면 승리를 거두었다. 그러나 기베르나 다른 사관들도 자신들의 논쟁을 끝까지 따라갈 수는 없었다. 왜냐하면 그러기 위해서는, 병사들이 국가에 대한 더 훌륭한 봉사뿐만 아니라, 국가와 자신을 일치시키는 법을 배워야만 한다는 사실을 받아들일 것이 요구되기 때문이다. 기베르는 마음속으로는 여전히 절대주의자였다. 지적으로는 시민군의 사상으로 되돌아갔지만, 그는 자신의 사회적 편견에 의해서 현실을 포용하지 못했던 것이다.

혁명은 그러한 모순을 해결했다. 혁명은 거의 하룻밤 사이에 진정한 시민군을 탄생시켰던 것이다. 이들은 아직까지 살아남은 앙시앵레짐 군대와의 싸움에서 곧 맞부딪히게 될 문제의 해결책을 구식 연대의 전술논쟁 속에서 찾아냈다. 지금까지는 혁명군들이 이동식 대포의 집중적인 지원을 받으면서 밀집된 종대로 싸움을 벌였을 것이라고 주장되었다. 왜냐하면 직업군인이 아니었던 시민군을 가지고서는 지휘관에게 달리 선택의 여지가 없었기 때문이다. 그러나 최근 들어서 이러한 견해가 근시안적인 것이라는 사실이 인정되고 있다. 어쨌든 변화가 일어나고 있었고, 혁명군 장교들은 이러한 변화를 더욱 앞당겼던 것이다. 그러나 그것이 왜 그러한 변화가 효과적으로 작용했는가 하는 이유를 설명해주지는 않는다. 뒤무리에, 주르당 그리고 오슈 같은 장군의 지휘하에서, 16세기부터 국경지대에 대포 요새가 건설된 이후부터 군대의 움직임을 방해하고 승패를 가르지 못하게 했던 모든 장애물들이 마술처럼 사라져버렸다. 프랑스 군대는 벨기에와 네덜란드, 독일, 이탈리아의 국경선을 넘었으며 한 번도 함락당한 적이 없는 요새들을 우회했으며, 이 거센 흐름을 막으려고 할 때마다 오스트리아와 프로이센 군대들을 철저히 패배시켰다. 부분적으로 그들의 성공은 이후에 소위 "제5열"이라고 불리던 것에 힘입은 바가 크다. 예를 들면 수많은 네덜란드인들은 오직 혁명군들을 기꺼이 맞아들일 태세만을 갖추고 있었고 북부 이탈리아에서 또한 수많은 동조자들이 있었다. 다른 한편으로는 혁명군의 엄청난 규모—10만 명이면 엄청난 병력으로 여겨지던 18세기 말이었던 1793년에 98만3,000명으로 증가했다—와 논리적인 관행을 무시했던 것도 승리의 이유 중의 하나였다. 예를 들면 보급선을 차단하고 있던 요새는 주위가 온통 자신이 원하는 것을 가진 군대로 가득 차게 되면, 요새의 중요성을 잃게 된다.

그러나 무엇보다도 이들의 성공은 혁명군대 자체의 월등한 자질에서 비롯된 것이었다. 적어도 처음 출발에서만큼은, 혁명군대는 진정으로 자진하여 군인이 되고자 하는 사람들, 즉 "이성적인" 국가(비록 이 국가의 성격이 그때까지 살아 있던 이성의 시대의 합리주의자들을 경악시키기는 했지만)에 대한 헌신자들로 이루어져 있었으며, 그들은 뛰어난 자질을 가진 장교들의 지휘를 받았다. 그들이 낮은 수준의 훈련을 받았다는 것은 아마도 사실이 아닐 것이다. 1793-1794년 동안 새로운 장교단은 기존의 왕실군대와 새로운 의용군 모두를 훈련하는 일에 엄청난 노력을 기울였다. 1793년 6월, 2명의 혁명군 장교는 다음과 같은 보고를 올렸다. "병사들은 지칠 줄 모르는 열의를 가지고 훈련에 모든 것을 바치고 있습니다. 역전의 군인들도 우리의 지원병들의 정확한 동작을 보고 깜짝 놀랐습니다." 한편 그리보발의 기술혁신 덕분에, 이미 유럽 최고를 자랑하던 포병은 포수들뿐만 아니라 본래의 장교들을 많이 보유했다.[42] 전투에 임했을 때, 이렇게 "혼성된" 부대들은 여전히 강요된 복종과 구태의연한 전술에 사로잡혀 있는 적을 쉽사리 무찔렀다. 프랑스 군은 이미 그러한 전술에서 벗어나 있었던 것이다.

1800년이 되자, 혁명은 국외의 적의 위협으로부터 벗어났으며 고국에서도 보수적인 반동의 위협으로부터도 안전을 되찾게 되었다. 국외에서 젊은 보나파르트는 모든 경쟁자들을 압도하고 프랑스에 승리를 안겨주었다. 또한 국내에서도 1799년 11월, 브뤼메르의 쿠데타로 극단주의자들에게 결정타를 안겨주었다. 자연적으로 정치적, 군사적 권력이 모두 그의 손안에 들어갔다. 1802년과 1803년 동안에 보나파르트는 프랑스의 적국들—오스트리아, 프로이센, 러시아, 영국—과 불안한 평화상태로 들어갔다. 그러나 그 이후로 다시 12년 동안 전격적이며 훨씬 더욱 광범위한 정복을 하기 위해서 군대를 이끌었다. 1805년과 1809년에는 오스트리아와, 1806년에는 프로이센과 싸웠으며, 결국에는 1812년에 비록 엄청난 재난을 겪기는 했지만 러시아와 싸움을 벌였다. 오직 에스파냐에서만 완강한 저지를 당했을 뿐이었는데, 1809-1814년 에스파냐에서 보나파르트의 원수들은 웰링턴 장군이 이끄는 수준 높은 영국의 원정군과 전투를 해야만 했다. 영국군들은 각지에 퍼져 있는 게릴라들의 지원을 받고 해군(1805년 트라팔가르에서 승리를 거둔 이후부터, 이들은 마음대로 바다를 휘젓고 다녔다)으로부터 보급을 받았다. 보나파르트의 대군(Grande Armée)은 더 이상 혁명군이 아니었다. 비록 많은 장교들과 일부 병사들은 1793-1796년의 영웅적인 전투에서 살아남은 자들이었지만, 이들은 더 이상 이데올로기의 도구가 아니라 국가권력의 도구가 되었던 것이다. 그러나 나폴레옹의 위대한 승리—아우스터리츠(1805), 예나(1806), 바그람(1809)—는 소용돌이치는 전통의 연장처럼 보일 만큼 혁명정신을 충분히 간직하고 있었다. 그들의 황폐한 결과를 보고 클라우제비츠는 대중들의 의지를 전략적인 목적에 이용할 때, "진정한 전쟁"에 근접한 "실제 전쟁"이 발발한다는 이론을 세웠으며, 전쟁은 궁극적으로 정치적 행위라는 믿음을 키웠던 것이다. 그는 혁명군과 제일 처음 마주친 프로이센의 역전의 군인이었으며, 1815년 나폴레옹이 패배하는 것을 직접 목격하기도 했다.

클라우제비츠의 사상은 그 자신도 인정한 바와 같이 전적으로 독창적인 것은 아니었다. "마키아벨리는 군사적인 문제에 매우 건전한 판단력"을 가지고 있었다고 그는 말했다. 참으로 모호한 칭찬이 아닐 수 없다. 16세기 동안 만에 21쇄를 인쇄했던 『전쟁의 기술(*The Art of War*)』은 혁명적인 텍스트였다. 이것은 전쟁을 통치의 기술과 직접적으로 연결시킨 최초의 지침서였기 때문이다.[43] 그보다 앞선 고전적 작가들인 필론, 폴리비오스 그리고 베게티우스 등은 단지 소규모 전쟁들을 가장 잘 통제할 수 있는 방법에 대해서 언급했을 뿐이었다. 마키아벨리는 잘 통제된 군대—그가 의미하는 군대는 용병시장에서 고용된 자들이 아니라, 신민들 중에서 선발한 자들을 말한다—가 어떻게 통치자의 목적을 달성시킬 수 있는가 하는 방법을 제시했다. 화폐경제의 부활로 봉건적 충원기반이 무너지고 있는 시기에, 믿을 수 있는 군대를 양성할 수 있는 가장 좋은 방법을 고심하고 있던 국가의 수뇌들에게 이 책은 엄청난 가치가 있었다. 그러나 마키아벨리는 온당한 객관성으로써, 오직 그와 같은 사람들, 즉 부유한 르네상스 도시국가의 정치계급의 일원들에게 실용적인 충고를 주려고 했을 뿐이었다. 클라우제비츠의 지적인 야망은 거의 과대망상에 가까운 것이었다. 거의 동시대인인 마르크스와 마찬가지로, 그는 자신이 주제로 삼은 현상의 내적이고 근원적인 실체 속으로 파고들기를 원했다. 그러므로 단순한 충고가 아니라, 자신이 피할 수 없는 진실이라고 주장하는 문제를 다루었다. 전쟁은 또다른 수단에 의한 정치의 연장이다. 그리고 어떤 정부이든지 이러한 진실을 알지 못하면, 그 진실을 깨달은 상대방에게 혹독한 대접을 받을 수밖에 없는 운명이 된다는 것이다.

19세기 중반에, 프로이센 정부는 그의 사상—군사 아카데미에 참석했던 그의 학생들과 추종자들 그리고 참모본부에 의해서 정부에 넘겨진—을 열광적으로 받아들였다. 『전쟁론』은 천천히 불이 붙은 책이었다. 그러나 프로이센의 군대가 독일에서의 헤게모니를 둘러싸고 전쟁을 시작할 무렵에는, 그의 사상이 널리 퍼져 있었다. 1866년과 1870-1871년에 프로이센이 거둔 승리는 그의 사상이 새로운 독일제국의 외교적 행로 또한 결정할 것이라는 사실을 확실시했다. 거역할 수 없는 삼투압 작용에 의하여, 그의 사상은 전 유럽의 군사 체제에 스며들었다. 1914년이 되자, 사회주의운동과 혁명운동의 대륙적 결합이 마르크시스트 운동이었던 것처럼, 군사체제의 전망은 클라우제비츠적인 것이었다고 말해도 과언이 아니었다.

제1차 세계대전의 목적이 대부분 클라우제비츠의 사상에 의해서 결정되었기 때문에, 전장의 후유증 속에서 그는 이 역사적인 파국을 탄생시킨 정신적 산파로 여겨지기도 했다. 영국에서 가장 영향력 있는 군사 평론가인 B. H. 리델 하트는 클라우제비츠를 "대중의 마흐디(Mahdi : 이슬람 교의 구세주/역주)"라고 조롱했다.[44] 그러나 좀더 시간이 흐른 뒤에 다시 생각해보면, 그의 영향력에 대해서 너무 지나친 평가를 내렸다고 여겨진다. 그의 사상이 1914년 이전 장군들의 가정에 지대한 영향을 미친 것은 틀림없는 사실이다. 그들은 미래의 전쟁에서 우위를 차지하기 위해서는 엄청난 숫자의 병사들을 편성해야 하며, 높은 비율의 사상자를 낼 것이라고 가정했다. 그 결과 유럽의 군대들은 직접 방어전에 투입할 전투병력과, 사상자를 대신하여 새로운 군대를 편성할 예비병력을 위하여 매년 엄청난 숫자의 병사를 징집해야만 했다. 그러나 사람들이 자진해서 군대에 지원하지 않는다면 더 많은 병사를 장군들이 원하더라도 혹은 병사들의 충원을 위해서 국가가 강제징집 제도까지 갖추더라도, 별다른 의미가 없을 수도 있다. 국가가 탄생되었을 때부터 장군들은 언제나 더 많은 병력을 가지고 싶어했다. 그리고 관료의 역사는 병력충원을 위한 여러 가지 무익하고 쓸데없는 계획들로 어지럽혀져왔다. 결국 국가가 신체 건강한 젊은 남자들의 숫자와 직장과 거주지를 모두 파악할 수 있는 수단을 소유하게 되었다고(1914년경이 되자, 유럽의 모든 국가들이 그러했다) 하더라도, 사람들이 그 수단에 대해서 반발하고 사회 전반이 그러한 반발을 지지한다면, 그 어떤 경찰력으로도 도망치는 젊은 남자들을 모두 잡아들일 수는 없었다.

젊은이들이 징집에 저항하지 않았으며 그러한 저항이 지지받지도 못했다는 사실은 지금까지 클라우제비츠가 제1차 세계대전의 건축가라고 믿고 있는 사람들이 주장하던 바와는 상당히 다른 어떤 사실을 말해준다. 건축가는 구조를 만들기는 하지만, 그 분위기까지 결정할 수는 없다. 그들은 문화를 반영할 뿐이지, 문화를 만드는 것은 아니다. 1914년 무렵에 유럽 사회는 지금까지 한 번도 존재하지 않았던 새로운 문화적 분위기가 지배하고 있었다. 그것은 군복무가 모든 신체 건강한 남자들의 의무이며, 동시에 국가는 그것을 요구할 권리가 있음을 인정했다. 또한 군복무가 시민의 덕목을 갖추기 위해서 필요한 훈련이라고 여기며, 전사—사회적 지위에 의해서건 혹은 전혀 지위가 없건 간에 별개의 부류였던—와 일반인들 사이에 두었던 지난날의 사회적 차이를 시대에 뒤떨어진 편견으로 생각하고 거부했다.

이러한 분위기에 역행하는 여러 가지 요인들도 작용하고 있었다. 특히 끊임없이 더욱 구가되는 풍요와 자유로운 입헌정부의 확산 등을 골자로 하는 희망적인 진보에 대한 19세기의 믿음이 대표적인 것이었다. 또한 혁명운동의 무신론과 우주의 모든 현상을 설명하려는 과학의 무신론에 대한 반동으로 일어난 강력한 신앙부흥운동도 이러한 분위기에 반발했다. 그러나 낙관주의와 폭력에 대한 도덕적 비난은 서둘러 유럽 전체를 군사화하려는 세력을 극복하기에는 역부족이었다.

19세기 중반, 서양사회들 중에서 가장 덜 군국주의화되어 있었던 미국은 이러한 움직임의 위험성을 발견한 첫 국가였다. 1861년, 남북전쟁의 소용돌이 속에 휘말렸을 때, 남부나 북부 모두 오랜 전투를 예상하지 못했다. 그들은 곧 승리를 얻을 것이라는 희망 속에서 전쟁터를 향하는 신병들을 황급히 모집했다. 어느 쪽도 인력이나 산업의 총동원령을 염두에 두지 않았다. 사실 남부는 동원할 산업이 거의 없었다. 전쟁터에서의 승리가 계속해서 자신들의 손아귀를 빠져나가자, 양편 모두는 지휘관이 감당할 수 없을 만큼의 수적 우위를 통하여 승리를 달성하려는 목적에서 군대의 숫자를 늘려야만 하는 필요에 쫓기게 되었다. 결국 남군은 거의 100만 명에 가까운 병사들을 모집했으며, 북군은 전쟁 전의 인구 3,200만 명 중에서 무려 200만 명을 모집했다. 앞서 살펴본 것처럼, 10퍼센트의 병력 비율은 한 사회가 모든 기능을 평상시 수준으로 유지하면서 감당할 수 있는 최대치이다. 남부군은 400만 명의 노예들 중에서 활동할 수 있는 남자노예들을 끌어모음으로써, 병력을 보강할 수도 있었다. 그러나 노예제도의 동산적(動産的) 성격—바로 이것을 지키기 위해서 전쟁이 시작되었다—은 이러한 임시방편조차도 불가능하게 했다. 훨씬 우세한 경제적 자원을 가지고 있던 북군은 막강한 해군력과 상선대 그리고 더욱 촘촘하게 연결된 철도망을 통해서, 처음부터 남부를 봉쇄할 수 있었다. 그리고 남부의 취약지점으로 군대를 이동시킬 수 있었다. 1863년이 되면 북부는 남부를 양분했으며, 1864년에는 가장 생산적인 지역을 양분했다. 그러나 남군이 계속해서 싸울 의지를 버리지 않고 싸울 수 있는 최소한의 무기라도 발견할 수 있는 한, 병참적 우위만을 가지고는 전쟁을 승리로 이끌 수 없었다. 그러므로 1864년의 전투들은 1862-1863년의 전투만큼이나 치열하고 참혹한 것이었다. 남군은 게티즈버그의 북군을 공격할 때와 마찬가지로, 자신들의 심장부를 지킬 때에도 완강하고 집요하게 싸웠다. 점점 더 최악의 상황으로 빠져들었던 이 싸움의 비용은 양쪽 모두에게 엄청난 고통을 안겨주었다. 마침내 남부에 대한 북부의 목조르기가 효과를 나타내기 시작한 1865년 4월 무렵이 되었을 때에는, 이미 62만 명의 미국인들이 전쟁의 직접적인 원인으로 목숨을 잃었다. 이것은 제2차 세계대전과 한국전 그리고 베트남 전에서 사망한 미국인들의 숫자를 모두 합친 것보다도 많은 숫자이다.

전쟁의 감정적인 여파로 인해서, 미국의 몇 세대들은 군복과 훈련 캠프의

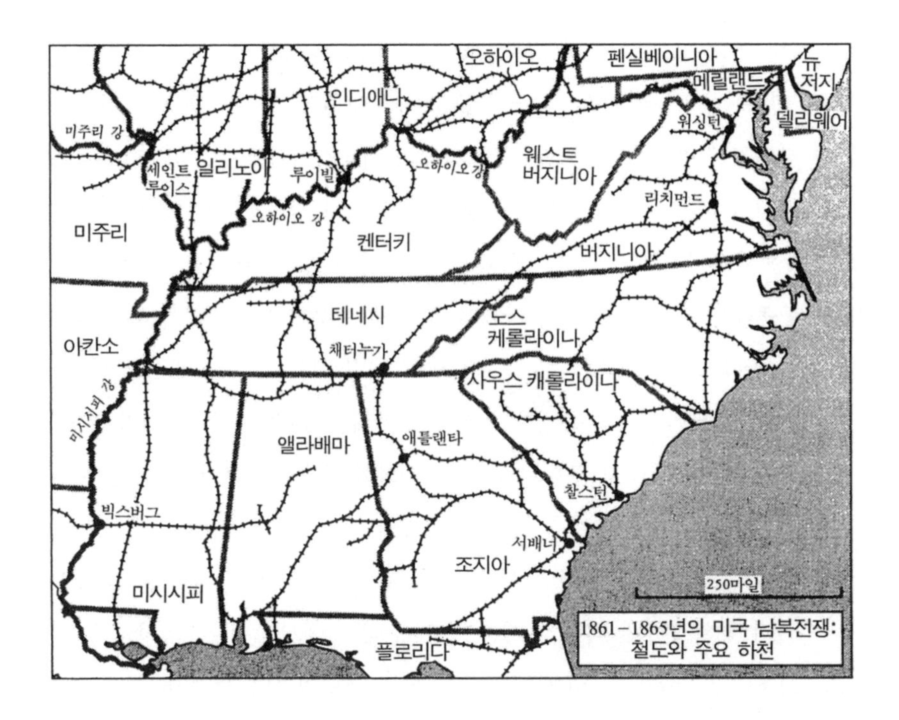

1861–1865년의 미국 남북전쟁: 철도와 주요 하천

가짜 낭만주의를 거부하게 되었다. 그럼에도 불구하고 위대한 신병들의 존재들을 출현시킨 이 전쟁의 장엄한 풍경은 다른 나라, 특히 영국에서 시민군에 의한 "자원입대"를 고무시켰다. 그리고 독일, 프랑스, 오스트리아, 이탈리아 그리고 러시아에서 복무가 끝난 징집병을 다시 동원할 수 있는 예비군 제도의 발전적인 확대를 정당화시켰다.

이러한 국가들에서 팽창하는 민족주의(nationalism)는 그 역단층(逆斷層) 속에 군국주의자가 있었다. 한편 민족주의는 해외에서의 성공적인 제국주의(imperialism)에 의해서 자양분을 받았다. 비록 1815년과 1914년 사이의 유럽 대륙에서는 전쟁이 거의 없었지만—몇몇 내전의 혼란과 1848–1871년의 국제적인 갈등에도 불구하고, 이 시기는 지금까지도 여전히 "위대한 평화"로 묘사되고 있다—유럽의 육군과 해군들은 계속해서 인도와 아프리카, 중앙 아시아, 동남 아시아에서 활동 중이었다. 소규모 전투에서의 승리와 그 규모에 비해서 엄청난 이익이 따르는 결과가 제국주의자들을 후원하는 나라들에게 큰 만족감을 안겨주었다. 그러나 군국화가 대중적 지지를 얻을 수 있었던 가장 강력한 감정적 요인은 그 과정 자체의 전율감이었을 것이다. 평등주의(egalitarianism)의 주창은 프랑스 혁명의 가장 강력한 호소력 중의 하나였다. 그 호소력은 군복무와 평등을 동일시하는 사상에 깊이 뿌리박고 있었고, 병사로서 복무하는 것은 시민의 자격을 부여받는 것이라는 생각을 유럽인의 의식 속에 유포시켰다. 혁명은 효과적으로 용병제도를 철폐시켰을 뿐만 아니라, 지휘권과 리더십을 독점했던 옛 전사계급의 특권을 절멸시켰다. 제국과 프랑스 혁명전쟁에서 출현한 군대는 사회적 단결과 심지어 사회적 평준화를 위한 도구처럼 여겨지게 되었다. 그러나 그것은 아마도 잘못된 착각이었을 것이다. 왜냐하면 구시대의 전사계급들은 아직까지 남아 있는 지휘권을 지키려고 완강하게 버텼기 때문이다. 군대 내에서 중산층 출신의 능력 있는 젊은이들은 높은 지위에 올라가서 어느 정도의 사회적 기반을 다지려고 했다. 한편 군복을 입은 모든 젊은이들은 같은 공동체의 동등한 일원으로 받아들여졌음을 증명하는 배지를 자랑할 수 있었다. 용병과 정규 응모병은 서로 방식은 다르지만, 똑같은 예속의 형태로 간주되어왔다. 그러나 이와는 반대로, 일반 징집병은 존경할 만한 신분과 더욱 확대된 지평을 의미했다.

윌리엄 맥닐이 쓴 것처럼, "역설적으로 들릴지는 모르지만, 자유로부터의 탈출이 종종 진정한 해방이 되곤 했다. 특히 매우 급속하게 변화하는 상황에서 살고 있는 젊은이들의 경우는 더욱 그러했다. 그들 젊은이들은 아직까지 완전한 성인의 역할을 맡을 수 없었던 것이다."[45)]

이러한 판단은 군사적인 경향에 대한 유럽인들의 열광적 지지의 기저에는 어느 정도의 유치증(어른이 되어도 지능, 체구 등이 발달하지 않는 증세/역주)이 자리 잡고 있음을 암시하고 있다. 유치증(infantilism)과 보병(infantry)이 똑같은 어원에서 비롯된 것은 당연한 일이다. 그렇다면, 보병은 생각하는 어린이의 유치증에 불과한 것이다. 결국 똑똑한 사람들과 책임 있는 정부에는 그들 자신을 정당화하기 위해서 장황한 논증을 찾아냈다. 1905년의 징병 열기에 대한 프랑스 하원의 보고서는 군대의 규모를 훨씬 더 확대하려는 의도에서 쓰인 것으로, 다음과 같은 서두로 시작되었다.

> 프랑스 혁명이 낳은 고귀한 이상으로부터 위대한 공화민주주의의 군사적인 이상은 고양되어왔던 것입니다. 그리하여 한 세기가 훨씬 더 지난 지금, 입법자는 모든 시민들—재산이나 지식이나 교육 정도에 상관없이—을 향하여 그들 인생 중에서 똑같은 한 부분을 조국에게 바칠 것을 동의하느냐고 물을 수 있게 되었습니다. 여기에는 어떤 종류의 예외나 특권도 있을 수가 없습니다. 그 증거는 민주주의 정신이 다시 한번 시대의 마디들을 연결시켜왔다는 것입니다.[46)]

집단적인 시민군의 탄생으로 인한 결과가 아직 명백하게 드러나기 9년 전에, 대륙에서 가장 민주적이라고 자처하는 의회가 빛의 도시(the City of Light : 파리의 다른 이름)에서 이런 연설을 행했던 것이다. 1914년 8월 3일, 제1차 세계대전이 발발한 지 3일째 되던 날에 바이에른 소재 대학들의 총장들은 공동으로 다음과 같은 호소문을 내붙였다.

> 학생 여러분! 뮤즈들이 침묵하고 있습니다. 전쟁이 일어난 것입니다. 이 전쟁은 동방의 야만인들의 위협을 받고 있는 독일의 문화와 서방의 적들이 시기하는 독일의 가치를 지키기 위해서 어쩔 수 없이 우리들에게 강요된 것입니다. 그러므로 순수 독일인의 열정이 다시 한번 폭발했습니다. 해방 전쟁에 대한 열망이 타오르고 성전이 시작된 것입니다.[47)]

독일 교수단의 지도층 인사에 의해서 쓰인 이 이상한 격문에는, 전쟁에 대한 인류의 오랜 경험 속에 반쯤 묻혀 있던, 반쯤 원시적인, 아니 어쩌면 전적으로 원시적인 몇몇 요소가 표면으로 드러나 있었다. 독일 사회 내에서도 그것은 오직 최상층부의 총참모부 장교들이나 쓸 만한 내용이었다. 이성과 학문은 멀리 내던져졌고("뮤즈들이 침묵하고 있습니다"), 초원지대로부터의 공포("동방의 야만인들"이란 러시아의 카자흐인들을 의미한다)가 상기되었다. 반면 독일인들 자신의 야만적인 과거(독일인 학자들에 의해서 재건된 고전적 문명은 "순수 독일인의 열정"에 의해서 전복되었다)는 갑자기 또다시 재조명되어야만 하는 것이 되었다. 더구나 성전에 대한 호소—기독교적인 사상이나 심지어 서방의 사상도 아닌 무슬림의 사상인—가 코란이 전파되는 곳마다 이슬람이 타락과 부패를 조장했다는 당시 유럽의 지배적인 믿음을 틀림없이 공유하고 있었을 사람들의 서명을 버젓이 달고 주장되었던 것이다.

바이에른의—혹은 독일의—대학생들은 그러한 모순을 깨닫지 못했다. 그리하여 비록 정규훈련을 받지는 못했지만(당시 징집법은 학업이 끝날 때까지 학생들을 병역에서 제외시켰다), 그들은 군대에 자원하여 새로운 22군단과 23군단을 완벽하게 편성할 수 있었다. 1914년 10월, 두 달 동안의 군사훈련을 받은 이들은 벨기에의 이에페르 근처에서 영국의 정규군과 싸우도록 전장에 던져졌다. 결과는 순진무구한 젊은이들의 대학살(독일에서는 이에페르의 아이들 살해[Kindermord bei Ypern]라고 알려진)로 이어졌다. 그 참혹한 위령비는 오늘날도 여전히 남아 있다. 독일 대학의 기장으로 장식된 성당이 굽어보는 랑게마르크 공동묘지에는 3만6,000명의 젊은이들이 한 무덤 안에 누워 있다. 그들은 모두 단 3주일 동안의 전투에서 목숨을 잃었다. 이것은 미국이 7년 동안 베트남 전쟁에서 낸 사상자의 숫자와 맞먹는 것이다.

## 화력과 일반 문화

랑게마르크 공동묘지에 묻히지 않고 살아남은 한 사람이 바로 아돌프 히틀러—그는 대학 동료들 중에도 참으로 기묘한 친구였는데, 혼란스러운 기질 때문에 더 이상의 고등교육을 받을 수 없을 정도였다—였다. 아돌프는 몇 번의 부상에도 불구하고 전쟁이 끝날 때까지 전쟁터를 떠나지 않았던 훌륭한 군인으로 자신을 소개했다. 그의 끈질긴 생존은 그를 기묘한 인간으로 만들게 되었다. 그의 연대였던 제16 바바리아 예비연대는 애초에 3,600명의 건장한 병사들 중에서 오직 611명만이 살아남은 채, 한 달 만에 이에페르 전선에서 물러났다. 그리고 1년이 지나자, 처음부터 이 연대원이었던 사람은 거의 1명도 살아남아 있지 않았다. 그 당시에 그러한 사상자 명단들은 모든 전투부대에서 일상적인 것이 되었다. 그 명단들은 두 가지 면에서 지금까지 유례가 없었던 유혈사태를 기록했다. 첫 번째는 사망자의 총계가 어떤 특정한 전쟁기간에서의 지금까지 알려진 그 어느 것보다도 훨씬 더 높다는 것이며, 두 번째로 사망률 또한 전투인력의 비율로 따져볼 때 필적할 만한 것이 없다는 것이다. 왜냐하면 지금까지 전체 인구 중에서 그토록 높은 비율이 전쟁에 참여한 적이 없었기 때문이다. 그 당시 사상자의 숫자를 명확하게 하는 것은 어려운 일이다. 모든 군사역사가들이 알고 있는 바와 같이, 그것은 학자가 헤쳐 나오려고 노력하면 할수록 점점 더 깊이 빠져드는 수렁과도 같다. 인구 센서스 이전 시대(다시 말해서 19세기 이전의 모든 시기)에는 정확한 인구의 크기가 파악되지 않았다. 그러므로 아주 드문 경우이기는 하지만, 군사력에 대한 평가가 믿을 만한 경우에도 보고된 전투 손실 내역(대개의 경우 역시 신빙성이 없지만)을 숫자화하여 전쟁 중인 국가의 병력을 믿을 만한 비율로 제시한다는 것은 극히 어려운 일이다. 예를 들면, 일반적으로 로마 공화국은 칸나에에서 총 7만5,000명의 병사 중에서 5만 명을 잃었다고 추측하지만, 우리는 기원전 3세기 로마의 병력이 얼마나 되었는지에 대해서는 전혀 아는 바가 없다. 그러므로 이 피해의 정도를 기원후 1세기의 토이토부르크 숲의 전투와 비교할 수 없다.

그러나 일반 징집제가 도입되기 이전에, 잘 조직화된 모든 국가의 군대는

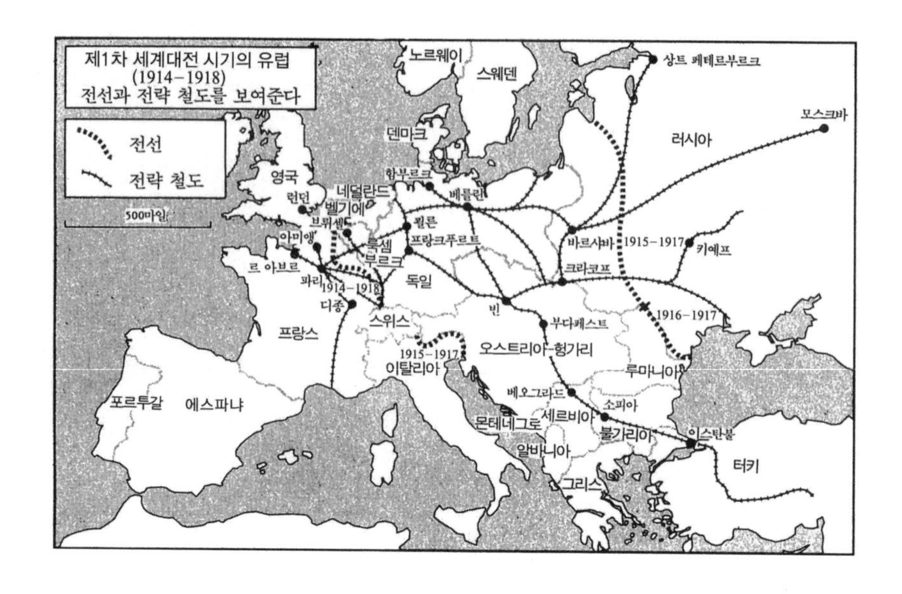


인구의 가장 작은 부분을 이루고 있었을 것이라고 가정하면 가장 안전할 것이다. 1789년 프랑스에서는 2,910만 명의 인구 중에서 15만6,000명이 군인이었다(그러나 1793년경에 일반 징집제가 실시되자, 이 숫자는 98만3,000명까지 늘어났다). 또한 전쟁의 인적손실은 오직 예외적인 경우에만 참전자의 10퍼센트 이상이 사망하는 정도였다. 결국 우리는 실제 전투가 전쟁에서 극히 드문 사건임을 알 수 있다(프랑스 공화국은 1792년에서 1800년 사이에 바다와 육지에서 겨우 50번의 전투를 치렀다. 1년에 6번 정도 전투를 치른 셈인데, 그것도 보다 이전 시대의 기준에 의하면 매우 많은 횟수이다).[48] 그러므로 19세기 이전 시대의 가족들에게 전장에서의 사망 소식은 비교적 보기 드문 비극이라는 결론에 이르게 된다. 앙시앵 레짐의 전체 프랑스 군대의 야전병력만큼이나 많은 야전병력으로써 싸움을 벌인 나폴레옹 전투들은 이 사건을 더욱 잦은 것으로 만들었다. 막대한 희생을 치르고 승리를 얻은 보로디노(1812)에서, 나폴레옹은 12만 명 중에서 2만8,000명을 잃었다. 한편 워털루(거의 최초로 정확한 통계방법이 적용될 수 있는 전투가 벌어진)에서는 나폴레옹이 7만2,000명 중에 2만7,000명을, 웰링턴이 6만8,000명 중에

1만5,000명을 잃었다.

미국 남북전쟁의 수치(이 경우에는 전쟁 과부들에게 돌아간 연금으로부터 믿을 만한 수치를 얻을 수 있다)는 점차 상승하는 경향을 보여준다. 징집된 약 150만 명의 남군(the Confederate army) 중에서 약 9만4,000명이 4년간에 걸친 48번의 중요 전투에서 목숨을 잃었다. 그리고 290만 명의 북군(the Union army) 중에서는 약 11만 명이 사망했다. 거의 7 대 4 정도로 남군의 사망률이 더 높은 것은 탈주 비율은 더 낮은 반면, 소규모 부대의 작전이 더 잦았던 것과 같은 요인으로 설명된다.[49] 4년간에 걸친 전투로, 1860년에 3,200만 명을 헤아리던 전체 인구 가운데 약 20만여 명의 젊은이들이 목숨을 잃었다는 사실은 깊은 감정적 상처를 남겼으며, 미국에서 전쟁은 영원히 불명예스러운 이름이 되었다. 그 고통은 질병이나 고난으로 인한 사망자 40만 명 이상에 의해서 더욱 깊어졌다.[50] 1914년이 되자, 지금까지 전쟁 중의 가장 커다란 사망원인이었던 구래의 골칫거리인 질병은 군대에서 사라지게 되었다. 영국 군대가 발사무기보다도 질병 때문에 더 많은 사상자를 낸 것은 보어 전쟁(1899-1902)이 마지막이었다. 그러나 그러한 사실 때문에, 1914-1918년 동안의 사상자 명단은 더욱 견딜 수 없는 것으로 느껴졌다. 이제 군인생활은 건강한 삶을 영위하게 되었다. 가정의 보다 발전된 공공위생 속에서 양육된 신병들은 기계화된 농업생산물로 충분한 영양을 섭취했기 때문에 건강하고 튼튼해졌다. 어떤 의미에서 제1차 세계대전의 사상자 명단의 길이는 이전 세기 동안에 이루어진 유아 사망률의 감소와 평균 여명(餘命)의 상승을 직접적으로 반영하고 있다. 이러한 여러 요인들이 결합하여, 도살장으로 나갈 사람들을 공급한 것이다. 그리고 그 숫자는 매년 급격하게 증가했다. 1915년 9월에 프랑스 군대는 100만 명의 사상자를 냈다. 그 중에 약 3분의 1은 최전선—마른, 엔, 피카르디 그리고 샹파뉴—에서 목숨을 잃었다. 베르됭 전투(1916)에서는 프랑스인들은 50여만 명이 죽거나 부상을 당했으며(관례적으로 사상자와 부상자 비율은 약 1 대 3 정도이다),

독일인들은 40만 명이 넘었다. 같은 해, 솜 전투의 첫날인 7월 1일에 영국 군대는 2만 명의 사망자를 냈다. 이 숫자는 보어 전쟁 동안에 질병이나 부상으로 목숨을 잃은 사망자 숫자를 전부 합한 것과 거의 맞먹었다.

1917년까지 프랑스 군대는 100만 명의 병사를 잃었다. 그리고 4월에 샹파뉴에서 또다른 참혹한 공격을 시도한 이후부터는, 전투사단의 절반이 더 이상의 공격명령에 복종하기를 거부했다. 이 사건은 하극상으로 헐겁게 묘사되고 있지만, 오히려 견딜 수 없을 만큼 끔찍한 가능성의 실현을 막으려고 했던 대규모 군사적 파업이라고 표현해야 마땅할 것이다. 전쟁이 막바지에 이르자, 전투부대에 속한 9명의 프랑스 병사 중에 4명이 부상하거나 목숨을 잃었다. 그해 말에는 1915년 오스트리아를 상대로 선전 포고한 이탈리아 군대가 똑같은 길을 밟고 있었다. 11번의 아무런 소득도 없는 알프스 산맥의 공세에서 100만 명의 사상자를 낸 이후에, 결국 이탈리아 군대는 오스트리아-독일군의 양면 공격 앞에 무너지고 말았다. 그리고 휴전이 될 때까지 꼼짝도 할 수 없었다. 사상자의 숫자가 파악되지 않은 러시아 군대는 그때부터 레닌의 표현대로, "확고하게 평화를 지지하기" 시작했다. 1917년 10월 페트로그라드 혁명에서의 레닌의 정치적 승리는 동프로이센과 폴란드 그리고 우크라이나에서 군대가 겪어야 할 엄청난 군사적 재앙을 불러왔을 뿐이었다. 그것은 입헌정부가 기반으로 삼아야 할 부대들을 모두 와해시켜버렸다.

사상자 비율의 양적 급상승에 대한 기계적인 설명들은 쉽게 회고될 수 있다. 개개의 병사들의 소화기나 혹은 그들을 지원해주는 기관총과 대포의 화력은 18세기의 "결정적인 요소가 되지 못한" 화약무기(gunpowder "indecision") 시대 이후로 수백 배나 증가되었다. 그 당시 일제사격(대포 공격을 제외한)으로 인한 사망률은 1 대 200에서 1 대 460 사이를 오갔다.[51] 그러나 머스킷 총병은 잘해야 1분에 3번 정도를 쓸 수 있었다. 한편 적의 병력은 5만 명을 넘는 경우가 극히 드물었다. 그러한 경우에도 몇분 동안의 사격전으로 인한 사상자들은 보통 어느 한쪽 편의 후미에 있던 병사들을 정신없이 도망치게 만들 정도였다. 지휘관들은 바로 그러한 혼란을 틈타서 전세를 장악하려고 했다.[52] 1914년이 되면 보병들은 1분에 15번의 일제사격을 실시할 수 있었다. 기관총은 600발을 쏘았으며, 강철볼이 채워진 유산탄(榴散彈)을 장전한 대포는 20발을 쏘았다. 보병들이 엄폐물에 몸을 숨기고 있는 동안에는 이런 화력은 쓸데없는 낭비일 뿐이었다. 그러나 보병들이 진격해올 때면, 이 무기들은 단 몇분 안에 수천 명의 병사들을 몰살시킬 수도 있었다. 1916년 7월 1일, 제1뉴펀들랜드 연대는 실제로 그런 일을 경험했다. 그밖에 다른 많은 연대들도 거의 똑같은 사망자를 내고 있었다. 더구나 빗발치듯 쏟아지는 총알로부터 달아날 길이라고는 전혀 없었다. 왜냐하면 안전한 참호 속으로 돌아가기까지 수백 야드에 달하는 사정거리를 벗어나야 했기 때문이다. 총알은 도망자를 명중시켜서 땅에 쓰러뜨렸다. 만약 부상당했다면, 대개 아무런 간호도 받지 못한 채 죽을 때까지 방치되었다.

제1차 세계대전의 고위 지휘관들은 다른 간접적인 방법을 사용하여 화력무기로 인한 전선에서의 교착상태를 극복해보려고 갖은 노력을 다했다. 그러나 아무 소용도 없었다. 특히 함대의 활동은 엄청난 함대 건조비용에 비하면 그 결과가 너무나 보잘것없었다. 목조선박이 강철선박으로 대체된 지도 60여 년이 지난 때였다. 앞에서 살펴본 바와 같이, 목조함 함대는 근해와 원양에서 유럽의 화약무기 기술을 발휘할 수 있는 대단히 성공적인 도구임이 입증되었다. 그것을 이용하여 유럽의 해양국가들은 멀리 떨어진 이민족들과 싸우기 위한 군사를 실어 나를 수 있었다. 이민족들은 비록 화약무기에 접근할 수 있는 방법이 있었다고 하더라도, 문화적으로 정면대결을 하기에는 극히 부적당한 사람들이었다.

유럽의 해상에서 성공적인 해군국가들, 특히 영국은 오랫동안 해상로와 중요한 전략지역들을 장악했을 뿐만 아니라, 육지주둔 군대에 효과적으로 보급품을 공급할 수 있는 기술을 완성했다. 이것은 특히 봉쇄와 병참공급을 통해서 이루어졌다. 20세기의 처음 10년 동안에, 독일이 영국에게 도전하여 거대한 드레드노트형(Dreadnought : 회전식 포탑에 대구경 포를 장착한 전함. 노급[弩級] 전함. 효시가 된 드레드노트 호는 배수량 2만여 톤, 시속 38킬로미터, 구경 30센티미터의 대포 10문을 장착했다/역주) 전함 건조경쟁에 나섰던 것도 이와 같은 맥락에서였다. 이들은 경쟁적으로 20마일 범위 내에 있는 다른 선박을 파괴할 수 있는 전함들(드레트노트형을 1914년에 영국은 28척, 독일은 18척을 보유했다)을 갖추었다. 독일해군의 막료들은 열세를 면치 못하고 있는 북해에서 영국함대를 따라잡고 싶어했다. 영국에게 회생불능의 손실을 입혀서 대서양 항로를 자유롭게 드나들 수 있는 것은 물론이고 영국 상업을 완전히 파괴시켜버리려는 의도였다. 그러한 노력은 특히 1916년 5월 유틀란트 전투에서 실패하고 말았다. 그 이후부터 독일함대는 주로 그들의 기지에만 머무르게 되었다. 그러나 1917년, 사전 무경고의 격침작전을 채택한 유-보트(U-boat) 함대의 빠른 성장으로 영국에 대한 역봉쇄는 큰 성공을 거두었다. 그럼에도 불구하고 영국 해군성이 항해 중인 상선을 전투함이 호위하는 18세기의 관례를 다시 채택하자, 결국 더 이상의 효과를 거두지 못했다.

해군을 이용하여 원정군을 적의 해상 외곽의 취약지점에 투입하여 주둔시킨 뒤 보급하는, 전통적인 수륙양면 전략을 되살리려는 영국의 노력은 오직 한 곳에서만 심각한 저항을 받았다. 그곳은 바로 터키 북서부의 겔리볼루(1915. 4)였다. 최근에 독일과 동맹을 맺은 오스만의 방어군은 300여 년 전에 유럽 기독교도들을 공포로 몰아넣었던 선조들 못지않은 용맹성을 보여주었다. 또한 자신들도 새로운 화약무기 기술을 능숙하게 다룰 수 있음을 증명했다. 겔리볼루에서 토착세력의 육상화력이 해상의 전략적 군사력을 패배시킨 것이다.

결국 영국의 전략해군은 연합군과 독일이 프랑스 서부전선에서 벌인 엄청난 화력전을 보조하는 역할을 했다. 그것은 주로 새로운 미국 병력의 안전한 대서양 횡단을 보장했다. 1918년부터 유럽에 도착하기 시작한 충분한 병력의 미군들은 사기가 저하된 프랑스인들과 심각하게 흔들리고 있는 영국인들에게 활력을 불어넣었다. 미군의 상륙은 독일인들을 실망시켰다. 봄과 여름 동안, 다섯 차례에 걸친 "필승" 공격에서 독일군은 미군의 진격을 봉쇄하기 위해서 급히 만든 방어선에서 모두 무너졌다. 1918년 10월이 되자, 그들은 드디어 전쟁에 지친 기색을 드러내기 시작했다. 이미 그 전해부터 그런 기색은 프랑스와 러시아, 이탈리아 그리고 영국에까지도 만연했다. 독일의 보병편성은 적과 마찬가지로 이미 처음의 병력을 두 번이나 대체했다. 어떤 경우에는 세 번이나 바뀌기도 했다. 비록 동부전선에서 러시아에게 승리를 거두고 다른 전선에서도 계속해서 성공을 하고 근접전을 벌였지만, 독일 병사들은 달아나기 시작했으며 점차 그들의 희생이 무의미한 것을 느끼게 되었다. 근접전은 서유럽 병력을 패배의 공포에 떨게 했던 전술이었다. 11월이 되자, 독일 고위막료들은 자신들이 지나치게 병사들에게 혹독한 시련을 겪게 했다는 명백한 증거에 직면하게 되었으며, 휴전을 교섭하게 되었다.

교전 중인 국가는 군인들을 참기 힘든 지경으로 몰아가는 것이 사실이다. 지나친 시련은 강제된 그 정도만큼 스스로에게 커다란 타격을 입혔다. 1914년의 전쟁발발을 그토록 열광적으로 환영하던 국민들은 서둘러 젊은 자식들을 전쟁터로 보냈다. 그 젊은이들이 단지 승리뿐만 아니라 눈부신 영광까지 차지하여 월계관을 쓰고 귀향할 때, 국민개병의 문화와 전사사회 참여의 문화에 대한 자신들의 신념이 정당화될 것이라고 굳게 믿었던 것이다. 전쟁은 그러한 환상을 모두 깨뜨려버렸다. 징병제의 근간을 이루었던 "누구나 군인이다"라는 철학은 인간본성의 가능성에 대한 근원적 오해에 기반을 두고 있었다.

전사민족들은 모든 남자를 군인으로 만들 수 있었을 것이다. 그러나 그들은 적과의 직접적인 전투나 지속적인 전투를 피할 수 있는 조건에서만 싸움을 벌이도록 주의를 기울였다. 그리하여 전투 중지나 퇴각을, 이미 확정된 싸움에 대한 합리적이고 당연한 반응으로 인정했다. 또한 쓸데없는 용기를 칭송하지도 않았고, 폭력의 실익성을 물질적으로 측정하는 데에도 주의를 기울였다. 물론 그리스인들은 이보다 더욱 대담한 면을 보여주었다. 그러나 정면대결 방식을 창안하는 동안에도, 그리스인들은 클라우제비츠식의 타도를 전쟁의 필연적인 결과라고 주장할 정도로 극단적인 전투행동 윤리를 추구하지는 않았다. 그들의 유럽인 후손들 또한 전쟁을 벌이는 목적을 제한했다. 로마인들은 국력을 강화하는 데에 목적을 두었지만 나중에는 주로 자신들의 문명을 지키기 위해서 국경선을 방어하는 일에 주력했다(본질적으로 중국의 군사철학 또한 마찬가지였다). 그러나 로마의 후계자들은 주로 극히 제한된 영역 내에서 권리를 차지하기 위해서 끊임없이 싸움을 벌였다. 형태를 달리하여, 권리를 둘러싼 전투들 또한 화약무기 시대의 국가전의 특징을 보여준다. 종교개혁으로 표출된 종교적 이견들로 인하여 국가 간의 다툼이 더욱 격화되기는 했지만, 프로테스탄트들은 새로운 권리를 주장하기보다는 기존의 권리에 도전하려고 했다. 더욱이 이 전투에 참가한 어떤 사람도 이 싸움을 수행하기 위하여 남자들은 모두 동원되어야 한다는 헛된 망상을 품지는 않았다. 설혹 물질적으로 그것이 가능하다고 할지라도(사실상 재정적으로 불가능한 것은 말할 것도 없고 노동집약적인 농업의 성격상 결코 허용되지 않는 일이지만), 1789년 이전의 사회들은 한결같이 군인이라는 직업이 모든 사람을 위한 것이 아니라, 오직 소수의 사람들을 위한 것이라고 생각했다. 사회적인 신분에 의해서 전쟁에 걸맞도록 양육된 사람이나 혹은 아무런 사회적 신분을 갖추지 못함으로써 어쩔 수 없이 군대에 들어간 사람들을 제외한, 보통 사람들에게 전쟁은 너무나 잔인하고 위험한 일로 보였던 것이다. 한편 가난하고 직업이 없고 때로는 죄를 짓고 추방된 사람들로 이루어진 지원군이나 용병들은 전쟁에 적합한 자들로 판단되었다. 왜냐하면 그들에게는 평화로운 생활 또한 똑같은 시련 이외에는 아무것도 제공하지 않을 것이기 때문이다.

산업 종사자들, 기술자들, 학자들 그리고 어느 정도의 재산을 가진 자들을 병역으로부터 제외시킨 것은 전쟁의 본질이 인간의 본성에 미치는 영향을 참으로 이성적으로 판단했음을 반영하고 있다. 전쟁의 혹독함은 편안하고 규칙적이고 생산적인 습관이 몸에 배인 사람들로서는 도저히 감당할 수 없는 것이다. 그러나 평등에 대한 열광에 휩싸인 프랑스 혁명은 이러한 인식을 한쪽 옆으로 미루어놓은 채, 지금까지의 소수의 특권—귀족의 전사신분에 의해서 표방되는 완전한 법적 자유—을 대중에게 나누어주었다. 그런 결정에서 혁명이 전적으로 틀렸던 것만은 아니다. 신분이 높고 낮음을 불문하고, 선조 때부터 군사적 임무에 종사할 수 없었던 수많은 유망한 청년들이 뛰어난 군인으로서의 자질을 드러냈다. 나폴레옹의 원수들 중에서 가장 저돌적이었던 뮈라는 사제 수업을 받았으며, 베시에르는 의학도였고, 브륀은 신문기자였다.[53] 스탈린이나 무솔리니 또한 과거에 신학생이나 신문기자라는 배경을 가지고 있었던 것은 사실이다. 그러나 이들은 훨씬 후대에 야만적인 기질을 타고난 사람들이었다. 뮈라나 베시에르, 브륀은 그들의 시대에서 존경할 만한 부르주아로 인정받았다. 그들의 기질이 군대생활의 훈련이나 위험에 적합했던 것은 순전히 우연이었다. 나폴레옹의 군대 내에서조차도, 그들은 예외적인 존재였다. 그러나 100년 후에 태어났더라면, 그렇지 않았을 것이다. 제1차 세계대전의 군대들은 가장 낮은 계급에서부터 최고위층까지 사회의 모든 계층과 직업의 대표자들로 구성되어 있었다. 그리고 많은 병사들이 죽음과 부상의 위험을 함께 하면서 2년 혹은 3년, 심지어 4년 동안 군대생활을 꿋꿋하게 감수했다. 그러나 보병들의 200-300퍼센트의 사상률 그리고 평균 100만 명의 사망자 숫자는 국가정신을 뒤흔들어놓기에 충분한 것이었다. 1918년 11월에 이르자, 프랑스는 4,000만 명의 인구 중에서 170만 명의 젊은이를 잃었으며, 이탈리아는 3,600만 명의 인구 중에서 60만 명을, 대영제국은 100만 명을 잃어야만 했다. 그중에서 70만 명은 5,000만 명의 인구가 살았던 영국 본토 출신이었다.

전쟁 전의 7,000만 명 인구 중에서 200만 명을 훨씬 넘는 사상자를 냈음에도 불구하고, 최후의 순간까지 계속된 독일의 끈질김은 상상을 초월하는 것이었다. 독일의 끈질김은 이 전쟁에 민족 감정의 값을 지불했다. 비록 승전국에서 통용되는 것과는 다른 화폐였다고 하지만, 그 비용은 너무 엄청나서 결코 다시는 감당할 수 없을 정도였다. "평화가 찾아올 기미가 보이자, 나는 내 눈을 의심했다." 1918년 10월, 과거 영국 수상의 며느리였던 신시아 아스키스는 이렇게 썼다. "나는 이전까지의 그 어떤 경우보다도 더욱 커다란 용기가 필요하다고 생각한다. ……결국 사람들은 사자(死者)는 단지 전쟁기간 동안에만 죽는 것이 아니라는 사실을 깨닫게 될 것이다."[54] 물론 1918년 11월은 수백만 명의 가족들에게 전보 배달부가 문 앞에 서면 사망통지서가 온 것이라고 생각되던 4년간의 세월이 끝났음을 알려주었다. 그러나 신시아의 판단은 정확한 것이었다. 사망자 명단은 모든 가정에 커다란 구멍을 만들어놓았고 손실의 슬픔은 가족을 잃은 사람들이 살아 있는 한 영원히 계속되었다. 심지어 오늘날까지도, 영국 신문의 "추모란"에는 거의 80년 전에 불모의 땅이나 참호 속에서 죽어간 아버지나 형제에 대한 추모의 글이 실리곤 한다. 그토록 깊은 상처는 세월이 흘러갔지만 집단의식 속에서 곪아갔는데, 1918년의 여파로 영국과 프랑스의 민족의식은 고통이 재발할까봐 두려워했다.

프랑스는 독일과의 국경선, 즉 마지노 선(Maginot Line)을 따라서 초근대식 콘크리트 참호 시스템을 세움으로써, 참호의 고통을 되살리려는 어떤 시도와도 문자 그대로 담을 쌓았다. 여기에는 영국이 1906–1913년에 드레드노트형 전함 건조계획에 쏟았던 것과 맞먹는 정도의 비용(30억 프랑)이 제1단계에 들어갔다. 마치 육지를 봉쇄하는 거대한 전투함대처럼, 이것은 "미래의" 독일 군대—독일은 평화를 조건으로 하여 실질적으로 군대가 존재하지 않았기 때문에—가 프랑스의 영토 안에 다시 발을 들여놓지 못하게 하려는 의도로 만들어졌다.[55] 영국은 비록 그렇게 현실적인 것은 아니었지만, 프랑스와 똑같은 반감을 가지고 장차 있을지도 모르는 대전에 대비했다. 1919

년에는 해군대신을 역임했고 공군대신과 육군대신을 경임한 바 있는 윈스턴 처칠의 촉구에 의해서 "[국방] 예산을 조성하려는 목적으로, 정한 날로부터 10년간은 어떠한 중요 전쟁도 없을 것[이라는 것이 가정되어야 한다]"이라는 법률을 채택했다. 이 "10년 유효법(ten-year rule)"은 1932년까지 매년 새로 채택되었다. 그리하여 1933년, 제1차 세계대전의 결과를 번복하려고 결심한 아돌프 히틀러가 독일에서 권력을 잡았음에도 불구하고, 영국은 1937년까지도 재무장을 위한 아무런 실질적인 방법도 강구하지 않았다.[56] 그동안 히틀러는 일반 징집제를 다시 도입하고 독일의 새로운 젊은 세대 사이에서 군사문화를 부활시키기 시작했다.

## 최후의 무기들

히틀러에게 제1차 세계대전은 "어떤 경험보다도 가장 위대한 경험"이었다.[57] 모든 군대의 대다수 고참군인들이 그러하듯이, 히틀러는 흥분을 느꼈으며 참호 속의 위험조차도 위대하고 진실로 영감을 주는 것으로 여겼다. 또한 용기를 인정받아 훈장을 받았으며, 상관들에게도 좋은 인상을 심어주었다. 몇 년 동안 빈의 뒷골목을 이리저리 방황하던 끝에, 전우들에게 인정을 받은 히틀러는 독일민족이야말로 다른 어떤 민족보다도 우수하다는 열렬한 믿음을 더욱 굳게 가지게 되었다. 그러므로 베르사유 평화조약에서 독일이 굴욕을 겪는 것을 보자, 히틀러는 미친 듯이 분노했다. 이 조약에는 영토의 분할은 물론이고 군대의 숫자를 10만 명으로 감축할 것과, 해군에서 현대적인 군함을 폐기하며 공군을 철폐하는 조항들이 포함되어 있었다. 독일정부는 연합군의 해상봉쇄(전쟁 동안에는 별다른 효과가 없던 이 조치는 전쟁이 끝난 이후에야 비로소 효과를 발휘했다)가 다른 선택의 여지를 주지 않았기 때문에 어쩔 수 없이 이 조약을 받아들였다. 1921년 히틀러는 극우 정책을 표방하고 나섰을 때, 준군사적인 당의 핵심요원들과 더불어 그를 지지하는 다른 퇴역군인들의 분노는 그의 분노와 잘 맞아떨어졌다.

1920년대에 준군사적인 당들은 패배했거나 혹은 승리에 대한 기대를 배반당한 거의 모든 국가에서 출범하기 시작했다. 단 터키만은 예외였다. 터키의 심장부를 구했던 군사적 구세주 아타튀르크(케말 파샤)는 연합군이 중동제국으로부터 터키를 분리시킨 이후에, 이 호전적인 민족이 역사상 처음으로 온건한 정책을 지향하도록 변화의 바람을 일으켰다. 러시아에서는 내란에서 승리를 거두고 의기양양한 볼셰비키 당이 체제를 제도화하고 있었다. 평등주의를 내세운 온갖 수식어에도 불구하고, 이들은 사생활은 물론이며 공공생활의 억압에서 프랑스 혁명을 훨씬 능가했다. 최고위층에서 내린 명령은 임의적인 규율과 치밀한 내부감시 체계에 의해서 강력하게 시행되었다. 1923년 이탈리아에서는 무솔리니—그는 이탈리아인들도 똑같이 피를 흘렸음에도 불구하고, 영국과 프랑스가 부당하게 너무 많은 전리품을 차지했다고 생각하는 모든 사람들의 대변인이었다—가 군복을 입고 군대 관습을 흉내 내는 정당으로 사실상정부를 장악하고 있었다. 그리고 정적(政敵)들을 추방하거나 투옥했으며, 합법적인 군대와 대등하게 당에 군사조직을 설치했다.

히틀러는 무솔리니를 깊이 존경했다. 언제나 무솔리니를 율리우스 카이사르에 비유하면서 군단의 깃발과 "로마식" 인사법 등을 포함하여 군대의 상징을 이용하는 그의 방식을 자신의 혁명적인 그룹에 그대로 적용했다. 그러나 독일은 비록 패전으로 쇠약해지기는 했지만, 이탈리아보다는 더욱 강인한 정신을 가지고 있음을 보여주었다. 1923년에 쿠데타를 일으키려고 했던 히틀러의 시도는 바이에른 경찰에 의해서 쉽게 진압되었던 것이다. 전장의 노장들을 조롱하며 행진하는 오합지졸들에게 국가적인 역할을 담당하도록 할 의사가 전혀 없었던 군대도 경찰을 뒷받침했다. 감옥에서 16개월을 보내는 동안, 히틀러는 자신의 실수를 곰곰이 돌이켜보고, 다시는 군대와 직접적으로 맞서지 않겠다고 결심했다. 그 대신 군대 지도자들의 환심을 사고 "돌격대(Sturmabteilung : SA)"라는 제복을 입은 민병대—1931년에 이들은 거의 군대와 같은 규모인 10만 명의 세력을 이루었다—의 창설을 계속 진행하면서, 동시에 선거과정을 통하여 권력을 장악하기로 결정했다.[58] 1933년 1월, 그는 과반수의 표를 얻어서 수상의 자리에 올랐다. 그리고 즉시 독일을 예전과 같은 군사 강대국으로 만들기 위한 여러 가지 방법을 시행했다. 2월 8일, 히틀러는 내각에 대해서 은밀히 "다가오는 5년 동안은 오직 다시 무기를 들 수 있도록 독일국민을 개조하는 일에만 전념해야 할 것"이라고 통지했다.[59] 다음 해에 전시 최고사령관이었던 힌덴부르크 대통령이 사망하자, 히틀러는 모든 공직자들이 새로운 국가 원수[Führer : 지도자]인 그에게 개인적인 충성을 서약하도록 일을 꾸몄다. 1935년에 히틀러는 군대의 수를 10만 명으로 제한한 베르사유 조약의 조항들의 무효화를 선언했다. 그리고 일반 징집제를 다시 도입하며 독립적인 공군의 창설을 선언했다. 1936년에는 유-보트의 건조를 허용하는 새로운 영독 해군조약을 두고 영국과 협상을 벌였다. 이때쯤에는 독일군대가 무장해제된 라인 강변 지역을 일방적으로 재점령하고 있었다. 히틀러는 이미 탱크를 제작하고 있었다. 1934년 1월에, 히틀러는 쿰머스도르프에서 기갑부대의 아버지라고 할 수 있는 구데리안으로부터 불법적인 무기의 원형을 선보았다. 그리고 이렇게 탄성을 올렸다. "저것이 바로 내가 필요로 하던 거야. 나는 저런 걸 갖고 싶었다고!" 1935년에 3개의 기갑사단이 편성되기 시작했고,[60] 1937년이 되자 독일군대는 36개의 보병사단과 3개의 기갑사단을 보유하게 되었다(1933년에는 오직 7개의 보병사단만이 있었다). 그것은 예비병력까지 합하여 약 300만 명의 병력을 갖추었는데, 4년 전의 군사력보다는 무려 30배나 더 증가한 것이었다. 1938년에 새로운 공군은 3,350대의 전투기(1933년에는 한 대도 없었다)를 보유하고 공수부대인 낙하산부대를 훈련시키고 있었다. 한편 해군은 최초의 초강력 전함과 항공모함 건조를 계획하고 있었다.

재무장은 대단히 인기가 있었다. 그것은 단지 할 일 없는 젊은이들을 흡수하고 라인 강변과 1938년의 오스트리아 일부 그리고 체코슬로바키아의 독일어권 지역을 보다 강력한 독일의 영토로 통합할 수 있는 수단이 되었기 때문만은 아니었다. 그것은 실추된 독일의 민족적 자존심을 회복시켜주었던 것이다. 제1차 세계대전의 승리를 위해서 엄청난 비용을 치러야 했던 전승국의 국민들은 결코 다시는 그와 같은 부담을 지지 않겠다고 결심했다. 반면 독일국민들은 전쟁결과가 뒤바뀔 수만 있다면, 패전에 들어간 비용이 별로 아깝지 않다고 보았다. 이러한 신념으로 가득 찬 히틀러는 대중들의 증오심을 재빨리 감지할 수 있는 통찰력이 있었다. 그것은 비록 후기 제국주의 국가들의 공식적인 철학이었던 얄팍한 국제주의(Internationalism) 아래에 숨어 있었지만, 15년 동안의 정치적인 자극을 통해서 점차 분위기를 고조시키기 시작했던 것이다. 베르사유 조약에 서명한 자들을 반역죄로 소추하고 무자비하게 복수를 요구하는 그의 주장은 사람들의 귀를 솔깃하게 했다.

프랑스가 마지노 선을 강화하고, 영국이 독일의 재무장을 굳게 거부하는 동안, 독일청년들은 그들의 아버지와 할아버지가 1914년 이전의 수십 년 동안 했던 것처럼(그 당시 징집병은 독일민족성의 대표적인 상징이었다), 참호 속에서 나온 낡아빠진 군복을 열광적으로 걸치며 민간인들의 칭송에 빠져 달콤한 꿈을 꾸었다. 그리고 탱크나 전투기, 폭격기 등이 표방하는 현대화에 전율했다. 이탈리아가 해야 할 일에 대한 무솔리니의 비전은 "미래주의(futurism)" 미술에 의해서 영감을 받았다. 히틀러의 독일에서는 미래가 단지 영감이 아니라 차가운 현실이었던 반면, 자금이 부족했던 파시스트의 이탈리아에서는 여전히 환상에 불과했던 것이다. 1939년 무렵이 되자, 독일사회는 단지 재무장화되었을 뿐만 아니라, 마침내 쇠퇴한 이웃 국가들을 이길 수 있는 수단을 가졌다는 신념으로 가득 차게 되었다. 이들 국가들은 "누구나 군인"이라는 철학에 대해서 입바른 찬사만 늘어놓을 뿐이며, 21년 전에 그들을 속여서 승리를 빼앗아간 자들이었다.

1939년 9월 1일, 폴란드와의, 그러므로 또한 프랑스와 영국과의 전쟁을 벌이기로 한 자신의 결심을 공표하면서 히틀러는 참호 속에서 겪었던 경험에 대해서 솔직하게 털어놓았다. "[제1차 세계대전]의 몇 해 동안, 나보다 더 기꺼이 전투에 임했던 어떤 독일인이 있는지 나는 묻는다. ……이제부터 나는 [제3] 제국의 제1병사일 뿐이다. 그리고 신성하고 소중한 이 제복을 다시 한번 입게 되었다. 나는 승리를 확신할 때까지 결코 이 제복을 벗지 않을 것이며, 만약 그렇지 못하게 된다면 나는 더 이상 살아 있지 않을 것이다."[61] 이토록 비장하고 예언적인 선언을 한 이 정치지도자는 그로부터 5년 반 후에, 폐허가 된 베를린의 방공호에 몸을 숨긴 채 적들이 쏟아붓는 폭탄 소리를 들으며 그의 생을 마감하게 된다. 그러나 겉으로 보기에는 패배에 대한 우려조차 너무나 터무니없는 것처럼 여겨졌다. 작전을 행동으로 옮기라는 요구를 받았을 때 대개의 군사전문가들이 항상 그러하듯이, 히틀러의 장군들도 폴란드에 대한 승리가 쉽지는 않을 것이라고 경고했다. 그러나 결과적으로 아무런 무장도 갖추지 못했던 폴란드의 40여 개 사단은 개전하자마자 62개 독일사단(이중에는 10개의 기갑사단도 포함되었다)에게 포위되었고 5주일간의 전투 끝에 압도당하고 말았다. 폐품이나 다름없는 935대의 폴란드 전투기는 단 하루 만에 전멸했다. 거의 100만 명의 폴란드인들이 포로로 잡혔으며, 20만 명은 러시아의 포로가 되었다. 그 당시 히틀러는 1914년의 경우처럼 양쪽 전선에서 싸우게 될 위험을 피하려는 목적으로 러시아와 비밀협상을 맺었다. 그리하여 러시아는 독일이 작전을 개시하면, 폴란드의 동쪽을 침공하여 합병에 참가하기로 약속이 되어 있었던 것이다.

폴란드 전투에서 독일의 육군과 공군은 그동안 비밀리에 훈련하고 준비했던 새로운 전술들을 공개했다. 어떤 신문기자가 표현한 대로 일명 "전격전(Blitzkrieg)"이라고 부르는 이 전술은 기갑사단의 탱크를 공격의 중심으로 삼고 "나는 포대"라는 폭격기 중대의 지원을 받는 것이었다. 독일군은 방어선의 취약지점을 공격하여 완전히 분쇄하고 맹렬한 기세로 적군을 소탕했다. 그리하여 이들이 지나간 자리마다 패닉 상태가 벌어졌던 것이다. 이러한 전술은 에파미논다스가 레우크트라 전투에서 처음 소개한 작전과 똑같은 것이었다. 그후에도 알렉산드로스 대왕이 가우가멜라에서 다리우스를 맞아서 싸울 때 사용했으며, 나폴레옹이 마렌고와 아우스터리츠, 바그람에서 사용했다. 그러나 독일의 "전격전"은 이전까지의 모든 지휘관들이 불가능하다고 보았던 결과를 낳았다. 지금까지는 공격하는 순간에 승리를 차지할 수 있는 능력은 말의 속력과 지구력에 의해서 제한을 받아왔다. 그것은 말을 공격용 도구로 이용하든지 혹은 명령이나 보고를 전달하는 수단으로 사용하든지 마찬가지였다. 탱크는 쉽게 보병을 앞지를 수 있을 뿐만 아니라, 연료와 부속품만 제공된다면, 24시간 안에 30마일 혹은 50마일까지도 앞서갈 수가 있었다. 게다가 탱크에 부착된 라디오를 통해서 사령부는 작전이 시행되는 것과 똑같은 속도로 정보를 보고받고 명령을 전달할 수가 있었다. 이것은 전쟁 동안 "실제 시간(real time)"으로 알려지게 된 혁신적인 발전이었다.

제1차 세계대전 동안 라디오에 대한 실험이 계속되었다. 초기의 라디오는 엄청난 크기의 동력원을 필요로 했으며 바다에서만 제대로 작동되었다. 그러나 소형화됨으로써 필요한 동력도 크게 줄어들었으며 탱크나 지휘차량에 부착할 수 있을 만큼 간편해졌다. 한편 독일군들은 통신의 암호화를 기계화하는 일에서도 괄목할 만한 성공을 거두고 있었다. 혁명적인 공격을 위한 기반이 모두 여기에 있었던 것이다. 독일의 공군장군인 에르하르트 밀히가 전쟁 이전에 "전격전" 작전에 관한 회의에서 행한 발언은 이 혁명의 성격을 단적으로 보여주고 있다. "폭격기들은 비행 포병부대를 형성할 것입니다. 그리고 성능 좋은 라디오 통신을 통해서 지상의 병력과 함께 움직일 것입니다. ……[지휘관은 자유롭게] 탱크와 비행기를 지휘할 수 있습니다. 진짜 비밀은 바로 속도입니다. 빠른 통신을 이용한 빠른 공격인 것입니다."[62]

히틀러와 미래를 내다보는 독일의 장군들은 이러한 혁명적인 공격 요소들로 인하여, 독일의 국방군은 별다른 손실 없이 아직도 과거의 관행을 따라서 조직되어 있는 서구의 적군들을 패배시킬 수 있을 뿐만 아니라, 전면적인 전시체제를 갖추기 위하여 독일 산업에 부과했던 과중한 경제적 비용을 덜어줄 수 있을 것이라고 믿게 되었다. 독일의 군부는 1918년에 연합군이 승리한 것은 단지 "물질전(Materialschlacht)"에서 더 우세했기 때문이었다고 생각했다. 그러므로 독일의 병사들은 실제로 전혀 패배한 것이 아니라는 환상을 가지고 있었던 것이다. 결국 비교적 값싼 무기를 사용했던 "전격전"은 독일국민에게, 지금까지 전면전에는 항상 따르기 마련이었던 재정적 희생을 강요하지 않고도 승리의 열매를 안겨줄 수 있을 것으로 여겨졌다.

프랑스와 저지대 국가들(베네룩스 삼국/역주)에서 치러진 1940년 5월과 6월 전투의 결과는 이러한 기대를 현실적으로 입증했다. 마지노 선의 북쪽에 있는 아르덴 숲에 집결한 독일의 기갑사단은 3일 만에 프랑스의 방어군을 격파하고 5월 19일에는 아브빌의 영국해협 해안을 향해서 진격했다. 이 진격으로 연합군은 두 동강이 나고 말았다. 그리하여 프랑스 군과 영국 원정군 중에서도 최고 정예부대들은 북쪽에 고립되는 한편, 남쪽의 프랑스 내륙은 기동력이 없는 이류부대만 방어하고 있었다. 6월 4일에 북쪽의 고립지역은 무너져버렸다(대부분의 영국 군대는 됭케르크에서 바다로 퇴각했다). 그리고 곧이어 남쪽 전선이 무너지기 시작했다. 6월 17일에 프랑스 정부는 6월 25일부터 효력을 발생하는 휴전협정에 동의했다(또한 뒤늦게 독일 편에 합세한 이탈리아와도 휴전협정을 맺었다). "드디어 프랑스와의 위대한 전쟁이 끝났다." 젊은 독일장교는 이렇게 썼다. "26년 동안이나 계속된 전쟁이었다." 그의 감격은 바로 히틀러의 마음을 그대로 표현한 것이었다. 7월 19일, 히틀러는 베를린에서 승전 축하연을 베풀면서 12명의 장군들을 육군원수로 진급시켰다. 그리고 이미 100개 사단 중에서 35개 사단을 해산시킨다는 결정이 내려져 있었다. 평상시와 같은 수준으로 소비재를 계속 생산하는 데에 필요한 인력을 다시 확보하기 위한 조치였다.

1940년 여름에 독일은 지구에서 가장 큰 행복을 누리고 있는 것처럼 보였다 : 승리와 경제적인 풍요 그리고 전선에서의 병사들의 귀향. 전쟁에 대한 지나친 자만을 경계하기 위해서, 히틀러는 새로운 무기의 생산을 계속하라는 명령을 내렸다. 탱크 사단의 숫자는 2배로 늘어났고, 점점 더 많은 유-보트가 진수되었다. 또한 더욱 발전된 항공기 모델이 생산단계에 들어갔다. 그러나 전쟁의 위협은 조금도 어두운 그림자를 드리우지 않았다. 한편 히틀러와 스탈린이 전쟁 전에 맺은 협정에 의해서 할당받은 폴란드 동부를 합병하는 것으로 만족한 러시아는 별다른 움직임을 보이지 않았다. 단지 협정의 조건이었던 원료공급 임무를 다할 뿐이었다. 대륙에서 쫓겨난 영국은 거의 모든 군사 중장비들을 대륙에 두고 나왔기 때문에 공격전을 펼 수 있는 수단을 빼앗긴 상태였다. 그러므로 기껏해야 자국의 해상과 영공을 방어할 수 있기만을 바랄 뿐이었다. 아무리 이성적으로 따져보아도, 영국은 평화협정을 제안해야만 하는 처지였던 것이다. 이렇게 계산한 히틀러는 6월과 7월 내내 처칠의 제안을 받아들일 준비만 하고 있었다.

그러나 아무런 제안도 오지 않았다. 그 대신 전쟁은 또다른 국면으로 접어들었다. 히틀러는 이미 개방된 동쪽 국경을 차지하고 있는 러시아를 가만히 내버려두는 것이 과연 안전한 일인지 다시 한번 생각하고 있었다. 길을 가로막는 자연적 국경이 없었고, 러시아 서쪽의 초원지대 역시 탱크가 지나갈 수 있었기 때문에, 러시아는 확대된 규모의 전격전에는 그대로 방치되어 있는 셈이었다. 만약 전격전이 성공한다면, 독일은 유럽에서 영원히 무너뜨릴 수 없는 강대국으로 성장할 수 있는 물질적, 산업적 자원을 얻게 되는 것이다. 만약 영국이 휴전협정에 동의했다면, 그런 작전은 시행되지 않았을 것이다. 왜냐하면 그것은 마침내 미국이, 1917년에 그랬던 것처럼, 힘의 균형을 유지하기 위하여 유럽 전쟁에 개입하도록 만들 위험이 있었기 때문이다. 그러나 영국은 8월부터 시작된 독일공군의 전격적인 공습에도 불구하고 끝끝내 고집을 부렸다, 한편 히틀러는 영국의 공군 방어선이 상당히 오랫동안 버틸 수 있다는 사실을 깨달았다. 그리하여 프랑스 전투에 참가했던 사단들의 해산을 중지하고, 예방책으로 기갑사단을 동쪽으로 이동시키기 시작했다.

돌이켜볼 때, 히틀러는 문명사회를 괴롭힌 그 어떤 전쟁 지휘관보다도 가장 위험한 인물이었다. 왜냐하면 그는 세 가지의 야만적이고 상호 보완적인 믿음들을 결합시키고 있었기 때문이다. 그것들은 종종 개별적으로 나타난 적은 있지만, 한 사람의 정신 속에 모두 결합된 모습으로 나타난 적은 한 번도 없었다. 히틀러는 전쟁수행 기술에 대한 강한 집착을 지니고 있었으며, 자신의 해박한 세부적인 지식을 자랑하기도 했다. 또한 우수한 무기야말로 승리를 가져다주는 열쇠라고 굳게 믿었다. 이런 점에서 그는 전통적인 독일 군대와는 정반대의 입장에 서 있다. 독일군대는 독일군인의 뛰어난 전투능력과 장군들의 전문적 기술이 승리를 보장한다는 신념을 가지고 있었던 것이다.[63] 그렇지만 히틀러는 전사계급의 우수성 또한 믿었다. 독일국민에게 보내는 정치적 메시지에는 그러한 생각이 대단히 급진적인 내용으로 표현되어 있다. 마지막으로 히틀러는 클라우제비츠류의 사고를 가진 사람이었다. 그는 진정으로 전쟁이 정치의 연장이라고 확신했으며, 정치와 전쟁을 독립된 별개의 행동으로 구별하지 않았다. 비록 모든 민족을 차별 없이 경제적 노예상태로부터 해방한다는 마르크스의 집산주의를 경멸하고 무시했지만, 그 또한 마르크스와 마찬가지로 인생은 투쟁이라고 생각했고, 따라서 전투는 급진적인 정치가 그 목적을 이루기 위해서 당연히 사용해야 하는 수단이라고 여겼다. 1934년, 히틀러는 뮌헨에 모인 청중들에게 이렇게 말했다. "여러분들 중에 클라우제비츠를 읽은 사람은 단 한 사람도 없을 것입니다. 비록 읽었다고 해도, 여러분들은 그의 주장을 어떻게 현재에 적용할 수 있는지 그 방법을 몰랐을 것입니다." 1945년 4월, 베를린에서 생의 마지막 순간을 맞이한 히틀러는 벙커 속에 앉아 독일 국민들에게 보내는 정치적 유언장을 작성했다. 그때 그가 자신이 이루려고 했던 일을 정당화하기 위해서 인용한 유일한 이름은 바로 "위대한 클라우제비츠"였다.[64]

혁명적인 무기들, 전사의 에토스 그리고 정치적인 목적과 군대를 결합시킨 클라우제비츠류의 철학은 히틀러의 지휘 아래, 1939년부터 1945년에까지 유럽에서 전쟁을 일으켰다. 이 전쟁은 이전의 세계의 그 어떤 지휘관도, 알렉산드로스나 무함마드나 칭기즈 칸이나 나폴레옹도 꿈꾸지 못했던 수준에 도달했다. 전쟁 초기에, 히틀러는 민간인을 상대로 직접적인 공중폭격을 가하지 말자는 영국과 프랑스 정부의 선언에 동의했다. 그러나 일단 이 금기가 무너지자—공교롭게도 1940년 5월 10일, 독일군이 실수로 자국의 도시 프라이부르크를 공격하는 일이 벌어졌다. 그리고 궁여지책으로 프랑스군에게 그 책임을 돌렸다—제약은 완전히 사라져버렸다.[65] 이탈리아의 전술공군의 창안자 두에는 이미 전쟁은 공군력만으로도 승리할 수 있다는 가정을 전개하고 있었다(우연인지는 몰라도, 이탈리아는 최초로 비행기를 군사적인 목적에 사용한 나라였다. 1911-1912년의 전쟁에서 리비아에 있는 오스만 군을 공격할 때였다). 제1차 세계대전 동안에도 비행기와 비행선을 이용하여 상대방의 도시에 폭격을 가했지만, 사소한 피해만을 입히고 사상자도 극히 적었다. 그러나 히틀러는 수천 대의 폭격기를 거느린 그의 새로운 공군이 단 한 번의 집중공격으로 영국공군과 영국민간인의 사기를 무너뜨릴 수 있을 것이라고 생각했다.[66] 아직까지도 런던에서 "폭격의 첫 날"이라고 부르는 1940년 9월 7일, 독일공군은 템스 강 양안의 시가지의 대로와 런던의 도크를 불바다로 만들어버렸다. 10월 31일에는 런던 시의 대부분을 파괴했으며, 기갑사단이 최초로 서유럽 국가를 공격한 기념일인 1941년 5월 10일에는 하원 회의실을 포함한 화이트홀과 웨스트민스터를 폭격했다. 1940년 한 해만 해도 1만3,596명의 런던 시민이 목숨을 잃었음에도 불구하고, 독일공군은 결국 자신들의 손실—8월과 9월에 600대의 폭격기를 잃었다—이 더욱 크다는 사실을 깨닫고, "공군력을 이용한 승리"라고 하는 두에의 교리를 버리기로 했다.[67] 그리고 1941년부터 1943년까지, 오직 야간에만 영국의 목표물을 간헐적으로 공습했다.

폭격의 효과에 의해서 영국으로부터 항복을 받아내려는 노력이 좌절되자, 히틀러는 방향을 전환하여 그의 또다른 혁명적 무기체계인 기갑사단으로 그의 숙원인 유럽에서의 완전한 승리를 달성하기로 했다. 1941년 봄에 동쪽으로의 이동이 완결되자, 히틀러는 소련을 공격하기로 결정했다. 당시 소련은 남유럽을 재편성하려는 그의 외교정책위 수용을 거부하고 있었다. 그리하여 복속을 거부하던 유고슬라비아와 그리스를 정복하기 위한 부차적인 전투를 치른 후에, 히틀러는 6월 22일, 그의 탱크 병력을 러시아로 진격시켰다.

1940년 봄의 서유럽에서 그랬던 것처럼, 러시아와의 전쟁에서도 처음 6개월 동안은 전격전이 눈부신 성과를 올렸다. 10월이 되자, 독일의 탱크는 소련의 농업 중심지이며 수많은 산업과 천연자원의 원천인 우크라이나를 공략하고는 모스크바와 상트페테르부르크의 정면에 우뚝 섰다. 히틀러의 클라우제비츠식 철학은 그가 또한 열광적으로 집착했던 혁명적인 군사기술을 도입함으로써 (그러나 클라우제비츠는 전쟁수행에서 무기의 우월성을 그다지 중요한 요인으로 간주하지 않았다) 애초의 목적을 달성했다. 아니, 적어도 달성한 것처럼 보였다. 히틀러가 그토록 숭배했던 전사정신 또한 한몫을 했다. 사실은 너무나 지나칠 정도였다. 서부전선에서 독일 병사들은 일반적인 전투의 법적 규칙을 준수했다. 그러나 동부전선에서는 러시아인들이 야만스럽다는, 사실상 아무런 근거도 없는 주장이 자신들의 야만스러운 행동을 정당화해주기라도 하는 것처럼 잔인하게 붉은 군대와 싸웠다—제3제국의 주역들은 과거의 초원지대의 위협에 대한 민족적 기억을 이용하여 러시아의 야만성이 실재하는 것처럼 만들었으며 또한 붉은 혁명의 유혈성을 필사적으로 환기시켰다. 심지어 포로로 붙잡힌 후에도 사정은 마찬가지였는데, 민스크와 스몰렌스크 그리고 키예프에서의 잇따른 포위전에서 수십만 명의 러시아인들이 포로가 되었으며 500만 명의 소비에트 병사들 중에서 300만 명이 넘는 병사들이 독일군에게 사로잡혀 굶주림과 학대로 목숨을 잃었다. 대부분이 전투가 일어난 지 처음 2년 동안의 일이었다.[68]

1942년 가을, 마침내 초원지대 깊숙한 곳에 자리 잡은 스탈린그라드 전투에서 독일군이 혼란에 휩싸이기 전까지, 전격전은 육상에서 큰 역할을 했다. 그러나 또다른 곳에서 히틀러의 혁명적 무기와 전략적 극단주의는 예상치 못했던 난관에 봉착하게 되었다. 해상에서 유-보트가 영국 봉쇄를 완수하리라는 히틀러의 기대는 여지없이 무너지고 말았다(1917-1918년에도 독일은 잠수함 부족으로 뜻을 이루지 못했다). 1943년, 연합군은 대서양 순항 수송선단이 활동하고 있는 전 지역의 제공권을 장악하는 데에 성공한 것이다. 그것은 항공모함들이 각각의 국지적인 상공을 장악하는 한편, 암호를 해독하여 독일의 암호체계를 무용지물로 만든 것에서 비롯되었다. 유-보트가 수송선단을 가로채기 위한 지시를 받는 데에 사용되었던 암호는 이제 역으로 그들을 따돌리기 위해서 사용되었다.[69]

한편 대륙의 상공에서 히틀러의 적들은 결정적인 우위를 점하기 위해서 움직이고 있었다. 모든 산업능력을 오직 전투력 향상과 직접적으로 관련이 있는 무기—탱크, 폭격기, 자동화기 등—에만 집중시켰던 독일의 경제정책은 결국 독일공군이 진정한 전략적 힘의 근원을 가지지 못하는 결과를 낳았다. 전쟁이 시작되기 전부터 히틀러는 "전격전"에 대한 생각에 사로잡혀, 구식 비행기는 모두 버리고 큰 장거리 폭격기만을 만들도록 명령했다.[70] 영국과 미국 공군의 정책은 그와 정반대였다. 사실 전쟁 전에 영국정부가 영국공군에게 폭격기에서 전투기로 생산방식을 바꾸라고 강요하기에는 상당한 어려움이 있었다. 공군 지도자들은 "공군력을 이용한 승리"라고 하는 두에의 교리를 굳게 확신하고 있었던 것이다. 초기 영국의 폭격기들은 실제 능력에서보다는 차라리 개념에서 전략적인 것이었다. 그러나 1942년부터 영국에 도착하기 시작한 미국공군은 영국공군과 함께 독일에 대한 전략적인 폭격을 수행하면서, 바로 항공기 B-17을 이용했다. 이 항공기는 필요한 모든 조건을 완벽하게 갖추고 있었는데, 빠르고 장거리 운행이 가능했으며, 놀랄 만큼 정확하게 무거운 폭탄을 목표지점에 떨어뜨렸다. 게다가 전투기의 공격으로부터 자신을 방어할 수 있도록 고안되었다.

히틀러가 민간인은 목표물로 삼지 않기로 한 암묵적 동의를 깨뜨린 것에 자극을 받았던 영국은 1940년부터 독일도시에 폭격을 가하기 시작했다. 첫해와 그다음 해까지도 폭격기는 별다른 성과를 올리지 못했다. 그러나 1942년 2월, 새로운 폭격기 지휘관인 공군 원수 아서 해리스는 지금까지 오직 확인된 군사적 목표물만 직접 공격하던 작전을 버리고 "지역 폭격"을 처음으로 시도했다. 1903년에 실용적인 비행기를 처음으로 고안한 라이트 형제가 앞으로 인류 가족을 더욱 가까운 공동체로 만들어주는 수단으로 비행기가 사용될 것이라고 예견했다는 사실은 참으로 역설적이다. 영국의 공군참모진들은 2월 14일에 "이제 적국의 민간인들, 특히 산업노동자들의 사기에 초점을 맞추어야 하는" 작전을 펼쳤다.[71] 얼마 후 1,000개의 영국 폭탄이 일시에 지정된 독일의 도시들을 엄청난 폭발력으로 파괴시키고 있었다. 1943년 7월 24일부터 30일까지의 함부르크 야간공습으로 도시 건물의 80퍼센트가 파괴되거나 손상을 입었으며, 3만 명의 주민들이 목숨을 잃고 거리는 4,000만 톤의 부서진 파편들로 메워졌다. 함께 이루어진 주간공습에서 미국공군은 이 공격을 더욱 뒷받침해주었다. 일단 폭격기 연대를 목표물까지 보호할 수 있는 장거리 전투기가 확보되자, 폭격기는 별다른 위험 없이 독일 상공을 날아다닐 수 있었다.

독일도시들을 공중에서 공격하는 연합군의 전략은 전투수행에서 혁명적인 발전이었다. 용기 있는 몇몇 사람들이 이 전략의 도덕적 후퇴에 대해서 항의한 것은 정당했다. 그러나 태평양에 수륙양용 비행기를 배치함으로써, 그러한 주장은 전략적인 견지에서 묵살되었다. 제1차 세계대전의 주요 승전국 중의 하나인 일본(일본은 중국에서의 거점을 차지하기 위해서 독일에게 선전포고를 했다)은 자신들이 받아야 할 전리품을 빼앗겼다고 생각했다. 그리하여 1921년부터 전 세계에서 가장 훌륭한 장비를 갖춘 대규모의 해군항공대를 조직하기 위해서 국방예산의 대부분을 소비했다. 1937년에 육군중심의 일본 군사정부가 중국과 전면전을 시작했을 때, 6척의 거대한 항공모함 전대는 별로 쓸모가 없었다. 그러나 1914년 도쿄에서는 미국의 끈질긴 요구에 대항하기 위하여, 중국내륙에 대한 공격을 끝내고 말레이 반도와 동인도(화약무기 시절에 범선에 의해서 정복되었다)의 영국과 네덜란드 영토를 위협하던 남쪽으로의 군사이동도 중단하기로 결정했다. 그러자 항공대는 가장 중요한 전략적 중심이 되었다. 일본의 지도적 해군 전략가이자 미국을 직접적으로 알고 있던 소수 일본인들 중의 한 사람이었던 야마모토 이소로쿠는 일본 함대의 상대적인 취약성을 경고했다. "우리는 처음 6개월에서 1년 정도는 맹렬하게 돌진할 수 있을 것이다." 그러나 그후에는 "텍사스의 유전과 디트로이트의 공장"[72]이 단호하고 결정적인 반격을 시도할 수 있는 수단들을 제공할 것이다. 그의 주장은 무시되었다. 1942년의 처음 6개월 동안에 일본해군은 일본군대의 선봉장이자 수호자의 역할을 수행하며 서부 태평양과 동남 아시아 거의 전체를 정복하고, 오스트레일리아의 북쪽 접근 통로에, 적이 침투할 수 없는 전략적 통제지역으로 쓸 수 있는 돌출부를 점령했다.

일본인들이 어디에서 1941년 11월 7일에 보여준 것과 같은 전사 정신을 이끌어냈는지는 오늘날까지도 수수께끼로 남아 있다. 이날 일본의 연합함대 항공대의 제1진 조종사들이 진주만에 주둔한 미국 태평양 함대의 전함들을 불타는 헐커(hulk)로 만들어버렸을 때, 일본인들은 지금까지 알려진 전 세계의 그 어느 전사민족보다 가장 대담무쌍한 민족이 되었다. 이전부터 그들은 용감한 전사민족이었다. 하기야 13세기에는 이집트의 투르크계 맘루크들을 제외하면, 몽골족의 정복욕과 맞서 싸워 이겨낸 (물론 시의적절한 폭풍의 도움을 받기는 했지만) 유일한 민족이기도 하다. 그들 역시 "원시적"이라고 알려진 부류의 전사들이었다. 고도의 제의적 전투양식을 지키며, 사회적 신분을 유지하기 위한 매개체로서 고도의 무술을 숭상하고, 칼을 쓰지 않는 사람들까지도 사무라이의 규칙에 복종시켰던 것이다. 그들이 17세기에 일본 열도로부터 화약무기를 추방시켰던 것은 기존의 사회질서를 영구화하려는 의도에서 비롯되었다. 그리고 그 이후부터, 1854년 미국의 증기선

함대(페리 제독의 흑선[黑船]을 말한다)가 도착하여 더 이상 외부세계를 거부할 수 없다는 사실을 깨달을 때까지, 일본인들은 외국상인들의 침투를 강력하게 막았다.

서구의 기술적 도전을 받은 중국의 만주족은 전통적인 문화에 의존하여 안정을 위협하는 영향력을 최소화하려고 했다. 이와는 달리, 일본은 1866년부터 서구의 발달된 물질문명의 비밀을 배워서 자신들의 민족주의를 위해서 사용하기로 의식적인 결단을 내렸다. 치열한 내전을 통하여, 개혁 프로그램에 저항했던 지방의 사무라이들은 처음으로 평민의 입대가 허용된 군대에 의하여 무너지고 말았다. 이 싸움에서 승리한 정권의 통치자들은 비록 봉건가문이기는 하지만 변화를 위해서 필요한 것은 감내할 수 있는 자들이었기 때문에, 서구국가들이 강대국으로 성장하는 데에 발판이 되었다고 생각되는 제도들은 계속해서 일본에 도입하기 시작했다. 경제부문에서는 반복적 생산공정의 산업들이 도입되고, 공공부문에서는 일반 징병제에 의해서 선발된 육군과 해군이 최신예 무기들로 무장을 했다. 그리하여 1911년이 되자, 장갑함들이 일본의 조선소에서 건조되고 있었다.

그러나 일본 이외의 다른 비유럽 국가들은 서구의 군사력을 받아들이는 데에 실패하고 말았다. 특히 무하마드 알리의 이집트와 19세기의 오스만 튀르크가 그러했다. 그들은 서양식 무기를 구입한다고 해서 서양의 군사문화까지 받아들일 수 있는 것은 아니라는 사실을 증명했다. 그러나 일본은 서양식 무기를 받아들임으로써, 서양의 군사 문화를 획득하는 일에 성공한 것이다. 1904—1905년에 일본은 만주의 지배권을 둘러싼 노일전쟁에서 러시아를 격파했다. 이 싸움을 통해서 모든 서양 국가들은 일본 군대의 전투능력을 시험해볼 수가 있었다.[73] 그것은 1941−1945년에 동남 아시아와 특히 광대한 태평양에서 다시 한번 입증되었다. 이 싸움에서 인도의 "호전적인 민족" 출신들—군사 정복자들의 연면한 후예들이며 영국 사관의 지휘를 받는—로 이루어진 정예부대는 일본 농경민의 후예들에게 계속해서 패배하고 말았다. 그들은 불과 100년 전만 해도 무기를 소지할 권리조차 금지당했던 민족들이었다.

일본전사들의 이토록 뛰어난 개인적 자질도 야미모토가 경고했던 바로 그 이유로 결국 패배당하고 말았다. "굽이치는 바다"와 같은 미국산업의 엄청난 능력은 군함과 항공기를 전선으로 보내는 일본의 생산력을 압도했다. 그러나 이렇게 말한다고 해서 태평양 무대에서 일본군을 맞아 싸웠던 미국 병사들의 용기나 기술을 폄하하는 것은 아니다. 특히 이오지마나 오키나와를 정복하기 위한 여러 전투(1945)에서 미국해병대가 보여준 눈부신 활약은 미국인들이 물질적인 풍요 때문에 나약해진 국민이라는 히틀러의 과격한 발언이 거짓말이었음을 입증해준다. 그럼에도 불구하고 일본인들이 계속해서 표현 그대로 옥쇄(玉碎)를 각오한 결의—5,000명의 일본 주둔군 중 8명만이 산 채로 발견된 타라와 공격(1943) 이후—를 보이자, 1945년 미국의 고위지휘관들은 어떤 다른 방법으로 일본을 누르지 않는 한, 일본본토를 직접 공격하는 것은 너무나 값비싼 희생—백만 명의 사망자 또는 그 정도의 사상자—을 필요로 하는 모험이라고 생각하기에 이르렀다.[74] 1945년 중반이 되자, 그러한 수단이 가능하게 되었다. 미국은 이미 화력으로 일본의 사기를 꺾기 위해서, 보다 진보된 기술적 수단을 배치했다. 미국의 항공모함은 산호해와 미드웨이의 전투에서 비록 수적으로는 훨씬 열세였지만, 용감하게 싸워 1942년에는 해상에서의 힘의 균형을 되찾았다. 그 이후부터 군규모는 급속도로 팽창하여 1941년에서 1944년 사이에 미국은 21척의 항공모함을 진수했으나 일본은 오직 5척만을 진수했을 뿐이다—미국 태평양함대는 자유자재로 바다를 돌아다닐 수 있게 되었다. 한 번 출항한 함대가 몇 주일이고 바다에 머무를 수 있도록 수송선단이 뒷받침해주었기 때문이다. 1944년이 끝날 무렵, 미국의 잠수함은 일본의 상선을 절반쯤 침몰시켰으며, 유조선은 3분의 2 정도를 침몰시켰다. 한편 1945년 여름 동안 미국의 전략공군은 목조건물이 많은 일본의 도시들을 상대로 소이탄 폭격을 시작했다. 그 결과 60여 개의 대도시의 60퍼센트가 완전히 불타버리고 말았다. 그러나 미국의 공군장군들을 제외하면, 여전히 폭격만을 가지고 일본으로부터 항복을 받아낼 수 있을까 회의적이었다.

전략적 폭격은 독일을 패배시키지 못했다. 유럽 전쟁의 마지막 몇달 동안, 영미 합동으로 실시된 폭격은 독일의 마지막 남은 원료 공급원이었던 종합석유 플랜트들을 모두 마비시켰다. 그리고 철도마저도 정지시켜버렸다. 그러나 이 당시, 1944년 프랑스에 상륙한 영미 연합군은 물론 벨라루스의 독일군의 마지막 방어선을 그와 동시에 무너뜨린 붉은 군대는 독일 영토 깊숙이에서 싸움을 벌이고 있었다. 그것은 바로 소모전이었다. 모든 군대에서 탱크의 숫자가 증가함에 따라서, 1941–1942년의 전격전 때에는 분명히 단기전을 가능하게 해주었던 혁명적인 장갑무기들이 이제 빛을 잃고 말았다. 폭격 또한 1943–1944년 동안 오랜 기간의 소모전을 겪어야만 했다. 한 번 작전을 펼 때마다, 5퍼센트 때로는 10퍼센트의 조종사를 잃어야 하는 위험은 공군의 사기를 떨어뜨렸으며, 독일 상공에서는 독일의 방공망과 전투기들에게 우위를 허락했다. 인간을 태운 폭격기는 참으로 취약한 공격무기였다. 히틀러는 영국을 상대로 한 1940년의 전투에서 값비싼 대가를 치르고 이 사실을 깨달았던 것이다. 히틀러가 무인항공기의 개발계획에 그토록 열광적으로 몰두했던 것도 바로 이 때문이었다. 1937년 이후로, 독일의 군대 예산의 대부분은 아낌없이 이 계획에 투입되었다. 1942년 10월, 1톤의 고성능 폭탄을 싣도록 고안된, 160마일 로켓 시험발사가 있었다. 1943년 7월에 히틀러는 이것을 "결정적 전투무기"로 선언하고 "인력이든 물자든 필요한 것은 그 즉시 공급되어야만 한다"고 명령했다.

연합군에 의해서 V–2라고 명명된 이 로켓은 1944년 9월까지도 아직 별다른 위력을 발휘하지 못했다. 오직 2,600여 발의 미사일만이 처음에는 런던(그로 인하여 2,500명이 죽었다), 그다음에는 앤트워프를 향하여 발사되었다. 그곳은 독일의 서부전선에 대한 공격이 계속되는 동안, 영미 연합군의 주요 병참기지였다.[75] 그러나 그 무기의 무한한 잠재력은 누가 보기에도 명백했다. 1939년 11월, 연합군의 대의에 동조하는 한 독일인의 수수께끼 같은 폭로를 통해서 미사일 개발에 대한 소식을 처음 접한 영국은 경악을 금치 못했다. 이 “오슬로 보고서(Oslo Report)”는 개전 초기 2년 동안 영국의 기술정보 연구에 많은 충격을 주었다. 그러나 영국의 과학정보 기관은 독일이 군사적 목적으로 원자력을 이용하는 실험을 하고 있을지도 모른다는 가능성에 더욱 경악했다. 그때까지만 해도 그러한 위협은 순전히 이론적인 것이었다. 아직까지 어느 누구도, 원자가 폭발력을 가지는 과정인 핵분열에 의해서 연쇄반응을 일으키도록 하는 데에 성공한 사람은 없었다. 그리고 이러한 반응을 일으킬 수 있는 기계 또한 존재하지 않았다. 그러나 1939년 10월 11일, 미국에 있던 앨버트 아인슈타인은 루스벨트 대통령에게 사람을 보내서 핵무기의 위험성을 경고했다. 대통령은 즉시 그 문제를 평가하는 위원회를 만들어서 맨해튼 프로젝트(Manhattan Project)를 추진하게 되었다.[76] 한편 영국도 핵무기 연구를 진행하기 위한 인력과 물자를 모으기 시작했다. 그리고 독일인에게는 결코 그러한 것들이 들어가지 않도록 노력했다. 진주만 공격이 있은 직후에, 튜브 알로이스(Tube Alloys)라는 암호명을 지닌 영국 조직의 요원들이 역시 맨해튼 프로젝트라는 암호가 붙여진 이 계획에 참여하기 위해서 미국으로 향했다. 양국의 요원들은 독일이 그들을 앞지를지도 모른다는 두려움에 쫓기면서, 핵분열 이론을 최후의 무기로 현실화시키기 위한 과정을 찾아내려고 노력했다. 그러나 이러한 노력의 결과는 결국 독일이 패배한 이후에나 증명될 수 있었다. 양국의 전문가들은 필사적인 조사를 통해서, 독일이 핵 연쇄반응을 시작할 수 있는 방법을 발견하기에는 아직도 멀었다는 사실을 밝혀냈다.

1945년 7월 16일, 뉴멕시코의 사막에 소재한 앨라마 고도에서 최초의 원자폭탄 실험이 성공적으로 행해졌다는 소식을 듣자, 윈스턴 처칠은 이런 예언을 내뱉었다. “총이 무엇이란 말인가? 하찮을 뿐이다. 전기는 또 무엇이란 말인가? 아무런 의미도 없다. 이 원자폭탄이야말로 하나님의 제2의 분노가 도래한 것이다!(This Atomic Bomb is the Second Coming in Wrath!)"[77]
처칠의 이 말을 들은 사람은 바로 미국 육군장관이었던 헨리 스팀슨이었다. 이 당시 그는 비록 일본의 항복을 받아낼 수 있다고 하더라도 과연 이토록 끔찍한 무기를 사용해야만 하는가 하는 미국정부의 논쟁에 깊이 관여하고 있었다. 그러나 진주만 공격과 전투에서의 잔혹성 그리고 포로와 식민지 사람들에 대한 비인간적인 대우 때문에, 미국국민들은 일본에 대해서 일말의 동정심마저도 가지고 있지 않았다. 마침내 결정을 내리기까지는 그다지 오래 걸리지 않았다. 일본본토 공격에는 백만의 미군 사망자가 예상된다는 것은 일종의 속임수로 판명되었다. 트루먼 대통령의 명령에 찬성했던 사람들을 대신하여 스팀슨이 나중에 직접 해명한 것처럼, "나는 천황과 그의 군막료로부터 진정한 항복을 받아내려면, 우리 미국이 제국 전체를 파괴할 수 있는 힘을 가지고 있음을 확실히 증명하여 엄청난 충격을 안겨줄 수밖에 없다고 생각했다."[78] 그 엄청난 충격은 1945년 8월 6일 히로시마에서 처음으로 증명되었다. 그리고 3일 후에는 나가사키에서 다시 입증되었다. 모두 10만3,000명이 목숨을 잃었다. 저항을 멈추든지, 아니면 "하늘로부터 파괴의 비가 내리기를 기다리든지", 두 가지 선택 중에 하나를 요구받은 천황은 8월 15일 라디오 방송을 통해서 전쟁이 끝났음을 국민에게 알렸다.

## 전쟁의 종식과 법

제2차 세계대전의 종전과 핵무기의 출현으로 전쟁이 종언을 고한 것은 아니다. 그 당시에도 그랬고 그후 수십 년이 흐른 지금에도 사정은 마찬가지이다. 일본은 동양에 세워진 유럽 제국(帝國)을 파괴했고, 과거 유럽 제국의 식민지 지배하에 있었던 민족들은 과거의 주인이었던 유럽인 통치자와 정착자들이 일본인들로부터 수모를 당하는 것을 목격했다. 1945년 이후 동양에서의 식민지 지배는 어떠한 경우라도 폭력에 의해서만이 재확립될 수 있다는 사실이 증명된 셈이다. 영국은 미얀마에 더 이상 개입하는 것이 불가능하다는 판단을 내리고는, 1948년에 미얀마의 독립을 인정했다. 같은 해에 말레이 반도에서는 공산주의에 의해서 고무된 봉기가 일어났는데, 영국 측은 이를 진압하기 위해서는 게릴라 활동에 대한 군사행동을 지원받는 조건으로 자치권을 약속하는 방법밖에 없다는 사실을 파악하게 되었다. 네덜란드는 인도네시아에서 식민지 지배권을 회복하겠다는 노력을 재빨리 포기했는데, 미얀마에서와 마찬가지로 인도네시아에서도 일본의 영향을 받은 독립운동이 인민주의자의 열정을 사로잡았다. 오로지 프랑스만이 다른 견해를 가지고 있었다. 프랑스는 인도차이나에서 공산주의자들이 이끄는 민족정당의 저항에 직면했는데, 이 정당은 일본으로부터 무기를 공급받고 있었다. 이러한 상황에서 프랑스는 전쟁 전의 제국주의 지배를 다시 확립할 생각으로 서둘러서 원정군을 파견했다. 이 원정군은 1946년에 인도차이나에 도착하자마자 자신들이 게릴라 작전에 말려들고 있다는 사실을 깨닫게 되었다. 적군의 작전은 최고의 기량과 지구력에 의해서 뒷받침되었다. 민족주의운동이 확대되면서 "베트남 독립동맹(베트민[Viet Minh])"은 마오쩌둥의 공산주의 군대로부터 게릴라 전술을 배워왔다. 중국은 8년간 일본의 지배를 받았고 일본과 전쟁을 치르면서 피폐해지고 안정을 상실한 상태였으며, 공산주의자들은 1948년부터 1950년까지의 내전기간 동안 장제스 정부의 권력을 빠른 속도로 무너뜨렸다. 마오쩌둥의 군대는 통상적인 전술로 승리를 거두었다. 그들은 황무지에서 보낸 몇 년 동안 세련된 전쟁철학을 만들었다. 그 철학을 살펴보면, 혁명은 필연적으로 승리를 거두리라는 마르크스주의적 확신을 통하여 회피와 지연이라는 전통적인 중국식 전술을 더 한층 강화한 것이었다. 인도차이나는 기습에 바탕을 둔 작전을 펼치기에 상당히 유리한 지형을 갖추고 있는데, 마오쩌둥이 "지구전"이라고 이름을 붙인, 소규모 공격과 신속한 퇴각 전술이 베트남에 도입되자, 프랑스 원정군의 저항은 보기 좋게 분쇄되었다. 1955년에 프랑스 정부는 전투를 포기하고 "베트남 독립동맹"에 권력을 넘겼다.

유럽의 식민지로 남아 있던 피지배민족들은 "베트남 독립동맹"을 본보기로 곳곳에서 무장운동을 일으켰다. 프랑스의 지배를 받고 있던 북아프리카 지역이 가장 대표적인 예이며, 영국의 지배를 받고 있던 아라비아나, 포르투갈의 지배를 받고 있던 아프리카 지역 역시 주목해볼 만하다. 1960년대에 유럽의 제국주의 세력들은 모든 전선에서 패배를 인정했는데, 그중에는 그때까지 평화를 지키고 있던 식민지도 종종 있었다. 유럽의 지배에 대항해서 거세게 불어닥친 "변화의 바람"은 해상권에 대한 유럽인들의 자신감을 산산이 깨뜨리기에 충분했다. 화약의 시대가 처음 막을 올렸을 때 도덕적, 물질적 우월성에 대한 확신하에서 바다를 가로지르던 모험가의 정신은 이제 누더기가 되어버린 것이다. 1945년부터 1985년 무렵까지 아시아와 아프리카에서 새로 독립한 국가들이 서양식 군국주의를 받아들인 것은 19세기 유럽의 비무장 인구 사이에서 일어났던 그런 현상만큼이나 눈에 띄는 현상이었다. 유감스럽게도 이 둘은 비슷한 효과를 낳았다(과도한 군비지출, 민간인의 군대식 가치에 대한 복종, 스스로 지도자 자리에 선 군부 엘리트들의 지배 그리고 심지어는 전쟁에 대한 의존 등도 이에 포함된다). 식민지배에서 벗어난 후 등장한 100여 개의 군대 중 대부분이 객관적인 군사적 가치를 거의 가지지 않았다는 사실 역시 예상할 수 있었다. 서양의 "기술이전"은 그 실상을 들여다보면 부유한 서양 국가들이 비용을 댈 만한 능력도 거의 없는 가난한 나라들에게 이기적으로 무기를 판매하는 것인데, 이런 식으로 무기가 판매된다고 해서 발전된 무기를 치명적으로 사용한 서양인들의 문화까지 더불어 전수되지는 않았다. 미국은 1965년에서 1972년까지 베트남을 상대로 무익한 이념전쟁을 치르게 되는데 바로 이 베트남만이 과도기를 거쳐서 변화된 모습을 보여준다. 그것은 일본이 1866년의 메이지 유신(明治維新) 이후에 극적으로 이루어낸 바로 그러한 변화이다. 여타 지역은 규율이라는 군대의 미덕을 살리지도 못한 채, 군국주의의 덫에 걸려들었을 뿐이다.

식민지배로부터 벗어난 이들 지역에서는 소규모 전쟁이 많아지기 시작했다. 이러한 전쟁이 아무리 탈제국주의 민족사회의 자유주의적 양심을 지닌 사람들에게 모욕적으로 여겨진다고 해도 사실 1945년의 전승국들은 그다지 신경을 쓰지 않았다. 전쟁의 승리로 확보한 평화가 위협받을 수도 있다는 두려움을 가지지 않았던 것이다. 그들의 두려움은 다른 곳으로부터 왔다. 그것은 바로 제2차 세계대전을 일거에 종식시킨 핵무기였다. 애초에 미국은 핵무기의 비밀을 독점하고 있었기 때문에 그러한 불안감이 비집고 들어올 틈이 없었다. 그러나 1949년에 소련이 자체적으로 핵폭탄을 시험했다는 사실이 알려지고 1950년대에 소련과 미국이 훨씬 더 파괴적인 수소폭탄의 개발을 진행하자, 산업사회는 자신들이 만든 악몽의 본질적 충격에 대해서 신중히 평가할 수밖에 없었는데, 국가 간의 적개심의 한 형식을 취하면서 500년이라는 시간을 거치면서 발전해왔다. 처음에는 위협의 수준이 인간과 동물의 근육이 움직일 수 있는 정도에 제한되어 있다가 새로운 전환을 맞게 된다. 그 시기에는 한층 더 강력한 화학적 에너지가 인간과 동물을 밀어냈지만, 인간의 심리에 변화를 가져오지는 않았다. 그러다가 예상치 않은 사태가 돌연 펼쳐졌다. 우세한 군사이론에 의해서 적절하고 온당하다고 판단한 목적을 달성하기 위해서 적개심을 표출한 행동 그 자체가 지구를 파괴할 수도 있는 상황에 이른 것이다. 스팀슨은 처음에 원자폭탄에 대한 소식을 듣고 다음과 같은 판단을 내렸다. "가공할 파괴의 무기 그 이상이다. ……심리적인 무기이다." 스팀슨은 자신도 모르게 진실의 핵심에 다가서고 있었다.[79] 핵무기는 인간의 정신을 먹이로 한다. 핵무기가 불러일으킨 두려움은 클라우제비츠의 분석이 공허하다는 것을 단번에 드러내주었다. 합리적인 정치학의 궁극적인 목표가 정치 주체의 복지를 증진하는 것이라면, 어떻게 전쟁이 정치학의 연장선상에 있을 수 있단 말인가? 진퇴양난에 빠진 핵문제 때문에 사상가들, 정치가들, 관료들, 아마도 특히 직업군인 계층의 구성원들은 자신들이 초래한 가공할 곤경으로부터 빠져나갈 수단을 찾기 위해서 노심초사할 수밖에 없었다.

아주 똑똑한 사람들은 클라우제비츠의 논리가 이전의 어느 때보다도 유효하다는 것을 보여주기 위해서 단계적인 논증을 전개함으로써, 이 곤경을 극복해보려는 수고를 아끼지 않았다. 그런 사람들 중의 대다수는 학자들로서 서양 여러 나라 정부의 정책입안 기구에 들어가서 일익을 담당하고 있다. 그들의 논리에 따르자면 핵무기는 정치적인 목적을 위해서 작용할 수 있는데, 핵무기를 사용함으로써가 아니라 핵무기를 사용할 수도 있다는 위협만으로도 그러한 일을 해낼 수 있다는 것이다. 이러한 "억지(抑止, deterrence)" 이론은 그 뿌리가 깊다. 군대에 몸을 담고 있는 사람들은 지난 수세기 동안 병사를 모집하고 훈련하는 것을 정당화하기 위해서 고대 로마 시대에 기원을 둔 상투어구를 끌어오곤 했다. "평화를 원한다면 전쟁을 준비하라(If you wish for peace, prepare for war)." 1960년대 초가 되자 이러한 생각은 미국에서 새로 정립되어 "파괴에 대한 상호 확신(mutually assured destruction)"이라는 독트린으로 재정립되었다. "의도적인 [핵] 공격을 억지하기 위해서는……공격자 측에게 언제 어느 때고 감내할 수 없을 정도의 손실을 입힐 수 있는 능력을 확실하게 유지하고 있어야 한다. 기습적인 선제공격을 받고 난 다음에도 역시 마찬가지이다."[80] 그들을 구해낼 임무를 띠고 있는 핵탄두와 항공기, 미사일(독일의 V-2가 발달된 형태)의 숫자가 늘어나지 않았을 때에는, "파괴에 대한 상호 확신"이라는 독트린이 핵무기를 통제 가능한 범위 내에 묶어놓을 수 있는 묵인 가능한 체계로서 겨자씨만큼만 정당화될 수 있었다. 특히 주요한 두 핵 강대국들은 상호 불신 때문에, 생산적인 군축 조치에 대해서 비타협적으로 저항했다. 그러나 1980년대에 이르러 대륙간 핵미사일 발사대의 숫자는 두 나라 각각 2,000개에 달했고 탄두의 숫자도 1만여 개가 되었으므로, 평화를 유지하기 위해서는 다른 대안이나 더 나은 수단이 당연히 필요하게 되었다.

사람들은 오랫동안 법에 의해서 전쟁을 억제하려고 했다. 법은 언제 전쟁이 허용되고 언제 허용되지 않는지(국제법 학자들은 이것을 이우스 아드 벨룸[ius ad bellum]이라고 부른다), 만약 전쟁이 허용된다면 무엇이 허용되는지(이우스 인 벨룸[ius in bellum])를 정의했다. 고대사회에서는 국가나 국가의 공직자들에게 모욕이나 상해가 가해졌을 때만이 "정당한 전쟁(just war)"으로 인정되었다. 국가에서 인정한 첫 번째 기독교 신학자, 히포(지금의 알제리아 북부 해안에 있던 고대 도시/역주)의 성 아우구스티누스(354-430)는 전쟁에 참여하는 것이 과연 신앙인들에게 허용되는 일인지를 판단해야 할 입장에 섰을 때, 다음과 같이 밝혔다 : 동기가 정당하고 "옳은 의도"(선을 성취하고 악을 피한다)를 가지고 있으며 당국의 지휘를 따를 때에는 허용된다. 종교개혁 때까지 이들 세 가지 원칙은 교회가 전쟁을 벌인 당사자들 사이에서 판단을 내려야 할 때 근본이 되었다. 이 원칙은 곧 프란치스코 데 비토리아(1480-1546 : 에스파냐 식민자들에 대항하여 신대륙 원주민들의 권익을 옹호했으며, 전쟁은 정당한 명분이 있어야 한다는 주장을 편 에스파냐 신학자/역주) 같은 가톨릭 법학자에 의해서 다듬어졌다. 프란치스코 데 비토리아의 주장에 따르면 당국의 지휘하에 싸운다면 이교도라고 하더라도 정당한 동기에 대한 믿음을 존중해야 한다는 것이다. 그러나 가장 공이 컸던 사람은 네덜란드의 위대한 개신교 변호사 그로티우스(1583-1645)였다. 그는 "정당한" 전쟁뿐만 아니라 "부당한" 전쟁을 정의하고, 부당한 전쟁을 한 사람을 처벌할 기준을 마련하는 데에 관심을 가졌다.

18, 19세기 동안 그로티우스의 주장은 소홀히 취급되었다. 도덕적 가치에 무관심한 마키아벨리의 견해가 국가정책 전반에 스며들어 있었기 때문이다. 마키아벨리는 국가적인 행동을 선택하는 데에 필요한 모든 정당성을 부여하는 것은 바로 주권이라고 보았다. 종교개혁 이후로 이러한 철학을 반박할 만한 초국가적인 권위가 부재한 가운데, 마키아벨리의 철학은 아무런 도전도 받지 않고 화약의 시대를 횡행했다. 유명한 국제 변호사였던 W. E. 홀은 1880년에 다음과 같은 문제를 제기했다.

> 국제법은……전쟁을 받아들이는 것 이외에 다른 대안이 없다. 전쟁의 발생이 정당한가 하는 문제와는 무관하게, 전쟁을 선택한 양측 사이에는 하나의 관계가 성립되는 것이며, 국제법은 이 관계의 영향을 조절하는 데에만 몰두할 수밖에 없다. 그러므로 전쟁을 벌이는 양측은 언제나 똑같이 합법적인 위치에 있으며 그 결과 동등한 권리를 소유하는 것으로 간주된다.[81]

19세기 말 대량살상 무기가 발달하면서 이처럼 무비판적인 주장은 강대국의 눈에도 위험해 보였다. 1899년과 1907년의 헤이그 회의(Hague Conventions : 만국평화회의/역주)에서 주요 열강들은 선택에 의해서 얼마든지 전쟁을 일으킬 수 있으므로 전쟁에 조심스럽게나마 제약을 가하자는 의견에 동의했다(어떻게 싸울 것인가 하는 것에 대해서는 제네바 회의[Geneva Conventions]에서부터 이미 규정되기 시작했다. 1864년 제1차 제네바 회의 때에는 12개 주요 열강이 여기에 서명했다). 그러나 제1차 세계대전 동안에 벌어진 상황은 헤이그 운동을 한낱 웃음거리로 만들어버렸으므로, 1918년 이후 국제 연맹 규약(League Covenant)에서 그 정신을 더 굳게 다졌다. 미국의 주창으로 성립된 국제연맹(League of Nations)은 분쟁국 사이를 중재할 필요성을 강조했으며 달갑지 않은 결정을 거절하는 쪽에 국제적인 제재를 가하기로 함으로써 그 영향력을 키워나가려고 했다. 합법적인 제재와 전쟁행위가 나아갈 방향은 1928년 파리 협정(Pact of Paris 곧 켈로그-브리앙 협정)에서 완성된 형태를 갖추었다. "전쟁 자제를 위한 일반 조약(General Treaty for the Renunciation of War)"이라고 알려져 있는 이 협정은 국제연맹 규약과는 별도로, 조약국들이 미래의 모든 분쟁을 "평화적인 수단"으로 해결하도록 하는 조항이 명시되어 있다.[82] 그때 이후로 모든 전쟁행위는 원칙적으로 불법이었다. 국제법의 이 새로운 원칙을 극악무도하게 무시해버리는 경우가 발생하자 미국정부는 1945년에 자칭 국제연합(United Nations)이라고 하는 반독일, 반일본 동맹을 도덕적으로 인정함으로써 그 기구를 영구적으로 존속시켜나가기로 결정했다. 미국의 주장이 크게 작용하여 국제연합 헌장(United Nations Charter)은 파리 협정과 국제연맹 규약을 재차 강조하고 국제연맹의 중재 및 제재장치와 더불어, 국제연합이 범법자에 대항하여 군사력을 행사할 수 있도록 하는 일련의 조항을 추가했다.

미국과 소련의 핵 대치가 계속된 40년간, 국제연합 헌장의 정신이 좌절되었다는 것은 너무나도 잘 알려진 사실이기 때문에, 여기서 자세히 되풀이할 필요가 없다. 1990년 소련의 마르크스주의 정권이 급작스럽게 붕괴하면서 이 대치관계가 해소되었지만, 그 이전부터 두 초강대국은 이미 핵무장 해제에 실질적으로 동의하고 있었다. 미사일 기술이 완성단계에 들어서자, 기습공격을 취할 수 있는 위험성이 극단에까지 다다랐다는 사실을 양측 모두가 심각하게 받아들였기 때문이다. 그리하여 야기된 두 강대국 사이의 긴장완화는 1945년에 국제연합이 설립된 이래로 국제관계의 경기장에서 일어난 가장 희망적인 사건이었다.

그러나 전쟁의 연기로 자욱한 이 세상이 결국 평화의 길목으로 돌아설 것이라는 최상의 희망을 준 것은 러시아가 마르크스주의를 부정함으로써 야기된 핵무장 해제나 새로운 화합의 분위기가 아니었다. 역설적인 이야기이지만 그것은 1990년 가을에 정당한 이유 없이 이라크가 쿠웨이트를 침공한 것에 대하여 국제연합이 군사행동을 취하기로 결정할 수 있도록 소련이 찬성표를 던진 것이었다. 그것은 소련이 사라지기 몇 달 전의 일이었다. 어느 모로 보나 이라크는 "정당한 전쟁"의 도덕적 규정을 모두 어겼으며 국제연맹 규약, 파리 협정, 국제연합 헌장 등에서 계속적으로 규정한 국제조약의 적법성을 모두 위반했다. 이라크를 응징하고 이라크가 불법적으로 손에 넣은 영토를 원상복구하기 위해서 파견된 군대는 선풍적인 승리를 거두었다. 이것은 별다른 민간인의 피해 없이 이루어진 승리였으며 시종일관 국제연합의 결정에 따른 결과였다. 17세기에 30년전쟁이 절정에 달했을 때 그로티우스가 그 기본원칙을 정의한 "정당한 전쟁"의 도덕성이 최초로 진정한 승리를 거둔 것이다.

국제연합이 영속적인 평화유지 기능을 해나갈 수 있으리라는 (그리고 이보다 더 나은 기구는 나타날 수 없으리라는) 사실에 모든 희망을 걸고 있는 사람들에게 그 희망이 이루어지기까지는 아직도 갈 길이 멀다. 인간은 잠재적인 폭력성을 가지고 있다. 이러한 잠재성을 실천에 옮길 가능성이 있는 사람들이 어느 사회에서나 다수가 아닌 소수라는 사실을 인정한다고 하더라도, 그러한 잠재성이 있다는 사실만큼은 부정할 수가 없을 것이다. 조직화된 군대가 존재해왔던 지난 4,000년의 세월 동안 사람들은 그 소수 중에서 군인이 될 사람들을 선별하고, 그들을 훈련시켜서 무기를 갖추어주고, 그들을 유지하는 데에 필요한 재원을 확충하고, 다수가 위협을 느낄 때 그들의 행동을 찬성하고 격려하는 법을 배워왔다. 이제 우리는 그 이상의 것을 해야만 한다. 물론 (군율을 지키고, 복종할 줄 알며, 법을 준수하는) 군대가 없는 세상에서는 아무도 살아갈 수 없을 것이다. 그러한 특성을 갖춘 군대는 문명의 도구일 뿐만 아니라 문명의 지표이기도 하다. 그들이 존재하지 않는다면 인류는 "군사적인 지평선" 아래에 있는 원시적인 단계의 삶에 적응하거나 홉스식의 "만인에 대한 만인"의 집단 전쟁이라는 무법의 무질서에 적응해야 할 것이다. 세상에는 공적인 원한으로 찢겨지고, 산업사회가 가장 부끄러워해야 할 생산물인 값싼 무기로 집중공격을 당하는 곳이 있다. 그러한 곳에서 우리는 이미 모든 사람들의 총력전이라는 전쟁에 직면하고 있다. 텔레비전 화면을 통하여 그러한 장면을 보면서 우리는 무시무시한 경고를 받는다. 전쟁이 정치의 연장이라는 클라우제비츠의 생각을 부정하는 것을 거부할 때 그리고 전쟁으로 이끄는 정치가 유해한 흥분제임을 인정하는 것을 거부할 때, 전쟁이 우리에게 어떠한 고통을 가하게 될지 알 수 있는 것이다.

클라우제비츠가 강변하는 내용을 외면하기 위해서 마거릿 미드처럼 전쟁은 "발명품(invention)"이라고 믿을 필요도 없다. 본질적으로 자멸의 과정을 거치게 되어 있다는 우리의 유전적 특성을 바꿀 수 있는 수단이 무엇인지를 깊이 생각할 필요도 없다. 우리는 우리의 물질적 환경으로부터 자유롭게 떨어져 나오려고 애쓸 필요도 없다. 인류는 물질적인 세계를 이미 상당한 정도로 지배하여, 겨우 두 세기 전의 가장 낙관주의적인 조상들조차도 불가능하다고 생각했을 만한 높은 수준에 이르렀다. 우리가 받아들여야 하는 것은 4,000년 동안의 시험과 반복을 통해서 전쟁행위는 하나의 습관이 되어버렸다는 사실이다. 원시사회에서 이러한 습관은 의례와 제의에 의해서 경계가 정해졌다. 원시시대 이후로 인간의 교활함은 의례와 제의 그리고 그것들에 의해서 이루어진 전쟁에 대한 구속력에서 벗어났다. 사람들은 전쟁행위의 관행에서 점점 멀어졌으며 폭력을 장악한 사람들은 참을성의 한계를 극한점까지 그리고 결국은 극한점 너머까지 밀어 올렸다. 철학자 클라우제비츠는 이렇게 말했다. "전쟁은 폭력행위를 최고의 경계선까지 밀어 올린 것이다." 실제로 전사였던 클라우제비츠는 자신의 철학적 논리가 공포를 향해서 나아가고 있다는 것을 짐작하지 못했다. 그러나 우리는 이미 그 공포를 얼핏 엿보았다. (자제, 외교, 협상에 열성을 보였던) 원시인들의 습관은 진정 다시 배워볼 가치가 있는 것이다. 만약 우리가 그동안 스스로 익혀온 습관들에서 벗어나지 않는다면 우리는 살아남지 못할 것이기 때문이다.

# 결론

"전쟁이란 무엇인가?" 나는 이런 질문으로 이 책을 시작했다. 그리고 이제 이 책을 끝내야 할 시점에 이르렀다. 만약 독자가 나의 논리를 끝까지 따라왔다면, 그러한 질문에 대한 간단한 해답이 있다든가 혹은 전쟁이 어떤 한 가지 성격만을 지니고 있다든가 하는 믿음에 회의를 품게 되었기를 희망한다. 또한 인간은 필연적으로 전쟁을 벌이는 운명을 타고 났다든가 혹은 세계사가 궁극적으로는 폭력에 의해서 결정되었다든가 하는 생각에 대해서도 의심을 불러일으키게 되었기를 희망한다. 물론 세계의 역사는 크게 보아서 전쟁의 역사라고 할 수 있다. 왜냐하면 우리가 살고 있는 나라들은 대개의 경우, 정복과 내전과 독립투쟁을 통해서 탄생된 것이기 때문이다. 더욱이 역사에 기록된 위대한 정치가들은 대부분 폭력적인 사람들이었다. 비록 그들 자신이 군인은 아니었다고 하더라도, 폭력의 유용성에 대해서 잘 이해하고 있었으며, 그들의 목적을 이루기 위해서 폭력의 사용을 조금도 주저하지 않았던 것이다.

금세기에 들어서 빈번한 전쟁의 발생과 격렬함 또한 일반 사람들의 전망을 빗나가게 하고 있다. 서유럽과 미국, 러시아 그리고 중국 등지에서 전쟁은 몇 세대에 걸쳐서 수많은 가족들에게 피해를 입혔다. 군대의 부름은 수천만의 아들과 남편과 아버지와 형제를 전쟁터로 몰아넣었으며, 수백만이 돌아오지 못했다. 전쟁은 모든 사람들의 부드러운 심성에 상처를 남겼으되, 그들에게 오직 그들의 자식과 손자들만은 그들이 겪었던 것과 같은 시련으로부터 벗어나리라는 가냘픈 기대에 익숙해지도록 만들었다. 그러나 일상 속에서 사람들은 폭력이나 잔인함, 냉정함조차도 거의 알지 못하고 살아간다. 세상을 굴러가게 하는 것은 적대감이 아니라, 바로 협동정신이다. 대부분의 사람들은 우정과 사랑 속에서 하루하루를 보내며 거의 모든 수단을 동원하여 불화를 피하고 분쟁을 조절하려고 노력한다. 우호는 일반적인 덕목 중에서도 가장 으뜸가는 항목이다. 또한 친절은 가장 환영받는 특성인 것이다.

그러나 우호는 엄격한 속박의 테두리 안에서만 넘쳐난다는 사실을 우리는 인식해야만 한다. 우리가 가장 살고 싶어하는 문명화된 사회는 바로 법에 의해서 지배를 받는, 곧 치안이 유지되는 곳인데, 치안이란 구속의 한 형태이다. 치안을 받아들임으로써, 우리는 암묵적으로 보다 우월한 권력에 의하여 구속되어야만 하는 인간본성의 어두운 면을 인정하고 있는 셈이다. 형벌이란 구속당하려고 하지 않는 자들에 대한 제재이며, 우월한 힘은 그것을 시행하기 위한 도구이다. 그러나 폭력을 향한 잠재적인 가능성에도 불구하고, 우리는 우리가 저지를 수 있는 최악의 행위를 억제할 수 있는 어떤 우월한 힘이 존재하지 않는다고 해도 폭력의 영향력을 제한할 수 있는 능력을 가지고 있다. 이 책이 가장 먼저 연구대상으로 삼은 "원시적" 전쟁 현상이 그토록 교훈적인 것은 바로 그러한 이유 때문이다. 금세기의 전쟁들이 지나치게 극단적이고 잔혹한 양상을 띠고 있기 때문에, 현대인들은 너무나도 쉽게 더욱더 극단을 향해서 치닫고 있는 전쟁의 경향을 어쩔 수 없는 일로 받아들인다. 또한 현대의 전쟁은 "중용"이나 "자제"에 불명예스러운 이름을 부여했다. 인간적인 협상이나 중재는 견딜 수 없는 수치를 완화하거나 위장하기 위한 도구쯤으로 간주하는 것이다. 그러나 전쟁을 벌이는 사람도, "원시인들"이 보여주듯이, 본성을 억누르고 행동의 결과를 고려할 수 있는 능력을 가지고 있다. 원시인들은 고통을 야기하는 최악의 상황으로부터 그들 자신과 적을 모두 보호할 수 있는 모든 종류의 방법을 가지고 있다.

그리고 면제(exemption)는 그중의 하나이다. 그것은 사회의 특별한 구성원들—여자나 어린아이, 불구자, 노인 등—에게 전투와 그에 따른 결과를 면제하는 것이다. 관습(convention)은 또다른 방법 중에 하나이다. 특히 싸움의 장소와 시간과 계절을 선택하고, 그것을 미리 알려주는 관습이 바로 그것이다. 이러한 여러 방법 중에서 가장 중요한 것은 바로 제의(ritual)이다. 그것은 전투의 성격 자체를 규정해주며, 일단 합당한 제의가 행해지고 나면 결투자들은 자신들의 요구가 만족되었다는 사실을 인정할 것을 요구한다. 그리하여 화해와 중재와 평화에 호소해왔다.

앞에서 말한 바와 같이, 원시부족 전쟁을 지나치게 이상화하지 않는 것은 중요하다. 원시부족 전쟁 또한 면제나 관습이나 제의 따위는 완전히 무시되고 폭력이 최고 수준까지 올라가는 격렬한 양상을 보일 수 있다. 또한 설사 여러 가지 제약이 지켜졌다고 할지라도, 대단히 바람직하지 못한 물질적인 결과를 가져올 수도 있다. 그중 가장 중요한 결과는 힘이 약한 무리들이 점차 낯익은 고향에서 더욱 열악한 땅으로 강제적으로 이주하는 것이다. 이러한 이주는 정상적으로 전쟁행위에 대한 문화적 규제에 의해서 보호받던 문화를 궁극적으로 손상하거나 혹은 심지어 절멸시킬 수도 있다. 모든 문화가 무한정 스스로를 지탱해나갈 수 있는 것은 아니다. 문화는 적대적인 영향력에 상처를 입을 수 있는 취약성을 가지고 있다. 그리고 그중에서 전쟁은 가장 강력한 것 중의 하나이다.

그럼에도 불구하고 문화는, 아시아의 전쟁 발달사가 분명하게 보여주듯이, 전쟁수행의 성격을 결정하는 첫 번째 요인이다. 만약 우리가 동양의 전쟁을 유럽의 전쟁과는 다른 어떤 다른 것으로 정의한다면, 그것은 몇 개의 뚜렷한 성격으로 특징지을 수 있다. 이중 가장 중요한 것은 회피, 지연 그리고 간접성(evasion, delay, indirectness)이다. 아틸라, 칭기즈 칸 그리고 티무르의 극단적일 만큼 역동적이고 잔인한 전투를 생각하면, 이러한 특징들은 전혀 어울리지 않는 것처럼 여겨질지도 모른다. 그러나 이러한 일탈은 전체

맥락 안에서 보아야만 한다. 말이 전쟁수행의 주요 도구로 사용되던 3,000여 년의 세월 동안, 기마(騎馬)는 유라시아 군사역사에서 항구적이고 규칙적인 특징으로 나타나기보다는 상당한 시간적 공백기를 사이에 두고 나타났다. 물론 기마전사에 의한 위협은 수천 년 동안 언제나 지속되어왔다. 그러나 그 위협을 대개의 경우 억제할 수 있었던 것은 바로 그들이 선호하는 전투방식 때문이었다. 그것이 바로 회피와 지연 그리고 간접성이 정점을 이루는 전투방식이었던 것이다. 기마전사들은 먼 거리에서 싸움을 벌이고, 날붙이 무기보다는 화살 따위를 사용하며, 결전에 직면했을 때에는 일단 몸을 피하고, 직접 대결하여 적을 궤멸시키기보다는 쇠진시켜서 패배시키는 전술을 선택했다.

그러한 이유 때문에, 보통 방어자들은 기마전사들의 본거지 주위에 고정된 방어망을 설치함으로써 성공적으로 기마전술을 저지할 수 있었다. 기마전사들은 어떤 경우에든 자신의 영토를 떠나면 많은 수의 말들을 거느리기가 어렵게 된다. 만약 장애물—중국의 만리장성이나 러시아의 체르타와 같은—에 의해서 자유로운 이동이 방해를 받기라도 한다면, 그들의 전투능력은 완전히 상실될 것이다. 그럼에도 불구하고, 어떤 기마전사들은 끝내 정착지에 침투하는 데에 성공하여 영구적인 지배자로 군림하게 되었다. 그들 중에 주목할 만한 사람들은 다양한 시기에 걸쳐서 아랍 지역에서 권력을 잡았던 맘루크들과 인도의 무굴인 그리고 오스만 튀르크인 등이다. 그러나 우리가 앞서 살펴본 바와 같이, 성공적인 기마정복자들이라고 할지라도, 정복의 힘을 창조적이고 건설적인 통치력으로까지 전환시키지는 못했다. 자신들이 정복한 제국의 수도에서 사치스러운 생활을 누릴 때조차도, 그들은 여전히 천막과 말과 화살의 문화에 집착하며 유랑민의 족장으로 생활했다. 그리하여 전쟁수행의 진정한 기술적 변화에 적응한 새로운 세력과 직면했을 때, 그들의 문화적 경직성은 그러한 도전에 효과적으로 대응할 기회를 박탈하고 말았으며 결과적으로 그들은 사라질 수밖에 없었다.

그러나 역설적으로 동양의 전쟁방식에는 가공스럽지만 극기를 목적으로 하는 또다른 차원이 있다. 그것은 바로 이데올로기적이며 지적인 차원으로서 서양에서는 겨우 최근에서야 생긴 것이다. 서양의 어떤 사회도 전쟁에 대한 철학에까지는 도달하지 못했을 때, 중국인들은 그것을 생각했다. 순리와 연속성, 제도의 유지에 대한 유교의 이상은 그들로 하여금 전사들의 욕구를 법과 관습의 규제에 복종하도록 만드는 방법을 추구하게 했던 것이다. 그러나 그러한 이상은 언제나 지켜질 수도 없고 지켜지지도 않았다. 내적인 혼란과 초원지대로부터의 침입 등은 이상의 실현을 방해했다. 그럼에도 불구하고 중국 군사문화의 변함없는 특징은 바로 중용(中庸)이었다. 그것은 외국 정벌이나 국내혁명으로 인한 절박한 필요에 따른 것이라기보다는, 문화적 양식을 보전하기 위해서 의도되었다. 중국이 남긴 가장 위대한 업적 중의 하나는 승리한 초원의 침입자들을 한족화(漢族化)시킨 것과 그들의 파괴적인 특성들을 중국문명의 중심적 가치에 복속시킨 것이다.

전쟁수행에 대한 억제력은 또한 아시아의 또다른 주요 문명, 즉 이슬람 문명의 특징이다. 이러한 인식은 모순된 것처럼 보일 것이다. 이슬람은 정복의 종교로 널리 알려져 있다. 이슬람의 가장 잘 알려져 있는 교리 중의 하나는 이교도들을 상대로 한 성전수행에 대한 의무이다. 그러나 이슬람 공동체의 바깥 세계는 이슬람의 정복사와 성전에 관한 교리의 정확한 성격을 잘못 이해하고 있다. 이들의 정복시기는 비교적 짧고 쉽게 종말을 맞았는데, 그것은 단지 이슬람의 적대자들이 어떻게 반격을 가할 수 있는가를 터득했기 때문이라기보다는, 이슬람 자체가 전쟁윤리에 대해서 분열되었기 때문이다. 무슬림과 무슬림 사이의 내부적인 불화로 분열된 상황에서, 같은 이슬람끼리는 서로 싸울 수 없다는 교리를 지키기 위해서, 이슬람의 최고 권위자들은 전쟁수행의 역할을 오직 그러한 목적으로 선발한 노예전사 계급과 전문가들에게 분담시킴으로써 문제를 해결했다. 그리하여 대다수의 교도들은 군사적 의무로부터 자유로워졌으며 성직자들은 개개인의 삶에서 성전수행에 대한 명령의 "더 작은" 측면보다는 "더 큰" 측면, 즉 "자신과의 싸움"을 강조할 수 있었다. 이슬람의 이름을 걸고 전투를 행한 전문가들은 주로 초원지대의 기마민족 중에서 선발되었다. 그들은 무기 독점권으로 인하여 권력을 쥐게 된 이후에도, 자신들의 군사문화를 변화된 환경에 따라서 바꾸지 않았다. 결국 이슬람의 전술은 중국문명에서 그러했듯이 고립되고 말았다. 그들의 문화 내에서는 그 효과가 대단히 유용했다. 그러나 일단 다른 문화세력(이들은 동양의 전통이 부여한 것과 같은 억제 따위는 전혀 알지 못했다)과 부딪히게 되자, 아무런 대비도 없었고 자기방어 능력조차 갖추지 못한 이슬람의 군사문화는 그들의 사나운 기세에 무릎을 꿇고 말았다.

그것은 바로 서구의 문화였다. 이 문화는 세 가지 요소로 이루어져 있었다. 하나는 그 자체 내부에서 생긴 것이고, 또 하나는 오리엔탈리즘에서 차용한 것이며, 세 번째는 이 문화의 잠재적인 적응력과 실험정신으로 인하여 획득된 것이다. 그 세 가지는 윤리적 요소, 지적 요소 그리고 기술적인 요소이다. 윤리적 요소는 고전고대의 그리스인들에게 빚진 바가 많다. 기원전 5세기에, 전쟁에서의 제의적 성격을 다른 무엇보다 우선했던 원시적 전쟁방식을 완전히 떨쳐버리고, 죽을 때까지 정면대결을 벌이는 방식을 채택한 것은 바로 이들이었다. 처음에는 그리스인들 사이의 내전에서만 사용되던 이 전투방식은 차츰 그리스 외부세계에 알려지게 되었고, 엄청난 충격을 불러일으켰다. 알렉산드로스 대왕과 페르시아와의 조우는, 아리아누스가 쓴 대로, 실제 역사였다. 그리고 문화차이에 대한 하나의 패러다임이었다. 페르시아 제국의 전쟁방식은 원시적인 제의의 요소와 기마전사들의 우회적인 전술을 모두 포함하고 있었다. 다리우스 황제는 참으로 비극적인 인물이었다. 왜냐하면 그가 대표하고 있는 문명은, 우위를 차지한 이후에도 돈으로 협상을 하거나 말로 타협할 줄을 모르며 언제나 전투를 통해서만 문제를 해결하려고 하고 마치 당장 눈앞의 승리가 다른 모든 문제, 심지어 개인의 생명보다도 더 우선하는 것처럼 싸움에 임하는 적과 대결할 만한 준비가 되어 있지 않았던 것이다. 다리우스는 알렉산드로스가 그의 시체를 발견하면 자신들의 목숨만은 부지할 수 있지 않을까 생각한 그의 막료들에 의해서 죽음을 당했다. 그의 죽음은 이 두 가지의 서로 다른 전쟁윤리에서 편법과 명예 사이에 빚어진 문화적 충돌을 완벽하게 함축한 것이었다.

당당히 서서—"서서"라고 말하는 이유는 전투가 기사들보다는 오히려 보병들과 관련되었기 때문이다—죽을 때까지 싸우는 전투 윤리는 그리스에서부터 시작하여 그리스의 식민지였던 남부 이탈리아를 거쳐서 로마로 전해졌다. 어떻게 이것이 튜턴족(로마인들은 이들과 목숨을 건 결전을 치렀으나 끝내 승리를 거두지 못했다)에게 전해졌는지는 확실히 밝혀지지 않았으며, 아마 앞으로도 그러할 것이다. 그렇지만 튜턴 침입자들이 정면대결을 벌이는 전사였음은 의심할 여지가 없다. 튜턴족의 뒤를 이은 왕국들이 이룩한 특별한 업적은 정면대결 방식과 기마전을 동화시켰다는 것이다. 그리하여 서양의 기사들은 초원지대의 유랑민들과는 달리, 적과 멀리 떨어진 곳에서 탐색전을 벌이기보다는 적진의 중앙을 향하여 돌진했다. 그러나 성지를 되찾기 위한 십자군 전쟁에서 결국 맞닥뜨리게 된 아랍과 맘루크 전사들의 경우에는 정면대결의 전술이 무용지물이었다. 적과의 대결을 회피하는 것을 조금도 수치스럽게 생각하지 않는 그들에게는 정면으로 달려드는 것이 전혀 효과가 없었던 것이다. 그럼에도 불구하고 중동에서의 이슬람과 기독교 사이의 갈등을 통해서 대단히 중요한 문화적 교류가 이루어졌다. 이 갈등은 성전이라는 윤리관을 서방에 전해줌으로써, 전쟁의 도덕성에 대한 기독교인들 고유의 딜레마를 해결해주었던 것이다. 그리하여 지금까지 서양 군사문화가 결여하고 있던 이데올로기적이고 지적인 차원을 제공하게 되었다.

정면대결 방식—여기에는 개인의 명예라는 윤리관이 새겨져 있었다—과 이데올로기적인 차원이 결합함으로써, 이제 최종적인 서양의 전쟁방식의 탄생은 오직 기술적인 요소의 첨가만을 기다리게 되었다. 마침내 18세기 무렵이 되어 화약이 개발되고 화약무기가 완성되자, 그때가 도래했다. 왜 서양의 문화는 기술이 제공하는 변화를 기꺼이 받아들인 반면, 아시아(그리고 원시부족은 그 특성상 전혀 그럴 수가 없었다)의 문화는 그렇지 않았는가 하는 의문은 또다른 문제이다. 그러나 아시아의 문화가 그러한 변화를 받아들일 수 없었던 중요한 요인은 군사 엘리트들에게 외부에서 유행하는 무기에 비해서 아무리 낡고 쓸모없이 되어버린 것이라고 할지라도 전통적인 무기의 독점권과 사용만을 고집하도록 만드는, 군사적 억제의 개념에 대한 집착이었음을 인식해야만 할 것이다. 또한 이러한 고집은 무기를 통제하는 완벽하게 합리적인 형태로 나타났다. 한편 서양세계는 무기에 대한 통제를 포기함으로써, 전혀 다른 길을 걸어가게 되었다. 그 결과 클라우제비츠가 진정한 전쟁, 정치의 연장이라고 불렀던 전쟁방식이 탄생된 것이다. 그는 이것을 전투를 수단으로 한, 지적이고 이데올로기적인 것이라고 보았으며, 서구의 기술혁명의 도구들을 가지고 정면대결을 벌이는 것이라고 생각했다. 그리고 그는 기술혁명의 도구들을 당연한 것으로 받아들였다.

서양의 전쟁방식은 클라우제비츠가 죽은 지 채 몇 년이 지나기도 전에 모든 것을 손에 넣었다. 19세기 동안에, 일본과 중국, 타이 그리고 오스만 튀르크의 종속국을 제외한 모든 아시아 민족들은 서양의 지배하에 들어갔다. 아주 멀고 접근하기 어려운 지역—티베트, 네팔, 에티오피아—의 몇몇 민족들만이 제국의 지배를 벗어날 수 있었지만, 서양의 침공을 경험해야만 했던 것은 모두 마찬가지였다. 20세기 전반을 지나면서, 중국조차 서양화된 일본에게 유린되고 오스만 제국의 대부분도 서양의 군사들에게 짓밟히고 말았다. 오직 터키의 투르크인들만이 20세기 중반이 지나도록 굴복하지 않은 채 독립을 유지했을 뿐이다. 이들은 말과 화살과 같은 불충분한 도구를 가지고서도 서양의 적들에게 대단히 쓰라린 군사적 교훈을 수차례 안겨주었다.

그러나 서양의 전쟁방식의 승리는 자기 기만적인 것이었다. 다른 군사문화와 대적할 때에는 천하무적임이 입증되었지만, 내부적으로는 엄청난 재난을 불러일으키며 파국을 예고했던 것이다. 거의 유럽 국가들 사이의 싸움이었던 제1차 세계대전은 유럽의 세계지배를 종식시켰다. 그리고 유럽인들에게 커다란 고통을 안겨주면서, 서양 문명의 최고의 장점들—자유주의와 희망—을 몰락시켜버리고 군사주의자들과 전체주의자들에게 미래를 주장하는 역할을 내맡기고 말았다. 그들이 원하는 미래는 제2차 세계대전을 불러일으켰으며, 제1차 세계대전에서부터 시작된 무자비한 파괴를 완성지었다. 또한 핵무기의 발달을 야기했는데, 그것은 서양의 전쟁방식의 기술적 경향이 도달할 수밖에 없었던 논리적 귀결이었으며, 전쟁은 또다른 수단에 의한 정치의 연장이라는, 혹은 연장일 수도 있다는 가정에 대한 궁극적인 부정이었다.

정치는 계속되어야만 한다. 그러나 전쟁은 계속되어서는 안 된다. 군인의 역할이 끝났다는 말은 아니다. 세계공동체는 다른 어떤 때보다도 더욱더 공동체의 권위를 위하여 기꺼이 자신을 던질 수 있는 숙련되고 기강이 선 군인을 필요로 한다. 그러나 군인은 문명의 적이 아니라 수호자로 간주되어야만 마땅하다. 문명을 위해서 싸울 때 그들은 전쟁—인종적 편견, 지역 분쟁, 이데올로기적 비타협, 약탈자 그리고 조직적인 국제 범죄자들을 상대로 한—의 방식을 오직 서양의 전쟁방식만을 모델로 해서 찾아서는 안 된다. 미래의 평화유지군과 평화창조자들은 동양뿐만 아니라, 원시부족 사회와 같은 또다른 군사문화로부터 많은 것을 배워야 할 것이다. 지적인 규제의 원리와 상징적인 제의에조차 재발견해야 할 많은 지혜가 담겨져 있는 것이다. 또한 정치와 전쟁이 똑같은 연장선 위에 있지 않다는 사실에서는 훨씬 더 커다란 지혜를 찾을 수 있다. 만약 우리가 전쟁이 정치의 연장이라는 명제를 부정하지 않는다면, 최후의 이스터 섬 주민들이 그러했던 것처럼, 우리의 미래는 손이 피로 얼룩진 전사들에게 맡겨지고 말 것이다.

# 주

## 제 1 장 인류의 역사 속에서의 전쟁

1) Carl von Clausewitz, *On War*(J. J, Graham 번역), London, 1908, I, p. 23
2) Luke 7: 6-8, 흠정역 성서.
3) 미시간 군사 아카데미에 보낸 서한, 19 June 1879, in J. Wintle, *The Dictionary of War Quotations*, London, 1989, p. 91
4) R. Parkinson, *Clausewitz*, London, 1970, pp. 175-176
5) R. McNeal, *Tsar and Cossack*, Basingstoke, 1989, p. 5
6) A. Seaton, *The Horsemen of the Steppes*, London, 1985, p. 51
7) Parkinson, 앞의 책, p. 194
8) Seaton, 앞의 책, p. 121
9) 같은 책, p. 154
10) Parkinson, 앞의 책, p. 169
11) G. Sansom, *The Western World and Japan*, London, 1950, pp. 265-266
12) W. St Clair, *That Greece Might Still Be Free*, London, 1972, pp. 114-115
13) Marshal de Saxe, *Mes rêveries*, Amsterdam, 1757, I, pp. 86-87
14) P. Contamine, *War in the Middle Ages*(M. Jones 번역), Oxford, 1984, p. 169
15) M. Howard, *War in European History*, Oxford, 1976, p. 15
16) L. Tolstoy, *Anna Karenin*, London, 1987, pp. 190-195
17) M. Howard, *Clausewitz*, Oxford, 1983, p. 35
18) P. Paret, *Understanding War*, Princeton, 1992, p. 104
19) P. Paret, *Clausewitz and the State*, Princeton, 1985, pp. 322-324
20) M. Howard, 앞의 책, p. 59
21) Carl von Clausewitz, *On War*(M. Howard와 P. Paret 번역), Princeton, 1976, p. 18
22) 같은 책, p. 593
23) M. Sahlins, *Tribesmen*, New Jersey, 1968, p. 64
24) S. Engleit, *Islands at the Centre of the World*, New York, 1990, p. 139
25) M. Wilson and L. Thompson(eds.), *Oxford History of South Africa*, Vol. I, Oxford, 1969
26) K. Otterbein, "The Evolution of Zulu Warfare", in B. Oget(ed.) *War and Society in*

*Africa*, 1972
27) Wilson and Thompson, 앞의 책, pp. 338-339
28) G. Jefferson, *The Destruction of the Zulu Kingdom*, London, 1979, pp. 9-10, 12
29) E. J. Krige, *The Social System of the Zulus*, Pietermaritzburg, 1950, Chapter 3 passim
30) Wilson and Thompson, 앞의 책, p. 345
31) 같은 책, p. 346
32) D. Ayalon, "preliminary Remarks on the Mamluk institutions in Islam", in V. Parry and M. Yapp(eds.), *War, Technology and Society in the Middle East*, London, 1975, p. 44
33) Ayalon, 같은 책, pp. 44-47
34) D. Pipes, *Slave Soldiers and Islam*, New Haven, 1981, p. 19
35) P. Holt, A. Lambton and B. Lewis(eds), *The Cambridge History of Islam*, Cambridge, 1970, Vol. IA, p. 214
36) H. Rabie, "The Training of the Mamluk Faris", in the Parry and Yapp, 앞의 책, pp. 153-163
37) D. Ayalon, *Gunpowder and Firearms in the Mamluk Kingdom*, London, 1956, p. 86
38) 같은 책, pp. 94-95
39) 같은 책, p. 70
40) A. Marsot, *Egypt in the Reign of Muhammad Ali*, Cambridge, 1982, pp. 60-72
41) N. Perrin, *Giving Up the Gun*, Boston, 1988, p. 19
42) R. Storry, *A History of Modern Japan*, London, 1960, pp. 53-54
43) J. Hale, *Renaissance War Studies*, London, 1988, pp. 397-398
44) Sansom, 앞의 책, p. 192
45) Storry, 앞의 책, p. 42
46) Perrin, 앞의 책, pp. 11-12
47) I. Berlin, *The Crooked Timber of Humanity*, New York, 1991, p. 51
48) 같은 책, pp. 52-53
49) Clausewitz(Graham 번역), 앞의 책, p. 25
50) J. Shy "Jomini", in P. Paret, *Makers of Modern Strategy*, Princeton, 1986, p. 181
51) A. Kenny, *The Logic of Deterrence*, London, 1985, p. 15
52) J. Spence, *The Search for Modern China*, London, 1990, p. 395
53) 같은 책, p. 371
54) B. Jelavich, *History of the Balkans(Twentieth Century)*, Cambridge, 1983, p. 270
55) F. Deakin, *The Embattled Mountain*, London, 1971, p. 55
56) N. Beloff, *Tito's Flawed Legacy*, London, 1985, p. 75
57) K. McCormick and H. Perry, *Images of War*, London, 1991, pp. 145, 326, 334
58) Deakin, 앞의 책, p. 72
59) M. Djilas, *Wartime*, New York, 1977, p. 283

60) Spence, 앞의 책, p. 405
61) A. Horne, *A Savage War of Peace*, London, 1977, pp. 64, 537–538
62) R. Weigley, *The Age of Battles*, Bloomington, 1991, p. 543
63) J. Mueller, "Changing Attitudes to War. The Impact of the First World War", *British Journal of Political Science*, 21, pp. 25–26, 27

## 보론 1 / 전쟁발발의 한계

1) *Mariner's Mirror*, Vol. 77, no. 3, p. 217
2) A. Ferrill, *The Origins of War*, London, 1985, pp. 86–87
3) J. Guilmartin, *Gunpowder and Galleys*, Cambridge, 1974 참조, 특히 Chapter 1, 갤리선의 유용성은 대포의 출현에 의해서 곧장 두드러지게 나타난 것은 아니라는 주장에 대해서.
4) J. Keegan, *The Price of Admiralty*, London, 1988, p. 137
5) O. Farnes, *War in the Artic*, London, 1991, pp. 39 ff.
6) "Adrianople" in R. Dupuy와 T. Dupuy의 인덱스 속에, *The Encyclopedia of Military History*, London, 1986
7) J-P. Pallud, *Blitzkrieg in the West*, London, 1991, p. 347
8) J. Keegan, *The Second World War*, London, 1991, p. 462
9) *Punch*, 1853, T. Royle에서 인용, *A Dictionary of Military Quotations*, London, 1990, p. 123
10) I. Berlin, *Karl Marx*, Oxford, 1978, p. 179
12) A. Van der Heyden and H. scullard, *The Atlas of the Classical World*, London, 1959, p. 127, and C. Duffy, *Siege Warfare*, London, 1979, pp. 204–207, 232–237
13) N. Nicolson, *Alex*, London, 1973, p. 10
14) A. Fraser, *Boadicea's Chariot* 참조, London, 1988

## 제 2 장 석기

1) J. Groebel and R. Hinde(eds.), *Aggression and War*, Cambridge, 1989, pp. xiii–xvi
2) A. J. Herbert, "The Physiology of Aggression', 같은 책, p. 67
3) 같은 책, pp. 68–69
4) R. Dawkins, *The Selfish Gene*, Oxford, 1989
5) A. Manning, in Groebel and Hinde, 같은 책, pp. 52–55
6) Groebel and Hinde, 앞의 책, p. 5

7) A. Manning, in Groebel and Hinde, 앞의 책, p. 51
8) R. Clark, *Freud*, London, 1980, p. 486 ff.
9) K. Lorenz, *On Aggression*, London, 1966
10) R. Ardrey, *The Territorial Imperative*, London, 1967
11) L. Tiger, *Men in Groups*, 1969
12) M. Harris, *The Rise of Anthropological Theory*, London, 1968, pp. 17–18
13) D. Freeman, *Margaret Mead and Samoa*, Cambridge, Mass., 1983, pp. 13–17
14) 같은 책, Chapter 3
15) Harris, 앞의 책, p. 406
16) A. Kuper, *Anthropologists and Anthropology*, London, 1973, p. 18
17) 같은 책, pp. 207–211
18) A. Mockler, *Haile Selassie's War*, Oxford, 1984, p. 219
19) A. Stahlberg, *Bounden Duty*, London, 1990, p. 72
20) H. Turney-High, *Primitive War: Its Practice and Concepts*(2nd edition), Columbia, SC. 1971, p. 5
21) 같은 책
22) 같은 책, p. 55
23) 같은 책, p. 142
24) 같은 책, p. 14
25) 같은 책, p. 253
26) 같은 책, p. v
27) R. Ferguson(ed.), *Warfare, Culture and Environment*, Orlando, 1984, p. 8
28) M. Mead, "Warfare is Only an Invention", in L. Bramson and G. Goethals, *War: Studies from Psychology, Sociology, Anthropology*, New York, 1964, pp. 269–274
29) R. Duson-Hudson, in *Human Intra-specific Conflict: An Evolutionary Perspective*, Guggenheim, New York, 1986
30) Ferguson, 앞의 책, pp. 6, 26
31) M. Fried, M. Harris and R. Murphy(eds.), *War: The Anthropology of Armed Conflict and Aggression*, New York, 1967, p. 132
32) 같은 책, p. 133
33) 같은 책, p. 128
34) *Us News and World Report*, 11 April 1988, p. 59
35) W. Divale, *War in Primitive Society*, Santa Barbara, 1973, p. xxi
36) A. Vayda, *War in Ecological Perspective*, New York, 1976, p. 9–42
37) 같은 책, pp. 15–16
38) 같은 책, pp. 16–17
39) J. Hass(ed.), *The Anthropology of War, Cambridge*, 1990, p. 172

40) P. Blau and W. Scott, *Formal and Informal Organizations*, San Francisco, 1962, pp. 30-32
41) M. Fried, *Transactions of New York Academy of Sciences*, Series 2, 28, 1966, pp. 529-545
42) J. Middleton and D. Tait, *Tribes Without Rulers*, London, 1958, pp. 1-31
43) R. Cohen, "Warfare and State Formation", in Ferguson, 앞의 책, pp. 333-334
44) P. Kirch, *The Evolution of the Polynesian Chiefdoms*, Cambridge, 1984, pp. 147-148
45) 같은 책, p. 81
46) 같은 책, p. 166-167
47) Vayda, 앞의 책, p. 115
48) Kirch, 앞의 책, pp. 209-211
49) Vayda, 앞의 책, p. 80
50) Turney-High, 앞의 책, p. 193: "브라질 해안의 카이테족은 난파선 탑승자들을 먹었다. 한 끼니에 그들은 바이아의 제1대 주교, 2명의 대포 사수, 포르투갈 탁지부의 징세관, 2명의 임신부, 7명의 아이들을 먹었다."
51) 같은 책, pp. 189-190
52) I. Clendinnen, *Aztecs*, Cambridge, 1991, pp. 87-88
53) R. Hassing, "Aztec and Spanish Conquest in Mesoamerica", in B. Ferguson and N. Whitehead, *War in the Tribal Zone*, Santa Fe, 1991, p. 85
54) 같은 책, p. 86
55) Clendinnen, 앞의 책, p. 78
56) 같은 책, p. 81
57) 같은 책, p. 116
58) 같은 책, p. 93
59) 같은 책, pp. 94-95
60) 같은 책, pp. 95-96
61) 같은 책, pp. 25-27
62) I. Clendinnen, *Ambivalent Conquests, Maya and Spaniard in Yucatan, 1515-70*, Cambridge, 1987, pp. 144, 148-149
63) J. Roberts, *The Pelican History of the World*, London, 1987, p. 21
64) 같은 책, p. 31
65) H. Breuil and R. Lautier, *The Men of the Old Stone Age*, London, 1965, p. 71
66) 같은 책, p. 69
67) 같은 책, p. 20
68) 같은 책, p. 69
69) A. Ferrill, 앞의 책, p. 18
70) W. Reid, *Arms Through the Ages*, New York, 1976, pp. 9-11
71) Breuil and Lautier, 앞의 책, p. 72
72) C. Robarchak, in *Papers Presented to the Guggenheim Foundation Conference on the*

*Anthropology of War*, Santa Fe, 1986; Robarchak, in Hass, 앞의 책, pp. 56-76

73) H. Obermaier, *La vida de nuestros antepasados cuaternanon en europa*, Madrid, 1926

74) F. Wendorf, in F. Wendorf(ed.), *The Prehistory of Nubia*, II, Dallas, 1968, p. 959

75) Ferrill, 앞의 책, p. 22

76) M. Hoffman, *Egypt Before the Pharaohs*, London, 1988, pp. 87-89

77) Roberts, 앞의 책, p. 51

78) J. Mellaert, "Early Urban Communities in the Near East, 9000-3400 BC", in P. Moorey(ed.), *The Origins of Civilisation*, Oxford, 1979, pp. 22-25

79) H. de la Croix, *Military Considerations in City Planning*, New York, 1972, p. 14

80) Y. Yadin, *The Art of Warfare in Biblical Lands*, London, 1963, p. 34

81) Mellaert, 앞의 책, p. 22

82) B. Kemp, *Ancient Egypt. Anatomy of a Civilisation*, London, 1983, p. 269

83) S. Piggott, "Early Towns in Europe", in Moorey, 앞의 책, pp. 3, 44

84) H. Thomas, *An Unfinished History of the World*, London, pp. 19, 21

85) J. Bottero et al.(eds.), *The Near East: The Early Civilisations*, London, 1967, p. 44

86) 같은 책, p. 6

87) Roberts, 앞의 책, p. 131

88) Hoffman, 앞의 책, pp. 331-332

89) Kemp, 앞의 책, pp. 168-172

90) 같은 책, pp. 223-230

91) 같은 책, p. 227

92) Yadin, 앞의 책, pp. 192-193

93) Kemp, 앞의 책, pp. 43, 225

94) Hoffman, 앞의 책, p. 116

95) W. Hayes, "Egypt from the Death of Ammanemes II to Seqenenre II", in *Cambridge Ancient History*(3rd edition), Vol. II, Part 1, p. 73

96) Kemp, 앞의 책, p. 229

97) 고왕국과 중왕국 사이의 중간기(2160-1991 B.C.)의 초기는 지방 유력자들 사이의 전란의 시기라고 추정된다. 그 시대의 한 문헌(Bottero, 앞의 책, p. 337에서 인용되었다)에 의하면 "나는 한 무리의 신병들을 무장시켜서 싸우러 갔다. …… 내 자신의 군대 이외에는 나와 함께한 자는 아무도 없었다. 그런데 [누비아와 그 밖에 지역 출신 용병들이] 연합하여 내게 대항했다. 나는 승리하여 개선했고 내 도시는 어떤 손실도 입지 않았다. 이집트 내전이 격렬했다는 증거는 거의 찾기 어렵다.

98) Bottero, 앞의 책, pp. 70-71

99) W. McNeill, *The Pursuit of Power*, Oxford, 1983, p. 5

100) J. Laessoe, *People of Ancient Assyria*, London, 1963, p. 16

101) Yadin, 앞의 책, p. 130

102) G. Roux, *Ancient Iraq*, New York, 1986, p. 129

103) P. J. Forbes, *Metallurgy in Antiquity*, Leiden, 1950, p. 321

104) 같은 책, p. 255와 도판 49

105) W. McNeill, *A World History*, New York, 1961, p. 34

106) R. Gabriel and K. Metz. *From Sumer to Rome*, New York, 1991, p. 9

## 보론 2 / 요새화

1) D. Petite, *Le balcon de la Côte d'azure*, Marignan, 1983, passim

2) A Fox, *Prehistoric Maori Fortifications*, Auckland, 1974, pp. 28–29

3) F. Winter, *Greek Fortifications*, Toronto, 1971

4) N. Pounds, *The Mediaeval Castle in England and Wales*, Cambridge, 1990, p. 69

5) S. Johnson, *Roman Fortifications on the Saxon Shore*, London, 1977, p. 5

6) Kemp, 앞의 책, pp. 174–176

7) S. Piggott, "Early Towns in Europe", in Moorey, 앞의 책, pp. 48–49

8) A. Hogg, *Hill Forts of Britain*, London, 1975, p. 17

9) Piggott, 앞의 책, p. 50

10) W. Watson, in Moorey, 앞의 책, p. 55

11) S. Johnson, *Late Roman Fortifications*, London, 1983, p. 20

12) E. Luttwak, *The Grand Strategy of the Roman Empire*, Baltimore, 1976, pp. 96, 102–104

13) B. Isaac, *The Limits of Empire*, Oxford, 1990; A. Horne, *A Savage War of Peace*, London, 1987, pp. 263–267

14) Q. Hughes, *Military Architecture*, London, 1974, pp. 187–190

15) C. Duffy, *Siege Warfare*, London, 1979, pp. 204–207

16) J. Fryer, *The Great Wall of China*, London, 1975, p. 104; A. Waldron, *The Great Wall of China*, Cambridge, 1992, pp. 5–6

17) O Lattimore, "Origins of the Great Wall", in *Studies in Frontier History*, London, 1962, pp. 97–118

18) J. Needham, *Science and Civilisation in China*, I, Cambridge, 1954, p. 144

19) S. Johnson. *Late Roman Fortifications*, Maps 25, 44, 46

20) P. Contamine, *War in the Middle Ages*, Oxford, 1984, p. 108

21) 같은 책, p. 46

22) Pounds, 앞의 책, p. 19

23) Winter, 앞의 책, pp. 218–219

24) Yadin, 앞의 책, pp. 158-159, 393, 409
25) S. Runciman, *A History of the Crusades*, I, Cambridge, 1951, pp. 231-234
26) Pounds, 앞의 책, p. 115
27) 같은 책, p. 213

## 제3장 동물

1) A. Azzarolli, *An Early History of Horsemanship*, London, 1985, pp. 5-6
2) S. Piggott, *The Earliest Wheeled Transport*, London, 1983, p. 87
3) 같은 책, p. 39
4) Azzarolli, 앞의 책, p. 9
5) R. Sallares, *The Ecology of the Ancient Greek Wold*, London, 1991, pp. 396-397
6) Piggott, 앞의 책, pp. 64-84
7) W. McNeill, *The Rise of the West*, Chicago, 1963, p. 103
8) A. Friendly, *The Dreadful Day*, London, 1981, p. 27
9) Yadin, 앞의 책, pp. 150, 187
10) J. Guilmartin, 앞의 책, p. 152; P. Klopsteg, *Turkish Archery and the Composite Bow*, Evanstown, 1947
11) Yadin, 앞의 책, p. 455
12) Y. Garlan, *War in the Ancient World*, London, 1975, p. 90
13) O. Lattimore, 앞의 책, pp. 41-44
14) Piggott, 앞의 책, pp. 103-104
15) H. Creel, *The Origins of Statecraft in China*, Chicago, 1970, pp. 285-286
16) Guilmartin, 앞의 책, p. 157
17) Lattimore, 앞의 책, p. 53
18) *Cambridge Ancient History*, Vol. II, Part 1, Cambridge, 1973, pp. 375-376
19) Laessoe, 앞의 책, pp. 87, 91
20) *Cambridge Ancient History*, Vol II, Part 1, pp. 54-64
21) J. Gernet, *A History of Chinese Civilisation*, Cambridge, 1982, pp. 40-45
22) H. Saggs, *The Might That Was Assyria*, London, 1984, p. 197
23) 같은 책, pp. 199, 255
24) 같은 책, p. 100
25) 같은 책, p. 101
26) 같은 책, p. 258
27) Creel, 앞의 책, pp. 258, 265

28) 같은 책, p. 259

29) 같은 책, pp. 264, 266

30) Robert Thurton, "The Prince Consort in Armour", in M. Girouard, *The Return of Camelot*, New Haven, 1981; Hubert Lanzinger, "Hitler in Armour", in P. Adam, *The Arts of the Third Reich*, London, 1992

31) Yadin, 앞의 책, pp. 100–103; *Cambridge Ancient History*, Vol. II, Part 1, pp. 444–451

32) Yadin, 앞의 책, pp. 103–114

33) 같은 책, pp. 218–221

34) McNeill, *The Rise of the West*, p. 15

35) Saggs, 앞의 책, p. 169

36) J. Saunders, *The History of the Mongol Conquestes*, London, 1991, pp. 9–10

37) 같은 책, p. 14; Gernet, 앞의 책, pp. 4–5

38) W. McNeill, *The Human Condition*, Princeton, 1980, p. 47

39) D. Maenchen-Helfen, *The World of the Huns*, Berkeley, 1973, p. 187

40) 같은 책, p. 267

41) 같은 책, p. 184

42) 같은 책. p. 180

43) J. Jakobsen and R. Adams, "Salt and Silt in Ancient Mesopotamian Agriculture", *Science*, CXXVIII, 1958, p. 257

44) L. Kwantem, *Imperial Nomads: A History of Central Asia, 500–1500*, Leicester, 1979, p. 12

45) A. Jones, *The Later Roman Empire, 284–602*, Oxford, 1962, p. 157

46) J, Bury, *A History of the Later Roman Empire*, 1927, I, p. 300, n. 3

47) R. Lindner, "Nomadism, Horses and Huns", *Past and Present*, 92(1981), pp. 1–19

48) J. Lucas, *Fighting Troops of the Austro-Hungarian Army*, New York, 1987, p. 149

49) Marquess of Anglesey, *A History of British Cavalry*, IV, London, 1986, p. 297

50) Maenchen-Helfen, 앞의 책, pp. 152–153

51) P. Ratchnevsky, *Genghis Khan*, Oxford, 1991, p. 155

52) Kwantem, 앞의 책, p. 21

53) Saunders, 앞의 책, p. 27

54) 같은 책.

55) J. Keegan, *The Mask of Command*, London, 1988, p. 18

56) Ferrill, 앞의 책, p. 70

57) A. Hourani, *A History of the Arab Peoples*, London, 1991, p. 19

58) Koran 9: 125

59) P. M. Holt and others, *Cambridge History of Islam*, Vol. IA, Cambridge, 1977, pp. 87–92

60) *Cambridge History of Islam*, 앞의 책, p. 42

61) Sallares, 앞의 책, p. 27

62) D. Hill, "The Role of the Camel and the Horse in the Early Arab Conquests", in Parry and Yapp, 앞의 책, p. 36
63) 같은 책, pp. 57-58
64) *Cambridge History of Islam*, 앞의 책, p. 60
65) 같은 책.
66) Pipes, 앞의 책, pp. 109-113
67) 같은 책, p. 148
68) Saunders, 앞의 책, p. 37
69) Kwantem, 앞의 책, p. 61
70) *Cambridge History of Islam*, 앞의 책, p. 150
71) Ratchnevsky, 앞의 책, p. 109
72) Kwantem, 앞의 책, pp. 12-13
73) Chen Ya-tien, *Chinese Military Theory*, Stevenage, 1992, pp. 21-30
74) Gernet, 앞의 책, p. 309
75) 같은 책, p. 310
76) Ratchnevsky, 앞의 책, pp. 194-195
77) Kwantem, 앞의 책, p. 188
78) Ratchnevsky, 앞의 책, pp. 4-5
79) B. Manz, *The Rise and Rule of Tamerlane*, Cambridge, 1989, p. 4
80) Saundres, 앞의 책, pp. 196-199
81) Kwantem, 앞의 책, p. 192
82) 같은 책, p. 108
83) Saunders, 앞의 책, p. 66
84) Ratchnevsky, 앞의 책, pp. 96-101
85) *Cambridge History of Islam*, 앞의 책, p. 158
86) Kwantem, 앞의 책, p. 159; S. Shaw, *History of the Ottoman Empire and Modern Turkey*, Vol. II, Cambridge, 1976, p. 184
87) D. Morgan, "The Mongols in Syria", in P. Edburg(ed.), *Crusade and Settlement*, Cardiff, 1985, pp. 231-235
88) P. Thorau, "The Battle of Ain Jalut: A Re-examination", 같은 책에서, pp. 236-241
89) 같은 책, p. 238
90) Manz, 앞의 책, pp. 14-16
91) B. Spuler, *The Mongols in History*, London, 1971, p. 80
92) Shaw, 앞의 책, I, p. 245
93) Ratchnevsky, 앞의 책, pp. 153-154
94) Keegan, Mask of Command, 특히 Chapter 2 참조.
95) C. Duffy, *Russia's Military Way to the West*, London, 1981, p. 2

96) J. Fairbank, "Varieties of Chinese Military Experience", in F. Kierman and J. Fairbank, *Chinese Ways in Warfare*, Cambridge, Mass., 1974
97) 같은 책, p. 7
98) 같은 책, p. 15
99) 같은 책, p. 14
100) Gernet, 앞의 책, p. 493

## 보론 3 / 군대

1) Parkinson, 앞의 책, p. 176
2) J. Elting, *Swords Around a Throne*, London, 1989, Chapters 18-19
3) H. Roeder(ed.), *The Ordeal of Captain Roeder*, London, 1960
4) N. Jones, *Hitler's Heralds*, London, 1987, passim
5) S. Andreski, *Military Organisation and Society*, London, 1968
6) W. McNeill, *Plagues and People*, New Nork, 1976
7) Andreski, 앞의 책, p. 33
8) 같은 책, pp. 91-107, 75-90
9) 같은 책, p. 26
10) Seaton, 앞의 책, p. 57
11) Andreski, 앞의 책, p. 27
12) 같은 책, p. 37
13) M. Lewis, *The Navy of Britain*, London, 1948, pp. 128-144
14) G. Jones, *A History of the Vikings*, Oxford, 1984, p. 211
15) Manz, 앞의 책, p. 17
16) Ratchnetsky, 앞의 책, p. 66
17) Hourani, 앞의 책, pp. 139-140
18) S. Blondal, *The Varangians of Byzantium*, Cambridge, 1978, p. 230-235
19) P. Mansel. *Pillars of Monarchy*, London, 1984, p. 1
20) Garlan, 앞의 책, p. 95
21) MK. Mallet, *Mercenaries and their Masters*, London, 1974, pp. 60-61
22) L. Keppie, *The Making of the Roman Army*, London, 1984, p. 17
23) P. Paret(ed.), *Makers of Modern Strategy*, p. 19
24) W. Doyle, *The Oxford History of the French Revolution*, 1989, pp. 204-205

## 제 4 장 철기


1) R. J. Forbes, *Metallurgy in Antiquity*, London, 1950, p. 380
2) 같은 책, pp. 418–419
3) R. Oakeshott, *The Archaeology of Weapons*, London, 1960, pp. 40–42
4) N. Sandars, *The Sea Peoples*, London, 1985, pp. 56–58
5) P. Greenhalgh, *Early Greek Warfare*, Cambridge, 1993, pp. 10–11
6) 같은 책, pp. 1–2
7) N. Hammond, *A History of Greece to 322 BC*, Oxford, 1959, p. 73
8) 같은 책. p. 81
9) 같은 책, p. 99
10) 같은 책, p. 100
11) 같은 책, p. 101
12) V. Hanson, *The Western Way of War*, New York, 1989
13) V. Hanson, *Warfare and Agriculture in Classical Greece*, Pisa, 1983, p. 59
14) 같은 책, pp. 50–54
15) 같은 책, p. 42
16) 같은 책, pp. 67–74
17) Hanson, *Western Way*, p. 6
18) 같은 책, pp. 4, 34
19) M. Finley and H. Plaket, *The Olympic Games*, New York, 1976, p. 19
20) D. Sansome, *Greek Athletics and the Genesis of Sport*, Berkeley, 1988, pp. 19, 50–53, 63
21) M. Poliakoff, *Combat Sports in the Ancient World*, New Haven, 1987, pp. 93, 96
22) Finley and Plaket, 앞의 책, p. 21
23) Poliakoff, 앞의 책, pp. 93–94
24) A. Snodgrass, "The Hoplite Reform and History", *Journal of Hellenic Studies*, 85(1965), pp. 110–122
25) M. Jameson, "Sacrifice before Battle", in V. Hanson(ed.), *Hoplites*, London, 1991. p. 220
26) E. Wheeler, "The General as Hoplite", in 같은 책, pp. 150–154
27) J. Lazenby, "The Killing Zone", in 같은 책, pp. 150–154
28) Hanson, *Western Way*, p. 185
29) 같은 책, pp. 64–65
30) 같은 책, pp. 180–181
31) 같은 책, p. 36
32) 같은 책, p. 4
33) Roberts, 앞의 책, p. 178

34) E. Wood, *Peasant, Citizen and Slave*, London, 1981, pp. 42–44
35) Hanson, *Western Way*, pp. 10, 16
36) Sandars, 앞의 책. pp. 125–131
37) Garlan, 앞의 책, pp. 130–131
38) Hammond, 앞의 책, pp. 289–290
39) 같은 책, pp. 661–662
40) Keegan, *Mask of Command*, pp. 78–79
41) 같은 책, p. 80
42) 같은 책, p. 82
43) Hammond, 앞의 책, p. 615
44) L. Keppie, 앞의 책
45) Hammond, 앞의 책, p. 236
46) Keppie, 앞의 책, p. 18
47) W. Harris, *War and Imperialism in Republican Rome*, Oxford, 1979, pp. 54–67
48) 같은 책, p. 56
49) 같은 책, p. 51
50) 같은 책, p. 48
51) Keppie, 앞의 책, p. 18
52) Harris, 앞의 책, pp. 44–46
53) 같은 책, pp. 11–12
54) Keppie, 앞의 책, p. 53
55) J. Keegan, *The Face of Battle*, London, 1976, p. 65
56) G. Watson, *The Roman Soldier*, London, 1985, pp. 72–74
57) Van der Heyden and Scullard, 앞의 책, p. 125
58) Keppie, 앞의 책, pp. 61–62
59) J. Balsdon, *Rome*, London, 1970, p. 91
60) A Ferrill, *The Fall of the Roman Empire*, London, 1986, p. 25
61) Luttwak, 앞의 책, pp. 191–194
62) D. Breeze and B. Dobson, *Hadrian's Wall*, London, 1976, pp. 247–248
63) Balsdon, 앞의 책, pp. 90–91
64) Ferrill, *Fall of the Roman Empire*, pp. 48–49
65) 같은 책, p. 140
66) 같은 책, p. 160
67) J. Fuller, *The Decisive Battles of the Western World*, London, 1954, pp. 307–329
68) A. Jones, *The Decline of the Ancient World*, London, 1966, pp. 297–299
69) 같은 책, p. 102
70) J, Beeler, *War in Feudal Europe, 730–1200*, Ithaca, 1991, p. 18

71) 같은 책, p. 17
72) M. Van Crefeld, *Technology and War*, London, 1991, p. 18
73) 같은 책, p. 20
74) Beeler, 앞의 책, pp. 228–232
75) Johnson, *Late Roman Fortifications*, pp. 8–16
76) G. Jones, *Vikings*, pp. 182–192
77) 같은 책. p. 76
78) H. Cowdray, "The Genesis of the Crusades", in T. Murphy(ed.), *The Holy War*, Columbus, 1976, pp. 17–18
79) Beeler, 앞의 책, p. 12
80) Runciman, 앞의 책, pp. 106–108
81) 같은 책, pp. 91–92
82) R. Smail, *Crusading Warfare*, Cambridge, 1956, pp. 115–120
83) 같은 책, p. 202
84) G. Sainty, *The Order of St. John*, New York, 1991, p. 105
85) P. Contamine, *War in the Middle Ages*, p. 75
86) Ewart, 앞의 책, pp. 283–284
87) Smail, 앞의 책, pp. 165–168

## 보론 4 / 병참과 보급

1) Watson, 앞의 책, pp. 63–65
2) P. Liddle, *The 1916 Battle of the Somme*, London, 1992, p. 39
3) J. Thompson, *No Picnic*, London, 1992, p. 89
4) Keegan, *Mask of Command*, p. 134
5) Luttwak, 앞의 책, map 2.2
6) C. Callwell, *Small Wars: Their Principles and Practice*, London, 1899, p. 40
7) T. Derry and T. Williams, *A Short History of Technology*, Oxford, 1960, p. 433
8) R. Chevallier, *Roman Roads*, London, 1976, p. 152
9) Piggott, 앞의 책, p. 345
10) Keegan, *Mask of Command*, p. 114
11) D. Engels, *Alexander the Great and the Logistics of the Macedonian* Army, Berkeley 1978, p. 112
12) M. Grant, *The Army of the Caesars*, London, 1974, p. xxiii
13) Derry and Williams, 앞의 책, pp. 691–695

14) B. Wiley, *The Life of Johnny Reb*, Baton Rouge, 1918, p. 92
15) J. McPherson, *Battle Cry of Freedom*, New York, 1988, pp. 11–12
16) 같은 책, pp. 424–427
17) D. Showalter, *Railroads and Rifles*, Hamden, 1975, p. 67
18) J. Edmonds, *A Short History of World War I*, Oxford, 1951, pp. 9–10
19) J. Piekalkiewicz, *pferd und Reiter im II weltkrieg*, Munich, 1976, p. 4
20) J. Beaumont, *Comrades in Arms*, London, 1980, p. 208
21) J. Thompson, *The Lifeblood of War*, London, 1991, p. 38
22) McNeill, *Pursuit of Power*, pp. 322, 324, 329
23) Watson, 앞의 책. p. 51
24) Derry and Williams, 앞의 책, p. 269
25) McNeill, *Pursuit of Power*, pp. 166–167
26) 같은 책, p. 170
27) 같은 책, p. 238
28) 같은 책, p. 290
29) A. Milward, *War, Economy and Society, 1939–45*, London, 1977, pp. 64–69, 76
30) D. Van der Vat, *The Atlantic Campaign*, London, 1988, pp. 229, 270, 351

## 제 5 장 화기

1) Derry and Wells, 앞의 책, pp. 268–269, 514
2) J. Needham, *Science and Civilisation in China*, I, Cambridge, 1954, p. 134
3) McNeill, *Pursuit of Power*, p. 39
4) 같은 책, pp. 82–83
5) Duffy, *Siege Warfare*, pp. 8–9
6) 같은 책, p. 9
7) 같은 책, p. 15
8) 같은 책, p. 25
9) 같은 책, pp, 29–31
10) Mallet, 앞의 책, p. 253
11) Duffy, *Siege Warfare*, p. 40
12) 같은 책, pp. 41–42
13) 같은 책, p. 61
14) 같은 책, p. 64
15) G. parker, *The Military Revolution*, Cambridge, 1988, p. 17

16) 같은 책, p. 17
17) Mallet, 앞의 책, pp. 254-255
18) Grant, 앞의 책, pp. 15-16
19) Hale, *Renaissance War Studies*, p. 396
20) J. Hale, *War and Society in Renaissance Europe*, Leicester, 1985, p. 96
21) G. Parker, *The Army of Flanders and the Spanish Road*, Cambridge, 1972, pp. 27-29
22) Guilmartin, 앞의 책, p. 207
23) 같은 책, pp. 251-252
24) Lewis, 앞의 책, pp. 76-80
25) Guilmartin, 앞의 책, pp. 8-11
26) Weigley, 앞의 책, pp. 15-16
27) 같은 책, pp. 76-77
28) Warson, 앞의 책, pp. 57-59
29) C. Duffy, *The Military Experience in the Age of Reason*, London, 1989
30) G. and A. Parker, *European Soldiers 1550-1650*, Cambridge, 1977, pp. 14-15
31) Hale, *War and Society*, p. 87
32) A. Corvisier, *Armies and Society in Europe*, Bloomington, 1979, pp. 54-60
33) Hale, *Renaissance War Studies*, pp. 285, 237-242
34) Weigley, 앞의 책, p. 44
35) Shaw, 앞의 책, Vol. I, pp. 113-114
36) B. Lenman, "The Transition to European Military Ascendancy in India", in J. Lynn, *Tools of War*, Chicago, 1990, p. 106
37) Doyle, 앞의 책, pp. 67-71
38) J. Galvin, *The Minute Men*, McLean, 1989, pp. 27-33
39) J. Lynn, "En avant: The Origins of the Revolutionary Attack", in Lynn, 앞의 책, pp. 168-169
40) Elting, 앞의 책, pp. 123-156
41) Weigley, 앞의 책, p. 265
42) Lynn, in Lynn, 앞의 책, p. 167
43) F. Gilbert, "Machiavelli", in P. Paret, *Makers of Modern Strategy*, p. 31
44) B. Liddell Hart, *The Ghost of Napoleon*, London, 1933, pp. 118-129
45) McNeill, *Pursuit of Power*, 앞의 책, p. 254
46) R. Challener, *The French Theory of the Nation in Arms*, New York, 1955, p. 58
47) M. Eksteins, *Rites of Spring*, New York, 1989, p. 93
48) C. Jones, *The Longman Companion to the French Revolution*, London, 1989, pp. 156, 287
49) T. Livermore, *Numbers and Losses in the American Civil War*, Bloomington, 1957, pp. 7-8

50) McPherson, 앞의 책, p. 9
51) Duffy, *Experience of War*, p. 209
52) A. Corvisier, "Le moral des combattants, panique et enthousiasme", in *Revue historique des armées*, 3, 1977, pp. 7–32
53) Elting, 앞의 책, pp. 30–31, 143
54) T. Wilson, *The Myriad Faces of War*, Cambridge, 1986, p. 757
55) A. Home, *To Lose a Battle*, London, 1969, p. 26
56) R. Larson, *The British Army and the Theory of Armoured Warfare 1918–40*, Newark, 1984, p. 34
57) Keegan, *Mask of Command*, p. 238
58) A. Bullock, *Hitler and Stalin*, London, 1991, p. 259
59) 같은 책, p. 358
60) C. Barnett(ed.), *Hitler's Generals*, London, 1989, pp. 444–445
61) Keegan, *Mask of Command*, p. 235
62) G. Welchman, *The Hut Six Story*, London, 1982, pp. 19–20
63) Keegan, *Mask of Command*, p. 302
64) 같은 책, p. 286
65) T. Taylor, *The Breaking Wave*, London, 1967, pp. 114–115
66) 같은 책, p. 97
67) K. Wakefield(ed.), *The Blitz Then and Now*, London, 1988, p. 8
68) O. Bartov, *The Eastern Front 1941–5*, Basingstoke, 1985, pp. 107–119
69) D. Kahn, *Seizing the Enigma*, London, 1991, pp. 245–258
70) W. Murray, *Luftwaffe*, London, 1985, pp. 8–12
71) J. Terraine, *The Right of the Line*, London, 1985, p. 474
72) R. Spector, *Eagle Against the Sun*, London, 1984, pp. 79–82
73) R. Connaughton, *The War of the Rising Sun and the Tumbling Bear*, London, 1988, pp. 166–167
74) Spector, 앞의 책, pp. 259–267
75) N. Longmate, *Hitler's Rockets*, London, 1989, p. 59
76) M. Gilbert, *Second World War*, London, 1989, pp. 20–21
77) L. Freedman, *The Evolution of Nuclear Strategy*, London, 1989, p. 16
78) 같은 책, p. 19
79) 같은 책
80) 같은 책, p. 246
81) G. Draper, "Grotius' Place in the Development of Legal Ideas about War", in H Bull et al.(eds.), *Hugo Grotius and International Relations*, Oxford, 1990, pp. 201–202
82) G. Best, *Humanity in Warfare*, London, 1980, pp. 150–151

# 참고 문헌

Adam, P. *The Arts of the Third Reich*, London, 1992
Andreski, S. *Military Organization and Society*, London, 1908
Anglesey, Marquess of, *A History of British Cavalry*, IV, London, 1986
Ardrey, R. *The Territorial Imperative*, London, 1967
Ayalon, D. *Gunpowder and Firearms in the Mamluk Kingdom*, London, 1956
Azzarolli, A. *An Early History of Horsemanship*, London, 1985
Balsdon, J. *Rome*, London, 1970
Bar-Kochva, B. *The Seleucid Army*, Cambridge, 1976
Barnett C. (ed.) *Hitler's Generals*, London, 1989
Bartov, O. *The Eastern Front 1941–5*, Basingstoke, 1985
Beaumont, J. *Comrades in Arms*, London, 1980
Beeler, J. *War in Feudal Europe*, 730–1200, Ithaca, 1991
Beloff, N. *Tito's Flawed Legacy*, London, 1985
Berlin, I. *Karl Marx*, Oxford, 1978
Berlin, I, *The Crooked Timber of Humanity*, N.Y., 1991
Best, G. *Humanity in Warfare*, London, 1980
Blau, P. and Scott, W. *Formal and Informal Organisations*, San Francisco, 1962
Blondal, S. *The Varangians of Byzantium*, Cambridge, 1979
Bottero J. et al(eds.) *The Near East: the Early Civilisations*, London, 1967
Bramson, L. and Goethals, G. *War: Studies from Psychology, Sociology, Anthropology*, New York, 1964
Breeze D. and Dobson, B. *Hadrian's Wall*, London, 1976
Breuil H. and R. Lautier, *The Men of the Old Stone Age*, London, 1965
Bull, H. et al(eds.) *Hugo Grotius and International Relations*, Oxford, 1990
Bullock, A. *Hitler and Stalin*, London, 1991
Bury, J. *A History of the Later Roman Empire*, London, 1923
Callwell, C. *Small Wars. Their Principles and Practice*, London, 1899
Challener, R. *The French Theory of the Nation in Arms*, New York, 1955
Chevallier, R. *Roman Roads*, London, 1976

Clark, R. *Freud*, London, 1980
Clausewitz, Carl von, *On War*(tr. M. Howard and P. Paret), Princeton, 1976
Clausewitz, Carl von, *On War*(tr. J. J. Graham), London, 1908
Clendinnen, I. *Ambivalent Conquests, Maya and Spaniard in Yucatan*, 1515–70, Cambridge, 1987
Clendinnen, I. *Aztecs*, Cambridge, 1991
Connaughton, R. *The War of the Rising Sun and the Tumbling Bear*, London, 1988
Contamine, P. *War in the Middle Ages*(tr. M. Jones). Oxford, 1984
Corvisier, A. 'Le moral des combattants, panique et enthousiasme' in *Revue historique des armées*, 3, 1977
Corvisier, A. *Armies and Society in Europe*, Bloomington, 1979
Creel, H. *The Origins of Statecraft in China*, Chicago, 1970
Dawkin, J. *The Selfish Gene*, Oxford, 1989
de la Croix, H. *Military Considerations in City Planning*, New York, 1972
Deakin, F. *The Embattled Mountain*, London, 1971
Derry, T. and Williams, *T. A Short History of Technology*, Oxford, 1960
Divale, W. *War in primitive Society*, Santa Barbara, 1973
Djilas, M. *Wartime*, New York, 1977
Doyle, W. *The Oxford History of the French Revolution*, 1989
Duffy, C. *Russia's Military Way to the West*, London, 1981
Duffy, C. *Siege Warfare*, London, 1979
Duffy, C. *The Military Experience in the Age of Reason*, London, 1987
Dupuy, R. and T. *The Encyclopaedia of Military History*, London, 1986
Edburg, P. Crusade and Settlement, Cardiff, 1985
Edmonds, J. *A Short History of World War I*, Oxford, 1951
Eksteins, M. *Rites of Spring*, New York, 1989
Elting, J. *Swords Around Throne*, London, 1989
Engels, D. *Alexander the Great and the Logistics of the Macedonian Army*, Berkeley, 1978
Engleit, S. *Islands at The Centre of the World*, N. Y., 1990
Farnes, O. *War in the Arctic*, London, 1991
Ferguson, B. and Whitehead, N. *War in the Tribal Zone*, Sante Fe, 1991
Ferguson, R. (ed.) *Warfare, Culture and Environment*, Orlando, 1984
Ferrill, A. *The Fall of the Roman Empire*, London, 1986
Ferrill, A. *The Origins of War*, London, 1985
Finley, M. and Plaket, H. *The Olympic Games*, New York, 1976
Forbes, P.J. *Metallurgy in Antiquity*, Leiden, 1950
Fox, A. *Prehistoric Maori Fortifications*, Auckland, 1974
Fraser. A. Boadicea's Chariot, London, 1988

Freedman, F. *The Evolution of Nuclear Strategy*, London, 1989
Freeman, D. *Margaret Mead and Samoa*, Cambridge, Mass. 1983
Fried, M. *Transactions of New York Academy of Sciences* Series 2, 28, 1966
Fried, M., Harris, M. and Murphy, R. (eds.) *War: The Anthropology of Armed Conflict and Aggression*, New York, 1967
Friendly, A *The Dreadful Day*, London, 1981
Fryer, J. *The Great Wall of China*, London, 1975
Fuller, J. *The Decisive Battles of the Western World*, London, 1954–6
Gabriel R. and Metz, K. *From Sumer to Rome*, New York, 1991
Galvin, J. *The Minute Men*, McLean, 1989
Garlan, Y. *War in the Ancient World*, London, 1975
Gernet, J. *A History of Chinese Civilisation*, Cambridge, 1982
Gilbert, M. *Second World War*, London, 1989
Girouard, M. *The Return of Camelot*, New Haven, 1981
Grant, M, *The Army of the Caesars*, London, 1974
Greenhalgh, K. *Early Greek Warfare*, Cambridge, 1973
Groebel, J. and Hinde, R. (eds.) *Aggression and War*, Cambridge, 1989
Guilmartin, J. *Gunpowder and Galleys*, Cambridge, 1974
Haas, J. (ed.) *The Anthropology of War*, Cambridge, 1990
Hale, J. *Renaissance War Studies*, London, 1988
Hale, J. *War and Society in Renaissance Europe*, Leicester, 1985
Hammond, J. *A History of Greece to 322 B.C.*, Oxford, 1959
Hanson V. (ed.) *Hoplites*, London, 1991
Hanson, V. *The Western Way of Warfare*, New York, 1989
Hanson, V. *Warfare and Agriculture in Classical Greece*, Pisa, 1983
Harris, M. *The Rise of Anthropological Theory*, London, 1968
Harris, W. *War and Imperialism in Republican Rome*, Oxford, 1979
Hayes, W. 'Egypt from the Death of Ammanemes II to Seqemenre II' in *Cambridge Ancient History*, 3rd ed. Vol. II. Part 1
Hoffman, M *Egypt Before the Pharaohs*, London, 1988
Hogg, A. *Hill Forts of Britain*, London, 1975
Holt P., Lambton A., and Lewis B., (eds.), *The Cambridge History of Islam*, Vol IA, Cambridge 1970
Horne, A. *A Savage War of Peace*, London, 1977
Horne, A. *To Lose a Battle*, London, 1969
Hourani. A. *A History of the Arab Peoples*, London, 1991
Howard, M. *Clausewitz*, Oxford, 1983

Howard, M. *War in European History*, Oxford, 1976
Hughes, Q. *Military Architecture*, London, 1974
Isaac, B. *The Limits of Empire*, Oxford, 1990
Jakobsen, J. and Adams, R. 'Salt and Silt in Ancient Mesopotamian Agriculture', *Science*, CXXVIII, 1958
Jefferson, G. *The Destruction of the Zulu Kingdom*, London, 1979
Jelavich, B. *History of the Balkans*, (*Twentieth Century*), Cambridge, 1983
Johnson, S. *Late Roman Fortifications*, London, 1983
Johnson, S. *Roman Fortifications on the Saxon Shore*, London, 1977
Jones, A. *The Decline of the Ancient World*, London, 1966
Jones, A. *The Later Roman Empire*, Oxford, 1962
Jones, C. *The Longman Companion to the French Revolution*, London, 1989
Jones, G. *A History of the Vikings*, Oxford, 1984
Jones, N. *Hitler's Heralds*, London, 1987
Kahn, D. *Seizing the Enigma*, London, 1991
Keegan, J. *The Mask of Command*, London, 1987
Keegan, J. *The Face of Battle*, London, 1976
Keegan, J. *The Price of Admiralty*, London, 1988
Kemp, B. *Ancient Egypt*. Anatomy of a Civilisation London, 1983
Kenny, A. *The Logic of Deterrence*, London, 1985
Keppie, L. *The Making of the Roman Army*, London, 1984
Kierman, F. and Fairbank, J. *Chinese Ways in Warfare*, Cambridge, Mass., 1974
Kirch, P. *The Evolution of the Polynesian Chiefdoms*, Cambridge, 1984
Klopsteg, P. *Turkish Archery and the Composite Bow*, Evanstown, 1947
Krige, E. J. *The Social System of the Zulus*, Pietermaritzburg, 1950
Kuper, A. *Anthropologists and Anthropology*, London, 1973
Kwantem, L. *Imperial Nomads: A History of Central Asia, 500–1500*, Leicester, 1979
Laessoe, J. *People of Ancient Assyria*, London, 1963
Larson, R. *The British Army and the Theory of Armoured Warfare 1918–40*, Newark, 1984
Lattimore, O. *Studies in Frontier History*, London, 1962
Lewis, M. *The Navy of Britain*, London, 1948
Liddell Hart, B. *The Ghost of Napoleon*, London, 1933
Liddle, P. *The 1916 Battle of the Somme*, London, 1992
Lindner, R. 'Nomadism, Horses and Huns', *Past and Present*, (1981)
Livermore, T. *Numbers and Losses in the American Civil War*, Bloomington, 1957
Longmate, N. *Hitler's Rockets*, London, 1985
Lorenz, K. *On Aggression*, London, 1966

Lucas, J. *Fighting Troops of the Austro-Hungarian Army*, New York, 1987
Luttwak, E. *The Grand Strategy of the Roman Empire*, Baltimore, 1976
Lynn, J. *Tools of War*, Chicago, 1990
Maenchen-Helfen, M. *The World of the Huns*, Berkeley, 1973
Mallet, M. *Mercenaries and Their Masters*, London, 1974
Mansel, P. *Pillars of Monarchy*, London, 1984
Manz, B. *The Rise and Rule of Tamerlane*, Cambridge, 1989
Marsot, A. *Egypt in the Reign of Muhammad Ali*, Cambridge, 1982
McCormick, K. and Perry, H. *Images of War*, London, 1991
McNeal, R. *Tsar and Cossack*, Basingstoke, 1989
McNeill, *The Pursuit of Power*, Oxford, 1983
McNeill, W. *A World History*, New York, 1961
McNeill, W. *Plagues and People*, New York, 1976
McNeill, W. *The Human Condition*, Princeton, 1980
McNeill, W. *The Rise of the West*, Chicago, 1963
McPherson, J. *Battle Cry of Freedom*, N.Y., 1988
Middleton, J. and Tait, D. *Tribes Without Rulers*, London, 1958
Milward, A. *War, Economy and Society*, 1939–45, London, 1977
Mockler, A. *Haile Selassie's War*, Oxford, 1979
Moorey, P. (ed.) *The Origins of Civilisation*, Oxford, 1979
Mueller, J. 'Changing Attitudes to War. The Impact of the First World War', *British Journal of Political Science*, 21
Murphy, T. (ed.) *The Holy War*, Columbus, 1976
Murray, W. *Luftwaffe*, London, 1985
Needham, J. *Science and Civilisation in China*, I, Cambridge, 1954
Nicolson, N. *Alex*, London, 1973
Oakeshott, E, *The Archaeology of Weapons*, London, 1960
Obermaier, H. *La vida de nuestros antepasados cuaternanos en Europa*, Madrid, 1926
Oget, B. (ed.) *War and Society in Africa*, 1972
Pallud, J-P. *Blitzkrieg in the West*, London, 1991
Paret, P. (ed.) *Makers of Modern Strategy*, Princeton, 1986
Paret, P. *Clausewitz and the State*, Princeton, 1985
Paret, P. *Understanding War*, Princeton, 1992
Parker, G. *The Army of Flanders and the Spanish Road*, Cambridge, 1972
Parker G. *The Military Revolution*, Cambridge, 1988
Parker, G. and A. *European Soldiers 1550–1650*, Cambridge, 1977
Parkinson, R. *Clausewitz*, London, 1970

Parry, V. and Yapp, M. (eds.) *War, Technology and Society in the Middle East*, London, 1975
Perrin, N. *Giving Up the Gun*, Boston, 1988
Petite, D. *Le balcon de la Côte d'Azure*, Marignan, 1983
Piekalkiewicz, J. *Pferd und Reiter im II Weltkrieg*, Munich, 1976
Piggott, S. *The Earliest Wheeled Transport*, London 1983
Pipes, D. *Slave Soldiers and Islam*, New Haven, 1981
Poliakoff, M. *Combat Sports in the Ancient World*, New Haven, 1987
Pounds, N. *The Mediaeval Castle in England and Wales*, Cambridge, 1990
Ratchnevsky, P. *Genghis Khan*, Oxford, 1991
Reid, W. *Arms Through the Ages*, New York, 1976
Robarchak, C., in *Papers Presented to the Guggenheim Foundation Conference*, *On the Anthropology of War*, Santa Fe, 1986
Roberts, J. *The Pelican History of the World*, London, 1987
Roeder, H. (ed.) *The Ordeal of Captain Roeder*, London, 1960
Roux, G. *Ancient Iraq*, New York, 1986
Royle, T. *A Dictionary of Military Quotations*, London, 1990
Runciman, S. *A History of the Crusades*, I, Cambridge, 1951
Saggs, H. *The Might That Was Assyria*, London, 1984
Sahlins, M. *Tribemen*, N.J., 1968
Sainty, G. *The Order of St. John*, New York, 1991
Sallares, R. *The Ecology of the Ancient Greek World*, London, 1991
Sanders, N. *The Sea People*, London, 1985
Sansom, G. *The Western World and Japan*, London, 1950
Sansome, D. *Greek Athletics and the Genesis of Sport*, Berkeley, 1988
Saunders, J. *The History of the Mongol Conquest*, London, 1971
de Saxe, Marshal. *Mes rêveries*, Amsterdam, 1757
Seaton, A. *The Horsemen of the Steppes*, London, 1985
Showalter, D. *Railroads and Rifles*, Hamden, 1975
Smail, R *Crusading Warfare*, Cambridge, 1956
Spector, R. *Eagle Against the Sun*, London, 1984
Spence, J. *The Search for Modern China*, London, 1990
Spuler, B. *The Mongols in History*, London, 1971
St. Clair, W. *That Greece Might Still Be Free*, London, 1972
Stahlberg, A. *Bounden Duty*, London, 1990
Storrey, R. *A History of Modern Japan*, London, 1960
Taylor, T. *The Breaking Wave*, London, 1967
Terraine, J. *The Right of the Line*, London, 1985

Thomas, H. *An Unfinished History of the World*, London, 1979
Thompson, J. *No Picnic*, London, 1992
Thompson, J. *The Lifeblood of War*, London, 1991
Tolstoy, L. (tr. R. Edmonds) *Anna Karenin*, London, 1987
Turney-High, H. *Primitive War. Its Practice and Concepts* (2nd Edn), Columbia, S.C. 1971
Van Crefeld, M. *Technology and War*, London, 1991
Van der Heyden A. and Scullard H. (eds.), *Atlas of the Classical World*, London, 1959
Van der Vat, D. *The Atlantic Campaign*, London, 1988
Vayda, A. *War in Ecological Perspective*, New York, 1976
Wakefield, K (ed.) *The Blitz Then and Now*, London, 1988
Waldron, A. *The Great Wall of China*, Cambridge, 1992
Watson, G. *The Roman Soldier*, London, 1985
Weigley, R. *The Age of Battles*, Bloomington, 1991
Welchman, G. *The Hut Six Story*, London, 1982
Wendorf, F. (ed.) *The Prehistory of Nubia*, II, Dallas, 1968
Wiley, B. *The Life of Johnny Reb*, Baton Rouge, 1918
Wilson, T. *The Myriad Faces of War*, Cambridge, 1986
Winter, F. *Greek Fortifications*, Toronto, 1971
Wintle, J. *The Dictionary of War Quotations*, London, 1989
Wood, E. *Peasant, Citizen and Slave*, London, 1988
Ya-tien, *Chen Chinese Military Theory*, Stevenage, 1992
Yadin, Y. *The Art of Warfare in Biblical Lands*, London, 1963

# 역자 후기

“전쟁이란 무엇인가?”로 시작되는 존 키건(John Keegan)의 『세계전쟁사(*A History of Warfare*)』는 시간적으로는 원시 미개부족으로부터 핵시대의 현대인까지, 공간적으로는 태평양 폴리네시아의 이스터 섬에서 유럽까지, 전쟁수단으로는 간단한 활에서 핵무기까지를 역사학, 생태학, 유전학, 인류학, 심리학과 같은 다양한 학문들을 동원함으로써 전쟁의 본질을 비롯하여 인류문명과 전쟁과의 상관적인 발전과정을 분석한 다분히 학제적인(interdisciplinary) 연구방법의 저서이다. 존 키건이 30여 년 이상의 학문적 여정의 종착역을 바라보면서 쓴 이 『세계전쟁사』는 전쟁들의 시간적인 나열이나 전략과 전술을 다룬 전통적인 전사(戰史)가 아니라 “전쟁문화사”라고 하는 쪽이 더욱 걸맞을 것 같다.

존 키건은 클라우제비츠의 “정치의 연장으로서의 전쟁”이라는 단선적인 결론을 유보하고, 전쟁을 “문화의 한 형태”로서 분석하기도 하고 클라우제비츠의 정의를 물구나무 세우기도 하는 분석(“전쟁의 연장으로서의 정치”—줄루족과 맘루크의 경우)을 하기도 한다. 곧 정치의 목적이 문명의 보전을 위한 것일진대, 어떻게 해서 문명의 파괴행위인 전쟁이 정치의 연장이 될 수 있는가 하는 원초적인 물음에서 이 책은 출발하는 것이다. 그는 이 물음에 대한 대답의 일환으로서 이스터 섬의 주민들, 줄루족, 맘루크, 사무라이 등의 사회를 분석하고 있다. 또한 그는 정치의 연장선상에 있었던 전쟁들, 곧 나폴레옹 전쟁, 제1차 세계대전, 제2차 세계대전 등의 파괴적인 성격과 가공할 결과를 보여주고 있다. 그리고 전쟁의 이념형(ideal type)이라고 할 수 있는 "전정한 전쟁(true war)"이 "실제 전쟁 (real war)"으로 나타나는 핵전쟁의 경우, "정치의 연장으로서의 전쟁"이라는 클라우제비츠의 정의가 어떤 결과를 초래하는지를 인류에게 경고하고 있다.

이러한 문화사적 구조 위에 있는 이 책은 군사문화와 전통의 전문성, 연대성(부족주의), 독자성(고유성)을 분석하여 호전적인 과거를 경과하여 잠재적인 평화의 미래를 향해서 나아가는 인류문화의 과정을 도식화하고 있다.

전편을 일관하는 그의 학문적 깊이와 넓이, 그리고 인식은 세계적인 학자로서의 그의 진면목을 유감없이 보여주고 있지만, 특히 역자에게 감동을 준 것은 카를 마르크스와 카를 폰 클라우제비츠의 비교였다. 그들의 학문적 비교가 매우 훌륭했음은 물론이고 그들의 생애에 대한 개인사적 비교도 출중했다.

이 번역서를 상재하면서 전공이 다른 나는 조금은 생소하고 난해한 내용이라 번역의 적임자로서의 나의 처지를 적잖이 우려하기도 했다. 그러나 넓게는 전쟁도 경영의 한 형태이며, 경영도 전쟁의 한 형태가 될 수 있다는 점에서 위안을 받으면서 나름대로 성실한 번역이 되도록 최선의 노력을 했으나, 없을 수 없는 오류에 대해서는 발견되는 대로 수정할 것을 약속한다. 특히 너무나 많은 역사적인 사실들이 뒤얽히고 군사역사학은 물론 다수의 학문분야가 등장함으로써 번역자 자신도 이해하기가 어려운 부분이 많았으나 최대한 역자의 주를 병기하여 독자들의 이해를 도우려고 했다.

이러한 어렵고 힘든 과정에서 많은 도움을 준 분들에게 고마움의 뜻을 전한다. 먼저 거대한 학문적 온축과 탁월한 역사적 인식으로 방대한 군사역사학의 새 지평선을 연 저자에게 한국어판의 번역을 허락해주신 데에 대해서 진심으로 감사드린다. 그리고 많은 시간과 노력을 들여서 번역을 도와준 최인자 씨의 노고가 없었더라면 이 책의 출간은 불가능했을 것이다. 또한 늘 인재양성과 대학교육 발전에 헌신하시는 바쁜 일정에도 불구하고 역자에게 항상 관심과 배려를 아끼지 않으신 명지대학교 李榮德 명예총장님과

高建 총장님 그리고 형님이신 학교법인 명지학원 俞榮九 이사장께도 이 자리를 빌려 감사를 드리고 싶다.

그리고 국가 백년대계를 생각하시며 이 나라 교육발전에 평생을 바치신 선친이신 학교법인 명지학원 설립자 故 俞尚根 박사님의 뜻을 기리며, 평소 관심이 많으셨던 테마를 다룬 이 책의 번역을 누구보다도 기뻐하실 아버님의 영전에 이 작은 결실을 바친다.

인명, 지명을 정확하게 표기하고 원문과 번역문을 꼼꼼하게 대조하고 역주를 다는 일에 진력한 도서출판 까치글방의 편집 담당자에게도 고마움의 뜻을 전한다.

1996년 6월

명지대학교 연구실에서 역자 씀

# 인명 색인